ENCYCLOPÉDIE

DES

TRAVAUX PUBLICS

Fondée par **M.-C. LECHALAS** Inspr génl des Ponts et Chaussées

Médaille d'or à l'Exposition universelle de 1889

CHEMINS DE FER

NOTIONS GÉNÉRALES ET ÉCONOMIQUES

PAR

Léon LEYGUE

ANCIEN INGÉNIEUR AUXILIAIRE DES PONTS ET CHAUSSÉES
INGÉNIEUR CIVIL

HISTORIQUE SOMMAIRE
FORMALITÉS ET RÈGLEMENTS RELATIFS A L'EXÉCUTION DES TRAVAUX
RÉGIMES, DÉVELOPPEMENTS, DÉPENSES
COMPARAISON DES VOIES FERRÉES AVEC LES ROUTES
ET LES VOIES DE NAVIGATION INTÉRIEURE
PRIX DE REVIENT DES TRANSPORTS SUR RAILS
TARIFS ET LEUR APPLICATION — RECETTES D'EXPLOITATION
VOIE ET TRACTION — CHEMINS DE FER A VOIE ÉTROITE
CONSIDÉRATIONS ÉCONOMIQUES

PARIS

LIBRAIRIE POLYTECHNIQUE

BAUDRY ET Cie, LIBRAIRES-ÉDITEURS

15, RUE DES SAINTS-PÈRES

MÊME MAISON A LIÈGE

ENCYCLOPÉDIE DES TRAVAUX PUBLICS

CHEMINS DE FER

NOTIONS GÉNÉRALES

ET ÉCONOMIQUES

Tous les exemplaires de l'ouvrage de M. Leygue : CHEMINS DE FER, NOTIONS GÉNÉRALES ET ÉCONOMIQUES, *devront être paraphés par l'auteur.*

ENCYCLOPÉDIE

DES

TRAVAUX PUBLICS

Fondée par **M.-C. LECHALAS** Insp[r] gén[al] des Ponts et Chaussées

Médaille d'or à l'Exposition universelle de 1889

CHEMINS DE FER

NOTIONS GÉNÉRALES ET ÉCONOMIQUES

PAR

Léon LEYGUE

ANCIEN INGÉNIEUR AUXILIAIRE DES PONTS ET CHAUSSÉES
INGÉNIEUR CIVIL

HISTORIQUE SOMMAIRE
FORMALITÉS ET RÈGLEMENTS RELATIFS A L'EXÉCUTION DES TRAVAUX
RÉGIMES, DÉVELOPPEMENTS, DÉPENSES
COMPARAISON DES VOIES FERRÉES AVEC LES ROUTES
ET LES VOIES DE NAVIGATION INTÉRIEURE
PRIX DE REVIENT DES TRANSPORTS SUR RAILS
TARIFS ET LEUR APPLICATION — RECETTES D'EXPLOITATION
VOIE ET TRACTION — CHEMINS DE FER A VOIE ÉTROITE
CONSIDÉRATIONS ÉCONOMIQUES

PARIS

LIBRAIRIE POLYTECHNIQUE

BAUDRY ET Cie, LIBRAIRES-ÉDITEURS

15, RUE DES SAINTS-PÈRES

MÊME MAISON A LIÈGE

1892

TABLE DES MATIÈRES

CHAPITRE PREMIER. — HISTORIQUE SOMMAIRE DES CHEMINS DE FER.

CHAPITRE II. — FORMALITÉS ET RÈGLEMENTS RELATIFS A L'EXÉCUTION DES TRAVAUX.

§ 1. Observations préliminaires.

§ 2. Classement et déclassement.

§ 3. Enquête d'utilité publique.

§ 4. Actes et contrats de concession.

§ 5. Projet de tracé et de terrassements.

§ 2. Compagnies secondaires.

§ 3. Chemins de fer d'intérêt local, de 1865 à 1876.

§ 4. Chemin de fer d'intérêt général, de 1876 a 1883.

§ 5. Chemin de fer d'intérêt local et tramways. Loi de 1880.

CHAPITRE V. — PRIX DE REVIENT DES TRANSPORTS SUR RAILS.

§ 1. Prix de revient d'un ensemble de transports.

§ 2. Prix de revient d'un transport spécial.

§ 3. Prix de revient sur le réseau de l'État.

Tableaux statistiques.

CHAPITRE VI. — TARIFS ET LEUR APPLICATION.

§ 1. Généralités sur les tarifs.

§ 2. Tarifs des voyageurs.

Pages

§ 3. Tarifs des marchandises.

§ 4. Abaissement des tarifs.

CHAPITRE VII. — RECETTES DE L'EXPLOITATION.

§ 1. Renseignements statistiques sur les recettes.

§ 2. Évaluation des recettes probables des lignes nouvelles.

CHAPITRE VIII. — VOIE ET TRACTION.

§ 1. Vitesses. Courbes. Déclivités.

Pages

§ 3. Lignes a voie très réduite.

CHAPITRE X. — CONSIDÉRATIONS ÉCONOMIQUES.

§ 1. Aperçu des avantages procurés par les chemins de fer.

§ 2. Mesure de l'utilité des chemins de fer.

ANNEXES.

ERRATA

NUMÉROS DES PAGES	NUMÉROS DES LIGNES	AU LIEU DE :	IL FAUT LIRE :	OBSERVATIONS
22	7	premier établement	premier établissement	
»	29	concession direct	concession directe	
24	3	§ 3.	§ 5.	
34	30	serait maintenue	serait maintenu	
37	4	à appliqur	à appliquer	
64	Renvoi	Des conclusions	Les conclusions	
71	4	de la Compagnie	des Compagnies	
72	5	$\frac{132 \times 30.650}{5,89}$	$\frac{132 \times 30.650}{589}$	Modification du sens
94	Tableau	(Lettres tombées)	Etat. Compagnies.	
97	3	ce que les avait fait	ce que les avait faits	
102	Tableau	(dernière colonne)	faites par les Comp. l'Etat et divers	— id. —
109	Tableau	concédés	concédées	
112	28	le maxima des dépenses	le maximum des dépenses	
116	3	sans la protection	sous la protection	— id. —
119	Tableau	1383	1883	— id. —
130	Tableau	Longueurs livrée	Longueurs livrées	
139	Tableau	ou construire	ou à construire	
146	5	$\frac{3}{R}$	$\frac{R}{3}$	— id. —
151	2	bénéfices obtenues	bénéfices obtenus	
152	9 et 10	la région... à la garantir	le régime... à la garantie	— id. —
158	5	du chemin de fer	des chemins de fer	
161	5	d'origine variées	d'origine variée	
165	20	en réaltité	en réalité	
167	5	Transport sur les voies	Transports sur les voies	
175	20 et 21	les minerais... les produits	des minerais... des produits	
186	1	Compartison	Comparaison	
209	3	résultats suivant	résultats suivants	
216	13	à voie étroite	à voie normale	— id. —
221	22	et ceux résultant	et celles résultant	
237	14	et nombre d'unité	et nombre d'unités	
241	1	ci dessus (1) ainsi	ci-dessus (1); ainsi	
250	23	effectifs et moyen	effectifs et moyens	

NUMÉROS DES PAGES	NUMÉROS DES LIGNES	AU LIEU DE :	IL FAUT LIRE :	OBSERVATIONS
257	21	doit être attribu	doit être attribué	
297	5	sur le réseau	sur les réseaux	
311	21	Le prix	Les prix	
313	23	Les coupoures	Les coupures	
315	10	sont ainsi réglées :	sont réglées de la manière suivante	
316	27	les barêmes de six	les barêmes des six	
327	Renvoi	Sont supprimés	Sont supprimées	
329	25	du montat	du montant	Modification du sens
331	1	la formule (1),	la formule 2	
»	4	p. cent.	p. cent (1).	
337	6	devrait être évalué ;	devrait être évalué :	
338	1	Bien que le	bien que le	
341	13	ces chemins de fer	les chemins de fer	
349	19	industriel et limité	industriel, et réduites.	
362	for. R_1	εp	Σp	— id. —
369	20	$S = 5^{mc}$	$S = 5^{m^2}$	— id. —
374	14	le quatruple	le quadruple	
376	for. i'	(6)	(8)	
391	2	$l_o + \Sigma l_p +$	$i_o + \Sigma l_r +$	— id. —
398	for. L_v	$L_v = L_o +$	$L_v = L +$	— id. —
399	4	possible le total,	possible, le total	
410	5	proeportions	proportions	
415	12	La principale objection faite... est	Les principales objections faites... sont	
424	14	sans de fortes déclivités	sous de fortes déclivités	— id. —
»	21	rapidement développéee	rapidement développée	
425	3	succeptible	susceptible	
450	7	Asusrément	Assurément	
»	9	des chemins fer	des chemins de fer	
451	21	s'élèverait	s'élèveraient	
452	2	de sérieux mécompte ;	de sérieux mécomptes	— id. —
»	Renvoi	a du remplacer	devra remplacer	
455	4	decendue	descendue	
464	15	soit proportionnel	soit proportionnelle	

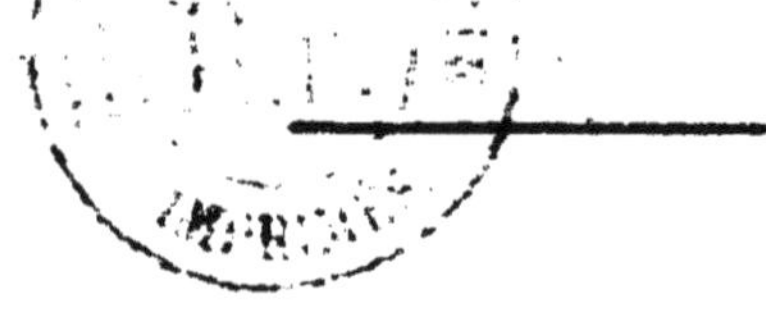

CHAPITRE PREMIER

HISTORIQUE SOMMAIRE DES CHEMINS DE FER

DÉFINITION. — MACHINES. — VOIE NORMALE. — DÉVELOPPEMENT.
VOIE ÉTROITE.

CHAPITRE Ier.

HISTORIQUE SOMMAIRE DES CHEMINS DE FER

1. Définition. — Les noms de *chemins de fer* ou *railways* ne désignent pas seulement une voie à bandes parallèles (bois, pierres ou métal); mais, d'une façon plus générale, l'ensemble des terrassements, stations, véhicules et moteurs affectés au transport des voyageurs et des marchandises. Il y a des railways sans locomotives, où l'on fait un usage journalier de moteurs animés, notamment les voies de tramways, de terrassements, etc.; de même, bien que plus rarement, les locomotives circulent sans le secours de rails, notamment les machines routières et les rouleaux compresseurs. C'est l'association intime de la voie ferrée et de la locomotive qui constitue à proprement parler le *chemin de fer*.

Il serait difficile de préciser en quel lieu et à quelle date on prit l'habitude, pour le transport des produits encombrants, de creuser des ornières métalliques, ou de poser des rails en bois, en fonte ou en fer, sur lesquels les roues des véhicules venaient s'enchasser ou glisser avec une diminution sensible de résistance à la traction, comme il résulte des chiffres suivants, pour un palier en alignement droit :

Route empierrée, en bon état d'entretien.......	30 à 35 k.	par tonne.
Route pavée, en bon état d'entretien...........	20 à 25 k.	—
Bande en bois..................................	15 à 20 k.	—
Bande en dalles très dures.....................	10 à 15 k.	—
Ornières métalliques...........................	5 à 10 k.	—
Rails laminés..................................	3 à 5 k.	—

Ces lignes grossières étaient surtout en usage à l'intérieur et aux abords des mines ; elles se développèrent particulièrement en Amérique, en Belgique et en Angleterre.

2. Machines. — La traction sur ces voies s'opérait au moyen de chevaux ; l'emploi de machines paraissait chimérique et dangereux ; on s'effrayait à l'idée seule de locomotives portant le feu à travers les forêts et les moissons, épouvantant les troupeaux et devant causer partout les plus graves accidents. En 1823, le chemin de Stockton à Darlington était exploité par chevaux ; de même les bills approuvant les chemins de Liverpool à Manchester (1825) et de Newcastle à Carlisle (1829) prescrivaient l'emploi de chevaux, à l'exclusion des locomotives. En France, la concession des chemins de fer d'Andrézieux à Roanne (1828) ne comportait pas d'autre moyen de traction que ceux en usage sur les routes ordinaires ; et jusqu'en 1834, à l'Ecole des ponts et chaussées, on préconisait les chevaux comme moteurs et on n'y traitait nullement des locomotives.

Cependant le problème de la traction mécanique s'imposait, et c'est naturellement en Angleterre, pays de houilles et d'exploitation minière, que l'esprit public était le plus tendu vers ce progrès.

De 1804 à 1829, différents essais se produisirent sans succès ; c'est la période des tâtonnements : Trevithich applique l'adhérence partielle (1804); Blenkinsop, la crémaillère (1811) ; Brunton, les jambes mobiles (1813); Stephenson, l'adhérence totale avec chaîne sans fin conjuguant les essieux (1814); Hokwarth, l'adhérence totale avec bielle d'accouplement des essieux (1825).

Enfin dans l'année 1829 les Directeurs du chemin de fer de Liverpool à Manchester, cédant, après de longues irrésolutions, aux instances et aux arguments de Georges Stephenson, ancien ouvrier et père du célèbre ingénieur Robert Stephenson, proposèrent un prix de 12.500 francs pour la meilleure locomotive à l'usage des chemins de fer. Dans ce concours, qui eut un grand retentissement, le prix fut décerné à Georges Stephenson ; on y vit fonctionner une machine, *la Fusée,* remorquant 35 tonnes à la vitesse de 25 kilomètres à l'heure. De ce jour date l'histoire des chemins de fer.

Depuis 1829, on ne s'est pas écarté des dispositions essentielles de cette machine, qualifiée par M. Sevène de « chef-d'œuvre de simplicité et d'invention pratique. » Aujourd'hui, comme à cette époque :

— la transmission de l'effort de traction se fait par l'intermédiaire de la réaction tangentielle des roues motrices et du rail, par l'adhérence ou frottement de glissement, soit 1/6 à 1/7 du poids adhérent (principe entrevu par Blacket, 1812) ;

— la chaudière est tubulaire (invention de Marc Seguin, 1828);

— le tirage forcé est produit par l'éjection de la vapeur dans la cheminée (invention de G. Stephenson, 1829) ;

— enfin dans son ensemble la locomotive est un véhicule ayant pour charge les appareils générateurs et moteurs, et dont un des essieux reçoit de ce moteur un mouvement de rotation et au besoin le transmet aux autres par accouplement.

L'accroissement progressif des dimensions et le perfectionnement des organes ont suffi à toutes les tâches ; par sa simplicité, sa grande puissance sous un faible poids et sous un faible volume, par la docilité avec laquelle elle se prête aux conditions les plus variées de travail, la locomotive est restée partout et toujours le mode de traction par excellence ; ainsi, tandis que les premières lignes établies en pentes inférieures à 0m,005 s'écartaient à peine des courbes de niveau, les locomotives actuelles admettent les courbes de 250 mètres et les pentes de 0m,030 et même 0m,035, sans qu'on soit encore obligé de songer à tirer parti des moteurs fixes, ou des crémaillères [1].

8. Voie normale. — L'exploitation de la ligne de Liverpool à Manchester (1830) mit en évidence les avantages des transports rapides, et en peu d'années l'Angleterre fut sillonnée de chemins de fer.

Vers cette époque, une campagne fut engagée par le célèbre ingénieur Brunel contre l'insuffisance de la voie normale de 1m,44, adoptée par simple analogie de la voie charretière ; un certain nombre de lignes furent établies avec une largeur de 2m,13 ; mais on ne tarda pas à reconnaître les inconvénients de cette diversité de largeurs pour les marchandises, et l'enquête de 1845 conclut à l'adoption uniforme de la voie de 1m,44 dans œuvre.

La France n'a suivi ce mouvement qu'avec une certaine

---

(1) Le programme actuel des lignes secondaires à voie normale comporte des courbes de 100 mètres de rayon et des rampes de 30 millimètres (Discours du Ministre des Travaux publics à l'inauguration de la ligne de Cahors à Brives).

NOMS DES ÉTATS	1825	1830	1835	1840	1845	1850	1855	1860	1865	1870	1875	1876	1880	1886
	kil.	kil.	kil.	kil.	kil.	kil.	kil.	kil.	kil.	kil.	kil.	kil.	kil.	kil.
EUROPE.														
Angleterre	40	91	253	1.348	4.080	10.653	13.322	16.787	21.382	23.507	27.190	27.776	»	31.105
France	»	30	141	426	875	3.000	5.526	9.444	13.590	17.762	19.913	20.470	»	33.345
Espagne	»	»	»	»	»	27	444	1.649	4.759	5.293	6.143	6.616	»	9.309
Portugal	»	»	»	»	»	»	35	68	700	719	1.034	1.451	»	1.577
Italie	»	»	»	»	187	425	909	2.000	4.034	6.172	7.709	8.000	»	11.388
Suisse	»	»	»	»	5	27	212	1.097	1.310	1.463	1.767	1.948	»	2.797
Autriche	»	»	13	148	898	1.290	1443	2.876	3.588	5.992	10.234	11.152	»	23.390
Hongrie	»	»	»	»	34	219	550	1.599	2.114	3.461	6.384	6.473	»	
Allemagne	»	»	6	468	2.127	5.855	7.824	11.087	13.899	18.664	27.951	29.330	»	38.264
Belgique	»	»	19	333	576	854	1.332	1.766	2.249	2.996	3.619	3.665	»	4.532
Hollande	»	»	»	17	156	179	314	388	362	1.316	1.709	1.756	»	2.865
Luxembourg	»	»	»	»	»	»	»	»	»	272	272	272	»	
Danemark	»	»	»	»	31	31	31	111	418	704	1.270	1437	»	1.965
Suède	»	»	»	»	»	»	41	530	1.302	1.733	3.987	4.179	»	7.277
Norwège	»	»	»	»	»	»	68	68	278	368	523	594	»	1.568
Russie	»	»	»	27	143	500	1.044	1.590	3.926	11.240	19.427	22.047	»	27.355
Roumanie	»	»	»	»	»	»	»	»	37	436	1.250	1.433	»	1.940
Turquie et Serbie	»	»	»	»	»	»	»	66	66	634	1.004	1.004	»	1.867
Grèce	»	»	»	»	»	»	»	»	»	11	11	11	»	515
Totaux pour l'Europe.	40	121	432	2.768	9.032	23.060	33.097	51.006	74.538	109.804	141.990	150.304	168.416	301.053
AMÉRIQUE	»	66	1.767	4.745	7.873	15.005	32.430	52.972	62.400	94.171	136.387	143.117	170.288	265.661
ASIE	»	»	»	»	»	»	251	1.396	5.665	8.291	12.010	13.300	15.942	24.384
AFRIQUE	»	»	»	»	»	»	146	445	836	1.782	2.475	2.748	4.575	7.259
AUSTRALIE	»	»	»	»	»	»	55	363	847	1.862	3.487	4.018	7.790	14.148
Totaux généraux	40	187	2.199	7.507	16.905	38.075	65.979	117.242	144.336	208.930	296.290	313.487	367.815	512.504

hésitation, comme il résulte du tableau précédent qui donne les progrès des chemins de fer du monde entier de 1825 à 1886. Elle a adopté $1^{m},44$ pour cote normale de la voie, non par un examen dont les éléments lui manquaient, mais simplement en suivant l'exemple des premiers chemins de fer construits.

4. Développement. — On a beaucoup critiqué notre pays et, d'après des proportions basées sur l'étendue du territoire et sur les populations, on a dit que nous étions en retard sur les autres nations. Ces comparaisons sont difficiles et souvent conduisent à des conclusions inexactes, parce que les circonstances locales ne sont jamais identiques ; cependant les chiffres du tableau suivant montrent ce que ces critiques avaient de fondé au point de vue des chiffres :

INDICATION DES PAYS	KILOMÈTRES CARRÉS en 1889	POPULATION en 1889	LONGUEUR des lignes exploitées		LONGUEURS PROPORTIONNELLES				RANG DE CHAQUE ÉTAT			
					par 100 kil. carrés		par 1000 habitants		Année 1869		Année 1889	
			Année 1869	Année 1889	Année 1869	Année 1889	Année 1869	Année 1889	pour la col. (6)	pour la col. (8)	pour la col. (7)	pour la col. (9)
(1)	(2)	(3)	(4)	(5)	(6)	(7)	(8)	(9)				
			kil.	kil.	kil.	kil.	kil.	kil.				
Allemagne.....	540.608	46.852.000	17.322	38.261	3,210	7,07	0,370	0,816	5	5	5	4
Angleterre.....	314.628	35.241.000	24.760	31.698	7,870	10,97	0,703	0,899	2	1	2	2
Belgique.......	29.457	5.975.000	3.052	4.702	10,380	16,00	0,511	0,787	1	2	1	5
France........	528.854	38.219.000	16.954	34.234	3,210	6,47	0,444	0,895	4	4	6	3
Pays-Bas......	32.999	4.451.000	1.480	2.952	4,490	8,94	0,333	0,663	3	6	3	6
Suisse........	41.346	2.846.000	1.380	3.099	3,100	7,49	0,450	1,088	6	3	4	1

Puisque depuis 20 ans on a continué à construire des chemins de fer dans toute l'Europe, c'est qu'on n'en possédait pas suffisamment ; et puisque d'autre part notre accroissement annuel a dépassé la moyenne, c'est que nous étions en retard. Ces conclusions nous paraissent indiscutables.

Mais c'est là le passé. Si les débuts des chemins de fer en France ont été lents et pénibles, les causes doivent en être attribuées aux crises politiques et commerciales au milieu desquelles le réseau a dû être créé, au désir de profiter des progrès de nos devanciers et aussi de leurs fautes.

Après les premiers temps d'incertitude et d'hésitation, notre réseau se constitue solidement avec une idée d'ensemble qu'on ne retrouve pas dans les nations voisines : les lignes rayonnent de la capitale vers nos frontières de terre et de mer, rattachent entre eux les grands ports et les centres de production et de consommation ; leur développement prévu étend ses mailles sur tout le territoire, assure la circulation générale et contribue à la défense du pays ; les lignes de second ordre se groupent ensuite sur ces grandes artères, complètent la défense, se partagent à leur tour et finissent par atteindre et desservir les marchés secondaires dans des conditions identiques à celles des marchés principaux. Aujourd'hui nous avons regagné le temps perdu et nous pouvons déjà envisager l'époque où notre réseau arrivera, sinon à l'immobilité absolue, du moins à un état répondant à tous les besoins actuels du pays.

5. Voie étroite.. — Pour faciliter ou permettre les dernières extensions, sans écraser l'industrie au lieu de la servir, on a dû reconnaître qu'un chemin de fer à voie normale étant un instrument puissant mais très cher, il fallait nécessairement déroger au principe de l'uniformité de la voie pour les lignes à faible trafic.

La commission d'enquête instituée en 1881 a posé résolument le transbordement comme règle générale et la voie étroite a été admise pour le transport des personnes et des choses, à raison des économies qu'elle permet sur les frais de premier établissement et d'exploitation.

Depuis cette époque on a fait un large emploi de la voie étroite ; plus de 1200 kilomètres en France et 900 kil. en Algérie sont aujourd'hui en exploitation, et il est certain que l'application de ce système ira chaque jour en augmentant.

CHAPITRE DEUXIÈME

FORMALITÉS ET RÈGLEMENTS RELATIFS A L'EXÉCUTION DES TRAVAUX

OBSERVATIONS PRÉLIMINAIRES. — CLASSEMENT; DÉCLASSEMENT. — ENQUÊTE D'UTILITÉ PUBLIQUE. — ACTES ET CONTRATS DE CONCESSION. — PROJET DE TRACÉ ET DE TERRASSEMENTS. — ENQUÊTE DES STATIONS. — ACQUISITIONS DE TERRAINS; EXPROPRIATION. — OCCUPATION TEMPORAIRE. — EXÉCUTION ET RÉCEPTION DES TRAVAUX. — POLICE DE VOIRIE ET DE CIRCULATION.

SOMMAIRE :

§ 1. **Observations préliminaires** : DOMANIALITÉ. — PÉAGE ET TRANSPORTS.

§ 2. **Classement et Déclassement** : FORMALITÉS.

§ 3. **Enquête d'utilité publique** : FORMALITÉS.

§ 4. **Actes et contrats de concession** : ACTES. — CONTRATS. — MODES DE CONCESSION. — CARACTÈRES DU CONTRAT DE CONCESSION. — RÈGLES SPÉCIALES. — FORMES DES CONCESSIONS.

§ 5. **Projet de tracé et de terrassements** : RÉDACTION. — APPROBATION.

§ 6. **Enquête sur le nombre et l'emplacement des stations** : FORMALITÉS.

§ 7. **Acquisitions de terrains ; Expropriation** : CESSION AMIABLE. — LOI DE 1841 : *Désignation des territoires traversés, Enquête parcellaire, Arrêté de cessibilité, Jugement d'expropriation, Jury d'expropriation, Nature des dommages donnant lieu à indemnité.* — DÉCRET D'URGENCE. LOI DU 21 MAI 1836.

§ 8. **Occupation temporaire** : FORMALITÉS. — INDEMNITÉS.

§ 9. **Exécution et réception des travaux** : MODE D'EXÉCUTION. — PROJET D'EXÉCUTION. — ADJUDICATION. — FORME DES MARCHÉS SUR SÉRIE DE PRIX. — SURVEILLANCE. — DÉLAI D'EXÉCUTION. — RÉCEPTION. — REMISE DES ROUTES, CHEMINS ET COURS D'EAU.

§ 10. **Police de voirie et de circulation** : SERVITUDES ET CONSERVATION DES TRAVAUX. — OBSERVATION.

CHAPITRE II

FORMALITÉS ET RÈGLEMENTS RELATIFS A L'EXÉCUTION DES TRAVAUX

§ 1.

OBSERVATIONS PRÉLIMINAIRES.

6. Domanialité. — Jusqu'en 1875, il n'existait qu'une seule catégorie de chemins de fer, rangée dans la *grande voirie*, c'est-à-dire servant à la circulation d'intérêt général ; mais depuis, trois nouvelles catégories se sont distinguées faisant également partie de la grande voirie : les chemins d'intérêt local, les chemins industriels, enfin les chemins dits tramways établis accessoirement sur le sol même des routes.

Tous les chemins de fer appartiennent donc au domaine public divisé, suivant l'autorité qui les administre et l'origine des ressources affectées à leur établissement et à leur entretien, en *domaine public national, départemental* ou *communal*.

Les chemins de fer d'intérêt général et les tramways établis en totalité ou en partie sur les routes nationales se rattachent au domaine public national ; les chemins de fer d'intérêt local et les tramways établis sur le réseau départemental ou de grande vicinalité, au domaine public départemental ; enfin les chemins de fer d'intérêt local établis par une commune sur son territoire et les tramways établis dans les mêmes conditions sur un chemin vicinal ordinaire ou sur un chemin rural, au domaine public communal.

De la domanialité résulte le fait fondamental que les voies ferrées sont inaliénables et imprescriptibles.

Quant aux distinctions que nous venons de rappeler, elles sont importantes en ce qui concerne les règles relatives aux concessions, à l'exécution des travaux et aux ressources qui leur sont applicables.

En règle générale, les dépenses faites pour les voies de communication sont attribuées au budget de l'État, des départements ou des communes, suivant qu'il s'agit de voies faisant partie du domaine public national, départemental ou communal, et la tâche de l'administration consiste seulement à construire, à entretenir et à surveiller, par suite de la gratuité de l'usage des routes et chemins.

7. Péage et Transports. — La situation est différente pour les chemins de fer : d'une part, les dépenses d'établissement sont trop importantes pour permettre d'abandonner l'intérêt des capitaux engagés, c'est-à-dire la taxe spéciale de *péage* ; et, d'autre part, les voies ne pouvant pas être ouvertes à la libre circulation des particuliers et de tous les entrepreneurs de transports, la nécessité d'un matériel spécial et d'une circulation réglée impose l'unité d'exploitation, entre les mains d'un même entrepreneur moyennant le paiement des *prix de transport* proprement dits.

Ainsi l'État, les départements et les communes se trouvent en présence de trois solutions : construire et exploiter, construire et faire exploiter, ou bien enfin se décharger de la construction et de l'exploitation en faveur d'un concessionnaire. C'est ce dernier système qui domine en France.

Dans tous les cas, même pour les lignes exploitées directement par l'État, le prix unique de transport comprend implicitement le péage et le prix de transport proprement dit.

§ 2.

CLASSEMENT ET DÉCLASSEMENT.

8. Formalités. — Le premier acte préparatoire de la période d'exécution est celui du classement. C'est une mesure d'ordre et de méthode de nature à sauvegarder les intérêts généraux ; mais elle n'est nullement obligatoire. Les études préliminaires ne sont soumises à aucun règlement et sont toujours sommaires.

En France, il n'y a eu que deux classements proprement dits en 1842 et en 1879, ayant consacré un programme pour la constitution du réseau (1).

Le classement, n'étant qu'une simple constatation préalable du caractère d'utilité des lignes qu'il comprend, peut être annulé dans le cas où les circonstances viennent réduire cette utilité. Le déclassement peut être prononcé, soit par une loi spéciale ; soit, d'accord avec le département, par la déclaration d'utilité publique du chemin à titre d'intérêt local. Mais si le chemin est déjà déclaré d'utilité publique, une loi est évidemment nécessaire et le déclassement doit être précédé des mêmes formalités que la déclaration d'utilité publique.

---

(1) Voir nos 41 et 67.

§ 3.

ENQUÊTE D'UTILITÉ PUBLIQUE.

9. Formalités. — Aux termes des lois des 7 juillet 1833, 3 mai 1841, 27 juin 1870 et 11 juin 1880, les chemins de fer ne peuvent être exécutés qu'en vertu d'une loi ou d'un décret rendu après une enquête administrative.

L'initiative est prise, suivant les cas, soit par l'administration, soit par les compagnies ou les personnes qui ont l'intention de solliciter la concession. Toutefois, il ne peut être procédé à aucune étude sur le terrain qu'en vertu d'une instruction ou avec l'adhésion préalable du ministère des travaux publics. Ces prescriptions se justifient par la nécessité d'écarter les projets inutiles et de régulariser l'introduction des opérateurs dans les propriétés privées.

(*a*).—S'il s'agit d'un chemin de fer d'intérêt général ou d'intérêt local dont l'assiette reste en dehors des voies publiques, les formes de l'enquête sont réglées par les ordonnances des 18 février 1834 et 15 février 1835; elle s'ouvre sur un avant-projet, dressé en conformité du programme du 14 janvier 1850 et comprenant les pièces suivantes :

1° Carte générale du tracé au 80.000ème ;
2° Profil en long au 40.000ème pour les longueurs et au 2.000ème pour les hauteurs ;
3° Profils en travers spéciaux au 200ème ;
4° Devis descriptif ;
5° Note explicative avec estimation sommaire des dépenses et appréciation des avantages de l'entreprise;
6° Tarif des taxes à percevoir en cas de concession.

L'enquête se fait, suivant les cas, aux chefs-lieux des départements traversés ou au chef-lieu d'arrondissement; elle y est annoncée par voie d'affiches et de publications. Un registre reste ouvert pendant une durée qui varie de 15 jours à 4 mois, pour recevoir les observations du public; les chambres de commerce, les chambres consultatives des arts et manufactures sont invitées à délibérer. Une commission composée de 9 membres au moins et 13 au plus, désignée par le préfet, ainsi que son président, examine dans chaque département les déclarations consignées aux registres d'enquête, entend les ingénieurs de l'Etat, recueille tous renseignements qui lui semblent nécessaires, et dans le délai d'un mois dresse un procès-verbal de ses opérations et donne un avis motivé sur l'utilité de l'entreprise; l'ensemble des pièces du dossier est ensuite transmis au préfet qui les adresse avec son avis à l'administration supérieure, dans le délai de 15 jours.

Si la ligne des travaux n'excède pas les limites d'un arrondissement, le délai d'ouverture des registres et du dépôt des pièces est fixé au plus à un mois et demi, et au moins 15 jours; la commission se réunit au chef-lieu d'arrondissement et le nombre de ses membres n'est plus que de cinq à sept.

(*b*). — S'il s'agit d'un tramway ou d'un chemin de fer d'intérêt local devant emprunter le sol d'une voie publique, les formes de l'enquête sont déterminées par le règlement d'administration publique du 18 mai 1881. L'enquête s'ouvre sur un avant projet comprenant :

1° Une carte au 80.000^{ème};
2° Un plan général au 10.000^{ème};
3° Un profil en long aux échelles de 50.000^{ème} pour les longueurs et 1.000^{ème} pour les hauteurs;
4° Des profils en travers types à l'échelle de 0^{m},02;
5° Un plan des traverses suivies par le tramway à l'échelle de 0^{m},005;
6° Un mémoire descriptif, avec indication du genre de service auquel le tramway doit être affecté, des tarifs, du mode d'exploitation projeté et du mode de traction.

La commission d'enquête se compose de sept membres au moins et de neuf au plus, elle désigne son président. Les pièces ci-dessus et les registres destinés aux observations restent déposés pendant un mois à la mairie du chef-lieu de canton que la ligne doit traverser, ou à la mairie de la commune, si la ligne ne sort pas du territoire d'une commune; en outre, le plan de chaque traverse est déposé pendant le même temps avec un registre spécial à la mairie de la commune traversée. A l'expiration du délai ci-dessus fixé, la commission se réunit, examine le dossier, recueille tous les renseignements dont elle peut avoir besoin, entend les ingénieurs de l'Etat et donne son avis motivé dans le délai de 15 jours; les chambres de commerce et à défaut les chambres consultatives des arts et manufactures, les conseils généraux et municipaux dont la voie doit traverser les territoires sont appelés à délibérer.

Ces formalités remplies, le préfet adresse dans le plus bref délai possible le dossier complet, avec l'avis des ingénieurs et son avis particulier, au ministre qui statue, après avis du conseil général des ponts et chaussées.

Ainsi est close la série des formalités de l'instruction préalable à la déclaration d'utilité publique; toutefois la loi du 11 juin 1880 sur les chemins de fer d'intérêt local et les tramways ajoute que l'utilité publique est déclarée et l'exécution est autorisée par décret délibéré en Conseil d'Etat, sur le rapport du Ministre des travaux publics, après avis du Ministre de l'Intérieur.

§ 4.

ACTES ET CONTRATS DE CONCESSION

10. Acte de concession. — Après l'enquête, il est

généralement procédé à la concession. Intervient alors l'acte de l'autorité qui déclare l'utilité publique, autorise l'exécution des travaux et approuve les conventions passées avec les concessionnaires.

Cet acte est une loi pour les chemins de fer d'intérêt général dont la longueur est supérieure à 20 kilomètres et pour les chemins de fer d'intérêt local, un décret rendu en la forme des règlements d'administration publique, pour les tramways et les embranchements d'intérêt général dont la longueur est inférieure à 20 kilomètres.

Pour certaines lignes d'intérêt général, l'utilité publique a été déclarée et les travaux autorisés sans qu'aucun concessionnaire ait été indiqué. Dans ces conditions, le ministre est autorisé à entreprendre directement les travaux (1860, 1861, 1868, 1878 à 1880), ou bien il doit trouver un concessionnaire dont les contrats ne deviennent valables et définitifs qu'après l'homologation par une loi.

11. Contrats de concession. — Les concessions sont accordées par l'Etat lorsqu'il s'agit d'un chemin de fer d'intérêt général, ou d'un tramway à établir en tout ou partie sur une voie dépendant du domaine public de l'Etat.

Elles sont accordées par le Conseil général, au nom du département, lorsqu'il s'agit d'un chemin de fer d'intérêt local à établir sur le territoire d'une ou plusieurs communes, ou d'un tramway dont la voie ferrée, sans emprunter une route nationale, doit être établie en tout ou partie, soit sur une route départementale, soit sur un chemin de grande communication ou d'intérêt commun, ou doit s'étendre sur le territoire de plusieurs communes.

Enfin, elles sont accordées par le Conseil municipal au nom de la commune, s'il s'agit d'un chemin de fer d'intérêt local à établir par une commune sur son territoire, ou d'un tramway dont la voie ferrée serait entièrement établie sur le territoire de la commune et sur un chemin vicinal ordinaire, ou sur un chemin rural.

12. Modes de concession. — Les concessions sont attribuées par voie d'adjudication publique ou par voie de concession directe. Ces deux procédés ont été successivement employés, sans qu'on soit arrivé à établir bien nettement la supériorité de l'un sur l'autre. D'une part, il apparait que l'adjudication est la forme la plus propre à sauvegarder les intérêts du Trésor et à dégager la responsabilité de l'administration ; mais d'autre part l'expérience a montré que, malgré les précautions prises pour écarter les personnes et les sociétés qui ne paraissent pas offrir de garanties suffisantes, l'adjudication n'était pas toujours le meilleur moyen de mettre la concession d'un chemin de fer dans des mains sûres.

13. Caractère du contrat de concession. — Le caractère distinctif du contrat de concession est que l'entrepreneur ou la société qui s'engage à exécuter un travail, avec ou sans subvention, en est rémunéré non pas directement par le bailleur, mais par le droit de percevoir de ceux qui en feront usage une rétribution, comprenant à la fois le *péage* pour l'usage des travaux et le *transport* pour l'usage du matériel. Le concessionnaire n'est ni propriétaire, ni usufruitier, ni locataire de la voie qui lui est concédée, il n'a sur elle aucun droit réel puisque le domaine public ne saurait en faire l'objet ; par suite il ne peut transférer des droits réels sur sa concession, notamment il ne peut pas l'hypothéquer.

Indépendamment de l'abandon des droits de péage, le concessionnaire peut recevoir des subventions ou des garanties d'intérêt pour couvrir l'excédent des charges de construction et d'exploitation sur les recettes; cette assistance a dû s'étendre avec la création des lignes improductives, et sauf des cas exceptionnels toute concession nouvelle implique aujourd'hui une demande de garantie d'intérêt.

14. Règles spéciales relatives aux concessions. — Ces règles se trouvent, soit dans les lois générales (11 juin 1842, 15 juillet 1845, 10 juin 1853), soit dans des règlements d'administration publique (15 nov. 1846), soit dans les conventions passées avec les concessionnaires, soit enfin dans les cahiers des charges qui règlent les conditions de l'exécution des travaux, de leur entretien, de l'exploitation et déterminent les conditions, les tarifs, les exemptions ou réductions de prix, la durée de la concession et la manière dont elle peut prendre fin [1].

Nous rappellerons seulement les deux dispositions suivantes :

(*a*). — De même que l'Etat, les départements et les communes exécutent la plupart des grands travaux au moyen de fonds provenant d'emprunts, de même les compagnies, jusqu'en 1851, se constituaient avec un capital-actions suffisant pour terminer les lignes de leurs concessions primitives ; mais depuis, le capital est réalisé partie sous forme d'actions et partie sous forme d'obligations, sous la réserve de certaines mesures protégeant les créanciers contre les actionnaires, spécialement de la proportion à maintenir entre les actions et les obligations.

Pour les grandes compagnies dont la situation exceptionnelle donne à leur créancier des garanties considérables, ce rapport s'est abaissé successivement jusqu'au septième.

Pour les compagnies nouvelles, qui n'ont pas encore

(1) Voir les *Annexes*.

de revenus, l'égalité du capital-action et du capital-obligation a été consacré par la loi du 11 juin 1880 sur les chemins de fer d'intérêt local et sur les tramways. Il est certain que cette proportion est une entrave à la constitution des capitaux et nuit à l'extension du réseau. La loi, dit M. Martin [1], a voulu prévoir ainsi le cas où la dépense de premier établissement dépasserait de 50 pour cent les prévisions du maximum garanti par l'acte de concession, ou bien le cas où les dépenses d'exploitation dépasseraient le chiffre maximum, déterminé par cet acte, du montant de l'intérêt de la moitié du capital de construction. Mais l'un et l'autre cas sont également invraisemblables ; l'égalité du capital-action et du capital-obligation n'est donc pas nécessaire et cette proportion doit être abaissée.

(*b*). — Depuis 1852, la durée des concessions a été uniformément réglée à 99 années, à l'expiration desquelles l'autorité qui a fait la concession entre de plein droit en possession des lignes concédées sans avoir à payer autre chose que la valeur du matériel roulant [2]. Toutefois, dans le cas où l'Etat ne veut pas attendre cette échéance naturelle, l'art. 37 du cahier des charges, complété par l'art. 12 de la loi du 23 mars 1874 (loi Montgolfier), lui donne la faculté d'entrer en possession des lignes concédées au moyen de la clause du rachat [3]. La loi de 1880 réserve les mêmes droits aux départements et aux communes ayant donné concession de chemins de fer ou de tramways.

15. Forme des actes et contrats de concession. — En définitive l'acte de concession direct comprend trois instruments distincts :

---

(1) *Du régime des chemins de fer secondaires*, 1891.

(2) Pour les tramways actuellement concédés, la durée de la concession est généralement de 75 ans.

(3) Voir n° 49.

1° La *convention*, qui définit l'objet de la concession, soumet le concessionnaire au cahier de charges, stipule les concours financiers. Elle est signée par les deux parties contractantes : d'une part, le ministre des travaux publics au nom de l'État, le préfet ou le maire au nom du département ou de la commune ; d'autre part, le concessionnaire.

2° Le *cahier des charges*, qui détermine les conditions de construction, d'entretien et d'exploitation ; la durée de la concession, les clauses de rachat et de déchéance ; les taxes, etc. Il est arrêté par le ministre, le préfet ou le maire et accepté par le concessionnaire.

3° Enfin, la *loi* ou *décret de concession* proprement dit, qui approuve la convention provisoire passée entre le ministre, le préfet ou le maire d'une part, et le concessionnaire, d'autre part, et qui contient toutes les dispositions d'ordre public, telles que les règles relatives à la formation du capital, à l'émission des obligations, à la publicité des résultats de l'exploitation, etc.

En cas de concession par voie d'adjudication, un arrêté ministériel ou préfectoral désigne les lignes dont la concession doit être adjugée, et fait connaître les conditions de l'adjudication, conformément aux lois, cahiers des charges et conventions qui s'y rapportent. Le contrat est conclu sous la forme :

1° D'une *soumission* par laquelle le soumissionnaire déclare avoir pris parfaite connaissance du dossier d'adjudication et formule ses offres ;

2° D'une *loi* qui homologue l'adjudication, s'il s'agit d'un chemin de fer d'intérêt général, ou des trois instruments rappelés ci-dessus s'il s'agit d'un chemin de fer d'intérêt local ou d'un tramway.

De plus longs développements sortiraient du cadre d'un

aperçu général; nous renvoyons pour le surplus aux excellents ouvrages de M. Aucoc et de M. Picard.

§ 3.

PROJET DE TRACÉ ET DE TERRASSEMENTS.

16. Rédaction. Approbation. — Après l'accomplissement des formalités d'enquête et l'approbation de la concession, le service des Ingénieurs dresse le projet de tracé et de terrassements, conformément au programme du 14 janvier 1850, savoir :

1° Carte au 80.000ème.
2° Plan au 10.000ème.
3° Profil en long au 10.000ème pour les longueurs et au 1.000ème pour les hauteurs.
4° Profils en travers-types au 100ème.
5° Profils en travers spéciaux au 200ème.
6° Devis descriptif.
7° Avant-métré.
8° Estimation sommaire des ouvrages.
9° Procès-verbaux de conférences avec les services intéressés.
10° Rapport des ingénieurs.

Les projets de chemins de fer d'intérêt général sont approuvés par le ministre des travaux publics.

Pour les projets de chemins de fer d'intérêt local, le Préfet, après avoir pris l'avis de l'ingénieur en chef du département, les soumet au Conseil général qui statue définitivement. Cependant, dans les deux mois qui suivent la délibération, le ministre des travaux publics, sur la proposition du Préfet, peut, après avoir pris l'avis du Conseil général des Ponts et Chaussées, appeler le Conseil général du département à délibérer à nouveau sur lesdits projets. Si la ligne s'étend à plusieurs départements et s'il y a désaccord entre les Conseils généraux, le Ministre statue.

S'il s'agit d'un chemin concédé par un Conseil municipal, les attributions exercées par le Conseil général appartiennent au Conseil municipal, dont la délibération est soumise à l'approbation du Préfet.

Enfin dans les projets de tramways, on suit les règles précédentes ; et, si la concession est accordée par l'Etat, l'approbation du projet de tracé et de terrassements appartient au Ministre des travaux publics.

§ 6.

ENQUÊTE SUR LE NOMBRE ET L'EMPLACEMENT DES STATIONS

17. Formalités. — Après l'approbation du projet de tracé et de terrassements, aux termes de l'art. 9 du cahier des charges de la concession, il y a lieu de procéder à une enquête spéciale sur le nombre et l'emplacement des stations et sur la disposition des chemins d'accès qui relient ces stations aux voies existantes (1). Cette enquête s'ouvre sur un dossier composé des pièces suivantes :

(*a*). — Pour chaque commune du lieu des stations,

1° Une carte générale du tracé au 80.000ème.
2° Un profil en long limité à l'arrondissement, aux échelles de 40.000ème pour les longueurs et 4.000 pour les hauteurs.
3° Un plan au 5.000ème de l'emplacement de la station, avec indication des voies d'accès.
4° Une notice explicative.

(*b*). — Pour les communes intéressées dans un rayon de 5 kilomètres environ,

1° Une carte au 80.000ème.
2° Une notice explicative.

---

(1) Circulaires des 25 janvier 1854, 9 août 1859 et 21 février 1877 ; voir les *Annexes*.

Un registre est ouvert pendant huit jours dans chaque commune où une station est projetée, pour recevoir les observations d'ordre général sur les emplacements proposés, et les Conseils municipaux de toutes les communes intéressées sont appelés à en délibérer. A l'expiration du délai de huitaine, le dossier est placé sous les yeux d'une commission composée de huit à dix membres, présidée par le Sous-Préfet, et dont fait partie à titre consultatif l'ingénieur des travaux. Cette commission délibère pendant huit jours. Ce délai expiré, le dossier est transmis au Préfet et l'approbation se poursuit dans les conditions précédemment indiquées pour le projet de tracé et de terrassements.

En ce qui concerne les tramways, le nombre et l'emplacement des stations et haltes, indiqués au projet d'enquête et spécifiés au cahier des charges, sont arrêtés lors de l'approbation du projet définitif, sans qu'il soit procédé à une enquête spéciale.

§ 7.

ACQUISITIONS DE TERRAINS. EXPROPRIATION.

18. Cession amiable. — La déclaration d'utilité publique a pour objet de constater que les travaux sont réclamés par l'intérêt général qui, désormais, toutes les fois que ce sera nécessaire, devra l'emporter sur l'intérêt particulier ; c'est une mesure préalable qui entraîne implicitement l'expropriation sans la prononcer.

Les acquisitions de terrains peuvent être traitées de gré à gré et les compagnies, pour éviter les exagérations du jury et hâter l'occupation des terrains, poursuivent les *cessions amiables* autant qu'elles ne rencontrent pas de résistance. Mais, s'il faut vaincre l'opposition des propriétaires refusant la cession amiable de leurs immeubles, ou ne s'accordant pas sur les prix de vente, ou s'il faut surmonter les difficultés légales relatives à l'aliénation des biens de mineurs ou de femmes mariées sous le régime dotal, la dépossession forcée, l'expropriation est nécessaire. Elle est réglée par la loi du 3 mai 1841, qui détermine les formalités préalables, les conditions de la prise de possession et le mode de fixation et de paiement des indemnités.

19. Loi du 3 mai 1841 (1). — *Désignation des territoires traversés.* — Après la déclaration d'utilité publique doit intervenir un arrêté du préfet qui désigne les *localités et les territoires traversés*, lorsque cette désignation ne résulte pas de la loi autorisant les travaux.

20. *Enquête parcellaire.* — Puis, les plans de l'administration devenant précis, commence pour les propriétaires l'examen de tous les droits propres à les garantir : dans chaque commune traversée s'ouvre une *enquête* dite *parcellaire*, où les terrains et les édifices dont la cession paraît nécessaire sont mis sous les yeux du public ; chaque dossier comprend :

1° Plan général au 10.000ème de la commune ;
2° Profil en long aux échelles de 10.000ème pour les longueurs et 1.000ème pour les hauteurs ;
3° Plan parcellaire au 1.000ème des propriétés à acquérir dans la commune ;
4° Tableau des propriétés à acquérir ;
5° Tableau des ouvrages à exécuter pour le maintien des communications et l'écoulement des eaux ;
6° Notice explicative.

Tandis que l'enquête d'utilité publique et l'enquête sur les stations concernaient les questions d'ordre général,

(1) Voir les *Annexes*.

l'enquête parcellaire concerne au contraire les questions de détail relatives aux intérêts privés.

Elle est annoncée dans chaque commune traversée par voie d'affiche et de publication ; un registre est ouvert à la mairie pendant huit jours ; les déclarations et réclamations des intéressés y sont consignées ou annexées. A l'expiration du délai de huitaine, une commission présidée par le sous-préfet et composée de quatre membres du conseil général du département ou du conseil d'arrondissement, désignés par le préfet, du maire de la commune où les propriétés sont situées et de l'un des ingénieurs chargés de l'exécution des travaux, se réunit au chef-lieu de l'arrondissement, entend les observations orales et émet un avis.

Les observations produites dans cette enquête ne peuvent porter sur le tracé déclaré d'utilité publique, et c'est sans utilité qu'on y introduirait des questions de dommages qui sont exclusivement de la compétence du jury d'expropriations ; elles sont limitées aux questions des voies de communication et de l'écoulement des eaux, et aux alignements particuliers en exécution du tracé général, dont certains propriétaires se plaindraient comme projetés par ménagement ou complaisance pour d'autres héritages et dans une pensée de vexation pour eux-mêmes.

Les opérations de la commission doivent être terminées dans le délai de dix jours, après quoi les pièces sont adressées immédiatement par le sous-préfet au préfet. Si la commission propose quelques changements au tracé indiqué par les ingénieurs, il en est donné avis aux propriétaires intéressés ; ceux-ci ont huit jours pour fournir leurs observations sur les modifications dont communication leur est faite sans déplacement et sans frais à la sous-préfecture. Dans les trois jours suivants, le dossier est transmis à la préfecture.

21. *Arrêté de cessibilité.* — Sur le vu du procès-verbal d'enquête, sur le rapport des ingénieurs du contrôle, le préfet prend un *arrêté de cessibilité* déterminant les propriétés qui doivent être cédées pour l'établissement du chemin de fer, et prescrivant les ouvrages à exécuter pour assurer le maintien des communications et l'écoulement des eaux. Dans le cas où la commission conclurait à une modification de tracé, le préfet devrait surseoir jusqu'à la décision ministérielle approuvant définitivement les états et plans parcellaires.

22. *Jugement d'expropriation.* — Dans les trois jours, sur la requête du procureur de la république, le tribunal, après vérification de la régularité de l'enquête parcellaire, prononce le *jugement d'expropriation* et commet un de ses juges pour remplir les fonctions attribuées au magistrat-directeur du jury ; ce jugement est affiché et publié par extrait dans la commune de la situation du lieu, et cet extrait est notifié aux expropriés.

Dans la huitaine qui suit la notification, le propriétaire est tenu de faire connaître tous ceux qui ont sur l'immeuble des droits d'usufruit, de servitude ou autres, les locataires, et tous ceux pour qui l'expropriation peut ouvrir un droit à indemnité ; faute de quoi il restera seul chargé de les indemniser.

23. *Jury d'expropriation.* — La compagnie notifie à chacun l'offre de l'indemnité qu'elle juge équitable ; les intéressés répondent en demandant la somme à laquelle ils croient avoir droit, puis il est statué entre les prétentions contraires par le *jury d'expropriation.* Sur la requête du procureur, la cour ou le tribunal du chef-lieu du département désigne 16 jurés titulaires et 4 jurés supplémentaires sur la liste beaucoup plus nombreuse dressée chaque année par le conseil général du département ;

après récusations des deux parties, le nombre des jurés est ramené à 12. Le jury se transporte sur les lieux; l'instruction et les plaidoiries terminées, il fixe le montant des indemnités, sans que celles-ci puissent être inférieures à l'offre, ni supérieures à la demande; dans ces limites il doit être tenu compte de tous les dommages résultant des travaux, tels qu'ils sont définis aux dossiers. La décision est rendue exécutoire par la déclaration du magistrat-directeur. Les indemnités fixées par le jury sont acquittées entre les mains des ayant-droits, préalablement à la prise de possession; en cas de refus du propriétaire, la prise de possession a lieu après offres réelles et consignation.

Cependant les compagnies, pour faciliter ou étendre les travaux, poursuivent, au cours des formalités de l'expropriation, le *consentement à la prise de possession* des terrains préalablement au règlement des indemnités, sous la réserve qu'à dater de l'entrée en jouissance elles paieront 5 0/0 du montant de l'indemnité, à régler ultérieurement soit à l'amiable, soit par le jury.

24. *Nature des dommages donnant lieu à indemnité.* — L'indemnité accordée par le jury doit tenir compte de tous les dommages directs et matériels qui sont la *suite de l'expropriation* : valeur du terrain ou des bâtiments expropriés, morcellement, dépréciation, interception de communications, allongement de parcours, déclôture et reclôture, etc.; ils ne comprennent que les dommages résultant nécessairement de l'expropriation et ceux que causeront tous travaux nettement définis par les pièces soumises à l'enquête parcellaire; les autres sont de la compétence exclusive du conseil de préfecture. (1)

(1) Lois du 28 pluviôse an VIII et du 16 septembre 1807 (Voir les *Annexes*). Parmi les dommages ressortant de l'exécution des travaux, nous citerons notamment le changement des conditions de salubrité ou d'accès, le

Cependant l'expérience a montré que les jurés n'étaient pas tenus par les termes de la loi dans des limites suffisamment étroites, et qu'ils dépassaient souvent la valeur à attribuer aux propriétaires proportionnellement aux sacrifices faits; c'est ainsi que l'augmentation du prix des terrains a toujours été croissante et que certaines allocations ont été exorbitantes. La loi de 1841 devra être révisée. Depuis longtemps la réforme est à l'ordre du jour. Personne ne demande à diminuer les garanties dont la propriété est entourée; mais le respect de la propriété ne peut aller jusqu'à rendre l'Etat ou la compagnie victime d'allocations tellement excessives qu'elles arrivent parfois à enrayer les progrès des travaux publics.

On a songé à améliorer le mode de nomination du jury par le choix d'une liste provisoire faite par les soins du conseil général sur la liste du jury criminel, et de laquelle la liste définitive sortirait par la voie du sort. Mais la base la plus efficace de réforme consisterait dans des expertises contradictoires et obligatoires, toutes les fois qu'il n'y aurait pas eu entente amiable entre les parties. Les décisions du jury fixeraient ensuite les indemnités, conformément aux dispositions de la loi actuelle, c'est-à-

---

défaut d'écoulement des eaux, les chambres d'emprunt, la suppression des sources taries par les travaux, le glissement du sol, les dégâts aux maisons, l'ébranlement des maisons, etc.

Mais il résulte de la jurisprudence concernant ces questions, fort délicates, que l'on doit distinguer ce qui était une conséquence forcée ou connue des travaux de ce qui n'était pas dans ce cas (voir l'arrêt du conseil d'Etat du 12 mai 1852, de Niort, et aussi ceux du 8 décembre 1853, Dumont, et du 10 novembre 1882, Fouché). M. Aucoc signale comme devant être pris en considération par le jury (et par conséquent ne pouvant donner lieu à action distincte postérieure), les dommages causés par les difficultés d'accès, si le travail doit s'exécuter dans des conditions définitivement arrêtées au moyen de déblais ou de remblais.

Les dommag s éventuels, qui, peut-être, ne seront pas la conséquence des travaux, ne doivent pas être compris dans les chefs d'indemnité devant le jury (G. Lechalas, *Manuel de droit administratif*, I, p. 255).

dire entre les offres et les demandes dûment appuyées sur les documents de ces expertises. Ce mécanisme ajouterait beaucoup aux lumières, et par suite augmenterait la compétence et assurerait l'impartialité du jury.

25. Décret d'urgence. — Lorsqu'il y a urgence à prendre possession d'un terrain non bâti, cette urgence peut, après le jugement d'expropriation, être déclarée par décret spécial rendu sur la proposition du Ministre des travaux publics [1]. Les intéressés sont assignés à 3 jours devant le tribunal civil ; ils font une demande en consignation ; le tribunal statue immédiatement ou après transport sur les parcelles à acquérir ; les opérations doivent être terminées dans le délai de cinq jours, et trois jours après le tribunal détermine la somme à consigner, y compris l'intérêt à 5 p. 100 pendant deux ans, et envoie l'expropriant en possession. Les formalités sont ainsi comprises au plus dans le délai de 13 jours à partir de la première assignation. Le règlement définitif est porté devant le jury à la poursuite de la partie la plus diligente.

26. Loi du 21 mai 1836. — L'expropriation pour l'établissement d'un tramway peut être opérée conformément à l'art. 16 de la loi du 21 mai 1836 sur les chemins vicinaux, et à l'art. 2 de la loi du 8 juin 1864 sur les rues formant le prolongement des chemins vicinaux. [2]

Aux termes de la loi de 1836, le jury spécial chargé de régler les indemnités d'expropriation d'un tramway n'est composé que de quatre jurés. Pour présider et diriger ce petit jury, le tribunal, en prononçant l'expropriation, désigne l'un de ses membres ou le juge de paix du canton qui a voix délibérative. Le tribunal

---

(1) Voir les *Annexes*.
(2) Id.

choisit sur la liste générale prescrite par l'art. 29 de la loi du 7 juillet 1833 quatre jurés titulaires et trois jurés supplémentaires; les parties peuvent exercer chacune une récusation péremptoire. Le procès-verbal du juge emporte translation définitive de la propriété.

Aux termes de la loi du 8 juin 1864, le redressement et l'élargissement des rues formant le prolongement des chemins vicinaux a lieu conformément aux dispositions de la loi du 3 mai 1841, combinées avec celles de l'art. 16 précité de la loi de 1836.

§ 8.

OCCUPATIONS TEMPORAIRES.

27. Formalités. Indemnités. — Lorsqu'il y a lieu d'occuper temporairement un terrain, soit pour y extraire des terres ou des matériaux, soit pour tout autre objet relatif à l'exécution des travaux, les ingénieurs adressent au préfet une demande comprenant:

1° Rapport, indiquant l'objet de l'occupation.
2° Etat des parcelles à occuper temporairement.
3° Extrait de plan parcellaire au millième.

Le préfet autorise l'occupation par un arrêté qui vise ces différentes pièces et auquel est joint un exemplaire du décret du 8 février 1868, relatif aux formalités à suivre au sujet des occupations temporaires de terrains (1). L'arrêté est notifié au propriétaire intéressé.

A défaut de convention amiable avec le propriétaire, l'entrepreneur demande le constat des lieux par deux experts dans le délai de dix jours; immédiatement après

(1) Voir les *Annexes*.

les constatations contradictoires, l'entrepreneur peut occuper le terrain et y commencer les travaux autorisés par l'arrêté du préfet, tous les droits du propriétaire étant réservés en ce qui concerne le règlement de l'indemnité.

Après l'achèvement des travaux, et, s'ils doivent durer plusieurs années, à la fin de chaque campagne, il est fait une nouvelle constatation des lieux. A défaut d'accord entre l'entrepreneur et le propriétaire pour l'évaluation partielle ou totale de l'indemnité, il est procédé par voie d'expertise, conformément à la loi du 16 septembre 1807 et à celle du 22 juillet 1889 [1].

La servitude imposée en vue des travaux publics, telle qu'elle est réglée par le décret du 8 février 1868, a été l'objet de diverses critiques. La question prise et abandonnée différentes fois a fait en 1884 l'objet d'un projet de loi dont les traits essentiels étaient les suivants :

— L'entrée des agents de l'administration dans les propriétés privées serait subordonnée à un arrêté du préfet indiquant les communes sur lesquelles les études doivent être faites.

— Les propriétés attenant aux habitations et closes de murs seraient soustraites à l'occupation temporaire.

— L'occupation autorisée par arrêté du Préfet, les propriétaires devraient être prévenus 10 jours à l'avance du jour de la constatation contradictoire de l'état des lieux. En cas de désaccord sur l'état des lieux, l'occupation ne pourrait avoir lieu avant que le conseil de préfecture, saisi par la partie la plus diligente, ne l'ait autorisée.

— Le règlement de l'indemnité serait maintenue à la juridiction administrative : l'expertise, comme en matière civile, est confiée à 1 ou 3 experts, et la disposition

(1) Voir les *Annexes*.

de la loi du 16 septembre 1807, qui rend obligatoire la désignation de l'Ingénieur en chef comme tiers expert, serait écartée.

— Les propriétaires devraient faire connaître les tiers qui pourraient avoir des indemnités à réclamer.

— En cas de carrière nouvellement ouverte, le propriétaire recevrait à titre d'indemnité la moitié de la valeur des matériaux extraits, sous déduction des frais d'exploitation.

Ce projet de loi, dont l'objet était de garantir plus efficacement le propriétaire contre toute occupation anticipée est resté sans suite jusqu'à présent, si ce n'est que la loi de 1889 sur les conseils de préfecture a définitivement réglé les conditions de l'expertise conformément au projet de loi de 1884.

§ 9.

EXÉCUTION ET RÉCEPTION DES TRAVAUX

28. Mode d'exécution. — Il nous reste, pour compléter l'exposé rapide des différentes phases de la construction d'un chemin de fer, à parler de l'exécution même des travaux par les concessionnaires.

Certains chemins de fer ont été entrepris à forfait pour la totalité de l'exécution, par exemple les lignes de Strasbourg à Bâle et Versailles R. G. Mais l'expérience a montré d'une part que ce système était dispendieux, et, d'autre part, qu'il ne permettait pas de garantir la bonne exécution des travaux. Depuis 1862, il a été ajouté à l'art. 27 du cahier des charges des concessions, stipulant l'exécution des travaux sous le contrôle et la surveillance de l'administration, que les marchés généraux avec un même entrepreneur, soit pour l'ensemble du chemin de fer, soit pour l'exécution des terrassements et des ouvrages d'art, étaient formellement interdits : les travaux doivent être adjugés par lots et sur séries de prix entre entrepreneurs agréés à l'avance. [1]

29. Projets d'exécution. — Les projets d'exécution sont dressés dans la forme suivante :

1° Carte au 80.000ème ;
2° Plan général au 10.000ème ;
3° Profil en long au 5.000ème pour les longueurs et au 500ème pour les hauteurs ;
4° Profils en travers-types et profils spéciaux au 100ème ;
5° Ouvrages d'art ;
6° Avant-métré ;
7° Bordereau des prix ;
8° Détail estimatif ;
9° Devis et cahier des charges.

En ce qui concerne plus spécialement les règles générales imposées aux concessionnaires pour la construction des ouvrages d'art, elles sont reproduites au cahier des charges type de 1875, annexé à la loi de concession de la ligne d'Alais au Rhône [2].

Les projets d'exécution doivent être approuvés par l'administration supérieure s'il s'agit d'un chemin de fer d'intérêt général, et par le préfet sur l'avis de l'ingénieur en chef s'il s'agit d'un chemin de fer d'intérêt local ou d'un tramway. Les compagnies sont en outre tenues, dans les limites de la zone frontière et dans le rayon de servitude des enceintes fortifiées, de se soumettre à l'accomplissement des formalités concernant les travaux mixtes.

30. Adjudication. — L'adjudication s'ouvre sur le dossier approuvé et constitué comme il a été dit ci-dessus.

Il y a deux manières de procéder à l'adjudication : les

(1) Voir les *Annexes*.
(2) Id.

soumissionnaires s'engagent à exécuter les travaux conformément aux conditions du devis, moyennant les prix d'application du bordereau, sur lesquels ils consentent un rabais déterminé par franc, ou bien ils présentent eux-mêmes des prix à appliqur aux quantités de l'avant-métré. On arrive ainsi à autant de détails estimatifs différents qu'il y a de concurrents; le soumissionnaire qui suivant le mode adopté aura fait l'offre la plus avantageuse est déclaré adjudicataire. Il semble que ce dernier système, mieux que le premier, soit de nature à éviter les difficultés contentieuses au cours des entreprises.

21. Forme des marchés sur série de prix. — Une distinction essentielle existe dans les marchés sur série de prix : les uns fixent à la fois la série de prix et les quantités des ouvrages à exécuter, avec faculté pour la compagnie d'augmenter ou de diminuer ces ouvrages dans une proportion donnée ; les autres fixent la série de prix, mais n'arrêtent pas les quantités par nature d'ouvrage.

Ce n'est pas le lieu d'insister sur la forme des marchés d'entreprises : il suffit à l'objet qui nous occupe d'avoir indiqué la part qu'ils ont dans l'exécution des travaux.

22. Contrôle et surveillance des travaux. — L'article 27 du cahier des charges soumet explicitement les Compagnies au contrôle et à la surveillance de l'administration. Pour les chemins de fer d'intérêt local et les tramways, l'art. 21 de la loi du 11 juin 1880 dit que le contrôle et la surveillance seront dirigés par le Préfet sous l'autorité du Ministre des travaux publics.

Ce contrôle et cette surveillance ont pour objet d'empêcher le concessionnaire de s'écarter des dispositions prescrites par les règlements et de celles résultant soit du cahier des charges, soit des projets approuvés.

33. Délais d'exécution des travaux. — Les délais d'exécution constituent une partie importante des obligations du concessionnaire ; aux termes des articles 38 et 39 du cahier des charges, la déchéance est de droit si les délais ne sont pas observés, mais en général l'administration n'use pas de ce droit rigoureux et accorde des prolongations de délai ; dans les conventions récentes, où l'État est engagé par des garanties d'intérêts, il a stipulé à titre de clause pénale une retenue de 5.000 francs par an et par kilomètre pour les lignes livrées en retard.

34. Réception des travaux. — L'article 38 du cahier des charges pose les règles à suivre pour la réception des travaux. Il admet, sur la demande des Compagnies, que la réception se fasse par tronçons, mais il exige une réception générale et définitive du chemin de fer.

Ces réceptions partielles ou totales sont faites par un ou plusieurs commissaires désignés par l'administration pour constater la situation de la ligne ; dans le cas où les travaux de parachèvement restant à exécuter ne sont pas de nature à compromettre la sécurité de l'exploitation, la Compagnie est autorisée à ouvrir le tronçon ou la ligne à partir d'une date déterminée.

35. Remises des routes, cours d'eau et chemins aux services intéressés. — En ce qui concerne la remise aux services intéressés et la réception des travaux de routes, chemins et de navigation, et en général de tous les travaux non compris dans les dépendances directes du chemin de fer, c'est aux compagnies qu'en appartient l'initiative, puisque seules elles ont intérêt à s'affranchir des frais d'entretien qui ont dû jusque-là rester à leur charge.

A défaut d'instruction générale sur les formalités à remplir, on se conforme à la décision ministérielle du 30 mars 1857, intervenue au sujet de la ligne de Paris à Mulhouse : les réceptions sont faites par le service des ponts et chaussées pour les routes nationales et départementales, les canaux, rivières et cours d'eau et par une commission désignée par le préfet pour les chemins vicinaux, ruraux et particuliers. Notons à ce sujet que les chemins d'accès aux gares font partie des dépendances du chemin de fer tant qu'ils ne sont pas classés dans une autre catégorie de voies publiques; les compagnies doivent donc obtenir un nouveau classement avant de pouvoir en faire la remise aux communes.

Les résultats des opérations de remise et de réception sont constatés par procès-verbaux dressés en triple expédition pour être envoyés soit aux Préfets, soit au Ministre, suivant que les travaux concernent les communes, les départements ou l'Etat.

Une fois le chemin de fer livré à la circulation, la surveillance passe entre les mains du service du contrôle de l'exploitation, auquel appartient également le contrôle des travaux complémentaires exécutés après les travaux proprement dits de premier établissement; l'appui donné aux compagnies, sous forme de subvention et principalement sous la forme de garantie d'intérêt, a pour conséquence nécessaire de les soumettre à toute époque au contrôle de l'Etat.

En ce qui concerne spécialement les travaux, les compagnies sont tenues de justifier vis-à-vis de l'Etat les comptes de premier établissement de leur réseau. Les règles de procédure sont les mêmes pour toutes les compagnies, elles sont annotées dans les décrets des 2 mai 1863 et 12 août 1868, relatifs à l'exécution des conventions passées en 1859 entre le Ministre des travaux publics et les grandes compagnies de chemins de fer.

§ 10.

POLICE DE VOIRIE ET DE CIRCULATION.

36. Servitudes et conservation des travaux. — Après avoir indiqué comment s'établissent les voies ferrées, nous donnerons un aperçu des mesures qui en assurent la conservation et maintiennent la liberté de la circulation.

Les dispositions qui nous intéressent davantage se rapportent aux servitudes des propriétés riveraines et à la conservation des travaux ; elles se trouvent dans la loi du 15 juillet 1845 et dans l'ordonnance du 15 novembre 1846, rendue en exécution de cette loi [1].

Le premier article de la loi de 1845 pose en principe que les chemins de fer construits ou concédés font partie de la grande voirie; par suite, sont applicables les règlements de grande voirie concernant l'alignement, l'écoulement des eaux, l'occupation temporaire, les distances à observer pour les plantations, le mode d'exploitation des mines, minières, tourbières, carrières et sablières ; notamment, aux termes de l'art. 2, la dégradation des haies, fossés, talus et ouvrages d'art a pu être réprimée comme délit de grande voirie.

Au surplus les dangers spéciaux des voies ont fait l'objet des règles suivantes :

— Aux termes de l'art. 5, aucune construction autre qu'un mur de clôture ne peut être établie dans une distance de deux mètres du chemin de fer, et les constructions existant en deçà de cette limite peuvent seulement être entretenues dans l'état où les trouve l'établissement du nouveau chemin de fer ;

— Aux termes de l'art. 6, les excavations pratiquées

(1) Voir les *Annexes*.

aux pieds des remblais doivent ménager une zone de garantie dont la largeur égale la hauteur verticale du remblai ;

— Aux termes de l'art. 7, pour prévenir les incendies, une zone de vingt mètres doit être maintenue entre le chemin de fer et les couvertures en chaume, meules de paille, de foin, et tout autre dépôt de matières inflammables qui ne serait pas fait à titre provisoire.

Les contraventions sont poursuivies et réprimées comme en matière de grande voirie.

L'art. 12 prévoit également les contraventions de voirie qui pourront être commises par les concessionnaires, notamment l'exécution d'ouvrages non conformes aux projets approuvés, l'exécution d'ouvrages non approuvés, l'établissement de rails en saillie sur les passages à niveau, et punit ces contraventions d'une amende.

Les pénalités les plus sévères sont édictées par les art. 16 et 17 contre ceux qui auraient volontairement détruit ou dégradé la voie ferrée, placé sur la voie quelque objet faisant obstacle à la circulation, etc.

Enfin l'art. 2 de l'ordonnance du 15 novembre 1846 rappelle l'art. 30 du cahier des charges des concessions et impose aux compagnies, sous sanction pénale, l'obligation d'entretenir constamment le chemin de fer et les ouvrages qui en dépendent en bon état.

37. Observation. — Dans tout ce qui précède, nous nous sommes borné à une énumération aussi rapide que possible ; aussi conviendra-t-il pour plus amples renseignements de se reporter aux ouvrages spéciaux, traitant des formalités et règlements dont nous n'avons eu pour objet que d'indiquer en quelque sorte la table des matières.

CHAPITRE TROISIÈME

RÉGIMES. DÉVELOPPEMENTS. DÉPENSES

Chemins de fer d'intérêt général, de l'origine a 1876. — Compagnies secondaires, 1859-1876. — Chemins d'intérêt local, 1865-1876. — Chemins de fer d'intérêt général, 1876 1883. — Chemins de fer d'intérêt local et tramways. Loi de 1880. — Conventions de 1883. Régime actuel. — Récapitulation, de l'origine a 1889. — Chemins industriels et divers. — Chemins de fer algériens et tunisiens.

SOMMAIRE :

§ 1. — **Chemins de fer d'intérêt général, de l'origine à 1876.** — OBSERVATIONS PRÉLIMINAIRES. — PÉRIODE 1823-1842 : *Développement.* — PÉRIODE 1842-1852 : *Développement.* — PÉRIODE 1852-1859 : *Développement et dépenses.* — PÉRIODE 1859-1870 : *Déversoir ; Remaniement des conventions de 1859 ; Développement et dépenses.* — PÉRIODE 1871-1876 : *Développement et dépenses.* — RÉSULTATS GÉNÉRAUX DU RÉGIME DU DÉVERSOIR : *Développement et dépenses ; garantie d'intérêt ; profits du Trésor ; Revenu nominal des dépenses de l'État et des compagnies ; Tarifs ; Résumé.*

§ 2. — **Compagnies secondaires.** — DÉVELOPPEMENT DE 1859 A 1876. — DÉPENSES D'ÉTABLISSEMENT ET REVENUS.

§ 3. — **Chemins de fer d'intérêt local, de 1865 à 1876.** — ORIGINE. — LOI DU 12 JUILLET 1865. — DÉVELOPPEMENT, DÉPENSES ET REVENUS.

§ 4. — **Chemin de fer d'intérêt général, de 1876 à 1883.** — EXPOSÉ. — RACHAT DES LIGNES SECONDAIRES, 1re *série.* — CRÉATION DU RÉSEAU D'ÉTAT : *qualité de l'exploitation.* — RACHAT DES LIGNES SECONDAIRES, 2e *série.* — CLASSEMENT DE 1879. ACHÈVEMENT DES LIGNES SECONDAIRES : *Construction ; Exploitation.* — RÉSULTATS DE L'ISOLEMENT DES EFFORTS DE L'ÉTAT.

§ 5. — **Chemin de fer d'intérêt local et tramways. Loi de 1880.** — RÉSEAU D'INTÉRÊT LOCAL : *Acte de concession ; Garanties d'intérêt ; Largeur de la voie ; Développement et dépenses ; Résultats de l'exploitation.* — TRAMWAYS : *Acte de concession ; Garantie d'intérêt ; Largeur de la voie ; Développement et dépenses ; Observations.*

§ 6. — **Conventions de 1883, Régime actuel.** — DISPOSITIONS GÉNÉRALES : *Concours des Compagnies ; Garanties d'intérêt ; dispositions diverses.* — OBJECTIONS AUX CONVENTIONS. — DÉVELOPPEMENT 1883-1889. — DÉPENSE D'ÉTABLISSEMENT 1883-1887. — RECETTES D'EXPLOITATION. — VITESSE DES TRAVAUX. — COMPTE DE GARANTIE DEPUIS 1883. — ATTÉNUATION DES INSUFFISANCES DE RECETTES. — PROFITS DE L'ÉTAT. — RÉSUMÉ. — RÉCAPITULATION DE L'ORIGINE A 1889.

§ 7. — **Chemins industriels et divers.** — ORIGINE ET DÉVELOPPEMENT.

§ 8. — **Chemins de fer algériens et tunisiens.** — ORIGINE ET DÉVELOPPEMENT. — DÉPENSES D'ÉTABLISSEMENT. — RÉSULTATS DE L'EXPLOITATION. CONTRATS DE CONCESSIONS. — COMPTE DE GARANTIE D'INTÉRÊT. — RÉFORME DÉSIRABLE DES CONTRATS.

CHAPITRE III

RÉGIMES. DÉVELOPPEMENTS. DÉPENSES

§ 1.

CHEMINS DE FER D'INTÉRÊT GÉNÉRAL (1) DE L'ORIGINE A 1876.

38. Observations préliminaires. — De toutes les questions de chemins de fer, la plus controversée et la plus persistante est celle du meilleur régime à adopter pour la construction et l'exploitation.

Chaque pays, suivant son génie, ses tendances générales et économiques, a procédé différemment pour l'établissement de son réseau :

— Certains gouvernements, comme ceux de l'Angleterre et des États-Unis, s'en remettent exclusivement à l'industrie privée et à la libre concurrence pour fixer les tracés, construire et exploiter.

— D'autres, comme ceux de la Belgique et de l'Allemagne, pour les 9/10 de leur réseau, ont adopté le principe de la construction et de l'exploitation par l'État.

— D'autres, comme les Pays-Bas et l'Italie, ont eu recours à un système mixte, réservant généralement la construction à l'État et mettant l'exploitation à la charge de Compagnies financières.

---

(1) Voir nº 59.

— D'autres enfin, comme l'Autriche, la Suède, le Portugal, la Russie, la Suisse, l'Espagne et la France ont associé intimement les forces de l'État à celles de l'industrie privée.

L'objet de ce chapitre sera de rappeler les origines et la progression de notre réseau, d'en retracer les régimes successifs, enfin d'en suivre les dépenses jusqu'à l'époque actuelle.

Le lecteur désireux d'avoir plus de détails pourra se reporter aux ouvrages de M. Picard, qui sont de véritables monuments élevés à l'histoire de nos chemins de fer.

39. Période de 1823 à 1842. — A l'origine, le gouvernement prit une attitude expectante, attendant les concessionnaires. Jusqu'en 1830, quatre lignes seulement furent autorisées par ordonnance royale et concédées à perpétuité. La loi du 22 avril 1832, dont les principes furent confirmés plus tard par les lois du 7 juillet 1833 et du 3 mai 1841, fit passer le droit de déclarer l'utilité publique et d'ordonner l'exécution des travaux du pouvoir exécutif au pouvoir législatif et la concession d'Alais à Beaucaire fut ratifiée par une loi.

Ces lignes d'un faible parcours étaient presque toutes destinées à relier des centres houillers ou métallurgiques avec les voies navigables ; ce ne fut qu'en 1832 que la traction par locomotives fut substituée à la traction par chevaux, et que furent organisés les premiers transports de voyageurs. On comprit alors l'importance des voies ferrées.

En 1833, le gouvernement obtint du Parlement un crédit de 500.000 francs pour les frais d'étude des lignes de chemins de fer. Quand, en 1837, il vint présenter à la Chambre les cinq projets de lois relatifs aux concessions de Paris à la Belgique, de Paris à Tours, de Paris à Rouen et au Havre et de Lyon à Marseille, le débat s'ouvrit immédiatement sur le point de savoir s'il convenait d'abandonner l'exécution de ces travaux considérables à l'initiative privée ou s'il ne fallait pas la réserver à l'État; ajourné puis repris en 1838, le débat se termina le 26 avril par le rejet du système de l'établissement des chemins de fer par l'État.

L'industrie fut appelée à faire ce que le gouvernement était impuissant à réaliser; mais la lutte entre les deux régimes en présence s'est constamment maintenue — sans toujours tenir un juste compte des nécessités pratiques résultant des faits accomplis. Les difficultés tiennent au double caractère que présentent les voies ferrées : d'une part, la constitution de la voie est évidemment une œuvre d'intérêt général, qui nécessite l'ingérence de l'État pour l'usage de l'expropriation, et, d'autre part, l'exploitation est non moins sûrement une entreprise privée et commerciale, mais dont les pouvoirs publics doivent régler les conditions, parce que, dans l'espèce, la libre concurrence ne suffit ni à garantir la prospérité nationale, ni à protéger le public contre le monopole des Compagnies privées.

Ainsi, les lignes de Paris à Rouen et au Havre, par les plateaux ; de Paris à Orléans avec embranchements ; de Lille à Dunkerque ; de Strasbourg à Bâle, furent concédées à des Compagnies comme avaient été concédés en 1836 les deux chemins de Versailles (R. D. et R. G.).

Mais l'industrie n'était pas préparée à l'exécution de ce grand travail, les capitaux étaient habitués aux emprunts d'État et l'esprit d'association n'existait pas. Une *première crise* fut la conséquence de ces circonstances ; elle fut bientôt aggravée par la spéculation, les mécomptes sur l'évaluation primitive des travaux et par la situation commerciale et politique.

Dès 1839, la Compagnie de Paris à Rouen résilie son contrat (1er août); la concession de Lille-Dunkerque est abrogée (26 juillet); la Compagnie de Strasbourg à Bâle obtient un secours de 12.600.000 francs et la prolongation de sa concession à 99 ans; enfin, la Compagnie d'Orléans demande la réduction de sa concession (1er août), et, après être revenue sur cette résolution, elle obtient (15 juillet 1840) une garantie d'intérêt de 4 % sur un capital de 40 millions et la prolongation de sa concession à 99 ans, — premier exemple d'une combinaison qui, plus tard, reçut une application plus étendue.

Des discussions fort intéressantes eurent lieu à l'occasion des concours donnés aux Compagnies par les pouvoirs publics. Quatre systèmes furent discutés : la subvention pure et simple, la participation à titre d'actionnaire, le prêt et la garantie d'intérêt. Les deux derniers seuls restèrent debout, et ils ont été féconds en résultats.

Tandis qu'en France les chefs de la finance se montrent ainsi découragés, des capitalistes anglais viennent solliciter et obtiennent (15 juillet 1840) la concession de Paris à Rouen par la vallée.

40. *Développement.* — A la fin de 1841, la France ne comptait encore que 573 kilomètres de chemins de fer en exploitation; soit annuellement en moyenne 43 kilomètres de 1828 à 1841, tandis que l'Angleterre en avait déjà construit 2521 kilomètres, soit 113 kilomètres de 1825 à 1841.

Il fallait sortir de cette période stérile.

41. Période de 1842 à 1852. — Au commencement de 1842 M. Legrand reprit sous une autre forme les projets de 1838 et présenta une loi qui, réservant à l'État la construction et la propriété des lignes principales, déterminait la direction des grandes artères et avait pour but d'unir les forces de l'État à celles de l'industrie privée [1]. L'économie de cette loi, qui fut appelée la première charte des chemins de fer, consistait dans la mise à la charge de l'État de l'infrastructure des chemins de fer, des gares, stations et ateliers et ne laissait aux Compagnies que la pose de la voie, y compris le ballast, et la fourniture du matériel nécessaire à l'exploitation, dont on leur abandonnait le soin à titre de concession à bail d'une durée limitée.

Toutefois, le système des concessions à l'industrie privée n'était pas exclu : l'art. 2 disait expressément que les lignes à établir pourraient être concédées en tout ou en partie à l'industrie privée, en vertu de lois spéciales et aux conditions qui seraient alors déterminées.

Ces lignes étaient dirigées :

1° De Paris :

Sur la Belgique par Lille et Valenciennes ; sur l'Angleterre par un ou plusieurs points du littoral de la Manche à déterminer ultérieurement ; sur la frontière d'Allemagne par Nancy et Strasbourg ; sur la Méditerranée par Lyon, Marseille et Cette ; sur la frontière d'Espagne par Tours, Poitiers, Angoulême, Bordeaux et Bayonne ; sur l'Océan, par Tours et Nantes ; sur le centre de la France, par Bourges ;

2° De la Méditerranée sur le Rhin par Lyon, Dijon et Mulhouse ; de l'Océan sur la Méditerranée par Bordeaux, Toulouse, Marseille.

L'industrie resta d'abord insensible à un si puissant encouragement ; mais, après la publication du rapport de R. Stephenson, chargé par la Compagnie des chemins de fer de Londres à Douvres d'étudier la ligne de Paris à la frontière belge, un grand mouvement se produisit et

(1) Loi du 11 juin 1842 : Etablissement des grandes lignes des chemins de fer.

les lignes suivantes furent concédées de 1844 à 1847 :

Aux termes de la loi de 1842 :

D'Orléans à Bordeaux, pour une durée de...........	27	ans.
De Tours à Nantes, —	34	—
Du Centre, —	39	—
De Paris à Strasbourg, —	43	—

Et comme concesssions ordinaires à charge de remboursement des sommes dépensées par l'État :

De Paris à la frontière de Belgique, pour une durée de	38	ans.
De Creil à Saint Quentin, —	24	—
D'Avignon à Marseille, —	33	—
De Paris à Lyon, —	41	—
De Lyon à Avignon, —	44	—
De Bordeaux à Cette, —	60	—

Nous négligeons quelques lignes d'intérêt secondaire, telles que : Amiens à Boulogne, Montpellier à Nîmes, Montereau à Troyes, etc., etc.

Parmi ces concessions, les deux dernières sont abandonnées avant même que les travaux soient commencés ; les autres, à l'exception du chemin de fer du Nord, qui fut ouvert à l'exploitation dès le 20 juin 1846, se terminent péniblement au milieu des difficultés financières.

Une *seconde crise* éclate en 1847, qui doit être attribuée à l'insuffisance de la durée des concessions et à l'organisation encore incomplète des moyens de crédit ; elle s'aggrave par la crise politique de 1848.

Dès le 28 décembre 1847, les lignes de Lyon à Avignon et de Bordeaux à Cette sont résiliées pour n'être définitivement concédées que par les décrets des 3 janvier 1851 et 24 août 1852.

Un projet de loi est présenté le 17 mai 1848, tendant au rachat de tous les chemins de fer, puis retiré comme contraire aux engagements pris et à la nécessité d'entrer dans la voie des arrangements : la Compagnie de Paris à Lyon, impuissante à poursuivre son œuvre, est rachetée (17 août 1848) et la ligne n'est définitivement concédée que par décret du 5 janvier 1851 ; la Compagnie d'Orléans est placée sous séquestre (4 avril 1848) et la ligne n'est définitivement concédée que par le décret du 27 mars 1852 ; de même la Compagnie d'Avignon à Marseille est placée sous séquestre (21 novembre 1848) et la loi du 19 nov. 1849 lui accorde une garantie d'intérêt de 5 %.

Cependant l'État sollicite en vain le concours des capitaux, partout le crédit fait défaut.

Dans cette situation difficile, deux principes sont portés devant les Chambres : l'unité de réseau, et l'emploi simultané des actions et des obligations pour la formation du capital, jusque-là exclusivement formé au moyen d'émission d'actions. Dans l'espèce, il s'agissait de la réunion des trois tronçons du chemin de fer de Paris à Marseille et de la formation de la Compagnie Paris-Lyon-Méditerranée. Finalement la Chambre se prononça contre l'action directe et immédiate de l'Etat, mais par crainte de créer un monopole trop étendu, elle décida le 12 avril 1850 que la ligne serait brisée à Lyon. La cause de l'exploitation par l'État était perdue.

A l'exception de quelques lignes sans importance, la seule concession faite de 1848 à 1852 est celle de Paris à Rennes (16 juillet 1851) dans les conditions de la loi de 1842, avec garantie d'intérêt de 4 % sur la dépense à la charge de la Compagnie concessionnaire.

12. *Développement et dépenses.* — En résumé, à la fin de l'année 1851, le développement du réseau et les dépenses faites ou engagées s'établissent comme au tableau ci-après, y compris les lignes construites par l'État. Nous rappelons également la situation à la fin de 1841, de manière à dégager la période 1841-1851.

ANNÉES au 31 décembre	DÉVELOPPEMENT DES CHEMINS DE FER d'int. général		DÉPENSES CORRESPONDANTES EN MILLIONS					
			FAITES			RESTANT A FAIRE		
	Conc. à titre défi ou évent. ou déclarés d'util. publiq.	Exploités	par l'Etat et divers	par les Compagnies	Ensemble	par l'Etat et divers	par les compagnies	Ensemble
	kil.	kil.						
1851	4.967	3.554	579,83	870,53	1.450,36	251	196	477
1841	883	573	3,23	189,97	193,20	25	249	274
Différences	4.084	2.981	576,60	680,56	1.257,16	256	53	203
Moyennes par année.	408	298	57,66	68.06	125.72	»	»	»

Ces résultats paraîtront bien faibles si l'on considère que l'Angleterre, à la même époque, avait 11.039 kilomètres en exploitation.

Le coup d'État du 2 décembre 1851 marque une nouvelle période : au régime des lois succède momentanément celui des décrets; la durée des concessions est portée à 99 ans, en même temps que le gouvernement favorise la fusion des Compagnies.

Mentionnons à la fin de 1851 la concession du chemin de fer de ceinture (R. D.) au syndicat des grandes Compagnies.

43. Période de 1852 à 1859. — Ce qui caractérise le mouvement économique de cette période n'est pas seulement l'impulsion donnée aux voies ferrées, c'est la concentration des tronçons épars qui, livrés à eux-mêmes, seraient restés pour la plupart sans force et sans vie. On avait cru tout d'abord que le fractionnement était nécessaire au développement de l'esprit d'entreprise, que les associations nouvelles seraient un surcroît de force, et que la concurrence des Compagnies abaisserait les prix de transport. Ce fut, au contraire, par les abus commis et par la division des demandes de capitaux, une cause de faiblesse, de gêne dans les transports et de majoration dans les tarifs.

Par la force des choses, on opéra des soudures, des rapprochements et des fusions; le crédit des Compagnies se releva rapidement et leur permit non seulement d'achever leurs propres travaux, mais encore de décharger à peu près complètement l'Etat des engagements qu'il avait contractés et d'accepter une augmentation notable de leur réseau.

Sous la pression de l'État, on vit se former en 1852 les trois groupes du Nord, de Paris-Orléans et prolongements, et de Lyon à la Méditerranée; en 1853, ceux du Midi et de l'Est; en 1855, celui de l'Ouest. Enfin, le grand Central constitué en 1853, avec 374 kilomètres, dans les contrées les plus accidentées de la France, dut entrer en liquidation et son partage vint en aide à cette progression des grands réseaux, notamment à celui de P.-L.-M., dont les deux tronçons se réunissent en 1857.

A la fin de cette même année, le nombre des Compagnies qui, en 1852, était de 26 pour 7.281 kilom. concédés à titre définitif ou éventuel, était tombé à 14 pour 16.174 kilomètres, savoir :

La Cie du Nord.....	(1562 k.)	dont la conc. prend fin le	31 déc.	1950
— d'Orléans....	(3981 k.)	id.	id.	1956
— P.-L.-M......	(4086 k.)	id.	id.	1958
— Ouest	(2079 k.)	id	id.	1956
— du Midi......	(1530 k.)	id.	id.	1960
— Est..........	(1836 k.)	id.	26 nov.	1954
Diverses...........	(1100 k.)	id.	»	

44. *Développement et dépenses.* — De 1852 à 1858, il fut dépensé 2,474 millions dont 200 seulement à la charge de l'État ; et les conditions obtenues par l'Etat sont progressivement plus favorables : de 1852 à 1853, il avait accordé des subventions et dix garanties d'intérêt ; ce dernier chiffre s'abaisse à cinq en 1853 et deux en 1855. Au surplus la situation des dépenses peut se résumer comme au tableau suivant :

ANNÉES au 31 décembre	DÉVELOPPEMENT DES CHEMINS DE FER d'int. général		DÉPENSES CORRESPONDANTES EN MILLIONS.					
			FAITES			RESTANT A FAIRE		
	Conc. à titre défi. ou évent. ou déclarés d'util. publiq.	Exploités	par l'Etat et divers	par les Compagnies	Ensemble	par l'Etat et divers	par les Compagnies	Ensemble
	kil.	kil.	millions	millions	millions	millions	millions	millions
1851	16.083	8.681	780,45	3 334,15	4.124,60	475,00	1.900,00	2.375,00
1858	4.967	3.554	579,83	870,52	1.450,35	281,00	196,00	477,00
Différences	11.116	5.145	200,62	2.674,63	2.473,63	194,00	1.704,00	1.898,00
Moyennes par année.	1.588	735	28,66	353,38	382,04	»	»	»

Cependant cette extension trop rapide des lignes secondaires, dont le produit paraissait incertain, et leur acceptation sans subvention ni garantie d'intérêt éveillèrent les inquiétudes du public.

Une *troisième crise* se produisit qui s'aggrava forcément de la situation financière du pays à la fin de 1857. Les compagnies, enfermées dans de trop courts délais pour réunir les ressources correspondant à leurs engagements, furent dans la nécessité de solliciter une nouvelle intervention du gouvernement. Celui-ci considéra qu'il serait injuste d'user du droit strict de déchéance, que le crédit public était lié à celui des Compagnies, que l'achèvement du réseau justifiait certains sacrifices et annonça dès 1858 au *Moniteur* qu'il examinerait la situation des compagnies avec sollicitude. Telle fut l'origine des conventions de 1859 et du système du *second réseau.*

15. Période de 1859 à 1870. — Inventé pour les compagnies de la Méditerranée et d'Orléans, le système du second réseau, qui apportait les plus importantes modifications dans le régime des chemins de fer, devait se généraliser et s'étendre à toutes les compagnies. C'était une pensée économique nouvelle qui prévalait. La Compagnie d'Orléans a établi elle-même ce parallèle entre les traités de 1857 et ceux de 1859. « La convention de 1857, c'était l'Etat traçant, du haut de sa puissance souveraine, la circonscription des territoires où devait s'exercer l'activité de chaque compagnie, mais à peu près désintéressé dans les conséquences de leur développement. La convention de 1859, c'est l'Etat acceptant la solidarité des compagnies, se faisant leur associé, en présence de l'avenir inconnu qu'il s'agit d'aborder. »

16. *Déversoir.* — Le régime de 1859 repose sur une distinction entre l'ancien et le nouveau réseau, c'est-à-dire entre les lignes principales existant avant 1857 et les lignes secondaires concédées avant et depuis cette époque.

L'Etat garantissait au nouveau réseau, pendant 50 ans, à partir du 1er janvier 1864 pour la compagnie de l'Est, et du 1er janvier 1865 pour les autres compagnies, l'intérêt et l'amortissement à 4 %, soit, 4,655 % du capital de premier établissement.

A l'ancien réseau était reconnu et réservé un revenu kilométrique constitué par : 1° le dividende normal des actions calculé d'après leur revenu antérieurement aux conventions ; 2° l'intérêt et l'amortissement, soit 5,75 % des obligations émises pour sa construction, 3° le complément de la garantie de l'Etat, soit 1,10 %, du capital nécessaire à la construction du nouveau réseau.

La garantie d'intérêt ne devenait effective que dans le cas d'une insuffisance des produits nets; elle ne constituait d'ailleurs qu'une avance à rembourser à l'Etat par les Compagnies, dès que ces produits dépasseraient l'intérêt garanti et les dividendes stipulés. Au fur et à mesure de l'avancement de la construction du second réseau, dont l'exploitation devait apporter un accroissement de trafic aux lignes primitives, toute la portion du revenu de l'ancien réseau excédant le chiffre kilométrique déterminé pour chaque compagnie était ainsi attribué, comme supplément de recette, au nouveau réseau, pour couvrir jusqu'à due concurrence l'intérêt garanti par l'Etat. C'est ce qu'on a appelé le *déversoir*.

D'après ces stipulations, les sommes avancées par l'État au titre de garantie d'intérêt n'étaient véritablement qu'un prêt garanti par l'accroissement de trafic que les nouvelles lignes devaient procurer aux anciennes. Ces avances portaient intérêt simple à 4 % par an.

En compensation des avantages qui leur étaient accordés, les compagnies, après remboursement complet des sommes avancées par l'Etat à titre de garanties, devaient partager avec l'Etat, à partir du 1er janvier 1872, la portion de revenu qui excéderait à la fois 8 % sur l'ancien réseau et 6 % sur le nouveau du capital effectivement dépensé [1].

Tel est, dans son ensemble, le système de 1859. Bien qu'il se distingue par des différences essentielles du système suivi de 1852 à 1857, il se rattache au même principe : l'action combinée de l'Etat et des Compagnies.

---

(1) Les conventions de 1875 ont modifié cette règle générale.

Les subventions, avant les conventions de 1859, s'élevaient à 910 millions dont 746 soldés et 163 à payer. Elles furent attribuées : 732 millions à l'ancien réseau, soit 100.000 par kilomètre, et 178 millions qui furent portés à 215 millions, ou 25.000 fr. par kilomètre, au nouveau réseau ; les dépenses à la charge des compagnies devaient atteindre en moyenne 351.700 fr. par kilomètre [1].

Dans toutes les conventions, l'Etat se réservait la faculté de racheter les lignes concédées après un délai de 15 ans compté à partir des dates de concessions. Enfin, à l'expiration des concessions, ou en cas de rachat, si l'Etat était encore créancier, le montant de sa créance était compensé avec les sommes dues aux compagnies par la reprise du matériel tant de l'ancien que du nouveau réseau.

Ces conventions, œuvre savamment étudiée par M. de Franqueville, directeur général des Ponts et Chaussées et des chemins de fer, furent sanctionnées par la loi du 11 juin 1859.

47. *Remaniement des conventions de 1859.* — Malgré les concessions de 1859, de vastes espaces étaient encore dépourvus de chemins de fer ; d'autre part, les traités de commerce de 1860 exigeaient que les droits protecteurs fussent compensés par l'abaissement du prix de transport des matières premières et du combustible. La construction de lignes complémentaires était donc indispensable.
En 1863, 1868 et 1869 des remaniements importants furent donc apportés, sinon aux principes, du moins aux détails des conventions de 1859. Celles-ci durent être

---

(1) Voir n° 51.

COMPAGNIES	REVENU			NOMBRE D'ACTIONS	REVENU MÉNAGÉ AU CAPITAL ACTIONS	OBLIGATIONS AFFÉRENTES AUX LIGNES CONCÉDÉES				REVENU RÉSERVÉ total pour les lignes concédées	NOMBRE de kilom. concédés de l'ancien réseau	REVENU kil. réservé ou déversoir.
	MOYEN de chaque action 1851-58	TOTAL ménagé à chaque action par les conventions de				DE L'ANCIEN RÉSEAU		DU NOUVEAU RÉSEAU				
		1859 (Rappel)	1868-1869			Capital	Intérêt et amortissement	Capital	Complément d'intérêt			
	fr.	fr.	fr.		fr.	fr.	fr.	fr.	fr.	fr.	kil.	fr.
Est.	40, 50	36, 00	30, 00	584.000	17.250.000	33.000.000	1.897.500	865.000.000	9.515.000	28.932.500	994	29.100
Midi.	20, 00	35, 00	35, 00	250.000	8.750.000	148.700.000	8.550.000	456.000.000	5.016.000	22.316.000	798	28.010
Nord.	60, 50	50, 00	50, 00	525.000	26.250.000	308.125.000	16.946.875	200.000.000	1.700.000	14.896.875	1.174	38.240
Orléans.	88, 50	70, 00	51, 80	600.000	31.080.000	214.000.000	12.305.000	832.000.000	9.152.000	52.537.000	2.020	26.000
Ouest.	35, 25	36, 00	30, 00	300.000	9.000.000	275.000.000	15.400.000	719.000.000	7.909.000	32.309.000	900	35.900
P.-L.-M.	51, 25	46, 80	47, 00	800.000	37.600.000	1.679.000.000	93.992.500	630.000.000	6.930.000	138.522.500	4.345	21.900
Totaux.	»	»	»	3.059.000	130.200.000	2.657.825.000	149.091.875	3.702.000.000	40.222.000	319.513.875	10.231	»

modifiées en ce qui concernait l'étendue et le classement des lignes. En outre on admit que pendant le délai de dix ans, de nouvelles dépenses, sous le contrôle de l'Etat, pouvaient être portées au compte des deux réseaux, avec augmentations correspondantes du capital garanti (N.R) et du capital réservé (A.R).

M. Olry de Labry [1] résume comme au tableau ci-contre la situation faite aux six grandes compagnies par les conventions de 1868-1869.

La comparaison des premières colonnes montre que les conventions, loin d'accorder aucune plus-value nouvelle, aucune libéralité aux actions de chemins de fer, comme on a pu le dire, ont fait subir une notable réduction aux dividendes antérieurement distribués par les compagnies; leur objet était seulement de consolider les situations acquises, et s'il était possible d'éviter une crise.

Ces dividendes minimum ne devaient et ne pouvaient être dépassés que lorsque les compagnies, ayant obtenu un produit supérieur au revenu réservé fixé par les contrats, par suite du placement de leurs émissions d'obligations à un taux plus favorable que le taux indiqué dans ceux-ci, c'est-à-dire au-dessous de 5,75 %, se trouveraient en présence d'une réserve imprévue ; ou bien encore, lorsque les compagnies, ne faisant pas usage de la garantie d'intérêt, percevraient, pour l'ensemble de leur réseau, des recettes nettes supérieures aux besoins administratifs de leurs divers services et à leurs engagements financiers. Mais alors apparaissait le partage avec l'Etat comme limitant les revenus du capital primitif.

En leur procurant l'appui effectif de l'Etat, le système de garantie d'intérêt ramena vers les compagnies la confiance de l'épargne, un moment affaiblie et détournée de

---

(1) *Annales des Ponts et Chaussées* : 2e semestre, 1875.

ce mode de placement. Les conséquences, chaque jour grandissantes, ont été non seulement de permettre l'exécution des engagements pris, mais encore d'étendre rapidement les lignes du nouveau réseau, ainsi qu'on le voit dans le tableau suivant :

Développement progressif des six grandes compagnies, 1559-1883

Y COMPRIS LES CEINTURES DE PARIS ET LA LIGNE DU RHONE AU MONT-CENIS

ANNÉES	LONGUEURS CONCÉDÉES au 31 décembre			LONGUEURS EXPLOITÉES au 31 décembre		
	ANCIEN RÉSEAU	NOUVEAU RÉSEAU	ENSEMBLE	ANCIEN RÉSEAU	NOUVEAU RÉSEAU	ENSEMBLE
	kil.	kil.	kil.	kil.	kil.	kil.
1859	7.564	8.638	16.202	6.485	1.913	8.398
1860	7.564	9.645	16.209	6.493	2.155	8.648
1862	7.698	8.712	16.410	7.041	3.253	10.294
1864	8.388	11.130	19.518	7.495	5.270	12.766
1866	8.423	11.209	19.632	7.508	6.682	14.190
1868	8.440	12.075	20.515	7.873	7.797	15.670
1869	10.258	10.717	20.975	9.363	6.994	16.357**
1870	10.258	10.718	20.976	8.434	7.314	15.748
1871*	9.799	10.342	20.141	8.084	7.213	15.297
1872	9.799	10.342	20.141	9.131	8.690	16.821
1874	9.827	10.718	20.545	9.207	8.300	17.507
1878	11.010	11.947	22.957	9 657	9.746	19.403
1880	11.034	11.947	22.981	10.139	10.275	20.414
1882	11.034	11.947	22.981	10.546	10.748	21.294
1883	»	»	23.040	»	»	21.597

* Déduction faite des 835 kil. cédés à l'Allemagne à la suite de la guerre de 1870-71

** De 1859 à 1869 : 16357—8398=7959 kil. soit annuellement : 796 kil.

Outre l'extension des grandes compagnies nous avons principalement à noter dans la période 1859-1870 :

— la formation d'un grand nombre de compagnies secondaires [1] ;

(1) Voir no 57.

— la cession du Victor-Emmanuel à la compagnie du P.-L.-M. (1866);

— la rétrocession à la compagnie du P.-L.-M. des chemins de fer de l'Algérie concédés en 1860 à une compagnie devenue impuissante (1863);

— la concession du chemin de fer de ceinture (R. G.) à la compagnie de l'Ouest (1865);

— certaines améliorations dans les conditions du partage des bénéfices au profit du Trésor;

— l'addition d'une quatrième classe, à prix réduit, pour les matières pondéreuses telles que les houilles, les marnes et les engrais;

— la loi du 12 juillet 1865 sur les chemins de fer d'intérêt local [1].

— Enfin la loi du 27 juillet 1870, qui restreignit les pouvoirs du gouvernement en matière de déclaration d'utilité publique, et ne laissa au pouvoir exécutif que l'autorisation de la construction des chemins d'embranchement de moins de 20 kil. de longueur.

48. *Développement et dépenses.* — La période 1859-1871 a été particulièrement féconde au point de vue du développement du réseau, comme le tableau suivant en témoigne:

ANNÉES au 31 décembre	DÉVELOPPEMENTS DES CHEMINS DE FER d'int. général		DÉPENSES CORRESPONDANTES EN MILLIONS		
	Conc. à tit. défi. ou décl. d'utilité publique.	Exploités	par l'État et divers	par les compagnies	Ensemble
	kil.	kil.	millions	millions	millions
1870.	24.425	17.445	1.179,45	6.989,83	8.168,28
1858.	16.083	8.684	780,45	3.344,15	4.124,60
Différences	8.342	8.761	399,00	3.645,68	4.043,68
Moyenne par année.	695	730	33,25	303,81	337.06

(1) Voir n° 59.

49. Période de 1871 à 1876. — Les évènements désastreux de la guerre de 1870-71 marquent un temps d'arrêt et retranchent du réseau de l'Est 835 kilomètres, dont 462 appartenant à l'ancien réseau et 373 au nouveau. Mais bientôt après le mouvement reprend avec une nouvelle intensité :

— en 1873 des concessions sont faites aux grandes compagnies, à l'exception de celle d'Orléans ;

— la loi du 4 août 1875 concède le chemin dit de Grande Ceinture à un syndicat des compagnies du Nord, de l'Est, d'Orléans et de P.-L.-M.;

— enfin, après les débats très vifs provoqués au sein de l'Assemblée nationale par la discussion du rapport de la commission d'enquête instituée en 1871 au sujet des questions relatives au régime général des voies ferrées, différentes lois de 1875 consacrent les principes qui avaient dicté les contrats de 1859-1863 et 1868, et concèdent aux grandes compagnies plusieurs lignes, qui portent à 22.627 kilomètres la longueur ensemble de leur réseau.

Cependant ces lignes ne suffisaient pas à toutes les nécessités : le Gouvernement provoqua et obtint parallèlement la déclaration d'utilité publique et l'autorisation d'entreprendre l'infrastructure de 1.325 kilom., ainsi que le classement de 1.418 kilomètres.

Signalons l'importante loi du 23 mars 1874, dite loi Montgolfier, du nom de son rapporteur, qui généralisa la disposition déjà insérée dans la convention de 1873 avec la compagnie de l'Est, portant qu'en cas de rachat les compagnies pourraient demander le remboursement de leurs dépenses de premier établissement, pour les chemins concédés depuis moins de quinze ans.

La situation des six grandes compagnies, en ce qui concerne le revenu réservé et le revenu garanti, s'était modifiée comme l'indique le tableau suivant, à la suite des conventions de 1875 :

COMPAGNIES	LONGUEUR de l'ancien réseau servant de base au calcul du revenu réservé	ANCIEN RÉSEAU		NOUVEAU RÉSEAU		DIVIDENDE par action avant partage	OBSERVATIONS
		Revenu kilom. réservé ou déversoir (a)	Dividende réservé par action	CAPITAL	REVENU GARANTI à 4,65 0/0		
	kil.	fr.	fr.	fr.	fr.	fr.	
Est.	996	32.768	36,20	1.009.290.000	46.931.985	54,20	Ancien réseau. Nouveau réseau et lignes concédées en 1875.
Midi.	798	34.561	45,35	594.800.000	27.658.200	67,80 / 43,40	
Nord.	1.174	50.134	55,35	223.500.000	10.392.750	89,10	(a) Après prélèvement pour les obligations de l'ancien réseau et du nouveau réseau (complètement d'intérêt et amortissement).
Orléans.	2.020	26.131	56,10	854.000.000	39.711.000	83,30	
Ouest.	900	38.035	36,75	918.000.000	42.687.000	61,70	
P.-L.-M.	5.423	32.510	61,55	649.000.000	30.178.500	78,30	
Totaux....	»	»	»	4.248.590.000	171.977.000	»	

Les dividendes réservés par action sont en majoration sur les dividendes ménagés en 1868-1869 et sur les dividendes ménagés en 1859, sauf pour la compagnie d'Orléans.

50. *Développement et dépenses.* — Les progrès du réseau d'intérêt général accomplis dans la période 1871-1876 se résument comme au tableau ci-après, dont les résultats se comparent ainsi avec ceux des périodes précédentes :

Périodes.	Longueurs annuellement ouvertes à l'exploitation.	Dépenses annuelles en millions.
1841—1851.........	298 k..............	125,72
1851—1858.........	735 —	382,04
1857—1870.........	730 —	337,06
1870—1875.........	608 —	246,66

ANNÉES au 31 décembre	DÉVELOPPEMENT DU CHEMIN DE FER D'INTÉRÊT GÉNÉRAL déduction faite de 835 kil. cédés à l'Allemagne		DÉPENSES CORRESPONDANTES EN MILLIONS y compris les lignes de l'Est retranchées à la suite de la guerre 1870-1871.		
	Conc. à titre définitif ou éventuel ou déclarés d'util. publique	Exploitées	faites par l'Etat et divers	faites par les compagnies.	Ensemble
	kil.	kil.	millions	millions	millions
1875.	28.039	19.745	1.411,50	7.991,07	9.402,57
1870.	24.425	17.445	1.179,45	6.989,83	8.169,28
Différences.	3.614	2.300	232,05	1.001,24	1.233,29
A ajouter, les lignes cédées à l'Allemagne.	835	738	»	»	»
Totaux........	4.449	3.048	»	»	»
Moy. par année.	889.8	607.9	46.41	200.25	246.66

51. Résultats généraux du régime du déversoir. *Développement et dépenses.* — Nous arrivons à la période 1876-1883, où la vive hostilité du Parlement contre les grandes compagnies, et la nécessité de compléter notre outillage national, eurent pour conséquence d'organiser le réseau de l'Etat, de faire disparaître la distinction des deux réseaux (A. R et N. R) et finalement de placer les compagnies sous un nouveau régime de garantie.

La supériorité des compagnies sur l'Etat, mise en question dès 1837, en partie reconnue par la loi de 1842, affirmée catégoriquement par la commission de l'Assemblée de 1848 (1) et finalement admise par le Gouvernement impérial, ne pouvait manquer d'être remise en question par le nouveau Gouvernement, pour lequel les compa-

(1) Des conclusions du rapport étaient les suivantes : « La concession des « chemins de fer n'est antipathique avec aucune forme du Gouvernement

gnies avaient nécessairement un caractère trop aristocratique. Quoi qu'il en soit, avant de rappeler les circonstances où prit fin le régime du déversoir, nous devons résumer les résultats acquis par ce régime.

En ce qui concerne le développement du réseau et les dépenses, les conventions de 1859-1875 peuvent s'apprécier par les chiffres suivants, qui comparent les situations aux 31 décembre 1859 et 1882, d'après les documents publiés par l'Administration des travaux publics :

« quand la tendance du pouvoir n'est pas d'absorber tous les citoyens dans « son action exclusive.

« Les compagnies construisent plus économiquement et dirigent mieux « leurs travaux, dans un but d'utilité industrielle.

« Elles exploitent surtout avec plus de profit pour elles et pour la généralité du pays.

« Elles permettent à l'État de devenir, dans un laps de temps déterminé, « propriétaire d'un capital immense.

« Elles le débarassent d'importunités qui finissent toujours par porter un « préjudice notable aux intérêts publics.

« Elles dégagent le gouvernement de la position fausse dans laquelle il « se trouverait s'il devait faire concurrence aux intérêts industriels.

« Elles réduisent le budget des travaux publics et laissent à l'État toute « sa puissance financière, si indispensable dans les moments de crises inté- « rieures ou extérieures.

« Les objections nombreuses, parfois très sérieuses, qu'on présente contre « elles, exigent une grande rigueur, une circonspection extrême dans les « concessions ; mais ces objections reposent sur des faits qui ne sont pas « inhérents au système des Compagnies et qu'on peut faire disparaître en « grande partie ; ils ne peuvent conduire à proscrire ce système. »

Jamais encore profession de foi aussi catégorique n'avait été faite au nom d'une commission du parlement. En novembre 1849, M. Bineau, ministre des travaux publics, affirma ses sentiments favorables à la remise des chemins de fer entre les mains de l'industrie privée et même son intention de reculer le terme des concessions, en compensation de certains sacrifices à réclamer des Compagnies.

Dépenses d'établissement des six Compagnies principales (1859-1882),

COMPRIS LES CEINTURES (A. R.) ET LA LIGNE DU RHONE AU MONT-CENIS (N. R.)

ANNÉES	LONGUEURS TOTALES livrées à l'exploitation	DÉPENSES TOTALES AU 31 DECEMBRE				DÉPENSES KILOMETRIQUE				PROPORTION				OBSERVATIONS
		ETAT	COMPAGNIES (a)	DIVERS	ENSEMBLE	ÉTAT	COMP.	DIVERS	ENSEMBLE	Etat	Comp.	Divers	Ensemble	
	Kil.	fr.	fr.	fr.	fr.	fr.	fr.	fr.	fr.	fr.				
1882 (1)	Anc. Rés. 10.546	862.490.484	4.771.874.080	16.721.031	5.651.087.395	81.780	452.480	1580	535.840	15,4	84,3	0,3	100	(1) Docum. statistiq. (1882), page 58.
	Nouv. Rés. 10 748	771.738.035	3.556.411.848	14.890.462	4.343.040.345	71.803	330.892	1385	404.080	17,8	81,9	0,3	100	(2) Ch. de fer franç. N.T.P. (1882), p. 302.
	Ensemble. 21.294	1.634 228.519	8.328.286.828	31.012.393	9.994.127.740	76.741	391.112	1484	469.330	16,4	83,3	0,3	100	(3) Environ 535 kil. annuellement livrés à l'exploitation.
1859 (2)	Anc. Rés. 6.485													
	Nouv. Rés. 1.013	783.810.211	3.603.779.000	11.370.000	4.398.070.000	86.270	396.810	1250	484.330	17,8	81,9	0,3	100	
	Divers..... 080													
	Ensemble. 9,882													
1859 à 1882 (3)	Diff...... 12.212	850.409.298	4.724.507.828	20.212.303	5.595.448.740	69.640	386,870	1660	458.170	15,2	84,5	0,3	100	Deuxième réseau.

(a) Les dépenses comprennent : 1° Le prix de revient réel de chaque ligne ; 2° le service des intérêts pendant la construction et les frais de constitution du capital ; 3° les insuffisances d'exploitation jusqu'au 1er janvier qui suit la mise complète de la ligne en exploitation ; enfin 4° les 2/5 des dépenses d'entretien pendant la première année.

Ainsi, dans cette période de 23 ans, les dépenses faites s'élèvent pour les compagnies à 4.724 millions et pour l'Etat à 850 et la part contributive de l'Etat s'abaisse de 17,8 à 15,2 pour cent.

Au surplus, les prévisions des conventions de 1859 étaient les suivantes :

Ancien Réseau	7.774 kil.	à 342.800 fr.	2.665.000.000 fr.
Nouveau Réseau ...	8.578 —	259.600	3.085.000.000 —
Ensemble	16.352 —	351.700	5.750.000.000 —
Dépenses faites antérieurement			3.000.000.000 —
Dépenses restant à faire par les Cies			2.750.000.000 —

c'est-à-dire qu'elles étaient inférieures de 5.000 kilomètres et de 2 milliards aux charges que les compagnies ont pu supporter. Au contraire, les dépenses kilométriques (386.870 fr.) n'ont pas sensiblement dépassé les évaluations primitives (351.700 fr.), étant donné les travaux complémentaires que les compagnies ont dû faire sur les deux réseaux pour répondre au développement du trafic.

52. *Garantie d'intérêt.* — En ce qui concerne les avances à faire par le Trésor, on évaluait, en 1859, le produit net kilométrique de l'ancien réseau à 28.000 fr. et celui du nouveau à 7.000 fr., ce qui portait les sacrifices annuels à 83 millions.

En 1866, M. de Franqueville estimait que l'on débuterait par 33 millions, qu'on s'élèverait à 50 millions en 1872 et qu'on arriverait à l'extinction en 1884. Des évènements qui n'avaient pu entrer dans les calculs sont venus modifier ces prévisions.

Voici le tableau des faits qui se sont produits. Les sommes précédées du signe — répondent à des remboursements effectués par les compagnies, tandis que les autres représentent les avances faites par l'Etat. Il a été fait remise à la compagnie de l'Est, après la guerre, de la partie de sa dette afférente aux lignes cédées à l'Allemagne, 42.061.528 fr., ce qui ramène de 666.528.308 à 624.466.780 fr. la dette des compagnies au moment des conventions de 1883 :

ANNÉES D'EXPLOITATION		EST	OUEST	ORLÉANS	MIDI	RHONE AU MONT-CENIS	TOTAL
		fr.	fr.	fr.	fr.	fr.	fr.
1863		»	»	»	»	1.492.958	1.492.958
1864		13.958.183	»	»	»	1.409.699	15.367.882
1865		11.613.475	4.901.563	8.866.949	2.115.643	1.169.673	28.667.303
1866		9.633.578	4.944.361	8.196.256	266.802	1.283.178	24.324.174
1867		8.814.340	4.592.652	7.044.248	— 230.063	1.722.085	21.943.598
1868		9.757.631	5.817.043	13.243.937	— 41.059	2.499.072	31.276.634
1869		4.624.116	5.404.803	11.282.358	899.334	2.885.306	25.095.917
1870		21.918.439	9.890.933	18.725.806	9.416.014	1.989.076	61.940.256
1871		10.239.425	8.002.445	7.710.144	— 276.784	1.860.979	27.536.209
1872		1.781.847	12.588.117	9.973.645	5.602.359	1.094.827	31.013.765
1873		5.470.041	16.342.015	15.754.108	2.317.024	1.450.681	41.133.869
1874		11.161.423	18.577.993	17.430.102	2.193.352	1.889.432	51.252.312
1875		7.192.609	15.619.211	7.432.725	4.335.955	1.516.295	36.103.765
1876		10.031.624	13.403.356	11.048.987	3.341.784	1.841.733	39.667.485
1877		13.514.163	16.786.918	13.888.261	4.336.025	1.402.442	49.926.809
1878		6.451.579	14.117.871	6.877.500	2.816.895	1.287.357	31.551.202
1879		11.390.943	15.779.735	9.408.683	1.829.901	2.021.671	40.430.953
1880		160.953	13.027.700	— 3.737.961	—6.077.338	2.489.372	5.862.726
1881		—3.200.723	10.094.948	—10.210.996	—6.227.107	3.041.442	—6.499.326
1882		— 463.723	7.244.533	— 8.912.850	—3 925.489	1.202.586	—5.864.948
1883						»	»
MONTANT de la DETTE au 31 déc. 1882	en capital.	114.931.902	189.809.288	166.653.527	34.387.328	27.327.158	533.109.203
	en intérêts	35.703.649	50.886.187	38.745.354	»	8.083.915	133.419.105
	Total.	150 636.551	240.695.476	205.398.881	34.387.328	35.411.073	666.528.308

Il y a donc deux compagnies qui n'ont pas fait appel

à la garantie d'intérêt, celle de P.-L.-M. et celle du Nord [1].

D'autre part, depuis 1864, c'est-à-dire depuis l'origine du fonctionnement de la garantie aux termes des conventions de 1859, les sommes déversées de l'ancien réseau sur le nouveau, pour l'ensemble des six grandes compagnies, se sont élevées à 965.036.719 francs [2].

Si l'on ramène à la longueur des lignes nouvelles, 12.212 kilomètres, la dette totale de garantie d'intérêt et le total des sommes déversées par les compagnies, on trouve respectivement :

Somme déversée. . . . . $\frac{965.036.719}{12.212}$ = 79.024 fr. par kilomètre.

Dette envers le Trésor . . $\frac{624.466.780}{12.212}$ = 51.156 fr. —

C'est donc en chiffres ronds une somme de 130.000 fr. par kilomètre, prélevée sur les accroissements de recettes du premier réseau, et dont le capital-action a fait par avance abandon, qui a servi à gager le capital-obligation, c'est-à-dire à fournir les moyens nécessaires à construire, administrer et exploiter le second réseau.

L'élévation de ce chiffre, en définissant la valeur du second réseau, caractérise l'œuvre de 1859 au plus grand honneur de celui qui l'a créée; elle met aussi en évidence ce que peut l'association de l'Etat et de l'industrie privée.

Quant au sacrifice fait par le capital-action, il se traduit par la quasi-fixité du dividende : de 1859 à 1882 le produit net de l'ancien réseau s'est élevé de 31.207 fr. à 45.217 fr., tandis que le dividende moyen pendant cette

(1) Après la guerre de 1870-1871, la compagnie du Nord a été autorisée à porter au compte de 1er établissement du nouveau réseau une insuffisance de 2 millions environ.

(2) Picard, *Traité des chemins de fer*, T. II, p. 318.

période de 23 ans a péniblement progressé de 56 fr. 18 à 56 fr. 81 ; on juge par là quels bénéfices les actions eussent dû recueillir si le déversoir n'avait pas fonctionné ; plus exactement la plus-value moyenne du dividende des 3.059.000 actions réunies par les compagnies principales s'établirait comme suit, d'après la somme déversée :

$$\frac{965.036.719}{23 \times 3.059.000}, \text{ soit 13 fr. 71.}$$

Soit en définitive 27 fr. 42 par action, ou 50 %, en admettant que la progression annuelle ait été réguliere.

52. *Profits du Trésor*. — Cependant ce sacrifice, indépendamment des avantages d'ordre économique, n'est pas le seul avantage de l'Etat dans l'exploitation des compagnies principales auxquelles il s'est associé par les conventions de 1859. Le Trésor public retire des voies de communication des profits particuliers classés en *recettes perçues* et *économies réalisées*.

Les premières comprennent les impôts sur les voyageurs et les transports à grande vitesse (lois de 1855 et 1871), les droits de timbre (loi du 23 août 1871), les contributions foncières et patentes, l'impôt sur le revenu des valeurs mobilières (loi du 29 juin 1872), les timbres-poste pour lettres d'avis aux destinataires, etc...

Les autres comprennent l'administration des postes, le transport des militaires et marins, les transports de la guerre, des finances, des prisonniers, des agents des contributions indirectes et des douanes, enfin l'administration des lignes télégraphiques.

D'après le bulletin du Ministère des Travaux publics, ces profits de 1863 à 1883 se sont élevés de 6.137 fr. à 10.291 fr. par kilomètre, savoir :

EXERCICES	LONGUEURS exploitées	PROFITS RÉALISÉS			PROFIT MOYEN par kilom.	OBSERVATION
		RECETTES perçues	ÉCONOMIES réalisées	TOTAUX		
1863	6.137	43.958.000	26.618.000	70.576.000	6.137	Voir pour les années intercalées les Bulletins de novembre 1883 et février 1884 et 1885.
1873	18.065	118.717.407	54 901.598	173.619.005	9.010	
1882	25.473	169.494.967	99.747.868	269.242.835	10.568	
1883	26.802	172.391.769	104.040.622	276.435.341	10.291	

Ainsi, en nombres ronds, les profits kilométriques de l'Etat ont progressé de 6.100 à 9.000 fr. de 1863 à 1873 et de 9.000 fr. à 10.400 fr. de 1873 à 1883.

54. *Revenu nominal des dépenses de l'Etat et de la Compagnie.* — Pour compléter cet aperçu des résultats financiers des conventions de 1859, il nous reste à en suivre les conséquences dans l'exploitation, c'est-à-dire à rapprocher les produits nets de l'ancien et du nouveau réseau de leurs dépenses d'établissement et à comparer parallèlement les profits de l'Etat et les subventions accordées. Or, à la date du 31 décembre 1882, c'est-à-dire à la veille des conventions de 1883, la situation s'établissait comme suit :

DÉSIGNATION des RÉSEAUX	LONGUEURS exploitées au 31 déc. 1882	DÉPENSES KIL. au 31 décembre 1882		PROFITS kilomét. de l'Etat en 1883	PRODUIT net kilomét. (1)	REVENU NOMINAL des dépenses	
		par l'Etat	par les Comp.			de l'Etat	des Compies
	kil.	fr.	fr.		fr.	°/o	°/o
Anc. Réseau..	10.546	81.780	452.480	»	42.045	»	9,3
Nouv. Réseau.	10.748	71.803	330.892	»	8.163	»	3,6
Ensemble et moyenne.	21.291	76.741	391.112	10.568	24.991	13,2	6,4

Ainsi, d'une part, l'État est largement rémunéré de son

concours financier et, d'autre part, en ce qui concerne les compagnies, l'excédent de l'ancien réseau et l'insuffisance du nouveau réseau s'équilibrent et laissent aux dépenses faites une rémunération supérieure au taux forfaitaire de 5.75 0/0 des conventions de 1859, et voisine du revenu nominal 6,6 de l'exercice 1859.

Cette situation d'ailleurs n'est pas particulière à l'exercice 1882; elle s'étend à la période entière, notamment:

— à la fin de l'exercice 1859 les dépenses kilométriques faites par les compagnies s'élevaient à 396.810 fr. et le produit net moyen à 26.036 fr., savoir 31.207 (A. R.) et 1737 (N. R.); ce qui correspond à un revenu nominal de 6,6 0/0 sur l'ensemble;

— de 1872 à 1882, le produit net moyen de l'ancien réseau a été de 39.720 fr., celui du nouveau réseau de 6.460 fr., et l'un et l'autre ont été sensiblement constants.

Ces chiffres font ressortir que les produits nets du nouveau réseau ne désintéressent au taux conventionnel de 5,75 qu'un capital d'établissement $\frac{6460 \times 100}{5,75}$ soit 113.000 fr., somme très inférieure au prix réel de revient.

Quant à la constance du revenu nominal du capital d'établissement, elle confirme, après ce que nous avons dit, la prudence avec laquelle le second réseau s'est développé.

55. *Tarifs.* — En ce qui concerne les taxes moyennes perçues pour les voyageurs et les marchandises de petite vitesse, qui ont soulevé tant de plaintes, nous devons rappeler qu'elles ont été abaissées de 1859 à 1882, pour les voyageurs de $5^c,15$ à $4^c,90$ et pour les marchandises de $7^c,21$ à $5^c,89$.

Appliquées aux recettes de grande vitesse, d'après les renseignements statistiques de l'exercice 1882, ces réductions qui paraissent insignifiantes se chiffrent comme suit :

Recettes totales, non compris impôt, comptées sur une longueur moyenne exploitée de 20.945 kilomèt.	Gde vitesse.	386.633.915 fr.	ou R = 18.460 fr.
	Pte vitesse.	641.940.302	ou R' = 30.650 —
	Ensemble..	1.028.574.217	49.110 —

Réduction du produit net.

Gde vitesse. $\frac{5,15-4,9}{4,9}R = \frac{25 \times 18.460}{490} =$ 942 —

Pte vitesse. $\frac{7,21-5,89}{5,89}R' = \frac{132 \times 30.650}{5,89} =$ 6.869 —

Ensemble, par kilomètre................ 7.811 —

soit une réduction de 13,7 % des recettes comptées sans abaissement de tarif.

On est assurément fondé à faire entrer cette moins-value en ligne de compte, quand on apprécie dans son ensemble l'étendue des charges qui ont pesé sur les compagnies dans la période 1859-1883.

56. *Résumé.* — En définitive la législation de 1859, après avoir écarté les dangers de la première heure, a permis d'imposer aux compagnies la construction de 12.212 kilomètres improductifs et un abaissement de 13,7 % sur les tarifs, non seulement sans modifier leur revenu initial, mais encore en consolidant leur situation financière. En échange, l'État a donné son crédit, fait une avance remboursable de 51,150 fr. par kilomètre nouveau, et prélevé un revenu de 13,7 % sur les subventions accordées en travaux ou en argent.

§ 2

COMPAGNIES SECONDAIRES.

57. Développement 1859-1876. — Nous avons déjà dit comment le développement des voies ferrées était devenu une nécessité sous la pression de l'opinion publique et par suite de la réforme économique réalisée par les traités de commerce.

D'une part, le Gouvernement obtenait des extensions considérables des grandes compagnies par le remaniement de leurs conventions, et d'autre part il devait, non seulement ne pas se refuser à faire des concessions à des compagnies nouvelles, mais encore encourager leur formation, non dans un esprit de lutte contre le monopole effectif des grandes compagnies, mais pour l'œuvre des chemins de fer en elle-même et la prospérité du pays.

— En 1860 et 1861, l'exécution de 32 lignes, comprenant 1.709 kilomètres, fut décrétée et le Gouvernement autorisé à entreprendre les travaux sans attendre d'avoir trouvé des concessionnaires; une partie fut ensuite concédée aux grandes compagnies, tandis que l'autre constitua les chemins de fer de la compagnie des Charentes (1862) et ceux de la compagnie de la Vendée (1863).

— En 1868, dix-sept lignes nouvelles, comprenant 1.745 kilomètres, furent autorisées dans les mêmes conditions. Elles trouvèrent assez rapidement des concessionnaires par voie de négociation ou d'adjudication; telle est l'origine en 1870 des compagnies de Saint-Nazaire au Croisic, de Bressuire à Poitiers, d'Orléans à Châlons et en 1872 de Clermont à Tulle.

— En 1869, dix lignes d'une longueur de 302 kilomètres sont accordées à la compagnie dite du Nord-Est.

Ajoutons pour compléter cette énumération les concessions suivantes :

1859, Lyon à la Croix-Rousse, — Lille à Béthume;
1861, Rhône à la Croix-Rousse;
1862, Dunkerque à la frontière belge;
1863, Dombes et Sud-Est, — Médoc, — Perpignan à Prades;
1864, Lille à Valenciennes, — Epinac à Vélars, — Enghien à Montmorency, — Bourges à Gien;
1865, Marseille à la Madrague, — Vitré à Fougères, — Saint-Dizier à Vassy;
1866, Hazebrouck à la frontière belge, — Armentières à la frontière belge;
1868, Somain à Anzin (nouvelle concession);
1871, Lagny à Villeneuve;
1872, Bondy à Aulnay;
1873, Saint-Louis au Rhone;
1874, Besançon à la frontière suisse.

Enfin, en 1875, trois lignes d'une longueur de 43 kilomètres sont accordées à la compagnie de Picardie-Flandre, 59 kilomètres à la compagnie d'Alais au Rhône et 183 kilomètres à la compagnie d'Angoulême à Marmande.

Ainsi, les compagnies nouvelles d'intérêt général étaient sensiblement plus nombreuses à la fin de 1875 qu'en 1859 ; on en comptait 34, ayant en main 3.434 kilomètres dont 1.804 en exploitation.

Aucune de ces lignes n'avait la garantie de l'Etat, qui contribuait seulement pour quelques-unes d'entre elles aux dépenses de premier établissement par des subventions non remboursables.

Comme nous le verrons plus loin, si toutes ces concessions n'ont pas abouti à des échecs, elles ont du moins été l'objet de graves mécomptes par l'impuissance des concessionnaires à remplir leurs engagements.

58. *Développement et dépenses.* — En moyenne, ces lignes avaient coûté 230.000 fr. le kilomètre, dont 55.000 fr. de subvention et 175.000 fr. empruntés par les compagnies.

Au taux minimum de 7,5 %, le produit net moyen étant environ de 1.250 fr., la perte annuelle des compagnies pouvait être évaluée à 12.000 fr. environ par kilomètre.

§ 3.

CHEMINS DE FER D'INTÉRÊT LOCAL. DE 1865 A 1876.

59. Origine. — Dès l'année 1863 la commission d'enquête, sur les chemins de fer, instituée le 5 novembre 1861, avait émis l'avis en ce qui concernait la construction et l'exploitation des chemins de fer à bon marché, qu'il y avait lieu, pour faciliter les relations locales et rattacher successivement aux grandes artères les différents centres de population, de constituer une nouvelle catégorie de chemins de fer économiques; que dès lors les cahiers des charges de ces lignes devraient être modifiés, de manière à permettre de faire varier suivant les cas la largeur de la voie, le matériel roulant, les rampes et les courbes; qu'il convenait d'autoriser pour les stations les dispositions les plus simples, etc.

Après le mouvement considérable qui se produisit au sein des conseils généraux, pendant le cours de la session de 1864, ces chemins dits d'*intérêt local* furent institués par la loi du 12 juillet 1865. C'est seulement alors que les chemins dont nous nous sommes occupés jusqu'ici ont pris la dénomination d'*intérêt général.*

L'initiative des chemins de fer d'intérêt local appartient au département du Bas-Rhin, dont les lignes secondaires furent établies (1859) dans les conditions de dépenses suivantes :

Fonds départementaux	18,7 %
Contingents communaux	19,1
Subvention de l'Etat	16,0
Dépenses de la Cie	46,2
Total	100,0

60. Loi du 12 juillet 1865. — Les principales dispositions de la loi stipulaient que les départements et les communes pouvaient établir des chemins d'*intérêt local* soit par eux-mêmes, avec ou sans le concours des propriétaires intéressés, soit par voie de concession avec le concours des départements ou des communes et sous le contrôle de l'Etat.

Le conseil général avait l'initiative des propositions; l'utilité publique était déclarée et l'exécution autorisée par décret délibéré en Conseil d'Etat sur les rapports des Ministres de l'Intérieur et des Travaux publics; des subventions pouvaient être accordées sur les fonds du Trésor.

Le Gouvernement avait admis que ces chemins seraient de longueurs limitées, 30 à 40 kilomètres au plus ; ne traverseraient ni faîte de montagne, ni grande vallée ; que, le trafic étant faible, il conviendrait de réduire la largeur de la voie et que l'exploitation serait réglée avec simplicité et économie, de manière à ne pas dépasser 5.000 francs par kilomètre et par an.

Toutefois la définition des nouvelles lignes n'était suffisamment précisée ni dans l'exposé des motifs, ni dans la loi, ni dans la circulaire ministérielle du 12 août 1865 ; il en est résulté des classements arbitraires qui ont dénaturé la loi dans son application et sont devenus des sources d'abus. Ceux-ci même ont été aggravés par la loi du 12 août 1871, permettant aux conseils généraux de se concerter et de créer des lignes embrassant plusieurs départements, de véritables lignes d'intérêt général.

Au surplus, l'exercice des pouvoirs respectifs des conseillers généraux et de l'autorité centrale n'était pas réglé dans de bonnes conditions.

Enfin on a généralement perdu de vue les conditions de construction et d'exploitation économique qui étaient dans l'intention de la loi.

Des réformes étaient nécessaires : la loi fut remaniée en 1880, comme nous le dirons plus loin. [1]

61. Développement. Dépenses. Revenus. — Au 31 décembre 1875, la longueur totale des chemins d'intérêt local était de 4.381 kilomètres sur lesquels 1.804 seulement étaient livrés à l'exploitation, soit en moyenne 180 kil. par an. En réalité le développement s'était produit dans des conditions très inégales pour les départements et pour les années, mais sa faiblesse même indique que la

---

(1) Voir, n° 71.

loi de 1865 ne répondait pas, ou répondait mal, aux intérêts à desservir.

A cette même date, leur prix de revient s'élevait en moyenne à 155.000 francs par kil., dont 40,000 francs de subvention et 115,000 francs pour les compagnies. Au taux de 7,5 %, le produit net moyen étant de 2.000 francs seulement, la perte des compagnies pouvait être évaluée à 6.600 fr. environ par kilomètre.

§ 4.

CHEMINS DE FER D'INTÉRÊT GÉNÉRAL.
DE 1876 A 1883.

62. Exposé. — Nous avons dit que l'année 1876 était l'origine d'une période nouvelle, pendant laquelle le Parlement témoignait ardemment de son désir de voir l'administration prendre une influence plus grande sur l'extension et l'exploitation des chemins de fer, tandis que le Gouvernement cédant à ses sympathies pour l'action directe et immédiate de l'État, résistait à l'extension du monopole des grandes compagnies, et créait le réseau d'État.

Nous allons sommairement indiquer l'ordre dans lequel les principaux faits se sont déroulés, jusqu'au jour où les embarras financiers et la situation compliquée et anormale des lignes nouvelles conduisirent nécessairement à l'entente formulée avec les compagnies dans les conventions de 1883, et mirent ainsi fin à un état de choses qui inquiétait les intérêts, troublait la confiance et portait atteinte à la fortune du pays.

63. Rachat des lignes secondaires.— *Première série.* — D'après ce qui précède la situation financière se résumait ainsi :

— les lignes de l'ancien réseau seules étaient productives ; elles avaient à pourvoir aux insuffisances du nouveau réseau, et auraient à y pourvoir longtemps dans l'avenir [1] ;

— en moyenne, les lignes d'intérêt général non englobées dans les grands réseaux étaient en perte kilométrique annuelle de 12.000 francs, et les lignes d'intérêt local de 6.600 francs [2] ;

— la plupart des compagnies secondaires se trouvaient dans une situation des plus critiques, avec cette aggravation qu'elles n'avaient ni lignes-mères productives, ni réseau régional constitué.

Le gouvernement était en présence de trois solutions : le maintien ou la reconstitution des compagnies secondaires dans le système de 1859 ; l'annexion aux réseaux principaux avec supplément de garantie d'intérêt, et le rachat par l'État.

La première fut écartée comme procédant de l'idée de concurrence et pour les conséquences funestes qui en seraient résultées pour le Trésor.

La seconde échoua devant le parti pris par la Chambre contre les concessions aux grandes compagnies et spécialement devant son hostilité à accroître le monopole de la compagnie d'Orléans par la réunion des lignes des Charentes, de la Vendée et autres, sans assurer, par contre, à l'État, l'exercice permanent de son autorité sur les tarifs et sur le trafic.

Au cours des débats, la discussion s'élevant, le rachat général fut mis en question ; mais le gouvernement s'appuyant sur l'opposition des chambres de commerce et des

(1) Voir no 54.
(2) Voir nos 58 et 61.

conseils généraux, affirma son intention d'améliorer le régime existant, mais non de le détruire.

C'est qu'en effet l'opération serait très onéreuse : l'État devrait d'abord payer aux compagnies une annuité égale au bénéfice net acquis sur les lignes rachetées ; en outre payer immédiatement la valeur du matériel roulant ; enfin, en vertu de la loi de 1874 (Mongolfier), pour les lignes concédées depuis moins de quinze ans, lignes dont le trafic n'a pas encore atteint son développement normal, il devrait rembourser aux compagnies le capital d'établissement, si elles y trouvaient plus d'avantage qu'à être payées en annuités sur le pied du bénéfice acquis.

Finalement le Gouvernement dut poursuivre le rachat des compagnies secondaires sur la base des dépenses utilement faites, et la concentration dans les mêmes mains de toutes les lignes d'une même région.

A la vérité, les résolutions adoptées par la Chambre le 22 mars 1877, sur la proposition de M. Alain-Targé, au sujet de la fusion des compagnies des Charentes et autres avec la compagnie d'Orléans n'étaient pas impératives ; elles portaient seulement :

1° Rachat des lignes en souffrance, au prix réel de premier établissement, déduction faite des subventions payées aux concessionnaires ;

2° Concentration des lignes à grand trafic d'une même région, de manière à éviter des concurrences ruineuses pour le Trésor, pour les exploitants, pour les populations elles-mêmes ;

3° Garanties pour l'exercice permanent de l'autorité de l'État sur les tarifs et le trafic ;

4° Réserve absolue du droit de l'État d'ordonner à toute époque, sans porter atteinte à la situation financière réservée par les contrats, la construction des lignes nouvelles qu'il jugerait nécessaire de joindre au réseau de la région ;

5° Pour le cas où la compagnie d'Orléans se refuserait à traiter sur ces bases, constitution d'un grand réseau de l'Ouest et du Sud-Ouest exploité par l'État.

Comme on le voit rien n'empêchait l'accord sur la première partie de l'amendement, et les moyens de conciliation étaient d'autant plus faciles à trouver que les insuffisances de produit eussent été à la charge de l'État. Mais la seconde partie, attribuant au gouvernement le règlement des tarifs de la compagnie d'Orléans, ne pouvait être acceptée, parce qu'elle ne tendait à rien moins qu'à déposséder la compagnie de ce qui constituait son véritable droit de propriété.

Ainsi les conditions de cession des petites lignes à la compagnie d'Orléans étaient inadmissibles, et le rachat à faire opérer par l'Etat était une conséquence implicite, sinon expresse, de l'amendement du 22 mars 1877.

61. Création du réseau d'État. — La loi du 15 mai 1878 sanctionna le rachat par l'État des réseaux des Charentes, de la Vendée, de Bressuire à Poitiers, de Saint-Nazaire au Croisic, de Clermont à Tulle, d'Orléans à Rouen, du Maine-et-Loire et Nantes, et des chemins de fer Nantais, ensemble 2.615 kilomètres, tant d'intérêt général que d'intérêt local, moyennant une somme arbitrée à 280 millions auxquels il convenait d'ajouter 225 millions pour les dépenses à faire par l'État jusqu'à la mise complète en exploitation ; soit ensemble 193.000 fr. par kilomètre, matériel compris.

Deux décrets du 25 mai 1878 interviennent immédiatement pour régler l'organisation administrative et financière du nouveau réseau d'État, en lui conservant le caractère provisoire que les Chambres avaient expressément réservé.

Cette organisation, calquée sur celle des lignes principales, confie la gestion provisoire du réseau à un conseil d'administration nommé par le Gouvernement ; le Ministre statue sur les questions exceptionnellement importantes ; le budget est voté par les Chambres et les comptes du caissier général sont jugés par la Cour des comptes.

L'achèvement des lignes rachetées était laissé aux soins du Ministre des travaux publics, l'administration du réseau d'État ne conservait que les travaux de superstructure et les travaux complémentaires de premier établissement.

En même temps, l'émission du 3 % amortissable, autorisée par la loi du 11 juin 1878, vint créer l'instrument financier nécessaire au rachat, à l'achèvement des lignes secondaires et aussi aux grands travaux dont le Gouvernement projetait l'exécution [1].

65. *Qualité de l'exploitation.* — L'administration des chemins de fer de l'État fonctionne encore aujourd'hui telle qu'elle a été créée ; mais son réseau s'est complété par le groupement des lignes rachetées et l'ouverture d'un débouché sur Paris. Aussi est-il intéressant, après les craintes souvent exprimées sur le principe de l'exploitation par l'État, d'examiner ici sommairement les principaux résultats de cette administration ; nous reviendrons d'ailleurs avec plus de détails sur cette question en traitant du prix de revient des transports.

La statistique du Ministère des Travaux publics et le compte-rendu de l'administration du réseau de l'Etat donnent, pour le réseau d'intérêt général et le réseau de l'État, les chiffres résumés au tableau de la page ci-contre :

Ainsi en 1886 :

1° Les réductions de tarifs consenties par le réseau

---

(1) Voir n° 67.

ÉLÉMENTS de L'EXERCICE 1886	DÉPENSES D'ÉTABLISSEMENT par kilomètre	RECETTES TOTALES, Impôt déduit par kilomètre	DÉPENSES TOTALES d'exploitat. par kilomètre	PRODUIT NET par kilomètre	DÉPENSES D'EXPLOITAT. par train kilométrique	PRODUIT D'UNE UNITÉ		REVENU NOMINAL	COEFFICIENT D'EXPLOITATION.	OBSERVATIONS
						VOYAGEURS	MARCHANDISES			
	fr.	fr.	fr.	fr.	fr.	fr.	fr.	o/o		
Chemins de fer d'intérêt général *Long. moyenne d'exp. 30.696 k.*	418.809	33.317	17.700	15.617	2,54	0,0459	0,0594 (a)	4,22	53,1	(a) Compte d'administration du réseau d'État.
Réseau de l'État *Long. moyenne d'exp. 2.365 k.*	270.852	12.298	9,887	2.411	2,31	0,0441 (a)	0,0537 (a)	0,90	80,4 (c)	(b) 2411 + 182 + 590 = 3183.
Réseau de l'État en appliquant les tarifs moy. du réseau général.	270.852	13.070	9.887	3.183 (b)	2,31	0,0459	0,0594	1,18	75,5	(c) De 1886 à 1889 le coefficient d'exploitation s'est abaissé de 6,9.

d'État sont pour les voyageurs 3,9 % et pour les marchandises 9,6 % des tarifs moyens ;

2° La dépense par train-kilométrique est comprise entre la moyenne (2 fr. 30) du Nord, de l'Est et de l'Ouest, et la moyenne (2 fr. 83) d'Orléans, du Midi et de P.-L.-M.; au surplus le coefficient d'exploitation se rapproche comme ci-dessous de celui des lignes de trafic comparable (Exercice 1886) :

Midi (nouveau réseau).	Recettes	19.351.	Coefficient	70,3
P. L. M.	id.	15.545.	id.	81,2
Dombes et Sud-Est	id.	14.473.	id.	54,1
Épinay à Romilly	id.	13.823.	id.	79,1
Nord-Est	id.	11.050.	id.	97,5
Médoc	id.	11.778.	id.	53,8
Moyennes		14.337.		72,7

3° Enfin le revenu nominal du réseau, suivant que l'on considère les tarifs de l'État ou les tarifs moyens du réseau d'intérêt général, varie de 0,9 à 1,18 %, sur un capital kilométrique qui s'est élevé de 193.000 (1) à 270.852 francs (2) par suite des réfections et annexions ayant transformé les réseaux régionaux rachetés en un septième réseau principal.

ANNÉES	LONG. TOTALES livrées à l'expl. au 1er janv.	LONG. MOY. exploit.	SUBVENTIONS FOURNIES PAR L'ÉTAT ET LES LOCALITÉS, au 31 décembre, de l'année précédente, en argent et en travaux				DÉPENSES DES ... AU 31	
			SUBVENT. de l'État	SUBVENT. locales	TOTAL par ligne	TOTAL par kilomèt.	DÉPENSES totales	DÉPENSES kilométriques
	kil.	kil.	fr.	fr.	fr.	fr.	fr.	fr.
1887	2.468	2.563	51.930.666	117.395.000	169.325.666	68.608	491.385.000	199.103
1888	2.468	2.597	51.930.666	117.600.000	169.530.666	68 691	502.846.000	203.746
1889	2.499	2.625	51.930.000	117.712.000	169.642.666	67.884	517.081.000	206.916

(1) Voir page 79.
(2) D'après le tableau ci-dessus : 67.884 + 206.916 = 274.800 francs, au 31 déc. 1888.

En résumé, si l'on tient compte de l'élasticité que comportent les comparaisons basées soit sur le coefficient d'exploitation, soit sur l'unité de train-kilomètre, on peut dire que l'État exploite sensiblement dans les mêmes conditions que les compagnies ; ce qui n'implique pas toutefois qu'il ne serait pas possible d'exploiter plus économiquement avec une autre organisation de services.

Celle-ci même trouverait une raison d'être dans le fait que les lignes rachetées, malgré leur concentration et leur entrée dans Paris, manquent absolument de trafic et par suite de recettes. En tout état de choses, cette faiblesse du trafic est pour l'État, en sa qualité d'exploitant, une raison de résister aux réclamations du public dans la mesure de ses intérêts légitimes, et de se maintenir fermement en dehors de toute tentative de concurrence.

Voici, à titre de renseignement, le tableau des insuffisances dans la période 1887-1889, soit 5.850 francs par kilomètre au taux fictif de 4,5 %.

COMPAGNIES … DÉCEMBRE	RÉSULTATS DE L'EXPLOITATION PENDANT L'ANNÉE							INSUFFIS. entre les produits nets et les charges des capitaux engagés par les Compagnies
	RÉSULTATS TOTAUX (non compris l'impôt sur les transports)			RÉSULTATS KILOMÉTRIQUES			RAPPORT p. 0/0 des dépenses aux recettes	
INTÉRÊT et amort. en 1888 des dépenses (col. 9)	RECETTES	DÉPENSES	PRODUITS nets	RECETTES	DÉPENSES	PROD. nets		
fr.	fr.	fr.	fr.	fr.	fr.	fr.		fr.
22.112.325	33.160.222	26.527.338	6.632.884	12.938	10.350	2.588	80.0	15.479.441
22.623.070	34.209.988	26.583.223	7.626.765	13.173	10.236	2.937	77,7	15.091.305
23.908.780	35.139.756	26.898.614	8.241.142	13.386	10.247	3.139	76,5	15.027.638

66. Rachat des lignes secondaires.— *Deuxième série.* — Le rachat des réseaux secondaires du Sud-Ouest était à la fois un précédent à l'égard des autres compagnies secondaires et la préface des grands travaux projetés en 1879. Du 18 mai 1878 à 1883, le Gouvernement, sollicité par les compagnies secondaires, que le défaut de trafic et de crédit réduisait à l'impuissance, dut racheter 1.902 kilomètres de chemins de fer d'intérêt général ou d'intérêt local, dont 1.055 livrés à l'exploitation.

Pour cette seconde série de rachats, l'indemnité fut calculée en prenant pour base le prix que les lignes auraient coûté si l'État les avait exécutées lui-même, et dans la plupart des cas le matériel roulant a été repris à dire d'experts.

Il était pourvu à l'exploitation provisoire, soit exceptionnellement en régie, soit, suivant le champ d'action où les lignes se trouvaient placées, en confiant cette exploitation à l'administration des chemins de fer de l'État, ou bien en l'attribuant aux grandes compagnies par des traités d'affermage basés sur une rémunération au train-kilomètre. Les compagnies tenaient état des recettes réalisées et de leurs frais d'exploitation jusqu'à un maximum par train-kilométrique. Elles étaient intéressées à une bonne gestion par l'allocation d'une prime d'économie et d'une part des bénéfices ; en cas d'insuffisance, ce qui se présentait en général, l'État payait la différence.

67. Classement de 1879. Achèvement des lignes secondaires. — Dès 1876 et 1877, les deux Chambres, préoccupées du développement des voies ferrées, avaient nommé des commissions d'enquête chargées d'étudier et de proposer les bases sur lesquelles il y avait lieu de compléter l'assiette du réseau d'intérêt général, et les voies et moyens les plus propres à en assurer l'exécution. Mais avant de donner aux travaux publics l'impulsion que réclamait l'opinion publique, il était nécessaire de délimiter les deux régions d'intérêt général et d'intérêt local.

A cet effet M. de Freycinet institua en janvier 1878 une série de commissions techniques qui désignèrent rigoureusement les lignes devant être rangées dans le réseau d'intérêt général, et en dehors desquelles toutes autres devaient naturellement faire partie du réseau d'intérêt local.

Le programme tracé en 1878 fut rectifié à deux reprises sur la demande des conseils généraux, et la loi du 17 juillet 1879 classa définitivement dans le réseau complémentaire des chemins de fer d'intérêt général 181 lignes nouvelles d'une longueur de 8.827 kilomètres.

Notre outillage fut ainsi porté à 44.240 kilomètres, répartis comme il est indiqué au tableau suivant :

DATES	CATÉGOR. des CHEMINS	CHEMINS DE FER — INTÉRÊT GÉNÉRAL — CONCÉDÉS — définit.	évent.	NON CONCÉDÉS — déclarés d'ut. publiq.	classés	INTÉRÊT LOCAL	INDUST. et DIVERS	ENSEMBLE
31 décembre 1878	En exploit.	22.146	»	»	»	2.069	234	24.449
	En const. ou à construire	5.085	240	1.960	1.069	2.375	126	10.855
		27.231	240	1.960	1.069	4.444	360	35.304
		30.500 kil.						
17 juillet 1879	En exploit.	22.400	»	»	»	2.030	252	24.682
	En const. ou à construire	5.027	146	3.075	8.939	2.257	114	19.558
		27.427	146	3.075	8.939	4.287	366	44.240
		39.587						

Pour apprécier l'effort financier que devait entraîner cette extension du réseau, on doit tenir compte des lignes antérieurement concédées ou déclarées d'utilité publique mais non exécutées ; on arrive en chiffres ronds à une longueur totale de 17.500 kilomètres, qui, au prix prévu de 200.000 francs le kilomètre, représentait une dépense de 3,5 milliards.

Le caractère de la loi de 1879 est d'ailleurs spécial. C'est un simple classement analogue à celui de la loi de 1842, mais qui ne dispense pas des formalités de la déclaration d'utilité publique, et réserve le mode d'exécution, le mode d'exploitation, l'ordre de priorité, la rapidité de l'exécution et la nature des ressources affectées.

Quoi qu'il en soit, on comptait :

— sur une durée de dix ans, ce qui répondait à 1.750 kilomètres livrés annuellement à l'exploitation, chiffre excessif et très supérieur à la moyenne (796 kil.) de la période 1859-1869 [1].

— et sur une dépense évaluée à 350 millions par an, déjà supérieure aux dépenses que le pays s'était imposées dans la période ci-dessus rappelée, mais que viendrait encore et nécessairement majorer l'exécution des travaux [2].

68. *Construction.* — En ce qui concerne l'exécution, les lignes nouvelles, très inférieures à celles du second réseau, ne pouvaient être cédées aux compagnies sans nouveaux sacrifices et sans forcément augmenter leur monopole qu'on voulait au contraire atténuer. L'État dut les prendre presqu'entièrement à son compte. On estimait d'ailleurs qu'il était nécessaire de donner une vive impulsion aux travaux publics, et la question des intérêts du capital engagé dans la construction et l'exploitation était mise de côté pour ne considérer que l'utilité économique du

(1) Voir n° 47.
(2) Voir n° 68.

troisième réseau, c'est-à-dire l'accroissement d'activité et de richesse qu'il devait développer dans le pays et sur lequel l'État préleverait sa part [1].

Avec les moyens d'action que donnait le 3 °/₀ amortissable, de nombreuses lois déclarèrent l'utilité publique des chemins de fer que le Gouvernement était autorisé à exécuter aux frais du Trésor ; puis, par la force des choses, dépassant la loi de 1842, on fut conduit à entreprendre les travaux de superstructure ; la loi du 29 juillet 1880 en étendit l'autorisation à tous les chemins qui jusque-là avaient été déclarés d'utilité publique, et cette autorisation fut reproduite dans les lois spéciales à chaque chemin pour la période postérieure.

Pour plus de précision, nous résumons au tableau ci-après les dépenses faites du 31 décembre 1877 au 31 décembre 1883, qui paraissent bien caractériser les lignes exécutées sous le régime dont nous nous occupons.

Des chiffres ainsi rapprochés, on doit conclure que les dépenses kilométriques du troisième réseau (358.690 fr.) ont été très supérieures aux prévisions de 1879 (200.000 fr.), et qu'elles sont restées inférieures à celles du deuxième réseau dans la proportion de 358.690 à 458.170 francs [2].

D'autre part, la participation de l'État et divers dans la construction s'est élevée de 15,4 à 56,4 °/₀, soit 202.000 fr. fournis par l'État et divers, et 156.000 francs fournis par les compagnies.

Dans ces conditions, depuis le programme de 1878, les ministres qui se sont succédé aux travaux publics ont poursuivi le but légitime de faire contribuer les compagnies à l'extension du troisième réseau dont elles étaient

---

(1) Voir Chap. X.
(2) Voir n° 51.

ANNÉES	LONGUEURS LIVRÉES A L'EXPLOITATION au 31 décembre	DÉPENSES D'ÉTABLISSEMENT AU 31 DÉCEMBRE, DES CHEMINS D'INTÉRÊT GÉNÉRAL COMPRIS LE RÉSEAU DE L'ÉTAT — TOTALES				KILOMÉTRIQUES				CENTAGE			
		Etat	Compagnies	Divers	Ensemble	Etat	Comp.	Divers	Ensemble	Etat	Comp.	Divers	Ensemble
	kil.	fr.	fr.	fr.	fr.	fr.	fr.	fr.	fr.				
1883	27.432	2.617.655.555	8.785.624.940	78.070.089	11.481.968.584	96.479	323.811	2.899	423.189	22,8	76,5	0,7	100
1887	20.995	1.416.871.547	7.826.350.683	37.321.755	9.280.043.985	67.463	372.772	1.806	442.041	15,3	84,3	0,4	100
Différence.	6.437	1.201.284.008	959.274.257	40.748.334	2.201.924.599	105.750	156.310	6.730	358.690	54,6	43,6	1,8	100
Moyenne par année.	1.023	200.214.001	159.879.043	6.791.389	366.987.433	»	»	»	»	»	»	»	»

appelées à profiter largement, par le trafic que les lignes de ce réseau devaient faire affluer sur l'ancien réseau; mais jusqu'en 1883 toutes les conventions conclues dans ce sens sont venues échouer devant l'hostilité de la Chambre au monopole effectif des grandes compagnies, et le but poursuivi d'un remaniement des contrats dans le sens d'une intervention directe de l'État dans l'exploitation et les tarifs.

68. *Exploitation.*— En ce qui concerne l'exploitation des lignes secondaires construites par l'État, appliquant le seul système qui put donner un bon service et des conditions avantageuses, le gouvernement s'efforça de faire rentrer dans le réseau de chacune des grandes compagnies les lignes qui en étaient tributaires.

Cependant les conventions conclues entre le ministre des travaux publics et les compagnies reçurent un accueil défavorable de la Chambre, qui manifesta son peu de sympathie pour l'extension du régime de 1859 et sa préférence pour l'exploitation par l'Etat.

En attendant qu'il fût statué sur le régime définitif de ces lignes, leur exploitation a été autorisée dans les conditions déjà indiquées au sujet des lignes secondaires rachetées, c'est-à-dire par traités provisoires d'affermages aux grandes compagnies. Exceptionnellement, pour 60 kilomètres situés dans les départements de l'Orne et des Pyrénées-Orientales, on a appliqué le système d'exploitation en régie par les ingénieurs de l'État sous les ordres immédiats du ministre des travaux publics.

Les résultats se sont traduits par des insuffisances constantes, conformément au tableau suivant relatif à l'exercice 1883.

DÉSIGNATION DES COMPAGNIES exploitant pour le compte de l'État	LONGUEUR moyenne exploitée en 1883	INSUFFISANCE D'EXPLOITATION DES LIGNES NOUVELLES		OBSERVATIONS
		TOTALE (1)	KILOMÉTRIQ.	
	kil.	fr.	fr.	
Nord	63	41.342	656	(1) Les insuffisances en dehors de l'exploitation s'élèvent à... 1.126.670 fr. Ensemble 2.201.525 f. soit 2783 fr. par kil.
Ouest	574	725.673	1.264	
Orléans	117	238.348	2.038	
P. L. M.	27	49.475	1.832	
Midi	10	20.017	2.002	
Totaux et moyennes	791	1.074.855	1.358	

70. Résultats de l'isolement des efforts de l'État. — En définitive, l'hostilité du parlement aux grandes compagnies faisait à la fois supporter à l'Etat la totalité des dépenses de construction du troisième réseau et les insuffisances de l'exploitation, tandis que l'intention du législateur de 1879 avait été au contraire de répartir sur l'industrie privée une partie de ces charges.

Cependant un revirement d'opinion se manifesta à la fin de 1882 : les esprits s'inquiétaient des embarras de notre situation financière et de l'impossibilité pour l'Etat de tirer parti des lignes nouvelles enchevêtrées dans les grands réseaux. Il devenait nécessaire de sortir de cette situation essentiellement précaire et transitoire, c'est-à-dire de mettre fin à la période de tâtonnement dans laquelle on se débattait depuis plus de sept ans, au risque de compromettre l'œuvre du passé; il fallait aboutir à une solution définitive.

Loin de songer davantage à diviser ce qui avait toujours été uni, à séparer l'État des compagnies, tout commandait de maintenir l'unité et de resserrer l'association, dont la puissance suffisamment éprouvée dans les crises de 1848 et 1857, avait seule permis à nos voies ferrées de naître, de grandir et de prospérer. Ce fut l'œuvre des conventions de 1883.

La situation s'était transformée de 1876 à 1883 comme l'indique le tableau suivant :

DÉSIGNATION DES CATÉGORIES DE CHEMINS DE FER			LONGUEURS AU 31 DÉCEMBRE					
			EN EXPLOITATION		EN CONSTRUCTION ou à construire		TOTAUX	
			1875	1883	1875	1883	1875	1883
			kil.	kil.	kil.	kil.	kil.	kil.
CHEMINS DE FER D'INTÉRÊT GÉNÉRAL	CONCÉDÉS	Définitivement...	19.807	28.054	6.547	8.395	26.354	36.449
		Éventuellement..	»	»	347	1.407	347	1.407
	NON CONCÉDÉS	Décl. d'util. publ.	»	»	1.486	1.332	1.486	1.332
		Classés	»	»	1.417	3.155	1.417	3.155
CHEMINS INDUSTRIELS ET DIVERS			163	242	45	71	208	313
CHEMINS D'INTÉRÊT LOCAL.............			1.804	1.432	2.577	1.270	4.381	2.702
		Totaux..........	21.774	29.728	12.419	15.630	34.193	45.358
Différ. du 31 déc. 1875 au 31 déc. 1883.			7.954		3.211		11.165	

Comme on le voit, le gouvernement désireux de développer rapidement le réseau, avait trouvé dans l'organisation de 1879 les moyens nécessaires à la mise en œuvre de son vaste programme : la longueur des lignes exécutées s'était élevée de 21.774 à 29.728 kilomètres, soit 970 kil. livrés annuellement à l'exploitation. Cependant, bien que ce chiffre, très supérieur à ceux atteints dans la période ouverte à la suite du coup d'État de 1851, fut sensiblement au-dessous des prévisions (1), il était certainement devenu, en tenant compte des travaux engagés dans les ports et les canaux, la limite de ce que l'État pouvait seul entreprendre, sans moyens réguliers d'exploitation.

D'autre part, les dépenses de premier établissement se répartissaient comme au tableau ci-après.

(1) Voir nos 50 et 67.

ANNÉES	LONG. EXPLOIT. au 31 déc.	DÉPENSES D'ÉTABLISSEMENT — TOTALES EN MILLIONS				DÉPENSES D'ÉTABLISSEMENT — KILOMÉTRIQUES EN FRANCS				CENTAGE			
			Compagnies	Divers	Ensemble	État	Comp.	Divers	Ensemb.	État	Comp.	Divers	Ensemb.
	kil.	millions	millions	millions	millions	fr.	fr.	fr.	fr.				
1° Réseau d'intérêt général.													
1883	27.123	2.617,65	8.785,64	78,07	11.481,97	96.479	323.811	2.899	423.189	22,8	76,7	0,7	100
1875	10.757	1.252,85	7.495,77	30,48	8.770,10	13.413	379.398	1.543	444.354	14,3	35,4	0,3	100
Différence	7.366	1.364,80	1.289,87	47,59	2.702,27	185.060	174.890	6.530	366.480	50,5	47,7	1,8	100
Moyen. par année.	919,4	170,60	161,23	5,93	337,76	»	»	»	»	»	»	»	»
2° Réseau d'intérêt local.													
1883	2.317	23,57	260,91	65,94	359,42	10.172	116.491	28.458	155.121	6,5	75,4	18,1	100
1875	1.945	21,83	221,05	59,28	303,06	11.226	114.110	30.432	155.818	7,2	73,2	19,6	100
Différence	372	1,74	47,96	6,66	56,36	»	»	»	»	»	»	»	»

Ainsi l'éviction des compagnies, pendant cette période de huit ans, avait eu pour conséquences d'engager l'État dans des dépenses supérieures aux dépenses totales déjà faites depuis l'origine des chemins de fer; de mettre en question, par les difficultés financières créées, la complète exécution du programme de 1879, pour aboutir finalement, par une interversion des rôles de 1859, à consacrer dans les conventions de 1883 le concours que l'État pouvait recevoir des compagnies. C'est ce qui a permis de dire que les conventions avaient consolidé les compagnies, en même temps qu'elles établissaient une trêve de longue durée.

Cependant il paraît certain que l'intervention initiale des compagnies eut régularisé la marche des travaux et réduit les dépenses faites par le Trésor ; qu'une discussion moins précipitée eût justifié des applications plus étendues de la voie étroite; enfin que la cession des lignes secondaires en souffrance aux compagnies voisines eut été la solution économique et rationnelle des difficultés de 1876. En somme, la période d'hostilité 1876-1883 a été onéreuse pour les finances de l'État, sans autre compensation — très discutée — que la création provisoire d'un réseau d'État.

§ 5.

CHEMINS DE FER D'INTÉRÊT LOCAL ET TRAMWAYS. LOI DU 11 JUIN 1880.

71. Exposé. — Nous avons dit que la loi du 12 juillet 1865, qui a créé les chemins de fer d'intérêt local, avait été généralement détournée de son véritable caractère, et que dans le courant de 1872 à 1875 elle était devenue l'occasion de conflits entre l'autorité centrale et les autorités départementales [1]. La période 1876-1883 a vu se

(1) Voir n° 60.

produire le fait important de la loi du 11 juin 1880, qui a remplacé complètement la loi de 1865.

Etablie en deux chapitres, la loi de 1880 règle législativement les chemins de fer *d'intérêt local* et les chemins de fer sur routes, dits *tramways*. Ses traits saillants peuvent se résumer ainsi :

72. Chemins d'intérêt local. — *Acte de concession.* — L'initiative des projets de chemins de fer *d'intérêt local* départementaux ou communaux peut émaner des départements ou des communes ; le préfet procède à une instruction, soumet l'avant-projet à l'autorité qui doit faire la concession, et celle-ci décide de procéder à l'enquête préalable, en application de la loi du 3 mai 1841.

Après les formalités d'instruction et d'enquête, le conseil général ou le conseil municipal, s'il s'agit d'un chemin de fer à établir par une commune sur son territoire, arrête la direction du tracé, le mode et les conditions de construction ainsi que les traités et les dispositions nécessaires pour assurer l'exploitation.

Le projet est alors soumis à l'examen du conseil général des ponts et chaussées et du Conseil d'État. L'utilité publique est déclarée et l'exécution est autorisée par une loi.

Tout chemin qui n'est pas compris dans la loi de classement du 17 juillet 1879 fait nécessairement partie du domaine départemental ou communal ; toutefois la loi de 1880 dit expressément qu'à toute époque une voie ferrée peut être distraite du domaine départemental ou communal et classée par une loi dans le domaine de l'État : 2100 kilom. de chemins de fer, concédés à titre d'intérêt local, ont été ainsi incorporés dans le réseau d'intérêt général de 1879 à 1883.

Par le classement et par la disposition rendant au pouvoir public le droit de déclarer l'utilité publique et d'autoriser l'exécution, les chemins de fer d'intérêt local sont devenus ce que les avait fait la nature des choses, c'est-à-dire les affluents et non les rivaux du réseau d'intérêt général; ils ont repris leurs véritable caractère économique.

73. *Garantie d'intérêt.* — Dans ces conditions rationnelles, la loi de 1880 a fait disparaître les subventions en capital de la loi de 1865 et accorde le concours de l'État et des départements aux chemins de fer exploités, sous la forme de garanties d'intérêts payées annuellement.

Cette garantie, le plus souvent, s'applique au taux de 5 % à un capital d'établissement C, arrêté à forfait et se calcule en allouant en outre au cessionnaire, comme frais kilométriques d'exploitation, une somme fixe α augmentée d'une fraction déterminée, βR, de la recette brute. Parmi les formules employées, nous trouvons les suivantes :

Gironde : $2.300 + \frac{R}{3}$, avec minimum fixé : 1° à 4.300 fr. pour 3 trains par jour dans chaque sens, si la recette est supérieure à 5.500 fr.; 2° à 3.786 fr. pour 2 trains par jour seulement, si elle est inférieure à ce chiffre ;

Indre-et-Loire, Yonne, Seine-et-Marne et Charente : $2000 + \frac{R}{3}$, sans minimum ;

Seine-et-Oise : $2.000 + \frac{R}{4}$, avec minimum de 3.600 ou 6.000 fr., suivant les lignes ; etc...

Dans ces conditions, et sauf les limites conventionnelle ou légale, la subvention totale de l'État et du département ou des communes s'exprime par la relation :

$$S = 0,05\,C + \alpha + \beta R - R = 0,05\,C + \alpha - R(1 - \beta).$$

Le concessionnaire peut ainsi réaliser des bénéfices en faisant des économies sur les dépenses de construction ou en empruntant à un taux inférieur au taux garanti, ou bien encore en exploitant à un prix inférieur aux prévisions.

Les inconvénients de ces conventions à fixations forfaitaires sont de laisser le concessionnaire indifférent à la valeur réelle de la ligne, et de l'intéresser davantage à faire des économies sur les dépenses d'exploitation qu'à attirer le trafic par un bon service et par des tarifs bien combinés [1].

Les dispositions de la loi rendent la garantie annuelle d'intérêt seulement obligatoire pour l'État ; les départements et les communes restent maîtres de consentir les sacrifices qu'ils croient devoir faire de la façon qui leur convient le mieux ; mais les sacrifices doivent être au moins équivalents à ceux de l'État.

Lorsque le département ou la commune se sert de la faculté d'adopter une forme de concours différente de celle de l'Etat, leur subvention, évaluée en capital, doit être transformée en annuités au taux de 4 %, sans qu'il y ait lieu d'y ajouter l'amortissement au même taux pendant la durée de la concession [2].

Le jeu de la garantie d'intérêt donnée par l'État est d'ailleurs limité par des maximums divers, dont l'un entre autres a pour but d'empêcher qu'elle puisse jamais porter à plus de 5 % le revenu du capital d'établissement.

Au surplus le remboursement des sommes versées à titre de garantie commence lorsque le produit brut de la ligne suffit à couvrir les dépenses d'exploitation et 6 % du capital d'établissement ; mais, après le complet remboursement des avances, sans intérêt, il n'y a pas partage des bénéfices.

(1) Voir nos 99 et 101.
(2) Règlement d'administration publique du 20 mars 1882, art. 12.

74. *Largeur de la voie.* — Sans faire de la largeur de la voie une question de principe, le cahier des charges, complétant la loi du 11 juin 1880, admet que cette largeur sera déterminée dans chaque cas particulier : $1^m,44$, $1^m,00$ et $0^m,75$ [1].

Dans notre pensée, cette latitude est regrettable : il eût mieux valu ne fixer, en dehors de la voie normale, qu'une seule largeur de voie étroite. Nous traiterons plus loin cette importante question ; quant à présent, il nous suffit de dire que cette réduction est strictement limitée par la nécessité d'assurer la stabilité parfaite du matériel et de ne pas grever les frais d'exploitation d'une somme supérieure aux intérêts des économies réalisées sur les dépenses de premier établissement.

Une enquête analogue à celle faite en Angleterre en 1845 sur la voie normale eût sans doute conclu à l'adoption de la largeur unique de 1^m00, comme étant bien en harmonie avec les conditions ordinaires du trafic des marchandises et répondant mieux que toute autre aux convenances stratégiques, commerciales et à l'utilisation du matériel roulant.

Les voies étroites jusqu'à 0^m60 eussent été réservées aux chemins industriels et aux raccordements d'usines suivant l'appréciation des intéressés.

75. *Développement. Dépenses.* — Les documents statistiques sur les chemins d'intérêt local avant l'exercice 1880 manquent de précision. Nous résumons au tableau de la page suivante les progrès accomplis de 1880 à 1887, d'après les derniers documents officiels.

Notons que sur les 2.233 kilomètres exploités en 1887, on compte 1.423 kilomètres concédés sous le régime de

(1) Sur la demande du Ministre de la guerre, différentes lettres du Ministre des travaux publics ont invité les départements à substituer la voie de $0^m,60$ à celle de $0^m,75$.

ANNÉES	LONGUEURS LIVRÉES à l'expl. au 31 déc.	DÉPENSES D'ÉTABLISSEMENT — TOTALES				DÉPENSES D'ÉTABLISSEMENT — PAR KILOMÈTRES				CENTAGE			
		Etat	Compagnies	Divers	Ensemble	Etat	Comp.	Divers	Ensemble	Etat	Comp.	Divers	Ensemble
	kil.	fr.	fr.	fr.	fr.	fr.	fr.	fr.	fr.				
1880	2.180	23.574.533	240.786.084	66.724.416	341.085.053	11.226	114.110	30.482	155.818	7.2	73,2	19,6	100
1881	2.112	22.105.240	245.326.780	61.461.641	328.083.661	10.509	116.159	29.101	155.769	6,7	74,6	18,7	100
1882	2,308	23,547.880	270.005.677	64.044.326	359.397.892	10.203	117,377	28.139	155.719	6,5	75,4	18,1	100
1883	2.317	23.508.691	269.910.521	65.037.661	359.416.873	10.172	116.491	28.438	155.121	6,5	75,1	18,4	100
1884	1.602	17.255.925	153.003,760	49,251,548	220.411.233	10.771	96.070	30.744	137.585	7,8	69,8	22,4	100
1885	1.772	17.528.853	165.002.440	50.030.442	233.490.735	9.802	93.636	28.239	131.767	7,5	71,1	21,4	100
1886	1,870	16.700,252	171,622,907	51.428.901	239.761.060	8.935	91.777	27.502	128.214	6,9	71,6	21,5	100
1887	2,233	18.020.870	209.646.470	58,390.255	286.057.310	8.070	93.885	26.149	128.104	6,3	73,3	20,4	100

la loi du 12 juillet 1865 et 811 kilomètres concédés sous le régime de la loi du 11 juin 1880.

Au point de vue de la largeur de la voie, cette longueur comprend 1572 kilomètres à voie normale et 661 kilomètres de lignes à voie étroite.

A la vérité, le prix kilométrique moyen (128.000 fr.) dépasse encore l'intention du législateur pour lequel il paraissait nécessaire de se renfermer entre 60 et 100 mille francs, mais il est juste de reconnaitre, étant donnée la forte proportion des lignes à voie normale, que cette dépense moyenne n'est pas élevée et doit serrer de près la plus grande économie réalisable.

76. *Résultats d'exploitation.* — Quant aux résultats généraux de l'exploitation, ils se chiffrent comme nous l'indiquons au tableau suivant.

En moyenne, 5.200 francs de recette, contre 4.500 fr. de frais d'exploitation, soit une recette nette de 700 fr., donnant aux dépenses totales d'établissement un revenu de 0,48 pour cent.

Bien que ces chiffres ne soient que des moyennes, — sur 43 lignes ouvertes à l'exploitation, 16 ne couvraient pas leurs frais — ils suffisent à montrer combien les produits nets sont en général loin de rémunérer des dépenses engagées cependant avec économie par les compagnies. Ainsi l'exécution du réseau d'intérêt local eût été impossible sans le concours des départements ; c'est pourquoi l'État a jugé qu'il devait également seconder les efforts et alléger les charges, comme il était déjà venu en aide au réseau d'intérêt général.

Quoi qu'il en soit, le revenu nominal peut servir de mesure à la valeur absolue du réseau, et il ne parait pas douteux que cette situation inférieure doive encore se maintenir pendant de longues années.

ANNÉES	LONGUEURS		DÉPENSES D'ÉTABLISSEMENT		PRODUIT NET	EXPLOITATION, RECETTES, DÉPENSES NON COMPRIS L'IMPOT						COEFFICIENT d'exploitation.	REVENU NOMINAL des DÉPENSES FAITES	
						par kilomètre			par train-kilométrique					
	exploit. au 31 déc.	moyen. en exploit.	faites par les Compagnies	Totales	TOTAL de L'EXPLOITATION	Recettes	Dépenses	Produit net	Recettes	Dépenses	Produit net		par les Comp.	faites
	kil.	kil.	fr.	fr.	fr.	fr.	fr.	fr.	fr.	fr.	fr.		°/o	°/o
1880	2.189	2.105	240.786.984	341.085.953	4.280.426	7.630	5.562	2.077	2,64	1,92	0,72	72,8	1,72	1,26
1881	2.112	1.860	245.326.780	328.083.661	3.820.891	7.736	5.683	2.053	2,52	1,85	0,67	73,4	1,56	1,16
1882	2.308	2.163	270.905.677	359.397.892	3.125.760	7.653	6.208	1.445	2,46	2,00	0,46	84,4	1,15	0,87
1883	2.317	2.350	269.910.521	359.416.873	4.351.965	8.128	6.276	1.852	2,33	1,80	0,53	77,2	1,64	1,21
1884	1.602	1.561	153.903.760	220.411.233	1.825.334	6.632	5.405	1.227	2,36	1,93	0,43	81,5	1,18	0,83
1885	1.772	1.726	165.922.440	233.400.735	1.372.779	5.583	4.788	795	2,08	1,79	0,29	85,8	0,82	0,58
1886	1.870	1.860	171.622.907	239.761.060	1.045.904	5.360	4.797	563	2,00	1,79	0,21	89,5	0,64	0,43
1887	2 233	2.060	209.646.170	286.157.310	1.395.580	5.240	4.522	688	2,04	1,75	0,29	87,0	0,67	0,48

77. Tramways. — *Acte de concession.* — Jusqu'en 1880, il n'existait aucun règlement concernant les chemins de fer sur routes; leur régime n'avait d'autre base qu'une jurisprudence administrative. D'ailleurs leur nombre et leur étendue étaient très restreints: on comptait au 31 décembre 1880, 472^k,6 concédés, dont 428^k,3 en exploitation [1].

Le projet de loi préparé en 1875 et repris en 1878 est devenu le chapitre II de la loi du 11 juin 1880 sur les chemins de fer d'intérêt local et les tramways, qui — jointe aux règlements d'administration publique des 18 mai et 6 août 1881 et 20 mars 1882, et au modèle de cahier des charges du 6 août 1881 — règle définitivement la législation sur la matière.

Sont considérées comme tramways les voies ferrées, soit à traction de chevaux, soit à moteurs mécaniques, établies sur les voies dépendant du domaine public des départements et des communes; les déviations accessoires, construites en dehors du sol des routes et chemins sont assimilées et classées comme annexes.

Les pouvoirs respectifs de l'autorité centrale et des autorités locales sont précisés : la concession est accordée par l'Etat lorsque la ligne doit être établie en tout ou partie sur une route nationale, par le département lorsque la ligne ne doit emprunter que des routes départementales et des chemins vicinaux et par le conseil municipal lorsque la ligne est établie entièrement sur le territoire de la commune et sur un chemin vicinal ordinaire ou un chemin rural. Toute concession doit être précédée d'une enquête préalable. L'utilité publique, dans tous les cas, est déclarée et l'exécution autorisée par décret délibéré en Conseil d'Etat, sur le rapport du Ministre des travaux publics, après avis du Ministre de l'intérieur.

(1) Bulletin du ministère des travaux publics, août 1881.

Les expropriations sur les chemins vicinaux et sur les rues qui en font partie intégrante sont opérées conformément aux lois des 21 mai 1836 et 6 juin 1864.

78. *Garantie d'intérêt.* — La loi de 1880 accorde exclusivement aux tramways desservis par des locomotives et destinés au transport des marchandises et des voyageurs le bénéfice des subventions annuelles, sous forme de garantie d'intérêt, qu'elle a accordées aux chemins d'intérêt local; cette garantie à bases forfaitaires est le plus souvent réglée au taux de 5 % sur les dépenses réelles d'établissement et avec des formules d'exploitation variables de $2000 + \frac{R}{3}$ à $1300 + \frac{R}{2}$; elle est limitée par certaines conditions et donne lieu à remboursement suivant les dispositions édictées pour les chemins de fer d'intérêt local.

79. *Largeur de la voie.* — La largeur de la voie, déterminée dans chaque cas particulier : $1^m,44$, $1^m,00$ et $0^m,75$ donne lieu aux observations déjà présentées au sujet des chemins de fer d'intérêt local. En fait, la largeur de $1^m,00$ est uniformément adoptée dans la presque généralité des cas.

80. *Développement et dépenses.* — La loi du 11 juin 1880 a cherché à favoriser le développement des tramways, et à réduire les dépenses exagérées que les départements et les communes étaient souvent disposées à faire pour créer des chemins de fer d'intérêt local dont le trafic ne pouvait être rémunérateur.

Au 31 décembre 1889, la longueur totale du réseau concédé est de $837^k,6$; mais, laissant de côté les $620^k,6$ desservant simplement la circulation urbaine, et qui n'étant pas affectés au transport des marchandises n'ont jamais

ANNÉES	LONGUEURS		DÉPENSES D'ÉTABLISSEMENT		PRODUIT NET total	REVENU NOMINAL des capitaux engagés	RÉSULTATS D'EXPLOITATION PAR KILOMÈTRE				OBSERVATIONS
	Concédées	Exploitées	Totales	Kilométriques			Prod. brut	Dépenses d'expl.	Prod. net	Coef. d'expl.	
	kil.	kil.	fr.	fr.	fr.	0/0	fr.	fr.	fr.		
Tramways à traction mécanique :											
1. N'ayant pas la garantie de l'Etat (Voyageurs et Marchandises).											
1887	146,7	120,7	15.567.713	128.970	634.371	4,07	18.203	12.948	5.255	0,71	(a) dont 48132 fr. de matériel (Bulletin du Ministère des Travaux public. Juin 1890).
1888	146,7	125,3	15.837.548	126.190	608.200	4,40	18.042	12.283	6.359	0,69	
1889	149,7	128,3	17.534.965	133.190 (a)	714.040	4,08	18.525	12.959	5.566	0,70	
2. Faisant appel à la garantie de l'Etat (Art. 36, Loi du 11 Juin 1880).											
1887	52,7	52,5	3.870.497	73.720	95.603	2,47	4.159	2.338	1.821	0,56	
1888	52,7	52,4	3.868.488	73.820	90.070	2,33	4.055	2.337	1.718	0,58	(b) dont 11812 fr. de matériel.
1889	67,3	67,0.	4.743.563	70.790 (b)	82.493	1,74	3.836	2.606	1.230	0,68	

bénéficié de la garantie, nous comptons seulement 217 kilomètres à traction mécanique concédés, dont 195 kil. en exploitation.

Le montant des capitaux engagés dans l'établissement des tramways à traction mécanique se partage comme il est indiqué au tableau de la page précédente, pendant la période 1887-1889.

Il ressort incontestablement de ces chiffres que le système des tramways proportionne aussi bien que possible l'instrument au trafic, et que le législateur a atteint le but de faire participer aux bienfaits des voies ferrées la plupart de nos départements pauvres.

Comme conséquence, le principe de la voie étroite, devant lequel la loi de 1880 a reculé, est consacré de fait, et la voie normale devient de plus en plus la caractéristique exclusive du réseau d'intérêt général.

81. *Observation.* — Quant aux garanties forfaitaires auxquelles on a reproché d'être une subvention dissimulée, et sans résultat sur le développement du trafic, il est permis de croire que dans les conventions à intervenir de nouvelles formules feront de cette garantie ce qu'elle doit être réellement, c'est-à-dire pour les petites comme pour les grandes lignes l'instrument de crédit nécessaire aux concessionnaires.

A ce sujet si l'on compare, sur les différents réseaux, les revenus donnés par l'exploitation seule aux dépenses totales de premier établissement, on arrive, d'après ce que nous avons djà dit, à la progression décroissante suivante :

Lignes d'intérêt général	Lignes principales......	9,5 pour cent
	Lignes secondaires	3,5 —
	Ensemble	5,3 —
id. local	Tramways.............	1,74 à 2,47 —
	Chemins d'intérêt local..	0,48 à 0,83 —

Dans ces conditions, les principes qui ont prévalu en 1852-59 pour le développement du réseau d'intérêt général, c'est-à-dire la concentration des tronçons épars dans les mains de compagnies régionales et la simple garantie d'intérêt, ne remplaceraient-ils pas avec avantage les conventions forfaitaires actuellement en usage, au profit des finances de l'Etat et des départements.

Une garantie d'intérêt accordée d'une façon ferme et qui, sous le contrôle actif de l'administration tiendrait compte à la fois des dépenses réelles d'établissement et d'exploitation, éviterait les bénéfices latéraux de construction et donnerait un puissant crédit aux concessionnaires.

D'autre part, ceux-ci pourraient être intéressés au développement du trafic par une progression des dividendes, consentie dans un rapport déterminé avec les accroissements des unités de trafic kilométrique, — étant entendu d'ailleurs que la proportion du capital-obligation au capital-action serait relevée, pour se rapprocher de celle des grandes compagnies, soit par exemple 1/4 actions et 3/4 obligations.

En admettant sur l'ensemble des lignes restant à construire, que la garantie complémentaire du produit net soit de 3 % et le capital kilométrique moyen d'établissement de 60.000 francs, la part contributive de l'Etat et du département ne dépasserait pas pour chacun 900 francs par an et par kilomètre et s'atténuerait avec les augmentations de recettes.

Dans notre pensée, un tel système appliqué sous la réserve que les lignes concédées, après un classement général, ne seraient pas trop mauvaises et qu'on adopterait des règles uniformes et libérales pour leur construction et leur exploitation permettrait d'atteindre dans le plus court délai possible le développement désirable et rationnel de notre outillage national.

§ 6.

CONVENTIONS DE 1883 AVEC LES COMPAGNIES PRINCIPALES RÉGIME ACTUEL.

82. Dispositions générales. — *Concours des Compagnies.* — L'esprit des conventions est tout entier dans la déclaration ministérielle du 22 février 1883, annonçant :

« L'ouverture de négociations avec les grandes compagnies de chemins de fer, et le ferme espoir qu'il en sortirait des conventions équitables, respectueuses des droits de l'Etat et de nature à faciliter l'exécution des grands travaux sans charger à l'excès le crédit de l'État. »

Laissant de côté les divergences de détails qu'ont nécessité les différences de situation des compagnies, les traits généraux et communs des conventions sont les suivants :

Les compagnies ont accepté la concession de la majeure partie des lignes du programme de 1879, construites, en construction ou à construire. Pour celles non terminées, elles contribuent aux dépenses d'établissement pour une somme fixe de 25.000 fr. par kilomètre, augmentée de la fourniture, de l'outillage et du matériel roulant évalué à une nouvelle somme kilométrique de 25.000 fr. Exceptionnellement, les dépenses de construction sont fixées à 40 millions pour la ligne de Limoges à Montluçon (261 kil.), et à 90 millions pour l'ensemble des lignes ajoutées au réseau du Nord. Ces différentes sommes forment un premier total de 607 millions à fournir par les Compagnies.

M. Picard récapitule comme suit la longueur des chemins concédés et les éléments du concours des Compagnies :

DÉSIGNATION des RÉSEAUX	LONGUEUR ANTÉRIEURE.	LONGUEURS					LONGUEUR NOUVELLE du réseau.	CONCOURS			
		CONCÉDÉS			Cédées ou échangées.	Totales.		Contributions aux lign. nouv.	MATÉRIEL roulant.		Total.
		à titre définitif	à titre éventuel.	non dénomméca.					des lignes concédées	des lignes cédées.	
P. L. M.	7.137	1.126	223	600	59	2.008	9.175	49	49	2	100
Orléans.	4.339	1.910	116	400	1.086	3.512	7.472	91	61	16	171
Nord.	2.172	197	62	»	174	433	2.605	90	7	4	101
Midi.	3.017	858	169	200	59	1.266	4.283	30	30	1	61
Est.	3.149	593	187	250	703	1.736	4.885	26	26	18	70
Ouest.	3.236	1.187	216	200	877	2.480	5.716	41	41	22	102
Totaux.	23.070	5.851	973	1.650	2.988	11.465	34.136	330	214	63	607

De ce fait, les lignes tant d'intérêt général que d'intérêt local rachetées par les compagnies sont incorporées dans leur réseau, et, par des échanges avec la compagnie d'Orléans, le réseau de l'Etat est cantonné dans l'angle des lignes de Tours à Bordeaux et de Tours à Nantes avec entrée à Paris par les voies de l'Ouest et d'Orléans et règlement du partage du trafic.

En second lieu, les compagnies n'ayant pas intégralement remboursé les avances à titre de garantie d'intérêt, ont accepté de faire immédiatement ce remboursement en en affectant le montant aux travaux. Le budget est ainsi soulagé d'une nouvelle somme de 544 millions, déduction faite de la remise de 80 millions consentie en faveur de la compagnie de l'Ouest.

En même temps qu'elles donnent ainsi une somme immédiatement disponible de 1151 millions, les compagnies, pour permettre à l'État de faire face au surplus des charges, sans continuer des emprunts annuels de 200 et 250 millions, fournissent les sommes restant nécessaires par l'émission d'obligations, sous la réserve que le Trésor remboursera chaque année le montant des frais réels d'intérêt et d'amortissement de ces obligations.

Les charges qui ont ainsi pesé sur le budget ordinaire sont les suivantes :

1884	Crédit accordé	»	millions.
1885	id.	2,700	id.
1886	id.	6,000	id.
1887	id.	9,476	id.
1888	id.	10,000	id.
1889	id.	12,500	id.
1890	id.	17,500	id.
1891	id.	19,335	id.

Enfin, comme conséquence des nouvelles concessions acceptées, les compagnies exécutent les travaux pour le compte de l'Etat, sous son contrôle et avec pénalité de 5.000 fr. par an et par kilomètre pour les lignes livrées en retard. Cependant, sur le réseau d'Orléans et du Midi, les travaux d'infrastructure sont restés dans les mains des ingénieurs de l'État.

82. *Garanties d'intérêt.* — En dehors du réseau de l'Etat, toutes les lignes du troisième réseau sont exploitées par les compagnies pour leur propre compte, et les distinctions établies par les conventions de 1859 entre l'ancien et le nouveau réseau sont effacées.

Les recettes et dépenses de chaque année sont fondues en un compte unique. Sur le produit net, les compagnies prélèvent le montant des charges effectives des emprunts contractés pour l'établissement de leurs lignes dont le capital est arrêté à forfait au 31 décembre 1882, et des emprunts contractés aux termes des nouvelles conventions.

Si le surplus ne suffit pas pour distribuer un dividende fixe et déterminé par les résultats acquis dans les dernières années, l'Etat avance les sommes nécessaires pour le compléter, avec intérêt simple à 4 %. Si, au contraire, le produit net permet de dépasser le dividende garanti, le surplus vient en réduction des dettes que les compagnies ont pu contracter envers l'Etat. Cette dette acquittée, l'excédent augmente le dividende jusqu'à une certaine limite au-delà de laquelle le surplus est partagé à raison de 2/3 pour l'Etat et 1/3 pour la compagnie.

Le dividende garanti et le dividende avant partage, sont fixés comme il est indiqué au tableau suivant, dans lequel sont rappelés, à titre de comparaison, les dividendes des conventions de 1859-1875 et les dividendes distribués par les compagnies dans les cinq années qui ont précédé les conventions de 1883.

DÉSIGNATION des COMPAGNIES	INTÉRÊT ET DIVIDENDE moyen attribué 1879 1883	DIVIDENDE RÉSERVÉ par les conventions de			DIVIDENDE GARANTI par les conventions de 1883	DIVIDENDES avant partage d'après les conventions de	
		1859.	1868-69	1875.		1859-75	1883
	fr.	fr.	fr.	fr.	fr.	fr.	fr.
Nord.	73,80	50,00	50,00	55,35	54,10	89,10	88,50
Est.	33,50	36,00	30,00	36,20	35,55	54,20	50,00
Ouest.	35,40	36,00	30,00	36,75	38,50	61,70	50,00
Orléans.	56,30	70,00	51,80	56,10	56,00	88,30	72,00
P.-L.-M.	64,00	46,00	47,00	61,55	55,00	78,50	75,00
Midi.	40,00	35,00	35,00	45,35	50,00	68,00	60,00
Totaux.	303,00	273,00	243,60	291,30	289,10	439,80	395,50

Cependant, l'unité absolue des comptes ne doit être réalisée qu'après l'achèvement des lignes concédées en 1883 ; jusque-là les compagnies sont autorisées à tenir pour ces lignes et celles des concessions de 1875 [1] un compte spécial dit : *Compte des lignes en exploitation partielle*, dans lequel les insuffisances d'exploitation, augmentées des charges des capitaux engagés par les compagnies, sont portées à leur compte de premier établissement jusqu'au jour où, pour soulager l'avenir, ces lignes couvrant leurs charges d'une façon continue, passent successivement au compte d'*exploitation complète* ; et le déficit annuel, au lieu de donner lieu à un appel immédiat de la garantie, est comblé par une émission d'obligations. On espérait par ce dispositif ajourner l'ouverture du compte de garantie.

Ainsi, les conventions de 1883, comme les conventions antérieures, ont respecté les situations acquises ; elles ont conservé le principe de la fixité des dividendes, maintenu la garantie d'intérêts des obligations en faisant toutefois, disparaître le taux conventionnel de 5 fr. 75 et généralisé la disposition des dépenses réelles déjà introduite dans plusieurs conventions. Comme conséquence, la garantie d'intérêt se trouve prolongée jusqu'à l'expiration des concessions ; c'est un avantage très sérieux au point de vue de la sécurité des capitaux, et il est juste de ne pas le perdre de vue.

84. *Dispositions diverses.* — L'imputation des travaux complémentaires au compte de construction est autorisée sans limite, sous la réserve que le maxima des dépenses sera fixé annuellement dans la loi de finances ; et, pendant 15 ans, en cas de rachat, les dépenses en sont remboursables aux compagnies, sauf réduction de 1/15 pour chaque année écoulée.

---

(1) Voir n° 49.

La faculté de rachat a été maintenue dans les conditions de la loi Mongolfier [1] avec cette interprétation que l'origine de la période de 15 ans est fixée à la date de la mise en exploitation. En cas de rachat, pendant la période de fonctionnement de la garantie d'intérêt, l'annuité doit être réglée en comprenant dans le revenu des dernières années les sommes avancées par l'Etat au titre de garantie.

L'abaissement des tarifs a été subordonné aux réductions des impôts de grande vitesse, que l'Etat viendrait à consentir [2]. De plus, les compagnies se sont engagées à simplifier leurs tarifs de petite vitesse et à prendre comme règle des barèmes à base kilométrique décroissante.

85. Objections aux conventions de 1883. — Préparées avec habileté et défendues avec talent par M. Raynal, Ministre des Travaux publics, les conventions ont été ratifiées par la loi du 20 novembre 1883. On leur a principalement reproché l'élévation relative des dividendes garantis, l'insuffisante amélioration des tarifs, l'affermissement du réseau d'Etat et le compte ouvert aux lignes d'exploitation partielle.

Sur le premier point la situation était différente de celle de 1859; d'ailleurs, les réductions notables que les conventions de cette époque avaient fait subir aux dividendes antérieurement distribués étaient restées nominales et les compagnies avaient pu maintenir des dividendes le plus souvent supérieurs aux chiffres implicitement fixés, alors qu'elles recouraient cependant à la garantie

(1) Voir n° 49.
(2) Voir le chapitre : *Tarifs*.

d'intérêt [1]. Il paraissait donc naturel que les actionnaires n'acceptassent des conventions nouvelles, entraînant de lourdes charges, qu'autant qu'ils seraient assurés de bénéficier en partie des dividendes auxquels ils étaient déjà parvenus, sans autre profit que le remboursement de la dette de garantie. D'autre part, les conventions de 1883 recherchaient le crédit des compagnies et ne pouvaient rien contenir qui fut de nature à l'affaiblir.

En fait, la situation nouvelle faite aux actionnaires des six grandes compagnies peut se résumer comme le montre le tableau suivant :

DÉSIGNATION des COMPAGNIES	NOMBRE d'actions	CAPITAL RÉALISÉ	SOMMES TOTALES RÉSERVÉES par les Conventions de		DIVIDENDE PAR ACTION		OBSERVATIONS
			1875	1883	réservé de 1875	garanti de 1883	
		fr.	fr.	fr.	fr.	fr.	
Nord.	525.000	231.875.000	29.058.560	28.400.000	55,35	54,10	(a) Le revenu garanti par les conventions de 1883, représente 10.26 % du capital-action réalisé.
Est.	584.000	292.000.080	21.124.697	20.750.000	36,20	35,55	
Ouest.	300.000	130.947.918	11.028.500	11.550.000	36,75	38,50	
Orléans.	600.000	307.784.570	33.652.640	33.600.000	56,10	56,00	
P.-L.-M.	800.000	340.963.056	49.230.730	44.000.000	61,55	55,00	(b) Différence en faveur des conventions de 1883 :
Midi.	250.009	146.329.020	11.333.860	12.500.000	45.35	50,00	
Totaux et moyenne.	3.059.000 (a)	1.409.894.564	135.428.987	150.800.060 (b)	50.81	49,30	

Ainsi donc, malgré les excédents accordés sur certains dividendes conventionnels et moyennement distribués pendant les cinq dernières années — notamment malgré l'augmentation excessive de 10 francs, constituant pour la compagnie du Midi un accroissement annuel de 2,5 millions — les conventions de 1883, ne modifiant d'autre part

(1) Voir le tableau précédent, page 111.

ni l'intérêt servi aux obligataires, ni les recettes et dépenses d'exploitation, devaient répondre dans leur ensemble, toutes choses égales d'ailleurs, à une diminution des charges de la garantie d'intérêt.

Sur la question de maitrise sur les tarifs, les réductions allaient à l'encontre des intérêts de l'Etat, devenu l'associé privilégié des compagnies, et on ne pouvait exiger de celles-ci des sacrifices en matière de transport, au moment où l'on obtenait d'elles une participation aussi importante pour l'exécution du troisième réseau.

En ce qui concerne le réseau d'État, s'il est vrai que des méthodes différentes d'exploitation, telles qu'un partage du réseau entre les compagnies voisines, eut donné une meilleure rémunération des capitaux engagés ; par contre, l'Etat invoque un intérêt supérieur à détenir un champ d'expérience et d'action, parallèlement aux grandes compagnies. Cependant d'une façon plus générale, l'exploitation parait mieux placée entre les mains des Compagnies qu'entre celles de l'État : les transports militaires réglementés dans tous leurs détails, y trouvent les mêmes garanties de sécurité ; le rendement du réseau est mieux défendu, au profit de l'équilibre des budgets, contre les dangers d'abaissements de tarifs inutiles ou excessifs ; le personnel est plus éloigné des influences politiques ; ses aptitudes commerciales sont plus grandes ; sa liberté et son indépendance mieux garanties ; ses tendances meilleures et son utilisation plus complète. D'autre part les progrès et les améliorations sont plus faciles à l'industrie et à l'activité nationale. Quant au monopole de fait livré aux compagnies, l'État, bien armé, a tous les moyens d'action et de répression pour exercer l'influence qui lui deviendrait nécessaire, le cas échéant. Enfin au point de vue financier, étant donné qu'on ne peut faire abstraction des faits accomplis, la crise de 1883 a montré sans discussion possible que le régime des concessions, sans la protection et le contrôle ferme et expérimenté de l'État répondait très exactement au caractère de nos institutions, à notre situation économique, à nos tendances et aux allures de notre commerce et de notre industrie. Ces différentes raisons, ne laissant à l'exploitation par l'Etat que des qualités passives, seraient une critique de l'affermissement du réseau d'Etat par les conventions de 1883, si ces questions toujours difficiles devaient être nécessairement réglées par des principes absolus et invariables. Mais dans l'espèce, l'éclectisme s'impose : il faut tenir compte des raisons politiques et apprécier seulement si la détermination prise a été de nature à amoindrir ou au contraire à consolider la situation générale de notre réseau ; or il n'est pas douteux que tout le parti possible ait été tiré de la situation. Ce qui serait une faute aujourd'hui se justifie donc par son temps et par les circonstances impérieuses dont les conventions ont dérivé.

Enfin, relativement aux lignes en exploitation partielle, s'il est vrai que leur capital d'établissement se grossisse chaque année, d'après la règle des intérêts composés, des insuffisances d'exploitation et des intérêts des dépenses du premier établissement, il est juste de reconnaître que cette disposition — introduite pour éviter de grever le compte de garantie d'intérêt des déficits des lignes récemment ouvertes — avait un correctif dans le délai de dix ans prévu pour l'achèvement de ces lignes.

Quoi qu'il en soit, ces insuffisances annuelles ont été les suivantes depuis le 1er janvier 1884:

ANNÉES au 31 déc.	NORD			EST			OUEST			ORLÉANS			P.-L.M.			MIDI			ENSEMBLE		
	LONGUEUR		INSUFFISANCE.	LONGUEUR		INSUFFISANCE.	LONGUEUR		INSUFFISANCE	LONGUEUR		INSUFFISANCE	LONGUEUR		INSUFFISANCE	LONGUEUR		INSUFFISANCE	LONGUEUR		INSUFFISANCE
	Totale	Moyenne exploitée		Totale	Moyenne exploitée		Totale	Moyenne exploitée		Totale	Moyenne exploitée		Totale	Moyenne exploitée		Totale	Moyenne exploitée		Totale	Moyenne exploitée	
	kil.	kil.	fr.	kil.	kil.	fr.	kil.	kil.	fr.	kil.	kil.	fr.	kil.	kil.	fr.	kil.	kil.	fr.	kil.	kil.	fr.
1884	468	465	4.549.000	331	285	2.033.000	378	348	2.884.000	293	210	515.000	1.776	1.563	17.263.000	178	93	1.308.000	3.422	2.970	28 552.000
1885	467	466	5 088.000	631	438	3.266.884	534	470	4.50[illegible].249	514	307	1.102.274	2.118	1.900	17.506.000	108	108	1.003.077	4.372	3.880	32.622.484
1886	»	»	»	784	646	4.482.380	598	570	4.575.133	730	503	3.096.863	2.165	2.139	19.493.500	108	108	1.222.792	4.405	4.056	33.470.668
1887	»	»	»	784	784	3.388.730	684	638	4.043.509	985	795	5.002.057	2.217	2.180	20.156.900	228	177	2.129.608	4.708	4.583	35.411.808
1888	90	24	66.000	820	701	3.609.043	820	753	5.435.468	933	902	6.181.902	2.550	2.466	19.103.600	416	338	3.116.041	5.047	5.284	37.513.554
1889	9[illegible]	90	913.000	854	844	3.853.030	864	888	7.181.519	903	952	6.794.022	1.566	1.509	11.002.047	380	342	2.909.017	4.855	4.645	32.834.444
Totaux	»	»	10.616.000	»	»	20.631.304	»	»	29.285.871	»	»	23.383.918	»	»	104.615.047	»	»	11.860.520	»	»	200.404.638

Ainsi, le déficit est considérable : 200,4 millions dans une période de six ans, c'est-à-dire les deux tiers à peu près de la garantie d'intérêt sous le régime du déversoir [1]. Ce chiffre revient environ à 42.000 fr. par kilomètre. Voici, pour plus de précision, la répartition des insuffisances de l'exercice 1889 :

DÉSIGNATION des COMPAGNIES	LONG. TOTALE exploitée au 31 déc. 1889	INSUFFISANCE totale	DÉPENSES kilométriques d'établissement		EXPLOITATION		PROD. NET de l'expl.	INTÉR. et AMORT. des dép. des Comp.	DIFFÉR. entre le prod. net et les charges
			Etat et divers	Compagnies	Recette kil.	Dép. kil.			
	kil.	fr.	fr.	fr.	fr.	fr.	fr.	fr.	fr.
Nord.	90	913.000	11.569	219.567	5.411	6.255	— 844	—9.300	—10.144
Est.	854	3.853.639	156.557	152.138	11.334	8.616	+2.718	—7.230	— 4.512
Ouest.	963	7.181.519	148.140	131.61[illegible]	6.494	7.792	—1.298	—6.159	— 7.457
Orléans.	993	6.794.922	136.411	148.343	4.919	5.089	— 170	—6.625	— 6.795
P.-L.-M.	1.566	11.092.047	155.325	168.350	6.521	6.648	— 127	—6.956	— 7.083
Midi.	389	2.999.017	199.553	170.823	6.217	6.152	+ 65	—7.635	— 7.690
Totaux et Moyennes.	4.855	32.834.144	151.120	155.250	6.706	6.556	+ 150	—6.910	— 6.760

Parmi ces 4.855 kil. de lignes pauvres, un grand nombre n'ont pas assez de recettes pour suffire à leurs frais d'exploitation; mais, en moyenne, elles donnent encore un produit net de 150 francs par kilomètre; les insuffisances (6.760 fr.) se composent donc exclusivement de la charge des capitaux engagés par les compagnies dans la construction. Elles vont s'accumuler tous les ans avec intérêt composé et grandir le prix des lignes déjà improductives. En 10 ans c'est une majoration de 80,000 francs au moins, que couvrirait seulement une majoration correspondante et tout à fait impossible de 4,000 francs du produit net.

Il est donc certain que ce système, qui rejette les dé-

(1) Voir no 52.

penses actuelles à un autre temps et endette l'avenir, deviendrait un péril s'il devait se prolonger. Le gouvernement et les compagnies s'en sont inquiétés ; il faut croire qu'après avoir satisfait aux nécessités budgétaires de l'heure présente le compte d'exploitation partielle sera supprimé dans le délai des dix années prévu aux conventions de 1883.

86. Développement de 1883 à 1889. — Les progrès accomplis dans la période 1883-1889 ont dépassé ce qu'ils avaient jamais été, comme en justifie le tableau suivant :

DÉSIGNATION DES CATÉGORIES DE CHEMINS DE FER	LONGUEURS AU 31 DÉCEMBRE en exploitation		en construction ou à construire		Totaux	
	1883	1889	1883	1889	1883	1889
	k.	k.	k.	k.	k.	k.
CHEMINS DE FER D'INTÉRÊT GÉNÉRAL. — CONCÉDÉS — définitivement	28.054	32.933	3.395	5.625	36.449	38.562
CHEMINS DE FER D'INTÉRÊT GÉNÉRAL. — CONCÉDÉS — éventuellement	»	»	1.407	1.340	1.407	1.540
CHEMINS DE FER D'INTÉRÊT GÉNÉRAL. — NON CONCÉDÉS — déclarés d'util. publ.	»	264	1.332	294	1.332	558
CHEMINS DE FER D'INTÉRÊT GÉNÉRAL. — NON CONCÉDÉS — classés	»	»	3.255	2.024	3.156	2.024
CHEMINS INDUSTRIELS ET DIVERS	242	224	71	51	313	274
CHEMINS D'INTÉRÊT LOCAL	1.432	2 946	1.270	1.016	2.702	3.962
Totaux	29.728	36.370	15.630	10.550	45.358	46.920
	6.642 kil.		5.080 kil.		1.562 kil.	

Les ouvertures annuelles sur les différentes catégories de chemins seraient donc en moyenne de 1107 kilomètres ; mais inégales par nature [1] elles se sont progressivement abaissées, sur le réseau d'intérêt général, de 2239 kil. en 1884 à 532 kil. en 1887 et 547 kil en 1889.

Au surplus, il faut observer qu'au 31 décembre 1887, sur les 6.642 kil. ouverts à l'exploitation depuis 1883, une longueur de 4.855 kil. figurait au compte de l'exploi-

(1) Voir le tableau, page 121.

tation partielle, et seulement 1.787 kil. au compte de l'exploitation complète.

87. Dépenses d'établissement : 1883-1887. — D'après les documents statistiques publiés en 1890 par le ministère des travaux publics, les dépenses de construction s'établissent au tableau ci-contre.

Ainsi les conventions ont permis en quatre ans de dépenser 1.939 millions pour l'ouverture de 4.634 kil. sans que les charges de l'Etat aient dépassé 18,2 millions (1), répondant au taux fictif de 5 % — intérêt et amortissement compris — à la somme de 364 millions environ. Le surplus, déduction faite des subventions diverses, a été fourni par les compagnies aux titres des engagements antérieurs à 1883, en remboursement des dettes de garantie arrêtées en 1883, et des allocations inscrites aux conventions. D'ailleurs l'ensemble de ces dépenses a été demandé aux guichets et à la clientèle des compagnies, mettant ainsi fin à l'émission publique et annuelle du 3 pour cent amortissable.

Quant aux dépenses, le coût kilométrique de ces lignes improductives serait environ de 385.000 francs dont 220.000 francs à la charge de l'Etat et 165.000 francs à la charge des compagnies. La participation de l'Etat aurait donc passé de 15,2 %, dans la période 1859-1882 (2), à 54,9 % dans la période 1883-1887.

Il n'est pas douteux que cette dépense de 385.000 francs soit très élevée, comparée à celle du premier réseau (645.000 fr.) et à celle du second réseau (404.000 francs). Encore convient-il d'observer qu'elle ne comprend pas, comme celles-ci, la totalité des intérêts pendant la construction et des insuffisances jusqu'à la mise en exploita-

(1) Voir no 82.
(2) Voir no 51.

DÉSIGNATION des ANNÉES et PÉRIODES	LONGUEUR TOTALE livrée à l'exploit. au 31 déc.	DÉPENSES D'ÉTABLISSEMENT AU 31 DÉCEMBRE 1887 — TOTALES — Etat	Compagnies	Divers	Ensemble	PAR KILOMÈTRE — Etat	Compagnies	Divers	Ensemble	CENTAGE — Etat	Compagnies	Divers	Ensemble	OBSERVATIONS — Longueur annuelle ouverte à l'exploitation	Dépenses totales annuelles
	kil.	fr.	fr.	fr.	fr.	fr.	fr.	fr.	fr.					k.	fr.
1887	31.756	3.683.112.279	9.591.043.432	137.543.708	13.412.599.479	115.982	302.051	4.331	422.364	27.5	71.5	1.0	100.0	532	332.867.224
1886	31.224	3.503.852.261	9.441.761.644	132.118.350	13.079.732.255	112.280	302.388	4.231	418.890	26.8	72.2	1.0	100.0	700	354.628.443
1885	30.464	3.28.4903.596	9.314.606.923	125.593.293	12.725.103.812	107.832	305.756	4.122	417.712	25.8	73.2	1.0	100.0	1.093	451.066.280
1884	29.371	3.025.191.014	9.128.102.474	120.144.044	12.273.437.532	102.902	310.765	4.090	417.847	24.7	74.3	1.0	100.0	2.239	701.408.948
1883	27.132	2.017.035.555	8.785.042.940	73.670.089	11.481.908.584	96.479	32.3811	2.899	423.189	22.8	76.5	0.7	100.0	893	382.030.937
Rap. de **1877**	20.905	1.416.371.547	7.826.350.683	37.321.755	9.280.643.985	67.463	372.772	1.806	442.041	15.3	84.3	0.4	100.0	»	»
Pér. **1883-1887**	4.694	1.063.456.724	806,300,402	58,873,679	1,930.630,875	230.410	174.370	12,730	417.510	55.2	41.7	3.1	100.0	»	»
Pér. **1877-1887**	10.761	2.266.740.732	1.765.592.740	100.222.013	4.131.955.474	210.040	164.070	9,310	384.020	54.9	42.7	2.4	100.0	»	»

tion ; elle sera certainement retenue par les adversaires de la construction et de l'exploitation directe par l'Etat, qui lui opposeront le chiffre de 200.000 fr. ayant servi de base au programme de 1879.

En ce qui concerne la progression de 15,2 à 54,9 % de la participation de l'Etat, elle s'explique par la rapidité d'exécution du programme de 1879. Du moment qu'on ne pouvait pas attendre les plus-values annuelles de 2 à 2 1/2 %, observées dans le passé, pour gager la construction et les insuffisances des lignes nouvelles, les ressources manquaient aux compagnies pour continuer les agrandissements de leur réseau dans les conditions de 1859, et c'était à l'Etat à pourvoir aux dépenses dans la proportion des charges que les lignes nouvelles allaient imposer aux lignes déjà construites.

88. Recettes d'exploitation. — Dans la période 1863-1876, les recettes totales d'exploitation du réseau d'intérêt général s'étaient accrues, avec l'extension mesurée des lignes, dans une proportion telle que les recettes kilométriques s'étaient maintenues à peu près constantes — 43600 fr. d'après le tableau ci-après. Cette situation était la conséquence de l'économie générale des conventions de 1859.

Depuis 1876, au contraire, les recettes kilométriques se sont progressivement abaissées par l'addition précipitée des lignes improductives. L'allure générale de cette période décroissante est bien représentée par la relation :

$$(a) \qquad R_n = \frac{L\pi(1+\beta n) + l\pi'\left(\frac{1+\beta n}{2}\right)}{L+l}$$

$L = 20{,}034$ kil.	Longueur du réseau en 1876 ;
$\pi = 43{,}600$ fr.	Recettes kilométriques correspondantes ;
$\pi' = 6{,}500$ fr...	Recettes kilométriques des lignes nouvelles ;
$\beta = 0{,}021$	Plus-value annuelle des recettes ;
l.............	Accroissement considéré du réseau depuis 1876 ;
n.............	Nombre d'année répondant à cet accroissement ;
R_n............	Recettes répondant à la long. $(L+l)$ et à l'an. $(1876+n)$.

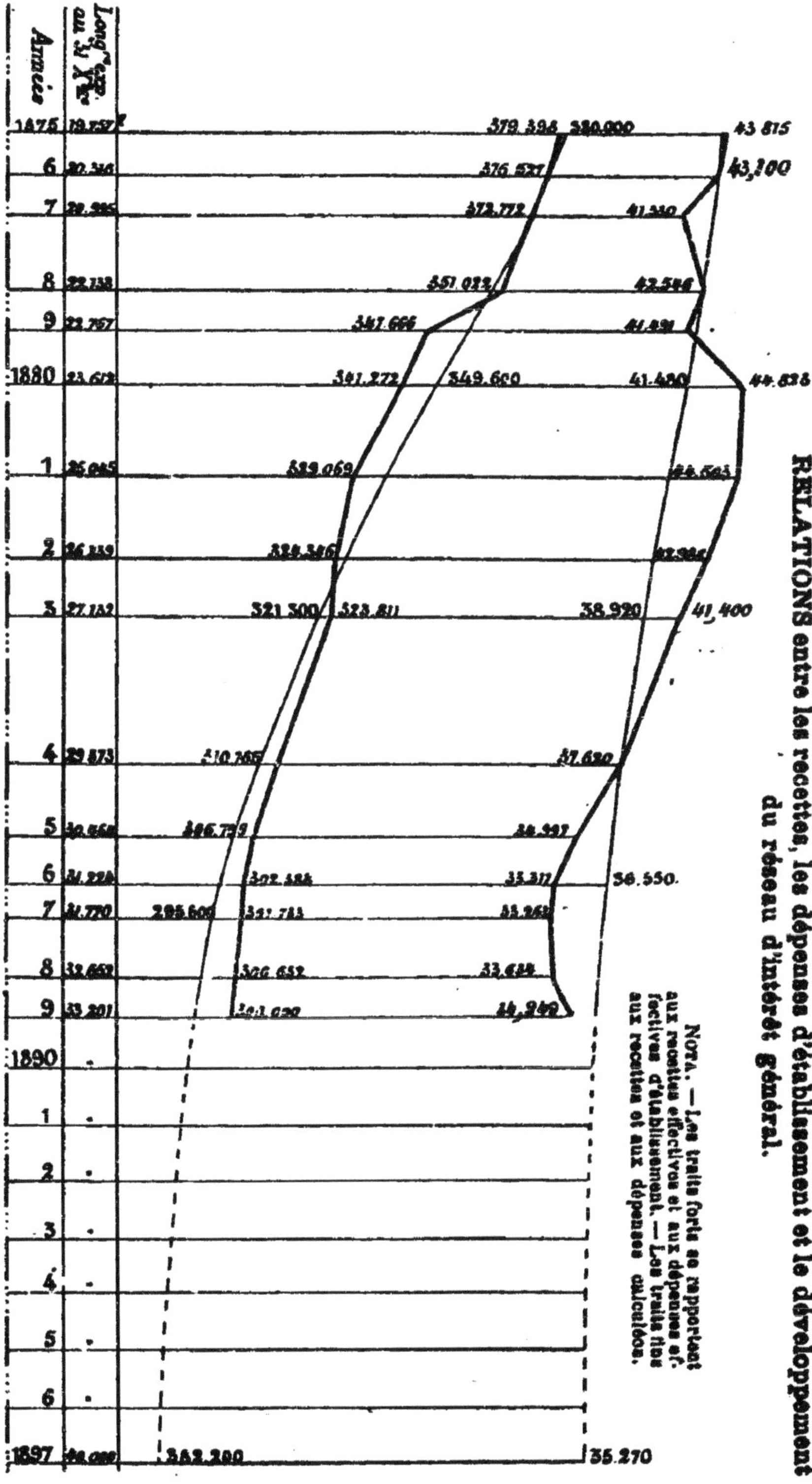
RELATIONS entre les recettes, les dépenses d'établissement et le développement du réseau d'intérêt général.
NOTA. — Les traits forts se rapportent aux recettes effectives et aux dépenses effectives d'établissement. — Les traits fins aux recettes et aux dépenses calculées.
Années
1875
1880
1890
1897
43,100
349.600
321.300
38.920
41,400
36.550
295.600
35.270

Le graphique précédent des valeurs R_n montre ce que seraient devenues les recettes dans ces conditions régulières ; mais de fait elles se sont plus ou moins écartées de cette ligne théorique d'après les oscillations en quelque sorte périodiques du commerce et de l'industrie : après les plus-values de 1879-1880, elles ont subi une baisse rapide, qui ne s'est arrêtée qu'en 1886 pour tendre depuis vers les valeurs normales, comme l'indiquent plus spécialement le graphique et le tableau suivant :

ANNÉES	LONGUEURS moyennes d'exploitation.	RECETTES D'EXPLOITATION		ANNÉES	LONGUEURS moyennes d'exploitation.	RECETTES D'EXPLOITATION	
		Totales	Kilométriques			Totales	Kilométriques
	kil.	fr.	fr.		kil.	fr.	fr.
1863	11.533	512.231.999	44.414	1877	20.534	863.903.731	41.330
1864	12.362	43.884.357	43.906	1878	21.485	931.514.286	42.546
1865	13.227	573.521.714	43.738	1879	22.249	945.654.972	41.491
1866	13.915	623.438.486	45.803	1880	23.089	1.061.279.154	44.823
1867	15.000	677.766.760	45.185	1881	24.249	1.110.486.962	44.503
1868	15.835	687.950.239	43.390	1882	25.576	1.127.847.776	42.986
1869	16.465	706.919.206	42.935	1883	26.695	1.125.538.273	41.400
1870	»	»	»	1884	28.722	1.096.227.203	37.620
1871	»	»	»	1885	29.832	1.050.096.685	34.997
1872	»	»	»	1886	30.696	1.035.106.217	33.317
1873	18.189	833.490.184	44.246	1887	31.446	1.060.543.142	33.264
1874	18.744	818.588.373	43.059	1888	32.128	1.080.655.303	33.634
1875	19.357	863.310.510	43.815	1889	32.914	1.150.367.744	34.949
1876	20.024	886.800.986	43.338				
Moyenne.			43.590				

C'était une erreur de compter sur la continuité des plus-values de 1879-1881 pour donner aux travaux une activité anormale; il est hors de doute, sans que la cause en soit bien connue, que les affaires ont de longues marées, pendant lesquelles le commerce passe successivement par l'activité, la fièvre, la chute et l'état languissant.

89. Vitesse des travaux. — La baisse des recettes kilométriques R_n, et la surélévation du coefficient d'exploitation $K = \frac{D}{R}$ devaient être la conséquence nécessaire du programme de 1879 ; par suite les produits nets $(1 - K) R_n$, aux mains des compagnies ne pouvaient plus désintéresser que des dépenses d'établissement moyennes progressivement décroissantes.

D'une façon plus précise, au taux fictif d'intérêt θ [1], les dépenses D', que les compagnies pouvaient consentir sur les nouvelles lignes, étaient liées aux dépenses antérieures D et aux nouvelles recettes R_n, par la relation :

$$(b) \qquad \frac{LD + lD'}{L + l} \cdot \theta = (1 - K) R_n$$

et les dépenses kilométriques moyennes devaient suivre la progression décroissante :

$$(c) \qquad D_1 = \frac{LD + lD'}{L + l} = \frac{1 - K}{\theta} R_n$$

Appliquant cette formule à l'ensemble du revenu d'intérêt général, on trouve les chiffres résumés au tableau suivant et reproduits au graphique de la page 123.

---

(1) En 1887, les produits nets ont été.. 495.364.130 fr.
la garantie d'intérêt s'est élevée à....... 84.107.129
Ensemble. ——————— 579.471.259 fr.

pour rémunérer un capital de 9.977.610.470, soit $\theta = 5,82$ p. 0/0.

De même, l'intérêt et l'amortissement des dépenses des compagnies s'est élevé à 5,14 p. 0/0 du capital d'établissement, composé de 7/8 obligations et 1/8 actions, touchant un revenu de 10,60 p. 0/0 ; on a comme ci-dessus :

$$\theta = \frac{7 \times 5,14 + 10,61}{8} = 5,82 \text{ p. } 0/0.$$

ANNÉES	LONGUEURS EXPLOITÉES au 31 déc.	RECETTES KILOM. D'EXPLOIT.		COEFFICIENT d'exploitation	DÉPENSES KILOM. D'ÉTABLISS.		OBSERVATIONS
		Effectives	R_a (for. a)		Effectives	D' (for. c)	
	kil.	fr.	fr.		fr.	fr.	
1876	20.316	43.308	43.300	0,502	376.527	376.500	
1880	23.612	44.823	41.480	0,510 (a)	341.272	349.700	(a) Par interpolation d'après les années 1875 et 1886, au prorata des recettes R_a.
1883	27.132	41.400	38.920	0,521 (a)	323.811	321.300	
1886	31.224	33.317	36.550	0,531 (a)	302.388	295.600	$\theta = 0,058$
1887	40.000	«	35.270	0,536	»	282.200	

Ainsi depuis 1883, les dépenses moyenne d'établissement se sont maintenues à un niveau plus élevé que ne le comportaient les recettes décroissantes de l'exploitation; en d'autres termes, les dépenses contributives des compagnies ont été trop fortes, ou inversement si l'on admet ces dépenses, les longueurs ouvertes à l'exploitation ont été excessives.

90. Compte de garantie depuis 1883. — A la vérité les formules précédentes ne suivent pas les faits dans leurs détails, avec les variations annuelles des ouvertures, des recettes, des dépenses et des coefficients d'exploitation; elles suffisent cependant, en tenant compte des principaux éléments en jeu, à dégager d'une manière satisfaisante les points de la question; notamment elles mettent en évidence la nécessité où l'on devait être bientôt d'ouvrir à nouveau le compte de garantie liquidé par la convention de 1883.

Plus exactement, les recettes effectives s'étant rapidement abaissées au-dessous des recettes moyennes R_a, le jeu de la garantie d'intérêt s'est exercé dans les proportions reproduites au tableau ci-contre :

SITUATION au 31 DÉCEMBRE	COMPTE COURANT DE LA GARANTIE D'APRÈS LES CONVENTIONS DE 1883								OBSERVATIONS
	EST	OUEST	ORLÉANS	MIDI	P.-L.-M.		SOMMES DUES PAR LES COMPAGNIES		
					Réseau	Rhône au mont Cenis	totales	pendant l'exercice	
	fr.	fr.	fr.	fr.	fr.	fr.	fr.	fr.	
1883	»	»	»	»	»	37.536.369	37.536.369	»	La dette de retenue de garantie relative aux Conventions de 59–75 a été liquidée par les Conventions de 1883, sauf en ce qui concerne la ligne du Rhône au Mont-Cenis.
1884	»	5.153.632	»	»	»	40.396.077	45.549.609	8.013.240	
1885	6.407.425	12.614.142	4.444.865	4.443.307	5.024.231	43.871.370	70.865.401	31.315.792	
1886	14.730.085	24.303.393	16.893.912	14.903.976	12.083.238	47.764.453	130.685.057	53.810.656	
1887	28.950.710	39.317.193	39.826.233	30.054.521	24.552.050	52.091.464	214.792.186	84.107.129	
1888	41.268.312	51.136.013	57.793.883	43.688.533	26.503.945	55.722.937	276.113.624	61.321.438	
1889	59.251.060	63.354.698	74.809.898	56.517.233	26.475.202	50.558.125	332.977.328	56.863.704	A ajouter la Compagnie du Sud de la France : 266.951 fr.

Quoi qu'il en soit, cette situation fâcheuse ne se rattache en rien aux conventions nouvelles, qui, soit par la substitution des intérêts réels aux intérêts forfaitaires, soit pour la réduction des dividendes garantis sur les dividendes réservés, devaient au contraire avoir pour conséquence de diminuer les appels éventuels à la garantie de l'Etat. Elle est entièrement due, comme nous venons de l'établir, au développement trop rapide des lignes secondaires et à la chute brusque des recettes depuis 1883.

Pour en mesurer toute l'étendue, il faut d'ailleurs ne pas oublier que les insuffisances d'exploitation partielle devraient être soldées annuellement et non rejetées dans l'avenir pour peser un jour lourdement sur le compte de garantie. Ainsi les insuffisances ont été en réalité (1) :

	Insuffisances		Garant. d'intérêt		Ensemble.
Années **1884**.......	8.013.240 fr.	+	28.552.000 fr.	=	36.565.240
1885.......	31.315.792	+	32.622.484	=	63.938.276
1886.......	53.819.656	+	33.470.668	=	87.290.324
1887.......	84.107.129	+	35.411.808	=	121.518.937
1888.......	61.321.438	+	37.513.554	=	98.834.992
1889.......	56.863.704	+	32.834.144	=	89.697.848
Totaux	295.440.959	+	200.404.658	=	495.845.617

Avec l'état de choses ayant précédé les conventions, les déficits d'exploitation des lignes nouvelles eussent été payés sur les fonds du budget et l'effet des conventions se réduit à avoir fait passer — soit immédiatement, soit après ajournement — au chapitre de la garantie d'intérêts les dépenses qui eussent figuré aux chapitres de la dette publique et des insuffisances des lignes exploitées au compte de l'Etat. Cette différence de forme se traduira par un bénéfice dès que les compagnies commenceront le remboursement de la dette ainsi contractée.

91. Atténuation des insuffisances de recettes. — Pour remédier autant que possible à l'insuffisance des

(1) Voir pages 127 et 117.

recettes : d'une part la marche des travaux a été sensiblement ralentie, ainsi que nous en avons justifié ci-dessus et d'autre part les compagnies ont fait les efforts les plus énergiques pour réaliser des économies sur les frais d'exploitation ; les mesures prises ont donné des résultats très sérieux comme en témoigne le tableau de la page suivante.

Indépendamment des progrès de l'exploitation proprement dite, affirmés pour la période 1882-1887 par la constance du coefficient d'exploitation, malgré l'abaissement très sensible des recettes, ce tableau indique qu'en moyenne les produits nets des chemins de fer d'intérêt général rémunéreraient seuls à un taux convenable — c'est-à-dire sans le secours de la garantie d'intérêt — les capitaux consacrés par les compagnies à leur création.

Cependant les conventions de 1883 ont dû stipuler des garanties qui, si elles s'exerçaient complètement, sans distinction entre les exploitations complète et partielle, viendraient encore augmenter dans une forte proportion le rapport déjà élevé des produits nets aux dépenses des compagnies : ainsi, d'après les statistiques du ministère des travaux publics, le revenu nominal moyen de la période 1887-1889 qui aurait été de 5,12 %, s'élèverait à 6,14 en y ajoutant la garantie d'intérêt et les insuffisances d'exploitation partielle, soit une majoration de 1,02 p. cent.

C'est qu'en effet, quelle que soit l'importance de ces derniers chiffres, leur légitimité est hors de doute, car les nouvelles conventions devaient nécessairement, d'une part reconnaître les bénéfices acquis par les compagnies dans leurs conventions antérieures, et d'autre part parer aux différences éventuelles entre les produits nets et les charges des capitaux que les compagnies allaient engager dans les lignes nouvelles.

Grandes Compagnies, Compagnies secondaires et réseau d'État

INTÉRÊT GÉNÉRAL

ANNÉES	LONGUEURS		DÉPENSES D'ÉTABLISSEMENT		PRODUIT NET total de l'exploitation	RECETTES ET DÉPENSES DE L'EXPLOITATION NON COMPRIS L'IMPOT						COEFFICIENT D'EXPLOITATION $K = \frac{D}{R}$	REVENU NOMINAL des dépenses	
						par kilomètre			par Train-kilométrique					
	livrée à l'expl. au 31 déc.	moy. exploit. dans l'année	faites par les Compagnies	Totales		Recettes	Dépens.	Prod. net	Recettes	Dépens.	Prod. net		des Compagnies	totales
	k.	k.	fr.	fr.	fr.	fr.	fr.	fr.	fr.	fr.	fr.	fr.	fr.	fr.
1880	23.612	23.080	8.058.124.002	10.185.021.804	510.308.232	44.823	22.329	22.494	5,57	2,78	2,79	49,8	6,45	5,10
1881	25.045	24.249	8.242.530.401	10.613.793.351	549.263.041	44.503	22.141	22.362	5,44	2,71	2,73	49,8	6,57	5,11
1882	26.239	25.576	8.510.525.815	11.099.237.647	532.214.144	42.980	22.177	20.800	5,17	2,67	2,50	51,6	6,25	4,80
1883	27.132	26.602	8.785.624.940	11.481.068.584	509.073.383	41.400	22.327	19.073	5,02	2,71	2,31	53,9	5,81	4,44
1884	29.373	28.722	9.128.102.474	12.273.437.532	488.957.975	37.620	20.596	17.024	4,95	2,71	2,24	54,7	5,35	3,99
1885	30.404	29.839	9.314.606.923	12.725.103.812	475.734.938	34.997	19.054	15.943	4,85	2,64	2,21	54,4	5,11	3,74
1886	31.224	30.096	9.441.761.644	13.079.732.255	479.390.467	33.317	17.700	15.617	4,78	2,54	2,24	53,1	5,07	3,67
1887	31.756	31.446	9.606.703.265	13.412.599.479	505.649.115	33.264	17.184	16.080	4,79	2,47	2,32	51,7	5,27	3,76

Au plus pourrait-on admettre que, pour éviter à la fois l'appel à la garantie d'intérêt et l'ouverture du compte d'exploitation partielle, les compagnies eussent été autorisées à des relèvements partiels de leurs tarifs, jusqu'à totalité ou partie des 13,7 °/₀ abandonnés (1) dans la période précédente 1859-1882.

En fait, ce relèvement justifié n'eut pas dépassé :

$$\frac{\text{Insuffisance (1884-1889)}}{\text{Recettes (1884-1889)}} = \frac{495.845.617}{6.490.896.234} \text{ soit 7,63 p. cent.}$$

Tel n'était pas le courant de l'opinion publique au moment des conventions. Contrairement au principe que toute industrie doit vivre de ses propres moyens et que chacun doit payer les services qu'il reçoit, on chercha plutôt, par la subordination des abaissements des tarifs aux réductions d'impôt, à imposer l'autorité de l'État sauf à grever le budget des garanties d'intérêt.

Quoi qu'il en soit, avec la marche plus sage des travaux, les économies d'exploitation et les recettes qui tendent à reprendre leur niveau normal, pour le dépasser ensuite, il y a lieu de croire que le temps n'est pas éloigné où les compagnies retrouveront des excédents à affecter à l'extinction de la créance de l'État, et par suite la libre disposition de leur revenu sans laquelle leur exploitation devient une régie intéressée au compte de l'Etat. Déjà, depuis 1887, la retenue de garantie et les insuffisances d'exploitations partielles sont en voie de décroissance; notamment la compagnie du Nord et celle de P.-L.-M. ont cessé de faire appel à la garantie de l'État.

Dans le même esprit, en dehors des lignes concédées aux grandes compagnies et de celles rattachées au réseau

(1) Voir n° 55.

d'État, les conventions de 1883 avaient laissé de côté environ 3,000 kilomètres difficiles et improductifs. Une partie de ces lignes est ajournée à une époque indéterminée, et des mesures spéciales ont été prises pour assurer l'exécution de quelques autres, en les construisant à voie étroite afin de diminuer les dépenses ; nous citerons entre autres, comme exemple à suivre les lignes du Finistère déclarées d'utilité publique le 22 juillet 1881 et incorporées dans le réseau à voie étroite de la Bretagne par la loi du 10 décembre 1885.

92. Profits de l'État. — Voici, d'après les derniers renseignements publiés par le ministère des travaux publics, comment s'étaient modifiés les profits particuliers que l'Etat retire de l'exécution des chemins de fer, soit en recettes perçues, soit en économies réalisées :

ANNÉES	SITUATION AU 1er JANVIER		PROFITS PARTICULIERS de l'Etat		REVENU NOMINAL des dépenses de l'Etat
	Long. moyenne exploitée	Dépenses faites par l'Etat	Totaux	kilométrique	
	k.	fr.	fr.	fr.	pour cent.
1883	26.239	2.512.278.666	276.435.341	10.291	11,0
1887	31.224	3.505.852.261	295.743.874	9.405	8,6

Pour l'Etat, comme pour les compagnies, l'extension du réseau a donc amoindri les recettes kilométriques et abaissé le revenu nominal des subventions accordées ; cependant son concours financier reste encore largement rémunéré, malgré les réductions que les profits ci-dessus pourraient subir en ce qu'ils ont d'exagéré ou de contestable.

93. Résumé. — En résumé, en 1883 l'Etat avait déjà construit une série de lignes dont l'exploitation était mal assurée, et il était engagé dans l'exécution du programme de 1879 dont les charges devenaient écrasantes pour les finances publiques.

Les conventions de 1883 furent donc avant tout des conventions financières et conservatrices, et à ce point de vue elles ont pleinement rempli leur objet : en six ans, 6,642 kilomètres ont été ouverts à l'exploitation et 2,700 millions dépensés en provenance des guichets des grandes compagnies. Par contre, les insuffisances portées en compte s'élèvent à 496 millions, tandis que pendant les vingt-quatre années de la période précédente ces mêmes insuffisances n'avaient pas dépassé 624 millions pour 14.000 kilomètres [1]; mais il faut reconnaître que ces charges sont la conséquence immédiate de l'importance des travaux et non celle d'avantages particuliers introduits dans les nouvelles conventions.

Comme par le passé, c'est dans l'association intime de l'Etat et des compagnies que les conventions ont trouvé la puissance nécessaire et suffisante pour conjurer la crise de 1883 et pour donner à nos voies ferrées un essor qu'elles n'avaient jamais eu. Les faits confirment donc encore que l'Etat ne doit faire que ce que l'initiative privée n'est pas capable de faire et qu'il va contre son but s'il prend un rôle actif au lieu de se borner à exercer son contrôle et à prêter l'appui de son crédit.

94. Récapitulation, de l'origine à 1889. — M. Picard, jetant un coup d'œil rétrospectif sur l'histoire des chemins de fer, en récapitule les faits dans l'ordre suivant :

« Durant les premières années les voies ferrées sont

(1) Voir n° 52.

concédées à perpétuité; mais ce système est abandonné dès 1833 pour faire place à celui de concessions emphythéotiques. En 1837, les pouvoirs publics comprenant ou plutôt pressentant l'importance du rôle réservé aux chemins de fer engagent des débats approfondis sur le régime à adopter; ils hésitent longtemps entre la construction et l'exploitation par l'Etat, la construction par l'Etat et l'affermage de l'exploitation ou la régie intéressée, et la concession pure et simple avec ou sans subvention du Trésor; le Gouvernement, dont les sympathies étaient pour le maintien du réseau entre les mains de l'Etat, ne parvient pas à faire triompher ses idées. En 1842, on s'arrête à un système mixte, consistant à faire établir l'infrastructure par l'administration et à traiter de la pose de la voie et de l'exploitation avec les compagnies. Toutefois de nombreuses dérogations sont apportées à ce principe jusqu'en 1848, époque à laquelle il se produit une évolution en faveur de la reprise des voies ferrées par l'Etat. Mais cette évolution est de courte durée et l'Empire entre à pleines voiles dans l'ère des concessions à longue échéance et de la fusion des concessions de manière à constituer quelques sociétés puissantes se partageant tout le territoire de la France. La situation des compagnies ainsi formées ne cesse de grandir jusqu'à la fin de 1875. A partir de 1876, on assiste à un nouveau revirement d'opinion : le Parlement résiste fermement à toute extension du monopole de fait des compagnies, et le Gouvernement est conduit ainsi à créer un réseau d'Etat dans le Sud-Ouest. Mais en 1883, les embarras financiers et l'impossibilité pour l'Etat de tirer utilement parti de ses lignes nouvelles sans les adjoindre aux grands réseaux et par suite sans les concéder, ou sans racheter au moins une partie des concessions antérieures, les craintes qu'inspirent le rachat, diverses autres circonstances enfin sur lesquelles nous n'avons pas à insis-

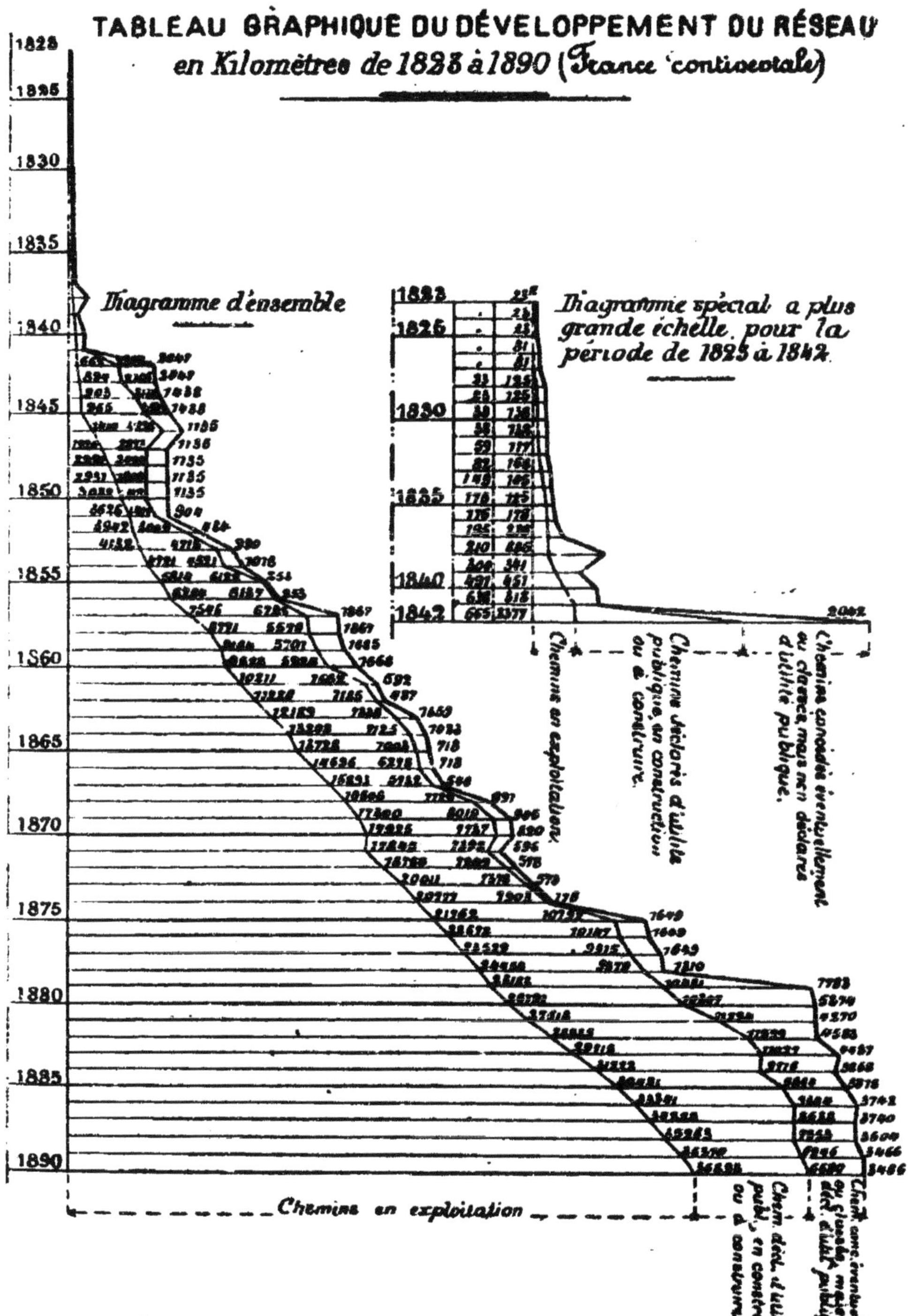
TABLEAU GRAPHIQUE DU DÉVELOPPEMENT DU RÉSEAU
en Kilomètres de 1828 à 1890 (France continentale)
Diagramme d'ensemble
Diagramme spécial à plus grande échelle pour la période de 1823 à 1842
Chemins en exploitation
Chemins déclarés d'utilité publique, en construction ou à construire
Chemins concédés éventuellement ou classés, mais non déclarés d'utilité publique
Chem. décl. d'utilité publ., en construct. ou à construire
Chem. conc. éventuellem. ou classés, mais non décl. d'util. publique
1828
1825
1830
1835
1840
1845
1850
1855
1860
1865
1870
1875
1880
1885
1890
1823
1826
1842

ter permettent aux compagnies de reprendre encore une fois le dessus, et les conventions de 1883 viennent consolider plus que jamais leur situation.

Ainsi c'est toujours le régime des concessions à long terme qui a fini par prévaloir en France. »

A considérer le développement du réseau de 1823 à 1889 et les dépenses d'établissement faites pendant la même période sur les chemins de fer d'intérêt général, les tableaux graphiques des pages 135 et 137, dressés par les soins du ministère des travaux publics, résument d'une façon complète et saisissante les progrès accomplis.

En ce qui concerne le développement du réseau, après la période d'hésitation qui s'étend jusqu'à 1845, les longueurs des lignes ouvertes annuellement à l'exploitation s'élèvent progressivement jusqu'à 880 kil. environ; ce chiffre se maintient dans les périodes 1861-69 et 1873-79; à la suite du classement de 1879 il est dépassé et atteint 1220 kil. pour la période 1879-85; finalement, après les difficultés de 1883, il redescend à 880 kil. dans la période 1885-89.

En ce qui concerne les dépenses annuelles faites par l'État, les compagnies et divers, après la période stationnaire 1847-51, elles s'élèvent progressivement à 372,9 millions; ce chiffre se maintient dans la période 1857-67, s'abaisse à 321,5 millions dans la période 1871-76 et se relève successivement à 328,6, 471,2 et 584,1 millions dans les périodes 1866-79-81 et 84; finalement il descend à 290,1 millions dans la période 1884-89.

Enfin, en ce qui concerne les sommes annuellement dépensées par l'État et les localités, en travaux, subventions, etc,, elles ont été successivement de 27,2 millions dans la période 1850-60; de 36,4 millions dans la période 1860-70; de 247,1 millions dans la période 1875-85, et finalement de 81,6 millions dans la période 1885-89.

TABLEAU GRAPHIQUE DES DÉPENSES D'ÉTABLISSEMENT

faites depuis l'origine, pour les chemins de fer d'intérêt général (France continentale).

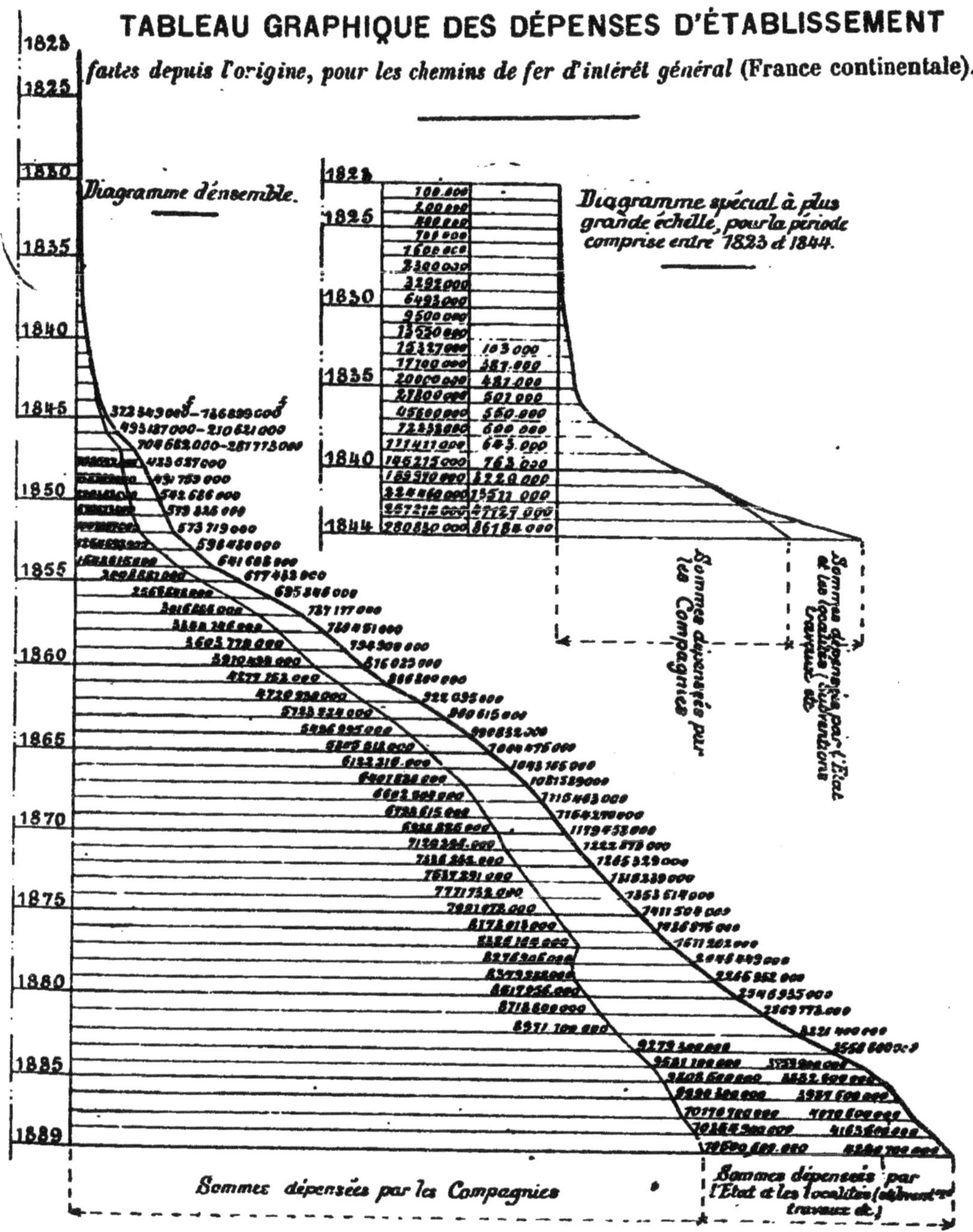

§ 7.

CHEMINS INDUSTRIELS ET DIVERS

95. Origine et développement.—Les chemins industriels sont spécialement créés pour desservir les grandes usines et les mines. Leur existence a été consacrée par les lois de 1865 et 1880 sur les chemins d'intérêt local.

En ce qui concerne les chemins industriels proprement dits, ils sont assimilés aux chemins de fer d'intérêt général et leur déclaration d'utilité publique est soumise aux mêmes règles.

En ce qui concerne les chemins miniers, la loi du 27 juillet 1888, remaniant celle du 21 avril 1810, distingue trois espèces de chemins : ceux à établir dans l'intérieur du périmètre de la mine sans modifier le relief du sol, ceux à établir dans le périmètre en modifiant le relief du sol, enfin ceux à établir en dehors du périmètre. Pour les premiers l'autorisation d'occuper le terrain est donnée par le Préfet ; pour les deux autres l'utilité est déclarée par décret rendu en conseil d'Etat.

Tout en admettant que ces chemins soient exclusivement créés pour les besoins des établissements industriels et des mines, leur concession est toujours subordonnée à l'établissement immédiat ou éventuel d'un service de voyageurs et de marchandises. C'est la justification du droit d'expropriation conféré aux concessionnaires.

Voici la situation, très minime encore, des chemins industriels et miniers au 31 décembre 1889 :

	Chemins industriels	miniers.	Ensemble.
	—	—	—
Longueurs livrées à l'exploitation..	223	10	233 kil.
Longueur en construction........	18	1	19 —
Longueur à construire...........	33	30	63 —
Totaux....	274	41	315 —

Les renseignements sur les dépenses d'établissement font défaut.

§ 8.

CHEMINS DE FER ALGÉRIENS ET TUNISIENS

98. Origine et développement. — Nous terminerons ce chapitre par l'examen sommaire des chemins de fer algériens et tunisiens, établis suivant le type des conventions forfaitaires, et dont l'importance grandit chaque jour, non seulement par le développement matériel du réseau, mais aussi par les charges considérables d'exploitation dont l'Etat porte tout le poids.

Les premières lignes créées en Algérie ont été concédées à la compagnie du P.-L.-M. en 1863 ; au début les progrès du réseau ont été lents, mais dans les quinze dernières années, et spécialement depuis la loi du 18 juillet 1879, classant le réseau complémentaire, le réseau algérien et tunisien s'est rapidement accru.

Nous résumons ci-dessous les progrès accomplis depuis l'origine jusqu'en 1889 :

ANNÉES au 31 décemb.	CHEMINS ALGÉRIENS LONGUEURS				CHEM. TUNISIENS LONGUEURS			OBSERVATIONS
	exploitées	en construc. ou construire	Classés	Totales	exploitées	en construc. ou construire	Totales	
	k.	k.	k.	k.	k.	k.	k.	
1860	»	194	1.337	1.531	»	»	»	(1) Sur lesquels 834 k. à voie étroite ;
1862	51	143	1.337	1.531	»	»	»	
1867	51	462	513	546	»	»	»	(2) Sur lesquels 21 k. à voie étroite en construction, et 63 k. à voie étroite à construire.
1871	546	»	»	546	23	»	23	
1874	546	377	»	923	35	»	35	
1876	601	477	80	1.158	35	225	260	
1879	1.154	134	1.782	3.070	191	69	260	
1883	1.562	324	1.907	313	242	16	260	
1889	2.834	98	455	3.387	260	»	260	Intérêt général.
	28	»	»	28	»	74	74	Lignes industrielles.
	2.834 (1)	98 (2)	455	3.387	260	74	334	Ensemble.

97. Dépenses d'établissement. — Les lignes d'intérêt général actuellement concédées se répartissent entre cinq compagnies : la compagnie P. L. M. — l'Est algérien — l'Ouest algérien — la compagnie Bone-Guelma — la compagnie Franco-Algérienne et la compagnie du Mokta-el-Halid. Les lignes industrielles sont concédées à deux compagnies: celle des salines de l'Algérie et celle des mines du Kef-Oum-Thébouf ; ces lignes sont à voie étroite de 1 m. 10 de largeur.

Les dépenses faites au 31 décembre 1887 se répartissent comme au tableau ci-contre.

Le prix moyen de 212.000 francs est déjà très inférieur à celui des lignes secondaires de la Métropole — un peu plus de moitié [1] — d'ailleurs il représente bien la valeur réelle des lignes construites, car il faut admettre la compensation entre certains profits réalisés par les sociétés de construction ou de crédit et les travaux complémentaires restant à faire.

Cependant, étant donné que les recettes totales de l'exploitation ne dépassent pas 10000 francs en moyenne [2] il est hors de doute qu'il eût été préférable au développement du réseau et moins lourd pour nos budgets d'abandonner le programme de la voie large et d'aborder franchement, comme en Norwège, au Brésil et dans les colonies anglaises, le système de la voie étroite.

Dans ces conditions, on peut sans exagération taxer les réductions de dépenses, soit de construction, soit d'exploitation, aux 2/5 de celles répondant à la voie large. Le mal est fait pour la plus grande partie des lignes construites, mais on peut encore aviser pour les lignes restant à construire. Un véritable intérêt s'attache donc à généraliser l'usage de la voie étroite, déjà adoptée par la com-

---

(1) Voir n° 87.

(2) Voir page 143.

DÉSIGNATION DES COMPAGNIES	Longueur exploitée au 31 décembre 1887	DÉPENSES D'ÉTABLISSEMENT AU 1er DÉCEMBRE 1887								CENTAGE				OBSERVATIONS
		TOTALES				KILOMÉTRIQUES								
		Etat	Compagnies	Divers	Ensemble	Etat	Compagnies	Divers	Ensemble	Etat	Compagn.	Divers	Ensemble	
	kil.	fr.	fr.	fr.	fr.	fr.	fr.	fr	fr.	fr.	fr.	fr.	fr.	
P.-L.-M	513	81.500.000	85.567.118	10.800	167.077.918	158.870	166.707	21	325.688	48,8	51,2	0.0	100	Voie normale.
Est-Algérien	624	»	120.352.283	»	120.352.283	»	207.295	»	207.295	»	100	»	100	id.
Ouest-Algérien...	244	»	40.776.246	»	40.776.246	»	167.115	»	167.115	»	100	»	100	id.
Bone-Guelma, compris les lignes tunis.	520	»	114.900.963	»	114.000.963	»	220.063	»	220.963	»	100	»	100	id.
Franco-Algérien.	460	6.970.044	45.019.905	»	51.000.300	14.958	96.009	»	111.567	13,4	86,6	»	100	Voie étroite de 1m10.
Mokta	33	»	4.235.068	»	4.235.068	»	128.335	»	128.335	»	100	»	100	Voie normale.
Totaux et moyennes.	2.400	88.470.404	419.851.593	10.800	508.332.787	36.883	174.938	4	211.805	17,4	82,6	0.0	100	

OBSERV. — Pour les cinq premières Compagnies, le capital action est de 102 millions sur un capital total réalisé de 633.892 francs, soit $\frac{1}{6.2}$.

pagnie Franco-Algérienne et dont on a fait d'importantes applications sur les autres réseaux depuis 1888.

98. Résultats de l'exploitation. — Les derniers documents statistiques d'exploitation sont relatifs à l'exercice 1887 ; ils se résument comme au tableau ci-contre.

Ainsi, malgré l'élévation relative des tarifs, ces lignes secondaires, déduction faite du réseau de P.-L.-M., ne dépassent pas en moyenne 6 à 9000 francs de recettes kilométriques, chiffres qui seraient admissibles pour un réseau à voie étroite, mais qui deviennent insuffisants pour la voie normale.

Ces conditions, qui reproduisent sensiblement la situation des lignes portées en France au compte de l'exploitation partielle, ont les mêmes conséquences ; nous retrouvons des déficits analogues et nous allons voir l'Etat entraîné, sous la forme de garanties d'intérêt, à des subsides ruineux.

99. Contrats de concessions. — La garantie d'intérêt est la base nécessaire de la concession de ces lignes, sujettes à des déficits d'exploitation, et qui bien que qualifiées d'intérêt général ne donnent guère un trafic plus élevé que les lignes d'intérêt local.

Trois éléments forfaitaires interviennent généralement dans la convention :

1° les dépenses de premier établissement ;

2° le taux des emprunts nécessaires à ces dépenses ;

3° les frais d'exploitation.

Le forfait de construction est difficile à établir ; de plus il exige un contrôle minutieux pour prévenir les malfaçons, et il n'évite pas la vérification des dépenses kilométriques, qui doit servir de base au calcul de la garantie. L'admission des dépenses réellement faites paraîtrait

DÉSIGNATION DES COMPAGNIES	LONGUEUR MOYENNE exploitée en 1887.	RECETTES TOTALES	DÉPENSES TOTALES	PRODUIT NET	Par kilomètre de ligne			Par kilomètre de train			Coefficient d'exploitation	PRODUIT moyen		DÉPENSES TOTALES faites par par les Compagnies	REVENU nominal des dépenses faites par les Compagnies
					Recettes de l'exploitation	Dépenses de l'exploit.	Produit net de l'exploitat.	Recettes de l'exploit.	Dépenses de l'exploit.	Produit net de l'exploit.		d'un voyageur	d'une tonne		
	k.	fr.	fr.	fr.	fr.	fr.	fr.	fr.	fr.	fr.	°/o	cent.	cent.		°/o
P.-L.-M.	513	9.072.815	5.322.562	3.750.253	17.086	10.031	7.055	7.25	4.11	3.14	56.8	5.43	11.32	85.567 118	4.39
Est-Algérien..........	630	4.029.410	4.697.510	—668.100	6.396	7.170	—774	4.08	4.58	—0.50	112.1	6.70	20.80	120.353.283	Perte
Ouest-Algérien.......	241	2.216.997	1.630.751	586.175	9.199	6.660	2.339	4.93	3.57	1.36	108.7	5.98	11.67	40.776.246	1.44
Bone-Guelma et prolongements................	590	3.281.444	3.723.783	—442.337	6.310	6.857	—547	3.08	4.01	—0.33	73.4	6.02	11.61	114.900.963	Perte
Franco-Algérienne...	399	2.511.018	2.327.663	183.355	6.066	5.822	244	5.55	5.33	0.22	96.0	5.95	10.94	45.010.905	0.41
Mokta-el-Haded	33	65.980	250.472	—184.592	1.996	7.590	—5594	0.67	2.56	—1.89	380.1	5.73	25.73	4.235.008	Perte
Totaux et moyennes.......	2.314	21.177.505	17.952.743	3.224.762	9.113	7.523	1.590	5.13	4.23	0.90	(1) 82.5	5.83	12.25	419.851.583	0.78
Rappel du réseau d'intérêt général en France, ex: 1886.	30.606	1.036.106.917	562.441.178	473.665.039	33.317	17.700	15.617	4.78	2.54	2.24	53.1	4.59	5.94	9.441.761.644	5.02
Id. d'intérêt local..........	1.860	10.128.700	9.342.633	786.075	5.360	4.797	563	2.00	1.79	0.21	89.5	5.37	1.009	171.622.907	0.46

Observations. — Aux tarifs de France, la recette de 9,113 fr. descendrait à 5,590 fr. et par suite le coefficient d'exdloitation se relèverait de 82.29 à 137.

donc préférable, suivant le principe consacré pour les grandes compagnies de la Métropole.

Avec les compagnies secondaires dont le crédit n'est pas encore établi, la fixation forfaitaire du taux d'intérêt accordé au capital devient indispensable pour limiter les sacrifices du Trésor. Cependant le crédit de l'Etat est toujours supérieur à celui de ces compagnies et il y a là une perte initiale de 1/2 à 1 pour cent. D'autre part, le taux forfaitaire ne peut être exactement apprécié et dans certains cas le privilège de la garantie permettra des émissions avantagenses, au bénéfice trop exclusif de sociétés de crédits, qui détourneront ainsi de leur véritable but les sacrifices de l'Etat. A ces différents points de vue, le choix de sociétés fortement constituées et l'admission des charges réelles, comme aux conventions de 1883, seraient également désirables.

Mais c'est pour les dépenses d'exploitation que les forfaits prêtent surtout à la critique : les dispositions contractuelles fixent, par échelons de 1000 francs de recettes, les coefficients d'exploitation à appliquer sous la réserve d'un maximum pour chaque échelon, et sous le bénéfice d'un minimum au-dessous duquel les frais d'exploitation conventionnels ne peuvent jamais descendre quelle que soit la décroissance de la recette brute.

Voici d'ailleurs à titre d'exemple deux de ces barêmes, répondant l'un à la voie étroite (1885) et l'autre à la voie large 1877. Ils supposent un rapport fixe entre les dépenses et les recettes, tandis que les recettes sont proportionnelles aux tarifs et que les dépenses en sont indépendantes. En d'autres termes, ils rénumèrent d'autant moins le concessionnaire que le public est mieux satisfait, et c'est l'Etat qui supporte seul les pertes de recettes résultant de l'abaissement des tarifs.

RECETTE BRUTE KILOMÉTRIQUE	DÉPENSE FORFAITAIRE D'EXPLOITATION BARÈME DE 1885	BARÈME DE 1877
fr.	fr.	fr.
Au-dessous de 5.000	une somme fixe de.. 5.000	
De 5.000 à 6.000	égale à la recette, sans excéder....... 5.520	
De 6.000 à 7.000	92 p. 100 de la recette, sans excéder...... 5.930	une somme fixe de.. 7.700
De 7.000 à 8.000	85 Id. 6.240	
De 8.000 à 9.000	78 Id. 6.570	
De 9.000 à 10.000	73 Id. 6.900	
De 10.000 à 11.000	69 Id. 7.260	
De 11.000 à 12.000	66 Id. 7.560	70 p. 100 de la recette, sans excéder...... 8.040
De 12.000 à 13.000	63 Id. 7.800	67 Id. 8.390
De 13.000 à 14.000	60 Id. 7.980	64 Id. 8.540
De 14.000 à 15.000	57 Id. 8.250	61 Id. 8.700
De 15.000 à 16.000	55 Id. 8.320	58 Id. 8.800
De 16.000 à 20.000	52 Id. 10.000	55 Id. 10.400
Au delà de 20.000	50 p. 100 de la recette.	52 p. 100 de la recette.

D'autre part, dans les cas malheureusement trop fréquents où la recette reste inférieure au chiffre nécessaire pour que le minimum des frais conventionnels soit dépassé, la compagnie reçoit une somme constante; son intérêt est donc de transporter le moins possible, afin de réduire au minimum ses dépenses réelles d'exploitation.

Enfin, au-dessus de cette recette-limite, l'application des barêmes à gradins conduit à ce résultat que, pour chaque échelon, la dépense conventionnelle d'exploitation reste constante entre certaines limites des recettes, dont l'étendue varie de 591 francs dans le premier échelon à 91 francs dans le dernier.

On a également appliqué la formule continue :

$$D = A + BR,$$

dont l'allure générale reproduit celle des barêmes à gradins; notamment, sur la ligne à voie étroite de Mechiera à Aïn-Sefra, on a adopté $D = 3500 + \frac{3}{R}$.

Soient C... le capital kilométrique garanti ;

θ... le taux de la garantie ;

D', A', B', C' et θ'..., les valeurs effectives pour les compagnies des quantités correspondantes [1] ;

S... les avances du Trésor, soit à titre de revenu garanti au capital, soit à titre d'insuffisance d'exploitation ;

et P... le produit net à répartir, déduction faite des charges réelles de premier établissement ;

On écrira :

(*a*) $$S = \theta C + A - (1 - B)R$$

(*b*) et $$P = (\theta C - \theta' C') + (A - A') + (B - B')R$$

Cette formule met en évidence les divers inconvénients des conventions forfaitaires:

---

(1) On verra au chap. V, que les dépenses réelles d'exploitation sont bien représentées par la relation hyperbolique :

$$D' = A' + \sqrt{C'^2 + B'^2R^2}$$

soit d'après la statistique des lignes algériennes et tunisiennes, en 1887 :

$$D' = 3000 + \sqrt{\overline{2500}^2 + 0{,}12\ R^2}$$

Au-dessus de R = 7000 francs, on peut avec une exactitude suffisante remplacer l'hyperbole par son symptote et admettre :

$$D' = A' + B'R = 3000 + 0{,}346\ R.$$

Le terme ($\theta C - \theta' C'$) mesure les avantages que les compagnies peuvent retirer du forfait de construction et du forfait d'intérêt.

Si la faiblesse des recettes donne lieu à l'application de la subvention limitée, $A + BR =$ const., les compagnies reçoivent une somme fixe égale au revenu net garanti, augmenté de ladite subvention, quel que soit le chiffre de ces recettes : le produit net à répartir est de la forme : $P = \theta C +$ const. $- (A' + B'R)$, ce qui démontre l'intérêt que les compagnies ont alors à réduire leurs recettes.

Si l'accroissement B des dépenses avec les recettes n'est pas établi sur des bases rationnelles, plus spécialement s'il est inférieur ou égal à B', ce ne sera plus, comme nous l'indiquions plus haut, dans chaque échelon des barèmes que l'on trouvera une zone pour laquelle les compagnies auront intérêt à ne pas accroître leur trafic, mais c'est d'une manière générale qu'elles seront incitées à ne pas développer les recettes. Or, en fait, les coefficients B varient de 0,50 à 0,33, tandis que, dans les mêmes conditions, les coefficients B' passent de 0,40 à 0,30 ; on voit donc que les compagnies n'ont qu'un intérêt bien faible à effectuer des transports ; elles ont même intérêt à ne rien transporter pour les barèmes mal établis, dans lesquels on aurait $B' > B$.

Enfin, le rapprochement des formules (*a*) et (*b*) permet de voir qu'au double point de vue des finances de l'Etat et de l'intérêt des exploitants, il conviendrait d'augmenter la fraction B des recettes, sauf à diminuer en compensation la partie constante A.

Sans doute, ces inconvénients des conventions forfai-

---

(1) Voir n° 99.

taires ne doivent pas être exagérés, cependant ils l'emportent sur l'avantage de simplifier le contrôle et de stimuler les compagnies aux économies d'exploitation ; il paraît donc nécessaire de modifier ce système.

100. Compte de garantie d'intérêt. — En fait, les revenus totaux garantis aux compagnies algériennes étaient les suivants, au 31 décembre 1889 :

DÉSIGNATION DES Compagnies.	LONGUEURS concédées définitivement.	MAXIMUM DU CAPITAL garanti.	TAUX DE LA GARANTIE		MAXIMUM DU REVENU GARANTI AU CAPITAL	
			Effectif.	Moyen.	Total.	Kilométriq.
	kil.	fr.	0/0	0/0	fr.	fr.
P.-L.-M..	513	80.000.000	5	5	4.000.000	7.797
Est-Algérien ..	887	191.952.272	5 à 5,25	5.12	9.845.663	11.097
Ouest-Algérᵉ..	372	86.606.360	4,85 à 5	4.99	4.321.868	11.495
Bône - Guelma et prolongements.	661	135.860.114	5 à 6	5.68	7.727.107	11.690
Franco-Algérᵉ.	663	34.081.000	4,85 à 5	4.96	1.691.862	2.552
Totaux et Moyenne	3096	528.499.746	»	5.21	27.586.500	8.910

Dans la même période, de 1859 à 1884, le taux effectif d'intérêt a été de 4,75 % pour les emprunts d'Etat et de 4,81 % pour ceux de la compagnie du P.-L.-M., soit en moyenne pour les chemins de fer algériens et tunisiens une majoration de 0,46 à 0,56 p. cent.

D'autre part, les revenus garantis au capital, les garanties des insuffisances d'exploitation, et les produits nets réalisés par les compagnies, ont formé ensemble, les produits nets à répartir, conformément aux indications du tableau ci-contre.

Il résulte de ces chiffres que l'on doit évaluer à 25 millions le montant des charges annuelles imposées à

DÉSIGNATION DES COMPAGNIES.	LONGUEURS MOYENNES exploitées en 1887.	FORMATION DU PRODUIT NET TOTAL. PRODUIT NET réalisé par les compag. en 1887.	RELIQUAT de l'exercice 1886. — Prélèvem. sur les réserves.	SOMMES demandées à l'État ou raison de la garantie.	TOTAL du produit net à répartir.	COMPTE-COURANT DE LA GARANTIE D'INTÉRÊT. Situation au 31 décembre 1887.	Situation au 31 décembre 1880.	OBSERVATIONS.
	Kil.	fr. c.	fr. c.	fr. c.	fr. c.			
Paris-Lyon-Méditerran.	513	3.750.253,03	»	249.746 37	4.000.000 »	36.435.568	39.309.377	
Est-Algérien............	630	668.100,11	»	7.065.878 77	6.907.778 66	20.732.584	37.907.312	
Ouest-Algérien..........	241	586.175,75	»	1.590.384 88	2.176.560 63	3.557.517	6.762.782	
Bône-Guelma et prolongem.	520	442.339,09	»	7.790.279 47	7.348.940 38	60.658.166	83.398.807	
Franco-Algérienne.....	390	183.355,00	»	957.112 47	1.140.467 47	938.105	4.288.785	
Mokta-el-Hadid......... **Bône à Aïn-Mokra**.....	33	84.582,90	»	»	»	»	»	
Totaux des lignes algériennes et tunisiennes pour l'année 1887.	2.314	3.224.763 32	»	18.254.401 96	21.479.104 28	122.420.030	171.757.153	Différence : 49.431.123
Totaux des lignes algériennes et tunisiennes pour chacune des dix dernières années. 1886......	2.089	4.375.684 26	»	14.989.801 68	10.965.485 94			
1885......	1.839	6.383.969 60	»	11.484.562 23	17.868.531 83			
1884......	1.707	4.339.470 61	»	11.493.304 81	15.832.835 42			
1883......	1.629	3.907.126 91	»	11.186.333 27	15.093 460 18			
1882......	1.457	3.714.502 05	»	8.721.430 88	12.433.032 93			
1881......	1.367	3.004.570 20	634.435 81	8.190.032 77	11.828.038 81			
1880......	1.303	2.042.458 52	»	8.417.020 93	10.459.488 45			
1879......	932	973.961 11	»	6.444.420 40	7.418.381 51			
1878......	679	848.105 95	»	4.509.852 61	5.357.958 58			
1877......	926	696.050 30	»	4.657.173 91	3.353.224 21			

NOTA : Revenu nominal de l'exercice 1887 :

$$\frac{21.470.104}{410.851.581} = 5{,}01 \text{ p. } 0/0$$

Voir le Tableau, page 143.

l'Etat par les lignes algériennes et que ces subsides augmenteront dans l'avenir, malgré les plus-values des recettes sur lesquelles on serait en droit de compter dans un pays neuf, en voie de colonisation. Rappelons qu'en France les insuffisances de 1889 ont été de 56,8 millions sur les lignes au compte de l'exploitation partielle, et de 32,8 millions sur les lignes au compte de l'exploitation complète; ensemble 89,6 millions (1), ce qui établit entre l'Algérie et la métropole le rapport très élevé de 1 à 3,6.

Les garanties accumulées au 31 décembre 1889 étaient de 172 millions pour l'Algérie et de 333 millions pour la France (2), soit un rapport de 1 à 1,9.

D'autre part, la compagnie P.L.M. seule couvre à peu près ses charges et son système de convention, avec garantie du capital d'établissement et inscription dans les comptes des dépenses réelles d'exploitation, l'intéresse réellement au développement du trafic. Quant aux autres compagnies, très éloignées de couvrir leurs charges totales et même, pour les deux plus importantes, de suffire aux charges de l'exploitation, elles ont perdu tout espoir de bénéfices sur les produits de l'exploitation, et, comme les trois éléments conventionnels sont forfaitaires, leur exploitation est devenue entre leurs mains une véritable régie pour le compte de l'Etat, dans ces conditions désastreuses que le régisseur est intéressé à transporter le moins possible.

En vain pourrait-on dire que les compagnies se contentent d'un bénéfice qui n'est pas exagéré, 5,01 p. °/o du capital engagé. Il n'en est pas moins vrai que, contrairement aux intérêts de l'Etat et des compagnies elles-mêmes,

---

(1) Voir n° 90.
(2) Voir le tableau de la page 127.

dont les actionnaires ne peuvent profiter des bénéfices obtenues sur les barèmes, le système des conventions forfaitaires, arrêtant tout effort pour augmenter les recettes, s'oppose de fait à ce que les compagnies desservent convenablement les régions qu'elles traversent, donnent de nouvelles facilités au public, développent le commerce par des abaissements de taxe, en un mot relèvent les recettes et soulagent progressivement le Trésor des lourdes dépenses qu'il s'impose.

101. — Réforme désirable des contrats. — Dans l'espèce, le système des conventions forfaitaires devient donc impossible et il faut de toute nécessité qu'à ces dispositions, dont l'expérience a révélé les effets désastreux, soient substituées des dispositions nouvelles qui, respectueuses des droits acquis par les Compagnies et de leurs intérêts légitimes, permettent de développer le trafic.

Le principe est que les compagnies doivent exclusivement trouver dans le développement de leurs transports les sources de leurs bénéfices et la manière d'accroître leurs dividendes.

Pour arriver à ce but sur les lignes qui ne peuvent évidemment donner un trafic en rapport avec les dépenses d'établissement, M. Colson estime qu'on devrait réduire, par une subvention définitivement donnée, le capital à la charge des compagnies au chiffre que les produits nets de l'exploitation peuvent vraisemblablement rémunérer; le partage des bénéfices au-dessus d'une recette déterminée viendrait sauvegarder les intérêts de l'Etat contre les erreurs d'appréciation des produits nets probables.

Dans notre pensée, les abus du système actuel relèvent plus particulièrement des forfaits d'exploitation ; c'est donc sur ce point que doivent surtout porter les modifications des conventions intervenues ou à intervenir. Il semble nécessaire :

1° De n'admettre en compte que les dépenses réelles de construction et d'exploitation ;

2° De majorer l'intérêt garanti au capital-action, proportionnellement à l'accroissement des unités de trafic à la distance entière, u, au dessus d'une certaine limite, u_1 considérée comme trafic minimum.

3° Exceptionnellement, de réduire le capital d'établissement par des subventions lorsque les concessions doivent tomber sous la région de l'appel perpétuel à la garantir ;

4° Eventuellement, de procéder par voie de fusion de compagnies ;

Dès lors la subvention kilométrique annuelle serait de la forme :

$$(a) \qquad S = \theta' C' + A - R(1 - B') + \varphi \frac{C'}{n} \frac{u - u_1}{u_1}$$

et le produit net total à repartir serait :

$$(b') \qquad P = \theta' C' + \varphi \frac{C'}{n} \frac{u - u_1}{u_1}$$

Pour préciser, nous rappellerons que sur l'ensemble des réseaux algérien et tunisien, on a sensiblement :

Intérêt des dépenses faites par les Compagnies, $\theta' = 0,05$;
Dépenses faites par les Compagnies, $C' = 174.000$ fr. ;
Rapport du capital-action au capital-obligation, $\frac{1}{n} = \frac{1}{5,3}$;
$A' = 3.000$ et $B' = 0,34$.
Recette d'exploitation, $R' = 9,060$ fr. ;
Nombre d'unités à la distance entière :

$$u_1 = 54.390 \text{ Voy.} + 41.543 \text{ tonnes} = 96.000 \text{ unités.}$$

En outre nous admettons pour coefficient de majoration du revenu-action : $\varphi = 0,05$.

Dès lors, pour $u = u_1$, la subvention de l'Etat et le produit net à répartir resteraient ce qu'ils sont aujourd'hui.

Mais pour un accroissement du trafic, $u > u_1$, la somme à répartir s'augmenterait au profit du capital-action ; soit, par exemple, $u = 1,5\ u_1$ on aurait :

$$\Delta P = 0,05 \times \frac{174,000}{5,3} \times 0,50 = 820 \text{ francs.}$$

et les actionnaires, en sus de l'intérêt θ, recevraient un dividende :

$$\varphi \frac{u - u_1}{u_1} = 0,05 \times 0,5 = 0,025, \text{ soit } 2,5 \text{ p. cent.}$$

Quant à la subvention de l'Etat, d'une part elle augmenterait de cette même somme, 870 francs, mais d'autre part, elle diminuerait dans la proportion de l'accroissement ΔR des recettes, savoir d'après la formule (a'):

$$(1 - B')\,\Delta R = (1 - B')\,0,5R = 0,66 \times 0,5 \times 9.000 = 2.970 \text{ fr.}$$

Au total elle se trouverait réduite de :

$$2970 - 820 = 2.150 \text{ fr.}$$

tandis que dans le système des conventions actuelles, la somme demandée par kilomètres à l'Etat, en raison de la garantie, augmente chaque année.

Disons en terminant que les compagnies elles-mêmes ont dû se préoccuper de cette situation, qui les amène, contre leur raison d'être, à redouter les accroissements de trafic, et qu'il n'est point admissible que le gouvernement, s'il le recherche avec l'énergie nécessaire, n'obtienne d'elles les réformes indispensables sur lesquelles nous venons d'insister, réformes aussi nécessaires aux intérêts véritables des compagnies qu'à ceux de l'Etat.

CHAPITRE QUATRIÈME

COMPARAISON ENTRE LES CHEMINS DE FER LES ROUTES ET LES VOIES DE NAVIGATION INTÉRIEURE

TRANSPORTS SUR ROUTES ET CHEMINS. — NAVIGATION INTÉRIEURE.

SOMMAIRE :

§ 1. **Transports sur routes et chemins** : Généralités. — Situation en 1887. — Péage. — Transports proprement dits. — Transports sur les voies ferrées.

§ 2. **Navigation intérieure** : Situation en 1888. — Péage sur les voies navigables. — Péage sur les voies ferrées. — Transports sur les voies navigables. — Transports sur les voies ferrées : *Prix de revient, Prix perçus, Nature des transports, Prix de revient ramenés aux éléments des voies navigables.* — Comparaison des prix de transport. — Comparaison du mouvement commercial. — Conclusions.

CHAPITRE IV

COMPARAISON ENTRE LES CHEMINS DE FER LES ROUTES ET LES VOIES DE NAVIGATION INTÉRIEURE

§ 1.

TRANSPORTS SUR ROUTES ET CHEMINS.

102. Généralités. — Les prix du transport comprennent, avons-nous déjà dit, deux éléments bien distincts :

— le *péage* qui représente le droit d'usage de la voie, et qui en principe est affecté à l'intérêt et à l'amortissement des frais de construction ainsi qu'aux dépenses d'entretien ;

— le *prix de transport* proprement dit, qui représente spécialement les prix de revient de l'entrepreneur de transport, majorés de son bénéfice.

Ce n'est qu'en envisageant ensemble ces deux éléments que l'on peut établir une comparaison exacte des voies de communication, aussi bien d'ailleurs d'un même type que de types différents.

A la vérité ces études sont surtout des questions d'espèces, toutefois les résultats fournis par les statistiques ont un grand intérêt, en ce qu'ils permettent de dégager les principes généraux qui feront l'objet de ce chapitre.

103. Situation en 1887. — D'après les derniers renseignements publiés, on peut évaluer sommairement comme au tableau suivant les longueurs, les dépenses d'établissement et les frais d'entretien des routes et chemins.

DÉSIGNATION des ROUTES ET CHEMINS	LONGUEUR en état de viabilité Ex. 1887	ÉVALUATION DES DÉPENSES D'ÉTABLISSEMENT		DÉPENSES annuelles d'entretien (a).	OBSERVATION
		Totales	Kilométriques		
	kil.	fr.	fr.	fr.	
Routes nationales	37 697	1.300.000.000	35.000	680	(a) Non compris le personnel pour lequel on peut admettre une majoration de 10 à 15 0/0, sans oublier toutefois que les fonctionnaires affectés aux routes et chemins ont une assez lourde besogne administrative en dehors du service de l'entretien.
Routes départem.	28.266	710.000.000	25.000	580	
Chins de Gde Comon			16.000	450	
— d'int. Com	455.238	4 à 5 milliards	10.000	270	
— Vicin. ordin.			5.500	160	
Totaux	521.151	6 à 7 milliards	»	»	

104. Péage. — La fréquentation annuelle des routes nationales est environ de 40.000 tonnes par kilomètre. Si donc on devait tenir compte de l'intérêt du capital engagé, les frais de péage, au taux de 4,15, appliqué au 3e réseau du chemin de fer, s'établiraient comme suit :

Intérêt du capital d'établissement	0,0415 × 34,000 =	1411 fr.
Dépenses annuelles d'entretien..	1,15 × 680 =	782
	Total.....	2193 fr.

soit $\frac{2193}{40.000}$ = 0 fr. 0548 par tonne et par kilomètre.

La fréquentation et les frais de premier établissement s'abaissant à peu près dans un même rapport, sur les routes départementales et les chemins vicinaux, les dépenses d'entretien et l'intérêt du capital d'établissement réunis y sont sensiblement les mêmes par tonne et kilomètre que sur les routes.

Mais en règle générale, l'État prend à sa charge les dépenses d'établissement et d'entretien ; la voie est livrée gratuitement au public; à ce sujet, M. Colson dit dans son ouvrage sur les transports et tarifs: « Le péage n'augmenterait que d'environ 15 0/0 le coût des transports. Mais en raison de l'étendue des voies et de la multiplicité des petits transports, sa perception entraînerait des dépenses d'administration importantes qu'il faudrait couvrir par une surtaxe, et constituerait une grande gêne pour le public. Comme le développement considérable du réseau des routes et chemins assure à toutes les parties du territoire et à tous les citoyens la jouissance de ce réseau dans des conditions comparables, on peut, sans injustice et pour la plus grande commodité de tous, ranger les frais qu'il entraîne dans les charges générales, auxquelles subvient la bourse commune, alimentée par l'impôt. »

Aujourd'hui, il n'est perçu de péages qu'au passage de certains ponts concédés; encore la loi de 1880 a-t-elle ordonné le rachat de tous les ponts à péage dépendants des routes nationales et autorisé l'Etat à subventionner de moitié le rachat des ponts existants sur les routes départementales et les chemins vicinaux; depuis 1879, le rachat a été effectué pour 141 ponts sur 360.

105. Transports proprement dits. — Avant l'exécution de notre réseau de voies ferrées, le prix moyen du roulage était descendu de 0 fr. 36 (1814) à 0 fr. 25 et même 0 fr. 20 (1848) par tonne et par kilomètre. Les voyageurs payaient 0 fr. 13 par kilomètre en diligence à la vitesse de $9^k,5$ à l'heure, et 0 fr. 18 à 0 fr. 20 en malle-poste, à la vitesse de 13 à 14 kilomètres à l'heure, soit en moyenne 14^c par kil. et 12^c5 impôt déduit.

106. Transports sur les voies ferrées. — En 1889, les prix kilométriques moyennement perçus sur les chemins de fer étaient de $4^c,40$ pour les voyageurs et de $5^c,55$ pour les marchandises, à répartir à peu près également entre le transport et le péage.

Avec ou sans la distinction du péage, l'écart sur le prix des routes est tel — 1/3 pour les voyageurs et 1/5 pour les marchandises — que la concurrence ne peut s'établir que très exceptionnellement et seulement pour les transports à petite distance. Dans toute autre circonstance les routes sont devenues les simples affluents des voies ferrées, et y trouvent par le développement du mouvement commercial, un rôle équivalent à celui qu'elles avaient autrefois comme voies de transport à grande vitesse.

§ 2.

NAVIGATION INTÉRIEURE.

107. Situation en 1888. — D'après les derniers chiffres publiés, la construction des voies navigables intérieures et l'importance du mouvement commercial s'évaluent comme suit, étant entendu que la navigation ordinaire et la navigation à vapeur sont réunies, ainsi que la descente et la remonte.

DÉSIGNATION des COURS D'EAU.	LONGUEURS fréquentées Ex. 1888 (a)	ÉVALUATION des DÉP. D'ÉTABLISSEMENT		DÉPENSES annuelles d'entretien par kilomèt.	TONNAGE moyen kilomét. (b)	OBSERVATIONS
		Totales	Kilom.			
	kil.	fr.	fr.	fr.	Tonnage	
Fleuves et Rivières..	7.743	600.000.000	77.400	430	184.494	(a) et (b) Statique et législation comparées. Décembre 1889.
Canaux	4.756	1.000.000.000	200.000	1.010	368.195	
Totaux et moyenne....	12.499	1.600.000.000	130.000	620	254.394	

En ce qui concerne le coût du réseau, les chiffres ne peuvent être précis : les voies navigables sont l'œuvre de plusieurs siècles ; elles ont été constituées à l'aide de moyens d'action d'une grande diversité, avec des ressources d'origine variées et sans cesse renouvelées de façon à s'adapter aux exigences du moment. D'après la statistique de la navigation intérieure (1888) les dépenses faites et régulièrement constatées de 1814 à 1887 seraient : *Canaux*, 736.392.953 fr. ; *Rivières*, 566.342.068 fr., *Ensemble*, 1.329.735.021 francs.

En ce qui concerne les frais annuels d'entretien, on peut avec une exactitude suffisante se baser sur les dépenses faites en 1887, savoir :

	RIVIÈRES	CANAUX	ENSEMBLE
Dépenses d'entretien	4.753.945 fr.	4.747.250 fr.	9.501.195 fr.
A déd. : Les profits tirés par l'État.	1.349.596	1.084.655	2.433.951
Reste	3.404.649	3.662.595	7.067.244
A ajouter : Frais d'ad. centrale 10 0/0	345.851	367.405	712.756
Total	3.750.000	4.030.000	7.780.000
A repartir sur	8.706 kil.	3.922 kil.	12.628 k
Soit par kilomètre	430 fr.	1.010 fr.	620 f.

Dans ces chiffres, l'entretien proprement dit entre pour 70 % et les travaux neufs de grosse réparation pour 30 %, ceux-ci étant estimés sur la moyenne des cinq dernières années.

108. Péage sur les voies navigables.— En admettant le taux d'emprunt de 4,15 % déjà appliqué, le péage moyen serait :

Sur les rivières :.. $\frac{0{,}0415 \times 77{,}400 + 430}{184{,}500} = 0{,}020$ fr. par tonne et kil.

Sur les canaux :... $\frac{0{,}0415 \times 200{,}000 + 1010}{368{,}200} = 0{,}025$ — Id. —

Et sur l'ens. du rés.: $\frac{0{,}0415 \times 130{,}000 + 620}{254{,}400} = 0{,}024$ — Id. —

Toutefois, il serait abusif de prendre comme une charge

actuelle la totalité de l'intérêt des capitaux dépensés pour la création de ces voies ; une partie des dépenses remonte déjà à une époque éloignée et doit être considérée comme amortie par les bénéfices que l'usage a procurés à la communauté.

Après la loi de 1835 qui décidait implicitement qu'à l'avenir l'Etat n'aurait plus recours aux péages pour subvenir aux dépenses d'établissement des canaux, la situation des taxes — en dehors des canaux concédés et des canaux exécutés par emprunts soumissionnés (1821-1822), à l'égard desquels l'action de l'Etat était entravée — était la suivante par tonne kilométrique :

			c.		c.
1re classe.	Marchand. de prix :...	Rivières	0,40 à 0,50 ;	Canaux,	2,0
2e classe.	Matières lourdes......	—Id.—	0,20 à 0,30 ;	—Id.—	1,0
	En moyenne................		0,894, décime compris.		

Cependant, vers 1847, l'ensemble des fleuves et rivières navigables était encore soumis à un péage de 3c.5 pour la 1re classe et de 1c.5 pour la seconde. Les produits fournis par les droits de navigation s'élevaient sensiblement à 10 millions.

En 1860, au moment où le traité de commerce conclu avec l'Angleterre obligeait à perfectionner l'outillage de transport, l'Etat aborda le rachat des canaux soumissionnés (1821-1822) dont l'expropriation était autorisée par la loi de 1845, et améliora sensiblement la situation de la batellerie par la réduction des tarifs; ceux-ci furent abaissés par décret du 9 février 1867 aux chiffres suivants, non compris le double décime :

			c.		c.
1re classe.	Marchand. de prix....	Rivières,	0,20;	Canaux,	0,5
2e classe.	Matières lourdes......	Id.	0,10	Id.	0,2

Ces réductions de tarifs entraînèrent naturellement des diminutions notables du produit des droits de navigation : en 1869, les perceptions ne s'élevaient plus qu'à 4 millions, en baisse de 6 millions sur 1847.

Le 5 août 1879, le gouvernement fit dresser un projet de classement en *lignes principales* et *lignes secondaires* comprenant l'amélioration de 7600 kilom. de voies navigables, la construction de 1400 kil. nouveaux, et le rachat des concessions antérieures, portant sur les lignes principales.

Enfin le 19 février 1880, une loi prononça la suppression complète des droits de navigation intérieure, considérant en principe que les droits perçus avaient perdu par la loi de 1835, abandonnant les droits spécialisés, leur caractère de péage et de rémunération des services rendus, pour se transformer en impôt, et cédant en fait aux réclamations de la batellerie.

En 1878, d'après les renseignements recueillis par M. Picard au ministère des travaux publics, les produits des péages s'élevaient encore à 4.098.164 francs pour 169.858.000 T. K., soit 2c406 par T. K. comme ci-dessus. C'est suffisamment dire dans quelle mesure les pouvoirs publics sont venus en aide à la navigation fluviale par le rachat des canaux concédés et par la suppression des péages.

Les péages n'offriraient donc plus qu'un intérêt rétrospectif s'il n'était encore utile de les considérer lorsqu'on apprécie les charges réelles qui pèsent sur les voies navigables, spécialement celles récemment ouvertes ou celles à ouvrir.

Ainsi pour le canal de l'Est, dont la dépense est de 229,800 francs et le trafic de 350.000 tonnes par kilomètre, en 1888, le péage ressort environ à :

$$\frac{0{,}0415 \times 229{,}800 + 1700}{350{,}000} = 0 \text{ fr. } 027 \text{ par T. K.}$$

et pour le canal de Tancarville dont la dépense s'élève à 806,000 fr., avec un trafic de 245.000 tonnes seulement, il est de :

$$\frac{0{,}0415 \times 806{,}000 + 1700}{345{,}700} = 0 \text{ fr. } 101 \text{ par T. K.}$$

A la vérité, on doit espérer que ces tonnages augmenteront dans l'avenir et que les charges du Trésor diminueront en proportion.

Bien que des raisons économiques, à titre au moins égal sur les canaux que sur les chemins de fer, militent en faveur de l'établissement de droits de péage, et que dans les circonstances actuelles l'Etat, propriétaire des canaux, se fasse concurrence à lui-même comme garant des voies ferrées, il parait douteux que l'on revienne jamais, même en partie, sur l'abolition du péage. C'est ainsi que, malgré la différence des services rendus — puisque quelques points seulement du territoire sont desservis par des voies navigables — ce privilège, qui place les fleuves et les canaux sous le régime des routes et met sans distinction leur capital d'établissement et leur entretien à la charge des contribuables, préjuge l'infériorité des voies navigables sur les voies ferrées.

Depuis les rachats de 1852, environ 1000 kilomètres de canaux existent encore à l'état de concession, et par suite les prix de transport y comprennent des droits de navigation ou péages; les principaux sont, le canal du Midi (277 kil.), le canal latéral à la Garonne (210 k.), le canal de la Sambre à l'Oise (70 k.), le canal de l'Ourcq (108 k.).

109. Péage sur les voies ferrées. — Cette fraction du prix de transport ne peut être calculée qu'approximativement parce que la statistique, pour un grand nombre de dépenses, ne donne que des sommes cumulées renfermant à la fois les dépenses afférentes aux voyageurs et aux marchandises, sans spécifier la part respective de chacune d'elles; il y a donc lieu de faire certaines ventilations qui entachent les résultats d'incertitude.

Cette réserve faite, d'après les documents de 1886[1], la dépense moyenne d'établissement des voies ferrées s'élevait à 478.900 francs, dont il convient de retrancher 55.900 fr. environ pour la valeur du matériel ; restait 363.000 fr. par kil. construit ; les dépenses annuelles d'entretien étaient de 3.626 francs par kilomètre, enfin la fréquentation kilométrique moyenne se composait comme suit, sur une longueur exploitée de 30.696 kilomètres :

Voyageurs à 1 kil.........	232.517	
Accessoires de G. V.......	60.562	
Total........		273.000 unités
Marchandises à la tonne...	303.438	
Accessoires de P. V.......	15.562	
Total........		319.000 —
Ensemble....		612.000 —

Dès lors, en désignant par x le péage des voyageurs et par y celui des marchandises, on avait au taux de 4,15 % déjà appliqué :

$$273.000x + 319.000y = 0.0415 \times 363.000 + 3.626 = 18.690 \text{ fr. } 5$$

et comme, aux termes de l'art. 41 du cahier des charges des concessions, les réductions consenties par les compagnies avaient dû porter également sur les péages et sur les transports, on peut écrire d'après le prorata légal des péages et les recettes effectives — voyageurs $= 4^c,59$ et marchandises $= 5^c,94$:

$$\frac{x}{y} = \frac{0,67 \times 4,59}{0,59 \times 5,94} = 0,85$$

d'où l'on déduit :

$$\text{Marchand. : } y = \frac{0,85 \times 273,000 + 319,000}{18690,5} = \frac{18690.5}{568050} = 0 \text{ fr. } 0329$$

$$\text{Voyageurs : } x = 0,85 \times 0,0329 = 0 \text{ fr. } 028.$$

Nous dirons plus loin comment ces chiffres sont en réaltité modifiés par les subventions de l'Etat, le taux d'in-

(1) Voir Tableau I, page 258.

térêt des capitaux, le jeu des tarifs et la répartition à faire des dépenses d'entretien de la voie et d'amortissement du matériel.

Cependant quelque critiquables que soient les bases d'appréciation précédentes, leur degré d'exactitude suffit aux résultats d'ensemble qui nous intéressent, et en définitive le chiffre moyen $3^c,0$ s'oppose au chiffre de $2^c,4$ relatif aux voies navigables.

Observons que les péages de chemins de fer, comme ceux des canaux, varient en raison inverse de la fréquentation des lignes et que les moyennes indiquées ne s'établissent que par la reversibilité des lignes à grand trafic sur les lignes pauvres. Sur les artères principales dont le mouvement atteint 6 et 8 fois le trafic moyen, le péage descend au-dessous de 0 fr. 015 ; notamment sur la ligne de Paris à Lyon, dont les dépenses d'établissement sont de 875.400 fr. et où le tonnage atteint 3.200.000 unités par kilomètre, le péage peut être évalué à :

$$\frac{0,05 \times 875.400}{3,200,000} = 0^{f},013.$$

Il s'élève au contraire considérablement sur les lignes dites au compte d'exploitation partielle, dont les dépenses sont d'environ 380.000 fr. par kilomètre et où les recettes, en 1886, n'ont pas dépassé 7.200 fr., soit un trafic moyen de 130 à 140.000 unités kilométriques ; la charge du péage était donc sensiblement :

$$\frac{0,05 \times 380,000}{140,000} = 0^{f},122.$$

En présence de tels écarts dans les charges des différents tronçons du réseau, on a préconisé l'application de coefficients établis, en raison de l'importance du trafic et des difficultés d'exploitation, proportionnellement aux prix de revient des transports ; mais jusqu'à ce jour le principe d'unification et de reversibilité qui caractérise nos tarifs s'est opposé à toute mesure prise dans ce sens, malgré les intérêts et les avantages qui s'y rattacheraient pour notre grand mouvement commercial et nos ports de commerce maritime [1].

110. Transport sur les voies navigables. — Sur les dix classes officielles de marchandises, trois seulement ont une véritable importance ; les combustibles minéraux, les matériaux de construction, et les produits agricoles, formant ensemble, d'après les chiffres du tableau suivant, les trois quarts du trafic total.

Les transports se font sous le régime de la libre concurrence, ce qui les soumet aux fluctuations de l'offre et de la demande ; en outre les frais varient entr'eux d'après la nature des marchandises, l'importance du chargement, le sens de la marche par rapport au courant, les conditions de navigabilité et enfin suivant le mode de traction : halage à bras d'hommes ou par chevaux, emploi de bateaux à vapeur, touage et traction par locomotives ou câbles sans fin. Il devient donc difficile de préciser les prix de revient des transports.

— En 1872, M. Krantz admettait le chiffre de 1^{c},93 pour fret de la houille, compris 0^{c},33 pour les droits de navigation.

— Peu de temps après M. Lucas écrivait dans son étude historique statistique sur les voies de communication de la France : « on peut regarder comme un minimum le prix de 2 centimes par tonne kilométrique et comme maximum celui de 4 à 5 centimes ; en moyenne les transports s'effectuent sur nos voies navigables au prix de 3 centimes par tonne kilométrique. »

— M. Picard dans son *Traité des chemins de fer*, donne

(1) Voir le chapitre VI.

comme résultats de très nombreux documents relatifs à la période 1879-1883, les chiffres reproduits au tableau ci-contre.

« Affectant, dit-il, chacun de ces chiffres d'un coefficient proportionnel à la part de l'élement correspondant dans le tonnage kilométrique de notre réseau de navigation, on en déduit que le taux moyen du fret a été, pour la période 1879-1883, de 3c,6 pour les transports à toute distance et 2c,25 pour les transports à plus de 200 kilomètres. Notons spécialement, pour les combustibles minéraux, que, sur un parcours total de 21,116 kilomètres, relevé sur 73 canaux pendant la période 1879-1889, le fret total par tonne s'est élevé à 418 fr. 81, soit 1c,97 par tonne et par kilomètre sur un parcours moyen de 290 kilomètres. Il est indiscutable que ces prix sont susceptibles de baisser dans une certaine mesure. Les voies navigables de la France comportent encore de trop nombreuses améliorations, soit au point de vue de leur condition de navigabilité, soit au point de vue de leur exploitation, pour qu'il soit permis d'en douter. »

Déjà depuis 1883 on constate une réduction qui s'élève jusqu'à 15 % pour les charbons du Nord et du Pas-de-Calais, et des abaissements analogues sont signalés pour d'autres marchandises. Quoi qu'il en soit, ajoute M. Picard « le prix de 1c,2 nous paraît l'extrême limite à laquelle on puisse espérer descendre normalement dans un avenir assez éloigné sur les canaux les plus fréquentés et pour les transports à longue distance. Même après l'achèvement des travaux compris dans la loi de 1879, ou projetés postérieurement à cette loi, on n'arrivera que péniblement à moins de 2c,50 ou 2c,75 pour l'ensemble des transports de toute nature et à toute distance ; et 1c,80 pour l'ensemble des transports à plus de 200 kilomètres ».

On peut d'ailleurs se rendre compte du peu d'élasticité des frais de transports des voies navigables par le sous-

DÉSIGNATION des GROUPES DE MARCHANDISES	PRIX MOYEN PAR TONNE KILOMÉTRIQUE 1870-83		EXERCICE 1883				EXERCICE 1888		
	Transports à toute distance	Transports à plus de 200 kil.	Distance moyenne de transport	Tonnage effectif	CENTAGE Tonnage effectif	CENTAGE Tonnage kil.	Tonnage effectif	Centage du Tonnage effectif	Distances moyennes de transports
	c.	c.	kil.						
1. Combustibles minéraux..	2,80	2,00	164	5.160.332	24,7	36,8	6.604.265	28,3	182
2. Matériaux de construction, minéraux.........	4,20	2,40	66	7.836.465	36,7	19,8	7.455.008	32,0	70
3. Engrais. Amendements..	5,00	1,90	35	1.194.104	5,7	2,0	1.265.538	5,3	57
4. Bois à brûler, bois de service................	3,90	2,80	44,5	1.444.432	7,0	8,3	1.644.860	7,0	151
6. Industrie. Métallurgie ..	3,10	2,25	173	1.380.568	6,7	8,9	1.603.497	6,9	221
8. Produits agricoles et denrées alimentaires	4,10	3,60	123	2.615.533	12,5	14,7	3.361.085	14,4	152
5, 7, 9 et 10. Divers.......	»	»	»	1.208.520	5,1	9,5	1.414.537	6,1	»
Totaux..........	»	»	114	20.848.693	100	100	23.319.700	100	136

détail suivant établi d'après le recensement de 1887. Ce recensement a constaté la présence sur les fleuves, rivières et canaux de 16.400 bateaux de tonnages divers, pouvant porter ensemble 2.753.600 tonnes, soit en moyenne 168 tonnes par bateaux — et montés par 26.000 hommes. D'autre part la péniche flamande peut porter 280 tonnes et coûte 15.000 francs ; enfin les transports de l'exercice 1888 ont atteint 3.180.000.000 tonnes kilométriques.

Dans ces conditions on peut admettre que la valeur du matériel de transport est de :

$$\frac{2,753,600}{280} \times 15,000 \text{ fr.} = 150,000,000 \text{ fr.}$$

et le sous-détail des prix de revient s'établit comme suit :

L'intérêt et l'amortissement au taux de 6 % représentent .... $\frac{0,06 \times 150.000.000}{3.180.000.000} = 0^{c},28$

L'entretien à raison de 2,5 % .... $\frac{0,025 \times 150.000.000}{3.180.000.000} = 0^{c},12$

Le personnel monté à raison de 3 fr. 00 par jour et par homme revient à .... $\frac{26.000 \times 360 \times 3}{3.180.000.000} = 0^{c},88$

Enfin, la traction de 16.400 bateaux, ou $16.400 \frac{168}{280} = 9.840$ peniches à raison de 2 chevaux et 1 conducteur, comptés 10 fr. par jour, sur 235 jours de navigation utile, représente .... $\frac{9.840 \times 235 \times 10}{3.180.000.000} = 0^{c},73$

A ajouter pour dépenses non qualifiées .... $0^{c},19$

Prix moyen de la tonne à 1 kil. (halage par chevaux .... $2^{c},20$

Ce résultat répond bien aux indications de M. Picard :

$1^{c},8$ pour le transport à 200 kil.
et $2^{c},6$ pour les transports à toute distance.

Les prix de transport étant établis au kilomètre, il est utile de rappeler que les voies navigables sont généralement plus longues que les voies ferrées, ce qui tient aux sinuosités des rivières et aux plus grandes sujétions du tracé des canaux ; ainsi, l'on compte :

	Par eau	Par rails
Charleroi à Paris...........	317 k......	270
Charleroi à Rouen..........	436	316
Lens à Paris...............	347	210
Cette à Paris	1000	800 etc.

En moyenne la longueur des rails doit donc être majorée de 20 % pour donner la longueur correspondante des voies navigables.

Il convient enfin de noter que les industriels évaluent en moyenne à 20 % des prix de transport par eaux les faux frais que leur font supporter les lenteurs de la navigation, les pertes et déchets de la houille durant les longs trajets par eau et l'obligation d'avoir des magasins plus vastes et plus couteux.

111. Transports sur les voies ferrées. — *Prix de revient.* — La détermination des prix de transport offre une difficulté particulière, en raison de ce que le service comprend deux branches distinctes : celle des voyageurs et celle des marchandises, dont les dépenses font un tout dans lequel on a peine à discerner ce qui correspond à l'une ou à l'autre.

Ainsi les statistiques donnent bien les produits moyens par voyageur et par tonne de marchandises, soit pour l'exercice 1886 : voy. à 1 kil., 4c,59, et marchandises, la tonne à 1 kil., 5c,94 ; mais en ce qui concerne les prix de revient, aucun chiffre n'est produit et aucune classification n'est faite dans la comptabilité par nature de transport.

Le procédé auquel on a recours pour établir le prix moyen de transport consiste dès lors à assimiler chaque voyageur à une tonne de marchandises, à convertir les accessoires de G. V. et P. V. en tonnes au prorata de leurs recettes et du prix de l'unité correspondante, à additionner ces différentes unités de trafic et finalement à diviser les dépenses totales d'exploitation par le nombre ainsi obtenu.

Ce procédé sommaire appliqué à l'exercice 1886 donne, pour une dépense totale inscrite de 543.316.095 fr. et 18,785.000.000 unités kilométrique calculées, le prix moyen de 0 fr. 02892 par unité kilométrique. C'est là un chiffre de statistique, un chiffre moyen n'indiquant rien sur les prix réels de transport des voyageurs de grande et petite vitesse et des marchandises de telle ou telle classe.

L'étude de détail, limitée à la distinction des voyageurs et des marchandises, ou étendue aux différentes natures de transport, a fait l'objet de plusieurs mémoires fort instructifs, parmi lesquelles nous citerons notamment ceux de MM. Marché, Baum et Amiot [1]. Nous n'entrerons pas ici dans l'analyse des procédés de calcul auxquels ces auteurs ont eu recours; nous dirons simplement que la méthode généralement suivie consiste à répartir les éléments de la dépense totale proportionnellement soit aux *unités de transport*, soit aux *unités kilométriques*, soit enfin au produit des *unités kilométriques* par l'*effort de traction* ou *la vitesse*, et nous renverrons pour de plus amples développements au chapitre suivant, qui traite spécialement du prix de revient des transports sur les chemins de fer.

En définitive, les considérations sur lesquelles on s'appuie conduisent à représenter la dépense moyenne d'exploitation π, correspondant à une unité de trafic sur le réseau d'intérêt général, par la formule

$$\pi = \frac{p}{\mu n}(0,2566 + 0,0481\ f. + 0,00649\ v)$$

(1) MM. Marché, Société des Ingénieurs civils, 1871-1880; Baum, *Annales des Ponts et Chaussées*, 1875; Amiot, *Annales des Mines*, 1878.

p.. poids brut du train, en tonnes ;
n.. nombre d'unités contenues dans le train, voyageurs ou tonnes ;
μ.. coefficient $= 1,26$ pour le train de voyageurs, 1,051 pour les trains de marchandises ordinaires, et 1,00 pour les trains de wagons complets ;
f.. effort moyen de traction tenant compte du plan et du profil de la ligne par tonnes, en kilogrammes ;
v.. vitesse du train considéré, en kil. à l'heure.

Les chiffres suivants permettent d'apprécier la mesure dans laquelle cette formule peut être considérée comme exacte :

— Appliquée au réseau d'intérêt général elle donne [1] :

Voyageurs, $\pi = 2^c,795$ par unité et kilomètre.
Marchand., $\pi = 2,957$ par tonne et kilomètre.

Rapport, $\frac{v}{m} = 0,96$.

D'autre part :

— Les calculs auxquels s'est livrée la compagnie de P.L.M. en 1887 ont fait ressortir les prix suivants :

Voyageurs, $\pi = 2^c,55$ par unité et kilomètre.
Marchand., $\pi = 2,66$ par tonne et kilomètre.

Rapport.. $\frac{v}{m} = 0,96$.

— Dans son étude de la Staatsbahn autrichienne, M. Baum a trouvé :

Voyageurs, $\pi = 4^c,98$ par unité et kilomètre.
Marchand., $\pi = 5,17$ par tonne et kilomètre.

Rapport $\frac{v}{m} = 0,96$.

— M. Amiot est arrivé, pour le réseau de P.L.M. à la formule :

$$\chi = 1^c,46\,(1 + 0,05\,i)\left(1 + \frac{283}{\mu}\right)$$

i...... rampe fictive du réseau ;
μ...... mouvement par jour dans chaque sens et par kilomètre.

(1) Voir le tableau de la page 243.

Appliquée à l'ensemble des lignes d'intérêts général, avec :

$$i = 4^{mm},7 \quad \text{et} \quad \mu = \frac{9.800.000.000^{tk}}{730 \times 30.696} = 440 \text{ tonnes (Ex. 1886)},$$

cette formule donne : $\chi = 2^c,95$.

— Enfin le chevalier Bonazzi, actuellement inspecteur général des chemins de fer de la Haute-Italie, répartit comme suit les dépenses d'exploitation relatives à une tonne kilométrique de marchandise à petite vitesse :

NATURE DES DÉPENSES.	DÉPENSES D'EXPLOITATION (1)			CENTAGE.	DÉPENSES d'après la formule π (2)		OBSERVATION.
	1864	1865	moyenne		1886	centage	
Direction et Service administratif............	0 c, 30	0c, 25	0, 275	0, 150	0c, 177	0, 127	(1) Haute-Italie.
Dépenses générales.....	0, 24	0, 15	0, 195		0, 197		
Service des Trains et Stations..............	1, 04	0, 94	0, 990	0, 312	1, 201	0, 410	(2) Réseau français d'int. général.
Service de la Traction...	1, 10	0, 70	0, 900	0, 285	0, 870	0, 295	
Voie et Bâtiments.......	1, 00	0, 60	0, 800	0, 253	0, 504	0, 168	
Totaux............	3, 68	2, 64	3, 160	1, 000	2, 949	1, 000	

Ainsi et en définitive, tenant compte de la différence des réseaux comparés, l'accord est aussi satisfaisant que possible et la formule π a toute l'exactitude que comporte la nature de la question.

Appliquée à un train de houille, c'est-à-dire à la recherche du prix de revient le plus bas qu'il soit donné d'atteindre, par la plus grande utilisation possible du matériel, la formule π, avec $p = 640$ tonnes, $n = 380$ tonnes, $\mu = 1$, $f = 5^k3$ et V (vitesse de marche) $= 26$ kil., donne $\pi = 1^c737$, ainsi répartis (1).

(1) Voir le tableau de la page 243.

Administration	0^c100
Exploitation, mouvement, trafic	0,721
Traction et matériel	0,593
Voie et bâtiments	0,352
Dépenses diverses	1^c737

112. *Prix perçus.* — En regard de ces prix calculés, si nous mettons les taxes perçues d'après les tarifs spéciaux en vigueur, compris péage, nous arrivons aux résultats suivants :

1° La taxe kilométrique moyenne afférente aux transports susceptibles d'emprunter les voies navigables ne doit pas s'écarter très sensiblement de 4^c, elle ne doit pas dépasser 3^c,5 pour les combustibles minéraux. Sur les lignes concurrençant les 21.116 kil. de canaux cités plus haut (1), le prix de transport par tonne, péage et frais de gare compris, n'a atteint dans la période 1876-1883 que 522 fr. 55, soit au plus 2^c,52 par kilomètre.

2° La taxe kilométrique subit une décroissance prononcée au fur et à mesure que la distance de transport augmente ; notamment les barêmes de la compagnie du Nord, pour le transport du coke du gaz par wagon de 6 tonnes et de la pierre de taille par chargement de 10 tonnes, sont établis sur les bases suivantes :

5 centimes	par kil.	jusqu'à 50 kil.	
4	—	— en sus jusqu'à	100 kil.
2,5	—	—	— 200
1,5	—	—	— 300

Cette même limite de 1^c,5 se retrouve pour le transport des engrais et amendements, les minerais de fer et fontes brutes, les produits agricoles ; en outre, sur la compagnie du Nord et les cinq autres compagnies principales, il existe plusieurs transports dont la base descend à 2^c.

Ces prix limites, d'après des renseignements très précis et tout à fait indiscutables, comprennent les frais de

(1) Voir page 170.

traction, d'entretien du matériel roulant, d'usure de la voie, du personnel des gares et des trains, ainsi que les charges des capitaux affectés tant aux gares de classement, de chargement et de déchargement qu'au matériel roulant (1).

On voit ainsi à quels chiffres extrêmement bas les prix de transport sur les voies de fer peuvent descendre, tout en restant rémunérateurs, lorsque, les frais d'administration et les charges du capital d'établissement étant couverts par un trafic initial, on envisage seulement les frais qu'entraînent la mise en marche d'un nouveau train.

113. *Nature des transports.* — Nous dirons en terminant de quels éléments se compose le trafic des voies ferrées, afin d'établir la proportion des transports de marchandises de peu de valeur et des marchandises de prix, suivant la distinction généralement faite sur les canaux ; voici, reproduits ci-contre à cet effet, les documents officiels relatifs à l'exercice 1886.

Ainsi les trois premières classes des voies navigables combustibles minéraux, matériaux de construction, engrais et amendements représentent seulement 48 °/₀ du tonnage total du chemin de fer, tandis que sur les canaux cette proportion s'élève à 65, 8 p. cent.

114. *Prix de revient ramenés aux éléments des voies navigables.* — Nous avons fait observer à diverses reprises que la situation des voies navigables et celle des voies ferrées sont inégales :

— Les voies navigables sont en général mises gratuitement à la disposition des intéressés, tandis que les voies ferrées ont à rémunérer le capital de premier établissement ;

---

(1) Incidemment la base kilométrique de $1^c,5$ vérifie la formule π. En effet, on a : $1^c,737 - 0^c,211 = 1^c,526$, résultat très voisin de la base $1^c,50$ la plus réduite ; voir le tableau de la page 243.

DÉSIGNATION des GROUPES ET MARCHANDISES (Exercice 1886)	VOIES FERRÉES		VOIES NAVIGABLES	
	Tonnage effectif	Centage du tonnage effectif	Tonnage effectif	Centage du tonnage effectif
	tonnes		tonnes	
Céréales et farines.........	5.408.667	7,4	2.989.493	14,2
Vins, vinaigres et esprits...	4.814.261	6,5		
Epices, denrées alimentaires et coloniales............	4.060.311	5,5		
Fontes, fers, métaux........	4 938.468	6,7	1.488.349	7,1
Matières premières et objets manufacturés	7.413.598	10,1	609.241	2,9
Matériaux de construction..	10.295.776	14,1	6.726.224	31,9
Engrais et amendements....	2.104.863	2,8	1.182.324	5,6
Houilles, cokes, combustibles minéraux	22.790.667	31,1	5.964.098	28,3
Marchandises diverses......	11.555.750	15,8	328.833	1,6
Bois à brûler, de service et flottés................	»	»	1.761.618	8,4
Total........	73.382.361	100,00	21.050.180	100,0

— L'entretien des voies et bâtiments est compris dans le prix de transport pour le chemin de fer et dans le péage pour les voies navigables,

— Inversement les dépenses du matériel, l'installation des bureaux, magasins, etc., sont compris dans le péage des chemins de fer et dans le prix de transport des voies navigables.

Il devient donc nécessaire de ventiler ces différents éléments de dépenses.

Les chiffres de l'entretien de la voie se trouvent directement au tableau n° 19 des documents publiés par le ministère des travaux publics; il n'y a donc pas à y insister davantage.

En ce qui concerne les charges du matériel, elles doivent être estimées au taux de 5 °/。 sur le capital déjà indiqué de 55.900 par kilomètre [1] et réparties d'après la méthode générale $\pi' = \frac{A}{N} \frac{p}{\mu n}$ au prorata du tonnage brut du train considéré par unité transportée ; dans l'espèce :

A = 0,05 × 55,900 = 2.795 francs, charge à répartir,
N = 1.514.500 tonnes kilométriques annuelles,
p... poids brut du train ; n, nombre d'unités contenues dans le train ; μ coefficient variable avec la nature du train, soit : $\frac{p}{\mu n} = 1{,}98$ pour un train moyen de voyageurs ; 3,90 pour un train moyen de marchandises et 1,68 pour un train de wagons complets [2].

Dans ces conditions, la répartition des dépenses s'établit comme suit :

	Voyageurs	Marchand.	Tr. complet
Prix de revient moyen. Ex.: 1886. π.	2,795	2,949	1,693
A déduire: L'entretien de la voie.	0,679	0,504	0,286
Reste........	2,116	2,445	1,407
A aj.: L'int. et l'amort. du matér. π'.	0,363	0.544	0,312
Prix de transport comparables...	2,479	2,989	1,119
Péages comparables............	2,111	2,951	0,801
Totaux pareils aux tarifs perçus....	4,690	5,940	2,520

Ainsi, pour les marchandises, il y a sensiblement compensation entre les dépenses à ventiler, et les prix de transport sur voies navigables et sur voies ferrées peuvent être directement comparés, tels qu'ils résultent de la comptabilité des compagnies. Pour les voyageurs, la différence de quelques millimes est sans intérêt.

Par contre il résulte des chiffres précédents que le jeu des tarifs modifierait singulièrement les péages proportionnels prévus au cahier des charges des concessions. Ainsi on aurait :

---

(1) Voir n° 109.
(2) Voir page 242.

Voyageurs : $\frac{\text{Prix de péage}}{\text{Prix total de transport}} = \frac{2,111}{4,690} = 0,45$ au lieu de 0,67.

March. à la tonne : $\frac{\text{Prix du péage}}{\text{Prix total du transport}} = \frac{2,951}{5,940} = 0,53$ au lieu de 0,59.

et finalement : $\frac{\text{Péage des voyageurs}}{\text{Péage des marchandises}} = \frac{0,45}{0,53} = 0,85$ au lieu de 1,15.

En d'autres termes les voyageurs seraient dégrevés d'un péage dont le poids retomberait tout entier sur les marchandises à la tonne.

115. Comparaison des prix de transport sur les voies navigables et ferrées. — Cette longue énumération des péages et des prix de transport de marchandises par eau et par rails peut se résumer dans le tableau suivant :

NATURE des TRANSPORTS		VOIES NAVIGABLES.			VOIES FERRÉES (1886).		
		Péages (1)	Transport	Ensemble et Moyennes	Péages (2)	Transports	Ensemble et Moyennes
		cent.	cent.	cent.	cent.	cent.	cent.
Ensemble des transports de toute nature et à toutes distances.	Fleuves et canaux.	0 — 20 0 — 26	2,8 — 3,6	4,8 — 6,2	2,99	2,95	5,94
Ensemble des transports à plus de 200k ou par wagons complets.	Canaux.	0 — 24	1,97 — 2,25	4,65 — 4,37	0,73	1,79	2,52
Transports minima à prévoir dans l'avenir		0	1,80 — 1,20	1 , 50	0	1,50 — 1,4	1,30

NOTA. — (1) Aboli par la loi de 1880, sauf sur les canaux concédés. (2) Péages des Compagnies.

Ainsi d'une façon générale, en dehors de la loi de 1880, le péage moyen sur les fleuves et canaux serait inférieur à celui des chemins de fer. Toutefois l'élasticité de cette fraction du prix total serait toujours moindre sur les voies navigables que sur les voies ferrées, parce que pour les fleuves et rivières les dépenses d'établissement et d'entretien pèsent presqu'exclusivement sur des marchandises de peu de valeur, au lieu de se répartir, comme pour les chemins de fer, sur ces mêmes marchandises et en outre sur les matières de valeur, sur les messageries et sur les voyageurs.

Quant aux péages en eux-mêmes et à leur utilité, M. Colson dit avec beaucoup de raison : « Nous croyons que le régime d'exemption de droits adoptés en France pour la navigation est parfaitement rationnel quand on envisage les matières pondéreuses et de peu de valeur. On peut au contraire trouver regrettable d'appliquer ce régime à des produits de plus de valeur qui pourraient sans inconvénients, et au grand profit des finances publiques, payer le transport ce qu'il coûte... Là où l'Etat s'est borné à enlever à grands frais aux chemins de fer un trafic qui pouvait parfaitement supporter les péages, et dont la perte doit être compensée par une garantie d'intérêts, il nous semble très rationnel de rétablir l'égalité avec les autres parties de la France, au moyen de péages bien gradués sur la navigation qui seraient profitables au Trésor directement et indirectement. »

Les seuls péages nuisibles, c'est-à-dire portant un réel préjudice à la communauté, sont ceux qui, atteignant un taux prohibitif comme les taxes prélevées par la compagnie du Midi sur les canaux du Midi — 3c,12 en 1885 — maintiennent sur les voies ferrées un tarif moyen relativement élevé et empêchent d'effectuer des transports dont les frais dépassent dès lors les sacrifices que peuvent faire les consommateurs.

En ce qui concerne les prix de revient, nous avons multiplié les calculs et les citations consacrées par l'expérience et il résulte des chiffres ci-dessus résumés, contrairement à une opinion souvent admise, que les prix de transports proprement dits, sont plus élevés par eau que sur les chemins de fer, même abstraction faite des longueurs de parcours.

Comme pour les péages, l'élasticité des prix de revient

des chemins de fer est supérieure à celle des canaux. En effet, tandis que, pour ceux-ci, les dépenses d'exploitation se répètent simplement et semblent devoir péniblement descendre à 1c,5 et 1c,2 par tonne kilométrique sur certaines voies très fréquentées, déjà pour les chemins de fer la tonne kilométrique par train complet s'abaisse à 1c,5, compris toutes charges sauf l'intérêt des dépenses de construction. Au surplus, pour la mise en marche d'un train supplémentaire, les frais de surveillance, de mouvement, de gare et les dépenses diverses ne sont pas réellement proportionnels au nombre de trains ; la taxe de 1c,5 peut donc être réduite — environ de 0c,5 à 0c,6 ; le prix de la tonne kilométrique descendrait donc de 2c,96 à 1c,2 pour les transports par wagons complets[1].

A la vérité, les améliorations en cours d'exécution sur les voies navigables et l'organisation de services réguliers, amélioreront les conditions du transport par eau. Mais, d'une part, les progrès incessants de l'industrie des chemins de fer permettront sûrement aux compagnies d'abaisser les tarifs actuels ; et d'autre part — en vertu de ce principe que là où la coalition est possible, la concurrence est impossible — il faut craindre que l'entente ne se produise bientôt par la subordination complète de la navigation aux chemins de fer. Le fait s'est produit en Angleterre et aux Etats-Unis ; en France, la lutte entre la compagnie et le canal du Midi a abouti à un bail d'affermage qui a préservé les propriétaires du canal de la perte totale de leur revenu.

Si, envisageant les intérêts généraux, par opposition aux intérêts des usagers, on compare les prix réels de revient, c'est-à-dire le total des prix de péage et de trans-

(1) Voir le tableau de la page 243.

port, la supériorité d'une voie sur l'autre ne s'affirme pas tout d'abord ; mais dans un examen plus attentif, si l'on tient un compte équitable et rationnel de la proportion des marchandises riches et pauvres, de la majoration des parcours sur eau et finalement de la plus-value attribuée par les industriels aux transports sur rails, l'avantage reste sans difficulté aux chemins de fer, pour les transports de toute nature et à toute distance. Seuls doivent rester en dehors de cette conclusion quelques fleuves dont la situation est exceptionnellement favorisée par la nature et les conditions commerciales.

Le rapport de ces prix réels est au moins 1,5 et il tend à s'élever pour les marchandises en grande masse et à grande distance, par suite de la double élasticité que les taxes de chemins de fer présentent dans leur péage et leur prix de revient.

Au contraire si l'on veut apprécier le prix de transport au seul point de vue des usagers, c'est-à-dire la voie navigable livrée gratuitement à la batellerie, tandis que la voie ferrée est obligée de comprendre un péage dans ses frais d'exploitation, il ressort des chiffres ci-dessus que la navigation offre un avantage sensible sur les chemins de fer.

Pour les marchandises de toute nature et à toutes distances, le rapport moyen des prix perçus est $5^c,94$ contre $3^c,2$ soit 0,54 % ; même en augmentant le fret une première fois dans le rapport de 1,2 des parcours par eau et par rails, et une seconde fois dans le même rapport pour tenir compte des autres avantages des voies ferrées, on n'élève le prix sur rivières et canaux qu'à 4^c6 contre 5^c94 ; ce qui laisse encore les taxes des canaux de 23 % inférieures à celles des chemins de fer.

Néanmoins le trafic des marchandises de valeur reste acquis, en majeure partie et sans réduction de prix au chemin de fer, parce que, les transports représentant une fraction importante des prix de vente, l'économie réalisable devient moins importante que la question de délai.

S'il s'agit de matières pauvres dont le transport représente la moitié ou les deux tiers de la valeur, la lutte au contraire s'engage entre les voies navigables et les chemins de fer, et comme les produits concurrencés viennent s'ajouter au mouvement général, les compagnies pourraient réduire leur péage à très peu de chose ; en d'autres termes la concurrence s'établirait sur les bases presqu'exclusives des prix de revient, où l'avantage, avons-nous dit, appartient aux chemins de fer. Ainsi ceux-ci finiraient sûrement par triompher à la limite, c'est-à-dire avec le péage nul.

Toutefois les compagnies sont empêchées de poursuivre la lutte jusqu'au bout par suite des dispositions de la législation qui les obligerait à étendre les abaissements consentis, en dehors des cas spéciaux qui les auraient motivés, et par suite à sacrifier une partie des recettes sur des transports qui ne leur sont pas disputés. C'est ainsi que le trafic des combustibles minéraux, pendant les exercices 1880 et suivants s'est partagé conformément au tableau ci-après.

Le rapprochement des chiffres qu'il contient montre qu'antérieurement les chemins de fer prenaient au mouvement des combustibles une part supérieure au double de celle des rivières et canaux ; mais dans la période actuelle 1880-87, le développement des transports a plus largement profité aux canaux qu'aux voies ferrées : la majoration arrive à 62 % contre 22 %, résultat exclusivement attribuable aux améliorations du réseau navigable.

ANNÉES	DÉSIGNATION des RÉGIONS	TONNAGE KILOMÉTRIQUE			CENTAGE	
		Chemins de fer.	Rivières et canaux.	Ensemble	Chemins de fer.	Riv. et Canaux
		t. k.	t. k.	t. k.	°/o	°/o
1880	Rés. du Nord......	830.969.000	549.373.000	1.380.342.000	61	39
	Est........	216.366.000	64.067.000	280.433.000	77	23
	Ouest	92.892.000	18.990.080	111.801.000	83	17
	P. O.......	154.203.000	28.056.000	182.259.000	85	15
	P.-L.-M....	546.942.000	74.239.000	621.181.000	88	12
	Midi.......	54.634.000	4.915.000	59.549.000	92	8
	Etat.......	16.489.000	1.117.000	17.606.000	94	6
1880	Ensemble.....	1.912.405.000	740.766.000	2.653.171.000	71	29
1883	Id.........	2.127.946.000	846.743.000	2.974.689.000	72	28
1886	Id.........	2.163.777.000	1.075.639.000	3.239.639.000	67	33
1887	Id.........	2.332.087.000	1.202.249.000	3.534.336.000	66	34

116. Comparaison du mouvement commercial. — Nous avons déjà eu l'occasion de rappeler qu'antérieurement à 1847, les canaux étaient en général concédés, soit à titre temporaire, soit à perpétuité; mais que les taxes ne correspondaient déjà plus, sur les rivières et canaux non concédés, qu'à une partie — 50 °/o environ — des dépenses d'entretien et de grosse réparation ; qu'en 1852, les esprits étant tournés vers les chemins de fer, la navigation intérieure avait subi une grande défaveur; que cependant un revirement se produisit en 1860 à la suite du traité de commerce, et que le gouvernement entra largement dans la voie du rachat et de la réduction des taxes ; finalement que celles-ci furent complètement supprimées en 1880.

Il importe de comparer quelles ont été sous ces différents régimes les modifications progressives du tonnage

ANNÉES	CANAUX				RIVIÈRES				CANAUX ET RIVIÈRES				VOIES FERRÉES	
	Longueurs	Dépenses par période	Tonnage		Longueurs	Dépenses par période	Tonnage		Longueurs	Dépenses par période	Tonnage		Tonnage	
			Total	Kilomét			Total	Kilomét			Total	Kilomét	Tota	Kilomét
	kil.	fr.	T. kil.	tonnes	kil.	fr.	T. kil.	tonnes	kil.	fr.	T. kil.	tonnes	T. kil.	tonnes
1848	3.750		837.000.000	223.000	6.700		976.000.000	146.000	10.450		1.813.000.000	174.000		
		93.843.636				183.640.192				276.583.828			462.718.000	142.460
1871	4.160		967.000.000	239.000	6.590		869.000.000	132.000	10.750		1.836.000.000	171.000	» (a)	» (a)
		28.683.757				98.957.598				127.641.355				
1879	4.350		1.104.000.000	254.000	6.590		919.000.000	139.000	10.940		2.023.000.000	185.000	8.999.104.946	391.874
		949.713.581				185.370.803				435.084.384				
1887	4.725		1.707.097.967	361.290	7.743		1.366.292.460	176.455	12.468		3.073.390.427	246.502	9.918.110.114	315.401
Totaux.	»	378.341.174	»	»	»	466.968.593	»	»	»	839.309.567	»	»	»	»

NOTA. — Rappel des dépenses d'établissement des chemins de fer : 1887........... 13.412.000.000 fr.

1879........... 9.280.000.000

Différence.................... 4.132.000.000 fr.

(a) Ex. : 1851

des voies navigables et le développement des chemins de fer. Les principales données de la statistique à ce sujet sont reproduites au tableau précédent. Ainsi :

— Le mouvement industriel se produit : 1/4 par les voies navigables et 3/4 par les chemins de fer.

— Bien que les péages perçus en 1879 fussent tombés par la réduction des taxes à 4.390.781[fr.], soit $\frac{4.390.781}{2.023.000.000} = 0^{c},22$ en moyenne par tonne kilométrique, le tonnage dans la période 1848-79 ne s'est élevé que de 200,000.000 tonnes, soit de 10 p. cent.

— Depuis l'exécution des travaux d'amélioration, ayant principalement consisté à uniformiser le mouillage et les écluses, le tonnage kilométrique des canaux a progressé d'une façon très notable, près de 50 %, tandis que les chemins de fer n'ont augmenté que de 10 % dans le même temps. La distance moyenne de transport a également augmenté : elle est passée de 114 kil. en 1883 à 136 kil. en 1887.

— Avec une dépense environ 10 fois moindre sur les canaux que sur les chemins de fer, on a obtenu sur ces deux sortes de voies, dans la dernière période 1879-1887, la même augmentation de tonnage kilométrique totale.

— En se rapportant aux tableaux précédents (1), on constate d'ailleurs que les transports effectués par voies navigables consistent toujours, pour la plus grande partie, en marchandises lourdes et encombrantes et que la part proportionnelle du tonnage de chacune d'elles varie peu d'une année à l'autre.

117. Conclusions. — Des faits qui précèdent — différence peu importante sur les frais d'établissement, frais d'exploitation inférieurs et comme suite prépondérance

---

(1) Pages 169 et 177.

acquise même pour les matières pondérantes, régularité et rapidité des transports — il faut nécessairement conclure que les chemins de fer sont en eux-mêmes un instrument de transport perfectionné par rapport aux canaux, et que l'avenir leur appartient exclusivement sauf les exceptions telles que l'Elbe et le Rhin, où la navigation, avons-nous dit, par suite de la libéralité exceptionnelle de la nature, peut donner de très beaux résultats.

Si, d'ailleurs, malgré les efforts faits par l'État pour améliorer la situation des voies navigables — travaux et suppression du péage — le mouvement ne s'est pas accru plus vite, il faut bien croire qu'il y a certaines difficultés majeures dont on ne triomphera guère mieux dans l'avenir que dans le passé.

En première ligne la difficulté d'accélérer la vitesse à travers de nombreuses écluses, sans majorer rapidement les frais de traction ; c'est aussi la difficulté de créer un service régulier comme sur les chemins de fer, sans retomber dans le monopole, car le monopole des transports sur canaux s'entendrait immédiatement avec le monopole des chemins de fer ; c'est encore que les relations par eau exigent le plus souvent des transbordements et des transports par rail ou par route, tandis que les voies ferrées desservent plus directement les différents points de notre territoire, et enfin s'adressent à une clientèle beaucoup plus nombreuse.

La supériorité des chemins de fer sur les canaux est encore confirmée par ce fait que si les deux voies concurrentes sont réunies dans la même main, les combinaisons de tarifs que recherchent les concessionnaires sont toujours celles qui poussent le commerce à employer de préférence le chemin de fer ; c'est donc que, à conditions équivalentes pour le public, le chemin de fer laisse un plus fort bénéfice.

La question de l'utilité relative des voies ferrées ou navigables étant ainsi tranchée en faveur des chemins de fer, il n'y a cependant pas lieu d'aller trop loin dans cette voie et de discuter sans intérêt pratique les erreurs qui ont pu être commises; il convient seulement, comme en toute matière d'économie générale, de chercher à tirer le meilleur parti possible de la situation, et comme conséquence de distinguer entre les voies *existantes* et celles *à ouvrir*.

S'il s'agit des améliorations et compléments décidés par la loi de classement de 1879, fixant aux lignes principales les dimensions suivantes :

Profondeur d'eau	2m,00
Largeur d'écluse..................	5m,20
Longueur d'écluse	38m,50
Hauteur libre sous les ponts........	3m,70

il est indiscutable que les dépenses correspondantes sont non seulement nécessaires mais indispensables aux intérêts du pays ; plus spécialement la dépense de 430 millions engagée dans la période 1879-1887 a donné lieu à une plus-value de un milliard de tonnes kilométriques, tandis que parallèlement les 4 milliards nécessaires à l'achèvement du réseau des chemins de fer n'augmentait le mouvement sur rails que de 1 milliard de tonnes kilométriques.

Mais s'il s'agit au contraire de voies d'eau nouvelles, leur création sera presque toujours une dépense frustratoire, car suivant l'observation très juste de M. Colson : « elle aura pour conséquence de juxtaposer une seconde voie de transport à la voie ferrée, nécessaire en tout état de cause, et qui aurait pu rendre les mêmes services avec moins de dépenses. »

Sans prétendre réaliser une pareille combinaison, il est cependant juste de considérer que des sommes toujours très inférieures à l'intérêt des dépenses d'un canal de concurrence suffiraient à couvrir largement les réductions de tarifs, qui résulteraient pour un chemin de fer de l'abaissement nécessaire et recherché de ses prix de transport. Pourtant c'est à cet abaissement que tend la création de voies navigables sans péage, d'autant plus délicates à entreprendre que leur infériorité s'aggrave de ce qu'elles ne se prêtent ni aux services des voyageurs ni à celui de la grande vitesse.

Quoi qu'il en soit, il importe de dépouiller ces conclusions de leur caractère trop absolu : il est des cas où les canaux, notamment comme celui de la Marne au Rhin, contribuent puissamment à développer le mouvement industriel et la richesse du sol ; il se fait sur leur parcours une transformation radicale de la face du pays ; il s'y crée un développement d'activité et par suite de richesses qu'une voie ferrée seule ne parviendrait pas à engendrer, et les bénéfices indirects que recueille le Trésor viennent amplement compenser les charges de premier établissement. Pour résumer ce sujet, évidemment difficile puisqu'il a soulevé tant de doutes, nous ne pouvons donc mieux faire que de rappeler la formule simple donnée par M. Picard : « Ne rien négliger pour améliorer le réseau actuel de navigation et pour en perfectionner l'exploitation ; se montrer très sobre et très prudent dans l'ouverture des voies nouvelles. »

CHAPITRE CINQUIÈME

PRIX DE REVIENT DES TRANSPORTS PAR RAILS

Prix de revient moyen d'un ensemble de transports. — Prix de revient moyen d'un transport spécial. — Observation sur le réseau de l'État.

SOMMAIRE :

§ 1. — **Prix de revient d'un ensemble de transports** : Généralités. — Dépenses d'exploitation d'après l'importance du trafic : *Statistique générale* ; *Statistique de 1886* ; *Formules générales*. — Réseau d'intérêt général : *Détermination des constantes* ; *Grandes compagnies* ; *Artères principales des grandes compagnies* ; *Lignes secondaires*. — Réseau d'intérêt local : *Formules générales* ; *Réseau à voie normale* ; *Réseau à voie étroite*. — Observations générales. — Dépenses d'exploitation d'après les recettes brutes. — Coefficients d'exploitation. — Dépenses d'exploitation d'après le nombre des trains journaliers. — Dépenses par train et par kilomètre. — Résumé.

§ 2. — **Prix de revient d'un transport spécial** : Documents statistiques : *Dépenses totales* ; *Recettes totales* ; *Recettes par voyageur, par tonne et par unité de trafic* ; *Coefficients d'exploitation*. — Formules générales des prix de revient. — Application au réseau d'intérêt général : *Tonnage brut* ; *Dépenses par tonne brute* ; *Recettes de G. V. et P. V.* ; *Tonnage brut et nombre d'unités d'un train moyen de voyageurs, d'un train moyen de marchandises, des trains rapides, des trains complets* ; *Rapports des efforts effectifs de traction à l'effort moyen* ; *Rapports des vitesses effectives à la vitesse moyenne* ; *Formules numériques*. — Application au réseau d'intérêt local : *Tonnage brut*, *Dépenses par tonne brute* ; *Tonnage brut et nombre d'unités suivant la nature des trains* ; *Rapports des efforts effectifs et moyen* ; *Rapports des vitesses effectives et moyenne* ; *Formules numériques*. — Résumé.

§ 3. — **Prix de revient sur le réseau de l'État** : Ensemble des transports. — Transports spéciaux. — Observation.

Tableaux statistiques *Nos I à VII.*

CHAPITRE V

PRIX DE REVIENT DES TRANSPORTS SUR RAILS

§ 1.

PRIX DE REVIENT MOYEN D'UN ENSEMBLE DE TRANSPORTS

118. Généralités. — L'étude des prix de revient comprend deux grandes divisions : le prix de revient moyen d'*un ensemble de transports*, et le prix de revient moyen d'*un transport spécial.*

Dans la première division, on confond dans une commune mesure — unités de trafic équivalentes — les voyageurs, les marchandises à la tonne et les messageries. Les dépenses sont rapportées en bloc aux recettes ramenées au kilomètre, au train-kilométrique, ou bien encore à l'unité de trafic. Les qualités de l'exploitation se mesurent par le rapport des dépenses aux recettes totales de l'exploitation.

Dans la seconde division, au contraire, on cherche à déterminer les dépenses corrélatives de chaque transport, suivant leur espèce : voyageurs, marchandises ou accessoires ; suivant la nature des trains : voyageurs, mixtes et marchandises, ou enfin suivant la constitution des réseaux et leurs conditions d'établissement, en plan et profil. Les qualités de l'exploitation sont mesurées par la valeur absolue des prix de revient de chaque unité considérée.

L'étude des prix de revient est donc un sujet très

étendu et qui par sa complexité ne saurait comporter une solution mathématique.

Nous nous proposons seulement dans ce chapitre de traduire par des formules simples les principaux résultats statistiques, spécialement ceux de l'année 1886, récemment publiés par le ministère des travaux publics.

Les statistiques officielles du ministère des travaux publics donnent chaque année, entre autres documents :

1° L'état du matériel roulant.
2° Les nombres ou poids des voyageurs et accessoires,
3° Les nombres ou poids des marchandises et accessoires,
4° Le mouvement du matériel,
5° Les résultats généraux de l'exploitation.

Nous désignerons par :

L............. la longueur du réseau en kilomètres,

U............. la fréquentation ou le nombre annuel d'unités de trafic à 1 kilom., c'est-à-dire la somme des voyageurs, des marchandises à la tonne et des accessoires réduits transportés par an à 1 kilomètre,

N............. le tonnage kilométrique brut du réseau, c'est-à-dire le nombre de tonnes — voyageurs, marchandises, accessoires et matériel — transportées par an à 1 kilomètre,

D............. les dépenses totales d'exploitation, non compris les dépenses annexes,

R............. les recettes totales d'exploitation, non compris les recettes annexés,

P............. le parcours kilométrique du train,

$\frac{D}{R} = K$........ coefficient d'exploitation, ou rapport des dépenses d'exploitation aux recettes d'exploitation,

$\frac{U}{L} = u$........ la fréquentation kilométrique,

$\frac{U}{P} = u_1$........ le nombre moyen d'unités de trafic au train moyen,

$\frac{D}{L} = d$, et $\frac{R}{L} = r$. les dépenses et les recettes kilométriques d'exploitation,

$\frac{D}{P} = d_1$ et $\frac{R}{P} = r_1$ les dépenses et recettes par train et par kilomètre,

$\frac{D}{U} = d_2$ et $\frac{R}{U} = r_2$ les dépenses et recettes par unité de trafic,

$\frac{D}{N} = \frac{d}{n} = \pi$.... les dépenses par tonne brute à 1 kilomètre,

$\frac{N}{L} = n$........ le tonnage brut kilométrique,

$\frac{N}{P} = n_1$........ le poids brut du train moyen,

$\frac{N}{U} = \frac{n}{u} = n_2$... le tonnage brut par unité de trafic.

Les chiffres totaux N.U.D.R. ne présentent pour ainsi dire aucun intérêt ; les chiffres kilométriques *n. u. d* et *r.* quoique plus utiles, n'ont encore de signification qu'autant qu'on les rapproche du mouvement général ; les chiffres n_2, d_2 et r_2, ramenés à l'unité de trafic, ont seuls une valeur réelle.

Cependant, cette unité est elle-même variable de nature, suivant qu'il s'agit de voyageurs, de marchandises à la tonne, ou d'accessoires de petite ou grande vitesse. Dans la pratique on assimile chaque voyageur à une tonne de marchandise, et les accessoires sont convertis en voyageurs ou en tonnes dans la proportion de leur recette au prix de l'unité correspondante. Nous admettrons ces bases de transformation, sous la réserve d'établir que ces quantités, auxquelles semblent correspondre des sommes différentes de travail mécanique, ne donnent lieu cependant qu'à une dépense égale ou sensiblement égale d'exploitation.

119. Dépenses d'exploitation d'après l'importance du trafic. — *Statistique générale.* — La relation que nous nous proposons d'établir est une formule générale résumant les résultats statistiques des réseaux principaux, ou de leur ensemble, c'est-à-dire suffisamment étendue pour que l'influence des éléments secondaires, tels que la nature du trafic, la structure du réseau, ses courbes et déclivités, etc. ; se corrigent et se compensent.

Voici d'abord les résultats relatifs à l'ensemble du réseau d'intérêt général dans la période 1876-1886 :

ANNÉES	LONGUEURS moyennes exploitées	FRÉQUENTATION KILOMÉTRIQUE, *u*, ou NOMBRE D'UNITÉS PAR KIL. ET PAR AN				DÉPENSE kilométrique d'exploitation (*d*.)	DÉPENSE par unité et par kilomètr. (d_1)
		Voyageurs	March. à la tonne	Acc. G. V. et P. V transform.	Total des unités		
	kil.	unités	unités	unités	unités	fr.	cent.
1876	20.034	247.669	415.569	80.127	743.365	22.064	2,93
1878	21.435	269.624	391.874	79.728	741.246	21.434	2,90
1880	23.080	254.342	448.274	89.614	792.614	22.329	2,82
1882	25.576	264.330	423.065	87.894	775.8[illegible]9	22.177	2,86
1884	28.722	239.632	364.818	80.001	685.351	20.596	3,00
1886	30.696	232.517	303.438	75.996	611.951	17.700	2,89

Dans ces limites, les écarts ne sont pas suffisants pour que la fréquentation conserve son influence prépondérante sur les prix de revient et les divergences des prix par unité peuvent aisément s'expliquer par les variations des charges afférentes aux travaux de réfection de voie et de renouvellement de matériel roulant, ou par les économies réalisées dans les frais d'exploitation.

Cette influence reparaît au contraire si l'on considère

DÉSIGNATION des COMPAGNIES (Ex : 1882)	NOUVEAU RÉSEAU		ANC. ET NOUV. RÉSEAUX RÉUNIS		ANCIEN RÉSEAU	
	Fréquentation kilométrique.	Dépense par unité et kilom.	Fréquentation kilométrique	Dépense par unité et kilom.	Fréquentation kilométrique	Dépense par unité et kilom.
	Unités	c.	Unités	c.	Unités	c.
Nord	487.000	3,54	1.480.000	2,52	2.010.000	2,40
Est	651.000	3,28	885.000	3,01	1.690.000	2,67
Ouest	334.000	4,57	740.000	3,11	1.730.000	2,42
P. O.	436.000	2,83	680.000	2,62	1.010.000	2,42
P. L. M.	176.000	4,58	930.000	2,66	1.190.000	2,51
Midi	328.000	4,30	635.000	3,04	1.360.000	2,65
Totaux et moy.	480.000	3,83	905.000	2,79	1.493.000	2,51

séparément l'ancien et le nouveau réseau : notamment avant les conventions de 1883, qui ont réuni les deux réseaux, les chiffres de l'exercice 1882 accusent les résultats résumé au tableau ci-dessus. La décroissance du prix de revient avec l'augmentation du trafic est manifeste, et déjà, en remarquant que les dépenses $d_t = \frac{d}{u}$ tendent vers une constante, tandis qu'elles deviendraient infinies pour $u = o$, on peut pressentir que la relation $d_t = f(u)$ est une hyperbole asymptotique aux droites rectangulaires : $y = \text{constante}$ et $x = o$.

120. — *Statistique de 1886.* — Cependant nous ne pouvons pas nous arrêter à la statistique déjà ancienne de 1882 pour établir la relation : $d_t = f(u)$; d'autant moins que les efforts énergiques faits par les compagnies depuis cette époque ont eu pour conséquence, malgré la baisse des recettes, de diminuer notablement les dépenses sur les voies secondaires. Nous prendrons donc pour base les documents statistiques de 1886 publiés en 1889, et nous en diviserons les lignes en groupes distincts, d'après l'importance de la circulation, de manière à faire ressortir la loi générale des dépenses d'exploitation, à déterminer ses constantes, et finalement à vérifier les résultats des formules empiriques établies.

Les tableaux N°s 11 et 12 des documents statistiques donnent directement pour les voyageurs et les marchandises, les unités de trafic à 1 kil. Quant aux accessoires, ils seront convertis en unités, d'après les recettes correspondantes, au prorata du produit moyen d'un voyageur et d'une tonne, ou bien encore plus simplement du taux moyen de 0 fr. 05.

Les tableaux N°s 8 et 13 indiquent le tonnage kilométrique du matériel, c'est-à-dire du poids mort. Quant au poids utile, il s'évaluera à raison de 75 kilogrammes par voyageur. Le tonnage kilométrique des marchandises est directement inscrit au tableau n° 12. Enfin le tonnage des accessoires de G. V. et P. V. peut être compté à raison de 1 tonne par 0 fr. 35 de recette; ne représentant que 3 % environ du tonnage total utile, l'erreur relative de cette dernière conversion sera sans influence sur les résultats définitifs.

Sous le bénéfice de ces observations, nous résumons au tableau ci-dessous les principaux renseignements statistiques de l'exercice 1886 :

DÉSIGNATION des RÉSEAUX	LONGUEURS moyennes exploitées L	FRÉQUENTATION kilométr. $u = \frac{U}{L}$	TONNAGE BRUT par unité de trafic $n_2 = \frac{N}{U} = \frac{n}{u}$	DÉPENSE par kilomètre exploité $d = \frac{D}{L}$	DÉPENSES KILOMÉTRIQUES par unité de trafic $d_2 = \frac{D}{U} = \frac{d}{u}$	par tonne brute $\pi = \frac{D}{N} = \frac{d}{n}$
1° INTÉRÊT GÉNÉRAL	kil.	unités	tonnes	fr.	centimes	centimes
Lignes principales des Grandes Compagnies.	4.759	1.748.000	»	42.440	2,427	»
Réseau d'intérêt général	30.696	612.000	2.515	17.700	2,829	1,150
Réseau d'Etat..........	2.365	272.400	2.648	9.887	3,630	1,370
Lignes au compte dit : *de l'exploitation partielle*	4.036	132.800	»	7.570	5,700	»
2° INTÉRÊT LOCAL						
Lignes à voie normale (1m44)	1.482	82.700	2.657	5.146	6,229	2,347
Lignes à voie étroite (1m00)	378	33.000	3.136	3.430	10,407	3,219
Totaux............	1.860	72.500	2.700	4.797	6,622	2,449

OBSERVATION. — Voir les tableaux I, II, III et IV, pages 260-266.

Ainsi, tandis que la fréquentation kilométrique descend de 1.748.000 à 82.000 unités, les prix de revient par unité et kilomètre s'élèvent de 2 c. 427 à 6 c. 229, d'une allure d'abord lente mais qui s'accentue progressivement au fur et à mesure que la fréquentation diminue.

121. — *Formules générales.* — Parmi les chiffres ci-dessus nous examinerons d'abord les valeurs $n_2 = \frac{N}{U}$, exprimant le rapport du tonnage brut kilométrique aux unités kilométriques, c'est-à-dire le nombre de tonnes brutes mises en mouvement par unité de trafic — voyageur ou marchandises — en d'autres termes l'utilisation du matériel.

Or il est visible que ce rapport, décroissant très lentement lorsque u augmente, tend vers une constante pour les plus grandes valeurs de u, et qu'il devient infini pour $u = o$; on doit donc pouvoir écrire :

$$n_2 = \frac{N}{U} = \frac{n}{u} = \alpha + \frac{\beta}{u} \tag{1}$$

hyperbole à asymptotes rectangulaires : $Y = \alpha$ et $X = o$.

En second lieu, les dépenses d'exploitation se rangent en trois catégories : celles proportionnelles au tonnage brut : matériel, traction, etc. ; celles proportionnelles aux unités de trafic : partie du service des gares, etc. ; et celles proportionnelles à la longueur du réseau : service d'entretien, partie du service des gares, etc. ; si donc les coefficients α, β' et γ' étaient constants, on aurait l'expression linéaire :

$$D = \alpha' N + \beta' U + \gamma' L.$$

ou, eu égard à la relation (1) :

$$d = \frac{D}{L} = (\alpha'\alpha + \beta')u + \alpha'\beta + \gamma'.$$

Mais en réalité, les dépenses pour l'organisation des services et la mise en mouvement des premiers trains une fois faites, il est bien évident que les premières unités transportées n'apportent pour ainsi dire aucun surcroît de dépenses; en d'autres termes, pour $u = o$, la tangente à la courbe d, est horizontale conformément au graphique ci-contre.

Comme conséquence de ces observations la courbe d doit affecter dans son ensemble la forme hyperbolique :

$$\frac{(d-\gamma)^2}{\alpha_1^2} - \frac{u^2}{\beta_1^2} = 1$$

d'où

$$(2) \qquad d = \gamma + \sqrt{\alpha_1^2 + \frac{\alpha_1^2 u^2}{\beta_1^2}} = \gamma + \sqrt{\alpha_1^2 + \varphi^2 u^2}$$

avec asymptotes :

$$d = \gamma \pm \frac{d_1}{\beta_1} u.$$

Le prix de l'unité transportée à 1 kilom. et le prix de la tonne brute transportée à 1 kilom., s'obtiennent dès lors par simple division ;

La formule 2 donne :

Prix de revient de l'unité de trafic transportée à 1 kilomètre :

$$(3) \qquad d_2 = \frac{D}{U} = \frac{d}{u} = \frac{\gamma}{u} + \sqrt{\varphi^2 + \frac{\alpha_1^2}{u^2}}$$

hyperbole avec asymptotes rectangulaires :

$$u = o \text{ et } d = \varphi.$$

et les formules (1) et (3) donnent :

Prix de revient d'une tonne brute transportée à 1 kilomètre :

$$(4) \qquad \pi = \frac{D}{N} = \frac{d}{n} = \frac{d}{\alpha u + \beta} = \frac{\gamma + \sqrt{\alpha_1^2 + \varphi^2 u^2}}{\alpha u + \beta}$$

hyperbole avec asymptotes rectangulaires :

$$(5) \qquad u = -\frac{\beta}{\alpha} \text{ et } \pi = \frac{\varphi}{\alpha}.$$

Il était d'ailleurs nécessaire que ces conditions fussent remplies :

— Le prix de transport de la tonne brute devait tendre *à priori* vers une constante au fur et à mesure de l'augmentation du trafic, et avoir à l'origine une valeur initiale qui représenterait les frais d'exploitation des premiers trains circulant vides ou presque vides.

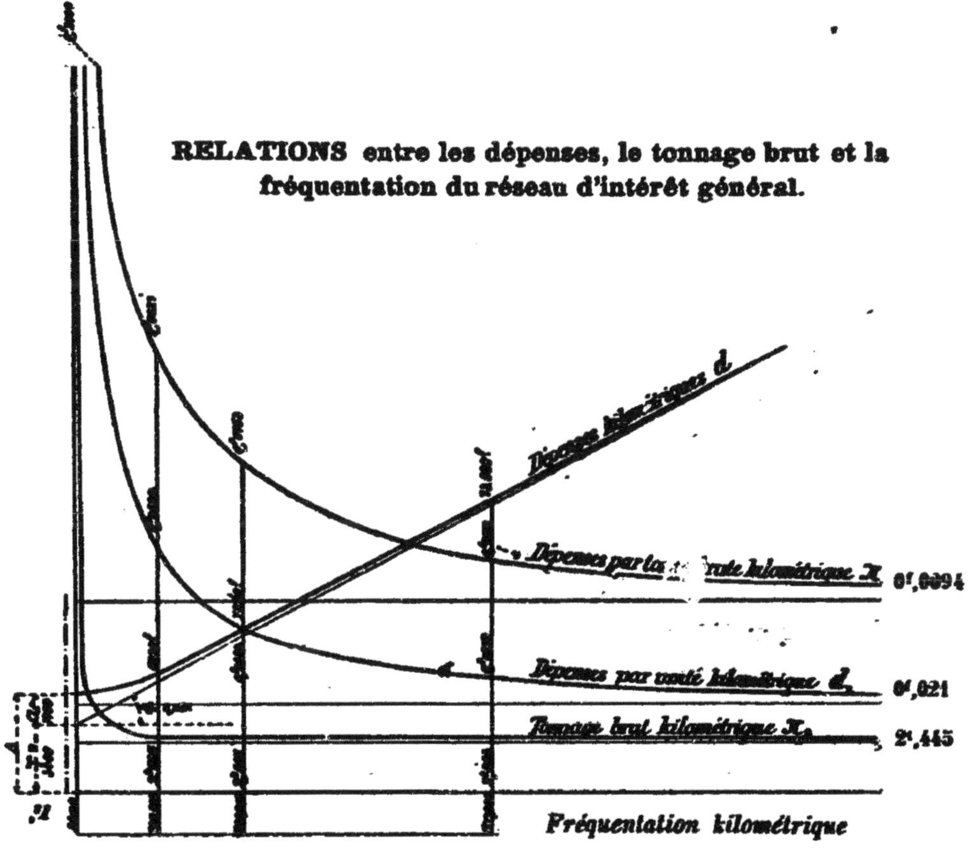

RELATIONS entre les dépenses, le tonnage brut et la fréquentation du réseau d'intérêt général.

— De même, le prix de transport de l'unité de trafic devait tendre vers une constante avec le développement de la circulation et prendre une valeur infinie pour une circulation nulle.

Les formules x'_2 et d, ainsi vérifiées dans leurs conséquences, justifient dès lors les données, à la vérité empiriques, qui ont servi à les établir.

Quelque soit l'objet du transport, disait Proudhon : « qu'il s'agisse d'hommes ou de colis, que le trafic de la voie consiste principalement en voyageurs ou en marchandises, peu importe ; en dernière analyse, le voiturier n'a qu'une chose à considérer, le poids. »

C'était s'exprimer avec une grande netteté de vue sur l'influence capitale du poids mort. Il résulte, en effet, de ce qui précède que le prix de revient de l'unité de trafic $\frac{d}{u}$, est représenté par le produit du tonnage brut $\frac{n}{u}$ par le prix du transport correspondant $\frac{d}{n}$, mais que pour un même trafic, le prix de la tonne brut $\frac{d}{n}$ se maintenant à peu près constant, toute majoration K $\frac{n}{u}$ du rapport $\frac{n}{u}$, c'est-à-dire du poids brut transporté par unité de trafic, entraîne une égale majoration K $\frac{d}{u}$ du prix de transport normal $\frac{d}{u}$; tous les efforts de l'exploitation doivent donc tendre à la plus grande utilisation possible du matériel.

122. Réseau d'intérêt général. — *Détermination des constantes.* — Les constantes de la relation $n_1 = a + \frac{\beta}{u}$ sont déterminées par les deux conditions suivantes : sur les réseaux d'intérêt général et d'intérêt local, l'utilisation du matériel, n_1, doit être la même ou sensiblement la même pour un trafic infini ($u = \infty$), et le prix de revient de la tonne brute d_1 doit être le même ou sensiblement le même, pour un trafic nul ($u = 0$).

Après différents essais, nous pensons qu'on peut écrire avec une exactitude suffisante :

(6) Intérêt général V.N. (1): $n_1 = 2{,}445 + \frac{24{,}000}{u}$.

(1) V. N., voie normale de 1,44 ; V. E, voie étroite de 1,00.

qui, pour $u = 636.000$, donne $n_2 = 2{,}483$, au lieu de 2,486, conformément au tableau III de la page 264.

$$\text{Intérêt local V.N.:} \quad n_2 = 2{,}445 + \frac{18350}{n},$$

qui, pour $u = 82{,}700$, donne $n_2 = 2{,}636$, au lieu de 2,657 conformément au tableau II de la page 262 ;

$$\text{Et intérêt local V.E.:} \quad n_2 = 2445 + \frac{10{,}000}{u},$$

qui, pour $u = 40{,}000$, donne $n_2 = 2{,}695$ au lieu de 2,535 conformément au tableau II, page 262.

Nous verrons plus loin [1] que le prix de revient de transport de la tonne brute, correspondant à ces trois formules est de 0 fr. 20, pour un trafic nul ($u = o$).

La détermination des constantes γ, α, et φ de l'hyperbole (for. 3) demande la connaissance de trois valeurs corrélatives de la dépense kilométrique d et de la fréquentation u. Toutefois le coefficient angulaire $\varphi = \frac{\alpha_1}{\beta_1}$ de son asymptote résulte directement et avec une exactitude suffisante des tableaux III et IV, pages 264 et 266 ; on peut écrire :

$$\varphi = \frac{d_1 - d_0}{u_1 - u_0} = \frac{2{,}427 \times 1748 - 2{,}845 \times 636}{1112} = 0{,}0224,$$

soit par excès 0,233 ; dès lors pour deux systèmes de valeurs d, u et d_1, u_1 on a :

$$\gamma = \frac{d + d_1}{2} - \frac{\varphi^2 (u_1^2 - u^2)}{2 \ (d_1 - d)};$$

appliquant aux lettres les valeurs du tableau I, page 260, savoir :

Réseau d'intérêt général	$d_1 =$ 17,700 fr.	avec	$u_1 =$	612,000.
Et réseau de l'Etat.... .	— 9,880	—		272,400.

(1) Voir n° 130, p. 215.

on trouve : $\gamma = 13.790 - \frac{541 \times 30.034}{1564} = 3.400$

l'équation (2) donne :

$$\alpha = \sqrt{(d-\gamma)^2 - \alpha^2 u^2} = \sqrt{14.300^2 - 14.225.^2} = \sqrt{1.960.000} = 1400,$$

et finalement la dépense d a pour expression :

$$(7)\ d = 3.400 + \sqrt{1.400^2 + 0,0233.u^2} = 3.400 + \sqrt{1.960.000 + 0,000541.u^2},$$

avec asymptotes : $Y = 3.400 + 0,0233\ u$

Dès lors, on a par divisions :

$$(8) \qquad d_1 = \frac{D}{U} = \frac{3.400}{u} + \sqrt{0,000541 + \frac{1.960.000}{u^2}}.$$

avec asymptotes : $X = o$ et $Y = \varphi = 0$ fr. 0233.

$$(9) \qquad \text{et } \pi = \frac{D}{N} = \frac{d}{n} = \frac{3.400 + \sqrt{1.960.000 + 0,000.541.u^2}}{24.000 + 2,445.u},$$

avec asymptotes : $X = -\frac{\beta}{\alpha} = -\frac{24.000}{2,445} = -9800$ unités,

et $Y = \frac{\beta}{\varphi} = \frac{0,0233}{2,445} = 0$ fr. 0094.

123. — *Grandes Compagnies.* — Appliquées aux six grandes compagnies, ces formules donnent les résultats résumés au tableau ci-contre, en regard desquels sont rappelés les chiffres effectifs de la statistique officielle. — Ainsi étant donné les circonstances essentiellement variables qui influent sur les prix de revient et le caractère empirique des formules, l'accord est aussi satisfaisant que le comporte la nature de la question et comme conséquence l'allure générale des courbes traduisant graphiquement ces formules, répond bien aux lois suivant lesquelles varient l'utilisation du matériel, le prix de l'unité de trafic, et celui de la tonne brute.

DÉSIGNATION des LIGNES	FRÉQUENTATION KILOMÉTRIQ. $u = \frac{U}{L}$	PARCOURS MOYEN	TONNAGE BRUT par UNITÉ DE TRAFIC (n_1)		DÉPENSES par KILOMÈTRE (d)		PRIX DE REVIENT de L'UNITÉ DE TRAFIC (d_1)		PRIX DE REVIENT de LA TONNE BRUTE (π)	
			Effectifs	Formule 6	Effectifs	Formule 7	Effectifs	Formule 8	Effectifs	Formule 9
		kil.	t.	t.	fr.	fr.	c.	c.	c.	c.
Nord.	917.000	63	2,417	2,471	21.849	24.770	2,381	2,701	0,985	1,093
Est.	569.000	46	2,602	2,437	17.077	16.710	3,156	2,935	1,172	1,177
Ouest.	571.000	35	2,271	2,487	17.735	16.750	3,092	2,933	1,361	1,176
P. O.	501.000	83	2,466	2,493	16.086	15.140	3,196	2,988	1,300	1,201
P.-L.-M.	708.000	89	2,004	2,479	17.955	19.710	2,546	2,778	0,977	1,110
Midi.	536.000	77	2,260	2,490	18.402	15.940	3,404	2,974	1,506	1,202
Ensemble.	636.000	65	2,486	2,483	18.100	18.200	2,845	2,872	1,144	1,152
État. (Unités réduites).	267.000	52	2,648	2,534	9.987	9.770	3,700	3,660	1,375	1,446

NOTA : Voir tableau n° III, page 204.

— Parmi les grandes compagnies, ce sont celles du Nord et de P.L.M. dont les exploitations sont relativement le moins coûteuses ; et comme l'utilisation du matériel est régulière, c'est à l'économie générale des services que ce résultat doit être attribué. La compagnie du Midi, serait au contraire celle dont les frais d'exploitation seraient relativement les plus élevés soit :

$$3,404 - 2,974 = 0^{c},43.$$

— Quant à l'utilisation du matériel, si les compagnies de l'Ouest et du Midi semblent réaliser une réduction notable du poids mort dans leurs transports, cela tient en grande partie à la fréquentation relativement plus importante des voyageurs ; nous verrons plus loin lorsque nous distinguerons les unités de trafic en voyageurs et en marchandises, que le poids brut moyen en circulation est de $2^{t},499$ pour les voyageurs et de $3^{t},128$ pour les marchandises. Cet écart modifie les résultats moyens, seuls considérés dans les formules précédentes, lorsque la proportion des deux unités, voyageurs et marchandises, change d'une ligne à l'autre.

— D'après la formule (6) le poids brut en circulation par unité de trafic, y compris cette unité, serait en moyenne sur l'ensemble des lignes principales de 2 tonnes 483 avec $u = 636,000$; ce résultat est absolument d'accord avec le chiffre effectif $2^{t},486$.

La formule (7) montre que les dépenses kilométriques indépendantes des trafic s'élèvent à 4800 francs, ce qui constitue pour le réseau d'intérêt général les $\frac{4.800}{17.700} = \frac{3,7}{1}$ environ de la dépense totale. Ce rapport d'ailleurs diminue avec le trafic ; ainsi pour le réseau du nord, $n = 917.000$, il descend à $\frac{4.800}{24.770}$, soit $\frac{1}{5}$.

A la vérité, on relèverait sur le réseau des compagnies principales un certain nombre de lignes dont les dépenses d'exploitation descendent à des prix inférieurs à la limite 4.800 fr. ci-dessus indiquée, notamment :

NORD	Compiègne à Roye.........	36 kil.	3,361 fr.
EST	Recey à Langres...........	41	4,242
OUEST	Evreux à Loupe............	28	4,883
PARIS-ORLÉANS..	Poitiers au Blanc...........	39	3,989
P.-L.-M........	Uzès à Nozières............	21	5,200
MIDI..........	Mont-de-Marsan à Roquefort	24	5,623
	Ensemble..........	189 kil.	4,549 fr.

Toutefois il conviendrait de savoir si les répartitions faites à la statisque de 1886 affectent bien ces différentes lignes de la valeur moyenne et intégrale, des frais généraux, du renouvellement de la voie, etc.

— La courbure de l'hyperbole (*d*) est à peine prononcée, d'où il résulte que pour les grandes valeurs de u, on peut sans inconvénient confondre l'hyperbole d avec son asymptote $Y = 3400 + 0{,}023\,u$; mais sur les lignes peu productives, cette simplification conduirait à des chiffres sensiblement trop faibles.

— En ce qui concerne le réseau de l'Etat, nous observerons que, par suite des tarifs réduits, les unités-accessoires du tableau I, page 260, sont relativement estimées à un chiffre trop élevé ; elles doivent être diminuées de ce fait de 15.000.000, environ.

Cette rectification ramène le nombre des unités kilométriques à 267.000 environ et conduit aux résultats inscrits à la dernière ligne du tableau précédent.

124. *Artères principales des grandes compagnies.* — Appliquées aux artères principales des grandes compagnies, les formules (7), (8) et (9) donnent les résultats suivants :

Encore ici, la concordance est satisfaisante entre les résultats effectifs et les chiffres calculés, bien que

DÉSIGNATION des LIGNES	LONGUEUR EXPLOITÉE L.	FRÉQUENTATION KILOMÉTRIQUE $u = \frac{U}{L}$	TONNAGE BRUT par unité $n_2 = \frac{n}{u}$ For. 6	DÉPENSES KILOMÉTR. d'exploitation (d) Effec.	For. 7	PRIX DE REVIENT par unité $d_2 = \frac{d}{u}$ Effec.	For. 8	PRIX DE REVIENT p. tonne brute $\pi = \frac{d_2}{n_2}$ Form. 9
	kil.	u.	tonnes.	fr.	fr.	c.	c.	c.
Nord.	1.248	1.742.000	2,459	42.594	43.940	2,445	2,523	1,025
Est.	410	1.745.000	2,458	46.841	44 010	2,690	2,522	1,025
Ouest.	917	1.306.000	2,463	33.294	33.820	2,545	2,590	1,053
P. O.	586	1.579 000	2,460	40.423	40.150	2,560	2,543	1,033
P. L. M.	1.115	2.356.000	2,455	48.751	58.220	2,069	2,471	1,004
Midi.	483	1.412.000	2,462	33.060	36.270	2,605	2,562	1,041
Ensemble..	4.759	1.748.000	2,459	42.440	44.080	2,427	2,522	1,025

OBSERVATION. — Voir le tableau IV, page 266.

la fréquentation s'élève au triple de la fréquentation moyenne.

— Pour la compagnie de P.L.M. seule, les résultats ne sont pas concordants ; sans doute on trouverait dans la variation des charges et dans le mode d'imputation de certaines dépenses la justification d'une partie de l'écart, mais il resterait toujours une différence sensible entre les résultats effectifs et les chiffres calculés ; comme le fait est spécial à la compagnie de P.L.M. il faut en conclure que les qualités de l'exploitation déjà signalées pour l'ensemble du réseau s'affirment sur les lignes-mères Paris, Marseille, Toulon et la frontière italienne.

— La constance relative du prix de revient de la tonne brute met en évidence l'intérêt déjà signalé d'augmenter autant que possible, la proportion du poids utile dans la tonne brute transportée.

125. *Lignes secondaires.* — Appliquées aux lignes dites au compte de l'exploitation partielle, les formules (7), (8) et (9) donnent les résultats suivant :

DÉSIGNATION des RÉSEAUX	LONGUEUR EXPLOITÉE L.	FRÉQUENTATION KILOMÉTRIQUE $u = \frac{U}{L}$	TONNAGE BRUT par unité $n_2 = \frac{n}{u}$ For. 6	DÉPENSES KILOMÉTR. d'exploitation (d) Effect.	For. 7	PRIX DE REVIENT par unité $d_1 = \frac{d}{u}$ Effect.	For. 8	PRIX DE REVIENT p. tonne brute $\pi = \frac{d_2}{n_2}$ For. 9
	kil.	u.	tonnes	fr.	fr.	c.	c.	c.
Nord.	»	»	»	»	»	»	»	»
Est	646	130.000	2,629	7.116	6.733	5,47	5,179	1,977
Ouest.	570	118.000	2,648	8.071	6.481	6,84	5,492	2,087
P. O.	583	75.090	2,765	5.442	5.537	7,21	7,382	2,692
P. L. M.	2.139	158.000	2,507	8 200	7.333	5,19	4,641	1,792
Midi.	108	52.000	2,9.6	6.732	5.251	12,94	10,100	3,472
Ensemble..	4.056	132.000	2,627	7 520	6.774	5,70	5,129	1,958

OBSERVATION. — Voir le tableau V, page 266.

Ainsi, la concordance s'établit par défaut des chiffres calculés sur les chiffres effectifs ; cependant l'accord se maintient pour la compagnie du Nord et celle d'Orléans. Aussi est-il permis de penser que, sur les autres réseaux l'exploitation partielle ne se fait pas dans des conditions suffisamment appropriées à la fréquentation très modique des lignes secondaires. A considérer la compagnie d'Orléans, dont les dépenses rentrent exactement dans les formules, bien qu'elle soit la moins bien partagée au point de vue de la fréquentation, il serait possible d'obtenir de sérieuses réductions de dépenses sur les autres compagnies, notamment sur l'Ouest et le Midi.

126. — *Résumé.* — En résumé les formules 7, 8 et 9, pour les lignes très productives, comme pour celles de moyenne et faible circulation, reproduisent bien les moyennes qui se dégagent des tableaux statistiques.

Ajoutons que dans ces résultats le parcours moyen de l'unité n'a qu'une influence très effacée.

127. Réseau d'intérêt local. — *Formules générales.* Le réseau d'intérêt local comprend des lignes à voie normale et des lignes à voie étroite (1). Bien que cette distinction soit faite dans les documents officiels, les résultats statistiques sont présentés en bloc et sans tenir compte des largeurs de voie. Au point de vue qui nous occupe — dépenses et recettes — la division devient nécessaire : elle est établie au tableau II, page 262.

D'une façon générale, les lignes d'intérêt local sont exploitées dans des conditions plus économiques que les lignes d'intérêt général ; les dépenses d'installation sont proportionnées aux besoins à desservir ; les trains sont moins nombreux et plus légers ; les installations plus modestes ; le personnel plus restreint ; en un mot les dépenses indépendantes du trafic, sont aussi réduites que possible.

Quant aux dépenses dépendantes du trafic, elles ne sauraient guère être modifiées ; aucune raison ne permet de penser qu'à égalité de largeur de voie, le transport d'une unité de trafic supplémentaire serait moins coûteux sur les lignes d'intérêt local que sur les lignes d'intérêt général ; l'inverse même serait plus rationnel.

Au surplus la relation $\varphi = \pi x$ (2) établit que le coefficient φ est égal au produit de l'utilisation-limite du matériel x, par le prix-limite du transport de la tonne brute ; et comme par nature ces deux facteurs se maintiennent constants ou à peu près constants d'une exploitation à l'autre, on en déduit : $\varphi =$ constante.

(1) La largeur de la voie étroite entre les bords intér. de rails est de 1 m.
(2) Voir page 200.

Ces considérations permettent de conclure que les courbes des dépenses du réseau d'intérêt local, non seulement auront la même allure que celles du réseau d'intérêt général, mais encore que leurs asymptotes seront parallèles, ainsi nous écrirons :

$$d' = \gamma' + \sqrt{\alpha'^2_1 + \varphi^2 u^2} \tag{10}$$

avec les relations d'économie :

$$\gamma' = \mu\gamma \quad \text{et} \quad \alpha'_1 = \mu\alpha_1 \tag{11}$$

d'où l'on déduit :

$$\mu = \frac{d'\gamma - \sqrt{\overline{d'\gamma}^2 - (\gamma^2 - \alpha^2_1)(d'^2 - \varphi^2 u^2)}}{\gamma^2 - \alpha_1^2} \tag{12}$$

128. *Réseau à voie normale.* — Conformément au tableau II, page 262, la longueur du réseau d'intérêt local à voie normale, dans l'exercice 1886, était de 1.482 kil. moyennement exploités, la fréquentation par kilomètre de 82.700 unités, et la dépense kilométrique moyenne de 5,146 fr. Ces chiffres effectifs portés dans la formule (12), en conservant aux lettres φ, γ et α_1 leurs valeurs précédentes, donnent :

$$\mu = \frac{1750 - \sqrt{87.17.80}}{960} = \frac{816}{960} = 0,85,$$

d'où

$$\begin{aligned}
\alpha'_1 &= 0,85\ \alpha_1 = 0,85 \times 1.400\ldots = 1190 \\
\gamma' &= 0,85\ \gamma = 0,85 \times 3.400\ldots = 2890 \\
&\qquad\qquad \alpha'_1 + \gamma' = \text{——}\ 4080;
\end{aligned}$$

et finalement :

$$d' = 2890 + \sqrt{1190 + 0,0233.u^2} = 2890 + \sqrt{1.41.61.00 + 0,000541u^2} \tag{13}$$

D'autre part, d'après ce que nous avons déjà dit,

l'utilisation du matériel est bien représentée par la relation :

$$(14) \qquad n_2 = \qquad + \frac{18350}{u} \text{ (1)}.$$

Appliquées aux lignes de grand parcours et à l'ensemble du réseau d'intérêt local à voie normale les formules 13 et 14 donnent les résultats suivants :

DÉSIGNATION des RÉSEAUX	LONGUEUR EXPLOITÉE L	FRÉQUENTATION KILOMÉTRIQUE $u = \frac{U}{L}$	TONNAGE BRUT par unité $n_2 = \frac{n}{u}$ For. 14	DÉPENSES KILOMÉTR. d'exploitation (d) Effect.	DÉPENSES KILOMÉTR. d'exploitation (d) For. 13	PRIX DE REVIENT par unité $d_1 = \frac{d}{u}$ Effect.	PRIX DE REVIENT par unité $d_1 = \frac{d}{u}$ Calcul.	PRIX DE REVIENT p. tonne brute $\pi = \frac{d_2}{u_2}$
	k.	u.	t.	fr.	fr.	c.	c.	c.
Orléans-Chalons	237	118.300	2,600	6.409	5.890	5,42	4,98	1,91
Hérault	116	118.000	2,600	5.713	5.880	4,84	4,98	1,91
Chemins de l'Orne	66	54.500	2,731	4.785	4.640	8,78	8,51	3,06
Soc. économiq.	217	27.600	3,110	3.785	4.240	13,71	15,36	4,94
Ensemble du réseau....	1.482	82.700	2,666	5.146	5.150	6,22	6,22	2,33

Observations. — Voir le tableau VI, page 266.

La concordance entre les dépenses calculées et les dépenses effectives est encore satisfaisante. Sans doute on relèverait des écarts plus importants sur d'autres lignes, mais il y aurait lieu de tenir compte des conditions dans lesquelles elles se raccordent avec les lignes voisines, de la quote-part des frais généraux qui pèsent sur elles, et des dépenses de réfection. Ainsi nous pensons, qu'avec les soins que comporte la grave question de l'exploitation économique des lignes secondaires, les dépenses devront osciller dans d'étroites limites autour des chiffres que donne la formule 13.

(1) Voir page 203.

On voit quel taux élevé — non compris les péages — atteignent les prix de transports par voie ferrée sur les lignes improductives; c'est la justification de l'élévation des taxes pour la plupart de ces lignes — en moyenne 5 ,37 pour les voyageurs, et $10^c,99$ pour les marchandises. Encore à notre avis ces taxes ne sont-elles pas assez fortes puisqu'elles ne permettent pas de rémunérer les capitaux engagés sans appel à la garantie d'intérêt (1).

La formule (14) montre que les dépenses kilométriques indépendantes du trafic s'élèvent à 4080 francs, ce qui constitue pour le réseau d'intérêt local à voie normale les $\frac{4080}{5150}$, soit les $\frac{10}{12}$ de la dépense totale.

129. *Réseau à voie étroite.* — Si, descendant l'échelle des réductions de dépenses, on passe de la voie normale à la voie étroite, les frais d'établissement et d'exploitation atteignent encore des limites plus basses. Cependant, comme dans la détermination de toute moyenne, nous devons éliminer certains chiffres, qui tiennent de circonstances spéciales une majoration anormale ou provisoire ; ainsi laissant en dehors la Société économique et la compagnie de chemins de fer départementaux, nous résumons le tableau VII, page 268, comme suit :

$$U = 12.560 - 2.000.000 = 10.560.000 \text{ unités,}$$

$$L = 378 - 113 = 265 \text{ kilomètres,}$$

$$u = \frac{U}{L} = \frac{10.560.000}{265}, \text{ soit } 40.000 \text{ unités par kilomètre,}$$

$$N = 39.382.100 - 12.621.440, \text{ soit } 26.760.000 \text{ tonnes brutes,}$$

$$\frac{N}{U} = \frac{26.760}{10.560} = 2{,}535 \text{ tonnes par unité de trafic,}$$

$$D = 1.296.692 - 558.764 = 737.928 \text{ fr.,}$$

$$\text{et} \quad d = \frac{D}{L} = \frac{737.925}{265} = 2.780 \text{ fr. par kilomètre.}$$

(1) Voir Chap. VI : Conclusions.

Dès lors la formule (12) donne :

$$\mu = \frac{893 - \sqrt{23.16.43}}{960} = \frac{464}{960} = 0{,}47,$$

d'où :

$$\alpha''_1 = 0{,}47 \times 1400, \quad \text{soit} \quad 660$$
$$\gamma'' = 0{,}47 \times 1600, \quad \text{soit} \quad 1600$$
$$\alpha_1'' + \gamma'' = \text{———} \quad 2.260 \,;$$

et finalement :

$$(15) \quad d'' = 1600 + \sqrt{660^2 + 0{,}02326.\, u^2} = 1600 + \sqrt{43.56.00 + 0{,}000541.\, u^2}$$

Quant à l'utilisation du matériel, on a, comme il a déjà été dit ci-dessus :

$$(16) \qquad n_1 = 2.445 + \frac{10.000}{n} \text{ (1)}.$$

Appliquées aux lignes de plus longs parcours et à l'ensemble du réseau d'intérêt local à voie étroite les formules (15) et (16) donnent les résultats suivants :

DÉSIGNATION des RÉSEAUX	LONGUEUR EXPLOITÉE L	FRÉQUENTATION KILOMÉTRIQUE $u = \frac{U}{L}$	TONNAGE BRUT par unité $n_2 = \frac{n}{u}$		DÉPENSES KILOMÉTR. d'exploit. (d)		PRIX DE REVIENT par unité $d_2 = \frac{d}{u}$		PRIX DE REVIENT p. tonne brute $\pi = \frac{d_2}{n_2}$	
			Effec.	For. 16	Effec.	For. 15	Effec.	Calcu.	Effec.	Calcu.
	k.		t.	t.	fr.	fr.	c.	c.	c.	c.
LE MANS AU Gd LUCÉ	31	63.900	1,275	2,611	2.714	3.250	4,24	5,08	3,33	1,94
ANVIN A CALAIS	94	40.500	2,801	2,692	2.074	2.770	6,59	6,84	2,35	2,53
CHEMINS DE LA MEUSE	61	23.700	2,323	2,877	2.421	2.480	10,18	10,46	4,38	3,63
Ensemble du réseau	2[illegible]5	40.000	2,535	2,695	2.789	2.730	6,95	6,83	2,73	2,53

OBSERVATION. — Voir le tableau VII, page 268.

La concordance entre les chiffres calculés et les chiffres effectifs est satisfaisante en moyenne. L'écart présenté

(1) Voir page 203.

par la ligne du Mans au Grand-Lucé semble principalement provenir de la légèreté du matériel et par suite de la réduction notable du poids mort ; l'unité de trafic correspond en effet à $1^t,275$, tandis que le chiffre moyen serait $2^t,535$. Cette observation confirme ce que nous avons dit sur l'utilisation du matériel. Toutefois la circulaire ministérielle du 12 janvier 1888, insistant sur l'adoption d'une largeur de voie unique, tend également à établir dans l'avenir une grande uniformité dans le matériel. La situation de la ligne du Mans au Grand-Lucé est donc particulière et ne peut être citée comme exemple.

La formule (16) montre que les dépenses kilométriques indépendantes du trafic s'élèvent à 2.260 francs, ce qui représente environ les $\frac{2260}{2780}$, soit les $\frac{10}{12}$ de la dépense totale comme ci-dessus.

120. Observations générales. — L'examen des statistiques montre que depuis 1883, les efforts faits par les compagnies, en raison du grand nombre de lignes à faible trafic ajoutées à leur réseau, et de la baisse des recettes, ont eu pour résultat de diminuer progressivement leurs dépenses d'exploitation. Le tableau de la page 230 indique notamment, pour la période 1876-1886, que les dépenses par train et par kilomètre sont descendues, sur le réseau d'intérêt général, de 2 fr. 92 à 2 fr. 54 ; plus spécialement, le coefficient d'exploitation, qui, toutes choses égales d'ailleurs, mesure l'économie des services, a varié comme suit :

Lignes d'intérêt général.......	Ex. 1886....	53,1	Ex 1888....	51,30
Réseau de l'Etat.............	id.	80,4	— 1889....	76,54
Lignes d'intérêt local (Ens.)....	id.	89,5	— 1888....	87,10
— voie étroite.	id.	87,8	— 1888....	80,90

en moyenne 5 0/0 de réduction. Il est donc permis de

croire que les économies sur les chiffres d'après lesquels sont établies les formules précédentes, atteignent déjà ou pourront atteindre 10 %, en conséquence, nous pensons qu'il y a lieu :

— Pour le réseau d'intérêt général, de maintenir les dépenses initiales et de réduire les dépenses de grand trafic en ouvrant la branche de l'hyperbole, par l'inclinaison de son asymptote sur l'horizon, soit :

$$(17) \qquad d = 3400 + \sqrt{1400^2 + 0{,}021.u^2} = 3400 + \sqrt{1.960.000 + 0{,}00044.u^2}$$

— Pour le réseau d'intérêt local, de faire porter les réductions sur les termes indépendants et dépendants du trafic, savoir :

pour les chemins d'intérêt local à voie étroite :

$$(18) \qquad d' = 2600 + \sqrt{1070^2 + 0{,}021u^2} = 2600 + \sqrt{1.144.000 + 0{,}00044u^2}$$

et pour les chemins d'intérêt local à voie étroite :

$$(19) \qquad d'' = 1500 + \sqrt{500^2 + 0{,}021.u^2} = 1500 + \sqrt{25.00.00 + 0{,}00044.u^2}$$

Nous terminerons ce paragraphe par le tableau ci-contre qui résume et permet de comparer les applications de ces dernières formules aux trois réseaux considérés.

— D'après les principes mêmes qui ont servi à les établir, ces résultats doivent être surtout considérés dans leur ensemble. A ce point de vue, ils donnent lieu aux observations suivantes :

— Les chemins de fer à voie normale sont un instrument de transport relativement cher : notamment jusqu'à 100,000 unités annuelles, soit 5,000 fr. environ de recette et au moins trois trains par jour dans chaque sens, le prix de revient moyen par unité de trafic — non com-

FRÉQUENTATION KILOMÉTRIQUE u	DÉPENSES KILOMÉTRIQUES (d) (Form. 17, 18 et 19).			DÉPENSES PAR UNITÉ ET PAR KILOMÈTRE $d_1 = \frac{d}{u}$			TONNAGE BRUT PAR UNITÉ DE TRAFIC (n_1) (Form. 6, 14 et 16).			DÉPENSES PAR TONNE BRUTE ET PAR KIL. $\pi = \frac{d}{n} = \frac{d_1}{n_1}$		
	Intérêt général Form. 17	Intérêt local		Intérêt général	Intérêt local		Intérêt général	Intérêt local		Intérêt général	Intérêt local	
		Voie normale	Voie étroite		Voie normale	Voie étroite		Voie normale	Voie étroite		Voie normale	Voie étroite
Unités	fr.	fr.	fr.	c.	c.	c.	t.	t.	t.	t.	c.	c.
0	4.800	3.670	2.000	∞	∞	∞	∞	∞	∞	20,000	20,000	20,000
20.000	4.860	3.744	2.150	24,30	18,72	10,75	3,645	3,362	2,943	6,676	5,571	3,656
40.000	5.030	3.957	2.470	12,57	9,89	6,12	3,045	2,903	2,605	4,145	3,411	2,276
60.000	5.280	4.250	2.850	8,80	7,08	4,41	2,845	2,780	2,632	3,099	2,538	1,677
80.000	5.580	4.587	3.250	6,97	5,73	4,01	2,745	2,674	2,570	2,543	2,146	1,561
100.000	5.920	4.953	3.650	5,92	4,95	3,65	2,685	2,629	2,545	2,209	1,882	1,437
150.000	6.840	5.924	4.680	4,56	3,95	3,12	2,625	2,582	2,520	1,741	1,531	1,238
200.000	7.880	6.929	5.720	3,92	3,46	2,86	2,565	2,537	2,495	1,532	1,362	1,149
250.000	8.820	7.952	6.760	3,52	3,18	2,70	2,541	2,518	2,485	1,386	1,262	1,088
500.000	13.980	13.140	12.000	2,79	2,63	2,40	2,493	2,481	2,465	1,120	1,056	0,976
1.000.000	24.430	23.610	»	2,44	2,36	»	2,469	2,463	»	0,988	0,968	»
2.000.000	45.380	44,570	»	2,27	2,23	»	2,457	2,454	»	0,925	0,910	»
3.000.000	66.350	65.500	»	2,21	2,18	»	2,453	2,451	»	0,902	0,890	»

pris péage — varie de 24°30 à 5°92. Le coût moyen des transports par route est de 25°00 par tonne et par kilomètre.

— Dans les mêmes conditions, sur les lignes à voie étroite, le prix de revient eût varié de 10°75 à 3°65.

— Le rapport entre les prix de revient, sur voie normale et sur voie étroite, est d'autant plus faible que les lignes sont plus fréquentées. Ainsi, avec un trafic de 500.000 unités, soit 25.000 fr. de recette et au moins 9 trains dans chaque sens, l'écart des dépenses par unité de trafic se réduirait à 0°4. Encore convient-il d'observer que les agrandissements nécessaires du réseau à voie étroite rétabliraient l'équilibre avant cette limite, par l'addition de dépenses complémentaires au compte de premier établissement.

— Sur les lignes à grand trafic, la voie ferrée à largeur normale est, au contraire, susceptible de fournir des trains à des prix extrêmement réduits; ainsi, le coût moyen descend à 2°21 pour une fréquentation de 3 millions d'unités, et il s'abaisse encore au-dessous de cette limite lorsqu'on tire le maximum d'effet utile du personnel et du matériel.

121. Dépenses d'exploitation d'après les recettes brutes. — Jusqu'à présent, nous avons pris pour unité le mouvement en voyageurs et en marchandises. Cependant, bien que la recette dépende essentiellement des tarifs en vigueur, on se sert journellement de formules donnant directement la relation des dépenses aux recettes d'exploitation.

Nous sommes ainsi conduits à transformer la formule (3) en y introduisant comme nouvelles variables, la recette brute kilométrique r, et la recette moyenne par unité de trafic, r_1.

Rapprochant les expressions générales :

$$d=\gamma+\sqrt{\alpha_1^2+\varphi^2 u^2} \quad \text{et} \quad r=r_2 . u.$$

on obtient la relation cherchée :

$$d=\gamma+\sqrt{\alpha_1^2+\left(\frac{\varphi}{r_2}\right)^2 r^2}. \tag{20}$$

Les valeurs moyennes r_2 s'établissent, d'après les documents statistiques, conformément au tableau suivant :

DÉSIGNATION des LIGNES (Ex. 1888)	NOMBRE D'UNITÉS de trafic. Voy. et march. (U)	RECETTES Voy. et march. (R)	PRODUIT par unité (r_2)	RAPPORT $\frac{\varphi}{r_2}$	COEFFICIENT $\left(\frac{\varphi}{r_2}\right)^2$	OBSERVATIONS
1° INTÉRÊT GÉN.	fr.	fr.	c.	c.	c.	
Nord	3.246.203.460	152.150.189	4,69	0,448	0,2007	Intérêt général $\gamma=3.400$
Est	2.330.494.374	112.160.745	4,81	0,437	0,1910	$\alpha_1=1.400$
Ouest	2.158.915.230	114.019.523	5,28	0,398	0,1584	$\varphi=0.021$
P. O.	2.440.737.157	135.492.418	5,55	0,378	0,1428	Intérêt local V. N. $\gamma=2.600$
P. L. M.	5.298.652.170	281.143.952	5,30	0,396	0,1568	$\alpha_1=1\ 070$
Midi	1.276.162.434	75.101.454	5,88	0.357	0,1274	$\varphi=0.021$
Lignes second.	358.979.497	20.457.995	5,68	0,369	0,1361	V. E. $\gamma=1.500$
Réseau de l'Etat.	644.318.761	27.731.829	4,30	0,488	0,2381	$\alpha_1=500$
Totaux génér.	17.754.462.892	918.258.105	(1) 5,185	0,405	0,1640	$\varphi=0.021$
2° Intérêt local.						
Voie normale	126.000.812	9.416.299	7,47	0,281	0,0789	(1) Produit moyen d'un voyageur 4,48 ; d'une tonne 5,66.
Voie étroite	16.908.831	1.233.570	7,34	0,286	0,0817	
Totaux génér.	142.909.643	10.649.869	7,44	0,282	0,0795	

Ainsi l'on a :

INT. GÉNÉRAL.............. $d = 3{,}400 + \sqrt{1.960.000 + 0{,}164 . r^2}$

INTÉRÊT LOCAL Voie normale. $d = 2.600 + \sqrt{1.144.900 + 0{,}079 . r^2}$

INTÉRÊT LOCAL Voie étroite.. $d = 1.500 + \sqrt{250.000 + 0{,}082 . r^2}$

Après les vérifications déjà faites de la formule des

dépenses kilométriques, il devient inutile d'étendre les applications de la formule (20) et de ses coefficients ; nous limiterons les calculs justificatifs au réseau de l'État, Ex. 1889, pour lequel on a : $r = 13.386$ francs et $d = 10.236$ francs. Dans ces conditions la formule (20) donne :

$$d = 3.400 + \sqrt{1.96.00.00 + 0{,}2381 \times \overline{13.386}^2} = 3.400 + 6.680 = 10.080 \text{ f.}$$

avec une différence de 156 francs seulement sur les dépenses réellement faites, soit 1,5 p. cent.

Lorsque, par suite du développement du trafic, la constante α_1 est devenue négligeable devant le terme $\frac{\varphi r}{r_1}$, l'expression (20) se rapproche de la formule linéaire :

$$d = \gamma + \frac{\varphi r}{r_1}. \tag{21}$$

qui se compare comme suit avec les formules actuellement admises :

		Form. 21		Form. admises.
INT. GÉNÉR.		$d = 3400 + 0{,}405.r$	au lieu de	$4500 + 0{,}40.r.$
INT. LOCAL	Voie normale	$d = 2600 + 0{,}281.r$	id.	$2300 + 0{,}38.r.$
	Voie étroite.	$d = 1500 + 0{,}286.r$	id.	$1800 + 0{,}30.r$

Dès 1882, l'album graphique de statistique dressé par le Ministre des travaux publics contient une planche qui traduit graphiquement les recettes et les dépenses d'exploitation d'un certain nombre de lignes d'intérêt local, mesurant ensemble 6,630 kilomètres. Les recettes brutes sont portées en abcisses et les dépenses d'exploitation en ordonnées ; en dernière analyse, les résultats moyens sont exprimées par la relation :

$$d = 1{,}800 + 0{,}48\ r$$

Cette formule s'identifie à la précédente pour $r = 5.000$ francs, et doit être considérée comme équivalente dans une matière qui comporte de si nombreuses et si larges anomalies.

132. Coefficients d'exploitation. — Nous avons déjà dit qu'on désignait sous ce nom le rapport des dépenses d'exploitation à leurs recettes ; ainsi nous écrirons, d'après ce qui précède :

$$K = \frac{D}{R} = \frac{d}{r} = \frac{\gamma}{r} + \sqrt{\left(\frac{\alpha_1}{r}\right)^2 + \left(\frac{\varphi}{r_2}\right)^2}. \tag{22}$$

Cette formule pourra servir de mesure aux qualités de l'exploitation, lorsque le trafic restera composé des mêmes éléments, parce qu'elle tient compte, dans les limites de la question, de l'importance du trafic et des différences de tarifs. Sa forme hyperbolique montre que, toutes choses égales d'ailleurs, le coefficient d'exploitation est d'autant plus élevé que la recette est plus faible.

Lorsqu'on ne disposera pas de données spéciales commandant l'usage d'une formule d'exploitation particulière, on pourra également recourir à la formule 22 qui facilitera l'application des articles 13 et 15 de la loi du 11 juin 1880.

Voici d'après les données officielles de 1888 et d'après les constantes du tableau précédent, quelles seraient les valeurs des coefficients effectifs d'exploitation, et ceux résultant de la formule K :

DÉSIGNATION des LIGNES (Ex. 1888.)	LONGUEUR moy. expl.	RECETTES D'EXPLOITATION. R.	DÉPENSES D'EXPLOITATION. D.	COEFFICIENTS D'EXPLOITATION		OBSERVATIONS
				Effec.	For. 22	
	k.	fr.	fr.			fr.
RÉSEAU D'INT. GÉNÉRAL.	32.123	1.080.655.303	567.824.565	0,524	0,508	r. = 33.637
RÉSEAU DE L'ÉTAT.	2.507	34.209.989	26.583.229	0,777	0,756	r. = 13.172
RÉSEAU D'INTÉRÊT LOCAL.	2.330	11.925.874	10.550.076	0,885	0,831	r. = 5.118

Nous complèterons ces renseignements par le tableau ci-contre des dépenses et des coefficients d'exploitation, d'après les formules et d'après les documents publiés par les compagnies et administrations de chemins de fer pour l'exercice 1886, c'est-à-dire avant les économies d'exploitation réalisées dans ces dernières années.

132. Dépenses d'exploitation d'après le nombre de trains journaliers. — Le nombre des unités de trafic par train a varié d'après les documents officiels de 1886, tableaux I et II, , pages 260 et 262, savoir :

INT. GÉNÉRAL		$u_1 = 87{,}8$	soit 88 unités
INTÉRÊT LOCAL	Voie normale........	$= 30{,}4$	soit 31 —
	Voie étroite.........	$= 13{,}6$	soit 14 —

Dès lors en désignant par τ, le nombre de trains journaliers dans les deux sens, les dépenses kilométriques s'écriront :

$$d = \gamma + \sqrt{\alpha^2_1 + 365 \rho u_1 \tau^2}\ ; \text{ soit :} \tag{23}$$

(24) INT. GÉNÉR............. $d = 3400 + \sqrt{1.96.00.00 + 45.30.00\,\tau^2}$

(25) INT. LOCAL, Voie normale. $d = 2600 + \sqrt{1.14.49.00 + 56.400\,\tau^2}$

(26) INT. LOCAL, Voie étroite.. $d = 1500 + \sqrt{25.00.00 + 1.44.00\tau^2}$

Appliquée au réseau d'intérêt général, pour cinq trains journaliers dans chaque sens, $\tau = 10$, la formule 24 donne :

$$d = 3400 + \sqrt{1.96.00.00 + 45.30.00.00} = 3400 + 4.710 = 8.110 \text{ fr.}$$

Dans le cours de chemins de fer professé à l'Ecole Nationale des Ponts et Chaussées, M. Sevène estime ces mêmes dépenses à 8000 fr., et M. Jacqmin indique 8500 fr. d'après l'expérience de divers chemins exploités par la Compagnie de l'Est en Alsace et en Lorraine.

MONTANT des RECETTES	CHEMINS DE FER D'INTÉRÊT GÉNÉRAL									CHEMINS DE FER D'INTÉRÊT LOCAL					
	COEFFICIENTS EFFECTIFS D'EXPLOITATION							Coefficients calculés	Dépenses calculées	A VOIE NORMALE			A VOIE ÉTROITE		
										Coeffic. d'exploit.		Dépenses calcul.	Coeffic. d'exploit.		Dépenses calcul.
	Nord	Est	Ouest	P. O.	P. L. M.	Midi	Moyen.			Effectif	Calculé		Effectif	Calculé	
0								∞	4.800f	»	∞	3.670f	»	∞	2.000f
1.000								4.858	4.858	3.08	3.707	3.707	2.83	2.067	2.067
2.000	»	3.017	2.615	1.073	2.258	2.790	2.332	2.500	5.018	1.35	1.904	3.808	0.84	1.130	2.260
3.000								1.751	5.653	1.38	1.310	3.957	0.74	0.831	2.493
4.000	0.806	1.908	1.611	1.315	0.908	1.794	1.405	1.385	5.540	0.87	1.038	4.172	0.64	0.687	2.748
5.000	0.743	1.035	1.076	1.072	1.172	1.246	1.026	1.172	5.800	0.73	0.873	4.365	»	0.003	3.015
10.000	0.617	1.012	0.844	0.869	0.831	0.810	0.832	0.768	7.680	0.68	0.500	5.600	0.46	0.440	4.400
20.000	0.579	0.567	0.630	0.605	0.515	0.655	0.597	0.581	11.020	»	0.416	8.320	»	0.362	7.240
30.000	0.577	0.427	0.652	0.504	0.607	0.656	0.570	0.521	15.030	0.40	0.370	11.100	»	0.337	10.110
40.000	0.488	0.535	0.530	0.580	0.501	0.510	0.527	0.492	19.680	»	0.347	13.880	»	0.324	12.960
50.000	0.401	0.533	»	0.397	0.417	»	0.452	0.472	23.600	»	0.333	16.060	»	0.316	15.800
60.000	0.406	0.514	0.445	»	»	0.306	0.440	0.401	27.600	»	»	»	»	»	»
70.000	0.454	»	»	»	0.528	»	0.486	0.453	31.710	»	»	»	»	»	»
80.000	0.417	»	0.608	»	»	0.443	0.309	0.445	35.480	»	»	»	»	»	»
90.000	»	0.513	»	»	0.457	»	0.385	0.447	39.870	»	»	»	»	»	»
100.000	0.417	0.628	0.450	0.380	»	»	0.471	0.439	43.900	»	»	»	»	»	»
150.000	»	»	0.445	»	0.338	»	0.392	0.430	64.500	»	»	»	»	»	»
200.000								0.422	84.400		»	»		»	»

Appliquée au réseau d'intérêt local, à voie de un mètre, la formule (26) donne pour 2, 3 et 4 trains journaliers.

$$\tau = 4\ldots\ d = 1500 + \sqrt{25.00.00 + 18.24.00} = 1500 + 658 = 2158 \text{ fr.}$$
$$6\ldots\ d = 1500 + \sqrt{25.00.00 + 41.01.00} = 1500 + 813 = 2313$$
$$8\ldots\ d = 1500 + \sqrt{25.00.00 + 72.96.00} = 1500 + 989 = 2489$$

On citerait plusieurs concessions de tramways dans lesquelles la formule d'exploitation établit une différence de 200 francs, suivant que le service comporte deux ou trois trains dans chaque sens.

L'accord est donc le plus satisfaisant possible entre les chiffres effectifs et les chiffres calculés.

124. Dépenses par train et par kilomètre. — La dépense d'exploitation est souvent rapportée dans les statistiques au nombre de kilomètres parcourus par les trains; nous écrirons d'après la formule (23).

$$(27) \qquad d_1 = \frac{7}{365\tau} + \sqrt{\left(\frac{\alpha_1}{365\tau}\right)^2 + \varphi u_1^2}\text{ ; soit :}$$

A. — LIGNES D'INTÉRÊT GÉNÉRAL.

(28)

$$d_1 = \frac{3100}{365\tau} + \sqrt{\left(\frac{1400}{365\tau}\right)^2 + 0{,}021 \times 88^2} = \frac{9{,}31}{\tau} + \sqrt{\frac{14.66}{\tau^2} + 3.4151}$$

B. — LIGNE D'INTÉRÊT LOCAL.

(29) Voie normale :

$$d_1 = \frac{2600}{365\tau} + \sqrt{\left(\frac{1070}{365\tau}\right)^2 + 0{,}021 \times 31^2} = \frac{7{,}12}{\tau} + \sqrt{\frac{8{,}58}{\tau^2} + 0{,}4258}$$

(30) Voie étroite :

$$d_1 = \frac{1500}{365\tau} + \sqrt{\left(\frac{5000}{365\tau}\right)^2 + 0{,}021 \times 14^2} = \frac{4{,}11}{\tau} + \sqrt{\frac{1{,}87}{\tau^2} + 0{,}0861}$$

Appliquées au réseau d'intérêt général avec $\eta = 19{,}1$, et au réseau d'intérêt local avec $\eta = 7{,}3$ (V. N.), et $\eta = 6{,}7$ (V. E.), on trouve, tout calcul fait :

		fr.	
INT. GÉNÉRAL		$d_1 = 0{,}488 + 1{,}858 = 2{,}346$	par train-kilom.
INT. LOCAL	Voie normale	$d_1 = 0{,}975 + 0{,}685 = 1{,}660$	—
	Voie étroite	$d_1 = 0{,}613 + 0{,}359 = 0{,}972$	—

Quant aux résultats effectifs d'exploitation :

— Les limites entre lesquelles la dépense par kilomètre de train varie, pour les grandes Compagnies, ont été en 1886 : 2 fr. 14 (Nord), et 3 fr. 06 (Midi) ; les progrès et les économies réalisés dans ces dernières années ont amené une baisse assez sensible.

— Sur le réseau d'intérêt local, la dépense moyenne, des lignes à voie normale et à voie étroite a été de 1 fr. 75 ; au surplus on a admis, dans différentes conventions relatives à des lignes à voie étroite, que la dépense moyenne ne dépassait pas 1 fr. 50 pour un service de 3 trains par jour dans chaque sens, et 0 fr. 75 à 0 fr. 70 par train en sus dans les deux sens.

Ces chiffres ne s'écartent sensiblement pas de ceux qui résultent des formules.

125. Résumé. — En définitive, les formules à retenir après les calculs qui précèdent, sont les suivantes :

— Dépenses kilométriques en fonction de la fréquentation, c'est-à-dire du nombre d'unités par kilomètre et par an :

INT. GÉNÉRAL		$d = 3400 + \sqrt{1.960.000 + 0{,}00044\, u^2}$
INT. LOCAL	Voie normale	$d = 2600 + \sqrt{1.144.900 + 0.00044\, u^2}$
	Voie étroite.	$d = 1500 + \sqrt{250.000 + 0.00044\, u^2}$

— Dépenses kilométriques en fonction des recettes kilométriques :

INT. GÉNÉRAL	....	$d = 3400 + \sqrt{1.960.000 + 0.164\, r^2}$
INT. LOCAL..	Voie normale	$d = 2600 + \sqrt{1.144.900 + 0.079\, r^2}$
	Voie étroite.	$d = 1500 + \sqrt{250.000 + 0.082\, r^2}$

— Coefficients d'exploitation :

$$K = \frac{D}{R} = \frac{\gamma}{r} + \sqrt{\left(\frac{\alpha_1}{r}\right)^2 + \left(\frac{\rho}{r_1}\right)^2}$$

avec les coefficients indiqués au § 131.

— Dépenses kilométriques en fonction du nombre de trains journaliers :

$$d = \gamma + \sqrt{\alpha_1^2 + 365 u_1 n^2}$$

avec les coefficients indiqués au § 133.

— Dépenses par train et par kilomètre :

$$d_1 = \frac{\gamma}{365n} + \sqrt{\left(\frac{\alpha_1}{365n}\right)^2 + \overline{\rho u_1}^2} \; ;$$

avec les coefficients indiqués au § 134.

Ces relations généralisent avec exactitude l'expression des dépenses moyennes d'exploitation ; elles se prêtent bien aux besoins de la question, et permettent de comparer les différentes exploitations en les ramenant à une même unité. Tenant compte des éléments qui influent sur la composition des prix, elles peuvent servir de guide, par une application réservée et clairvoyante, à l'amélioration des services.

§ 2.

PRIX DE REVIENT D'UN TRANSPORT SPÉCIAL

136. Documents statistiques. *Dépenses totales.* — La statistique décompose les frais d'exploitation, savoir :

A. Dépenses d'administration, subdivisées en personnel et dépenses diverses — comprenant l'administration centrale, les assurances, les frais de bureaux, imprimés, publicité, les charges de la surveillance, patentes, permis, le contentieux, les pensions, secours, l'économat, les magasins, le service médical et les dépenses extraordinaires et diverses.

B. Dépenses d'exploitation, du mouvement et du trafic, subdivisées en personnel et dépenses diverses — comprenant le service central (mouvement, contrôle, etc.), celui des gares et stations (chefs de gares, inspecteurs, receveurs, etc.), le service des trains (manœuvres, aiguilleurs, conducteurs, éclairage, etc.).

C. Dépenses de traction et matériel, subdivisées en personnel, combustibles des machines, entretien des machines et tenders, entretien des voitures et wagons et dépenses diverses — comprenant le service des ingénieurs, la conduite des machines, les dépôts et ateliers.

D. Dépenses de la voie, subdivisées en personnel, entretien de la voie et des bâtiments et dépenses diverses, — comprenant le service des ingénieurs, les frais de surveillance et les dépenses de réfection ou d'entretien, soit à l'entreprise ou à l'abonnement.

E. Enfin les *dépenses d'ordre et diverses*, comprenant les dépenses des services extérieurs, les frais de factage et de camionnage, la participation des employés dans les bénéfices, la caisse de secours, le loyer des gares communes, etc.

127. *Recettes totales.* — Les recettes d'exploitation sont également décomposées, savoir :

F. Recettes de grande vitesse, subdivisées en voyageurs des trois classes, et accessoires, comprenant les bagages, les articles de messageries, denrées, etc., et divers.

G. Recettes de petite vitesse, subdivisées en marchandises à la tonne, telles que céréales, vins, matériaux de construction, houille, etc. et accessoires, tels que chevaux, bétail et divers.

II. Recettes diverses comprenant la location du matériel, les produits d'omnibus, correspondances, factages, domaines, produit des gares communes, etc.

En dehors de l'exploitation proprement dite, les compagnies considèrent des *recettes annexes* s'appliquant plus spécialement aux redevances, péages, domaine en dehors de la ligne, spéculations particulières, intérêts des fonds disponibles, recettes d'exercices clos, participation dans les charges d'établissement de gares communes, et des *dépenses annexes*, s'appliquant plus spécialement, aux redevances, péages, participation, domaine en dehors de la ligne, spéculations particulières, restant des fonds disponibles, exercices clos, timbre des actions et obligations, participation dans les charges d'établissement des gares communes.

Ces dépenses et recettes ne sont pas à considérer dans les prix de revient des transports.

138. *Recettes par voyageur, par tonne et par unité de trafic.* — Les recettes sont rapportées à l'unité transportée.

Pour les voyageurs, le produit moyen s'obtient en divisant la recette totale des voyageurs — non compris les accessoires de G. V. — par l'ensemble des voyageurs des trois classes à 1 kilom., soit en 1886, sur l'ensemble du réseau d'intérêt général :

$$r_v = \frac{327.466.569}{7.137.336.385} = 0^{f},0459.$$

Pour les marchandises à la tonne, en divisant les recettes correspondantes — non compris les accessoires de P. V. — par le nombre de tonnes à 1 kilomètre, soit également en 1886 :

$$r_m = \frac{553.471.028}{9.314.346.285} = 0^c,0594.$$

Le tableau suivant indique l'abaissement progressif des tarifs moyens dans la période 1876-1886.

ANNÉES	LONGUEUR moyenne exploitée	RECETTES TOTALES des		PARCOURS KILOMÉTRIQUES des		PRODUIT MOYEN par kil. parcouru	
		Voyageurs	Marchand. à la tonne	Voyageurs	Marchandises à la tonne	Voyag.	1 tonne.
	k.	fr.	fr.	v. k.	t. k.	c.	c.
1876	20.034	256.726.602	503.553.262	4.961.810.659	8.325.500.547	5,17	6,05
1878	21.435	298.661.657	501.367.633	5.779.387.262	8.393.810.087	5,17	5,95
1880	23.080	295.570.438	616.184 308	5.862.602.096	10.350.209.739	5,04	5,95
1882	25.576	328.793.293	638.209.019	6.760.507.144	10.835.647.702	4,86	5,89
1884	28.722	324.734.200	618.587.015	6.892.703.985	10.478.200.196	4,72	5,90
1886	30.696	327.466.669	553.471.028	7.137.335.335	9.314.346.285	4,59	5,94

Les recettes sont également rapportées à l'unité de trafic, tenant compte des accessoires de grande et petite vitesse. La transformation des accessoires se fait d'après le procédé sommaire déjà indiqué [1] et la recette par unité de trafic s'obtient en divisant la recette totale d'exploitation par le nombre total des unités de trafic ; soit en 1886.

$$r_u = \frac{1.022.706.563}{18.874.900.000} = 0 \text{ c. } 0544$$ [2]

Voici les résultats relatifs à la période 1876-1886 :

---

(1) Voir N° 118.
(2) Voir Tableau I, page 260.

ANNÉES	LONGUEUR moyenne exploitée	FRÉQUENTATION kilométriq. (u)	RECETTES KILOMÉTRIQUES brute.	RECETTES KILOMÉTRIQUES par unité (r)	RAPPEL des DÉPENSES par unité et kilomètre (d)	RAPPORT $\kappa = \frac{d}{r}$	OBSERVATION
	k.	(a) u.	fr.	c.	(b) c.		
1876	20.034	743.365	43.308	5,83	2,96	0,509	(a) et (b)
1878	21.435	741.226	42.546	5,74	2,90	0,503	Voir tableau de
1880	23.080	792.614	44.823	5,65	2,82	0,498	la page 196.
1882	25.576	775.889	42.986	5,54	2,86	0,516	
1884	28.722	685.351	37.620	5,49	3,00	0,547	
1886	30.696	611.951	33.317	5,44	2,87	0,531	

129. *Dépense par train-kilomètre et par unité de trafic.* — Les dépenses d'exploitation sont rapportées, au nombre de kilomètres parcourus par les trains, sans distinction de voyageurs ou de marchandises : on divise sommairement le total des dépenses d'exploitation par le parcours total kilométrique des trains de toute nature, soit pour l'année 1886, sur le réseau d'intérêt général :

$$p = \frac{543.316.095}{211.959.874^{k}} = 2 \text{ fr. } 54 \text{ par train-kilomètre.}$$

ANNÉES	LONGUEUR moyenne exploitée	PARCOURS MOYEN Voyageurs	PARCOURS MOYEN Marchand.	FRÉQUENTATION kilométriq.	PARCOURS kilométrique de trains de toute nature	DÉPENSES Totales d'exploitation	DÉPENSES par train kilomét.
	kil.	kil.	kil.	unités	kil.	fr.	(a) fr.
1876	20.034	36,2	134,6	743.365	149.366 693	442.035.492	2,92
1878	21.435	37,8	133,1	741.226	161.412.556	459.435.387	2,80
1880	23.080	35,5	128,4	792.614	182.625.214	515.555.019	2,78
1882	25.576	34,7	122,1	775.889	209.821.522	567.188.138	2,67
1884	28.722	32,5	130,4	685.351	215.959.478	591.554.009	2,71
1886	30.696	32,9	126,9	611.951	211.959.847	543.316.095	2,54

OBSERV. — (a) col. 7 : col. 6.

Au surplus les résultats relatifs à la période 1876-1886 sont réunis au tableau précédent.

D'après le tableau des recettes par unité transportée, le produit moyen d'un voyageur est descendu progressivement de 5^c17 à 4^c59 et celui d'une tonne de marchandises de 6^c05 à 5^c94, ce qui tient à la réduction des taxes ; parallèlement, d'après le tableau précédent, les dépenses par train-kilométrique se sont abaissées dans une certaine mesure, mais les écarts que l'on observe semblent être spécialement attribuables aux progrès réalisés dans l'exploitation, et être indépendants du trafic et du parcours.

Pour plus de précision, les dépenses par kilomètre parcouru et par train se décomposent comme suit :

ANNÉES	DÉPENSE PAR KILOMÈTRE PARCOURU ET PAR TRAIN						OBSERVATIONS
	Administration α	Exploitation β	Traction γ	Voie δ	Divers ε	Ensemble θ	
	fr.	fr.	fr.	fr.	fr.	fr.	L. Parcours des trains de toute nature.
1876	0,14	0,91	0,99	0,74	0,14	2,92	
1878	0,15	0,89	0,96	0,68	0,12	2,80	$\alpha=\frac{A}{L}$; $\beta=\frac{B}{L}$
1880	0,14	»	»	»	»	2,76	
1882	0,13	0,92	0,98	0,56	0,13	2,67	$\gamma=\frac{C}{L}$; $\delta=\frac{D}{L}$
1884	0,13	0,93	0,95	0,56	0,14	2,76	
1886	0,13	0,89	0,86	0,52	0,14	2,54	$\varepsilon=\frac{E}{L}$; $\theta=\frac{A}{L}$
Moyennes	0,136	0,908	0,938	0,612	0,134	2,741	

Ainsi les dépenses par train-kilomètre, en dehors des économies signalées, se maintiennent sensiblement constantes dans chacun de leurs éléments α, β, γ, δ et ε, quelle que soit l'importance du trafic.

Si l'on rapporte les dépenses aux unités de trafic : après la transformation des accessoires de grande et petite vitesse, on divise sommairement les dépenses d'exploitation par le nombre total des unités de trafic. Les résultats de la période 1876-1886, détaillés au tableau de la page 196, sont résumés au tableau de la page 229.

140. *Coefficients d'exploitation.* — Le coefficient d'exploitation, ou rapport des dépenses aux recettes brutes, est également exprimé par le quotient du prix de revient kilométrique de l'unité de trafic, par la recette kilométrique correspondant, tel qu'il est indiqué au tableau de la page 229. Et si, à la vérité, les recettes et dépenses par unité de trafic sont de simples chiffres de statistique, elles permettent du moins, comme les recettes et dépenses kilométriques, de comparer rapidement l'ensemble des qualités d'exploitation, sur lesquelles les recettes et prix de revient d'un voyageur ou d'une tonne kilométrique donnent seuls des renseignements absolus.

141. Formules générales des prix de revient. — Les résultats précédents ne représentent que des *moyennes*, sans distinction de l'unité de trafic transportée et des conditions de transport. Cependant la détermination exacte des prix de revient par nature de transport est d'une grande importance par le seul fait que ce prix fixe la limite au-dessous de laquelle aucune taxe à percevoir ne peut ou ne devrait descendre.

A ce sujet, M. Baum dit (1) : « Il est certain produits tels que les engrais, les minerais, les houilles et quelques autres matières encombrantes, qui ne sont susceptibles d'être menées à de grandes distances qu'à la condition de

(1) *Annales des Ponts-et-chaussées*, Tome X, 1875.

n'être soumis qu'à des taxes très faibles. Pour les transports de ces produits, il existe, en général, des tarifs différentiels, c'est-à-dire des tarifs ayant pour base un prix d'application par kilomètre d'autant plus bas que le parcours est plus long. Dans ce cas, encore, il est très utile pour les compagnies de chemin de fer de déterminer le prix de revient afin d'obtenir une limite des diminutions de taxe qu'elles peuvent faire sans porter atteinte à leurs intérêts. La recherche de ce prix de revient permet de fixer l'élément constant des dépenses de transport, élément qui doit également servir au calcul des tarifs différentiels.

C'est de ces prix de revient par nature spéciale de transport que nous allons maintenant nous occuper.

Nous avons dit que les dépenses d'exploitation étaient divisées en cinq catégories, savoir :

A. Dépenses générales d'administration ;
B. Dépenses de gares et stations, et service des trains ;
C. Dépenses de traction et du matériel ;
D. Dépenses de la voie, entretien et surveillance ;
E. Dépenses d'ordre et diverses.

La répartition la plus simple et la plus rationnelle, par train-kilométrique, des dépenses A, B, E, indépendantes du parcours des unités, sera faite dans la proportion du tonnage brut du train considéré, au tonnage brut total du réseau.

La répartition des dépenses C, dépendantes de l'effort de traction sera faite, en outre dans le rapport de l'effort effectif, f, correspondant au train considéré, à l'effort φ correspondant au train moyen.

Enfin la répartition des dépenses E, dépendante de la masse des trains et de leur vitesse sera faite dans le rapport des tonnages, et en outre dans le rapport de la vitesse effective V du train considéré, à la vitesse χ du train moyen.

Ainsi, conservant aux lettres leur signification précédente et désignant par :

p le tonnage brut du train considéré,

n le nombre d'unités, — voyageurs ou tonnes — contenues dans le train,

et μ le rapport des recettes, compris accessoires de G.V. ou P.V., aux recettes non compris ces accessoires,

Nous écrirons :

Prix de revient par train et par kilomètre :

$$t = p\left(\frac{A}{N} + \frac{B}{N} + \frac{C}{N}\frac{f}{\varphi} + \frac{D}{N}\frac{V}{\psi} + \frac{E}{N}\right) = p\left(a + b + c\frac{f}{\varphi} + d\frac{V}{\psi} + e\right) \tag{31}$$

Et prix de l'unité de trafic et par 1 kilomètre :

$$\pi = \frac{t}{\mu . n} = \frac{p}{\mu . n}\left(a + b + c\frac{f}{\varphi} + d\frac{V}{\psi} + e\right). \tag{32}$$

Ces formules — tenant compte de la vitesse de marche et du tracé des lignes en plan et profil par l'effort de traction f — permettent de mesurer l'influence des données et des conditions d'exploitation d'une ligne à l'autre.

142. Application au réseau d'intérêt général. *Tonnage brut.* — Conformément au tableau annexé [1], le tonnage brut en 1886, se résume comme suit :

	Grande vitesse et mixte t.k.	Marchandises t.k.
Poids utile.....	779.640.000	9.395.600.000
Poids mort.....	17.061.360.000	19.989.000.000
Totaux........	17.841.000.000	29.385.000.000
Ensemble......	N. = 47.230.000.000 tonnes kilomét.	

Il est intéressant d'observer que l'utilisation en poids du matériel ressort aux chiffres suivants :

(1) Voir tableau I, page 260.

$$\text{March.: } \frac{199.894}{93.956} = 2^t,128 \text{ de matér. traîné par tonne de marchandises.}$$

$$\text{Voyag.: } \frac{1.784.100}{79.964} = 22^t,89 \text{ de matér. traîné par tonne de voyageurs.}$$

Et comme chaque voyageur représente avec la majoration des accessoires de G. V. [1].

$$0^t,075 \cdot \frac{779}{535} = 0^t,1092 \text{ tonnes utiles,}$$

chaque unité de voyageur avec ses accessoires traîne:

Voyageurs..............	$0,075 \times 22,89 = 1^t,716$
Accessoires.............	$0,034 \times 22,89 = 0,783$
Ensemble....	$0,109 \times 22,89 = 2^t,499$

En définitive, l'unité marchandise P. V. correspond à 3,128 et l'unité voyageur G. V. 2,499 tonnes brutes mises en mouvement, accessoires compris.

148. *Dépenses par tonne brute.* — La statistique de 1886 accuse les chiffres suivants :

A..	Administration	28.079.404 fr.
B..	Exploitation, mouvement et trafic ..	189.592.045
C..	Traction et matériel...............	183.238.401
D..	Voie..............................	111.302.633
E..	Dépenses d'ordre et diverses.......	31.103.611
	Total, Δ........	543.316.094

On en déduit, par tonne brute :

	fr.	
$a = \frac{A}{N} = \frac{28.079.404}{47.230.000.000}$	$= 0,000.594;$	Centage 5,17
$b = \frac{B}{N} = \frac{189.572.045}{47.230.000.000}$	$= 0,004.014,$	— 34,89
$c = \frac{C}{N} = \frac{183.238.401}{47.230.000.000}$	$= 0,003.880,$	— 33,72
$d = \frac{D}{N} = \frac{111.302.633}{47.230.000.000}$	$= 0,002.357,$	— 20,49
$e = \frac{E}{N} = \frac{31.103.611}{47.230.000.000}$	$= 0,000.658,$	— 5,73
Ensemble $\theta = \frac{\Delta}{N} = \frac{543.316.094}{47.230.000.000}$	$= 0,011.503,$	— 100,00

(1) Voir tableau I, page 260.

144. *Recettes de grande et de petite vitesse.* — La statistique de 1886 accuse les chiffres suivants :

G. V.	Voyageurs........	327.466.669 fr.		
	Accessoires.......	85.253.420		
	Total (F).....		412.720.089 fr.	
P. V.	Marcb. à la tonne.	553.471.028		
	Accessoires.......	28.257.912		
	Total (G).. ...		581.728.400	
		Ensemble		994.449.949 fr.
Recettes diverses........................				28.257.534
Total général des recettes d'exploitation, R =				1.022.706.563 fr.

Ainsi les *accessoires* de la grande vitesse majorent les recettes des voyageurs dans le rapport :

$$\mu = \frac{412.720.089}{327.466.669} = 1,260$$

et la majoration des accessoires de petite vitesse est seulement :

$$\mu = \frac{581.728.940}{553.471.028} = 1,051$$

Observation. Les dépenses et les recettes, en dehors de l'exploitation, dont nous avons parlé plus haut [1], se sont élevées respectivement à 19.125.082 fr. et 13.399.653 fr.; nous avons déjà dit qu'elles n'entraient pas dans la composition du prix de transport.

145. *Tonnage brut et nombre d'unités d'un train moyen de voyageurs.* — Le tonnage brut des trains de voyageurs et mixtes est de 17.841.000.000^{tk} et leur parcours est de 141.383.371 kil.[2].

---

(1) Voir n° 137.

(2) Voir Tableau I. page 260.

Ainsi le poids brut du train moyen est :

$$p = \frac{17.841.000.000}{141.383.391} = 126 \text{ tonnes.}$$

comprenant en moyenne :

50,5 voyageurs à 109k,2.........	6,00
9,61 véhicules à 7,62...........	73,20
1 machine à...................	46,80
Total pareil........	126,00 tonnes.

D'autre part, le parcours total des voyageurs est de 7.137.336.385 v. k., le nombre de voyageurs au train moyen est donc :

$$n = \frac{7.137.336.385}{141.383.391} = 50{,}5 \text{ voyageurs,}$$

d'où l'on déduit, avec $\mu = 1{,}26$:[1]

$$\frac{p}{\mu n} = \frac{126}{1{,}26 \times 50{,}5} = 1{,}98 \text{ tonnes.}$$

140. *Tonnage brut et nombre d'unité d'un train moyen de marchandises.* — Le tonnage brut des trains de marchandises est de 29.385.000.000 tonnes kilométriques et le parcours des trains de 72.396.622 kil.[2] ; ainsi le poids brut du train moyen est :

$$p = \frac{29.385.000.000}{72.396.622} = 405 \text{ tonnes.}$$

comprenant en moyenne :

Marchandises et accessoires.	128,7 × 1,01 =	130t,0	tonnes.
37,51 wagons à 5 t. 4		202,0	—
Machines à marchandises................		50,6	—
— de gares [3]......................		22,3	—
Total pareil......		405,0	—

(1) Voir page 236.

(2) Voir le tableau I, page 260.

(3) Les manœuvres de gare majoreraient de 5 °/₀ environ le poids brut du train moyen.

D'autre part, le tonnage des marchandises est de 9,314,346,285 t. k.; le nombre des tonnes au train-moyen est donc :

$$n = \frac{9.314.346.285}{72.396.622} = 128,7 \text{ tonnes.}$$

d'où l'on déduit, avec $\mu = 1,051$ (1).

$$\frac{p}{\mu n} = \frac{405}{1,051 \times 128,7} = 3,0 \text{ tonnes.}$$

147. *Tonnage brut et nombre d'unités des trains rapides.* — Nous admettons la composition et les poids suivants :

Machines	46,8
2 fourgons de 7 t.5	15,0
6 voiturss de 1re classe à 8,5	51,0
50 voyageurs à 75 k	3,8
Accessoires	1,4
Total	117 tonnes

d'où, avec $\mu = 1,24$ et $n = 50$ voyageurs :

$$\frac{p}{\mu n} = \frac{117}{1,24 \times 50} = 1,88 \text{ tonnes.}$$

148. *Tonnage brut et nombre d'unités des trains mixtes.* — Nous admettons la composition et les poids suivants :

	Voyageurs.	Marchandises.
Voyageurs 55 à 75 k	4,12	»
Voitures 6 à 7,62	45,72	»
Wagons de grande vitesse	7,50	»
Fourgon de service	3,00	3,30
Accessoires de G. V. et P. V	1,03	0,13
Wagons à marchandise 4 à 5.04	»	21,60
Marchandises	»	13,80
Machines, 47 t. 8	38.63	17,17
Totaux	92,00 t.	56,00 t.

(1) Voir page 236.

d'où, avec $\mu = 1,17$, $n = 55$ voyageurs et $n = 13,8$ tonnes :

$$\text{Voyageurs}\ldots : \frac{p}{\mu n} = \frac{92}{1,17 \times 55} = 1,44$$

$$\text{Marchandises} : \frac{p}{\mu n} = \frac{56}{13,8} = 4,05.$$

148. *Tonnage brut et nombre d'unités des trains complets (houilles).* — Nous admettons la composition et les poids suivants :

Machine........................	52 tonnes.
40 wagons à $5^t,2$..............	208
Houille $40 \times 9,5$................	380
Total.........	640 tonnes.

d'où, avec $\mu = 1$ et $n = 380$ tonnes :

$$\frac{p}{\mu n} = \frac{640}{380} = 1,68. \text{ tonnes.}$$

Ces différentes natures de trains paraissent donner un ensemble assez complet des prix de revient de transport ; nous pensons donc pouvoir nous y arrêter, les formules générales (31) et (32) se prêtant facilement aux applications d'intérêt particulier.

150. *Rapport des efforts effectifs de traction à l'effort moyen.* — D'une façon générale l'effort de traction se compose : 1° d'une partie fixe, représentant la résistance du matériel sur rail et ne dépendant en réalité que de deux éléments : les poids des trains et la vitesse de la marche ; 2° d'une partie variable, représentant la résistance de chaque section de ligne et dépendant de la déclivité et de la courbure du tracé.

D'après les expériences faites, la valeur pratique de la première partie est bien représentée par la relation,

$$f_1 = 4 + \frac{V^2}{500}, \text{ par tonne brute,}$$

variant d'une façon continue et tenant compte du rapport du poids de la machine au poids du train remorqué.

La deuxième partie peut être définie par la considération de la rampe fictive i, établie, au point de vue du travail mécanique, d'après les coefficients α et β calculés par M. Baum ; elle est représentée par :

$$f_2 = i = \left(1 + \frac{V^2}{500}\right)\left(\frac{\Sigma\,\alpha\,i + \Sigma\,\beta\,l'}{L}\right), \text{ par tonne brute;}$$

soit au total :

$$f = f_1 + f_2 = 1 + \frac{V^2}{500} + i = \left(1 + \frac{V^2}{500}\right)\left(1 + \frac{\Sigma\,\alpha l + \Sigma\,\beta l'}{L}\right)$$

Au point de vue qui nous occupe plus spécialement — ensemble des lignes d'un ou plusieurs réseaux — le coefficient $\left(1 + \frac{\Sigma\alpha l + \Sigma\beta l'}{L}\right)$ peut être considéré comme constant, c'est-à-dire que son influence s'est manifestée dans la valeur du coefficient c — matériel et traction — calculé

DÉSIGNATION des LIGNES	TRAINS DE VOYAGEURS					TRAINS	TRAINS de
	RAPIDES	EXPRESS	POSTE	DIRECTS	OMNIBUS	MIXTES	MARCHANDISES
	kil.	kil.	kil.	kil.	kil.	kil.	kil.
Nord........	71,5	71,5	63,0	63,0	50,0	28,0	28,0
Est..........	67,5	67,5	57,5	52,5	47,5	27,5	27,5
Ouest	70,0	70,0	62,0	59,0	51,5	38,0	25,0
Orléans	70,0	70,0	70,0	55,0	50,0	40,0	25,0
P.-L.-M......	71,0	61,5	60,0	60,0	50,0	50,0	25,0
Midi.........	70,0	70,0	70,0	55,0	50,0	50,0	27,5
État.........	63,5	63,5	60,0	60,0	50,0	40,0	25,0
Totaux....	483,5	474,5	446,0	404,5	349,0	273,5	183,0
Moyenne.....	64,6					39,5	26,1

ci-dessus [1] ainsi la comparaison des efforts f se réduit à celle du terme $4+\frac{V^2}{500}$.

Nous distinguerons trois natures de trains : voyageurs, mixtes et marchandises ; les vitesses de marche résultent du tableau ci-dessus :

Ainsi les efforts moyens de traction peuvent être évalués :

Trains rapides....	$V = 70{,}0$ k. : $4+\frac{V^2}{500}$	$= 13^k{,}8$	par tonne brute.
Id. de voyageurs.	$V = 61{,}6$	— 11 ,5	—
Id. mixtes......	$V = 39{,}5$	— 7 ,1	—
id. marchandises.	$V = 26{,}1$	— 5 ,3	—

Dès lors, on écrira, avec les chiffres de la statistique de 1886 :

T. voy. :	96.154.419 × 114t × 11k,6 =	10.920 × 11,6 =	126.672
T. mixtes.	45.228.352 × 150 × 7 ,1 =	6.784 × 7 ,1 =	48.229
Totaux des trains de voyageurs . .		17.707 f_v. × =	174.901
T. march.:	70.576 456 × 416 × 5 ,3 =	29.360 × 5 ,3 =	155.608
Totaux des trains de toute nature.		47.067 × φ =	330.509

d'où :

$$f_v = \frac{174.901}{17.707} = 9^k 88; \quad \varphi = \frac{330.509}{47.067} = 7^k{,}02$$

et finalement :

Trains rapides :....... $\frac{f}{\varphi} = \frac{13{,}8}{7{,}02} = 1{,}83$;

T. moyen de voyageurs : $\frac{f}{\varphi} = \frac{9{,}88}{7{,}02} = 1{,}40$;

Trains mixtes :......... $\frac{f}{\varphi} = \frac{7{,}10}{7{,}02} = 1{,}02$;

Trains de marchandises : $\frac{f}{\varphi} = \frac{5{,}3}{702} = 0{,}75$.

(1) Voir n° 143.

151. *Rapport des vitesses effectives à la vitesse moyenne.* — Sur les mêmes bases, on a :

Trains de voyageurs..............	$10.920 \times 61,6 =$	672.672
Trains mixtes....................	$6.784 \times 39,5 =$	267.975
Totaux des trains de voyageurs....	$17.707.\ V =$	940.647
Trains de marchandises...........	$29.360 \times 26,1 =$	766.422
Totaux des trains de toute nature...	$47.067.\ \psi =$	1.706.969

D'où :

$$V = \frac{940.647}{17.707} = 53,1\ ; \quad \psi = \frac{1.706.969}{47.067} = 36,3 \text{ kil.}$$

et finalement :

Trains rapides :................ $\dfrac{V}{\psi} = \dfrac{70}{36,3} = 1,93$

Tr. moyen de Voyageurs........ $\dfrac{V}{\psi} = \dfrac{53,1}{36,3} = 1,45$

Trains mixtes................. $\dfrac{V}{\psi} = \dfrac{39,5}{36,3} = 1,09$

Trains de marchandises......... $\dfrac{V}{\psi} = \dfrac{26,3}{36,3} = 0,72.$

152. *Formules numériques.* — En définitive, les constantes du réseau d'intérêt général se résument comme au tableau ci-dessous :

NATURE DES TRAINS	p.	$\frac{p}{\mu n}$	$\frac{f}{\varphi}$	$\frac{V}{\psi}$	OBSERVATIONS
t.	t.	t.	t.	t.	t.
Trains moyens, voyageurs....	126	1,98	1,40	1,45	$a = 0,000.599$
id. marchandises.	405	3,00	0,75	0,72	$b = 0,004.014$
Trains rapides..............	117	1,88	1,83	1,93	$c = 0,003.880$
Trains mixtes { voyageurs....	92	1,44	1,02	1,09	$d = 0,002.357$
Trains mixtes { marchandises.	56	4,05	1.02	1,09	$e = 0,000.658$
Chargement complet	640	1,68	0,75	0,72	$\theta = 0,011.503$

Ainsi nous écrirons ; d'après les formules 31 et 32 :

Prix de revient du train-kilomètre — en francs :

$$t = p\,(0{,}000.594 + 0{,}004.014 + 0{,}038.8\,\frac{f}{\varphi} + 0{,}002.356\,\frac{V}{\psi} + 0{,}000.658)$$

ou simplement :

$$t = p\,(0{,}005.266 + 0{,}003.88\,\frac{f}{\varphi} + 0{,}002.357\,\frac{V}{\psi})$$

et prix de revient de l'unité voyageurs ou tonne de marchandises — en centimes :

$$\pi = \frac{p}{\mu\eta}\,(0{,}059.4 + 0{,}401.4 + 0{,}388\,\frac{f}{\varphi} + 0{,}235.7\,\frac{V}{\psi} + 0{,}658)$$

ou simplement :

$$\pi = \frac{p}{\mu\eta}\,(0{,}526.6 + 0{,}388\,\frac{}{\varphi} + 0{,}235.7\,\frac{V}{\psi}).$$

L'application de ces formules donne les résultats consignés dans le tableau de la page suivante.

Les principaux faits à retenir de ces calculs sont :

— Le transport d'un voyageur — 2c795, coûte à peu près autant que celui d'une tonne de marchandise — 2c957 ; résultats d'accord avec les chiffres indiqués par la Compagnie de P.-L.-M. en 1877 ; savoir : voyageurs = 2c55 et marchandises = 2c66.

— Les dépenses afférentes aux services des voyageurs et des marchandises, non compris les accessoires, sont :

		cent.		
Voyageurs.......	7.137.336.385	× 2,795	=	199 490.000 fr.
Marchandises	9.314.346.285	× 2,957	=	275.430.000 fr.
	Ensemble.............			474.920.000 fr.

et par suite :

Prorata des voyageurs........	42 %	des dépenses totales.
— marchandises.....	58 %	—

La considération des accessoires ne modifierait pas sensiblement ces proportions.

DÉSIGNATION des DÉPENSES	DÉPENSES PAR TRAIN-KILOMÉTRIQUE							DÉPENSES PAR UNITÉS ET PAR KILOMÈTRES						
	Voyageurs moyen.	Marchandis moyen.	Trains moyen. effectifs	Rapides voyageurs	MIXTES Voyageurs	MIXTES Marchandis.	Train de Houille	Voyageurs moyen.	Tonne de marchandis.	Unité moyen.	Voyageurs Rapide	MIXTES Voyageurs	MIXTES Marchandis.	Train de Houille
	fr.	fr.	fr.	fr.	fr.	fr.	fr.	c.	c.	c.	c.	c.	c.	c.
A. Administration	0,075	0,241	0,13	0,069	0,055	0,033	0,380	0,118	0,178	0,151	0,111	0,081	0,241	0,100
B. Exploitation	0,506	1,696	0,89	0,469	0,369	0,224	2,569	0,793	1,202	1,009	0,756	0,508	1,620	0,721
C. Traction....	0,684	1,178	0,86	0,821	0,300	0,221	1,362	1,076	0,872	0,967	1,323	0,507	1,611	0,493
D. Voie........	0,430	0,688	0,52	0,533	0,230	0,144	1,080	0,676	0,508	0,588	0,875	0,352	1,042	0,312
E. Divers......	0,093	0,266	0,14	0,077	0,061	0,037	0,421	0,130	0,197	0,165	0,121	0,105	0,267	0,111
Totaux.....	1,778	3,090	2,54 (1)	1,969	1,090	0,659	6,318	2,795	2,057	2,330	3,186	1,543	4,790	1,737

NOTA. — Parcours de Trains de voyageurs : 141.383.394 kil.; Parcours des trains de marchandises : 72.396.792

VÉRIFICATION : 1.778 × 1414 + 3.090 × 726,4 = 2,54 × 2.138

— Le péage est extrêmement variable, d'après les latitudes dont les compagnies jouissent pour sa fixation. Tandis que les charges des capitaux engagés par les compagnies peuvent être estimées, au taux de 5 °/₀ à :

$$\frac{9.441.761.614 \times 0{,}05}{18.784.900.000}$$, soit 25 cent, par unité le trafic,

le péage perçu a été :

Voyageurs..............	4,79 — 2,99 = 1,80 cent.
Marchandises............	5,94 — 2,96 = 2,98

Les marchandises supportent le dégrèvement dont profitent les voyageurs, encore devons-nous retenir que le péage varie d'une marchandise à l'autre, suivant les circonstances commerciales.

— Les coefficients d'exploitation sont :

Voyageurs $$\frac{2.795}{4.590} = 0{,}609$$

Marchandises à tonne $$\frac{2.957}{5.940} = 0{,}498.$$

Ensemble de l'exploitation (1) :

$$K = \frac{543.316.095}{1.022.706.563} = 0{,}531.$$

— L'économie pratique des trains mixtes doit osciller autour de 0c,70 par unité de trafic et par kilomètre ; en effet pour les trains ordinaires les dépenses eussent été d'après le tableau de la page 244, et la composition indiquée au n° 148 :

		c.	c.
Voyageurs.....	55 × 2,795 =	153,725	
Marchandises..	13,8 × 2,957 =	40,748	
Total................			194,473 cent.

(1) Voir nos 132. 138. 199 et 140.

dans les conditions moyennes des trains mixtes elles ressortent à :

		c.		c.
Voyageurs	55	× 1,543	=	77,150
Marchandises	13,8	× 4,790	=	66,102
Total.........				143,252 cent.
Différence pour 68,8 unités en faveur des trains mixtes...				50,714

soit, $\frac{50,714}{68,8}$ = 0 cent., 73 par unité kilométrique.

— Le prix de revient minimum paraît devoir osciller autour du chiffre 1c,7 pour les marchandises à la tonne. A ce tarif limite, il n'est plus perçu aucun péage, et si le prix de transport descend encore au-dessous, — tarifs à base de 1c,5 — ce ne peut être que par exception, pour une tonne en sus considérée comme appoint à un trafic préexistant.

— Etant donné la loi hyperbolique suivant laquelle les dépenses par tonnes brutes varient avec l'importance du trafic [1], il devient certain, toutes choses égales d'ailleurs, que pour un trafic déterminé et avec une exploitation économe, ces dépenses se maintiendraient sensiblement constantes; en d'autres termes que la somme des coefficients de la formule π ne subirait, dans les limites effectives des valeurs N, que des modifications très faibles.

Au contraire, en augmentant l'utilisation du matériel, c'est-à-dire en améliorant le rapport $\frac{p}{\mu z}$, dont l'élasticité est très supérieure à celle de ses coefficients, on obtiendrait des économies importantes des dépenses d'exploitation.

153. Application au réseau d'intérêt local. *Tonnage brut.* — Nous suivrons, pour déterminer le coût de l'u-

(1) Voir nº 121.

nité kilométrique sur le réseau d'intérêt local la méthode précédente, en adoptant la forme la plus succincte possible.

La difficulté de la question est augmentée parce que la statistique ne donne pas sous-répartition des dépenses pour la Société des chemins de fer économiques et pour la Compagnie de chemins de fer départementaux ; ainsi nous devrons faire une répartition au prorata des autres Compagnies, ce qui laisse place à une certaine incertitude.

Conformément au tableau II, annexé[1], le tonnage brut en 1886, se résume comme suit :

	Voie normale	Voie étroite
Tonnage utile..................	43.206.000 t. k.	3.140.000 t. k.
Tonnage mort..................	281.754.000	36.250.000
Totaux............	324.960.009	39.390.000
Ensemble	N = 364.350.000	

254. *Dépenses par tonne brut.* — Les dépenses des lignes secondaires, en dehors des deux Compagnies précédemment citées ont été en 1885 :

	Voie normale			Voie étroite		
A. Administration	487.864	Centage	7,32	105.139	Centage	14,38
B. Exploitation.	1.920.590	—	28,81	215.514	—	29,22
C. Traction.....	2.168.547	—	32,52	260.203	—	35,26
D. Voie........	1.574.763	—	23,62	143.557	—	19,45
E. Divers......	515.092	—	7,73	12.502	—	1,69
Totaux.....	6.666.856 fr.	—	100,00	737.915 fr.	—	100,00

Si l'on rapproche ces chiffres des résultats obtenus sur le réseau d'intérêt général, on trouve :

	Intérêt général	Intérêt local V. N.	Intérêt local V. E.	Moyenne.
Centage (A + B + E).	45,79	43,86	45,29	45,00
— C.......	33,72	32,52	35,26	33,80
— D.......	20,49	23,62	19.45	21,20
Totaux.....	100,00	100,00	100,00	100,00

(1) Voir tableau II, page 262.

Nous adopterons ces derniers chiffres moyens ; dès lors la répartition des dépenses du réseau se présente ainsi :

	Voie normale		Voie étroite
Dépenses A, B et E........	3.431.937 fr.	....	583.501 fr.
— C..........	2.577.768	....	438.274
— D..........	1.616.823	....	274.895
Totaux (1)	7.626.528	....	1.296.669

Dépenses totales d'exploitation pour l'ensemble du réseau secondaire.... $\Delta = 8.923.197$ fr.

Dans ces conditions, on a :

		Voie normale		Voie étroite.
$a + b + e$	$= \dfrac{A + B + E}{N}$	$= 0{,}010.563$	....	$0{,}014.813$
c	$= \dfrac{C}{N}$	$= 0{,}007.935$	....	$0{,}011.130$
d	$= \dfrac{D}{N}$	$= 0{,}004.977$	....	$0{,}006.979$
θ	$= \dfrac{\Delta}{N}$	$= 0{,}023.475$ francs	...	$0{,}032.922$ francs

Observons qu'en 1886 l'exploitation relativement coûteuse de la Société économique et de la Compagnie de chemins de fer à voie étroite pèse assez lourdement sur ces coefficients. En effet, en dehors de ces deux compagnies, le réseau à voie étroite donne (2) :

Dépenses totales d'exploitation..........		D = 737.928 fr.
Tonnage utile (3)................	2.768.000	
Tonnage mort..................	23.992.000	
Total N	————	26.760.000 t.

d'où l'on déduit :

$$\theta = \frac{D}{N} = \frac{737.928}{26.760.000} = 0^{fr},027.57, \text{ — au lieu de } 0^{fr},032.922$$

(1) Voir Tabl. II, page 262.
(2) Voir N° 129.
(3) Voir Tabl. VII, page 268.

il n'est pas douteux que cette situation des deux compagnies principales du réseau d'intérêt local n'ait dû s'améliorer depuis l'exercice 1886.

155. *Tonnage brut et nombre d'unités suivant la nature des trains* — Le parcours kilométrique des trains, en 1886, se répartissait comme suit [1]:

	Voie normale	Voie étroite
Trains-voyageurs....	814.256.......	46.278
— Mixtes.........	2.910.515.......	859.685
— Marchandises...	256.836.......	3.750
— Service........	35.640.......	9.906
Totaux......	4.016.247.......	919.619
Ensemble du réseau.	4.935.886 kilomètres	

Eu égard à leur importance relative, nous ne considèrerons que les trains mixtes.

Le tonnage brut par train peut être évalué [2]:

$$\text{VOIE NORMALE : } \frac{324.960.000^{\text{tk}}}{4.016.247^{\text{k}}} = 81{,}0 \text{ tonnes}$$

que l'on peut décomposer :

		Voyageurs	Marchandises
Voyageurs...........	17,9 × 0,075	= 1,34 tonnes	» tonnes
Véhicules...........	3.6 × 6,1	= 21,96	»
Accessoires de G. V.	....	0,26	»
Marchandises	....	»	8,40
Wagons	....	»	2,4×4,5=10,80
Accessoires de P. V.	....	»	0,08
Machines de manœuvre	....	19,94	18,22
	Totaux..........	43,50	37,50
	Ensemble pareil.......	81 tonnes	

$$\text{VOIE ÉTROITE : } \frac{39.390.000^{\text{tk}}}{919.619^{\text{k}}} = 42{,}8 \text{ tonnes}$$

que l'on peut décomposer :

(1) et (2) Voir Tabl. II, page 262.

		Voyageurs	Marchandises
Voyageurs...........	11,1 × 0,075 =	0,83 tonnes	» tonnes
Véhicules............	3,3 × 4,4 =	14,52	»
Accessoires de G. V..................		0,17	»
Marchandises		»	3,50
Wagons............................		»	1,1 × 3 = 3,30
Accessoires de P. V..................		»	0,04
Machines et manœuvres................		14,98	5,46
	Totaux.......	30,50	12,30
	Ensemble pareil...	42,8 tonnes.	

D'autre part, d'après la statistique de 1886, les valeurs du coefficient μ sont :

$$\text{Voyageurs } \mu = \frac{5.266.308}{4.725.930} = 1{,}115.$$

$$\text{Marchandises } \mu = \frac{4.440.259}{4.316.709} = 1{,}029$$

et le nombre des unités, n, par train moyen sont :

	Voie normale	Voie étroite
Voyageurs.............	17,9	11,1
Marchandises	8,4	3,6

d'où finalement :

VOIE NORMALE : Voyageurs... $\mu n = 1{,}115 \times 17{,}9 = 19{,}95$;
Marchandises $\mu n = 1{,}029 \times 84{,}0 = 8{,}64$.
VOIE ÉTROITE : Voyageurs.. $\mu n = 1{,}115 \times 11{,}1 = 12{,}38$;
Marchandises $\mu n = 1{,}029 \times 3{,}5 = 3{,}60$.

156. *Rapports des efforts effectifs et moyen et des vitesses effectives et moyennes.* — Les trains mixtes, d'après les chiffres précédents, étant en quelque sorte la règle générale des transports sur le réseau d'intérêt local, on admettra sans erreur en ce qui les concerne :

$$\frac{f}{\varphi} = 1 \text{ et } \frac{V}{\varphi} = 1.$$

L'application des (formules 28 et 29) aux trains de voyageurs et de marchandises allongerait les calculs sans intérêt ; nous laisserons donc ces trains spéciaux de côté

157. *Formules numériques.* — D'après ce qui précède, les prix de revient des trains-kilomètre, en francs, sont bien représentés par les formules :

$$\text{Voie normale : } t = p\left(0{,}010.563 + 0{,}007.935\frac{f}{\varphi} + 0{,}004.977\frac{V}{\psi}\right)$$

$$\text{Voie étroite : } t = p\left(0{,}014.813 + 0{,}011.13\frac{f}{\varphi} + 0{,}006.979\frac{V}{\psi}\right)$$

et le prix de revient, en centimes, de l'unité — voyageur ou tonne de marchandises — par les formules :

$$\text{Voie normale : } \pi = \frac{p}{\mu n}\left(1{,}056.3 + 0{,}793.5\frac{f}{\psi} + 0{,}497.7\frac{V}{\psi}\right)$$

$$\text{Voie étroite : } \pi = \frac{p}{\mu n}\left(1.481.3 + 1{,}113\frac{f}{\varphi} + 0{,}697.9\frac{V}{\psi}\right)$$

L'application de ces formules au train moyen donne, avec $\frac{f}{\varphi} = 1$ et $\frac{V}{\psi} = 1$.

Voie normale.......... $t = 81 \times 0{,}023475 =$ 1,89 fr. le train kilom.

Soit : Administration, exploitation et divers.... 0,84
Traction.............................. 0,64 } 1 fr. 89.
Voie.................................. 0,41

Voie étroite......... $t = 42\ 8 \times 0{,}022922 =$ 1,41 le train kilom.

Soit : Administration, exploitation et divers.... 0,64
Traction.............................. 0.47 } 1 fr. 41.
Voie.................................. 0.30

Valeurs évidemment égales au quotient $\frac{D}{P}$ du tableau II, mais cependant qu'il faut considérer comme majorées par les dépenses de la société des chemins de fer économiques et de la compagnie des chemins de fer départementaux.

La répartition des dépenses entre les voyageurs et les marchandises à la tonne d'après la formule π ci-dessus, s'établit dès lors :

VOIE NORMALE.

$$\text{Voyageurs} \ldots\ldots\ldots \pi = \frac{43,50 \times 0,023475}{19,95} = 5,11 \text{ cent.}$$

$$\text{Marchand. à la tonne } \pi = \frac{37,50 \times 0,23475}{8,64} = 10,15.$$

VOIE ÉTROITE..

$$\text{Voyageurs} \ldots\ldots\ldots \pi = \frac{30.50 \times 0,032922}{12,38} = 8,09.$$

$$\text{March. à la tonne} \ldots \pi = \frac{12,30 \times 0,032922}{3,60} = 11,24.$$

Rappelons, d'après la statistique de 1886, que les produits moyens ont été :

VOIE NORMALE :	Voyageurs...	5,37 cent.;	Marchandises...	10,99 cent
VOIE ÉTROITE :	—	7.87 ;	—	16,06

158. Résumé. — Les faits principaux à retenir des calculs précédents sont les suivants :

— Les formules (31) et (32) sont générales, et si leurs applications à l'exercice 1886 n'ont pas un caractère de fixité absolu, elles permettent du moins d'apprécier les circonstances principales qui influent sur le prix des transports; elles indiquent le sens des améliorations à obtenir successivement; elles permettent, par des applications successives, de mesurer les améliorations de service, et finalement elles donneront d'utiles renseignements lorsqu'il s'agira des questions de tarifs.

— Elles montrent combien il importe de réduire le poids mort qui grève lourdement les transports. L'importance de cette observation a déjà frappé différentes compagnies d'intérêt local qui transforment leur matériel par l'emploi des wagons à marchandises dont la charge utile se rapproche de celle des grandes lignes auxquelles elles se raccordent. Dans le même ordre d'idées, les chemins de fer de l'État ont fait construire des locomotives-fourgons du poids de 25 tonnes, qui, outre la réduction du poids mort, permet de réduire le personnel des trains.

— En dehors d'une meilleure utilisation du matériel l'économie peut porter, sur le coefficient du facteur $\frac{p}{\mu n}$, qui correspond aux dépenses d'administration, d'exploitation, de traction, de la voie et d'ordre. C'est ainsi que la compagnie du Nord s'est préoccupée sur les chemins secondaires, de réduire le personnel des stations et des trains ; que la compagnie de P. L. M. recherche l'économie de l'exploitation par la distinction des gares — en gares-centres, intervenant seules dans le mouvement des trains, et gares de passage, gérées par un seul agent ; enfin que l'administration des chemins de fer de l'Etat suppriment le chauffeur sur les machines-fourgons.

— En ce qui concerne les résultats numériques nous avons donné [1] les prix de revient des différentes unités, affirmant sur le réseau d'intérêt général l'égalité des dépenses pour un voyageur ou une tonne kilométrique, et sur le réseau d'intérêt local, la supériorité des dépenses d'une tonne sur un voyageur kilométrique — soit le double sur la voie normale et un tiers en sus sur la voie étroite. Ces chiffres justifient l'application qui tend à s'étendre des *trains légers*, et la distinction, pour certaines espèces, des services de voyageurs et de marchandises.

— Enfin, sur le réseau d'intérêt local, comme sur le réseau d'intérêt général, le produit net d'un voyageur est très inférieur au produit net d'une tonne. Il semble même que les transports des voyageurs sur le réseau à voie étroite se fasse en moyenne au-dessous du prix de revient ; toutefois il y aurait peu à faire pour équilibrer les recettes et les dépenses.

(1) Voir nos 152 et 157.

§ 3.

PRIX DE REVIENT SUR LE RÉSEAU DE L'ÉTAT

159. Ensemble de transports. — On a souvent parlé pour et contre l'exploitation des chemins de fer de l'État ; il y a donc un certain intérêt à examiner comment les résultats effectifs d'exploitation se comportent à l'égard des formules précédentes.

En ce qui concerne l'ensemble des transports, nous avons trouvé [1] pour l'utilisation du matériel 2,534 tonnes contre 2,648 tonnes effectives ; pour les dépenses kilométriques 9.770 francs contre 9.987 francs effectifs ; et [2] pour coefficient d'exploitation 0,756 contre 0,777.

Ainsi, dans leur ensemble, les qualités de l'exploitation sont égales ou à très peu près égales à celles moyennes des grandes compagnies ; et les efforts que l'administration n'a pas cessé de faire ont sans doute fait disparaître depuis l'exercice 1886, toute majoration que ne justifierait pas la constitution même de son réseau.

On peut donc discuter sur la méthode d'exploitation — notamment sur le point de savoir si l'organisation doit s'écarter davantage de celle du réseau d'intérêt général pour se rapprocher de celle du réseau d'intérêt local, et si cette organisation plus modeste ne serait pas la conséquence nécessaire de l'exploitation par les compagnies voisines, mais étant donné le régime en usage, la qualité moyenne de l'exploitation reste sans contestation possible en dehors de tout débat.

160. Transports spéciaux. — En ce qui concerne les transports spéciaux : voyageurs et marchandises, les

(1) Voir N° 123.
(2) Voir N° 132.

coefficients des formules (28) et (29) s'établissent comme suit avec les statistiques de 1886 :

a. *Dépenses par tonne brute* [1].

Administration..................	$a = \dfrac{1.657.085}{1.705.860.000} = 0{,}000.971$
Exploit. Mouv. Trafic...........	$b = \dfrac{6.662.487}{1.705.860.000} = 0{,}003.905$
Traction et matériel............	$c = \dfrac{7.070.455}{1.705.860.000} = 0{,}004.144$
Voie............................	$d = \dfrac{5.991.329}{1.702.000.000} = 0{,}003.512$
Dép. d'ordre et divers..........	$e = \dfrac{2.001.630}{1.705.000.000} = 0{,}001.173$
Dép. totales d'exploitation.....	$\theta = \dfrac{23.382.990}{1.705.860.000} = 0{,}013.705$

b. *Rapports des efforts de traction effectifs et moyen* [2] :

			t. k.	
Trains de voyag. :	$4.384.570^k \times 114^t \times 11^k,6$, soit		$5.000 \times 11{,}6$	$= 58.000$
Trains mixtes :	$3.397.184 \times 150 \times 7,1$, soit		$5.100 \times 7{,}1$	$= 36.250$
	Totaux des trains de voyageurs........		$10.100 \times f$	$= 94.250$
Trains de march. :	$2.156.651 \times 333 \times 5,3$, soit		$7.180 \times 5{,}3$	$= 38.050$
	Totaux des trains de toute nature		$17.180 \times \varphi$	$= 132.300$

d'où

$$f = \frac{9.425}{1.010} = 9{,}40 \;;\quad \varphi = \frac{13.230}{1.728} = 7{,}60 \text{ kilg.};$$

et finalement :

$$\text{Voyageurs : } \frac{f}{\varphi} = \frac{9.40}{7.66} = 1{,}23 \;;\quad \text{Marchandises : } \frac{}{\varphi} = \frac{5.30}{7.66} = 0{,}69.$$

c. *Rapports des vitesses effectives et moyenne* [3]. Sur les mêmes bases, on a :

(1) Voir la statistique de 1886 et le tableau I, page 260.
(2) — id. — et le nº 149.
(3) Voir le nº 150.

Voyageurs........	5.000t × 60fr	= 300.000fr
Mixtes...........	5.108 × 40	= 204.000
Totaux des Trains-Voyag.	10.100 × V	= 504.000
Marchandises.....	7.180 × 25	= 179.500
Trains de toute nature...	17.280 × ψ	= 683.500

d'où :

$$V = \frac{5.040}{101}, \quad \text{soit 50 kil.} \quad \text{et} \quad \psi = \frac{68.350}{1728} \quad \text{soit 40 kil.}$$

et finalement :

$$\text{Voyageurs}: \frac{V}{\psi} = \frac{50}{40} = 1,25\,; \quad \text{Marchandises}: \frac{V}{\psi} = \frac{25}{40} = 0,625.$$

d. *Tonnage brut et nombre d'unités par train* (1).

TRAINS DE VOYAGEURS : Poids brut du train moyen (2) :

$$p = \frac{922.320.000}{7.781.754} = 118,5 \text{ tonnes};$$

Nombre de voyageurs au train moyen (3) :

$$n = \frac{291.225.505}{7.781.754} = 37,4 \text{ voyageurs}$$

Majoration des accessoires (4)

$$\mu = \frac{12.878.198}{10.500.332} = 1,227$$

$$\text{et} \quad \frac{p}{\mu n} = 2,583 \text{ tonnes.}$$

TRAINS DE MARCHANDISES : Poids brut du train moyen (5) :

$$p = \frac{783.540.000}{2.352.006} = 333,1 \text{ tonnes}$$

Nombre de tonnes-marchandises au train moyen (6) :

$$n = \frac{255.320.538}{2.352.006} = 108,6 \text{ tonnes}$$

Majoration des accessoires (7)

$$\mu = \frac{15.075.924}{13.415.016} = 1,124$$

$$\text{et} \quad \frac{p}{\mu n} = 2,727 \text{ tonnes.}$$

(1) Voir No 145.
(3), (4) et (7), Voir statistique de 1886.
(2), (5) et (6) — id. — et Tabl. I, page 260.

e. *Formules numériques*. — En résumé les coefficients du réseau des chemins de l'Etat sont les suivants :

NATURE DES TRAINS		p	$\frac{p}{\mu n}$	$\frac{f}{\varphi}$	$\frac{V}{\psi}$	OBSERVATIONS
		t.	t.			
TRAINS MOYENS.	Voyageurs.....	118,5	2.583	1,23	1,25	$a+b+e=0{,}006.049$
						$e=0{,}004,144$
	Marchandises..	333,1	2.729	0,69	0.625	$d=0{,}003.512$

Dès lors on a par application des formules 31 et 32, Prix de revient du train kilométrique en francs :

Voyageurs :

$$t = 118{,}5\,(0.006049 + 0.004144 \times 1{,}23 + 0{,}003512 \times 1.25)$$
$$= 118.5 \times 0.0155 = 1 \text{ fr. } 83$$

Marchandises :

$$t = (0{,}006049 + 0{,}004144 \times 0.69 + 0{,}003512 \times 0{,}625)$$
$$= 333.1 \times 0{,}0112 = 4 \text{ fr. } 00$$

Vérification :

$$7.781.754 \times 1{,}83 + 2.352.006 \times 4{,}00 = 10.133.760 \times 2 \text{ fr. } 31$$

et prix de revient moyen de l'unité, en centimes :

Voyageurs :

$$\pi = 2{,}583\,(0{,}6049 + 0{,}5097 + 0.4390) = 2{,}583 \times 1{,}5536 = 3^c{,}72$$

Marchandises :

$$\pi = 2{,}729\,(0{,}6049 + 0{,}2859 + 0{,}2195) = 2{,}729 \times 1.1103 = 3^c{,}03$$

161. Observation. — Nous avons établi [1] que les prix correspondant sur le réseau d'intérêt général étaient : voyageurs $2^c{,}80$ et marchandises $2^c{,}96$. L'écart avec les prix de revient sur le réseau de l'État doit être attribu pour la plus grande partie à la différence de fréquentation sur les deux groupes de lignes considérées. Toutefois, dans

(1) Voir n° 152.

le résultat final d'exploitation, il semble que l'organisation économique du service des marchandises vienne compenser sur le réseau d'Etat certaines dépenses exagérées du service des voyageurs. L'examen des coefficients pages 242 et 257 montre en effet que l'utilisation du matériel, mesurée par le rapport $\frac{p}{\mu n}$, est insuffisante pour les trains de voyageurs — 2,563 tonnes contre 1,98 tonnes — et au contraire très satisfaisante pour les trains de marchandises — 2,729 tonnes contre 3 tonnes.

A l'appui de cette observation, nous devons ajouter, d'après les renseignements statistiques de 1886, que les produits moyens perçus sur le réseau de l'Etat ont été: Voyageurs, 3,61 et marchandises, 5c,25, contre les prix de revient 3c,72 et 3c,03 calculés ci-dessus.

Ainsi les marchandises offriraient seules une rémunération des services rendus et le transport des voyageurs se ferait en perte.

Il paraît donc nécessaire, pour la grande vitesse, d'abaisser la valeur $\frac{p}{\mu n}$, dont l'élasticité est d'ailleurs suffisante ; autrement l'Administration aurait marché trop vite dans l'abaissement progressif des taxes, et de diminution en diminution, aurait dépassé la suppression du péage, c'est-à-dire la gratuité de l'usage dont jouissent les routes et canaux.

Cette situation, quelque réserve qu'on puisse faire sur les chiffres qui la définissent, tient un intérêt particulier de l'art. 17 des conventions de 1883, dans lequel il est dit que les compagnies réduiront les taxes applicables aux voyageurs dans des proportions déterminées, suivant la suppression par l'Etat de la surtaxe de 1871 et des réductions ultérieures[1].

(1) Voir Chap. VI, Réforme en cours.

Il devient dès lors évident, qu'avec la méthode actuelle d'exploitation de la grande vitesse, tout abaissement nouveau des taxes établies aggraverait l'état de choses et porterait atteinte au principe de faire payer à chacun le service qui lui est rendu, en prélevant sur les usagers — voyageurs ou expéditeurs — une rémunération proportionnée aux avantages dont ils profitent.

En définitive, dans l'augmentation du confort et dans la réduction des taxes de voyageurs, l'État a cédé à des entraînements généreux contre lesquels il paraît temps de se prémunir sans toutefois méconnaître l'intérêt général sur lequel ses yeux doivent rester constamment fixés.

Tableau annexe Nc I.

RÉSEAU D'INTÉRÊT GÉNÉRAL, EXERCICE 1886.

LIGNES PRINCIPALES (30,690 kil.)				ETAT (2,365 kil).				OBSERVATIONS
DÉSIGNATION des quantités	UNITÉS: Partielles	Total, par nature	Ensemble	DÉSIGNATION des quantités	UNITÉS: Partielles	Total, par nature	Ensemble	
1° Unités de trafic U.								
G. V. { V. K.	7.137.330.385			G. V. { V. K.	291.225.505			V. K. — Voyageurs kilométriques.
Accès. 85.253.420 / 0.0459 =	1.857.373.000			Accès. 2.377.805 / 0,0361 =	65.868.800			T. K. — Tonnes kilométriques.
A valoir..........	90.615	8.994.800.000		A valoir..........	35.695	357.230.000		G.V.— Grande vitesse. P. V. — Petite vitesse.
P. V. { T. K.	9.314.346.285			P. V. { T. K.	255.320.538			
Accès. 28.257.012 / 0,0594 =	475.720.000			Accès. 1.000.007 / 0,0325 =	31.636.324			8.994.800.000 / 30.696 = 273.000
A valoir..........	33.715	9.790.100.000		A valoir..........	13.138	287.070.000		9.790.100.000 / 30.696 = 319.000
Fréquent. kil. totale....	.... U.		18.784.900.000.	....	.... U.		644.200.000	
Unités de trafic par kil..	...... $u = \frac{U}{L} =$	18.784.900.000 / 30.696 =	...... 612.000	Unités de trafic par kil..	...... $u = \frac{U}{L} =$	644.200.000 / 2.365 =	272.400	Total... u = 612.000
2° Tonnage kilométrique N.								
G. V. et Mixtes { Poids utile { V. K. 0f,075 ×	7.137.330.385	= 535.300.220		G. V. et Mixtes { Poids utile { V. K. 0f,075 ×	291.225.505	= 21.841.913		
Accès. à 0 f.35	85.253.420 / 0,35	= 244.330.771		Accès. à 0 f.35	2.377.805 / 0,35	= 6.758.087		
A valoir.....	»	»	770.040.000	A valoir.....	»	»	28.000.000	
V.K. et accès. Poids mort { Voitur. 7,7 ×	901.509.497	6.941.022.588		V.K. et accès. Poids mort { Voitur. 0,7 ×	30.043.736	207.623.061		
Wag.. 7.5 ×	456.775.520	3.425.810.400		Wag.. 0,7 ×	21.028.908	140.803.670		
Mach. 4,68 ×	143.030.473	6.693.820.136		Mach. 4,68 ×	10.366.040	485.172.702		
A valoir.....		94.870		A valoir.....		30.477		

Total p. le poids mort.	....		17.061.300.000	....	....		803.720.000
Ens. G. V. et Mixtes...	....		17.841.000.000	....	....	G. V. et Mixtes.	922.320.000
P. V. Poids utile T. K.........	» 28.257.012 / 0,35 =	9.314.340.285		P. V. Poids utile T. K.........	» 1.060.907 / 0,35 =	255.320.538	
Accessoires..		80.730.715		Accessoires..		4.710.402	
A valoir.....	»	17,000		A valoir.....		»	
T.K. et acces.			9.305.100.000	T.K. et acces.			200.040.000
Poids mort Wag. 5.40 ×	2.715.451.548	14.663.045.959		Poids mort Wag.. 5t,3 ×	92.760.334	491.629.770	
Mach. 50.70 ×	105.037.681	5.325.410.427		Mach. 26,0 ×	1.224.658	31.841.208	
A valoir....		543.614		A valoir.....		20.022	
Total p. le poids mort.	....		19.989.000.000	....	....		523.500.000
Ens. P. V............	....	....	29.385.000.000	....	....	P. V.	783.540.000
T. K. total N..........	....		47.230.000.000	....	....	N.	1.705.860.000
Utilisation du matériel(ns)	$\frac{n}{n} = \frac{N}{U}$ =	$\frac{47.230.000.000}{18.784.000.000}$	= 2t,515	Utilisation du matériel(ns)	$\frac{n}{n} = \frac{N}{U}$ =	$\frac{1.705.860.000}{644.200.000}$	= 2t,648
Unités de trafic par train.	$\frac{U}{P}$ =	$\frac{18.784.000.000}{213.780.013}$	= 87,8	Unités de trafic par train.	$\frac{U}{P}$	$\frac{644.200.000}{10.133.760}$	= 64,3
Tonnage brut par train.	$p = \frac{N}{P}$ =	$\frac{47.230.000}{213.780}$	= 220t,9	Tonnage brut par train.	$p = \frac{N}{P}$ =	$\frac{1.705.860}{10.133}$	= 168,4
G. P. (accessoires).....	»	$\frac{412.720.089}{327.400.509}$	= 1,260	G. P. (accessoires).....	»	$\frac{12.878.108}{10.500.332}$	= 1,227
P. V. (accessoires).....	»	$\frac{581.728.940}{553.471.028}$	= 1,053	P. V...............	»	$\frac{15.075.924}{13.415.010}$	= 1,121
Dépenses (transport kil).	$t = \frac{D}{P}$ =	$\frac{543.310.095}{213.780.013}$	= 2f,54	Dépenses (transport kil.).	$t = \frac{D}{P}$ =	$\frac{23.382.900}{10.133.760}$	= 2,31
Recette par T. K......	$r_1 = \frac{R}{P}$ =	$\frac{1.022.700.563}{213.780.013}$	= 4f,78	Recettes par T. ..K....	$r_1 = \frac{R}{P}$ =	$\frac{29.085.520}{10.133.760}$	= 2,87
Coefficient d'exploitation.	$R = \frac{D}{R}$ =	$\frac{543.310.095}{1.022.700.563}$	= 53,10	Coefficient d'exploitation.	$R = \frac{D}{R}$ =	$\frac{23.382.900}{29.085.520}$	= 80,40
Dépense par unité......	$r_2 = \frac{D}{U}$ =	$\frac{543.310.095}{18.784.000.000}$	= 0f,02892	Dépense par unité......	$r_2 = \frac{D}{U}$ =	$\frac{23.382.900}{644.200.000}$	= 0,0363
Dépense par tonne brute.	$\pi = \frac{D}{N}$ =	$\frac{543.310.095}{47.230.000.000}$	= 0f,01150	Dépense par tonne brute	$\pi = \frac{D}{N}$ =	$\frac{23.382.990}{1.705.860.000}$	= 0,0137
Recette par unité kilom.	$r = \frac{R}{U}$ =	$\frac{1.022.700.563}{18.780.000.000}$	= 0f,0544	Dépense par unité kilom.	$r = \frac{R}{U}$ =	$\frac{29.085.520}{644.200.000}$	= 0,0451

Tableau annexe N° II

RÉSEAU D'INTÉRÊT LOCAL, EXERCICE 1886

DÉSIGNATION DES QUANTITÉS	ENSEMBLE DU RÉSEAU (1860 KIL.)		LIGNES à voie étroite (1m00) (378 KIL.)		LIGNES à voie normale (1m44) (1482 KIL.)		OBSERVATIONS
	QUANTITÉS Partielle	Totale	Partielle	Totale	Partielle	Totale	
A. Unités de trafic, U.							
	U. K.	U. K.	U. K.	U. K.		U. K.	
G. V. Voyageurs kilométriques	85.348.751		9.200.266		»		G. V. — Grande vitesse.
G. V. Accessoires $\frac{540.407}{0.0537}$	10.063.445		879.734		»		P. V. — Petite vitesse.
G. V. A valoir	7.804				»		U. K. — Unités kilométriques.
		95.420.000		10 149.000		85.271.000	T. K. — Tonnes kilométriques.
P. V. Tonnes kilométriques	38.377.481		2.338.080		»		
P. V. Accessoires $\frac{123.349}{0.1099}$	1.122.300		73.320		»		
P. V. A valoir	5.219		»		»		
		39.505.000		2.411.000		37.094.000	
Fréquentation kil^e totale ... U =		134.925.000		12.500.000		122.365.000	
Unités de trafic par kilomètre .. $u = \frac{U}{}$ =		72.500		33.000		82.700	

B. Tonnage kilométrique, N.

Tonnage utile. — Voyageurs à 0 f. 075	6.401.156	T. K.	695.750	T. K.	»	T. K.
Tonnage utile. — Accessoires à 0 f. 40	1.358.084	7.660.000	174.250	870.000	»	6.790.000
Tonnage utile. — Marchandises à la tonne	38.377.481		2.238.680		»	
Tonnage utile. — Accessoires à 0 f. 40	308.519	38.686.000	31.320	2.270.000	»	38.416.000
Total du tonnage utile	....	46.346.000		3.140.000		43.206.000
Tonnage mort. — G. V. — Voit : 11.363.582×6 t.8.	77.265.605		14.900.830		»	
Tonnage mort. — G. V. — W. 5.132.205×6,2.	31.819.671		5.011.210		»	
Tonnage mort. — G. V. — M. 4.756.747×3,2.	151.215.904		15.370.060		»	
Tonnage mort. — P. V. — W. 10.691.358×4.5.	48.111.111		»		»	
Tonnage mort. — P. V. — M. 357.355×24.0	8.756.520		»		»	
A valoir	16.189		7.000		»	
Total du tonnage mort		318.004.000		36.250.000		281.762.000
Tonnage kilométrique total N =		364.350.000		39.390.000		324.960.000
Tonnage brut par unité $\frac{N}{U} = \frac{n}{u}$ =		2 t. 700		3 t. 136		2 t. 657
Dépenses totales d'exploitation D =		8.023.199 fr.		1.206.602 fr.		7.626.507 fr.
Recettes totales d'exploitation R =		9.069.104		980.735		8.988.371
Dépenses d'exploitation par kil. d =		4.797		3.430		5.146
Recettes d'exploitation par kil. r =		5.360		2.576		6.065
Dépenses d'exploitation par unit. $\frac{d}{u}$ =		6 c. 622		10 c. 407		6 c. 229
Dépenses d'exploitation par tonne brute. $\frac{d}{n}$ =		2 c. 440		3 c. 210		2 c. 347
Poids brut du train moyen $\frac{U}{P}$ =	P=4.048.000	20 u. 90	P=019.040 k	13 u. 60	P=4.020.341	30 u. 40
Dépenses par train-kilomètre $\frac{D}{P}$ =		1 f. 80		1 fr. 41		1 fr. 89
Poids brut du train moyen $\frac{N}{P}$ =		»		42 t. 8		81 t.

Tableau annexe N° III.

GRANDES COMPAGNIES. — EXERCICE 1886.

DÉSIGNATION DES UNITÉS	NORD (3.491 k.)	EST (4.210 k.)	OUEST (4.312 k.)	P.-O. (5.006 k.)	P.-L.-M. (7.878 k.)	MIDI (2.558 k.)	ENSEMBLE (28.085 k.)
A. Unités kilométriques.							
Voyageurs	1,083,987,000	914,308,000	1,285,889,000	1,038,129,000	1,826,234,000	378,838,000	6,727,385,0[illegible]
Marchandises	1,789,010,000	1,249,997,000	822,283,000	1,355,009,000	3,089,483,000	677,653,000	8,983,435,000
Accessoires au taux de 0 fr. 05	329,003,000	233,695,000	364,828,000	425,862,000	640,283,000	142,509,000	2,136,180,000
Fréquent. kil° totale U	3,202,000,000	2,398,000,000	2,473,000,000	2,819,000,000	5,556,000,000	1,399,000,000	17,847,000,000
Unités de trafic par kil. $u = \frac{U}{L} =$	917,000	569,000	571,000	501,000	706,000	536,000	636,000
B. Tonnage kilométrique.							
Voyageurs à 75 k	81,297,025	68,573,400	96,441,675	77,860,275	136,967,550	43,412,850	504,552,475
Marchandises à la tonne	1,789,010,000	1,249,997,000	822,283,000	1,335,009,000	3,089,483,000	677,653,000	8,963,435,000
Accessoires au taux de 0 fr. 35 par tonne et par kilomètre	44,692,975	35,429,900	52,275,325	60,130,725	96,549,540	18,934,150	308,012,525
Total du tonnage utile	1,915,000,000	1,354,000,000	971,000,000	1,473,000,000	3,323,000,000	740,000,000	9,776,000,000

Machines	1.916.000.000	1.549.000.000	1.293.000.000	1.643.000.000	3.029.000.000	919.000.000	10.349.000.000
Wagons	2.526.000.000	2.029.000.000	1.720.000.000	2.230.000.000	4.882.000.000	995.000.000	14.382.000.000
Voitures et Wagons de G. V.	1.392.000.000	1.533.000.000	1.034.000.000	1.605.000.000	3.232.000.000	606.000.000	10.002.000.000
Total du tonnage mort	5.834.000.000	5.111.000.000	4.647.000.000	5.478.000.000	11.143.000.006	2.520.000.000	34.733.000.000
Tonnage kilométrique total N.	7.749.000.000	6.465.000.000	5.618.000.000	6.951.000.000	14.466.000.000	3.260.000.000	44.509.000.000
							Moyennes.
Fréquentation kilométr. $n = \frac{N}{L} =$	2.216.000 t.	1.533.000 t.	1.303.000 t.	1.240.000 t.	1.836.000 t.	1.221.000 t.	1.583.000 t.
Tonnage brut par unité $n_2 = \frac{n}{u} =$	2t,416	2t,602	2t,271	2t,466	2t,604	2t,260	2t,486
Recettes kil. d'exploitation	46.816 fr.	29.686 fr.	30.603 fr.	29.461 fr.	39.275 fr.	32.242 fr.	35.056 fr.
Dépenses kil. d'exploitation	21.842 fr.	17.977 fr.	17.735 fr.	16.086 fr.	17.955 fr.	18.402 fr.	18.354 fr.
Dép. par unité de trafic $d_1 = \frac{d}{u} =$	2c,381	3c,156	3c,092	3c,196	2c,546	3c,404	2c,845
Dépenses par tonne brute $\pi = \frac{d}{n} =$	0c,985	1c,172	1c,361	1c,300	0c,977	1c,506	1c,143

Tableau annexe N° IV

LIGNES PRINCIPALES DES GRANDES COMPAGNIES. — EXERCICE 1886. — UNITÉS KILOMÉTRIQUES

DÉSIGNATION DES UNITÉS	NORD Paris-Front. belge Calais Dunkerque-Boulogne Soissons (1248 k.)	EST Paris-Avricourt (410 k.)	OUEST Paris-Rouen Le Havre Trouville Rennes (917 k.)	P.-O. Paris-Orléans Bordeaux (586 k.)	P.-L.-M. Paris-Marseille Toulon Front. Italienne (1115 k.)	MIDI Bordeaux Cette (483 k.)	ENSEMBLE (4.750 k.)
Voyageurs kilométriques	616.137.000	308.627.000	535.792.000	377.639.000	916.743.000	222.567.000	2.977.506.000
Tonnes kilométriques	1.325.874.000	330.375.000	532.228.000	448.625.000	1.428.749.000	386.222.000	4.452.073.000
Accessoires G.V. et P.V. 12 0/0	233.041.000	76.680.000	128.162.000	99.166.000	281.458.000	73.051.000	891.557.000
Fréquentation kil° totale U =	2.175.052.000	715.682.000	1.196.182.000	925.430.000	2.626.950.000	681.840.000	8.321.136.000
Unités de trafic par kil. $\frac{U}{L}$ =	1.742.000	1.745.000	1.306.000	1.579.000	2.356.000	1.412.000	1.748.000
Recettes kilométriques d'exploit°.	96.723 fr.	91.352 fr.	76.317 fr.	108.308 fr.	135.960 fr.	85.931 fr.	102.070 fr.
Dépenses kilométriques d'exploit°.	42.594 —	46.841 —	33.204 —	40.423 —	48.751 —	38.060 —	42.440 —
Dép. par unité de trafic : $\frac{d}{u}$ =	2c,445	2c,690	2c,545	2c,560	2c,069	2c,695	2c,427

Tableau annexe N° V

COMPTE DIT DE L'EXPLOITATION PARTIELLE. — EXERCICE 1886. — UNITÉS KILOMÉTRIQUES

DÉSIGNATION DES UNITÉS	NORD (0 k.)	EST (646 k.)	OUEST (570 k.)	P.-O. (593 k.)	P.-L.-M. (2.139 k.)	MIDI (108 k.)	ENSEMBLE (4.056 k.)
Voyageurs kilométriques	»	21.917.000	34.948.000	24.542.000	130.594.000	3.338.000	215.379.000
Tonnes kilométriques	»	52.959.000	24.839.000	16.461.000	169.752.000	1.673.000	265.684.000
Accessoires G.P. et P.V. 12 0/0	»	8.984.000	7.179.000	4.920.000	36.041.000	601.000	57.725.000
Fréquent. kil° totale U	»	83.860.000	67.006.000	45.923.000	336.387.000	5.612.000	538.788.000

Unités de trafic par kil. $u = \frac{U}{L} =$	»	130,000	118,000	75,500	158,000	52,000	132,800
Recettes kilométr. d'exploitation...	»	6,860 fr.	6,434 fr.	4,354 fr.	8,500 fr.	3,250 fr.	7,224 fr.
Dépenses kilométr. d'exploitation.	»	7,116 fr.	8,071 fr.	5,442 fr.	8,200 fr.	6,732 fr.	7,570 fr.
Dépen. par unité de trafic $\frac{d}{u} =$	»	5c,47	6c,84	7c,21	5c,19	12c,94	5c,700

Tableau annexe N° VI.

RÉSEAU D'INTÉRÊT LOCAL. — EXERCICE 1886. — UNITÉS KILOMÉTRIQUES.

DÉSIGNATION DES UNITÉS	SOCIÉTÉ GÉNÉRALE des chemins de fer économiques (217 K.)	COMPAGNIE de l'Orne (66 K.)	ORLÉANS à CHALONS (237 K.)	HÉRAULT (116 K.)	OBSERVATIONS
Voyageurs kilométriques................	2,442,000	2,859,000	15,836,000	9,212,000	G. V. — Grande vitesse.
Tonnes kilométriques....................	2,994,000	414,000	9,648,000	3,276,000	P. V. — Petite vitesse.
Accessoires G. V. et P. V.	534,000	327,000	2,557,000	1,298,000	
Fréquentation kilométriq. totale U =	5,970,000	3,600,000	28,041,000	13,786,000	
Unités de trafic par kilom. $u = \frac{U}{L} =$	27,600	54,500	118,300	118,600	
Recettes kilométriques d'exploitation	2,250 fr.	4,356 fr.	7,752 fr.	5,741 fr.	
Dépenses kilométriques d'exploitation....	3,785 —	4,785 —	6,409 —	5,713 —	

Tableau

INTÉRÊT LOCAL, VOIE

DÉSIGNATION des QUANTITÉS	SOCIÉTÉ GÉNÉRALE des Chemins de fer (9 kil.)	COMPAGNIE des Chemins de fer départementaux (104 kil.)	Anvin à Calais (94 kil.)	Ballon à Antoigné (6 kil.)
				A. UNITÉS
Voyageurs kilométriques.........	126.798	1.503.597	3.198.320	21.030
Tonnes kilométriques.............	26.561	189.236	394.595	18
Accessoires G. V. et P. V..........	9.641	144.167	217.185	1.952
Fréquentation kil. Totale.. $U =$	163.000	1.837.000	3.810.000	23.000
Unités de trafic par kil.:... $\frac{U}{L} =$	18.100	17.700	40.500	3.800
				B. TONNAGE
Voyageurs à 75 k...............	9.510	112.970	239.860	1.580
Tonnes-Marchandises.............	26.561	189.236	394.595	18
Accessoires G. V. et P. V.........	2.129	31.294	47.045	502
Total du tonnage utile..........	38.200	333.500	681.500	2.100
Machines	365.440	4.092.800	4.456.800	45.780
Voitures	123.760	3.979.090	4.932.580	64.240
Wagons	95.700	3.592.950	599.550	»
Total du tonnage mort.........	584.900	11.664.840	9.988.930	110.020
Tonnage kilométrique total $N =$	623.100	11.998.340	10.670.430	112.120
Tonnage brut par unité.... $\frac{N}{U} =$	3.823	6.532	2.801	4.439
Recettes totales d'exploit.... $R =$	21.995 fr.	124.501 fr.	229.778 fr.	2.202 fr.
Dépenses totales d'exploit.... $C =$	50.332	508.432	251.357	6.150
Recette kilométrique d'expl.. $r =$	2.443	1.197	2.444	367
Dépense kilométrique d'expl.. $d =$	5.595	4.889	2.674	1.025
Dép. par unités de trafic. $\frac{D}{U} = \frac{d}{u} =$	30c,88	27c,67	6c,596	26c,74
Dép. par tonne brute... $\frac{D}{N} = \frac{d}{n} =$	8c,077	4c,237	3c,356	6c,024

annexe N° VII.

ÉTROITE (1m,00)

Gray à Gy (22 kil.)	Chemins de la Meuse (61 kil.)	Beaumont à Hermès (31 kil.)	Fourvières à (9 kil.)	Marlieux à Châtillon sur-Chalaronne (11 kil.)	Le Mans à Grand-Lucé (31 kil.)	Ensemble (378 kil.)
DE TRAFIC. U.						
385.027	380.504	977.481	701.057	275.836	1.699.716	9.269.266
152.550	1.042.594	238.229	»	33.180	161.717	2.338.680
51.423	26.902	259.290	60.943	61.984	118.567	952.054
589.000	1.450.000	1.475.000	762.000	371.000	1.980.000	12.560.000
26.700	23.700	47.500	84.600	33.600	63.900	33.000
KILOMÉTRIQUE N.						
28.880	28.530	73.690	52.570	20.690	127.470	695.750
152.550	1.042.594	238.229	»	33.180	161.717	2.238.680
11.450	6.876	57.581	12.530	13.230	24.413	205.570
191.400	1.078.000	369.500	65.400	67.100	313.600	3.140.000
1.140.800	1.146.250	1.841.840	1.242.500	194.150	843.700	15.370.060
905.850	648.980	2.050.160	494.000	486.170	1.276.000	14.960.830
116.200	494.550	817.600	22.910	80.756	91.000	5.911.210
2.162.850	2.289.780	4.709.600	1.759.410	761.070	2.210.700	36.242.100
2.354.250	3.367.780	5.079.100	1.824.510	828.170	2.524.300	39.382.100
3.997	2.323	3.443	2.394	2.232	1.275	3.136
65.148 fr.	139.739 fr.	154.909 fr.	96.304 fr.	32.364 fr	113.793 fr.	980.733 f.
77.653	147.706	93.732	44.195	28.002	84.133	1.296.692
2.961	2.291	4.997	10.700	2.942	3.671	2.576
3.530	2.421	3.187	4.911	2.546	2.714	3.430
13f,19	10f,186	6f,694	5f,799	7f,647	4f,239	10f,323
3f,299	4f,386	1f,944	2f,423	3f,381	3f,333	3f,294

CHAPITRE SIXIÈME

TARIFS ET LEUR APPLICATION

Généralités sur les tarifs. — Tarifs des voyageurs. — Tarifs des marchandises. — Abaissement des tarifs.

SOMMAIRE :

§ 1. **Généralités sur les tarifs.** — Observations préliminaires. — Classification des tarifs : *Nomenclature; Tarifs kilométriques, barèmes; Tarifs à prix fermes.* — Homologation et publicité des tarifs. — Tarifs spéciaux. — Réforme des tarifs. — Frais accessoires.

§ 2. **Tarifs des voyageurs.** — Tarifs maxima du cahier des charges. — Tarif général. — Tarif des bagages. — Tarifs spéciaux.

3. **Tarifs des marchandises.** — Tarifs maxima du cahier des charges. — Tarifs généraux G. V. — Tarifs généraux P. V. — Tarifs spéciaux P. V.

§ 4. **Abaissement des tarifs.** — Généralités. — Tarifs des voyageurs: *Abaissement progressif; Réforme belge; Réforme sur le Réseau de l'État; Réforme en cours.* — Tarifs des marchandises : *Abaissement progressif; Réforme sur le réseau de l'État; Résumé.* — Conclusions.

CHAPITRE VI

TARIFS ET LEUR APPLICATION

§ 1.

GÉNÉRALITÉS SUR LES TARIFS

162. Observations préliminaires. — Les prix perçus par les compagnies de chemins de fer ont leur origine légale dans les articles 42 et suivants du cahier des charges.

Ces prix, avons-nous dit [1], sont divisés en deux parties : le *péage*, qui correspond aux charges du capital de premier établissement et aux frais d'entretien de la voie ; le *prix de transport*, qui correspond aux charges d'acquisition et d'entretien du matériel roulant, aux frais de traction et aux dépenses d'exploitation.

En outre, ce total est majoré de l'impôt perçu pour le compte de l'Etat sur les voyageurs et les marchandises transportées en grande vitesse, ce qui représente actuellement le chiffre très élevé de 23,2 pour cent [2].

L'article 42 fixe les tarifs maxima, mais l'article 48 donne au concessionnaire la faculté de les abaisser, sauf le droit d'homologation réservé à l'administration dans

(1) Voir n° 7 et 102.

(2) Voir n° 170, p. 293.

l'art. 44 de l'ordonnance de 1846 et reproduit dans l'art. 48 du cahier des charges. Ces réductions sur les bases du tarif légal sont devenues la règle générale des transports à petite vitesse, mais au contraire elles ont été généralement refusées à la grande vitesse. Cela ne veut pas dire, cependant, que le tarif des voyageurs ne se soit pas progressivement abaissé, comme celui des marchandises ; mais c'est surtout par le développement des billets d'aller et retour et non par la réduction des bases du tarif légal. Ainsi, dans la période 1885-89, le tarif moyen des voyageurs s'est abaissé, impôt compris, de 5 c. 91 à 4 c. 40, c'est-à-dire de 34 % de la taxe de 1855, tandis que parallèlement le tarif moyen des marchandises descendait de 7 c. 65 à 5 c. 55, correspondant à une réduction à peu près semblable de 37 p. cent.

De ces courtes observations résulte nettement que le rôle des tarifs, leur fonction capitale, est de couvrir les frais d'exploitation et de construction ; il ne saurait donc entrer dans l'esprit de personne de considérer les charges de la circulation sur les voies ferrées comme une obligation commune dont la masse sociale puisse être débitée (1). D'autre part l'appréciation de ces mêmes tarifs appartient légalement aux compagnies.

Cependant la question de subordonner directement ou indirectement la tarification à l'action de l'Etat, dans un but d'unification et d'abaissement, a souvent fait l'objet de vives controverses.

Les principaux arguments sont tirés du monopole exercé par les compagnies et de leurs tarifs accusés de troubler les conditions normales de l'industrie et du commerce, soit en faisant une concurrence déloyale aux

(1) En 1889, la recette totale d'exploitation a été de 1.159,3 millions pour le réseau d'intérêt général et les dépenses d'exploitation se sont élevées à 598,7 millions.

autres entreprises de transport, soit en créant à certains centres industriels ou commerciaux une situation privilégiée au détriment d'autres centres similaires.

A la vérité les compagnies détiennent un véritable monopole de fait, résultant de l'impossibilité matérielle de multiplier ces instruments coûteux et de la nécessité d'éviter des dépenses frustratoires et des doubles emplois. Mais, si ce monopole atténue sans toutefois les détruire les effets de l'offre et de la demande en resserrant le débat entre l'expéditeur et le transporteur, par contre l'Etat a toujours exercé un certain droit de tutelle sur les compagnies. Au surplus, le public a une arme puissante pour se défendre, c'est l'abstention.

La concurrence est juste et profitable lorsqu'elle se borne à prélever la part d'un trafic à laquelle chaque compagnie peut légitimement prétendre sans chercher en outre à accaparer aucune marchandise par des abaissements excessifs de tarifs, qui les mettraient en perte, ou par des tarifs de détournement, et cela au détriment du Trésor engagé dans les garanties d'intérêt.

Plus spécialement, en ce qui concerne la concurrence avec la batellerie, on ne saurait admettre que nos voies perfectionnées, qui ont coûté tant d'argent, soient tenues à subir, immobiles, toutes les concurrences sans jamais pouvoir lutter, ni chercher à prendre leur part du trafic. Le gaspillage des forces vives du pays est d'ailleurs prévenu par le contrôle de l'administration et par les précautions prises dans l'art. 48 du cahier des charges contre les relèvements de tarifs, au cas où les compagnies voudraient les opérer après avoir ruiné leurs concurrents.

La variété et la multiplicité des prix, présentées comme favorisant injustement tel ou tel centre de population, tel ou tel établissement au préjudice des autres, est la règle supérieure de l'industrie des transports, dont les prix varient d'après la valeur du service rendu, suivant la provenance et la destination, suivant les saisons, suivant l'importance de la circulation, suivant le tonnage fourni par les expéditeurs, suivant les délais de livraison, suivant la concurrence ; les chemins de fer n'ont pas un caractère spécial qui justifie pour eux un régime exceptionnel. En harmonisant les taxes avec les circonstances et les situations, les compagnies ont, au contraire, développé beaucoup de transports que des prix très réduits pouvaient seuls permettre, abaissé le prix moyen et accru la richesse publique.

Quoi qu'il en soit, en examinant les différents intérêts engagés dans l'exploitation des chemins de fer — se rattachant soit aux besoins de la consommation et de la production, soit aux conditions d'exploitation, soit à la présence de voies concurrentes, — il ne faut pas s'étonner de la vivacité et de la persistance des discussions auxquelles a donné lieu la question des tarifs, leur inégalité, leur complication.

Les idées émises dans les récriminations qui se sont fait entendre se rattachent à trois points de vue :

Unification des taxes ;

Proportionnalité aux prix de revient ;

Proportionnalité à la valeur du service rendu.

Ce n'est pas ici le lieu de développer les arguments qui ont été donnés et que l'on trouvera dans les publications spéciales ; nous dirons seulement qu'en ces matières complexes, il ne peut y avoir de système absolu, de théorie inflexible, de principes rigoureux, de formules abstraites. Assurément, une unification méthodique est désirable, mais, pour ne pas méconnaître le caractère commercial des voies ferrées, il faut aussi que la tarification ne soit pas confinée dans des limites trop restreintes et qu'elle conserve au contraire l'élasticité et la liberté nécessaires à la nature des choses, pour attirer le trafic sur nos ports, encourager et relever, sans faveur injustifiée, certains établissements et lutter contre les produits étrangers.

En définitive, d'une part l'autorité de l'État sur les tarifs n'est pas compatible avec les actes de concession, et d'autre part l'abaissement et la légalité des tarifs sont suffisamment garantis contre le monopole de fait des compagnies par l'action tutelaire de l'Etat et par l'intérêt des compagnies elles-mêmes à appliquer les procédés commerciaux de tarification, c'est-à-dire ceux qui assurent le maximum de productivité. On est ainsi amené à conclure qu'à l'heure actuelle, après les tiraillements du début, une harmonie à peu près complète existe entre des intérêts qu'on aurait tort de considérer comme opposés, ceux du public, de l'État et des Compagnies.

163. Classification des tarifs. *Nomenclature.* — Le tarif détaillé à l'art. 42 du cahier des charges porte le nom de *tarif légal*; les noms de *tarif maximum*, *tarif plein* et *tarif du cahier des charges* sont employés comme synonymes.

Les tarifs effectivement perçus par les compagnies se distinguent en *tarifs généraux* et *tarifs spéciaux* ; les prix sont tantôt égaux et tantôt inférieurs — par application de l'art. 48 du cahier des charges — à ceux du tarif légal ; ils ne leur sont jamais supérieurs.

Les *tarifs généraux* sont ceux qui s'appliquent sans dérogation aux conditions de transport fixées par le cahier des charges et par les arrêtés pris en vertu des articles 45, 47 et 51 pour certains transports exceptionnels et pour les frais accessoires.

Les tarifs *spéciaux*, *conditionnels* ou *réduits* sont ceux qui, en échange d'une réduction de prix, sont subordonnés à certaines dérogations au tarif général, acceptées par les voyageurs ou par les expéditeurs.

Au point de vue de leur spécialité aux différents réseaux, on nomme :

— *Tarifs intérieurs*, ceux applicables aux relations entre les divers points d'un même réseau ;

— *Tarifs communs*, ceux applicables aux relations entre deux ou plusieurs compagnies, qui se sont entendues pour créer des tarifs inférieurs à ceux résultant de la simple soudure de leurs tarifs intérieurs, majorés des droits de transmission réglés par application de l'art. 51 du cahier des charges :

— *Tarifs internationaux*, ceux qui sont consentis entre des compagnies françaises et des compagnies étrangères.

Nous citerons également comme usuelles les dénominations suivantes :

— *Tarif d'exportation*, facilitant la sortie de nos produits vers l'étranger ;

— *Tarif d'importation* ou de *pénétration* facilitant l'entrée des produits étrangers ;

— *Tarif de transit*, ayant pour but d'attirer dans nos ports et sur nos rails les marchandises étrangères à destination de l'étranger ;

— *Tarif de concurrence*, établi pour lutter contre des voies concurrentes, soit ferrées, soit navigables ;

— *Tarif de détournement*, établi pour détourner des transports de son itinéraire rationnel, sur lequel les frais seraient normalement moins élevés à raison de sa longueur, de son tracé, de son profil, des bifurcations, etc. ;

— *Tarif exceptionnel*, s'appliquant à certains transports désignés : voitures de luxe, masses indivisibles, matières volumineuses sous un faible poids, objets ou animaux dangereux, animaux de valeur, matières d'or et d'argent, objets d'art et de valeur, et en général à tous les paquets, colis ou excédents de bagages pesant isolément 40 kg. et au dessous [1].

— *Tarif d'abonnement* — interdit par arrêté ministériel du 25 janvier 1860 — d'après lequel les expéditeurs s'engageaient à remettre au chemin de fer, à l'exclusion de toute autre voie de transport, toutes les marchandises dont ils avaient la libre disposition ;

— *Tarif de provenance et de destination*, accordant des réductions de prix à certaines marchandises arrivées ou en destination de localités spéciales.

Les tarifs se présentent sous deux formes différentes :

— Ils sont à *prix kilométrique* s'ils régissent les relations de l'ensemble du réseau en les soumettant à des taxes uniformes par chaque kilomètre parcouru, ou variables d'une manière réglée d'après les distances.

Ils sont dits *tarifs à prix faits*, *tarifs à prix fermes* ou *tarifs de gare à gare* s'ils régissent au contraire, par des taxes totales, la relation de deux points du réseau.

1[illegible]1. *Tarifs kilométriques. Barêmes.* — Dans les tarifs kilométriques, on distingue trois types de barêmes désignés sous les noms de *barême en ligne droite*, *barême à palier* et *barême du système belge*, parce que l'administration des chemins de fer de l'Etat belge est la première qui en ait fait un emploi systématique.

Dans le premier type, les prix sont proportionnels à la distance; la ligne représentative du tarif est une droite inclinée passant par l'origine de l'axe des distances : $T = \alpha L$. Le coefficient α est la *base*, c'est-à-dire la taxe correspondant à chaque kilomètre parcouru.

Dans le second type, inséré dans les cahiers des charges

(1) Voir art. 43, 46 et 47 du cahier des charges.

depuis 1863 pour la houille et les marchandises de peu de valeur de la 4e classe, il est fait une échelle des distances et la base α varie dans chacun des intervalles ainsi formés ; dès lors le tarif est représenté graphiquement par des éléments de lignes droites inclinées, dont les prolongements passent par l'origine et qui sont réunis par des lignes horizontales, de manière à limiter les dernières taxes de chaque échelon de distance à la taxe initiale de l'échelon suivant.

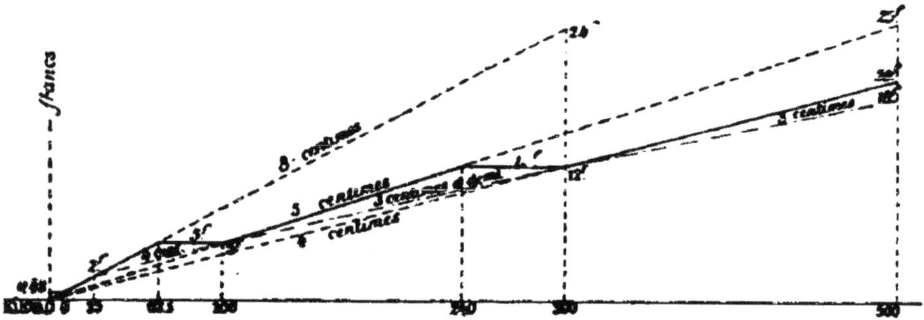

Cette limitation, qui soumet à la même taxe des parcours différents, constitue une anomalie à laquelle le système belge remédie en scindant les parcours d'après les bases kilométriques correspondantes, et additionnant les taxes de chaque échelon. Ces tarifs sont représentés par une ligne brisée convexe, qui va s'infléchissant, mais toujours en croissant lorsque la distance augmente.

Les tarifs à palier sont souvent désignés sous le nom de *tarif à la distance, à bases variables*, et les tarifs belges sous le nom de *tarif à la distance, à bases constantes*, ou plus simplement *tarif à bases décroissantes*. L'un et l'autre, dans une certaine mesure, ont leur raison d'être dans ce fait que les éléments de dépense indépendants de la distance — dépenses de gare au départ et à l'arrivée, dépenses dans les gares intermédiaires où ont lieu des transbordements, des transmissions, des remaniements de trains — se répartissant sur des parcours de plus en plus longs, donnent par kilomètre des sommes de plus en plus faibles.

En règle générale, les taxes doivent être calculées d'après le nombre de kilomètres parcourus (art. 42) ; toutefois il arrive souvent que les compagnies appliquent, après homologation, des distances moindres, désignées sous le nom de *distances d'application*, et destinées soit à combattre des entreprises concurrentes, sans modifier les bases générales des tarifs kilométriques, soit à placer certains centres dans des conditions plus complètes d'égalité, soit enfin à les faire bénéficier par avance du raccourci d'un autre tracé ajourné.

Exceptionnellement, dans la réforme de ses tarifs (1), la compagnie P.-L.-M., au lieu de faire varier les distances de kil. en kil., les a fait varier de 2 en 2 kil. pour les parcours de 112 à 160 kil. ; de 5 en 5 kil. pour les parcours de 160 à 240 kil. ; de 10 en 10 kil. pour les parcours de 240 à 360 kil. ; et de 20 en 20 kil. pour les parcours de plus de 360 kilomètres. Chaque *échelon*, au point de vue de la perception des taxes est considéré comme parcouru dès qu'il est entamé.

162. *Tarifs à prix fermes*.— Nous avons déjà dit que les prix fermes, ou prix de gare à gare, étaient des tarifs réduits établis entre des gares dénommées pour retenir, faciliter ou rendre possible un trafic qui ne supporterait pas l'application du tarif ordinaire.

Pour éviter les circonstances injustes auxquelles ces réductions de taxe donneraient lieu, trois dispositions sont actuellement en vigueur :

---

(1) Voir n° 176, page 313.

— L'homologation des prix fermes est subordonnée à l'engagement des compagnies de proposer, sur la réquisition de l'Etat, des avantages semblables pour les transports similaires, en provenance ou à destination des centres de production ou de consommation qui se trouveraient dans des conditions analogues ;

— Les marchandises qui se trouvent dans les conditions déterminées pour l'application d'un tarif spécial et qui sont expédiées de ou pour une station intermédiaire non dénommée pour ce tarif, peuvent jouir du bénéfice de ce tarif spécial en payant pour la distance entière depuis la dernière station dénommée située avant le lieu de départ, jusqu'à la première station dénommée située après le lieu de destination, si la taxe, ainsi calculée, est plus avantageuse que celle du tarif général. On ne doit considérer comme comprises entre deux stations dénommées que les stations situées sur l'itinéraire le plus court entre ces deux stations ;

— Les stations situées en dehors des gares dénommées peuvent, comme les stations intermédiaires, profiter du prix d'un tarif spécial lorsque ce prix est assez réduit pour qu'ajouté — sans addition des frais accessoires — aux prix des deux transports isolés, calculés au tarif général, il donne une somme inférieure à celle du tarif général entre les deux points extrêmes. C'est ce qu'on appelle la *soudure* ; elle est gratuite sur tous les réseaux, sauf sur le réseau d'Orléans où l'on ajoute une taxe de 0 fr. 40 aux prix soudés.

Dans certains cas exceptionnels où le trafic eût été détourné de son itinéraire normal, les compagnies ont subordonné la réduction de leurs prix à la condition expresse que ces prix ne soient pas susceptibles de soudure ; parfois même on a été jusqu'à interdire la réexpédition.

166. Homologation et publicité des tarifs. — Les taxes

établies par les concessionnaires ne peuvent être perçues, aux termes de l'art. 44 de l'ordonnance de 1846, qu'après l'homologation de l'administration, et l'art. 48 du cahier des charges affirme le contrôle et la surveillance du ministre des travaux publics en disposant que la perception des tarifs modifiés ne pourra avoir lieu qu'après avoir été annoncée un mois à l'avance par des affiches et avec l'homologation de l'administration supérieure, conformément aux dispositions de l'ordonnance de 1846.

Dans l'espèce, l'homologation n'est pas un simple enregistrement; il était important, par l'influence que le jeu des tarifs exerce sur le commerce et l'industrie, qu'aucune modification ne se produisît sans le consentement du gouvernement ; l'homologation comprend donc l'approbation comme la désapprobation de tous les tarifs. Mais le droit du ministre ne s'étend pas à imposer aux compagnies des changements qu'elles ne proposent pas ; il s'arrête à l'indication des conditions auxquelles l'homologation reste subordonnée, et dans ces conditions, la compagnie cède ou renonce à sa proposition. Ainsi la législation concilie les droits respectifs des deux parties en donnant à la compagnie l'initiative et au gouvernement le droit de veto.

Les compagnies fournissent un rapport justificatif permettant d'apprécier en toute connaissance de cause les motifs et le mérite de leur proposition. Depuis longtemps les instructions administratives prescrivent aux préfets de communiquer ces propositions aux chambres de commerce, pour les mettre à même de fournir leurs observations ; mais cette procédure était trop limitative et toutes les propositions de tarifs sont actuellement insérées chaque semaine dans une publication spéciale à la portée des intéressés et envoyée à toutes les chambres de commerce. Les tarifs, avec les observations présentées par les chambres de commerce, ou les intéressés quels qu'ils soient, sont examinés d'abord par l'inspecteur particulier de la circonscription, puis par l'inspecteur principal et par l'inspecteur général du réseau. Le dossier est alors transmis au comité consultatif des chemins de fer, qui délibère sur le rapport écrit présenté par l'un de ses membres. Pour les affaires particulièrement importantes, une commission est constituée dans le sein du comité et c'est en son nom que le rapport est présenté à l'assemblée générale. Les représentants des intéressés ou des compagnies peuvent être entendus ; le comité donne son avis et enfin le ministre prend une décision, presque toujours conforme à l'avis du comité et consistant en une homologation pure et simple, un refus d'homologation ou un homologation sous réserve de certaines modifications [1].

Un tarif ne peut être mis en vigueur qu'un mois après avoir été affiché et si des modifications y sont introduites, conformément aux demandes du ministre, un nouvel affichage d'un mois est nécessaire. Cette règle résulte de l'art. 49 de l'ordonnance de 1846.

Une fois homologué, un tarif ne peut être supprimé par la compagnie qu'à la suite d'une proposition de retrait donnant lieu à une enquête d'un mois et à l'homologation du ministre. Au surplus, contrairement au droit strict, l'administration peut également retirer son homologation — qu'à cet effet elle n'accorde plus jamais qu'à titre provisoire depuis 1857 — à la condition que le retrait soit prononcé après une enquête analogue à celle qui a précédé l'homologation. En fait, ce relèvement des taxes est un fait rare ; il s'est produit environ une taxe relevée pour cent taxes réduites.

(1) Colson, *Transports et tarifs*, page 131.

Que la suppression d'un tarif provienne du ministre ou de la compagnie, elle ne peut être opérée, aux termes de l'art. 48 du cahier des charges, quand elle comprend un relèvement de prix, avant que le tarif ait été en vigueur pendant trois mois s'il s'agit des voyageurs et pendant un an s'il s'agit des marchandises.

Pour vaincre, le cas échéant, l'inertie des compagnies aux abaissements légitimes des tarifs, on a proposé de composer une commission arbitrale comprenant pour un tiers des représentants des compagnies, pour un autre tiers des représentants des chambres de commerce, désignés par le ministre du commerce, et pour le dernier tiers par des membres nommés par le Gouvernement; ces propositions n'ont pas eu de suite et, en 1883, les compagnies se sont énergiquement refusées à entrer dans cette voie, qui engageait une question de principe; elles se sont seulement mises à la disposition de l'administration pour modifier toute combinaison de prix dont l'effet pouvait être d'altérer les conditions économiques résultant de notre régime douanier, sous la seule réserve que les marchandises qu'il vise ne soient pas importées en France, à plus bas prix, par d'autres voies de transport.

Rappelons, en ce qui concerne les chemins de fer d'intérêt local et les tramways, que l'art. 5 de la loi du 11 juin 1880 dit que les taxes sont homologuées par le ministre des travaux publics dans le cas où la ligne s'étend sur plusieurs départements et dans le cas de tarifs communs à plusieurs lignes. Elles sont homologuées par le préfet dans les autres cas.

167. Tarifs spéciaux. — Dès les premiers temps de l'établissement des chemins de fer, les compagnies établirent, avec le concours de l'administration, un grand nombre de prix spéciaux sous la pression de cette loi que l'immobilité est incompatible avec les besoins du commerce, ces tarifs devinrent bientôt la règle la plus fréquente des transports : l'enquête de 1881 a démontré qu'ils représentaient environ la moitié des expéditions et plus des trois quarts des recettes.

Ils donnèrent lieu cependant à d'ardentes controverses, au nom du principe établi par l'art. 48 du cahier des charges, que la perception des taxes doit être faite indistinctement et sans faveur.

— Dès 1843, M. Legrand les défendit vigoureusement : « Les industries de transport par terre, par eau ou par chemin de fer ne vivent et ne prospèrent que par les tarifs différentiels [1]. C'est en différentiant sagement leur trafic qu'elles savent se prêter et satisfaire aux besoins du public ; c'est en différentiant leurs tarifs qu'elles atteignent, sur les voies qu'elles exploitent, des voyageurs et des marchandises pour lesquels cette voie deviendrait inutile sans cette flexibilité des tarifs ».

— En 1857, la cour de cassation jugeait « que l'égalité absolue des prix de transport par kilomètre et par tonne ne s'appliquait d'une manière nécessaire qu'au maximum fixé, d'après ces bases, par le tarif légal ; que sous le régime des tarifs différentiels, l'égalité consistait à payer le même prix pour le même parcours ; et sous l'empire des traités particuliers à obtenir les avantages qu'ils accordent en remplissant toutes les obligations qu'ils imposent ; que le principe de l'égalité dans la perception des taxes demeurait sans atteinte pourvu que tous les expéditeurs puissent avoir les mêmes avantages aux mêmes conditions ».

— En 1863, le principe des tarifs spéciaux et différentiels était consacré pour le tarif à palier et bases cons-

(1) Ces termes ne doivent pas être pris dans le sens restreint, mais dans celui des tarifs spéciaux, sur lesquels portait la discussion.

tantes : 0 fr. 08, 0 fr. 05 et 0 fr. 04, introduit dans les conventions avec les compagnies pour la 4e classe de marchandises.

— Finalement, dans la vaste enquête de 1878, M. Georges au Sénat et M. Waddington à la Chambre estimaient qu'un grand nombre de tarifs réduits, tels que ceux d'exportation, de transit, de banlieue, les tarifs internationaux, les tarifs communs, loin d'être en opposition avec l'intérêt général, étaient au contraire justifiés à tous points de vue et que tout le monde y trouvait son profit : la compagnie, en utilisant des forces perdues et augmentant ses recettes, le Trésor en diminuant ses avances au titre de garantie, et le public auquel on facilitait l'exploitation et la vente des produits de peu de valeur. Il était donc irrationnel et injuste de les proscrire d'une façon absolue.

Ainsi et depuis longtemps le principe des tarifs spéciaux est hors de toute atteinte ; il n'en est pas de même des applications qui en ont été faites et qui ont donné lieu aux griefs formulés par les documents parlementaires de 1878-80. Ces griefs se résument en deux mots : les tarifs sont trop compliqués ; ils établissent de nombreuses inégalités.

Le cahier des charges comprend quatre classes de marchandises et 70 marchandises-types, mais les assimilations faites en application de l'art 47 s'étaient élevées au nombre de 1500 et les compagnies avaient été autorisées à les répartir en 7 séries sur le Nord, 6 séries sur P.-L.-M. et l'Ouest, 5 séries sur l'Est et le Midi et 4 séries sur l'Orléans, en sorte qu'il n'y avait aucune concordance d'un réseau à l'autre.

De même la multiplicité et la variété des taxes s'étaient établies progressivement par les besoins et la nature du trafic : sur certaines lignes, les tarifs généraux ne se composaient que d'une collection de prix de gare à gare, ne répondant à aucune loi, et sur d'autres les réductions du tarif général, le plus souvent réalisées par des prix fermes, s'étaient accumulées, et avaient fini, pour beaucoup de marchandises, par rendre exceptionnelle la taxe kilométrique.

Cet état de choses rendait assurément nécessaire de mettre plus de méthode dans la classification et plus de simplicité dans les tarifs. Cependant, il y a lieu de distinguer suivant qu'on fait de l'inégalité des taxes une question de principe ou bien une question d'application.

On ne peut soutenir le nivellement général des taxes : en droit il est incompatible avec les contrats de concessions ; en fait, si l'on prenait pour régulateur les taxes les plus basses, ce serait provoquer un effondrement des recettes, bouleverser l'équilibre des budgets [1] et faire injustement payer par tous les contribuables le service rendu à une partie seulement d'entre-eux. Quant à prendre pour régulateurs les prix les plus élevés, on ne saurait y songer. Reste l'uniformisation sur la base de chiffres intermédiaires, également inadmissible parce qu'elle supprimerait, au préjudice du public, de l'Etat et des compagnies, beaucoup de transports que des prix très réduits peuvent seuls mettre en mouvement.

D'une façon moins générale, si on limite l'égalité des taxes au fait qu'une marchandise transportée sur un point quelconque du réseau paie le même prix pour la même distance, cette uniformisation, séduisante à première vue, est encore trop simple pour être la solution d'un problème aussi compliqué. C'est qu'en effet les ré-

---

(1) Le centime de recette, par unité et kilomètre, produit environ 180 millions ; une réduction de 25 o/o, soit 1c,4, représenterait donc une charge supplémentaire de 270 millions.

ductions établies dans les tarifs spéciaux se rattachent soit aux besoins de la consommation, soit à ceux de la production, soit aux conditions d'exploitation, soit à la présence de voies concurrentes ; qu'elles ont pour but ou d'accroître des recettes existantes, ou d'en attirer de nouvelles, et que leur produit, se joignant à l'ensemble des recettes, apportent un appoint et constituent un bénéfice, tandis que les tarifs réduits généralisés à l'ensemble des transports, ne pourraient plus causer que des pertes.

Même dans ces limites étroites, si l'uniformisation des taxes devait prévaloir, c'est assurément le relèvement des tarifs qui l'emporterait sur leur abaissement, entraînant encore un préjudice considérable pour le public, l'Etat et les compagnies.

Ainsi l'inégalité qui est dans la nature des choses s'impose dans les tarifs, et mieux que les distances, les prix de revient ou les frais d'exploitation, c'est la valeur qu'ont les transports pour les expéditeurs et la loi de l'offre et de la demande qui règlent les réductions de tarifs. Ceux-ci doivent être arrêtés d'après la valeur du service rendu, tout autre mode de tarification est anti-commercial et conduit à des contradictions, à des impossibilités et à des pertes pour les compagnies, pour le public et pour le Trésor. Tel est le sens de la phrase célèbre de M. Solacroup: « En matière de tarification, il n'y a qu'une règle qui soit rationnelle, c'est de demander à la marchandise tout ce qu'elle peut payer. Tout autre principe est arbitraire. »

Cependant il est juste de remarquer que l'industrie des chemins de fer n'est pas complètement assimilable aux industries libres : le concours financier de l'État, le monopole de fait dont elles jouissent ne permettent pas d'appliquer dans toute leur rigueur les principes de l'économie politique, et le législateur, en fixant le maximum du tarif légal aux mêmes taux pour toutes les lignes du réseau, sans tenir compte des différences entre leur prix d'établissement et leur trafic, a tenu dans une certaine mesure à leur faire une situation égale.

En définitive, la complication des tarifs rendait urgent leur révision ; mais, comme nous allons le voir, c'est dans un esprit écarté de tout système trop absolu que devait se faire et que s'est accomplie la réforme ; on s'est efforcé de corriger l'appréciation, toujours délicate, des circonstances commerciales en adoptant les formules régulatrices des barèmes kilométriques et en s'imposant comme ligne de conduite que ces barèmes fussent aussi généraux et uniformes que possible.

168. Réforme des tarifs. — Nous venons de voir que, quel qu'ait été le soin apporté par les compagnies et l'administration à l'étude des tarifs, les besoins toujours nouveaux à satisfaire et les prix sans cesse accumulés depuis près d'un demi-siècle avaient créé une complexité et introduit certaines inégalités contre lesquelles l'opinion publique réclamait très vivement depuis 1870, en demandant la réforme des tarifs, leur simplification, la réduction du nombre des taxes spéciales, la généralisation des barèmes à bases géométriques décroissantes et en même temps la réduction du prix des transports.

L'administration mit à l'étude ces différentes revendications, dont le point de départ était nécessairement l'unité de tarification.

Après de longues négociations, les compagnies ont soumis à l'administration un projet de classification uniforme comprenant 1500 marchandises dénommées et réparties en six séries pour les envois sans condition de tonnage. Ce projet a été approuvé le 9 avril 1879. Sont rangés aux tarifs spéciaux tous les abaissements subordonnés à un minimum d'expédition et les transports répondant à des besoins régionaux qui, non compris au tarif général, sont inscrits distinctement à la nomenclature de chaque compagnie.

Quant aux marchandises non dénommées, leur assimilation est faite par les agents des gares ; mais si les expéditions se produisent avec une certaine fréquence, les assimilations sont réglées par des ordres de service que les compagnies soumettent à l'administration, par application de l'art. 45 du cahier des charges.

Bien que les bases des tarifs ne fussent pas arrêtées, la nouvelle tarification était coordonnée de façon que pour aucune marchandise dénommée au cahier des charges la taxe ne fût supérieure au maximum légal. Sa substitution aux anciennes classifications a nécessairement amené certains abaissements et certains relèvements, mais ceux-ci ont été corrigés dans ce qu'ils pouvaient avoir de trop accusé, et de nuisible à la production et à la consommation, par l'abaissement des taxes ou par des tarifs spéciaux, ou bien exceptionnellement par des prix fermes ; dans l'ensemble la réforme s'est faite plutôt par voie d'abaissement : le produit moyen d'une tonne qui était de 5 c. 95 en 1880 est descendu à 5 c. 55 en 1889.

Dès 1879, les compagnies avaient pris, à l'égard de la réforme des tarifs, des engagements formels qu'elles confirmaient dans les lettres adressées au ministre des travaux publics à l'appui des conventions de 1883. La réforme ainsi promise est aujourd'hui réalisée par chacune d'elles et les nouveaux tarifs, complètement remaniés, sont tous homologués ; la simplification est considérable dans le fond et dans la forme.

Chaque compagnie a établi, pour les six séries du tarif général, de nouvelles formules à bases décroissantes du système belge, qui, en nivelant une grande quantité de prix fermes, ont éclairci et simplifié sensiblement les tarifs. Assurément, on a dû se résoudre à un certain nombre de relèvements et froisser certains intérêts, mais nous avons déjà dit que des corrections avaient été apportées aux erreurs commises, et que dans son ensemble l'uniformisation avait été avantageuse pour le public.

Quant aux tarifs spéciaux de petite vitesse, leurs conditions communes ont été réunies pour figurer au recueil-Chaix, en tête de ces tarifs; la nomenclature et le numérotage sont devenus presqu'identiques pour toutes les compagnies ; enfin, laissant de côté certaines taxes proportionnelles aux distances, et quelques tarifs qui ne comportent pas de prix à distance, les autres tarifs prévoient tous des prix du système belge, applicables à toutes les relations et dont les barèmes s'encadrent régulièrement entre ceux des six classes du tarif général.

En définitive la réforme a atteint le but d'uniformisation, dans les limites de la pratique ; les tarifs sont plus clairs, mieux groupés, plus facilement intelligibles pour le public ; la similitude dans les classes et les numérotages des tarifs spéciaux, l'indication des bases des barèmes, l'indication concise des conditions communes aux tarifs spéciaux, le groupement des taxes afférentes aux transports de même nature sont autant de satisfactions données à des vœux légitimes.

Sans doute, dès le lendemain de la réforme, chaque compagnie a dû recommencer à présenter des additions à ses tarifs, pour satisfaire aux besoins toujours nouveaux, et il en sera de même dans l'avenir. Toutefois il sera désormais facile d'éviter la confusion et de faire cesser les anomalies qui tendaient à s'établir : il suffira de reviser périodiquement les prix à des intervalles assez rapprochés pour ne pas retomber dans le chaos, et cependant assez éloignés pour ne pas apporter un trouble inutile aux situations acquises à la suite de chaque réforme nouvelle.

169. Frais accessoires. — Aux termes de l'art. 51 du cahier des charges les frais accessoires non mentionnés dans les tarifs, tels que enregistrement, manutention, transmission, pesage, magasinage et stationnement de wagons, sont fixés annuellement par l'administration sur la proposition des compagnies.

Le dernier arrêté ministériel qui soit intervenu pour le règlement des frais accessoires est celui du 30 novembre 1876.

Nous aurons à y revenir plus loin ; disons seulement quant à présent que ces prix sont généralement bas, comparés à ceux des divers pays, et qu'il devient dès lors nécessaire d'en tenir compte lorsque l'on cherche à établir des rapprochements entre nos tarifs et ceux de l'étranger.

§ 2.

TARIFS DES VOYAGEURS

170. Tarifs maxima du cahier des charges. — Les tarifs maxima sont déterminés par les actes de concession [1], savoir au tarif type des grandes compagnies,

---

(1) Voir les annexes.

d'après les bases kilométriques 0 fr. 10, 0 fr. 075 et 0 fr. 055 pour chacune des trois classes que distingue le degré de confort des voitures. Le cahier des charges stipule des réductions au profit des enfants, de certains services publics et des indigents.

Chaque voyageur a droit au transport gratuit de 30 kilog. de bagage ; les excédents supérieurs à 40 kilog. sont fixés à 0 fr. 36 par tonne et par kilomètre, tandis que les excédents inférieurs à 10 kilog. sont taxés 0 fr. 45 ; les coupures en poids se font de 5 en 5 kilog. jusqu'à 10 kilog. et de 10 en 10 kilog. au-dessus ; le minimum de la perception est de 0 fr. 40, y compris l'impôt.

Ces prix de transport des voyageurs et des excédents de bagages sont frappés d'impôts spéciaux, savoir :

— Aux termes de la loi du 14 juillet 1855, un premier impôt d'un dixième, plus un décime en sus ;

— Aux termes de la loi du 16 septembre 1871, une taxe additionnelle de 1/10, calculée sur le prix total, y compris l'impôt antérieur et par échelons de 5 centièmes [1].

— Ainsi, lorsque le produit net pour la compagnie est de 1 fr. le prix perçu est de (1 + 0.10 + 0,02) 1,1 = 1 fr. 232, ce qui revient à une majoration de 23,2 p. cent.

En outre, par application de l'arrêté ministériel du 30 novembre 1876, réglant les frais accessoires, il est perçu :

— pour l'enregistrement des bagages, un droit fixe de 0 fr. 10 (impôt compris) par expédition ;

— pour la manutention des bagages pesant plus de 40 kg. un droit de 1 fr. 60 par tonne, non compris l'impôt de 1871, avec perception par échelons de 10 kg., au-dessus des 30 kg. admis en franchise ;

---

(1) Voir la réforme en cours, n° 182, p. 327.

— pour la consigne, un droit fixe de 0 fr. 05, non soumis à l'impôt, par jour et par article, avec minimum de perception de 0 fr. 10.

171. Tarif général. — D'une façon générale, les compagnies perçoivent le plein du tarif légal et appliquent les taxes proportionnelles à la distance[1]. Cependant, dans un nombre restreint d'exceptions, on a des distances d'application et des prix réduits, motivés par des raisons de concurrence ; ou bien pour faciliter les relations de banlieue, les tarifs ont été sensiblement abaissés au-dessous du maximum légal ; ou bien encore la troisième classe est supprimée et les prix de seconde et de troisième sont appliqués à la première et à la seconde classe.

Sur les chemins de fer de l'Etat, les tarifs sont à bases décroissantes du système belge : jusqu'à 50 kil., les bases sont celles du tarif légal ; de 50 à 400 kil., elles s'abaissent progressivement à 8c,3, 6c,25 et 4c,6 pour les trois classes et se maintienent ensuite sensiblement constantes ; Au total, en 1887, le produit moyen d'un voyageur était de 4c,56 sur le réseau des grandes compagnies, et de 3c57 sur le réseau de l'Etat, soit en réduction de 22 °/₀ ; comme nous le dirons plus loin, une partie de cette réduction a pour origine la réduction de 40 °/₀ sur les billets A. R., alors que la réduction moyenne des autres compagnies est de 25 °/₀ seulement.

Remarquons d'ailleurs que la seule raison qui justifie théoriquement la décroissance des bases kilométriques, c'est-à-dire la répartition des dépenses fixes des transports sur des parcours de plus en plus longs, n'est plus guère applicable aux voyageurs pour lesquels les éléments constants — frais de gare et insuffisance des frais

(1) La distance ne peut jamais être comptée pour un chiffre inférieur à 6 kil., art. 42 du cahier des charges.

accessoires — n'ont qu'une importance relativement très restreinte dans le total des prix de revient. On comprend donc la résistance des compagnies à entrer dans la voie des tarifs à base décroissante. A ce sujet, M. Picard cite l'avis du conseil supérieur des voies de communication dans lequel il est dit « qu'il n'y a pas lieu, en cas de révision des contrats actuels ou de rédaction de nouveaux contrats, de modifier les tarifs dans le sens d'une obligation à imposer en principe aux compagnies, pour l'établissement sur leurs lignes de tarifs différentiels applicables aux voyageurs, en raison de l'augmentation des distances ».

Le principe que la vitesse doit se payer a reçu de larges applications à l'étranger. Il n'a pas prévalu en France où il n'est actuellement fait aucune distinction dans les tarifs d'application des trains réguliers à grande vitesse ou des trains omnibus [1] ; pourtant, le dégrèvement en cours portant pour 27,27 °/。 sur la troisième classe; 18,18 °/。, sur la seconde, et 9,09 °/。 sur la première [2] établit indirectement, par incidence avec la suppression des classes inférieures, une certaine différence entre les trains de vitesse et les autres, et parait ainsi se rapprocher de la règle rationnelle de proportionner la taxe au service rendu.

Par application de l'art. 43, du cahier des charges, les compagnies, avec l'autorisation de l'administration, suppriment ordinairement les voitures de troisième classe dans les trains express et celles de secondes dans les trains rapides. En vertu du même article, les compagnies ont la faculté de placer dans chaque train de voyageurs des voitures à compartiment de luxe, dont le nombre de places ne peut dépasser le cinquième du nombre total des places du train.

---

(1) Voir train de luxe, p. 299.
(2) Voir la réforme en cours, p. 327.

172. Tarif des bagages.—Les tarifs perçus par les compagnies, sauf quelques cas se rapportant exceptionnellement aux tarifs spéciaux des voyageurs, sont ceux du cahier des charges.

Cependant, sur le réseau de l'Est, de P.-L.-M., du Midi et de l'Etat, le minimum de perception est de 0 fr. 25 au lieu de 0 fr. 60, impôt compris, pour les excédents pesant moins de 40 kg. ; en sus, sur le réseau d'Etat, les excédents pesant 20 kg. et au-dessus sont réglés par des barêmes à bases décroissantes du système belge.

173. Tarifs spéciaux. — Les tarifs spéciaux des voyageurs sont établis avec *réduction* de prix et obligent le public à des conditions particulières, ou bien avec *majoration* et offrent alors un surcroît de confortable. L'importance relative des deux catégories —à prix complet et à prix réduit — était, en 1887, de 194 millions de francs contre 132 millions, soit 60 °/₀ et 40 °/₀ des recettes nettes totales.

Le système des tarifs spéciaux le plus important est celui des billets *aller et retour*, subordonnés à la double condition d'être utilisés par la même personne et de n'être valables que pendant un délai déterminé. L'expérience a prouvé d'une façon incontestable que ces billets A. R. développaient tout particulièrement le trafic, et le public n'a cessé d'en demander l'extension. Le désidératum serait qu'ils fussent délivrés sur tous les réseaux de toute gare à toute gare : le réseau de l'Etat et celui de l'Est ont déjà établi ce régime ; les compagnies d'Orléans, de P.-L.-M., de l'Ouest, du Midi et du Nord délivrent des billets A. R. de toute gare sur Paris, et soumettent les autres relations intérieures à différentes conditions se rapportant soit au nombre annuel des voyageurs, soit au rayon d'activité et aux relations particulières des localités ; cependant des progrès très sensibles sont faits chaque année dans le sens de l'extension.

Il résulte des faits acquis que la proportion dans laquelle les compagnies considèrent comme admissible la réduction des billets A. R. sur les billets simples est de 25 °/₀ ; seul le chemin de fer de l'Etat a adopté une réduction de 40 °/₀ ; aussi le relèvement sensible du trafic s'est traduit par une plus-value des recettes, mais non par un relèvement du produit net.

Quant au délai de validité, toujours réduit pour limiter la fraude des coupons, il varie en général suivant la distance : pour les compagnies de un jour à six jours et pour l'Etat de trois à huit jours.

Les compagnies et l'administration des chemins de fer de l'Etat délivrent également des *cartes d'abonnement*, qui sont personnelles et valables sur une section et pour un temps déterminé. Les prix de ces cartes, légèrement variables, d'un réseau à l'autre, sont donnés par des barèmes à palier dans lesquels le système différentiel est largement appliqué ; notamment, d'après le barème de l'Est, les abonnements annuels en première classe correspondent au prix normal de 200 voyages simples à 10 kilomètres, ou de 27 voyages simples à 500 kilomètres ; dans le premier cas, en supposant 300 voyages, aller et retour, par année, ou 600 voyages simples, la réduction consentie en faveur de l'abonné est de 67 °/₀ ; et dans le second cas, en supposant 54 voyages aller et retour, ou 108 voyages simples, la réduction serait de 75 p. cent.

Outre ces abonnements généraux, les compagnies consentent des abonnements scolaires annuels, semestriels ou trimestriels, avec des réductions de 50 °/₀ sur le tarif plein, au profit des élèves des lycées, institutions, etc. ; des abonnements mensuels avec réduction de 75 °/₀ environ pour les transports d'enfants se rendant aux écoles ; des abonnements hebdomadaires avec des réductions très fortes pour les ouvriers habitant la banlieue de quelques centres industriels ; des abonnements pour certaines villes d'eau, dans la saison d'été ; en outre, elles délivrent, pendant tout ou partie de l'année, des billets d'excursion à prix réduits, soit à itinéraire fixe, soit à itinéraire facultatif pour les voyageurs.

Se rattachent également aux tarifs spéciaux les réductions admises en pratique à l'occasion de circonstances exceptionnelles, de fêtes, congés, pélerinages, etc., et nécessairement affranchies de la durée réglementaire de trois mois. C'est là une infraction aux prescriptions du cahier des charges ; mais il faut reconnaître qu'elle n'est préjudiciable à personne.

En dehors de ces différents tarifs, les compagnies ont consenti, avec l'approbation explicite du ministre, la réduction presque générale de 50 °/ₒ au profit de certaines catégories de personnes, exerçant certains métiers, ou voyageant dans un certain but. On justifie l'inégalité de traitement de ces tarifs en faisant observer que la réduction est accordée sans distinction à tous ceux qui exercent la même profession ou voyagent dans le même but.

Dans le même ordre d'idées, en ce qui concerne les employés de commerce, on a mis à l'étude des chèques de circulation, sans désignation de parcours, et qui seraient vendus à des prix kilométriques d'autant plus faibles que la longueur totale serait plus considérable. Quoi qu'il en soit, il est difficile de ne pas voir dans ces combinaisons une atteinte à l'égalité de traitement prescrite par l'art. 48 du cahier des charges.

Les places de luxe et la surélévation de leur tarif sont prévues à l'art. 43 du cahier des charges. Depuis quelques années, les compagnies ont organisé, en dehors de leur service régulier. et pour les services accélérés, des trains exceptionnels, exclusivement composés de places de luxe donnant lieu à la surtaxe. Cette disposition permet de limiter le nombre des voyageurs et d'avoir des trains légers ; elle favorise les voyages à grande distance et concilie tous les intérêts ; c'est une excellente application de la proportionalité des taxes au service rendu.

§ 3

TARIFS DES MARCHANDISES

174. Tarifs maxima du cahier des charges. — Les tarifs maxima sont déterminés par les actes de concessions, qui établissent une grande différence entre la grande vitesse [1] et la petite vitesse. Les transports GV et PV y sont divisés comme suit :

TRANSPORTS EN GRANDE VITESSE :	Animaux, par tête et par kilomètre; Marchandises, par tonne et par kilomètre ; Voitures, par pièce et par kilomètre ; Pompes funèbres, par pièce et par kilomètre;
TRANSPORTS EN PETITE VITESSE :	Animaux, par tête et par kilomètre; Marchandises, par tonne et par kilomètre ; Voitures et matériel roulant, par tonne et par kil.

Afin d'éviter les redites, nous renvoyons aux annexes pour le sous-détail et l'indication des prix de base kilométriques.

Mentionnons que pour les marchandises, comme pour les voyageurs, les prix de base diffèrent sur les réseaux de grande communication et sur les réseaux secondaires; nous ne considérerons, pour simplifier, que le cahier des charges-types de 1875 [2].

(1) Transports effectués par les trains de voyageurs, ou à la vitesse des trains de voyageurs. Voir nº 175 et 176.

(2) Voir les annexes.

L'art. 42 établit quatre classes de marchandises, règle l'application des prix de base relativement aux distances parcourues, aux coupures de poids et au minimum de perception.

L'art. 45 range, par analogie, les marchandises non dénommées dans les quatre classes établies, et soumet les assimilations réglées provisoirement par les compagnies au contrôle de l'administration.

Les articles 46 et 47 règlent les tarifs exceptionnels s'appliquant aux masses indivisibles de 3000 kg. et au-dessus, aux objets dangereux ou encombrants, aux valeurs, aux matières d'or et d'argent, et aux petits colis pesant 40 kg. et au-dessous. En ce qui concerne les groupages de ces derniers, de manière à éviter la majoration de leur transport, la disposition actuellement en vigueur consiste à autoriser le groupage *à découvert* entre particuliers, et *à couvert* pour les intermédiaires de transports.

Les art. 51 du cahier des charges et 46 de l'ordonnance du 15 nov. 1846 donnent à l'administration le droit de statuer sur les frais accessoires non compris dans les tarifs, d'après les propositions des compagnies.

Rappelons enfin que les transports en grande vitesse sont frappés d'impôts, à l'égal des voyageurs et des excédents de bagage, soit 23,2 %, auxquels s'ajoutent les droits de timbre des lettres de voitures ou des récépissés (0 fr. 25 G. V. et 0 fr. 70 P. V.) et de timbre-quittance (0 fr. 10) pour les expéditions, en port dû ou port payé. dont les frais de transport dépassent 10 francs(1).

175. Tarifs généraux G. V. — Les transports G. V. ont lieu à la vitesse ordinaire des trains de voyageurs : l'expédition doit être faite par le premier train contenant des voitures de toutes classes et partant au plus tôt trois heures après la remise en gare des colis ; le colis doit être

(1) Voir la réforme en cours, p. 327.

à la disposition du destinataire deux heures après l'heure réglementaire d'arrivée des trains. En cas de transmission, par gare commune, la réexpédition se fait trois heures après l'arrivée réglementaire du train qui a dû effectuer le premier transport; si les gares sont distinctes ou reliées par rails, le délai est porté à six heures.

Le ministre des travaux publics a envoyé le 11 septembre 1871 un modèle de tarifs généraux pour les transports à grande et petite vitesse ; ces tarifs auxquels se sont conformées les compagnies, sauf quelques exceptions, divise les marchandises de la manière suivante :

(*a*) Articles de messagerie et marchandises.
(*b*) Denrée, par expédition de 50 kg. au minimum.
(*c*) Lait, par expédition de 30 kg. au minimum.
(*d*) Finances, valeurs, objets d'art.
(*e*) Chiens.
(*f*) Voitures.
(*g*) Pompes funèbres.
(*h*) Animaux.

a. Les prix par tonne et par kilomètre sont les suivants :

RÉSEAUX	PRIX PAR TONNES et kilom., impôts compris		MINIMUM de perception		OBSERVATIONS
	Expédition de 0 à 40 kil.	Expédition au-dessus de 40 kil.	Expéd' de 0 à 40 kil.	Expéd' au-dessus de 40 kil.	
Nord	0,55	0,44	0,25	0,40	
Est	60,44-0,369	0,44-0,3696	0,40	0,40	
Ouest	0,55	0,44	0,25	0,40	
Orléans	0,55	0,44	0,25	0,40	
P.-L.-M. (1)	0,5544	0,44352	0,40	0,40	(1) Tarif légal du modèle.
Midi	0,55	0,44	0,40	0,40	
Etat	0,55-0,350	0,44-0,352	0,25	0,40	

b. La compagnie d'Orléans s'est conformée au modèle indiquant la base constante de 0 fr. 308 compris l'impôt, pour les expéditions au-dessous de 50 kilog., et au tarif des messageries pour les expéditions au-dessus de 50 kilog ; les autres compagnies appliquent aux denrées le tarif ci-dessus des messageries. L'administration du chemin de fer de l'Etat suit un barème différentiel à bases décroissantes du système belge avec base initiale de 0 fr.28, impôt non compris, descendant à 0 fr. 2475 pour 300 kilomètres et se maintenant au-delà.

c. Les compagnies du Nord, de l'Ouest, du P.-L.-M. et du Midi appliquent la taxe des articles de messageries et marchandises en G. V. conformément au modèle ; sur l'Est, l'Orléans et l'Etat, le lait est taxé au tarif des denrées, son poids étant cumulé avec celui des boîtes et le retour des boîtes ayant lieu franco.

d. Les prix à percevoir sont assujettis à la taxe *ad valorem*, à raison de 0 fr. 002772 (impôts compris) par fraction indivisible de 1000 francs et par km. conformément au modèle.

e. Les prix perçus sont ceux du tarif-modèle, soit 0 fr. 01148 (impôts compris) par kil. avec perception minimum de 0 fr. 30.

f. Les prix perçus sont ceux du tarif modèle savoir :

Voiture à 2 ou 4 roues, à un fonds, etc	0 fr. 616	par kilomètre
Voiture à 4 roues, à deux fonds, etc...	0 fr. 78848	»

g. Les prix perçus sont ceux du tarif-modèle qui répondent d'ailleurs à ceux indiqués au cahier des charges, à majorer de 23,2 °/₀ pour tenir compte de l'impôt.

h. Les prix perçus sont ceux du tarif-modèle qui répondent à ceux du cahier des charges, majorés de 23,2 °/₀ pour tenir compte de l'impôt. Le tarif est le double de celui de la petite vitesse.

Conformément aux dispositions de l'arrêté ministériel du 7 décembre 1876, les objets non dénommés au cahier des charges et qui ne pèsent pas 200 kilos sous le volume de 1 mètre cube subissent une majoration de 50 °/₀ sur le prix du tarif général.

La même majoration est prévue pour les marchandises et objets dangereux, explosibles ou inflammables de première catégorie qui sont exclus des trains contenant des voyageurs. Par exception, les produits inflammables les moins inflammables, rangés dans la deuxième catégorie, peuvent circuler dans les trains mixtes, sur les lignes où le service ordinaire ne comporte pas d'autres trains, et leur transport reste taxé comme la petite vitesse.

Les masses indivisibles sont transportées (GV) sur les réseau de l'Est et de l'État aux conditions de la petite vitesse majorée de 50 °/₀ pour les masses pesant de 3.000 à 5.000 kilogr. et de 100 °/₀ pour les masses pesant de 5 à 8.000 kilogr. Les autres compagnies ne prévoient pas les transports GV de masses indivisibles de 3.000 kilogr. et au-dessus.

L'arrêté ministériel du 30 novembre 1876 règle les frais accessoires de grande vitesse de la manière suivante :

a. Enregistrement, impôt compris......... 0 fr. 10.

		fr.
b. Manutention, c'est-à-dire chargement et déchargement..	Objets désignés *a*, *b* et *c* la tonne, imp. compris.	1,76
	Objets désignés *f* et *g* la pièce..............	2,20
	Bœufs, vaches, bêtes de trait la tête.........	1,10
	Veaux, porcs..............—id.—.........	0,44
	Moutons, agneaux..........—id.—.........	0,22
	Animaux en cage, ou panier, la tonne.......	1,76

c. Pesage supplémentaire des marchandises taxées au poids, par fraction indivisible de 100 kilogr.:... 0 fr. 10.

Il résulte d'une longue instruction que ces prix sont très sensiblement inférieurs aux prix de revient ; cependant, on a reculé devant toute mesure de relèvement et constamment opposé aux compagnies le principe de la solidarité entre les éléments de la perception totale : taxe de transport et frais accessoires.

176. Tarifs généraux (P.V.). — Les marchandises P.V. sont expédiées dans le jour qui suit celui de la remise. La durée du trajet doit être calculée à raison de 24 heures par fraction indivisible de 125 kilomètres ; ne sont pas comptés les excédents jusques et y compris 25 kilomètres. Exceptionnellement, sur certaines lignes à grand trafic, le parcours est de 200 kilomètres pour les marchandises de la quatrième série. Les marchandises doivent être à la disposition du destinataire le lendemain de l'arrivée. S'il y a transmission, le délai se compte séparément sur chaque réseau ; on ajoute un jour s'il y a gare commune, et deux jours s'il y a gares distinctes reliées par rails. L'expédition et la délivrance des colis ne peuvent d'ailleurs être faites qu'aux heures d'ouverture des gares.

Nous avons déjà indiqué :

— La division des marchandises en quatre classes, faite au cahier des charges.

— La sérification unique approuvée en 1879, groupant en six séries les marchandises dénommées au cahier des charges et celles assimilées, leur attribuant la même dénomination et le même numérotage.

— L'uniformisation des tarifs recommandée par la circlaire ministérielle du 12 mars 1880 ; les simplifications consenties en principe au moment des conventions de 1883 et actuellement réalisées par les six grandes compagnies.

Il se peut qu'on regrette les divergences de régime qui existent encore, depuis la réforme sur les différents réseaux ; mais il faut considérer que ceux-ci sont placés dans des conditions différentes au point de vue des dépenses de premier établissement, des frais d'exploitation, de la fréquentation, de la concurrence, etc. ; et il est permis de craindre qu'une uniformisation plus complète n'eût sacrifié le fond pour la forme. Les tarifs sont une matière extrêmement sensible, qu'il ne faut toucher qu'avec une grande prudence tant que les compagnies feront appel à la garantie.

Sans être identiques, les tarifs réformés offrent cependant une unité de plan qui en simplifie beaucoup l'étude. Voici d'ailleurs quelles sont les formules définitivement adoptées ; les bases kilométriques y vont régulièrement en décroissant, sauf pour la compagnie des chemins de fer de l'État, où la loi des variations est établie empiriquement.

COMPAGNIES	PARCOURS	BASES KILOMÉTRIQUES					
		1re série	2e série	3e série	4e série	5e série	6e série
	KIL.	F.	F.	F.	F.	F.	F.
Nord	0—100	0,16	0.14	0,12	0,10	0,08	0,08
	100—200	0,15	0,13	0,11	0,09	0,07	0,09
	200—300	0,15	0,12	0,10	0,08	0,06	0,035
Est	0—25	0,16	0,14	0,11	0,10	0,08	0,08
	25—100	0,16	0,14	0,11	0,10	0,08	0,04
	100—300	0,15	0,13	0,10	0,09	0,07	0,035
	>300	0,14	0,12	0,09	0,08	0,04	0,030
P.-L.-M.	0—25	0,16	0,14	0,12	0,10	0,08	0,08
	26—30	0,16	0,14	0,12	0,10	0,08	0,04
	31—50	0,16	0,14	0,12	0,10	0,08	0,04
	51—100	0,16	0,14	0,12	0,10	0,08	0,04
	101—150	0,15	0,13	0,11	0,09	0,08	0,035
	151—200	0,15	0,13	0,11	0,09	0,07	0,035
	201—300	0,15	0,13	0,11	0,09	0,04	0,035
	301—400	0,14	0,12	0,10	0,08	0,04	0,03
	401—500	0,14	0,12	0,10	0,08	0,04	0,03
	501—600	0,13	0,11	0,09	0,07	0,04	0,03
	601—700	0,12	0,10	0,08	0,06	0,04	0,025
	701—800	0,11	0,09	0,07	0,05	0,04	0,025
	801—900	0,10	0,08	0.06	0,04	0,04	0,025
	901—1000	0,09	0.07	0,05	0,04	0,04	0,02
	1001—1100	0,08	0,06	0,05	0,04	0,04	0,02

COMPAGNIES	PARCOURS	BASES KILOMÉTRIQUES					
		1re série	2e série	3e série	4e série	5e série	6e série
	KIL.	F.	F.	F.	F.	F.	F.
Orléans	0—100	0,16	0,14	0,12	0,10	0,08	0,08
	101—300	0,15	0,13	0,11	0,09	0,07	0,04
	301—500	0,14	0,12	0,10	0,08	0,06	0,035
	501—600	0,13	0,11	0,09	0,07	0,05	0,03
	601—700	0,12	0,10	0,08	0,06	0,04	0,025
	701—800	0,11	0,09	0,07	0,05	0,03	0,025
	801—900	0,10	0,08	0,06	0,04	0,03	0,025
	901—1000	0,09	0,07	0,05	0,04	0,03	0,025
	1001—1100	0,08	0,06	0,05	0,04	0,03	0,025
	>1100	0,07	0,06	0,05	0,04	0,03	0,025
Midi	0—25	0,16	0,14	0,13	0,12	0,10	0,08
	25—100	0,16	0,14	0,13	0,12	0,10	0,04
	100—150	0,16	0,14	0,13	0,12	0,10	0,035
	150—200	0,16	0,14	0,13	0,12	0,08	0,035
	200—250	0,16	0,14	0,13	0,11	0,08	0,035
	250—300	0,16	0,14	0,12	0,11	0,07	0,025
	300—350	0,16	0,13	0,12	0,09	0,07	0,030
	350—400	0,15	0,13	0,11	0,09	0,06	0,030
	400—450	0,15	0,12	0,11	0,07	0,06	0,030
	450—500	0,14	0,12	0,09	0,07	0,05	0,030
	500—550	0,14	0,11	0,09	0,06	0,05	0,030
	550—600	0,13	0,11	0,07	0,06	0,04	0,030
	600—650	0,13	0,10	0,07	0,05	0,04	0,025
	650—700	0,12	0,10	0,06	0,05	0,04	0,025
	700—750	0,12	0,09	0,06	0,05	0,04	0,025
	>750	0,11	0,09	0,06	0,05	0,04	0,025
Ouest	0—25	0,16	0,14	0,12	0,10	0,08	0,08
	26—100	0,16	0,14	0,12	0,10	0,08	0,04
	101—300	0,15	0,13	0,11	0,09	0,07	0,035
	301—400	0,14	0,12	0,10	0,08	0,06	0,03
	401—500	0,12	0,10	0,08	0,06	0,05	0,03
	501—600	0,10	0,08	0,06	0,06	0,04	0,03
	601—700	0,08	0,07	0,05	0,05	0,03	0,025
	701—800	0,07	0,06	0,05	0,40	0,03	0,025
État	0—25	0,16	0,14	0,12	0,10	0,09	0,08
	26—50	0,16	0,14	0,12	0,10	0,07	0,06
	51—75	0,146	0,126	0,114	0,094	0,05	0,04
	76—100	0,134	0,114	0,106	0,086	0,03	0,020
	101—150	0,135	0,115	0,10	0,08	0,053	0,043
	151—200	0,125	0,105	0,09	0,07	0,047	0,037
	201—250	0,115	0,095	0,093	0,073	0,043	0,033
	251—300	0,105	0,085	0,087	0,067	0,037	0,027
	>300	0,13	0,11	0,10	0,08	0,05	0,04

Les taxes correspondantes sont les suivantes :

DISTANCES	1re SÉRIE							2e SÉRIE							3e SÉRIE						
	NORD	EST	OUEST	ORLÉANS	P.-L.-M.	MIDI	ETAT	NORD	EST	OUEST	ORLÉANS	P.-L.-M.	MIDI	ETAT	NORD	EST	OUEST	ORLÉANS	P.-L.-M.	MIDI	ÉTAT
25	f. 4.00	f. 4.00	f. 4.00	f. 4.00	f. 4.00	f. 4.00	f. 4.00	f. 3.50	f. 3.50	f. 3.50	f. 3.50	f. 3.50	f. 3.50	f. 3.50	f. 3.00	f. 2.75	f. 3.00	f. 3.00	f. 3.00	f. 3.25	f. 3.00
50	8.00	8.00	8.00	8.00	8.00	8.00	8.00	7.00	7.00	7.00	7.00	7.00	7.00	7.00	6.00	5.50	6.00	6.00	6.00	6.50	6.00
100	16.00	16.00	16.00	16.00	16.00	16.00	15.00	14.00	14.00	14.00	14.00	14.00	14.00	13.00	12.00	11.00	12.00	12.00	12.00	13.00	11.50
150	23.50	23.50	23.50	23.50	23.50	24.00	21.75	20.50	20.50	20.50	20.50	20.50	21.00	18.75	17.50	16.00	17.50	17.50	17.50	19.50	16.50
200	31.00	31.00	31.00	31.00	31.00	32.00	28.00	27.00	27.00	27.00	27.00	27.00	28.00	24.00	23.00	21.00	23.00	23.00	23.00	26.00	21.00
300	46.00	46.00	46.00	46.00	46.00	48.00	39.00	39.00	40.00	40.00	40.00	40.00	42.00	33.00	33.00	31.00	34.00	34.00	34.00	38.50	30.00
400	»	60.00	60.00	60.00	60.00	63.50	52.00	»	52.00	52.00	52.00	52.00	55.00	44.00	»	40.00	44.00	44.00	44.00	50.00	40.00
500	»	74.00	72.00	74.00	74.00	78.00	65.00	»	64.00	62.00	64.00	64.00	67.00	55.00	»	40.00	52.00	54.00	54.00	60.00	50.00
600	»	»	82.00	87.00	87.00	91.50	78.00	»	»	70.00	75.00	75.00	78.00	66.00	»	»	58.00	63.00	63.00	68.00	60.00
700	»	»	90.00	99.00	99.00	104.00	»	»	»	77.00	85.00	85.00	88.00	»	»	»	63.00	71.00	71.00	74.50	»
800	»	»	97.00	110.00	110.00	115.50	»	»	»	83.00	94.00	94.00	97.00	»	»	»	68.00	78.00	78.00	80.50	»
900	»	»	»	120.00	120.00	120.50	»	»	»	»	102.00	102.00	106.00	»	»	»	»	84.00	84.00	86.50	»
1.100	»	»	»	129.00	129.00	137.50	»	»	»	»	109.00	109.00	115.00	»	»	»	»	89.00	89.00	92.50	»
1.100	»	»	»	137.00	137.00	»	»	»	»	»	115.00	115.00	»	»	»	»	»	94.00	94.00	»	»

DISTANCES	4me SÉRIE							5me SÉRIE							6me SÉRIE						
	NORD	EST	OUEST	ORLÉANS	P.-L.-M.	MIDI	ÉTAT	NORD	EST	OUEST	ORLÉANS	P.-L.-M.	MIDI	ÉTAT	NORD	EST	OUEST	ORLÉANS	P.-L.-M.	MIDI	ÉTAT
KIL. 25	f. 2.50	f. 2.50	f. 2.50	f. 2.50	f. 2.50	f. 3.00	f. 2.50	f. 2.00	f. 2.00	f. 2.00	f. 2.00	f. 2.00	f. 2.50	f. 2.25	f. 2.00	f. 2.00	f. 2.00	f. 2.00	f. 2.00	f. 2.00	f. 2.00
50	5.00	5.00	5.00	5.00	5.00	6.00	5.00	4.00	4.00	4.00	4.00	4.00	5.00	4.00	3.00	3.00	3.00	3.00	3.00	3.00	3.50
100	10.00	10.00	10.00	10.00	10.00	12.00	9.50	8.00	8.00	8.00	8.00	8.00	10.00	6.00	5.00	5.00	5.00	5.00	5.00	5.00	5.00
150	14.50	14.50	14.50	14.50	14.50	18.00	13.50	11.50	12.00	11.50	11.50	12.00	15.00	8.65	6.75	6.75	6.75	6.75	6.75	6.75	7.15
200	19.00	19.00	19.00	19.00	19.00	24.00	17.00	15.00	15.50	15.00	15.00	15.50	19.00	11.00	8.50	8.50	8.50	8.50	8.50	8.50	9.00
300	27.00	28.00	28.00	28.00	28.00	35.00	24.00	21.00	19.50	22.00	22.00	19.50	26.50	15.00	12.00	12.00	12.00	12.00	12.00	12.00	12.00
400	»	36.00	36.00	36.00	36.00	44.00	32.00	»	21.50	28.00	28.00	23.50	33.00	20.00	»	15.00	15.00	15.00	15.00	15.00	16.00
500	»	44.00	42.00	44.00	44.00	51.00	40.00	»	27.50	33.00	34.00	27.50	38.50	25.00	»	18.00	18.00	18.00	18.00	18.00	20.00
600	»	»	48.00	51.00	51.00	57.00	48.00	»	»	37.00	39.00	31.50	43.00	30.00	»	»	21.00	21.00	21.00	21.00	24.00
700	»	»	53.00	57.00	57.00	62.00	»	»	»	40.00	43.00	35.50	47.00	»	»	»	23.50	23.50	23.50	23.50	»
800	»	»	57.00	62.00	62.00	67.00	»	»	»	43.00	46.00	39.50	51.00	»	»	»	26.00	26.00	26.00	26.00	»
900	»	»	»	66.00	66.00	72.00	»	»	»	»	49.00	43.50	55.00	»	»	»	»	28.50	28.50	28.50	»
1.000	»	»	»	70.00	70.00	77.00	»	»	»	»	52.00	47.50	59.00	»	»	»	»	31.00	30.50	31.00	»
1.100	»	»	»	74.00	74.00	»	»	»	»	»	55.00	51.50	»	»	»	»	»	33.50	32.50	»	»

Si on rapproche ces taxes entre elles, on peut, d'une façon générale, constater les faits suivants:

— Les taxes initiales sont les mêmes, sauf la majoration du Midi en 3me, 4me et 5me séries; la réduction de l'Etat en 5me série, et celle de l'Est en 3me série.

— Les taxes de l'État sont inférieures aux taxes des six grandes compagnies, sauf en 6me série où elles leur sont constamment supérieures, et en 3me série où elles sont supérieures à celles de l'Est.

— Les taxes de la compagnie de l'Ouest, au delà de 400 kil. sont inférieures à celles des compagnies de l'Est, d'Orléans, de P.-L.-M. et du Midi pour les cinq premières séries; toutefois, les taxes de l'Est sont inférieures à celles de l'Ouest en 3me série, à partir de 25 kilom. et en 5me série, à partir de 300 kil.; et les taxes du Nord entre 200 et 300 kil. sont inférieures à celles de l'Ouest en 2me, 3me, 4me et 5me séries, et à celles de l'Est en 2me et 4me séries.

— Les taxes de la compagnie du Midi sont supérieures à celles des autres compagnies à partir de 100 k. en 1re et 2me séries, et à partir de 25 kil. en 3me, 4me et 5me séries.

— Les taxes de 6me série sont très sensiblement identiques aux six grandes compagnies.

A l'exception de ces divergences l'uniformisation existe entre les diverses compagnies. L'amélioration accomplie est donc considérable.

En dehors des marchandises en général, auxquelles se rapportent directement les tarifs généraux précédents, la circulaire du 11 septembre 1861, déjà citée à l'occasion des tarifs généraux G. V., indique la nomenclature suivante des marchandises (P. V.).

a. Plaqué d'or et d'argent, dentelles, objets d'art.
b. Monnaie de billon.
c. Matières inflammables ou explosibles et objets dangereux.
d. Masses indivisibles et objets de dimensions exceptionnelles.
e. Voitures.
f. Animaux.
g. Matériel roulant.
h. Marchandises ne pesant pas 200 kg. sous le volume d'un mètre cube.

Les marchandises (*a*) et (*c*) sont taxées moitié en plus des prix de 1re série.

Les marchandises (*h*) sont surtaxées de moitié du prix de la série à laquelle elles appartiennent.

Les prix appliqués aux marchandises (*e*) sont ceux du cahier des charges, sauf réduction à 0 fr. 20 pour les voitures de déménagement.

Les marchandises (*b*) sont taxées au poids en 1re ou 2me série, suivant les compagnies.

Les prix appliqués aux marchandises (*f*) et (*g*) sont ceux du cahier des charges ; cependant l'administration des chemins de fer de l'État a adopté des barêmes différentiels à bases légèrement décroissantes.

Le prix du tarif des marchandises (*d*) sont majorés de 50 °/o pour les masses indivisibles pesant de 3.000 à 5.000 kilogr. et de 100 °/o au delà de 5.000 kilog. Les compagnies n'acceptent ni les masses indivisibles au delà de 10.000 kil., ni les objets dont les dimensions dépassent celles de leur matériel.

L'arrêté ministériel du 30 novembre 1876 règle les frais accessoires de petite vitesse de la manière suivante :

a. Enregistrement pour la gare expéditrice : 0 fr. 10

		Exp. de détail fr.	Wag. complet fr.	
b. Manutention des marchandises en général.	Frais de chargement....	0,40	0,30	p. tonne.
	—id.— déchargement..	0,40	0,30	
	Frais de gare, départ...	0,35	0,20	
	— id. — arrivée...	0,35	0,20	
	Totaux.....	1,50	1,00	

Si les expéditeurs et les destinataires usent de la faculté d'opérer eux-mêmes le chargement et le déchargement des wagons complets, les droits de gare sont seuls perçus.

Sont exempts de tout droit de manutention les expéditions inférieures à 40 kilogr.

c. Manutention des voitures et accessoires.			
	Bœufs, vaches, bêtes de traits...	1 fr. 00	par tête
	Veaux et porcs................	0, 40	id.
	Moutons, brebis................	0, 20	id.

d. Manutention du matériel roulant : aux frais, risques et périls des expéditeurs au départ et des destinataires à l'arrivée.

e. Transmission aux gares de jonction, pour les marchandises transitant entre deux compagnies différentes, 0 fr. 40 par tonne, applicables par fraction indivisible de 10 kilogr. et à partager entre les deux compagnies.

f. Pesage supplémentaire, demandé par l'expéditeur ou le destinataire, 0 fr. 10 par fraction indivisible de 10 kilogramme et 0 fr. 30 par camion ou wagon passé sous la bascule, étant entendu que la taxe n'est pas due, s'il y a erreur de la compagnie sur le pesage.

Ces différentes taxes, comme celles des bagages et marchandises de grande vitesse sont inférieures au prix de revient, mais les réclamations des compagnies, malgré l'avis favorable du comité consultatif, n'ont encore reçu aucune suite.

g. Le magasinage donne lieu par fraction indivisible de 100 kilogr. à un droit fixé à 0 fr. 05 pour chacun des trois premiers jours, et à 0 fr. 10 par jour en sus. Le délai court du refus de prendre livraison, ou des 48 heures qui suivent l'avis d'arrivée.

h. Le stationnement des wagons, pour chargement ou déchargement, donne lieu à une indemnité de 0 fr. 10 par jour et par wagon immobilisé; le délai court 24 heures après la mise du wagon à la disposition de l'expéditeur, et un jour après l'avis d'arrivée pour le destinataire ce dernier délai est porté à deux jours si le destinataire a reçu plus de 10 wagons provenant d'envois différents. La compagnie peut à son choix opérer le déchargement aux frais du destinaire et percevoir le droit de magasinage.

Les principales conditions d'application du tarif général concernent les délais, les distances, les fractions de poids, le conditionnement, les lettres de voitures et récépissé ; elles sont reproduites au recueil Chaix, en tête des tarifs de chaque compagnie. Nous rappellerons seulement d'une façon générale les dispositions suivantes :

— Les délais au départ et à l'arrivée, sont ceux indiqués au commencement de ce paragraphe.

— Les compagnies ne sont pas tenues d'accepter, non emballées ou dans un état défectueux d'emballage, les marchandises que le commerce est dans l'usage d'emballer.

— Tout kilomètre entamé est payé comme s'il avait été parcouru en entier [1] ;

— Les coupoures de poids sont faites par 10 kilogr.

— Toute expédition est constatée par une lettre de voiture ou par un récépissé, donnant chacune lieu au timbre de 0 fr. 70, et indiquant la nature et le poids des colis, le prix du transport et le délai dans lequel il devra être effectué.

---

(1) La distance ne peut jamais être comptée pour un chiffre inférieur à 6 kilomètres, art. 42 du cahier des charges.

La Cie P.-L.-M. échelonne les distances par intervalles de 2 kil., entre 112 et 160 ; de 5 kil., entre 160 et 240; 10 kil., entre 240 et 300 kil., et de 20 kil. au-delà de 360 kil. La suppression de ces paliers est subordonnée à l'époque du remboursement de la dette contractée au titre de garantie d'intérêt, ou au relèvement des droits d'enregistrement et des frais de manutention.

A côté de ces dispositions d'un caractère général, il en est d'autres de moindre importance pour lesquelles nous devons renvoyer au Recueil-Chaix.

177. Tarifs spéciaux P. V. — Les conditions essentielles des tarifs spéciaux, concernent la demande expresse par l'expéditeur ; la prolongation du délai de transport ; la décharge de la responsabilité de la compagnie pour déchet et avarie de route ; l'expédition par wagon complet, ou minimum de tonnage ; le chargement et le déchargement par l'expéditeur et le destinataire.

C'est ainsi que les conditions d'application communes à tous les tarifs spéciaux contiennent les dispositions suivantes :

— Les tarifs spéciaux ne sont appliqués qu'autant que l'expéditeur en fait la demande sur sa déclaration d'expédition. Les trois mentions: *Tarif spécial, Tarif réduit*, ou *Tarif le plus réduit* sont considérées, comme équivalentes et entraînent l'acceptation de toutes les conditions que comportent les tarifs à appliquer. Intervenant en modifiant des conditions normales du tarif général, il est en effet nécessaire qu'un contrat explicite se fasse entre l'expéditeur et la compagnie.

— A moins d'indication contraire dans les tarifs, la compagnie pourra prolonger de cinq jours au de là des délais réglementaires, la durée des transports effectués aux prix des tarifs spéciaux, sans que ce supplément de délai puisse donner lieu à indemnité. Cependant le délai supplémentaire est porté à 15 et 20 jours pour les marchandises de peu de valeur, non sujettes à des déchets appréciables ; il est au contraire réduit et même supprimé pour les marchandises exposées à se détériorer telles que les animaux, les œufs, le lait, etc.

— La compagnie ne répond pas des déchets et avaries de route, à moins d'indication contraire contenue dans le tarif à appliquer. Cette clause de décharge ne couvre pas entièrement la compagnie et ne l'affranchit pas de la responsabilité de ses fautes et de celles de ses agents; elle a seulement pour résultat de mettre la preuve de la faute à la charge des expéditeurs ou des destinataires.

— Les expéditeurs sont tenus de faire connaître à la gare de départ, vingt-quatre heures à l'avance, le nombre de wagons qui leur sont nécessaires. Les conditions avantageuses que les compagnies accordent ainsi aux grosses expéditions dans la forme de wagons complets sont ainsi réglées : Les expéditeurs ont la faculté d'employer la capacité entière des wagons mis à leur disposition à la condition de ne pas dépasser la charge maximum que peut porter le wagon et les dimensions du gabarit de la compagnie. Lorsqu'un envoi nécessite l'emploi de plusieurs wagons et qu'il se trouve un excédent de poids inférieur au chargement complet d'un wagon, cet excédent est taxé suivant qu'il y a avantage pour l'expéditeur, soit au prix du tarif général, d'après le poids réel, soit au prix du tarif spécial calculé sur le minimum de tonnage exigé pour profiter de ce tarif. Dans tous les cas l'expédition entière est réglée par les conditions du tarif spécial.

Le minimum de tonnage consiste à accorder une réduction pour les expéditions atteignant au moins un certain nombre de kilogrammes, ou payant pour ce poids s'il y a avantage pour l'expéditeur. Pour les animaux, la clause du minimum de tonnage est remplacée par celle du minimum de nombre.

— A titre de conditions particulières, on trouve pour plusieurs marchandises dont la manutention peut donner lieu à des avaries ou à des pertes, la clause suivante :

Le chargement et le déchargement des marchandises transportées par wagon complet doivent être opérés par les soins et aux frais des expéditeurs et destinataires, sous la surveillance de la compagnie. Dans le cas où la compagnie consentirait à faire ces opérations, il lui serait payé 0,30 par tonne et par opération.

L'application des tarifs spéciaux reste soumise aux conditions du tarif général en tout ce qui n'est pas contraire aux dispositions particulières de leur propre stipulation.

Au nombre des conditions secondaires, nous citerons les plus fréquemment appliquées :

— Obligation d'accepter des wagons découverts.

— Obligation, s'il y a lieu, de faire le bâchage et le débâchage avec des bâches appartenant à l'expéditeur.

— Expédition par des trains déterminés.

— Décharge ou limitation de la responsabilité, en cas de retard, de perte, ou d'avaries.

— Réduction ou gratuité des emballages vides.

— Exonération ou réduction des frais accessoires.

— Réduction des délais pour la remise des marchandises, ou augmentation des délais pour leur enlèvement.

Nous avons dit que la réforme avait ramené la classification et le numérotage des tarifs spéciaux de petite vitesse à ne pas s'écarter notablement d'un réseau à l'autre : 31 sur le Nord ; 33 sur Orléans ; 41 sur P.-L.-M. ; 28 tarifs sur l'Est ; 34 sur l'Ouest et 32 sur le Midi. Au surplus les nouveaux tarifs, établis dans la forme du système belge à bases décroissantes, s'encadrent régulièrement entre les barêmes de six séries du tarif général, ou donnent en bas de l'échelle des prix inférieurs à ceux de la sixième série : Le Nord et P.-L.-M. comprennent six barêmes spéciaux, les autres compagnies neuf barêmes.

L'indication des bases et des taxes correspondantes, telles que nous les avons indiquées pour les tarifs généraux, nous entraînerait beaucoup trop loin ; nous devons, nécessairement renvoyer au recueil-Chaix et nous contenter d'indiquer pour les marchandises sans valeur des barêmes différentiels dont les bases kilométriques descendent de 0 c. 05, à 0 c. 015.

La plupart des tarifs spéciaux comportent encore un certain nombre de prix fermes auxquels on a dû nécessairement se résoudre pour éviter soit une dépression marquée des recettes, soit des relèvements inacceptables. Ces prix fermes qui sont l'exception sur le Nord, l'Est, P.-L.-M. et le Midi sont encore multipliés sur les compagnies de l'Ouest et de l'Orléans.

L'étude que nous venons de faire, avec quelque développement, des tarifs et de leur réforme ne saurait cependant prétendre à une explication complète de la tarification de nos chemins de fer ; nous n'avons eu pour objet qu'une vue d'ensemble ; nous renvoyons donc pour de plus amples renseignements, à l'ouvrage de M. Picard, qui est l'autorité la plus considérable en la matière, et auquel nous avons fait de larges emprunts.

§ 4

ABAISSEMENT DES TARIFS

178. Généralités. — C'est à tort que l'on a souvent dit que l'intérêt des compagnies serait d'accord avec celui du public pour réaliser des abaissements de taxes, parce que ces abaissements auraient pour conséquence un accroissement du trafic, du produit brut et du produit net.

Les considérations géométriques développées par M. de la Gournerie ne laissent aucun doute sur ce sujet.

La courbe figurative des produits bruts en fonction des taxes affecte la forme parabolique OMC ; les recettes —

produit du tonnage par la taxe — sont nulles pour une taxe nulle répondant à un grand trafic, ou pour un tonnage nul répondant à une taxe prohibitive ; elles passent donc par une valeur maximum *m*M, pour une taxe intermédiaire.

La courbe figurative des dépenses d'exploitation affecte la forme CD dont les ordonnées s'abaissent progressivement depuis la taxe nulle qui amène le maximum de tonnage, jusqu'à la taxe prohibitive qui le supprime complètement.

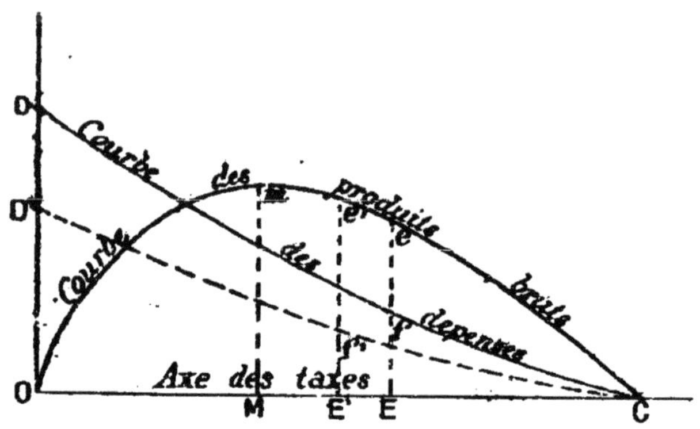

La différence de ces deux courbes représente le produit net, et dès lors il devient visible :

— Qu'il existe deux taxes, OE et OE', donnant, avec des tonnages différents, le même produit net maximum ;

— Que ce produit net maximum ne répond pas au maximum du produit brut M*m* ;

— Que l'intérêt des compagnies s'accorde seulement avec celui du public pour une diminution de taxe, si la dépense d'exploitation doit également s'abaisser : on a en effet $e'f' > ef$;

Bien que ces considérations perdent de leur rigueur, elles n'en restent pas moins vraies dans la pratique.

Il est également intéressant d'observer que l'élasticité E'E des taxes, conservant aux compagnies un même produit net, est restreinte par la difficulté d'accroître assez rapidement le trafic, soient :

θ	Une taxe déterminée,
N.	Le trafic correspondant,
D.	Les dépenses d'exploitation,
$K = \frac{D}{N\theta}$. . . .	Le coefficient d'exploitation,
$(1-\beta)\theta$. . . .	Une taxe relativement abaissée,
$(1+\alpha)$ N . . .	Le tonnage correspondant,
$(1+n\alpha)$ D . .	Les dépenses d'exploitation (1),
et μ	Le rapport des produits nets dans les deux cas.

On aura :

$$(1) \qquad \mu = \frac{(1+\alpha)(1-\beta)N\theta-(1+n\alpha)D}{N\theta - D} = \frac{(1+\alpha)(1-\beta)-(1+n\alpha)K}{1-K}$$

et pour le même produit net : $\mu = 1$ et par suite :

$$(2) \qquad \alpha = \frac{\beta}{1-\beta-nK}$$

Soit comme exemple : $\beta = 0{,}20$, $n = 0{,}40$ et $K = 0{,}50$.

on a :
$$\alpha = \frac{0{,}20}{0{,}60} = 0{,}333$$

c'est-à-dire une majoration nécessaire du trafic de 33 %, pour une réduction de taxe de 20 %. C'est suffisamment montrer de quelle main légère on doit toucher aux taxes établies.

Si au lieu de définir la progression régulière des frais d'exploitation, au fur et à mesure du développement de trafic, nous considérons les coefficients d'exploitation K

(1) Il résulte d'observations faites sur l'ancien et le nouveau réseau que le coût par unité de trafic diminue de 33 0/0 en moyenne quand la recette brute kilométrique augmente dans la proportion de 1 à 2,25 ; ces relations s'écrivent :

$$\frac{1+n\alpha}{1+\alpha} = 0{,}66 \quad \text{et} \quad (1+\alpha) = 2{,}25, \quad \text{d'où } n = 0{,}40.$$

Valeur qui s'accorde bien avec les résultats résumés au tableau p. 198, étant observé que l'augmentation de dépense porte spécialement sur les frais de traction et secondairement sur les autres éléments du prix total.

et K' établis de fait, la relation précédente se réduit à :

$$\mu = \frac{(1 + \alpha)(1 - \beta)(1 - K')}{1 - K} \qquad (3)$$

qui permet de tenir compte des économies relatives que les compagnies ont pu réaliser sur les dépenses d'exploitation.

179. Tarifs des voyageurs. — *Abaissement progressif.* — La comparaison des taxes ne peut se faire que d'après les taxes moyennes perçues.

Cependant celles-ci dépendent de différents éléments, en particulier de la répartition des voyageurs entre les trois classes, des immunités accordées au profit de certains voyageurs, des distances de transport, quand les tarifs sont à base décroissante, etc. ; c'est donc sous le bénéfice de ces réserves que nous donnons ci-dessous le tableau des réductions successives des taxes des six

ANNÉES	NORD	EST	OUEST	ORLÉANS	P.-L.-M.	MIDI	ÉTAT	RÉSEAU D'INTÉRÊT GÉNÉRAL	
								Prix moyen perçu	Voyage à la distance entière
	c.	c.	c.	c.	c.	c.	c.	c.	v. k.
1855	5,91	5,74	6,50	6,47	5,31	5,20	»	5,91	361.480
1860	6,23	5,87	5,61	5,70	5,34	5,19	»	5,64	279.390(*a*)
1865	6,35	5,04	5,31	5,62	5,59	5,31	»	5,53	243.400(*b*)
1870	5,51	4,24	4,15	5,50	5,50	4,18	»	4,95	274.855
1875	5,76	4,95	4,93	5,17	5,41	4,84	»	5,21	247.252
1878	5,64	4,86	4,75	5,17	5,52	4,94	4,70	5,17	269.624
1880	5,03	4,73	4,74	5,20	5,49	4,94	4,01	5,04	254.342
1882	4,61	4,73	4,67	5,03	5,28	4,85	3,85	4,86	264.330
1884	4,53	4,59	4,57	4,83	5,16	4,77	3,63	4,72	239.632
1886	4,45	4,51	4,73	4,73	5,01	4,57	3,61	4,59	232.517
1887	4,36	4,36	4,47	4,70	4,97	4,44	3,57	4,53	229.335
1888	»	»	»	»	»	»	»	4,48	228.627
1889	»	»	»	»	»	»	»	4,40	262.134

Nota. — (*a*) Ex. 1861 ; (*b*) Ex. 1866.

grandes compagnies et des chemins de fer de l'Etat, impôts déduits.

Ainsi, laissant de côté l'année exceptionnelle de 1889, la taxe kilométrique moyenne s'est abaissée, dans la période 1860-88, de 5^c,64 à 4^c,48, tandis que le mouvement passait de 279.390 à 228.627 voyageurs à la distance entière, c'est-à-dire supportait un affaissement sensible. C'est une réduction des taxes de 21 p. cent.

Si l'on devait comprendre les impôts, les taxes extrêmes seraient :

1860... $5{,}64 \times 1{,}12 = 6^c{,}32$
1888... $5{,}48 \times 1{,}232 = 5^c{,}52$

et la réduction serait seulement de 13 p. cent.

L'examen des statistiques montre que c'est par le développement des billets d'aller et retour, multipliant les rapports régionaux, que les compagnies ont surtout diminué leur taxe kilométrique, et le fait est confirmé par la réduction correspondante du parcours moyen des voyageurs, qui, dans la seule période 1877-87, est descendu de 35,1 à 33,1 kilomètres.

Quoi qu'il en soit, des plaintes n'ont cessé d'être formulées contre l'élévation des tarifs, soit qu'on ait demandé l'application du système différentiel en s'appuyant sur les exemples des réseaux d'Etat belge et français, soit qu'on ait préconisé des réductions d'ensemble comme celles de la réforme en cours.

Les compagnies ont résisté à toute mesure de tarification différentielle pour les raisons suivantes :

— Les éléments du prix de revient indépendants de la distance n'ont qu'une importance relativement faible [1] ;

— Le tarif moyen perçu sur les voyageurs est inférieur à celui perçu sur les marchandises, bien que le prix de revient par unité soit sensiblement le même ; comme

(1) Voir n° 170, page 293.

conséquence le péage des voyageurs est inférieur à celui des marchandises contrairement, à l'esprit du cahier des charges; la petite vitesse supporte une partie des frais de la grande vitesse, et l'élasticité des tarifs de voyageurs est ainsi affaiblie.

— Quant aux arguments à tirer des exemples du réseau de l'Etat belge et de notre réseau français, ils manquent de valeur par l'incertitude des résultats obtenus.

180. — *Réforme belge.* — Trois réformes successives ont été opérées.

Dans la première (1866) on adopta des tarifs différentiels par lesquels la situation des transports moyens à 35 kilomètres, représentant 40 °/₀ des recettes, n'était pas modifiée, tandis que celle des longs transports, représentant 60 °/₀ des recettes, était réduite de 33 °/₀. L'effet de la réforme se produisit en deux ans : le nombre des voyageurs parcourant plus de 35 kilom. augmenta de 24 °/₀. Il y a donc eu perte sur la recette brute, et le rapport des recettes nettes peut être évalué :

$$\mu = \frac{(0,40 + 0,60 \times 1,24 + 0,66) - [0.40 + 0,60(1 + 0,40 \times 0,24)]k}{1 - k}$$

soit, pour $k = 0,50$: $\mu = 0,73$, c'est-à-dire une réduction de 27 °/₀ dans les produits nets; l'opération a donc été incontestablement mauvaise.

Dans la seconde réforme (1871), renonçant au système différentiel, on a dégrevé les parcours inférieurs à 45 kilomètres et relevé les taxes des longs parcours. L'effet de la réforme s'est également produit en deux ans, après lesquels le trafic a repris sa progression normale. Le nombre des voyageurs a augmenté de 50 °/₀ — cette majoration devant être exclusivement attachée aux transports inférieurs à 45 kil. — et le produit moyen par voyageur ordinaire, de 24 °/₀ ; il en est donc résulté une majoration incontestable des recettes brutes, et le rapport des recettes nettes peut être évalué :

$$\mu = \frac{1,50 \times 0,76 - (1 + 0,40 \times 0,24)k}{1 - k} = 1,18.$$

Cette seconde réforme, qui porte sur les courtes distances et rétablit les tarifs proportionnels, aurait donc été plus heureuse que la première.

Mentionnons enfin qu'en 1879 les transports de voyageurs ont été frappés d'une surtaxe de 5 °/₀, dont le bénéfice est resté tout entier au Trésor, sans que cette modification ait exercé une influence sensible sur la circulation.

181. *Réforme du réseau d'Etat*. — Les tarifs des compagnies diverses ayant formé en 1878 le réseau d'Etat français, ont été remplacés dès le 1er juin 1880 par le tarif différentiel indiqué plus haut [1], tel que, comparé au tarif légal, la réduction est nulle à 50 kil., atteint 17 °/₀ à 400 kil. et se maintient ensuite à ce chiffre. D'autre part, les billets d'aller et retour, avec réduction de 40 °/₀ ont été généralisés en moins d'un an sur tout le réseau.

Le tableau ci-après permet de suivre la réduction des tarifs et les accroissements successifs de la circulation dans la période 1878-89 ; à titre de renseignements nous indiquons également la statistique du réseau d'intérêt général.

Afin d'écarter les causes diverses qui modifient la progression régulière de la circulation, et pour dégager leur rôle respectif, en particulier celui de la réforme, ces différents chiffres sont reproduits dans le graphique ci-contre et rectifiés par une ligne moyenne, qui, sans avoir une précision mathématique, ne doit pas cependant s'é-

(1) Voir n° 171, page 295.

ANNÉES	RÉSEAU DE L'ETAT			RÉSEAU D'INTÉRÊT GÉNÉRAL		
	Longueur moyenne exploitée	Voyageurs à la distance entière	Tarif moyen perçu	Longueur moyenne exploitée	Voyageurs à la distance entière	Tarif moyen perçu
	Kil.	V. K.	c.	Kil.	V. K.	c.
1878	765	88.614	4,70	21.435	269.624	5,17
1879	1.614	82.117	4,74	22.249	235.635	5,17
1880	1.698	100.358	4,01	23.089	254.342	5,04
1881	1.885	108.398	3,85	24.249	250.762	4,99
1882	2.047	109.622	3,85	25.576	264.330	4,86
1883	2.765	108.158	3,73	26.692	263.737	4,77
1884	2.164	116.086	3,63	28.722	239.632	4,72
1885	2.215	116.747	3,66	29.839	235.437	4,62
1886	2.365	123.140	3,61	30.696	232.517	4,57
1887	2.563	125.652	3,57	31.446	229.335	4,53
1888	2.597	128.172	3,52	32.128	228.627	4,48
1889	2.625	142.267	3,37	32.914	262.134	4,40

carter sensiblement de la réalité des faits. Cette ligne moyenne, rapprochée des résultats effectifs, autorise les appréciations suivantes :

— L'effet de la réforme, comme en Belgique, s'est produit dans les deux premières années, après quoi le trafic a repris sa progression normale, soit 3.100 voyageurs kilométriques par année.

— En attribuant cette même progression normale aux premières années de la constitution du réseau — assimilation que semble justifier la régularité des résultats de statistique, avant et après la constitution de 1883 — on doit admettre que, sans la réforme, le nombre des voyageurs kilométriques en 1881 eût été de 95,000 seulement, tandis que, du fait de la réforme, ce chiffre s'est

RÉSEAU DE L'ÉTAT

RELATION entre la réduction des taxes et l'accroissement du trafic.

VOYAGEURS

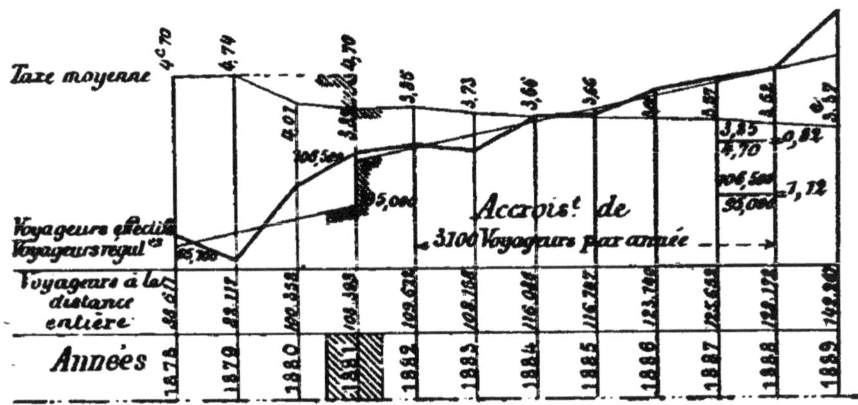

MARCHANDISES A LA TONNE

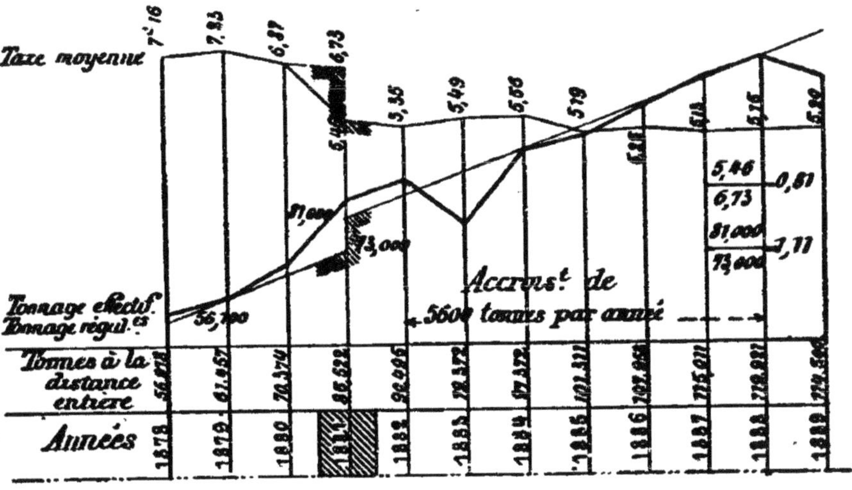

élevé à 106.500, soit dans la proportion $\frac{1065}{950} = 1,12$, c'est-à-dire en majoration 12 °/₀ sur la circulation initiale;
— Le produit moyen par voyageur est descendu de 4 c. 70 à 3 c. 76, dans la proportion $\frac{385}{470} = 0,82$, c'est-à-dire que la réduction moyenne des taxes a été de 18 p. cent.
— Le simple rapprochement de ces chiffres suffit à démontrer qu'il y a eu en définitive une perte sur la recette brute.

— Quant au rapport des recettes nettes, il peut être évalué :

$$\mu = \frac{1,12 \times 0,82 - (1 + 0,4 \times 0,12)k}{1 - k}$$

soit pour $k = 0,75$: $\mu = 0,53$, c'est-à-dire que les produits nets se seraient affaissés dans le rapport de 53 p. cent.

Ainsi, il paraît incontestable qu'on soit allé trop loin dans la réforme, et si l'effet de la réduction excessive des taxes ne s'est pas fait sentir dans les résultats de l'exploitation, comme nous le verrons en traitant des marchandises, c'est uniquement parce que la plus-value normale de la circulation est venue couvrir le déficit, et que les qualités de l'exploitation ont été améliorées par rapport à celles toujours inférieures des débuts.

Quant à discerner, dans les 12 °/₀ d'accroissement, ce qui revient à la différentiation des tarifs et à l'extension des billets AR, on peut croire, par analogie avec les autres réseaux, que c'est à ces derniers qu'il faut attribuer la plus grande part, sinon la totalité, des effets salutaires obtenus.

En définitive, ces réformes peuvent donner de très utiles indications, mais dans aucun cas elles ne sauraient servir d'exemples à des compagnies obligées de chercher exclusivement le remboursement de leurs dépenses dans le produits des taxes.

182. Réforme en cours. — Les conventions de 1883 avaient ajourné la réduction des taxes de grande vitesse au temps où les grandes compagnies auraient achevé les lignes nouvelles, organisé leur exploitation, relevé leur recettes kilométrique par la progression normale des transports et où les difficultés économiques et financières de l'heure présente auraient fait place à une ère de nouvelle prospérité.

A cet effet, l'art. 15 contenait les dispositions suivantes : « Dans le cas où l'Etat supprimerait la surtaxe ajoutée par la loi du 16 septembre 1871 aux impôts de grande vitesse sur les chemins de fer, la compagnie s'engage à réduire la taxe applicable aux voyageurs à plein tarif de 10 °/₀ pour la 2e classe et de 20 °/₀ pour la 3e classe, ou suivant toute autre formule équivalente arrêtée d'accord entre les parties contractantes.... Si l'Etat fait ultérieurement de nouvelles réductions sur l'impôt, la compagnie s'engage en outre à faire une réduction équivalente sur les taxes de voyageurs ; elle ne sera toutefois tenue à ce nouveau sacrifice qu'après qu'elle aura retrouvé, pour les voyageurs circulant sur le réseau actuellement exploité, les recettes acquises avant la première réduction. La compagnie ne serait pas tenue de maintenir ces réductions si l'Etat, après avoir réduit les impôts de grande vitesse, venait à les rétablir sous une forme quelconque en totalité ou en partie ».

Cependant les pouvoirs publics [1] ont jugé que la situa-

(1) Sont supprimés à partir du 1er avril 1892, la taxe additionnelle de 10 0/0, établie par l'article 12 de la loi du 16 septembre 1871 sur le prix des places des voyageurs et sur le prix des transports de bagages, et les taxes proportionnelles sur les transports en grande vitesse des messageries et denrées. (Chambre des députés, séance du 15 décembre 1891). *Note en cours d'impression.*

tion budgétaire se prêtait à la suppression de l'impôt de 1871, et à la suite de négociations avec les grandes compagnies, le dégrèvement de la grande vitesse est actuellement soumis aux Chambres pour entrer en vigueur à partir du 1er avril 1892.

Aux termes précis des conventions de 1883, en se basant sur les dernières statistiques, on devait évaluer à 43 millions la perte sèche que l'Etat aurait à supporter par le fait du dégrèvement, et à 22 millions seulement la dépression des recettes des compagnies ; soit au total 65 millions, c'est-à-dire une réduction de 16 °/₀ en faveur du public, à répartir 10,6 °/₀ pour l'Etat et 5,4 °/₀ pour les compagnies.

La clause des conventions a été sensiblement étendue au cours des négociations entre le ministre et les compagnies : d'une part, l'Etat supprime tout impôt sur les marchandises à grande vitesse, au lieu de se borner à abolir la taxe de 1871, et d'autre part les concessions faites par les compagnies s'étendent aux billets d'aller et retour et aux marchandises à grande vitesse, dans les conditions suivantes :

VOYAGEURS

A. — Par billets simples :

	1re classe	2e classe	3e classe
Tarif actuel par kil. (Impôt compris).	12 c. 32	9 c. 24	6 c. 78
Tarif nouveau........	1 20	7 56	4 928
Diminution........	1 c. 12	1 c. 68	1 c. 852
Réduction 0/0................	9 09	18 18	27 27

B. — Par billets d'aller et retour :

	1re classe	2e classe	3e classe
Tarif actuel par double kilomètre....	18 c. 48	13 c. 86	18 c. 17
Tarif nouveau....................	16 8	12 096	7 8848
Diminution....................	1 c. 68	1 c. 761	2 c. 2852
Réduction 0/0................	9 09	12 72	22 47

C. — Billets à demi-place.

Réduction proportionnelle à celle des billets simples.

D. — Les tarifs d'abonnement, billets de bains de mer, d'excursion, etc., resteront ce qu'ils sont, les prix étant diminués du montant de l'impôt supprimé.

L'impôt conservé ne sera plus que de 12 p. cent.

TRANSPORTS AUTRES QUE CEUX DES VOYAGEURS

A. — Messageries de toute nature, par expédition d'un poids *supérieur à 40 kilogr.*

Application d'un tarif *commun* à tous les grands réseaux, comportant un barême kilométrique à base initiale de 32 centimes, s'abaissant progressivement à 14 centimes au delà de 1.100 kilomètres.

Ce tarif remplacera la taxe kilométrique uniforme de 36 centimes actuellement en vigueur sur les divers réseaux.

B. — Colis de toute nature dont le poids *ne dépasse pas 40 kilogr.*

Application d'un tarif *commun* à tous les grands réseaux comportant un barême kilométrique à base initiale de 35 centimes, s'abaissant progressivement à 25 centimes au-dessus de 1,000 kilomètres.

Ce tarif remplacera la taxe de 45 centimes du tarif exceptionnel actuellement en application.

C. — *Denrées* par expédition *d'un poids supérieur à 40 kilogr.*

Application d'un tarif *commun* à tous les grands réseaux, comportant un barême kilométrique à base initiale de 24 centimes, s'abaissant à 10 centimes 1/2 au delà de 1,100 kilom.

Ce tarif remplacera la taxe de 36 centimes du tarif général actuel.

D. — Animaux vivants et voitures.

Les prix actuels sont réduits de 20 p. cent.

E. — Les frais accessoires seront ramenés au même taux que pour la petite vitesse.

F. — Excédents de bagage, chiens et finances

Les prix resteront ce qu'ils sont, sauf défalcation du montat des impôts supprimés.

En définitive, dans l'état de choses établi par les accords définitifs, on peut admettre que le dégrèvement en cours mettra à la charge du Trésor une somme annuelle de 55 millions et abaissera les recettes des compagnies de 41 millions, répartis 29 millions sur les voyageurs et 12 millions sur les marchandises. Au total c'est une perte de 96 millions, ou 17 °/₀ environ des recettes totales de grande vitesse, impôts compris, répartis 57 °/₀ à la charge de l'Etat et 43 °/₀ à la charge des compagnies. A ne considérer, au contraire que le sacrifice de 41 millions consenti par les compagnies, la perte se réduit à 8,7 °/₀ des recettes brutes, impôts déduits, soit 1,5 °/₀ sur les marchandises et 7,2 °/₀ sur les voyageurs.

L'expérience est donc importante et grave : au point de vue économique, il paraît certain que la réforme est de nature à stimuler la circulation des personnes et des choses ; notamment, il y aura un déclassement qui fera passer de petite à grande vitesse un certain nombre de marchandises et accroîtra ainsi les revenus des compagnies. Mais dans quelle mesure, dans quel laps de temps, les sacrifices consentis seront-ils recupérés, et finalement y aura-t-il déchet et quel sera-t-il ? Il est difficile d'être catégorique sur ces questions.

Tout d'abord il serait intéressant de rechercher quelle influence a exercé, en 1871, l'impôt additionnel que doit supprimer la réforme en cours ; mais si, pour les années 1866-88 on dresse le graphique du nombre des voyageurs à la distance entière et celui analogue des recettes kilométriques des accessoires G.V, l'examen le plus attentif ne met en aucun relief l'effet direct de l'impôt de 1871 parmi les autres causes auxquelles la circulation a du obéir ; dans l'ensemble, ces graphiques restent seulement dans une étroite dépendance des oscillations périodiques de l'activité commerciale et de l'insuffisance de trafic des lignes nouvelles, ce qui leur donne une allure régulièrement décroissante. Ainsi, comme la surtaxe belge de 5 %. établie en 1879, l'impôt de 1871, en France, n'a pas exercé sur la circulation une influence aussi sensible qu'il paraîtrait tout d'abord.

Cette première considération autorise à penser que la perte de 55 millions faite par le Trésor ne sera couverte que dans une limite très restreinte par les plus-values sur le rendement des autres impôts constituant les bénéfices indirects de l'Etat.

En ce qui concerne les compagnies, nous devons également nous borner à des appréciations plus ou moins approchées : d'après la formule [1], l'égalité de produit net kilométrique nécessiterait que le nombre des voyageurs fut augmenté dans le rapport :

$$\alpha = \frac{\beta}{1-\beta-kn} = \frac{0{,}087}{1-0{,}087-0{,}4{,}\times 052} = 12\text{, soit } 12 \text{ p. cent.}$$

et le mouvement des messageries, dans le rapport :

$$\alpha = \frac{8{,}15}{1-0{,}15-0{,}4 \times 0{,}52} = 0{,}23\text{, soit } 23 \text{ p. cent.}$$

Or, il s'agit ici d'un abaissement d'ensemble et non comme en 1880-81 d'un abaissement, devant plus spécialement favoriser les transports à courte et moyenne distance ; il serait donc rationnel d'admettre que l'accroissement proportionnel de la circulation restera inférieur à celui du réseau de l'Etat; et comme nous y avons trouvé qu'une majoration de 12 °/. environ de la circulation avait dû correspondre à une réduction de 18 °/₀ des taxes, il faudrait compter sur un chiffre inférieur pour l'abaissement de 17 °/₀ consenti au total par l'Etat et les compagnies. Cependant mettant les choses au mieux, nous conservons le prorata de 12 °/₀, ce qui implique finalement d'après les valeurs ci-dessus de α, un certain relèvement des recettes brutes et l'égalité des recettes nettes.

A la vérité, ces évaluations ne sont pas précises, mais du moins elles sont de nature à faire espérer que les pertes éventuelles des compagnies seront bientôt compensées par le développement du trafic et que la réforme ne ralentira pas trop le mouvement normal d'amélioration de leur situation financière.

Quoiqu'il en soit l'application de l'art. 13 des conventions de 1883 donne lieu aux observations suivantes :

---

(1) Ex. 1887 : K = 0,52.

— La différence entre les produits nets et les charges du réseau d'intérêt général dépasse en moyenne 90 millions [1] et cette situation chargée commande assurément une extrême réserve. Il eut donc été plus prudent de toucher d'une main moins lourde aux taxes actuelles et d'en conditionner dès l'origine la réduction aux effets obtenus par les réductions préalables de l'impôt.

— Depuis l'exercice 1883, le nombre de tonnes transportées à 1 kilomètre est en baisse, ou tout au moins stationnaire ; tandis que la progression des voyageurs à 1 kil. s'est maintenue de 1 °/。 l'an, environ ; le dégrèvement était donc principalement utile pour les marchandises à la tonne et pouvait être au contraire ajourné pour les voyageurs. Il eût ainsi mieux répondu aux besoins et incidemment il eut atténué directement et d'autant la crise que l'on redoute du nouveau régime douanier.

— Les transports G.V. se rapportant à des personnes et à des objets de valeur, peuvent, en général mieux que les marchandises P.V., supporter des tarifs élevés. Or la différence entre le prix perçu et le prix de revient est seulement de 1^{c},6 pour les voyageurs et de 2^{c},7 pour les marchandises, il n'était donc pas rationnel, dans les circonstances présentes, d'augmenter l'écart de ces deux derniers chiffres, et, par répercussion sur la garantie d'intérêts, de mettre à la charge de la communauté un dégrèvement qui en somme profitera surtout à des intérêts particuliers ou à des intermédiaires ; cette nouvelle considération, comme la précédente, montre que les efforts devaient continuer à porter sur les marchandises P.V. nécessaires à la vie, et de peu de valeur.

— Enfin, il n'est pas sans intérêt de remarquer que le dégrèvement va entraîner le réseau de l'Etat à de nouvelles pertes sur le transport des voyayeurs et on peut

---

(1) Voir p. 128.

dès lors regretter de voir affirmer le principe des transports faits au-dessous du prix de revient, c'est-à-dire de services particuliers payés par l'ensemble des contribuables.

183. Tarifs de marchandises. — *Abaissement progressif*[1].—Les éléments qui influent sur la taxe moyenne sont encore plus importants pour les marchandises que pour les voyageurs ; ce sont, en première ligne, les différentes catégories de marchandises, les distances moyennes de transport, et les tarifs différentiels ; cependant les documents statistiques démontrent que la quote-part des diverses catégories de marchandises dans le nombre absolu des tonnes transportées à toute distance ne s'est pas sensiblement modifiée depuis 1886. Sous le bénéfice de ces premières observations, voici le tableau récapitulatif des réductions successives des taxes perçues par les six

ANNÉES	Nord	Est	Ouest	Orléans	P.-L.-M.	Midi	Etat	RÉSEAU D'INTÉRÊT GÉNÉRAL	
								Prix moy. par tonne	Tonnes à la dest. entière
	c.	c.	c.	c.	c.	c.	c.	c.	
1855	6,53	6,96	9,05	7,80	7.10	8,05	»	7,65	301.160
1860	6,93	7,51	7,33	6,83	6,39	6,74	»	6,92	394.500 (*a*)
1865	6,05	5,73	6,33	6,32	5,80	6,92	»	6,08	416.400 (*b*)
1870	5,48	6,11	6,67	6,80	5,80	6,75	»	6,14	369.000 (*c*)
1875	5,59	5,86	6,69	6.36	5.67	7,40	»	6,06	420.328
1878	5,54	5,85	6,36	6,12	5,62	7,24	7,16	5,97	391.874
1880	5,47	5,61	6,14	6,25	5,68	7,29	6.87	5,95	448.274
1882	5,38	5,50	6,45	6,02	5,69	7,16	5,35	5,89	423.665
1884	5,37	5,66	6,68	6,36	5,53	7,15	5,56	5,90	364.818
1886	5,28	5,44	6,71	6,54	5,77	7,13	5,25	5,94	303.438
1887	5,09	5,38	6,59	6,38	5,64	6,98	5,13	5,80	315.369
1888	»	»	»	»	»	»	5,15	5,66	323.990
1889	»	»	»	»	»	»	5,20	5,55	335.795

Nota. — (*a*) Ex. 1861 ; (*b*) Ex. 1866 ; (*c*) Ex. 1869.

(1) Nous n'envisageons que les transports P.V, de beaucoup les plus importants.

grandes compagnies et par les chemins de fer de l'Etat.

Ainsi dans la période 1860-88, malgré l'affaissement du tonnage à la distance entière de 394.000 à 324.000 tonnes, soit 18 °/₀, la taxe kilométrique moyennement perçue s'est abaissée de 6c,62 à 5c,66, ce qui correspond à une réduction de 19 °/₀, et cet abaissement tient, avons-nous dit, non à une augmentation des marchandises pondéreuses à basses taxes, mais à la réduction même des prix de série, soit par l'établissement de tarifs spéciaux, soit par l'adoption de barêmes décroissants du système belge.

Assurément ces abaissements des taxes ont imprimé une impulsion réelle à la circulation et contribué à l'accroissement du tonnage ; notamment, pour les marchandises à grande distance qui touchent à la limite de ce qu'elles peuvent supporter comme frais de transport, les réductions de tarif, en reculant cette limite, ont étendu le rayon que ces marchandises pouvaient atteindre et par suite, ont accru le tonnage. Cependant si l'on se rapporte aux majorations obtenues soit sur le réseau belge, soit sur notre réseau d'Etat on doit reconnaître que l'influence des taxes n'est pas été aussi considérable qu'on le suppose souvent.

Le fractionnement de la période précédente fait en effet ressortir qu'une marche régulière du trafic ne répond nullement à la décroissance graduelle des taxes, et dans l'état de choses la circulation des marchandises, comme celle des voyageurs, n'est sensible dans son allure générale qu'à la composition du réseau ; c'est ainsi que le tonnage kilométrique, progressif jusqu'en 1882, s'affaisse ensuite rapidement par l'adjonction précipitée des lignes nouvelles improductives : les abaissements de tarifs deviennent impuissants contre cette cause prédominante de dépression, ce qui établit leur valeur essentiellement relative. Ces résultats sont d'ailleurs conformes aux enseignements généraux des formules données en tête de ce paragraphe.

Tout en reconnaissant la difficulté d'arriver à des conclusions précises nous essayerons cependant d'apprécier l'effet salutaire des abaissements de tarifs en étudiant sur le réseau de l'Etat les résultats des réformes de 1880-81.

181. — *Réforme du réseau de l'Etat.* — Nous avons dit que l'administration, convaincue qu'un abaissement notable des taxes donnerait une vive impulsion au trafic, avait appliqué, dès 1880, des barèmes kilométriques à bases décroissantes à partir de 50 kilomètres pour les quatre premières séries, et de 25 kilomètres pour les deux dernières; les bases initiales étaient pour chacune des six séries 16, 14, 12, 10, 9 et 8 centimes, et les bases finales 13, 11, 10,8, 5 et 4 centimes, au delà de 300 kilomètres.

La mise en vigueur de la nouvelle tarification a donné les résultats résumés au graphique de la page 325 et dans le tableau ci-après; à titre de renseignement nous indiquons également la statistique du réseau d'intérêt général.

La continuité du graphique 1881-88 indique que les abaissements de tarifs 1880-81 ont donné par avance au trafic tout le développement qu'il était susceptible d'acquérir des remaniements successifs du réseau. D'autre part, ces abaissements de tarifs, consentis sensiblement dans une même proportion pour les voyageurs et pour les marchandises ont également donné lieu à une même accroissement proportionnel de la circulation des uns et des autres, ce qui débarrasse, en grande partie, les déductions à formuler de l'incertitude propre à cette nature de question.

Sous le bénéfice de ces observations, les lignes moyennes du graphique donnent lieu aux observations suivantes:

— Les effets de la réforme se sont produits dans les

ANNÉES	RESEAU DE L'ÉTAT					RÉSEAU D'INTÉRÊT GÉNÉRAL				
	LONGUEUR moyenne exploitée	TONNES à la distance entière	TARIFS moyens par an	COEFFICIENT d'exploitation	PRODUIT net	LONGUEUR moyenne exploitée	TONNES à la distance entière	TARIFS moyens par an	COEFFICIENT d'exploitation	PRODUIT net
	Kil.	T. K.	c.		fr.	Kil.	T. K.	c.		fr.
1878	765	56.978	7,16	71,2	2.682	21.435	391.874	5,97	50,5	21.112
1879	1.014	61.457	7.28	78.7	2.058	22.240	404.472	5,95	51,6	20.095
1880	1.608	70.374	6,87	76,8	2.330	23.089	448.274	5,96	49.8	22.494
1881	1.885	85.522	5.46	77.9	2.256	24.210	443.434	5,88	49.8	22.362
1882	2.047	90.495	5,35	80,3	1.025	25.576	423.665	5,89	51,6	20.809
1883	2.765	70.883	5,49	89,5	1.014	26.602	414.533	5,93	53.0	19.073
1884	2.164	97.372	5,36	82,5	2.031	28.722	364.818	5,90	54,7	17.024
1885	2.215	101.311	5,19	81,6	2.145	29.839	328.142	5,94	54,4	15.948
1886	2.308	107.058	5,25	80,4	2.411	30.606	303.438	5,94	53,1	15.017
1887	2.563	115.011	5,13	72,3	3.588	31.446	315.369	5.80	54,7	16.080
1888	2.507	110.021	5,15	70,6	2.933	32.128	323.090	5,66	51,3	15.860
1889	2.625	114.500	5,20	69,4	3.140	32.914	335.795	5,55	50.4	16.690

deux ans qui ont suivi la mise en vigueur de la tarification nouvelle, après quoi le tonnage a repris sa progression normale, soit 5.600 tonnes-kilométriques par année.

— En admettant cette même progression pour la période antérieure à la réforme, l'accroissement de trafic spécialement dû à la réduction des taxes devrait être évalué ; 81.000 — 73.000 = 8.000 t.k. ce qui revient à une majoration de :

$$\frac{81.000}{73.000} = 1,11, \quad \text{soit 11 p. cent.}$$

— La réduction correspondante des taxes atteignait 6 c. 73 — 5 c. 46 = 1 c. 29, ce qui revient à une réduction de :

$$\frac{546}{673} = 0.81, \quad \text{ou 19 p. cent}$$

— L'abaissement des taxes étant ainsi supérieur à l'accroissement du tonnage, les recettes brutes ont dû baisser et les recettes nettes se déprimer fortement. En effet, il résulte des chiffres de l'exercice 1882 que le rapport des recettes nettes est descendu à :

$$\mu = \frac{1025}{2256} = 0,46$$

L'application des formules générales aux bases régulières du graphique donne également :

$$1 + \alpha = \frac{81.000 + 5.600}{73.000} = \frac{86.600}{73.000} = 1,19$$

$$1 - \beta = \frac{5,35}{6,73} = 0,80$$

D'où, avec $k = 0,779$ et $k' = 0,893$.

$$\mu = \frac{(1 + \alpha)\ (1 - \beta)\ (1 - k')}{1 - k} = \frac{1,19 \times 0,80 \times 107}{221} = 0,46$$

Bien que le tonnage kilométrique ait passé de 73.000 à 90.500 tonnes.

— L'application des mêmes formules à la période entière 1881-88 donne :

$$1 + \alpha = \frac{73.000 + 8.000 + 7 \times 5.600}{73.000} = 1,00 + 0,11 + 0,54 = 1,65$$

$$1 - \beta = \frac{5,15}{6,73} = 0,67,$$

d'où, avec les valeurs moyennes $k = 0,773$ et k' 0,715

$$\mu = 1,65 \times 0,76 \frac{0,285}{0,226} = 1,25 \times 1,26 = 1,58,$$

tandis que les chiffres effectifs font seulement ressortir

$$\mu = \frac{3200}{2200} = 1,45.$$

L'examen attentif de ces différents chiffres met en relief:

— par la différence des valeurs μ, l'atteinte portée aux recettes des marchandises par l'abaissement excessif du tarif des voyageurs ;

— par les valeurs partielles du terme α, l'action prépondérante de la plus-value annuelle de la circulation sur l'accroissement qu'on peut obtenir de l'abaissement général des tarifs ;

— enfin par les coefficients k et k', le grand intérêt qui s'attache aux qualités de l'exploitation ;

— dans l'espèce, les trois éléments qui, toutes choses égales d'ailleurs, déterminent la majoration des recettes nettes sont dans les rapports suivants :

Réductions des tarifs	0,10
Plus-value annuelle.	0,54
Amélioration de l'exploitation	0,26

C'est suffisamment montrer combien l'accroissement du trafic, résultant de la réduction des tarifs, eût été impuissant à empêcher la chute des recettes brutes ou nettes sans le secours de la plus-value régulière annuelle et de l'amélioration de l'exploitation.

185. *Résumé.* — En définitive, ni les faits, ni l'expérience ne semblent justifier les abaissements d'ensemble des tarifs généraux : les augmentations de trafic qui en résultent se sont toujours maintenues au-dessous des réductions des taxes correspondantes. Il paraît au contraire convenir de poursuivre l'œuvre des réductions par l'extension des tarifs différentiels spéciaux, qui, s'adressant surtout aux matières de première nécessité ou de peu de valeur, doivent nécessairement augmenter les transports et la production, au profit commun du public, des compagnies et de l'Etat, considéré comme co-associé ; encore la situation actuelle exige-t-elle une grande prudence et une extrême réserve.

186. Conclusions. — Considéré dans son ensemble, notre système de tarification tient compte du caractère industriel des chemins de fer et respecte à la fois les droits et les intérêts connexes de l'État et des particuliers ; au surplus, à l'expiration des concessions, le retour gratuit à l'État du réseau entièrement construit et exploité aura pour conséquence la suppression du péage et assurera à notre pays une situation financière et économique exceptionnellement forte.

Cependant, tout en reconnaissant l'organisation ordonnée et rationnelle de nos chemins de fer, leur progrès et leur prospérité, il ne faut pas oublier qu'aujourd'hui, pour ne considérer que le réseau d'intérêt général, les recettes brutes sont environ de 1.160 millions, les recettes nettes de 600 millions et le déficit, d'après les droits acquis et les charges, de 90 millions, soit 7,7 °/₀ des recettes brutes et 15 °/₀ des recettes nettes.

Cette situation chargée appelle certaines observations:

Les mesures d'unification, de réversibilité et de réduction notable des taxes, qui ont caractérisé notre époque, n'ont-elles pas dépassé la mesure ? En resserrant la variété, si conforme aux besoins, dans des classements trop étroits, n'a-t-on pas atteint la principal cause de la fécondité de nos voies ferrées ? Enfin, à considérer sans trêve les compagnies comme ayant des intérêts opposés à ceux du public et à réglementer à outrance leur monopole, n'est-on pas arrivé à le stériliser ?

L'élévation de la garantie — 500 millions en six ans — répond affirmativement à ces questions.

Tandis qu'on avait à lutter contre la charge des lignes improductives, on s'est fait illusion sur les accroissements de trafic devant résulter de l'abaissement général des tarifs, et, trop préoccupé de l'uniformité et de la réduction des taxes, on a perdu de vue que les prix de transport devaient également procéder dans une certaine mesure de la proportionnalité au prix de revient et au service rendu ; en outre, par suite d'une solidarité exagérée, on n'a pas toujours su proportionner l'outil au travail, et on a ainsi aggravé la situation.

Actuellement il s'agit de savoir comment on pourra enrayer les déficits et réduire progressivement le concours financier prêté par l'Etat aux compagnies, car s'il devait continuer à s'accroître, il ne tendrait à rien moins qu'à l'établissement de fait d'une série de régies intéressées et comme conséquence au rachat des compagnies par l'Etat.

Le moyen préconisé, il y a déjà longtemps, consiste à abaisser les tarifs des lignes principales de manière à favoriser le grand trafic commercial et le transit, mais par contre, à surtaxer, dans la limite des services rendus, le trafic secondaire des artères annexes. Certaines matières riches pourraient également supporter un relèvement de taxes au lieu de profiter des dégrèvements généraux. Enfin les perfectionnements apportés au matériel et aux procédés d'exploitation viendraient en aide aux économies nécessaires.

En ce qui concerne l'augmentation recherchée du mouvement commercial, et le maximum de productivité des chemins de fer, M. Michel Chevalier, dans une note publiée au *Journal des économistes* de novembre 1880, disait : « Il ne faut pas de grands efforts pour constater, les faits en mains, comment, chez les peuples qui laissent une plus grande latitude aux compagnies pour les méthodes d'exploitation, sans pour cela renoncer à la répression des abus, ces chemins de fer sont bien plus féconds pour l'utilité publique que ceux qui ont préféré le système réglementaire. Pour prouver ces indications par un exemple, il est notoire qu'en Angleterre les chemins de fer rendent plus de services et accommodent mieux le public qu'en France. »

Or c'est une conception étroite et fausse que de considérer les compagnies comme systématiquement opposées aux procédés de tarification qui doivent assurer ce maximum de productivité ; il leur suffirait, et ce sera la conclusion de ce chapitre, d'un peu plus de liberté et d'autonomie en échange d'une plus grande responsabilité de leurs recettes. Mieux que l'État, dont les réformes conservent toujours un caractère arbitraire, elles peuvent scruter attentivement les besoins et les ressources du pays, choisir avec intelligence les éléments de trafic qui présentent de l'élasticité et ménager des abaissements aux marchandises dont elles savent sûrement développer la circulation.

CHAPITRE SEPTIÈME

RECETTES DE L'EXPLOITATION

Données statistiques sur les recettes
Évaluation des recettes probables des lignes nouvelles.

SOMMAIRE :

§ 1. — **Renseignements statistiques sur les recettes :** VARIATIONS DU PRODUIT KILOMÉTRIQUE : *Chemins de fer d'intérêt général; Lignes au compte de l'exploitation partielle; Chemins de fer d'intérêt local; Tramways.* — CONCLUSIONS.

§ 2. — **Évaluation des recettes probables des lignes nouvelles :** OBSERVATIONS PRÉLIMINAIRES. — COMPTAGE SUR LES ROUTES. — MÉTHODE DE M. J. MICHEL. — MÉTHODE DE M. MICHEL MODIFIÉE. — STATISTIQUE DU MINISTÈRE DES TRAVAUX PUBLICS. — MÉTHODE DE M. BAUM. — OBSERVATION GÉNÉRALE.

CHAPITRE VII

RECETTES DE L'EXPLOITATION

§ 1

RENSEIGNEMENTS STATISTIQUES SUR LES RECETTES DES CHEMINS DE FER

187. Variations du produit kilométrique. — Nous résumons dans le tableau ci-après [1] les données statistiques qui permettent de suivre les variations du produit kilométrique suivant les régions, et suivant les différentes catégories de chemins de fer : intérêt général, intérêt local et tramways.

Pour les lignes des grandes compagnies, nous considérons séparément celles au compte de l'exploitation partielle afin de montrer dans quelles proportions leurs insuffisances chargent actuellement leur compte d'établissement et pèseront dans l'avenir sur la garantie d'intérêt. Nous rappelons également les principaux résultats d'exploitation de la période 1857-87, afin de mesurer l'influence que les lignes nouvelles de moins en moins productives, ont exercé sur les recettes.

Voici les renseignements à retirer de ce tableau :

187. *Chemins de fer d'intérêt général.* — Le nombre des voya-

---

(1) Voir page 347.

geurs à la distance entière a constamment fléchi par l'extension des lignes nouvelles : de 45 voyageurs kilométriques par 100 kilomètres ouverts à l'exploitation, dans la période 1857-67, cette dépression s'est élevée successivement à 198 v. k., dans la période 1867-83, et 724 v. k., dans la période 1883-87.

— Le tonnage des marchandises P. V., à la distance entière s'est accru, dans la période 1857-67, de 958 tonnes environ pour 100 kilomètres ouverts à l'exploitation; cette augmentation s'est réduite à 214 tonnes, dans la période 1867-83; et finalement dans la période 1883-87, l'ouverture des lignes improductives a déterminé une dépression très accentuée 2088 tonnes environ par 100 kilomètres nouveaux.

— En définitive, tenant compte des compensations qui ont pu s'établir entre les voyageurs et les marchandises, le nombre d'unités transportées a été en progression croissante de 913, dans la période 1857-67; de 16 seulement dans la période 1867-83, c'est-à-dire que la situation s'est maintenue stationnaire, enfin dans la période 1883-87 le trafic s'est affaissé de 2812 unités par 100 kilomètres des nouvelles lignes.

La recette brute kilométrique a faibli progressivement d'abord de 15 francs par 100 kil. nouveaux dans la période 1857-67; puis de 35 fr. dans la période 1867-83; enfin de 170 francs dans la période 1833-87. Par suite de l'abaissement des tarifs, l'abaissement proportionnel des recettes est supérieur à celui du trafic.

La dépense kilométrique d'exploitation, a peu varié, dans les premières périodes de 1857-67-83, elle a été en moyenne de 21.500 fr. par kilomètre exploité; mais l'ouverture successive des lignes du troisième réseau et les économies apportées à l'exploitation dans les dernières

DÉSIGNATION des lignes	ANNÉES	LONGUEURS moyennes exploitées	NOMBRE D'UNITÉS A LA DISTANCE ENTIÈRE		EXPLOITATION PAR KILOMÈTRE		
			Voyageurs	Marchandises	Recettes	Dépenses	Produit net
Chemins de fer d'intérêt général							
		kil.	unités	tonnes	fr.	fr.	fr.
Compagnie du Nord.....	1887	3.497	317.922	552.660	47.795	22.158	25.637
» Est.......	»	4.352	215.102	304.217	29.278	17.758	11.520
» Ouest....	»	4.377	237.653	198.711	30.805	17.277	13.528
» O.:éans ..	»	5.842	176.636	281.577	28.023	14.780	13.243
» P.-L.-M...	»	7.966	231.294	416.730	39.922	17.736	22.186
» Midi......	»	2.657	222.199	272.028	32.524	17.623	14.901
» Etat......	»	2.563	125.652	115.011	12.938	9.350	3.588
Ens. du réseau, y compris les lig. secondaires..	1887	31.446	229.335	315.369	33.264	17.184	16.080
Id.	1883	26.692	263.737	[illegible].533	41.400	22.327	19.073
Id.	1877	20.534	237.179	398.611	41.330	21.353	19.977
Id.	1867	15.000	286.735	389.695	45.485	21.448	23.737
Id.	1857	6.868	290.270	311.904	46.715	20.878	25.837
Lignes au compte de l'exploitation partielle							
Compagnie de l'Est......	1886	646	33.900	81.900	6.860	7.116	— 256
» Ouest....	»	570	61.400	43.500	6.434	8.071	—1638
» Orléans ..	»	593	41.400	27.700	4.354	5.442	—1088
» P.-L.-M...	»	2.139	61.000	79.300	8.500	8.200	+ 300
» Midi......	»	108	30.900	15.500	3.250	6.732	—3482
Totaux et moyennes.....	1886	4.056	53.100	65.550	7.224	7.570	— 346
Chemins de fer d'intérêt local							
Ensemble du Réseau....	1887	2.069	41.728	21.154	5.210	4.522	688
Id.	1880	2.105	57.080	40.152	7.630	5.532	2.077
Tramways à vapeur pour voyageurs et marchandises							
Lignes faisant appel à la garantie de l'Etat........	1889	67	47.900	pzti.	3.836	2.606	1.230
Lignes ne faisant pas appel à la garantie de l'Etat.	1889	128	231.500	Id.	18.525	12.959	5.566

années ont abaissé ce chiffre, sans préjudice de l'amélioration du matériel et du relèvement des salaires ; les frais d'exploitation sont descendus à 17.700 fr. par kilomètre en 1887.

Comme conséquence de ces observations, les recettes nettes kilométriques ont décru, savoir : de 24 fr. par 100 kilomètres nouveaux, dans la période 1857-67 ; de 40 fr. dans la période 1867-83, et finalement de 63 francs, dans la période actuelle 1883-87.

Ces affaissements réguliers et importants des unités transportées, des recettes et des produits nets kilométriques, ayant la construction des lignes secondaires pour commune origine, montrent, après ce que nous avons déjà dit, la prudence avec laquelle le troisième réseau doit être continué. Loin de chercher à multiplier le nombre de kilomètres annuellement livrés, c'est au contraire à le restreindre aux lignes d'une réelle utilité qu'il faudrait s'appliquer, afin, non pas seulement de réduire les dépenses de premier établissement, mais surtout d'atténuer, dans la proportion que commande l'état de nos finances, la répercussion de lignes nouvelles sur les recettes de l'ensemble du réseau et par suite sur la garantie d'intérêt.

189. *Lignes au compte de l'exploitation partielle.* — Les lignes du troisième réseau, actuellement exploitées au compte de l'exploitation partielle, couvrent à peine leurs frais d'exploitation avec un trafic de 120.000 unités environ. Si cette situation, devait se maintenir en moyenne pendant 10 ans, nous avons dit [1] que les dépenses d'établissement faites par les compagnies se trouveraient accrues de 80.000 fr. par kilomètre, soit 1/4 du coût to-

(1) Voir numéro 87.

tal de la construction, et le jour où ces lignes rentreraient au compte de garantie, elles en majoreraient d'autant le fardeau. Il y a là une situation onéreuse et inquiétante qui aggrave le développement des lignes nouvelles depuis 1885. Cependant à la suite des critiques justement soulevées, cet état de choses tend à prendre fin dans des accords successifs avec les compagnies.

Quant aux dépenses d'exploitation — 7.500 fr. pour une recette sensiblement égale — on peut croire que les efforts constants des compagnies permettront de réaliser de nouvelles réductions sur les frais d'exploitation (1) et, ces économies seront d'autant plus importantes qu'elles s'appliqueront à une portion notable du réseau.

Quoi qu'il en soit, la productivité de plus en plus faible des lignes nouvelles ne permet pas d'espérer qu'elles jettent jamais sur les lignes antérieures cet afflux de trafic que le *nouveau réseau* apportait à *l'ancien*. Etablies dans des contrées moins peuplées, privées le plus souvent de trafic industriel et limité aux transports agricoles, leur rendement est limité, et leur exploitation pesant sur l'ensemble des recettes devra nécessairement les déprimer. D'ailleurs la consommation et par suite la production ne sauraient avoir un développement progressif indéfini ; et déjà nous voyons depuis plusieurs années le tonnage se maintenir sans accroissement aux environs de 10 milliards de tonnes kilométriques : c'est une preuve matérielle et directe de la réserve à observer à l'égard des lignes restant à construire.

190. *Chemins de fer d'intérêt local.* — Les unités kilométriques ont subi une diminution sensible de 1880 à 1887 ; cette décroissance paraît surtout devoir être attribuée à l'incorporation dans le réseau d'intérêt général,

(1) Voir n° 125, p. 200.

conformément aux conventions de 1883, d'un certain nombre de lignes dont le rendement était supérieur à la moyenne. Il faut toutefois reconnaître que pour la plupart de ces chemins secondaires l'accroissement de circulation se produit dans les courtes années nécessaires au changement des habitudes locales et au développement des ressources agricoles et industrielles des contrées traversées ; alors la recette bat son plein et ne s'accroît plus que faiblement ; depuis 1855, les recettes se maintiennent autour de 5000 francs, avec 60,000 unités de trafic par kilomètre, et 4500 fr. de frais d'exploitation.

Cette situation, comme celle du troisième réseau, impose, par le système de subvention annuelle inscrite dans la loi de 1880, de lourdes charges au Trésor et aux départements ; il devient donc nécessaire de ne pas marcher d'un pas trop rapide dans la voie des concessions ; et lorsque les lignes sont sérieusement justifiées, il faut surtout approprier l'outil à son rôle, réduire par tous les moyens les dépenses d'établissement, adopter la voie étroite, sauf les exceptions d'espèce, et s'établir en tramways autant qu'il est possible. La même parcimonie doit être apportée dans l'exploitation. C'est à la seule condition de cantonner très nettement ces nouvelles lignes dans leur rôle secondaire qu'elles pourront donner des résultats acceptables.

191. *Tramways.* — La statistique des tramways n'est pas encore complètement établie : toutefois, à ne considérer que les lignes faisant appel à la garantie d'intérêt, on peut admettre que les recettes restent généralement comprises entre 2.000 et 5.000 fr., avec une fréquentation variant de 30.000 à 70.000 unités, et que les dépenses s'élèvent de 2.000 à 3.500 fr. Si donc nous rappelons que les dépenses d'établissement se maintiennent facilement entre 50.000 et 70.000 fr., nous devons conclure, d'après ce qui précède, qu'en général les tramways sont les organes rationnels appelés à compléter notre outillage national; encore convient-il d'ajouter [1] que le concours donné par l'Etat et les départements, aux termes de la loi de 1880, en commandant la plus grande circonspection, font d'un premier classement, la condition nécessaire à toute extension du réseau.

192. Conclusions. — En résumé, après les conventions de 1859 les recettes brutes ont baissé de 46.700 à 45.500 fr. par kilomètres; sous le régime du déversoir, elles sont descendues à 41.400 fr., et finalement depuis 1883, l'incorporation des lignes nouvelles en a affaissé le chiffre à 33.300 fr. Parallèlement les recettes nettes ont décru de 25.800 à 19.000 fr. et depuis 1883 de 19.000 à 16.000 fr., sans qu'il y ait à espérer de longtemps un relèvement important : d'une part, parce que l'achèvement du troisième réseau tendra constamment à les déprimer, et d'autre part, parce que la production et la consommation se rapprochent d'un maximum d'activité. On ne saurait donc plus compter sur les plus-values du passé.

Etant donné le régime de la garantie d'intérêt pour les lignes d'intérêt général, et le système des subventions annuelles pour celles d'intérêt local et les tramways, la plus grande réserve s'impose dans l'accroissement du réseau.

Rappelons en terminant les sommes considérables auxquelles s'élèvent les recettes brutes et les dépenses correspondantes d'exploitation [2], pour montrer d'autre part

(1) Voir n° 81, p. 106.

(2) Réseau d'intérêt général. Ex. 1889: Long. moy. exploitée. 32,914 kil.

Voyageurs kilométriques........	8.627.871.321	V. K.
Tonnes kilométriques...........	11.062.320.941	T. K.
Total général des recettes.......	1.156.367.744	francs.
Total général des dépenses......	508.761.623	—
Produit net total................	560.606.121	—

avec quelle prudence et quelle circonspection, il faut prendre les mesures générales qui sont susceptibles de réagir sur le rendement des chemins de fer ; la plus faible majoration dans un sens ou dans l'autre acquiert de suite une importance considérable lorsqu'elle doit porter sur un nombre d'unités transportées qui se chiffrent environ par 20 milliards.

§ 2.

EVALUATION DES RECETTES PROBABLES DES LIGNES NOUVELLES

193. Observations préliminaires. — Quand on étudie la création d'une ligne nouvelle, la question première et capitale à résoudre est l'évaluation du trafic probable.

Soit que l'on envisage les revenus directs ou indirects [1] que la nouvelle voie est susceptible de procurer, il est essentiel de supputer exactement quelles seront la nature et la quantité des matières transportées.

A l'origine, l'embarras était extrême : les ingénieurs ne savaient exactement ni l'accueil qui serait fait aux voies ferrées, ni les taxes qui pourraient être perçues, ni le développement que les transports rapides et à bas prix imprimeraient à l'agriculture, à l'industrie et au commerce.

Depuis, les faits ont apporté leurs enseignements, et la comparaison des lignes similaires de la même région permet de prévoir assez exactement le trafic probable et l'avenir des lignes nouvelles.

Différentes méthodes de calcul sont en usage, qui con-

(1) Voir chapitre X.

duisent à une exactitude suffisante ; autant que possible elles seront appliquées parallèlement de façon à accumuler les renseignements et à contrôler les résultats les uns par les autres.

Cependant rien ne remplace l'expérience, et l'application des méthodes que nous allons indiquer, malgré l'apparence d'une rigueur mathémathique. exige beaucoup de prudence et de sagacité. C'est dans l'étude minutieuse des ressources du pays et dans l'examen des faits constatés sur les autres lignes de la région qu'il en faudra toujours chercher les éléments.

194. Comptage sur les routes. — Cette méthode consiste à estimer le trafic d'après le mouvement des voyageurs et des marchandises sur les routes parallèles au tracé.

La fréquentation est donnée par les recensements de la circulation, faits par les soins du service des Ponts et Chaussées et du service vicinal. L'unité est le *collier*. On compte le nombre de colliers, c'est-à-dire de têtes d'animaux de trait attelés à des voitures quelconques qui passent en moyenne dans l'espace de 24 heures en un point déterminé d'une route ; et l'on admet que chaque collier de voiture publique correspond à 3 voyageurs, chaque collier de voiture particulière à 2 voyageurs et chaque collier de voiture de roulage à un poids utile de 650 kilogrammes.[1]

Doublement entaché d'erreur par l'incertitude qui pèse sur les comptages, et par le trafic propre que conservent les routes et chemins, cette méthode employée à l'origine où l'expérience faisait défaut, n'est plus guère considérée qu'à titre de simple renseignement.

195. Méthode de M. J. Michel[2]. — M. J. Michel, in-

(1) *Album de statistique graphique*, 1889.
(2) *Annales des Ponts et Chaussées*. 1868, 1er semestre.

génieur des Ponts et Chaussées, limitant son étude au trafic local dû au déplacement normal des habitants, des produits du sol et des matières nécessaires à la vie et à la culture, établit en principe :

— Que le nombre de voyageurs expédiés est dans un rapport déterminé avec le chiffre de la population de la localité-gare ; ce rapport pouvant varier d'une région à l'autre suivant l'aisance, les habitudes, la nature des travaux, mais à peu près constant dans une même région ;

— Que le nombre de tonnes expédiées et reçues est suivant la richesse de la contrée traversée, dans un rapport également déterminé avec la population de la localité-gare.

Il laisse de côté le mouvement dû aux grandes usines et aux mines, qu'il est toujours facile d'apprécier isolément et il élimine les grandes villes, les nœuds de stations, les centres industriels et les stations plutôt motivées par la proximité de localités importantes que par leur propre importance.

Dans ces conditions, la statistique des compagnies a conduit M. Michel aux chiffres suivants :

DÉSIGNATION de RÉSEAUX	Population des localités gares	NOMBRE de voyageurs au départ par habitants (a)			DEMI-SOMME du nombre de tonnes, à l'arrivage et à l'expédition, par habitants		
		Maxim.	Minim.	Moyenne (m)	Maxim.	Minim.	Moyenne (n)
	h.	v.	v.	v.	t.	t.	t.
Est	547.400	11,80	5,80	7,70	3.90	0.83	2.10
Ouest	438.700	9,50	3,60	6.80	3.80	1.30	2.03
Méditer.	792.900	12,20	4,30	6,10	3.40	1.30	2.20
Midi	254.600	7,80	3,80	5,50	3.70	0.70	1.50
Totaux et moyennes	2.033.600	10,32	4,38	6.50	3,62	1,03	1,91

(a) Le nombre de voyageurs à l'arrivée et au départ est à peu près le même.

Ainsi le rapport :

$$n=\frac{V}{P}=\frac{\text{Voyageurs expédiés}}{\text{Population des localités-gares.}}$$

varie de 5,5 dans les centres agricoles, à 7,7 dans les centres industriels, en moyenne 6,5 ; et le rapport :

$$m=\frac{T}{P}=\frac{\text{Demi somme du tonnage à l'arrivée et au départ}}{\text{Population des localités-gares.}}$$

varie de 1,50 dans les centres agricoles, à 2,10 dans les centres industriels, en moyenne 1,95.

Observant ensuite que le mouvement des stations entre elles peut être considéré comme nul et que le mouvement général du trafic ira des stations intermédiaires de la ligne projetée à la gare d'embranchement et désignant par :

p.... la population desservie par une quelconque des stations,
v.... le nombre de voyageurs à l'arrivée ou au départ,
t.... la demi-somme des tonnes expédiées et reçues,
d.... la distance de chaque station à la gare d'embranchement,
l.... la longueur totale de la ligne,
T.... le trafic kilométrique, en unité,
R.... la recette brute probable,

M. Michel énonce la formule :

$$T=\frac{2\,\Sigma(v+t)d}{l}\,, \tag{1}$$

avec les relations :

$$v=mp \quad \text{et} \quad t=np.$$

Appréciant que le centre de gravité du trafic des transports se trouve sensiblement aux 2/3 de la ligne, comptés à partir de la gare d'embranchement, la formule T devient :

$$T=\frac{2\,(m+n)\,\Sigma pd}{l}=\frac{4}{3}(m+n)\,\Sigma p\,; \tag{2}$$

et finalement, pour une taxe kilométrique r des voyageurs et r' des marchandises à la tonne, l'expression générale de la recette brute probable est de la forme :

$$R = \frac{4}{3}\,(mr + nr')\,\Sigma p. \tag{3}$$

L'application de cette formule conduit aux résultats suivants :

Centre industriel : $m = 7{,}7$; $r = 0$ fr. 05 ; $n = 2{,}1$; $r' = 0$ fr. 06.

Recette probable : $R = 0{,}68\ \Sigma p$ francs ;

Centre agricole : $m = 5{,}5$: $r = 0$ fr. 05 ; $n = 1{,}5$; $r' = 0$ fr. 06.

Recette probable : $R = 0{,}49.\ \Sigma p$ francs.

196. Méthode Michel améliorée. — M. Cosmann [1] fait avec raison, sur la méthode Michel, les remarques suivantes :

— Le rapport des populations des localités-gares aux populations réellement desservies est variable suivant les cas, de telle sorte que l'application stricte des coefficients m et n peut conduire à des résultats très éloignés de la vérité.

— Il n'est pas exact que tout le mouvement de la ligne atteigne la gare d'embranchement ; on majore donc le trafic total puisque qu'on attribue ainsi à certains éléments une distance de transport trop considérable, et que, d'autre part, on fait double emploi des arrivages et expéditions du trafic intérieur.

Améliorant sur ces deux points la méthode M. Michel, M. Cossmann donne pour la recette kilométrique probable la formule générale :

$$R = 2\,(mr + nr')\left[\alpha\Sigma pd + \beta\Sigma p(l-d) + (1-\alpha-\beta)\,\Sigma p\delta\right] \tag{4}$$

dans laquelle il représente par :

(1). *Revue générale des chemins de fer.* Janvier 1879.

p.... la population réellement desservie par chaque gare, dans un rayon de 8 à 10 kilomètres ;

α.... la proportion de la population qui se rend à la gare d'embranchement A ;

d.... la distance d'une station quelconque à la gare A.

β ... la proportion de la population qui se rend à la station d'embranchement B, lorsque la ligne se relie à ses deux extrémités à d'autres chemins de fer ;

δ.... la distance d'une station quelconque aux centres d'attraction intermédiaires ;

m et n. les coefficients de transport de la contrée, estimés, pour les voyageurs et les marchandises, d'après l'expérience les lignes voisines, déduction faite des établissements industriels et commerciaux d'importance spéciale.

L'application de la formule (4) est souvent difficile par le défaut d'éléments précis. M. Cossmann indique un procédé sommaire consistant à prendre la recette kilométrique d'un chemin de fer voisin, déduction faite des transports spéciaux, à l'appliquer à la ligne nouvelle, dans la proportion du nombre d'habitants desservis, en tenant compte des plus-values annuelles qui ont établi, depuis leur ouverture à l'exploitation, le rendement normal des lignes prises comme termes de comparaison.

D'une façon plus précise, cette méthode peut se traduire par la formule suivante, qui distingue et met en jeu les principaux éléments de la question, c'est-à-dire le mouvement et les taxes des voyageurs et des marchandises :

$$\text{(5)} \qquad R = K\,(1 - \alpha N)\,\frac{\Sigma p}{\Sigma p_1}\left(R_1^v\,\frac{r}{r_1} + R_1^m\,\frac{r'}{r_1'}\right)$$

dans laquelle nous désignons par :

α..... la plus-value annuelle d'exploitation, pendant les N années écoulées depuis l'ouverture de la ligne, prix pour comparaison,

R^v_1 et R^m_1 recettes kilométr. en voyageurs et marchandises sur la ligne type,

r_1 et r_1' les taxes-kilométriques sur la ligne type.

Σp_1.... populations desservies, dans une zone de 4 à 5 kil. à gauche et à droite de la ligne-type,

K..... coefficient de prudence.

Les autres lettres conservent leur désignation précédente.

Dès lors, observant d'une part que l'on a :

$$m = \frac{R r_1}{\Sigma p_1 r_1} = \text{nombre de voyages à la distance entière par habitant ;}$$

$$n = \frac{R m_1}{\Sigma p_1 r'_1} = \text{nombre de tonnes à la distance entière par habitant ;}$$

et d'autre part, que les coefficients m et n doivent être affectés eux-mêmes des coefficients $(1 + c)$ et $(1 + c')$ pour tenir compte des accessoires de grande et petite vitesses, il vient définitivement :

$$(6) \qquad R = K(1 - \alpha N)\left[mr(1 + c) + nr'(1 + c')\right]\Sigma p \quad (1)$$

L'application de cette formule aux lignes les moins

---

(1) En désignant par :

L......... la longueur de la ligne projetée,
π......... la population kilométrique ou densité,
et K_1...... le coefficient du terme Σp de l'équation 6.

On écrira :

$$\Sigma p = \pi L \quad \text{et} \quad R = K_1 \pi L$$

Ce qui rend apparente la corrélation qui existe entre la recette kilométrique, la densité de la population et la longueur de la ligne.

Cette expression se trouverait directement par l'intégration :

$$R_1 = RL = \int^{L} K'\pi dx.\, x = K'\pi \frac{L^2}{2}$$

d'où :

$$R = K'\pi \frac{L}{2}$$

Ainsi, dans l'hypothèse d'une continuité, qui peut ne pas exister pour une espèce déterminée, mais qui, par la nature des choses, doit se réaliser en moyenne, toutes choses égales d'ailleurs :

— Les recettes sont proportionnelles à la longueur de la ligne ;

— Le centre de gravité du transport est situé au centre de la ligne, ce qui impliquerait une certaine exagération du coefficient $\frac{2}{3}$ admis par M. Michel.

fréquentées de la région du midi donne les résultats suivants :

DÉSIGNATION de LIGNES	LONGUEUR de la ligne	POPULATIONS desservies dans une zone de 5 kil. de part et d'autre du tracé		VOYAGEURS à la distance entière	NOMBRE de voyageurs par habitants $m = \frac{Col5}{Col3}$	TONNES à la distance entière	NOMBRE de tonnes expéd. et reçues par habitants $m = \frac{Col7}{Col3}$
		Totale	Kil.				
	kil.	h	kil.	Vk.	Voyages.	T. K.	Tonnes
PUYO A St-PALAIS.	30	16.673	556	49.056	3,06	18.653	1,12
PAU A OLORON...	35	31.971	915	89.120	2,80	20.666	0,64
BUZY A LARUNS...	19	13.414	706	53.612	4,00	4.269	0,33
Totaux et moyen.	84	62.058	740	191.788	3,14	43.588	0,70

(1) Ces lignes n'ont ni transit, ni trafic industriel développé. S'il en était autrement, ces deux natures de trafic devraient être soigneusement isolés.

Ces coefficients m et n sont environ la moitié de ceux indiqués par M. Michel, lorsqu'au lieu d'indiquer les populations réellement desservies, on ne prend en considération que le nombre d'habitants des localités-gares ; par contre, M. Michel admet que chaque unité parcourt les $\frac{2}{3}$ de la ligne, tandis que la formule précédente considère les unités ramenées à la distance entière.

Au total, en estimant, à :

$r = 0{,}0457$ francs.. la taxe kilométrique par voyageur. (Ex. 1886),
$r' = 0{,}0713$ francs.. la taxe kilométrique par tonnes de marchandises,
$1 + c = 1.10$..... les coefficients de majoration des voyageurs et
et................ des marchandises, tenant compte des accessoires de GV et PV au prorata des recettes to-
$1 + c' = 1.03$..... tales et des mêmes recettes non compris les accessoires.
$N = 4$........... années d'exploitation des lignes prises pour comparaison,
$\alpha = 0{,}02$......... majoration annuelle des recettes,
$K = 0{,}85$......... coefficient de prudence.

la formule (6) donne :

$$R = 0{,}92\ (0{,}1578 + 0{,}0514)\ K.\ \Sigma p = 0{,}163\ \Sigma p.$$

Soit pour une ligne de 30 kilomètres, ayant une densité de 600 habitants, avec une majoration des taxes de 20 pour cent :

$$R = 30 \times 600 \times 1{,}20 \times 0 \text{ fr. } 163 = 3.520 \text{ fr. par kilomètre.}$$

Les mêmes taxes, appliquées à la formule (3) de M. Michel, donneraient avec $m = 2{,}8$ et $n = 0{,}70$ (1).

$$R' = \frac{4}{3}\ (0{,}1736 + 0{,}514)\ \Sigma p = 0{,}30\ \Sigma p.$$

et pour la ligne de 30 kilom. prise pour exemple :

$$R' = 30 \times 600 \times 1{,}20 \times 0 \text{ fr. } 30 = 6.480 \text{ fr. par kilomètre ;}$$

d'où le rapport :

$$\frac{R'}{R} = \frac{0{,}300}{0{,}163} = 1{,}85$$

Il faudrait donc, pour identifier les recettes, que le rapport des habitants des localités-gares aux habitants des populations réellement desservies fût de $\frac{1}{1{,}85}$: chiffre qui par sa nature ne saurait être absolu.

Cet exemple suffit à montrer qu'il est indispensable, pour s'éclairer sur le rendement probable d'une ligne nouvelle, de se baser, non sur la fraction toujours variable des habitants des localités-gares aux habitants réellement desservis, mais sur le rendement actuel des lignes déjà exploitées dans la région, en le rapportant à l'ensemble de la population desservie.

197. Statistique du ministère des travaux publics. — Dans cet ordre d'idées, le ministère des travaux publics a entrepris depuis 1882 une étude d'ensemble sur

---

(1) Voir : *Comp. des chemins de fer du Midi*, Tableau p. 354.

le trafic effectif des différents réseaux, ramené à la population qu'ils desservent :

— Deux zones de cinq kilomètres chacune sont tracées sur la carte d'Etat-major, au $\frac{1}{80000}$, de chaque côté de l'axe de la ligne étudiée et divisée à cet effet en tronçons suivant l'importance du trafic ; on relève ensuite les populations des communes comprises dans cette zone de 10 kilomètres de largeur totale, en ayant soin d'isoler les centres du mouvement industriel qui faussent les moyennes et doivent être étudiés séparément.

— D'autre part on emprunte le mouvement des voyageurs et des marchandises aux tableaux alphabétiques des gares, publiés par les compagnies.

— Connaissant ainsi la population et le trafic, les coefficients en voyageurs et en tonnes de marchandises, par tête d'habitants, se déduisent par simple division. Ces coefficients, indiqués numériquement et figurés graphiquement dans les albums de statistique graphique publiés par le Ministère des travaux publics (1), se rapportent à la demi-somme des tonnes expédiées et reçues, et aux voyageurs qui ont pris et payé leur billet aux guichets des gares; ils sont analogues aux coefficients m et n des formules de M. Michel et doivent, l'un et l'autre, être doublés pour tenir compte du retour des voyageurs et de la totalité des marchandises.

La plus sérieuse difficulté a été le sectionnement des lignes ; d'autre part, il a été souvent difficile d'isoler suffisamment le trafic industriel. Quoi qu'il en soit, les résultats de cette méthode fournissent les données les plus certaines d'après lesquelles on puisse évaluer, avec vraisemblance, le déplacement des hommes et des choses sur une ligne nouvelle.

(1) Album 1882 : Réseau P.-L.-M. ; Album 1883 : Réseau d'Orléans. Il est regrettable que le travail n'ait pas été étendu à l'ensemble du réseau d'intérêt général.

198. Méthode de M. Baum. — M. Baum fait reposer l'évaluation des recettes probables des lignes agricoles [1] sur l'influence prépondérante qu'exerce sur ces recettes l'importance de la ville d'embranchement, et s'appuyant sur la statistique de quelques chemins de fer d'intérêt local, il pose les règles suivantes :

— Si la population de la ville dans laquelle débouche un chemin de fer agricole est relativement faible et ne dépasse pas 3 à 4,000 habitants, la recette moyenne, par habitant et par an, ne dépassera pas en général 10 fr. ;

— Si l'importance de la gare tête d'embranchement est plus grande, si la population de la ville atteint environ 20.000 habitants ou est supérieure à ce chiffre, on peut admettre la recette probable de 20 fr., par habitant et par an, sur la ligne agricole qui y aboutira ;

— Enfin dans le cas où le centre de population d'où part la ligne agricole serait une des huit ou dix grandes villes de France, on pourra admettre une recette probable de 30 fr. par habitant et par an sur le chemin agricole.

Pour l'application de ces règles, M. Baum comprend, au nombre des habitants se servant de la ligne agricole, tous ceux des communes traversées ou desservies dans la zone de 5 kilm. de chaque côté de la ligne, sauf la ville tête d'embranchement.

Cette méthode se traduit par la relation :

$$R_1 = RL = 10\left(1 + \frac{P - 4000}{16000}\right)\Sigma p.$$

d'où : (7)

$$R = 10\left(1 + \frac{P - 4000}{16000}\right)\pi$$

dans laquelle on désigne par :

$\pi = \frac{\Sigma p}{L}$.... la densité de la population,

P.... la population de la tête d'embranchement, sous la réserve de ne pas descendre au-dessous de 4000 et de ne pas dépasser 20000, sauf pour les 8 ou 10 grandes villes de France où l'on pourra prendre P = 36,000.

(1) *Annales des Ponts et chaussées.* T. XVI, 1878.

Cette formule paraît tenir un compte excessif de l'attraction de la ville d'embranchement et un compte insuffisant des distances des localités desservies à la localité-gare, — sans doute conviendrait-il de réduire les populations éloignées de la ligne dans le rapport décroissant 1 à 1/5 par exemple — enfin les coefficients n'ont pas de souplesse pour représenter l'influence de la longueur de la ligne.

Les résultats que l'on obtiendra de son application seront en général beaucoup trop élevés ; notamment dans l'exemple cité précédemment d'une ligne de 30 kil. dont la densité serait de 600 habitants, en admettant que la population de la ville d'embranchement soit de 25.000 habitants, la formule (7) donnerait :

$$R = 20 \times 600 = 12.000 \text{ francs par kilomètre.}$$

c'est-à-dire plus de trois fois le chiffre indiqué par la méthode Michel, améliorée suivant les indications de M. Cossmann ; c'est un résultat inadmissible.

199. Observations générales. — De ce qui précède résulte que le trafic d'une ligne nouvelle se compose des éléments suivants :

— Le trafic local ordinaire, dû au mouvement normal de la population desservie, et que l'on évalue avec un caractère de sérieuse probabilité à l'aide de la méthode Michel, en ayant soin de considérer les populations réellement desservies et d'en prendre les coefficients dans la statistique des lignes similaires de la région.

— Le trafic local exceptionnel, dû à l'existence de certaines industries dans le rayon d'action de la ligne. Ce trafic ne peut être établi que par une enquête minutieuse et approfondie : on consultera avantageusement les maires des communes traversées et les chefs d'usines ; il faudra également supputer les transports industriels que la ligne pourra provoquer par la création d'exploitations nouvelles.

— Enfin le trafic de transit, dû au parcours sur toute la longueur de la ligne nouvelle des voyageurs et marchandises au-delà. Les statistiques des chemins de fer fournissent sur ce point les renseignements nécessaires. Toutefois, il convient d'observer que dans la généralité des cas, cette fraction du trafic total sera faible parce que les lignes nouvelles ne seront pas concurrentes mais affluentes des lignes actuelles, et qu'au cas où elles se réuniraient à leurs deux extrémités à d'autres chemins de fer, les marchandises auront à compenser, avant de modifier leur itinéraire actuel :

a. Sur les rails d'une même compagnie, les frais de triage et de réduction de tarifs que permettent l'importance de la fragmentation et la facilité d'utiliser complètement les trains ;

b. Et sur les rails de deux compagnies différentes, les doubles frais de transbordement, les transmissions et presque toujours le relèvement des taxes.

Nous répéterons en terminant que les appréciations sur ces trois éléments du trafic, sont toujours des plus délicates et qu'il faut se tenir en garde contre des exagérations qui pèseraient sur l'Etat, par les garanties d'intérêt, et compromettraient en outre les capitaux engagés par les compagnies concessionnaires.

Cependant les développements de la statistique fournissent aujourd'hui les renseignements les plus précieux et si l'on résiste fermement à toute confiance exagérée, on trouvera dans l'examen des ressources du pays et dans l'expérience acquise sur les lignes similaires de la contrée des bases indiscutables d'appréciation, sur lesquelles on pourra s'appuyer sans crainte d'erreurs notables et sans avoir à redouter dans l'avenir de cruelles déceptions.

CHAPITRE HUITIÈME

VOIE ET TRACTION

Vitesses. Courbes. Déclivités. — Longueurs virtuelles.

SOMMAIRE :

§ 1. — **Vitesses. Courbes. Déclivités** : Influence de la vitesse : *Véhicules, Machines, Tenders, Train brut.* — Influence de la déclivité. — Influence des courbes. — Résistance totale d'un train. — Limite des rampes et courbes. — Limite des rampes. — Limite des courbes.

§ 2. — **Longueurs virtuelles** : Définition. — Formules de M. Amiot. — Formules de M. Menche de Loisne. — Formules de M. Baum. — Formules de M. Schlemmer. — Choix d'un tracé.

CHAPITRE VIII

VOIE ET TRACTION

§ 1.

VITESSES. COURBES. DÉCLIVITÉS

200. Préliminaires. — Dès l'origine des chemins de fer on se préoccupait très vivement de la question des déclivités et des courbes admissibles dans un tracé. D'une part, l'influence prépondérante de la pesanteur dans l'effort de la traction, en rampe, et d'autre part la rigidité du matériel commandaient de faibles pentes et de grand rayons de courbes.

Sans poser de règle absolue, la pente maximum de 0,005 et le rayon minimum de 800 à 1000 mètres furent admis en principe.

Mais le développement du réseau, en lignes de moins en moins productives et dans des régions de plus en plus accidentées, obligea bientôt à des tracés plus souples c'est-à-dire à l'adoption de rayons plus faibles et de pentes plus fortes.

La transformation et le perfectionnement du matériel permettent aujourd'hui d'aborder sans péril, comme limite ordinaire, les rampes de 10 à 12 millimètres avec des rayons de 400 à 500 mètres, et comme limite supérieure les rampes de 20 à 25 millimètres avec le rayon de 250 et 300 mètres.

Exceptionnellement la traversée du Mont-Cenis présente des rampes de 0m,03 ; le chemin de Gênes à Turin, 0m,035 à la traversée de l'Apennin ; le chemin d'Enghien à Montmorency 0m,045, etc.

Nous ne saurions entrer ici dans l'examen de la puissance des locomotives, de la résistance des trains et du mode d'exploitation des lignes à faibles et à fortes rampes ; cet examen nous obligerait à une étude que le caractère de cet ouvrage nous interdit.

Nous nous contenterons de relater les formules données par les ingénieurs qui se sont spécialement occupés de l'influence de la vitesse, des rampes et des courbes sur le prix de revient de l'exploitation.

Il est nécessaire, en effet, dans le choix des différentes variantes d'un même tracé de chemin de fer, non seulement de tenir compte des économies réalisables sur la construction, mais encore d'envisager les charges que l'emploi fréquent et souvent peu justifié des fortes rampes et des courbes raides impose à l'exploitation.

Il faut en définitive, pour la comparaison et le choix des différents tracés en présence, envisager des sommes, analogues, c'est-à-dire la dépense d'exploitation kilométrique ajoutée aux intérêts des dépenses kilométriques d'établissement, et cette somme doit être minimum.

201. Influence de la vitesse. — L'effort nécessaire pour entretenir la vitesse uniforme d'un train, sur une section d'un profil donné, dépend des *résistances passives à vaincre,* plus ou moins considérables, mais à peu près constantes ; il a pour limite l'*adhérence,* c'est-dire le frottement des roues motrices sur les rails, dont les variations plus importantes sont soumises à toutes les influences de la température.

La puissance habituellement utilisée de la machine devra faire face aux conditions moyennes de résistance et un excédent disponible, aux accroissements accidentels de résistance.

Ces résistances sont toujours ramenées à la *tonne du poids du train* ; mais il est essentiel de déterminer le train dont il s'agit : le *train remorqué* ou le *train brut*, c'est-à-dire y compris la machine en action et le tender. Au surplus, elles peuvent être évaluées en bloc ou par l'analyse rationnelle de leurs éléments.

Il nous suffira, avons-nous dit, de l'évaluation en bloc, en supposant d'ailleurs la voie en palier et en alignement droit. Nous chercherons ensuite à mesurer les surcroits de résistances dus aux déclivités et aux courbes.

202. *Véhicules*. — Soient :

p........ le poids du train de véhicules, en tonnes,
m........ le poids de la machine,
t........ le poids du tender,
v........ la vitesse de marche en kilomètres à l'heure.
$S = 5^{mq}$ Section transversale maximum du train en mètres carrés.

D'après les résultats d'expériences, notamment d'après les recherches de MM. Vuillemin, Guebhard et Dieudonné[1], les formules empiriques, qui reproduisent avec une exactitude suffisante les chiffres effectifs et ne contiennent plus comme variables que les éléments les plus importants, sont les suivantes :

RÉSISTANCE D'UN TRAIN DE VÉHICULES, EN KILOGRAMMES PAR TONNE DU TRAIN

A. Marchandises.

Vitesse de 12 à 32 kilomètres ; *Température de 15°*	Train lubrifié à l'huile : $r = 1{,}65 + 0{,}05\,v$. id. à la graisse : $r = 2{,}30 + 0{,}05\,v$.

(1) *Mémoire de la Société des Ingénieurs civils*, 1867.

B. — Mixtes et voyageurs.

Vitesse de 32 *à* 50 *kilomètres*.. $r = 1,80 + 0,08.\ v + \frac{0,009.\ S\ v^2}{p}$

— *de* 50 *à* 65 — .. $r = 1,80 + 0,08.\ v + \frac{0,006.\ S\ v^2}{p}$

— *de* 70 *à* 80 — .. $r = 1,80 + 0,14.\ v + \frac{0,004.\ S\ v^2}{p}$

Bien que ces formules empruntent un grand degré d'exactitude au fractionnement de l'échelle des vitesses en groupes à faibles écarts, nous pensons que les faits observés seraient résumés d'une façon plus avantageuse par une fonction continue, ne conduisant pas à des résultats différents aux limites des vitesses considérées. En conséquence nous proposons la formule unique :

(1) $$r = 1,88 + 0,0648 + 0,012\ \frac{S.v^2}{p}$$

dont les résultats, comparés avec ceux des expériences et avec ceux des formules de l'Est, sont consignés dans le tableau ci-contre.

En rapprochant la formule (1) de la formule W. Harding, pour la résistance des trains en palier et ligne droite :

$$r = 2,72 + 0,094\ v + \frac{0,00484\ S.\ v^2}{p}$$

il devient évident, suivant la remarque de MM. les ingénieurs de l'Est, que cette dernière formule donne des résultats exagérés principalement aux petites vitesses.

202. *Machines.* — La résistance propre des machines peut être regardée comme composée de trois éléments :

(*a*) Résistances dues au roulement de la machine considérée comme véhicule ;
(*b*) Résistances dues aux frottements du mécanisme ;
(*c*) Résistances dues aux frottements additionnels provenant de la pression de la vapeur et créées par les pressions réciproques des pièces en mouvement.

DÉSIGNATION des TRAINS	VITESSES en kil. à l'heure	POIDS des TRAINS de véhicules en tonnes	RÉSISTANCES Expériences	RÉSISTANCES Form. de l'Est	RÉSISTANCES Form. n° 1	EXCÈS DES VALEURS calculées Form. de l'Est	EXCÈS DES VALEURS calculées Form. n° 1
	k.	t.	k.	k.	k.		
Trains de Marchandises à des vitesses de 17 à 30 kil. à l'heure.	20	567	3.12	3.30	3.20	0.18	0.08
	25	306	3.14	3.55	3.60	0.41	0.36
	26	509	3.20	3.60	3.62	0.40	0.42
	17	332	3.14	3.15	3.01	0.01	-0.13
	29	221	4.43	3.75	3.97	-0.68	-0.46
	29	301	4.32	3.75	3.91	-0.57	-0.41
	28	321	4.01	3.70	3.88	-0.31	-0.13
	31	306	3.18	3.85	4.06	0.67	0.88
	31	474	3.98	3.85	3.99	-0.13	0.01
	29	249	4.05	3.75	3.94	-0.30	-0.11
	32	300	4.33	3.90	4.14	-0.43	-0.19
	29	326	3.54	3.75	3.89	0.21	0.35
	31	536	4.41	3.85	3.98	-0.51	-0.43
	31	536	3.54	3.85	3.98	0.31	0.44
	30	296	3.71	3.80	3.98	0.09	0.27
Trains de toute nature avec des vitesses de 32 à 50 kil. à l'heure	36	329	4.64	4.91	4.50	0.27	-0.14
	38	327	4.60	5.10	4.69	0.50	0.11
	37	200	4.67	5.05	4.66	0.38	-0.01
	39	174	4.43	5.30	4.90	0.87	0.47
	44	120	5.18	6.02	5.67	0.84	0.49
	34	207	5.22	4.75	4.39	-0.47	-0.83
	42	190	5.75	5.35	5.14	-0.40	-0.61
	47	90	6.24	6.67	6.36	0.43	0.12
	46	101	5.54	6.43	6.07	0.89	0.53
	44	101	6.43	6.19	5.85	-0.24	-0.58
	45	107	5.73	6.25	5.90	0.52	0.17
	45	50	7.95	7.23	7.20	-0.72	-0.75
	41	56	7.33	6.45	6.32	-0.88	-1.01
	46	58	7.95	7.10	7.04	-0.85	-0.93
Trains de toute nature avec des vitesses de 50 à 65 kil. à l'heure	54	90	6.95	7.09	7.28	0.14	0.33
	50	101	6.03	6.54	6.57	0.51	0.54
	54	101	6.03	6.98	7.08	0.95	1.05
	50	106	6.71	6.51	6.50	-0.20	-0.21
	52	101	6.54	6.76	6.82	0.22	0.28
	54	105	6.95	6.94	7.02	-0.01	0.07
	53	91	8.03	7.54	7.83	-0.49	-0.20
	59	98	7.95	7.56	7.79	-0.38	-0.16
	63	105	8.16	7.99	8.18	-0.17	-0.02
	65	50	9.80	9.55	11.11	-0.25	1.31
	60	55	9.10	8.57	9.65	-0.53	0.55
	61	61	9.80	8.54	9.52	-1.26	-0.28
70 kil. et au-dessus	76	53	14.55	14.62	13.30	0.07	-1.25

OBSERVATIONS

Formules de la Compagnie de l'Est...	21 résultats par excès....	Ensemble	8.87	Moyenne : 0k.42	
	21 résultats par défaut....	id.	0.78	id.	0.40
Formule n° 1....................	21 résultats par excès.....	id.	8.70	id.	0.41
	21 résultats par défaut....	id.	8.70	id.	0.51

MM. les ingénieurs de l'Est ont trouvé par tonne :

NATURE des résistances	MACHINES à voyageurs roues libres (v = 35 à 40 K.)	MACHINES mixtes 2 roues couplées (v=28 à 35 K.)	MACHINES à marchandises 3 roues couplées (v=24 à 27 K)	GROSSES MACHINES à marchandises (v=1 à 10 K.)
	K.	K.	K	K.
Roulement (a)..	3.00	5.22	6.15	11.0
Mécanisme (b)...	2.00	4.32	6.05	6.5
Mécanisme (Machine en action) (c)	3.09	3.00	3.02	3.5
Résistance totale des machines en action	8 00	12.61	15.22	21.00

Dès lors, en désignant par n le nombre d'essieux couplés, on aura approximativement pour la résistance totale par tonne de machine en action :

$$r = 5\,(n - 0{,}3) + 0{,}12.\ v. \tag{2}$$

204. *Tenders.* — MM. les ingénieurs de l'Est ont expérimenté au dynanomètre les tenders isolés, l'expression moyenne pour des vitesses comprises entre 29 k. et 45 k. est, en kil. par tonne de tender :

$$r = 2{,}2 + 0{,}10\ v. \tag{3}$$

205. *Train brut.* — La résistance du train entier, véhicules, machines et tender, se compose de la somme des résistances partielles déterminées ci-dessus ; on aura en palier et en alignement droit :

$$R = p\left(1{,}88 + 0{,}064\ v + \frac{0{,}06.\ v^2}{p}\right) + m[5\,(n - 0{,}3) + 0{,}12.v] + t\,(2{,}2 + 0{,}01v). \tag{4}$$

Si, au lieu d'envisager la résistance totale à vaincre par le moteur, on ne considérait que les résistances au roulement à surmonter par l'adhérence de la machine, les résistances dues au frottement des organes et à la pression de la vapeur, étant des résistances intérieures de la machine, n'exerceraient aucune influence sur l'adhérence, et le coefficient des termes en m (form. 4) se réduirait à :

$$(4\ bis) \qquad 5\,(n-0{,}3)-3+0{,}12\,v=5\,(n-0{,}9)+0{,}12\,v.$$

ainsi on aurait :

$$(5)\ R'=p\left(1{,}88+0{,}064\,.\,v+\frac{0{,}06\,v^2}{p}\right)+m[5(n-0{,}9)+0{,}12\,v]+t(2{,}2+0{.}1\,.\,v).$$

On peut également se servir d'une formule plus sommaire, analogue à celle de MM. Gooch et Clarke, dans laquelle entrent seulement comme variables, la vitesse des trains en kilomètres à l'heure, et le poids des trains en tonnes, y compris le poids de la locomotive et de son tender :

$$R=(p+m+t)\left(4+\frac{v^2}{500}\right)=T\left(4+\frac{v^2}{500}\right)$$

Mais, nous ne saurions trop le redire, ce sont là des formules empiriques dans l'application desquelles il ne faut pas chercher une précision mathématique dont elles ne sont pas susceptibles.

206. Influence de la déclivité. — Les relations (4) et (5) supposent que le train se meut en ligne droite et en palier, le coefficient de résistance ou de roulement par tonne brute a pour valeur :

$$f_1=\frac{R \text{ ou } R'}{T}$$

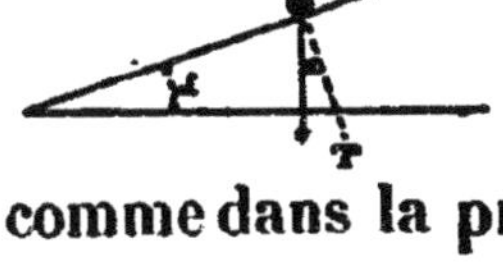

Pour une voie en rampe, faisant un angle α avec l'horizon, à l'effort Tf_1 vient s'en ajouter un autre $T \sin\alpha$ dû à la pesanteur. Quand il s'agit d'angles très petits, comme dans la pratique, on peut sans erreur remplacer le sinus par la tangente et la résistance supplémentaire par tonne devient :

$$f_1 = \pm i. \tag{5}$$

pour un train qui aborde une rampe ou pente i, sans que sa vitesse ni aucune des conditions de traction aient changé, i étant le nombre de millimètres de la tangente de l'inclinaison par mètre.

Suivant la nature des trains, d'après les formules précédentes, la résistance f_1 variera de 3 à 15 kilog. On comprend dès lors par cette faiblesse même du coefficient de roulement, l'énorme influence des pentes sur les chemins de fer. Ainsi, en moyenne, pour les trains de marchandises, une rampe de 5 millimètres double l'effort à exercer ; une rampe de 25 millimètres le quatruple. Pour les trains de vitesse une rampe de 20 millimètres nécessite un effort trois fois supérieur à l'effort développé en palier.

On ne devra donc user des pentes que dans des limites étroites si l'on ne veut pas affaiblir par excès l'avantage que les chemins de fer tiennent de la douceur du roulement sur rail.

207. Influence des courbes. — Les courbes ajoutent des éléments de résistance difficiles à évaluer parce qu'ils sont étroitement liés aux particularités de la construction du matériel roulant.

Ce surcroît de résistance est dû : au glissement de la jante, au parallélisme des essieux et à la force centrifuge. En désignant par :

f....... le coefficient de frottement de fer sur fer $= 0,20$;
e....... l'écartement de la voie ;
d....... l'écartement des essieux ;
v....... la vitesse en mètres par seconde ;
g....... la pesanteur ;
m....... la hauteur du mentonnet ;
r....... le rayon des roues ;
et ρ....... le rayon de la courbe en mètres.

L'analyse de ces trois éléments, dans le cas de matériel rigide, donne [1].

Glissement : $\frac{fe}{2\rho}$

Parallélisme : $\frac{fd}{2\rho}$

Force centrifuge : $\frac{fv^2}{g\rho}\sqrt{\frac{2m}{r}}$

En somme la résistance spéciale due aux courbes, par tonne de poids brut est donc :

(7) $$i' = \frac{f}{\rho}\left(\frac{e+d}{2} + \frac{v^2}{g}\sqrt{\frac{2m}{r}}\right)$$

Cette valeur n'est pas atteinte en réalité par suite des dispositions qui viennent atténuer la rigidité du matériel ; au surplus la force centrifuge est détruite par le dévers de la voie, dans une certaine mesure, et son influence reste très faible, sinon nulle : l'expression i se réduit à :

$$i = \frac{f}{\rho}\left(\frac{e+d}{2}\right)$$

et tenant compte du rapport $\frac{d}{e} = n$ qui proportionne les dimensions des caisses à la largeur de la voie :

$$i' = \frac{fe(1+n)}{2\rho}$$

ce qui incidemment montre comment la voie étroite permet de réduire les rayons de courbure, sans augmenter la résistance.

Ces principes établis, c'est à l'expérience qu'il faut demander l'évaluation des constantes de la formule i'. Les ingénieurs anglais convertissent la résistance en

(1) Couche. Tome 3, page 649.

courbe en une résistance équivalente sur une rampe et se servent de la formule :

$$i' = \frac{914}{\rho} \text{ millimètres.}$$

Les ingénieurs allemands admettent souvent :

$$i' = \frac{760}{\rho} \text{ millimètres.}$$

D'autre part, on peut arriver indirectement à l'évaluation de la résistance due aux courbes à l'aide des observations très complètes faites par la Compagnie du Nord-Autriche sur la détérioration des rails dans les courbes et sur les rampes. Les résultats d'expérience se résument ainsi. Une circulation 1, en alignement et en palier produit le même effet destructeur :

que la circulation : $y = 1 + \frac{300}{\rho}$, dans les courbes ;

et la circulation : $y = 1 + 0{,}28\, i'$, dans les rampes ; d'où l'on déduit :

$$\frac{300}{\rho} = 0{,}028\, i' \quad \text{et} \quad i' = \frac{300}{0{,}28\rho} = \frac{1072}{\rho}$$

Ces différents coefficients ne sont évidemment exacts que pour les lignes qui en ont fourni les éléments, cependant nous pensons qu'on peut adopter la formule empirique :

$$i' = \frac{900}{\rho} \tag{6}$$

qui s'accorde bien avec les résultats moyens d'expérience de MM. Polonceau, Forquenot et de MM. Vuillemin, Guébhard et Dieudonné.

Le tableau suivant donne l'équivalence entre les résistances des courbes et celles des rampes entre $\rho = 100$ et 2000 mètres.

Rayons en mètres..	100m	150	200	502	300	350	400	500	600	800	1000	1500	2000
Rampes équivalentes en millimètres	9mm	6	4.5	3.6	3.6	2.57	2.25	1.8	1.5	1.12	0.90	0.55	0.45

208. Résistance totale d'un train. — En définitive, la résistance totale, composée des trois résistances dues à la vitesse, aux rampes et aux courbes, a pour expression générale :

$$R = \frac{R'}{T} \pm i + i' \tag{8}$$

R, résistance en kilogrammes par tonne du train brut T.

209. Limite des rampes et courbes. — La réaction tangentielle des rails sur les roues motrices doit être supérieure ou au moins égale à la résistance du train entier. Or, l'expérience a montré que l'adhérence, pendant la marche, avait pour valeur maxima 1/5, pour valeur minima 1/9,5 et pour valeur moyenne 1/6,8, soit 1/7, (Vuillemin, Guebhard et Dieudonné). On arrive ainsi à la relation limite.

$$R' + T\,(i + i') \leq \varphi km \tag{9}$$

dans laquelle Km est la charge sur les rails des roues motrices, ou poids adhérent en kilogrammes,

et $\varphi = f$ l'adhérence, ou coefficient de frottement du fer sur le fer.

La limite supérieure $\varphi = 1/5$ fixe les charges maxima que peuvent remorquer les machines pendant la belle saison ; quant aux charges minima que les machines doivent traîner en tout temps, on les détermine en prenant le coefficient $\varphi = 1/9$; en hiver on ne peut pas compter sur une adhérence supérieure.

Les démarrages se faisant habituellement avec le levier de marche à fond de course, on approche à chaque démarrage assez près de la limite d'adhérence. Dans la pratique on peut admettre le coefficient de 1/5, comme adhérence au démarrage.

Au moyen de la formule (9), on pourra calculer la limite de pente imposée par l'adhérence dans les conditions d'un train déterminé.

Soit un train de marchandises ainsi défini :

30 wagons, représentant ensemble une charge brute : $p = 196$ tonnes,
$v = 20$ kilomètres à l'heure,
Machine de 30 tonnes, à 3 essieux couplés : $km = 30$ tonnes,
Tender $t = 20$ tonnes.

On a :

Véhicules.....	$r' = 196 \times 3{,}20 = 627^k.2$	(Tab. p. 369).
Tender.......	$r = 20 \times 4{,}20 = 84.0$	(Form. 3).
Machine......	$r = 30 \times 12{,}9 = 387.0$	(Form. 4 *bis*).
Ensemble..	$R' = 246 \times 4{,}46 = 1098.2$	

$$\varphi km = \frac{30{,}000}{7} = 4286 \text{ kil.}$$

et finalement :

$$i + i' = \frac{4286 - 1098}{248} \leqq 12{,}9 \text{ millimètres.}$$

Ainsi pour une rampe de $12^{mm}9$, les roues motrices tourneraient sans avancer et le mouvement du train deviendrait impossible, parce que l'effort de traction serait alors exactement égal à la limite de réaction fournie par l'adhérence. Cette conclusion ne s'applique évidemment qu'au train considéré, et il est clair qu'il suffirait de diminuer le poids remorqué pour avoir une valeur de $i + i'$ plus élevée.

Ce que nous voulons seulement retenir de cet exemple, c'est le rapport élevé entre la résistance due aux rampes et courbes et la résistance due au roulement : $\frac{3188}{1088}$ soit 3 ; c'est également que l'action de la locomotive ne peut s'exercer, quelle que soit sa puissance dynamique, que si la résistance du train, y compris celle de la machine, ne dépasse pas une certaine limite qui résulte du poids adhérent.

Observons également que l'on devra s'attacher à éviter les coïncidences des rampes les plus fortes avec les courbes les plus raides pour ne pas accumuler sur un même point toutes les causes de surcroît de résistance.

210. Limite des rampes. — C'est une opinion généralement admise que l'inclinaison des rampes admissibles sur les chemins à locomotives est limitée par la condition de l'adhérence. Sans doute cette condition de l'adhérence fixe un maximum absolu à l'inclinaison :

On a d'après la relation (9) :

$$i+i' \leq \frac{\varphi K m - R'}{T}$$

et posant :

$$T = p + m, \text{ avec } \mu = \frac{p}{m} = \frac{\text{poids remorqué}}{\text{poids moteur}}$$

on en déduit :

$$i+i' \leq \frac{K\varphi}{1+\mu} - f_1 \qquad (10)$$

relation qui exprime la loi suivant laquelle la rampe $i+i'$ varie avec le rapport μ du poids remorqué au poids moteur.

Avec $K = 1$, répondant à l'utilisation complète du poids du moteur et $\mu = 0$, répondant à un effet utile nul, c'est-à-dire au cas où la machine se remorque seule ; on trouve :

$$i+i' = \varphi - f_1; \text{ soit : } i+i' = \frac{1}{7} - 0{,}003 = 0^{m},144.$$

Mais cette limite est tellement élevée qu'elle n'est jamais atteinte dans la pratique, et cela parce que l'effet utile de la locomotive ne peut être réduit jusqu'à devenir nul, et qu'il diminue très rapidement quand l'inclinaison croit.

Notamment pour $\mu = 4$, soit un poids de 120 tonnes remorqué par une machine de 30 tonnes, on a seulement, dans les mêmes conditions que ci-dessus :

$$i + i' = \frac{1}{7 \times 5} - 0{,}003 = 0^{m}{,}025.$$

Encore est-il nécessaire que la surface de chauffe soit suffisante pour que la machine puisse soutenir, à la vitesse v, l'effort de traction θ auquel se prêtent son adhérence, le volume de ses cylindres et sa pression. Cette condition s'écrit :

$$T \leq S.\,N.\,75.$$

en même temps que l'on doit avoir :

$$\theta = \frac{T}{v} = \frac{0{,}65\, p\, d^2\, l}{D} = K \varphi m$$

Par suite :

$$(11) \qquad i + i' \leq \frac{T}{m.v.(1+\mu)} - f_1 \leq \frac{S.\,N.\,75}{m.v.(1+\mu)} - f_1.$$

T....... Travail disponible sur les roues motrices ;
0,65 p... pression effective de la vapeur sur les pistons, en tenant compte en bloc, par le coefficient 0,65, de la chute de la chaudière aux cylindres ;
d, l..... diamètre et course des pistons ;
D....... diamètre des roues motrices ;
S....... surface de chauffe de la machine ;
N....... nombre de chevaux disponibles par unité de surface de chauffe.

Ainsi, pour un train devant exceptionnellement circuler à une vitesse supérieure à celle fixée pour le maximum d'effort de sa machine, la rampe devrait être évidemment réduite pour être mise en rapport avec la vaporisation possible.

En définitive, ce n'est donc pas le défaut d'adhérence qui fixe la limite des pentes, puisqu'il y a au-dessous d'elle une limite pratique plus basse, imposée par la faiblesse de l'effet utile de la machine, et par la puissance de vaporisation.

211. Limite des courbes. — Dans le matériel, dit *rigide*, en usage sur les chemins de fer, les roues sont solidaires de leur essieu, et les essieux sont fixés d'une manière à peu près invariable et parallèle aux chassis de chaque véhicule.

Voitures et wagons. — Pour que ce matériel circule dans les courbes librement; c'est-à-dire sans accroissement de la résistance développée en alignement droit, on peut agir soit sur le matériel roulant lui-même, soit sur la voie. C'est plus spécialement à ce dernier point de vue que nous devons examiner la question, en supposant dès lors des essieux invariablement parallèles et des bandages d'une faible conicité, 1/20 environ.

La première condition est évidemment que les mentonnets puissent s'inscrire entre les rails, non seulement sans tension, sans que le système soit forcé, à l'état de repos, mais encore sans contact et même avec un certain jeu.

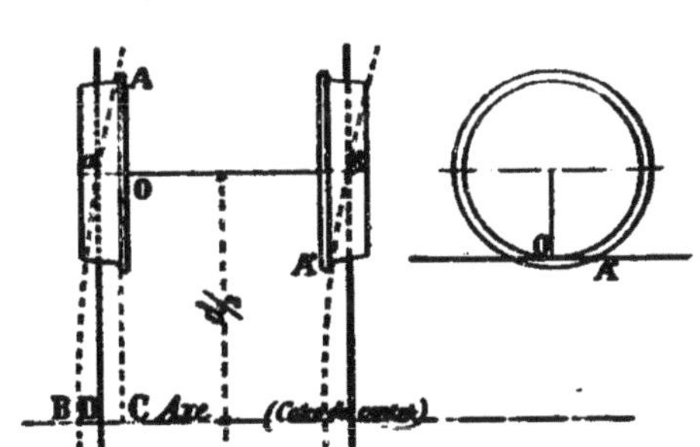

En appelant :

	j.......	le jeu total de la voie ;
	r.......	la saillie du mentonnet ;
	d.......	l'écartement du véhicule ;
et	ρ.......	le rayon de la courbe,

la condition d'inscription est : (1)

$$\rho = \frac{1}{j}\left(2rm + d\sqrt{2rm}\right) \tag{12}$$

(1) Couche ; Tome I, page 241.

Avec $r = 0^m,50$, $m = 0^m,03$, $d = 3^m,50$ et $j = 0^m,024$, on trouve : $\rho = 26$ mètres ; alors seulement le jeu a disparu et l'inscription devient impossible. Il y a donc de la marge.

Pour un rayon $\rho' > \rho$, le jeu normal diminue d'une quantité :

$$\Delta = \frac{1}{\rho'}\left(2\,rm + d\sqrt{2rm}\right)$$

dont il faut augmenter la largeur de la voie normale pour conserver dans la courbe de rayon ρ' le jeu jugé utile en alignement droit. Or la réunion de Dresde (1865) a indiqué pour maximum de l'élargissement : $\Delta = 0^m025$; ce qui correspond sensiblement à $\rho' = \rho = 26$ mètres.

Mais la condition exprimée par la relation (12) disparaît dès que, par les tempéraments du matériel on obtient la position radicale des essieux. Il suffit évidemment pour satisfaire à cette condition, de donner à la boîte à graisse un jeu transversal dans les plaques de garde :

$$\delta = \frac{de}{2\rho} \tag{13}$$

e, étant la largeur de la voie d'axe en axe des rails.

Avec $d = 3^m60$, $e = 1^m445$ et $\delta = 0^m018$, on a $\rho = 150^m$.

Pour les véhicules à six roues, la condition additionnelle est que le boudin de la roue intérieure de l'essieu du milieu vienne, à la limite s'appuyer contre le rail ; le jeu longitudinal que doit dès lors présenter l'essieu du milieu est :

$$\delta' = \frac{d^2}{8\rho}$$

Avec $\delta' = 0^m01$ et $d = 3^m60$, on a $\rho = 150^m$.

Ces faibles jeux, transversaux pour les essieux extrêmes, et longitudinaux pour l'essieu du milieu, suffisent pour un véhicule que l'on considère comme déjà inscrit dans la courbe. Toutefois, afin de faciliter l'entrée dans la courbe sans choc, les essieux extrêmes, outre le jeu de convergence, présentent également un certain jeu longitudinal, qui limite la déviation instantannée à la paire de roues engagée, tandis que le véhicule n'est dévié que graduellement.

La suppression du glissement aux jantes fournit également une limite des rayons des courbes. La conicité des bandages et sa conséquence immédiate, l'inclinaison des rails, utiles en alignement droit, ont des avantages évidents, en courbes : par suite de cette conicité les jantes attaquent les rails, à l'extérieur par un rayon plus grand, à l'intérieur par un rayon plus petit que le rayon moyen, et ainsi se trouve réalisée *ipso-facto* la transformation du système cylindrique en un cône roulant dont le sommet coïncide avec le centre de la courbe, sous la condition :

$$\rho = \frac{er}{ji} \qquad (14)$$

i étant la conicité ou le sinus de l'inclinaison du rail. Cette inclinaison d'après la pratique doit rester comprise entre les limites de 1/16 et 1/20; la réunion de Dresde (1865) a indiqué 1/20 comme limite inférieure.

Avec $e = 1,445$, $r = 0,50$, $j = 0,024$ et $i = 1/20$; on a : $\rho = 625^m$.

Cette limite est trop élevée, et comme ci-dessus, on doit l'abaisser par le surélargissement de la voie; en augmentant *j* de 0^m024 à 0^m05, ce qui est compatible avec la largeur habituelle des jantes, le rayon limite est réduit de moitié, soit 310 mètres; au-dessous, il faut accepter de légers glissements aux jantes avec leurs conséquences, notamment une résistance plus grande à la traction et plus d'usure.

Une autre limite du rayon de courbure résulte du surhaussement appliqué à la destruction de la force centrifuge. L'inclinaison $Tg\ \alpha$ du plan incliné sur lequel est placé le véhicule est donnée par la relation :

$$\text{(15)} \qquad Tg\,\alpha = \frac{v^2}{g\rho}.$$

et comme en France cette inclinaison ne dépasse guère 0,08 à 0,09, on en déduit sensiblement :

$$\rho = \frac{v^2}{0{,}8},$$

Soit avec $v = 64$ k. 8, ou 18 mètres à la seconde, $\rho = 405$ mètres.
et $v = 21$. 6, ou 6 — — 45 mètres.

Bien qu'en réalité l'inclinaison limite, $Tg\ \alpha$, soit moindre sur les lignes à grands rayons et grande vitesse que sur les lignes à petits rayons et petite vitesse, ces chiffres suffisent à montrer dans quelle dépendance étroite les rayons sont avec les vitesses voulues, et par induction la nécessité des grands rayons.

Machines. — Les locomotives sont, sous le rapport de la circulation en courbe, dans des conditions bien plus difficiles que le matériel de transport ; l'essieu antérieur à moins d'être guidé par un dispositif particulier, et l'essieu moteur quelle que soit sa position, se refusent au jeu de convergence qu'admettent les essieux des voitures et wagons ; d'autre part, dans les machines à essieux couplés, les bielles d'accouplement étendent la condition de parallélisme à celui ou à ceux des essieux qui échapperaient sans cela à cette condition.

Il n'entre pas dans le plan de ce livre d'étudier les

moyens de réaliser plus ou moins une flexibilité suffisante pour la libre inscription des machines et leur circulation en courbe, soit par le jeu longitudinal, soit par une convergence plus ou moins complète, avec adhérence incomplète, soit enfin par les systèmes qui prétendent concilier la convergence des essieux avec l'adhérence totale ; il suffira, au point de vue restreint où nous nous sommes placés, de rappeler quels sont les rayons de courbure et les longueurs de base maxima des machines à essieux parallèles admis par l'Union des chemins de fer allemands, et très peu modifiés à la suite de la réunion de Dresde, savoir :

Au-dessus de	650 mètres	de rayon,	base d'appui :	6m00
—	600	—	—	5.80
—	550	—	—	5.40
—	500	—	—	5.00
—	450	—	—	4.60
—	400	—	—	4.20
—	350	—	—	3.80
—	300	—	—	3.40
—	250	—	—	3.00

D'ailleurs, si le problème de transmettre le mouvement de rotation d'un essieu à un autre, faisant avec lui un angle variable, attend encore une solution simple et pratique, il faut reconnaître qu'il n'a pas toute l'importance qu'on serait tenté de lui attribuer tout d'abord. La circulation en courbe s'opère dans des conditions satisfaisantes avec des machines suffisamment puissantes à huit roues et à essieux simplement parallèles, avec les bases d'appui que nous venons de rappeler. Ce serait cependant aller trop loin que de n'accorder au problème de la convergence des essieux qu'un intérêt théorique. Une solution complète permettrait seule d'abaisser les rayons de courbure, ou du moins d'atténuer les effets très fâcheux des courbes de petits rayons.

Nous terminons ces indications sur les limites des pentes et courbes par quelques exemples :

DÉSIGNATION des CHEMINS	LARGEURS de la voie	RAYONS minim. des courbes	PENTES maxim.	OBSERVATIONS
1° CHEMINS DE FER D'INTÉRÊT GÉNÉRAL				
1° *Grandes Compagnies*	Mètres.	Mètres.	Millim.	
Nord	1.44	275	18	
Est	1.44	250	22.5	
Ouest	1.44	300	28	
Paris-Orléans	1.44	240	30	
P.-L.-M	1.44	200	38	
Midi	1.44	270	33.3	
2° *Compagnies secondaires.*				
Enghien-Montmorency	1.44	250	45	
Nancy à Vézélise	1.44	150	20	Exploité par la Cie de l'Est
Nancy à Château-Salins	1.44	300	15	id.
Chemins des Ardennes	1.44	200	15	id.
Lagny à Villeneuve	1.00	75	40.9	
2° CHEMINS DE FER D'INTÉRÊT LOCAL				
Avricourt à Cirey	1.44	150	16	
Rambervillers à Charmes	1.44	400	15	
La Teste à l'Etang de Cazaux	1.44	300	16	
Chemins de l'Hérault	1.44	200	30	
Chemins de la Meuse	1.00	50	30	
Le Mans au Grand-Lucé	1.00	50	31	

§ 2.

LONGUEURS VIRTUELLES

212. Définitions. — Dans l'étude du tracé d'une ligne de chemin de fer, la question de fixer la limite des courbes et des pentes est une des plus délicates qui se posent.

Toutes les variantes satisferont aux données générales de passer par les localités voulues, mais elles différeront par le plan, le profil et les dépenses kilométriques.

Pour arriver à une juste comparaison de ces tracés, il faut pour chacun d'eux ajouter aux dépenses d'exploitation établies d'après l'importance présumée du trafic, l'intérêt du capital d'établissement. Les sommes ainsi obtenues tiennent compte à la fois des frais de construction et des charges de l'exploitation, et permettent dès lors de fixer le choix du tracé définitif.

En d'autres termes le meilleur tracé est celui pour lequel le rapport des produits nets de l'exploitation aux dépenses d'établissement est maximum.

Mais il est nécessaire que l'estimation des dépenses d'exploitation soit faite dans des conditions identiques, c'est-à-dire, qu'au préalable, chacune des lignes à profil accidenté doit être ramenée à une ligne idéale de niveau et en alignement droit, qui lui serait équivalente. Les longueurs des lignes ainsi obtenues sont les longueurs virtuelles des lignes correspondantes, elles établissent entre elles une commune unité de mesure.

La réduction de la longueur réelle en longueur virtuelle peut être effectuée de diverses manières, dit M. Baum[1], suivant la base de calcul adoptée, c'est-à-dire suivant qu'on envisage le travail mécanique à développer — les dépenses d'exploitation — les dépenses de transport proprement dit — les frais de traction — ou en général tout élément permettant la comparaison des deux lignes, tel que le taux des tarifs ou les vitesses. Nous nous contenterons de relater les longueurs virtuelles relatives aux dépenses d'exploitation, et celles relatives au travail mécanique à développer ; de toutes les longueurs virtuelles ce sont celles qui permettent la plus grande exactitude.

---

(1) *Annales des Ponts et Chaussées*, juin 1880.

213. Formules de M. Amiot. — M. Amiot, ingénieur des mines, attaché à la direction de la compagnie de P.-L.-M., a publié en 1878 dans les *Annales des Mines*, un très intéressant mémoire, où sont exposées les recherches faites par la compagnie pour déterminer la dépense moyenne d'exploitation, χ, correspondant sur le réseau à un train kilométrique de petite vitesse. Pour tenir compte de l'influence du tracé des lignes en plan et en profil, M. Amiot s'est servi du livret des charges des trains, qui, pour chaque section de charge et chaque sens, détermine une rampe fictive tenant compte des rampes et des courbes, et il a adopté pour *rampe fictive moyenne*, i, la moyenne des deux rampes fictives s'appliquant aux trains montants et descendants. D'autre part, pour tenir compte de l'intensité du courant commercial, on a calculé la fréquentation diurne moyenne, μ, c'est-à-dire le tonnage kilométrique utile par 24 heures. L'étude de ces divers éléments a conduit M. Amiot à la formule :

$$\chi = 1^{c},46\,(1 + 0{,}05i)\left(1 + \frac{285}{\mu}\right)$$

dont les résultats sont résumés au tableau suivant :

RAMPE fictive moyenne i	FRÉQUENTATION DIURNE MOYENNE μ en tonnes.							OBSERVATIONS
	8	2000	1000	500	300	100	50	
	c.	c.	c.	c.	c.	c.	c.	
0	1.44	1.72	1.99	2.51	3.18	6.21	10.41	Ces prix comprennent les dépenses d'administration, d'exploitation, de traction de matériel de la voie et les dépenses diverses.
5	1.80	2.12	2.43	3.01	3.75	6.99	11.32	
10	2.17	2.53	2.87	3.51	4.32	7.77	12.23	
15	2.53	2.93	3.31	4.02	4.89	8.54	13.14	
20	2.90	3.33	3.75	4.52	5.46	9.32	14.06	
25	3.26	3.74	4.19	5.02	6.03	10.09	14.97	
30	3.63	4.14	4.63	5.52	6.60	10.87	15.88	

Le mémoire de M. Amiot se termine par la conclusion pratique que l'accroissement des prix de revient sur les lignes en rampe correspond aux majorations suivantes de leurs longueurs.

RAMPES	MAJORATION proportionnelle de longueur	LONGUEUR fictives correspondant à une longueur réelle de 1 K.
0 à 0,005	» 0/0	1,000 kil.
0,0051 à 0,010	20	1,200
0,0101 à 0,015	40	1,400
0,0151 à 0,020	60	1,600
0,0201 à 0,025	800	1,800
0,025 à 0,030	100	2,000
0,0301 à 0,035	120	2,200.

214. Formules de M. Menche de Loisne. — M. Menche de Loisne, ingénieur en chef des Ponts et Chaussées, a

RAMPES	PRIX DE REVIENT par tonne nette kilométrique	RÉDUCTION DE 1 KIL. accidenté en kilom. de quasi-palier (1)	OBSERVATIONS
0m,000 à 0m,005	0 fr. 0251	1,000 kil.	(1) Ces résultats s'accordent bien avec les précédents jusqu'à $p = 17$ millimètres; au-dessus ils leur deviennent très-supérieurs. La formule continue : $\varphi = 1 + \frac{p^2}{500}$ représenterait sensiblement la moyenne des deux méthodes.
Rampe de 7	272	1,108	
— 9	286	1,139	
— 11	303	1,208	
— 13	329	1,310	
— 15	364	1,452	
— 17	416	1,658	
— 20	581	2,314	
— 23	622	2,478	
— 30	756	3,212	

publié dans les *Annales des Ponts et Chaussées* de 1879 une méthode de calcul des prix de revient moyen du transport d'un train kilométrique à mesure que l'inclinaison des rampes augmente. Ces prix établis d'après les données statistiques des compagnies du Nord et d'Orléans, déterminent une relation entre la longueur réelle et la longueur virtuelle, en palier ou quasi-palier (0m,082), conformément au tableau ci-dessus.

215. Formules de M. Baum. — Dans son mémoire très détaillé de juin 1880, M. Baum, ingénieur en chef des Ponts et Chaussées, considère les longueurs virtuelles relatives au travail mécanique. Ces longueurs sont ainsi définies :

« La longueur virtuelle relative au travail mécanique d'une ligne de chemin de fer AB en rampe et en courbe, est la longueur d'une ligne idéale horizontale et rectiligne, sur laquelle le travail à développer (ou résistance à vaincre), à égalité de vitesse, est la même que sur la ligne AB, pour le transport d'une tonne de poids brut. »

En désignant par :

L.... La longueur totale de la ligne AB, dont la voie à 1m44 ;
l_o.... La longueur des sections en alignement droit et de niveau ;
l_r.... La longueur des éléments en rampe ;
l_p.... La longueur des éléments en pente ;
l_c.... La longueur des éléments en courbe ;
α.... Le coefficient d'accroissement de longueur dû aux courbes ;
et β.... Le coefficient d'accroissement de longueur dû aux rampes ;

On aura pour la longueur totale de la ligne :

$$L = l_o + \Sigma l_r + \Sigma l_p.$$

D'autre part, en admettant que la longueur virtuelle d'une section en pente soit égale à celle d'une section de même longueur en palier, la longueur virtuelle dans le sens AB, sera :

$$l_o + \Sigma l_r (1 + \alpha) + \Sigma l_p + \Sigma \beta l_c ;$$

la longueur virtuelle dans le sens contraire BA sera :

$$l_o + \Sigma l_p + \Sigma l_p (1 + \alpha) + \Sigma \beta l_c$$

et finalement la longueur virtuelle totale de la ligne sera :

$$L_v = L + \Sigma \beta l_c + \frac{1}{2} \Sigma (\alpha l_r + \alpha l_p)$$

Analysant la résistance des véhicules, des tenders et des locomotives, et considérant la relation d'expérience suivant laquelle la vitesse d'un train de marchandises varie avec la rampe, M. Baum a donné les tableaux des valeurs de α et β, dont nous extrayons les chiffres suivants :

TABLEAU DES VALEURS DE α

RAMPES en millimètr.	VALEURS de α	RAMPES en millimètr.	VALEURS de α	RAMPES de millimètr.	VALEURS de α	RAMPES de millimètr.	VALEURS de α
0,1	0,032	7	2,572	15	6.503	23	11,850
0,5	0,162	8	3,000	16	7,078	24	12,601
1	0,327	9	3,445	17	7,662	25	13,358
2	0,661	10	3,907	18	8,263	26	14,175
3	1,017	11	4,387	19	8,917	27	14,924
4	1,383	12	4,886	20	9,634	28	15,821
5	1,764	13	5,404	21	10.361	29	16,871
6	2,160	14	5,947	22	11,104	30	17,996

TABLEAU DES VALEURS DE β

RAYONS	VALEURS de β	RAYONS	VALEURS de β	RAYONS	VALEURS de β	RAYONS	VALEURS de β	RAYONS	VALEURS de β
100m	2,284	300m	1,017	500m	0,613	906m	0,282	4.000m	0,027
150	1,684	350	0,894	600	0,504	1.000	0,224	5.000	0,020
200	1,370	400	0,783	700	0,410	2.000	0,058	6.000	0.0117
250	1,176	450	0,692	800	0,340	3.000	0,038	7.000	0,0038

Désignant ensuite par $\frac{D_v}{D}$ le coefficient virtuel relatif à la dépense d'exploitation, c'est-à-dire le rapport du prix de revient de la tonne kilométrique de marchandise — sur la ligne considérée dont la fréquentation est $\frac{R}{2}$ et le coefficient virtuel $\frac{L_v}{L}$ — au prix de revient, sur une section en palier, M. Baum donne les résultats consignés dans le tableau ci-contre.

L'application de cette méthode a conduit M. Baum à représenter les dépenses kilométriques d'exploitation par la formule :

$$D = 2.800 + 0{,}13\ R \left(1 + \frac{L_v}{L}\right)$$

dont les résultats sont indiqués au tableau de la page 394 :

Enfin, à l'aide de la formule D, on peut aisément obtenir le rapport de la dépense à la recette d'une ligne, c'est-à-dire son coefficient d'exploitation :

$$\frac{D}{R} = \frac{2800}{R} + 0{,}13 \left(1 + \frac{L_v}{L}\right)$$

216 Etude de M. Schlemmer. — M. Schlemmer, inspecteur général des Ponts et Chaussées, à la suite d'études très intéressantes sur le prix de revient moyen du transport de la tonne kilométrique, eu égard aux conditions du tracé et au tonnage, est arrivé par des procédés graphiques au tableau reproduit ci-après, page 295.

Les rampes moyennes fictives sont établies d'après la méthode de M. Amiot.

217. Choix d'un tracé. — Les résultats fournis par les méthodes précédentes ne sont pas toujours concordants.

COEFFICIENT virtuel relatif à la résistance de la ligne	1	2	3	4	5	6	7	8	9	10	11	12	13	14	15	16	17	18	19
RAMPE FICTIVE continue et équivalente	0,00	3,00	5,60	8,00	10,20	12,23	14,10	15,86	17,57	19,18	20,51	21,87	23,20	24,53	25,83	27,09	28,12	29,11	30,00
RECETTES kilométriques	PRIX de revient par tonne et kilomètre sur un palier rectiligne	COEFFICIENT VIRTUEL relatif à la dépense d'exploitation par tonne kilométrique.																	
francs.	centimes.																		
10.000	3,25	1,26	1,51	1,76	2,02	2,27	2,52	2,78	3,03	3,28	3,54	3,79	4,05	4,30	4,55	4,81	5,06	5,31	5,56
20.000	2,99	1,25	1,49	1,74	1,98	2,23	2,47	2,72	2,96	3,21	3,45	3,70	3,94	4,19	4,43	4,68	4,92	5,17	5,41
30.000	2,82	1,24	1,47	1,71	1,94	2,17	2,41	2,64	2,88	3,11	3,35	3,58	3,82	4,03	4,29	4,52	4,76	4,99	5,23
40.000	2,70	1,23	1,46	1,70	1,93	2,16	2,39	2,63	2,86	3,10	3,33	3,56	3,80	4,03	4,26	4,49	4,72	4,95	5,18
50.000	2,59	1,22	1,45	1,67	1,89	2,12	2,34	2,57	2,79	3,02	3,25	3,48	3,71	3,94	4,17	4,40	4,63	4,85	5,08
60.000	2,48	1,22	1,44	1,66	1,88	2,10	2,32	2,54	2,76	2,97	3,19	3,41	3,63	3,85	4,07	4,28	4,50	4,72	4,95
70.000	2,36	1,21	1,42	1,64	1,85	2,06	2,28	2,49	2,71	2,92	3,14	3,35	3,57	3,78	3,99	4,21	4,43	4,64	4,85
80.000	2,27	1,21	1,41	1,62	1,83	2,04	2,25	2,46	2,67	2,87	3,08	3,29	3,50	3,71	3,92	4,13	4,34	4,54	4,75
90.000	2,19	1,20	1,40	1,61	1,81	2,01	2,22	2,42	2,63	2,83	3,04	3,24	3,45	3,65	3,86	4,06	4,27	4,47	4,68
100.000	2,11	1,20	1,40	1,60	1,80	2,00	2,20	2,40	2,60	3,80	3,00	3,20	3,40	3,00	3,80	4,00	4,20	4,40	4,60
110.000	2,06	1,20	1,39	1,59	1,79	1,98	2,18	2,37	2,57	2,77	2,96	3,16	3,36	3,55	3,75	3,94	4,14	4,34	4,53
120.000	2,01	1,19	1,38	1,57	1,77	1,96	2,15	2,34	2,54	2,73	2,92	3,11	3,31	2,50	3,69	3,88	4,08	4,27	4,46
130.000	1,97	1,19	1,38	1,57	1,76	1,95	2,14	2,33	2,52	2,71	2,89	3,08	3,27	3,46	3,65	3,84	4,03	4,22	4,40
140.000	1,92	1,19	1,38	1,56	1,75	1,93	2,12	2,31	2,49	2,68	2,86	3,05	3,24	3,42	3,61	3,79	3,98	4,17	4,35
150.000	1,88	1,18	1,36	1,55	1,78	1,91	2,10	2,28	2,46	2,65	2,83	3,01	3,20	3,38	3,56	3,75	3,93	4,11	4,29

COEFFICIENT virtuel relatif à la résistance de la ligne	1,0	1,2	1,4	1,6	1,8	2,0	2,2	2,4	2,6	2,8	3,0	3,2	3,4	3,6	3,8	4,0	4,2	4,4	4,6	4,8	5
RAMPE FICTIVE continue et équivalente en millimètres	0,00	0,62	1,22	1,81	2,39	2,95	3,50	4,05	4,57	5,10	5,60	6,10	6,62	7,07	7,54	8,00	8,46	8,90	9,78	9,63	10,20
RECETTE kilométrique	DÉPENSES D'EXPLOITATION PAR KILOMÈTRE DE LIGNE																				
francs.																					
3.000	3.580	3.658	3.736	3.814	3.892	3.970	4.048	4.126	4.204	4.282	4.360	4.438	4.516	4.594	4.672	4.750	4.828	4.906	4.984	5.062	5.140
4.000	3.840	3.944	4.048	4.152	4.256	4.360	4.464	4.568	4.672	4.776	4.880	4.984	5.088	5.192	5.296	5.400	5.504	5.608	5.712	5.816	5.920
5.000	4.100	4.230	4.360	4.490	4.620	4.750	4.880	5.010	5.140	5.270	5.400	5.530	5.660	5.790	5.920	6.050	6.180	6.310	6.440	6.570	6.700
6.000	4.360	4.516	4.672	4.828	4.984	5.140	5.296	5.452	5.608	5.764	5.920	6.076	6.232	6.388	6.544	6.700	6.856	7.012	7.168	7.324	7.480
7.000	4.620	4.802	4.984	5.166	5.348	5.530	5.712	5.894	6.076	6.258	6.440	6.622	6.804	6.986	7.168	7.350	7.532	7.714	7.896	8.078	8.260
8.000	4.880	5.088	5.296	5.504	5.712	5.920	6.128	6.336	6.544	6.752	6.960	7.168	7.376	7.584	7.792	8.000	8.208	8.416	8.624	8.832	9.040
9.000	5.140	5.374	5.608	5.842	6.076	6.310	6.544	6.778	7.012	7.246	7.480	7.714	7.948	8.182	8.416	8.650	8.884	9.118	9.352	9.586	9.820
10.000	5.400	5.660	5.920	6.180	6.440	6.700	6.960	7.220	7.480	7.740	8.000	8.260	8.520	8.780	9.040	9.300	9.560	9.820	10.080	10.340	10.600
11.000	5.660	5.946	6.232	6.518	6.804	7.090	7.376	7.662	7.948	8.234	8.520	8.806	9.092	9.378	9.664	9.950	10.236	10.522	10.808	11.094	11.380
12.000	5.920	6.232	6.544	6.856	7.068	7.480	7.792	8.104	8.416	8.728	9.040	9.352	9.664	10.076	10.388	10.600	10.912	11.224	11.536	11.848	12.160
13.000	6.180	6.518	6.856	7.194	7.532	7.870	8.208	8.546	8.884	9.222	9.560	9.898	10.236	10.574	10.912	11.250	11.588	11.926	12.264	12.602	12.940
14.000	6.440	6.804	7.168	7.532	7.896	8.260	8.624	8.988	9.352	9.716	10.080	10.444	10.808	11.172	11.536	11.900	12.264	12.628	12.992	13.356	13.720
15.000	6.700	7.090	7.480	7.870	8.260	8.650	9.040	9.430	9.820	10.210	10.600	10.990	11.380	11.770	12.160	12.550	12.940	13.330	13.720	14.110	14.500
16.000	6.960	7.376	7.792	8.208	8.624	9.040	9.456	9.872	10.288	10.704	11.120	11.536	11.952	12.368	12.784	13.200	13.616	14.032	14.448	14.864	15.280
17.000	7.220	7.662	8.104	8.546	8.988	9.430	9.872	10.314	10.756	11.198	11.640	12.082	12.524	12.966	13.408	13.850	14.292	14.734	15.176	15.618	16.060
18.000	7.480	7.948	8.416	8.884	9.352	9.820	10.288	10.756	11.224	11.692	12.160	12.628	13.096	13.564	14.032	14.500	14.968	15.436	15.904	16.372	16.840
19.000	7.740	8.234	8.728	9.222	9.716	10.210	10.704	11.198	11.692	12.186	12.680	13.174	13.668	14.162	14.656	15.150	15.644	16.138	16.632	17.126	17.620
20.000	8.000	8.520	9.040	9.560	10.080	10.600	11.120	11.640	12.160	12.680	13.200	13.720	14.240	14.760	15.280	15.800	16.320	16.840	17.360	17.880	18.400
21.000	8.260	8.806	9.352	9.898	10.444	10.990	11.536	12.082	12.628	13.174	13.720	14.266	14.812	15.358	15.904	16.450	16.996	17.542	18.088	18.634	19.180
22.000	8.520	9.092	9.664	10.236	10.808	11.380	11.952	12.524	13.096	13.668	14.240	14.812	15.384	15.956	16.528	17.100	17.672	18.244	18.816	19.388	19.960
23.000	8.780	9.378	9.976	10.574	11.172	11.770	12.368	12.966	13.564	14.162	14.760	15.358	15.956	16.554	17.152	17.750	18.348	18.946	19.544	20.142	20.740
24.000	9.040	9.664	10.288	10.912	11.536	12.160	12.784	13.408	14.032	14.656	15.280	15.904	16.528	17.152	17.776	18.400	19.024	19.648	20.272	20.896	21.520
25.000	9.300	9.950	10.600	11.250	11.900	12.550	13.200	13.850	14.500	15.150	15.800	16.450	17.100	17.750	18.400	19.050	19.700	20.350	21.000	21.650	22.300

Prix de revient du transport de la tonne kilométrique

TONNAGE kilométrique moyen par jour pour chaque mois	RAMPE FICTIVE MOYENNE EN MILLIMÈTRES															
	0	1	2	3	4	5	6	7	8	9	10	11	12	13	14	15
	c.	c.	c.	c.	c.	c.	c.	c.	c.	c.	c.	c.	c.	c.	c.	c.
50	3.84	5.47	7.13	8.79	10.45	12.11	13.77	15.43	17.09	18.75	20.41	22.07	23.73	25.39	27.05	28.71
75	3.62	4.41	5.19	5.98	6.77	7.55	8.34	9.13	9.92	10.70	11.49	12.28	13.06	13.85	14.64	15.42
100	3.46	4.00	4.54	5.08	5.63	6.17	6.71	7.25	7.79	8.34	8.88	9.42	9.96	10.50	11.05	11.59
125	3 32	3.75	4.17	4.60	5.03	5.45	5.88	6.31	8.74	7.16	7.59	8.02	8.44	8.87	9.30	9.72
150	3.20	3.56	3.92	4.28	4.64	5.00	5.36	5.72	6.08	6.44	6.80	7.16	7.52	7.88	8.24	8.60
200	3.04	3.29	3.57	3.86	4.14	4.43	4.71	5.00	5.28	5.56	5.85	6.13	6.42	6.70	6.98	7.27
250	2.86	3.10	3.34	3.59	3.83	4.08	4.32	4.56	4.81	5.05	5.30	5.54	5.78	6.03	6.27	6.52
300	2.73	2.95	3.17	3.39	3.60	3.82	4.04	4.26	4.48	4.70	4.91	5.13	5.35	5.57	5.78	6.00
350	2.63	2.83	3.03	3.24	3.44	3.64	3.84	4.04	4.26	4.44	4.64	4.84	5.04	5.25	5.45	5.65
400	2.55	2.74	2.93	3.11	3.27	3.49	3.68	3.87	4.05	4.24	4.43	4.62	4.81	4.99	0.15	5.37
450	2.48	2.66	2.83	3.01	3.19	3.37	3.55	3.72	3.90	4.08	4.26	4.44	4.61	4.79	4.97	5.13
500	2.42	2.50	2.73	2.93	3.10	3.27	3.44	3.61	3.78	3.96	4.13	4.30	4.47	4.64	4.81	4.98
600	2.32	2.48	2.63	2.89	2.95	3.11	3.27	3.43	3.59	3.75	3.91	4.07	4.22	4.48	4.54	4.70
700	2.24	2.39	2.54	2.69	2.84	3.00	3.15	3.30	3.45	3.60	3.75	3.90	4.05	4.20	4 35	4.50
800	2.18	2.32	2.47	2.61	2.76	2.90	3.05	3.19	3.34	3.48	3.63	3.77	3.92	4.06	4.21	4.35
900	2.13	2.27	2.41	2.55	2.69	2.83	2.97	3.11	3.25	3.40	3.54	3.68	3.82	3.96	4.10	4.24
1.000	2.08	2.22	2.36	2.49	2.63	2.77	2.90	3.04	3.18	3.32	3.45	3.59	3.73	3.86	4.00	4.14
1.100	2.05	2.18	2.31	2.45	2.58	2.72	2.85	2.99	3.12	3.25	3.39	3.52	3.65	3.79	3.92	4.06
1.200	2.02	2.15	2.28	2.41	2.54	2.68	2.81	2.94	3.07	3.20	3.34	3.47	3.60	3.73	3.86	4 00
1.300	1.90	2.12	2.25	2.38	2.51	2.64	2.77	2.90	3.03	3.16	3.29	3.42	3.55	3.68	3.81	3.94
1.400	1.97	2.09	2.22	2.35	2.48	2.61	2.73	2.86	2.99	3.12	3.25	3.37	3.50	3.63	3.76	3.89
1.500	1.95	2.07	2.20	2.33	2.45	2.58	2.71	2.83	2.96	3.09	3.22	3.34	3.47	3.60	3.72	3.85
2.000	1.88	2.00	2 12	2.24	2.36	2.48	2.60	2.73	2.85	2.97	3.09	3.21	3.33	3.45	3.57	3.69
2.500	1.82	1.94	2.06	2.18	2.29	2.41	2.53	2.65	2.77	2.88	3.00	3.12	3.24	3.36	3.47	3.59
3.000	1.79	1.91	2.02	2.14	2.25	2.37	2.49	2.60	2.72	2.83	2.95	3.06	3.18	3.30	3.41	3.53
3.500	1.76	1.88	1.99	2.11	2.22	2.34	2.45	2.57	2.68	2.80	2.91	3.03	3 14	3.26	3.37	3.49

Ainsi, pour une rampe fictive continue de 10 millimètres et une recette kilométrique de 30,000 francs, répondant à peu près à un trafic annuel de $\frac{30,000}{0,05} = 600.000$ unités et à une fréquentation diurne moyenne de $\frac{600.000}{730} = 820$ unités dans chaque sens, les prix de revient par unité et kilomètre seraient :

D'après M. Amiot ; $\quad \chi = 1,46 \times 1,5 \left(1 + \frac{285}{820}\right) = 2,95$ cent.

— M. Baum ; $\quad \chi = 2,82 \times 1,67 \quad = 4,73$ —

— M. Schlemer ; $\quad \chi = 3,54 - 0,20 \times 0,09 \quad = 3,52$ —

enfin, d'après la méthode de M. Menche de Loisne, dont les coefficients sont établis sans avoir égard à l'intensité de trafic on aurait : $\chi = 2^c94$.

Ces chiffres montrent l'influence considérable que les rampes exercent sur le prix de la tonne kilométrique ; et, si leurs écarts, qui semblent principalement tenir à ce que les dépenses ne sont pas ramenées à une même unité la — rampe moyenne adoptée comme terme de comparaison varie entre 0 et 10 millimètres, — si leurs écarts, disons-nous, sont assez notables dans leurs valeurs absolues, ils n'ont cependant, au point de vue qui nous occupe, qu'une importance relative.

Ce qui importe, en effet, c'est que les estimations soient faites d'une façon uniforme, de manière à affecter également les deux termes de la comparaison ; d'un côté les économies susceptibles d'être réalisées dans la construction par l'adoption de rampes plus fortes, et de l'autre côté, l'excédant des charges qui en résulteront pour l'exploitation, eu égard à l'importance probable de la circulation.

Quoi qu'il en soit, considérant la simplicité nécessaire

des applications, l'incertitude qui pèse toujours sur le trafic initial et sur son développement, enfin les erreurs inévitables d'appréciation dans les dépenses d'établissement, nous pensons que les longueurs virtuelles peuvent être déterminées d'une façon suffisamment exacte à l'aide du tableau suivant, qui donne, d'après le règlement général des conducteurs de trains, les rapports φ des charges remorquées en palier, et sur les différentes déclivités.

DÉCLIVITÉS (i)	EFFORTS moyens de traction	CHARGE remarquée (φ)	OBSERVATIONS
0 à 5 mm.	10 k.	1.00	Les efforts de traction répondent à la vitesse moyenne des trains, et sont estimés par tonne brute kilométrique. Sur l'ensemble du réseau d'intérêt général, l'effort moyen est de 6 k. 7 environ.
6	11	0.91	
8	13	0.77	
10	15	0.66	
12	17	0.59	
14	19	0.53	
16	21	0.47	
18	23	0.43	
20	25	0.40	
22	27	0.37	
24	29	0.35	
25	30	0.33	
30	35	0.29	
35	40	0.25	

Dès lors, soient deux localités A et B reliées par deux ou plusieurs chemins dont les données sont respectivement :

L_v et L'_v	Longueurs réduites ;
A, A'	Dépenses d'établissement ;
D, D'	Dépenses de l'exploitation ;
R.	Recette d'exploitation communes aux différents tracés.

D'autre part, désignons par :

T,........... le tonnage utile annuel de la ligne AB ;

$\mu = 2,6$,..... l'utilisation du matériel (Tabl. 1, page 260) ;

$T_1 = \mu\, T$,..... le tonnage brut à remorquer ;

$\pi = 0$ fr. 012,. le prix de revient kilométrique de la tonne brute sur quasi-palier (Tabl. 1, page 260) ;

$\alpha = (1 + 10.i)$, une constante tenant compte de l'augmentation de la puissance du matériel sur les lignes à fortes rampes et de l'inégale utilisation de cette puissance sur les différents points du profil ; i, la déclivité en mètres ;

π_1 et π_2,...... le prix de revient de la tonne brute à 1 kil. sur les deux tracés comparés.

Il conviendra de choisir celui des chemins qui répondra à la relation économique indiquée plus haut [1] :

$$\frac{R-D}{A} > \frac{R-D'}{A'}$$

d'où l'expression du revenu nominal :

$$\theta = \frac{D'-D}{A-A'} > \frac{R-D'}{A'}$$

et :

$$D - D' > (A - A')\,\theta.$$

Or, en conservant les notations précédentes [2], avec $\theta = \frac{900}{\rho}$ [3], et $r = p = c = i$ du tableau ci-dessus, on a :

$$L_v = L_o + \Sigma \frac{l_c}{\rho} + \frac{1}{2}\,\Sigma\left(\frac{l_r}{\rho} + \frac{l_p}{\rho}\right)$$

et

$$\pi_1 = \alpha\,\pi\,\frac{L_v}{L}\,; \quad D = \alpha\mu.\ \pi\, T.\, L_v$$

d'où finalement :

$$D' - D = \alpha\mu\pi\, T\,(L'_v - L_v) > (A - A')\,\theta.$$

---

(1) Voir n° 212.
(2) Voir n° 215.
(3) Voir n° 207.

Telle est la relation, entre le trafic, les longueurs réduites et les dépenses d'établissement, à laquelle devra satisfaire le tracé A, pour diminuer, dans la plus large mesure possible le total, annuel des frais de l'exploitation et des charges du capital de construction.

CHAPITRE NEUVIÈME

CHEMINS DE FER A VOIE ÉTROITE

Lignes a voie réduite. — Tramways. — Lignes a voie très réduite.

SOMMAIRE :

§ 1. — **Lignes à voie réduite :** Observations préliminaires : *Voie normale* ; *Voie étroite*. — Conditions d'établissement : *Généralités* ; *Tracé et profil* ; *Terrassements et ouvrages d'art* ; *Voie et matériel fixe* ; *Matériel roulant* ; *Dépenses de premier établissement*. — Exploitation : *Transbordement* ; *Dépenses*. — Conclusions : *Question de principe* ; *Largeur de la voie du chemin secondaire*.

§ 2. — **Tramways** : Définition. — Tracé et profil. — Infrastructure. — Superstructure et matériel roulant. — Dépenses de premier établissement. — Dépenses d'exploitation.

§ 3. — **Lignes à voie très réduite :** Conditions d'établissement : *Voie* ; *Machines* ; *Voitures et wagons*. — Dépenses de premier établissement. — Comparaison entre les voies de 1,00 et 0,60 de largeur : *Infrastructure* ; *Voie matériel fixe* ; *Matériel roulant* ; *Ensemble des dépenses de premier établissement* ; *Exploitation*. — Conclusions.

CHAPITRE IX

CHEMINS DE FER A VOIE ÉTROITE

§ 1.

LIGNES A VOIE REDUITE

218. Observations préliminaires. — *Voie normale.* — La voie normale en France varie de $1^m,44$ à $1^m,45$ dans œuvre.

Ce chiffre, avons-nous dit [1], n'est pas le résultat d'une discussion ; il a été pris à l'Angleterre, qui elle-même l'avait emprunté à la voie ordinaire des véhicules circulant sur les routes.

Quelle que hasardée qu'ait été l'assimilation, il en faut reconnaître la justesse — que facilite, à la vérité, l'indépendance qui existe entre la largeur de la voie et celle des véhicules.

En vain M. Brunet chercha-t-il à y substituer la voie large de $2^m,13$; il dut plus tard, reconnaître que la voie de 1,44 était suffisante, et celle-ci sortit définitivement victorieuse de l'enquête de 1845, ordonnée à la suite des protestations du commerce et de l'industrie contre la discontinuité, lorsque pour la première fois, en 1834,

(1) Voir Chap. I, nº 3.

les deux largeurs rivales se rencontrèrent à Glocester.

La longue période écoulée depuis cette enquête en a confirmé les sages résultats, montrant constamment que la longueur de $1^m,45$ suffit à répondre aux nécessités de la construction et de l'exploitation, c'est-à-dire que sa rigidité n'entraîne pas des dépenses de construction excessives, que les véhicules ont une capacité suffisante pour se prêter à une bonne utilisation, enfin que les machines peuvent avoir toute la stabilité et la puissance nécessaires.

La plupart des Etats européens ont adopté la largeur de 1,44, ou y sont revenus à la suite de tâtonnements de courte durée. En Russie où la largeur entre les bords intérieurs des rail est de $1^m,52$, et en Espagne, où elle est de 1,736, on a certainement cédé, en dehors du côté technique, à des considérations relatives à la défense nationale.

219. *Voie étroite.* — La question des lignes secondaires, destinées à compléter l'ensemble de nos voies ferrées, le plus souvent établies en pays accidenté et n'ayant qu'un faible trafic, a soulevé le principe de la voie étroite.

La commission de 1861 a accepté résolument le transbordement comme règle générale ; mais, tout en indiquant qu'il serait désirable que la même largeur fût adoptée par groupe de lignes, elle n'a pas cru devoir ériger en règle absolue l'uniformité de largeur de la voie étroite.

Si donc la largeur de la voie du grand réseau est depuis longtemps déjà définitivement fixée, il n'en est pas de même pour les lignes secondaires. La question a été souvent agitée dans ces derniers temps ; elle est encore pendante.

Il est cependant singulier que le défaut d'uniformité, dont on a si bien apprécié les inconvénients pour la voie normale, se reproduise pour la voie étroite, et, si l'on ajourne une décision nette, on se trouvera bientôt dans une situation analogue à celle dont l'Angleterre était menacée par les progrès simultanés des deux voies de $1^m,44$ et $2^m,13$; notre réseau secondaire sera formé d'éléments disparates au détriment de ses propres intérêts et de sa puissance industrielle et commerciale.

Le tableau de la page suivante indique d'après les derniers renseignements officiels [1], quelle était la situation des chemins de fer à voie étroite dans les divers pays. On y remarquera, à titre de donnée expérimentale, que les largeurs de $0^m,90$ à $1^m,10$ représentent 83 p. 0/0 de la longueur totale des lignes exploitées à voie étroite.

Quoiqu'il en soit, ce n'est pas seulement la largeur à donner à la voie étroite qui divise les ingénieurs, c'est le principe même de la voie étroite qui est encore débattu. L'objet de ce chapitre sera de préciser les éléments de la comparaison ; nous essayerons ensuite de conclure aux largeurs de voies à adopter suivant les intérêts à desservir.

220. Conditions d'établissement de la voie étroite. *Généralités.* — La flexibilité du tracé, due à l'emploi de courbes raides, donne lieu à de premières économies sur les terrassements et les ouvrages d'art des lignes à voie étroite ; il y a également lieu de compter sur la réduction de la plate-forme, des emprises et des longueurs d'ouvrages ; sur les dimensions plus faibles des rails, des traverses et du ballast ; sur la moindre étendue des gares ; enfin sur les dimensions plus modestes et moins coûteuses du matériel. Mais quelle sera l'économie totale — abstraction faite, quant à présent, de l'exploitation. Cette question ne saurait comporter de réponse précise ;

(1) *Bulletin de statistique du ministère des travaux publics*, février 1890.

SITUATION DES CHEMINS DE FER A VOIE ÉTROITE DANS DIVERS PAYS

DÉSIGNATION des PAYS	ÉPOQUE de la SITUATION	VOIE ÉTROITE — LONGUEURS PARTIELLES EXPLOITÉES SUIVANT LA LARGEUR DE LA VOIE										VOIE ÉTROITE — LONGUEUR totale exploitée à voie étroite	LONGUEURS TOTALES EXPLOITÉES		RAPPORT P. 0/0	
		0^{m},58 à 0^{m},60	0^{m},72 à 0^{m},75	0^{m},76 à 0^{m},785	0^{m},802 à 0^{m},891	0^{m},90 à 0^{m},915	0^{m},95 à 1^{m},00	1^{m},067 à 1^{m},07	1^{m},10 à 1^{m},20	1^{m},30 à 1^{m},40	Largeur non indiquée		à voie normale	à toutes voies	Voie normale — Col. 13 × 100 / Col. 14	Toutes voies — Col. 13 × 100 et col. 15
1	2	3	4	5	6	7	8	9	10	11	12	13	14	15	16	17
		kil.	kil.	kil.	kil.	kil.	kil.	kil.	kil.	kil.	kil.	kil.	kil.	kil.		
France continentale	31 déc. 1882.	6	»	»	»	»	295	»	5	10	»	316	28,564	28,880	1.1	1.0
Algérie	*Idem*	»	»	»	»	»	»	»	350	»	»	350	1,212	1,571	29.6	22.9
Colonies françaises	*Idem*	»	»	»	»	»	126	»	»	»	»	126	12	138	1.050	91.2
Norvège	30 juin 1881.	»	»	»	»	»	»	704	»	»	»	704	411	1,115	171 3	63.5
Suède	1er janv. 1882	»	»	»	795	»	»	222	»	»	259	1,276	4,884	6,160	26.1	20.7
Russie		»	»	»	»	»	»	135	»	»	»	135	24,976	25,111	0.6	0.5
Angleterre	1878	22,6	»	»	»	»	»	»	»	»	»	22,6	30,157	30,179,6	»	»
Belgique	1878	»	11,4	»	»	»	»	»	70	»	»	81,4	4,188	4,269,4	1.9	1.8
Allemagne	30 mars 1883	»	38.0	138	»	»	59	»	»	»	»	235	34,845	35,080	0.6	0.6
Autriche-Hongrie	1er sept. 1884	»	»	269	»	»	»	»	»	»	»	269	21,266	21,535	1.2	1.2
Suisse	1er janv. 1883	»	13,5	»	»	»	35,5	»	»	»	»	49	2,780	2,829	1.8	1.7
Sardaigne		»	»	15	»	»	»	»	»	»	»	15	399	414	3.8	3.6
Portugal	1er janv. 1884	»	»	»	»	57	26	»	»	»	»	83	1,437	1,520	5.8	5.4
Grèce		»	»	»	»	»	9,2	»	»	»	»	9,2	13	22	70.8	41.0
Indes anglaises	1er janv. 1882	79	»	97	»	»	4,455	»	»	»	»	4,675	12,215	16,890	38.3	27.7
Canada	1er janv. 1880	»	»	»	»	»	»	»	»	»	990	990	10,457	11,447	9.5	8.7
Etats-Unis	*Idem*	»	»	»	»	7,709	»	»	»	»	»	7,709	131,551	139,260	5.9	5.5
Mexique	1er janv. 1884	»	»	»	»	1,522	»	»	»	»	»	1,522	3,355	4,877	45.4	31.2
Brésil	1er janv. 1889	»	18,0	90	»	78	2,009	»	200	12	»	3,529	1,330	4,859	265.3	72.1
TOTAUX		107,6	80,9	618	795	9,364	8,004,7	1,061	643	22	1,249	22,105	313,653	335,758	7.0	6.5

c'est avant tout une question d'espèce, dont la solution ne peut rentrer dans aucune formule.

Toutefois les chemins de fer actuellement construits à voie normale et à voie étroite, dans des conditions similaires, c'est-à-dire sur le réseau d'intérêt local, offrent un ensemble de renseignements qui, tout au moins comme moyennes, permettent de bien caractériser la valeur relative des deux voies.

Nous indiquons dans le tableau de la page suivante, les principaux chiffres de la statistique de 1887, publiés en 1891.

221. *Tracé et profil.* — Ainsi les déclivités sont les mêmes ou sensiblement les mêmes, quelle que soit la largeur de la voie.

Il en est autrement des rayons des courbes :

— M. J. Martin, ingénieur en chef des Ponts et Chaussées, a montré récemment, par des exemples multipliés [1], que des rayons de 250 mètres en voie ordinaire (1m 44) permettaient sans difficulté une vitesse de 50 kilomètres à l'heure ; des rayons de 200 mètres une vitesse de 45 kilomètres ; et des rayons de 150 mètres, une vitesse de 25 kilomètres. Dans plusieurs exemples, ces courbes sont combinées avec des déclivités de 25, 30 et même 35 millimètres par mètres. Toutefois la voie doit être fortement soutenue par de nombreuses traverses, très solidement construite avec des rails lourds sur coussinets ; et telle qu'elle, elle use très rapidement le matériel roulant et exige des locomotives spéciales, à faible empatement, boites radiales ou trucks articulés, ce qui nécessite la spécialisation des locomotives et diminue sensiblement l'avantage du maintien de la voie normale.

Sur la ligne d'Alger à Constantine, des machines de

(1) *Annales des Ponts et Chaussées*, août 1886.

DÉSIGNATION DES CHEMINS	LONGUEURS		RAYONS minimum des courbes	PENTES maxima	POIDS des rails	ÉCARTEMENT des traverses	MATÉRIEL ROULANT NOMBRE PAR KILOMÈTRE						POIDS BRUT MOYEN				COUT TOTAL d'établissement par kilomètre
	Exploitées au 31 décembre 1887.	Moyennes exploitées					LOCOMOTIVES	VOITURES			WAGONS		LOCOMOTIVES	VOITURES	WAGONS		
								1re cl.	2e cl.	3e cl.	de service	à marchandises			de service	à marchandises	
Réseau d'intérêt local	k.	k.	mètr.	m.m.	k.	mètr.							t.	t.	t.	t.	francs
VOIE NORMALE..	1.554	1.516	100 150	30	20-37	0,75 1,00	0.117	0.019	0.156	0.127	0.093	1.400	24	7.0	6.9	4.7	150960
VOIE ÉTROITE...	679	553	50	31	15-25	0,60 0,89	0.133	0.003	0.175	0.093	0.069	1.558	18	5.8	4.4	3.8	75.790
Ensemble	2.233	2.069	»	»	»	»	0.120	0.010	0.160	0.190	0.090	1.480	22	6.7	6.3	4.5	123104
Réseau d'intérêt gén. (rappel)......	13.784	31.446	200	33.3 et 45	30 à 38,75	0,75-1,90	0.300	0.140	0.240	0.320	0.310	7.450	46.8 à 50.7	7.8	7.5	5.4	418899

38 tonnes, à trois essieux accouplés de 3m 56 d'empatement, passent dans des courbes de 80 mètres de rayon à des vitesses de 25 kil. et remorquent 125 tonnes brutes. Sur les chemins de l'Hérault, la machine à truck d'avant articulé — système Mallet — de 27 tonnes à vide et 31 tonnes en ordre de marche, passe librement dans des courbes de 110 mètres de rayon et admet le rayon de 50 mètres. Sur le chemin de Rueil à St-Germain, les machines à deux essieux, avec empatement de 1m 20 passent dans des courbes de 30 mètres, grâce au grand surécartement de la voie. En Californie, des machines de 28 tonnes, à deux essieux accouplés et un Bissel à l'avant, passent dans des courbes de 38 mètres de rayon.

Avec la voie étroite de 1 m., le rayon de courbure peut descendre à 150 mètres, ce qui correspond à 275 mètres en voie normale ; mais si le tracé l'exige, la voie sera construite sans inconvénient avec des rayons de 100,75 et même 50 mètres de rayon — accessibles aux machines à deux essieux accouplés et un essieu porteur — ce qui correspond à 150 ou 100 mètres en voie normale. Sur le réseau de la Côte-d'Or, où les rampes atteignent jusqu'à 40mm, les machines destinées à circuler dans des courbes de 40 mètres de rayon pèsent 20 tonnes à vide et 24,5 tonnes en ordre de marche ; elles sont montées sur trois essieux accouplés et un Bissel à l'arrière ; mais pour faciliter le passage dans des courbes raides, on a réduit de 0m005 l'épaisseur du boudin des roues de l'essieu moteur intermédiaire.

Au dessus de ces limites inférieures, l'équivalence s'établit comme suit, étant donné que la résistance dans les courbes est inversement proportionnelle à la somme des écartements de la voie et des essieux, ou plus simplement — en admettant un rapport fixe entre ces deux dernières dimensions — à l'écartement de la voie [1].

Voie normale (1m44) : Rayons de 600 — 500 — 400 300 — mètres.
Voie réduite (1 m.) — de 400 — 340 - 270 300 — —

222. *Terrassements et ouvrages d'art.* — Toutes proé portions gardées, la largeur des terrassements en couronne est plus faible pour la voie étroite que pour la voie normale — un mètre environ. — De là une première économie en faveur de la voie étroite sur un même tracé et un même profil. Mais cet avantage est spécialement accru par la plus grande flexibilité des tracés à courbes raides, supprimant beaucoup de grands ouvrages, évitant les passages délicats et diminuant partout les terrassements en épousant plus facilement les reliefs du sol. Dès lors les économies à réaliser sur l'infrastructure seront d'autant plus importantes que la région sera plus accidentée. En moyenne, considérant les chiffres du tableau précédent, relatifs à l'ensemble des dépenses de premier établement, et la réduction de 20 °/o réalisée d'autre part sur les dépenses de matériel fixe et de matériel roulant [2], le rapport des dépenses d'infrastructure sur la voie étroite et sur la voie normale ressortirait de 50 à 60 p. cent.

Assurément ce n'est là qu'un chiffre moyen, et dans chaque espèce il conviendra de se livrer à une étude spéciale, mais, les chiffres invoqués résultant de relevés portant sur un ensemble de lignes déjà considérable, le rapport auquel ils conduisent doit être considéré comme mesurant exactement dans l'ensemble les avantages relatifs des deux voies rivales.

(1) Voir chap. VIII, no 207.
(2) Voir nos 223 et 224.

221. *Voie et matériel fixe.* — Sur le réseau d'intérêt général le poids des rails, limité par le cahier des charges, varie de 30 kilogrammes (acier) à 38 k. 75 (fer).

Sur les lignes d'intérêt local à voie normale, la loi de 1880 indique, à titre de renseignement 30 kilogrammes pour les rails en fer et 25 kilogrammes, pour les rails en acier. En fait le poids a varié de 20 à 37 kilogrammes, avec un écartement de traverses compris entre 0m75 et 1,00 mètre.

Enfin, pour les lignes d'intérêt local à voie d'un mètre, le poids le plus communément attribué, compris entre 15 et 25 kilogrammes, est celui de 18 kilogrammes en acier. L'écartement des traverses est de 0m69 à 0m89.

La différence de poids est donc en moyenne 35 — 18 = 7 kilogrammes par mètre courant de rail [1], soit 28 p. cent en faveur de la voie étroite. Tout le reste, traverses, éclisses, boulons, etc., étant proportionné au poids du rail, qui est la véritable caractéristique de la voie, serait réduit dans le même rapport.

Il en est de même de la quantité de ballast employée au mètre courant, qui, pour une même stabilité, varie en raison directe de la hauteur du rail et des dimensions des traverses.

Quant aux changements, croisements, etc., leurs dimensions et par suite leurs prix sont également proportionnels à l'écartement de la voie et à sa rigidité pour un même écartement.

On peut donc dire en définitive que, pour l'ensemble

---

(1) Au prix actuel de l'acier, l'économie par kilomètre ressort à 2500 à 3000 francs, gares comprises, et, en tenant compte des traverses et du ballast, on atteint 5000 francs.

de la voie et du matériel fixe, l'économie réalisée par la voie étroite d'un mètre, établie dans les mêmes conditions de stabilité et de durée que la voie normale, est le quart — 0,25 — de la dépense totale.

281. *Matériel roulant.* — Sur le réseau d'intérêt local à voie normale, le matériel se compose de voitures et de wagons moins robustes et moins coûteux que sur les grandes lignes : cependant cette diminution de poids est limitée, sous peine d'interdire l'accès des réseaux voisins et par suite de rentrer dans les inconvénients de la spécialisation intégrale du matériel, c'est-à-dire de faire disparaître le principal avantage de la voie normale.

Sur les lignes à voie étroite au contraire la réduction de poids peut être et elle est réellement très importante. Cette réduction a des avantages et des inconvénients pour le trafic par wagon complet, elle augmente le poids mort ; pour le trafic de détail, elle le diminue, et comme les dépenses d'acquisition peuvent être considérées comme proportionnelles au poids mort, il s'établit une sorte de compensation. D'une façon plus précise, il résulte du tableau II, page 262 que, sur le réseau d'intérêt local, chaque unité de trafic représente 2 tonnes 657 en mouvement sur la voie normale et 3 tonnes 136 sur la voie étroite, soit une majoration de 0,479 tonne par unité sur la voie étroite.

Quoi qu'il en soit, après avoir discuté les divers éléments de la question, M. Urban, ingénieur en chef du grand central belge, établit le tableau suivant qui donne la valeur du matériel nécessaire pour commencer l'exploitation des chemins de fer secondaires (1).

(1) *Revue générales des chemins de fer*, mai 1884.

RECETTES KILOMÉTRIQUES	VOIE NORMALE			VOIE ÉTROITE			CENTAGE
	Locomotives (2)	Wagons et voitures (3)	Ensemble (4)	Locomotives (5)	Wagons et voitures (6)	Ensemble (7)	col. 4 / col. 7
francs	francs	francs	francs	francs	francs	francs	
5.000	3.200	3.750	6.950	2.240	3.500	5.740	1,21
6.000	3.840	4.500	8.340	2.688	4.200	6.888	1,21
7.000	4.480	5.250	9.730	3.136	4.900	8.036	1,21
8.000	5.120	6.000	11.120	3.584	5.600	9.184	1,21
9.000	5.760	6.750	12.510	4.032	6.300	10.332	1,21
10.000	6.400	7.500	13.900	4.480	7.000	11.480	1,21
15.000	9.600	11.250	20.850	6.720	10.500	17.220	1,21
20.000	12.800	15.000	27.800	8.960	14.000	22.960	1,21

M. Urban pense que l'on doit attendre, pour déterminer avec certitude le matériel nécessaire à l'exploitation d'un nouveau chemin de fer, que l'expérience ait fixé les besoins réels : mais il pose en principe, conformément aux chiffres ci-dessus qu'en règle générale, la valeur du matériel nécessaire pour l'exploitation d'une ligne dépasse de 15 à 30 p. °/₀ le montant des recettes et que pour satisfaire aux accroissements ultérieurs du trafic, on doit affecter annuellement à l'achat du matériel une somme au moins égale à la majoration des recettes.

D'après ces chiffres, l'économie réalisée sur le matériel roulant, par l'usage de la voie de 1,00 mètre, serait le cinquième — 0,20 — des dépenses totales.

Observons, en terminant, que la spécialisation de la locomotive s'impose pour toutes les lignes secondaires, comme conséquence d'un rail léger et de courbes raides ; il n'y a donc pas de ce chef un avantage précis pour la voie normale.

225. *Dépenses de premier établissement.* — Les dépenses totales d'établissement, essentiellement variables avec les régions traversées, ont atteint notamment :

— Sur les lignes d'intérêt local à voie normale, 261,000 fr. pour les lignes de l'Eure et 51,000 fr. seulement pour la ligne de La Roche à l'Isle ; en moyenne 151,000 fr. par kil.

— Sur les lignes d'intérêt local à voie étroite, 161,300 fr. pour les lignes de Lyon St-Just à Vaugueray ; 55,000 fr. pour la ligne de Gray à Gy et 39,000 fr. pour les tramways de la Sarthe ; en moyenne 75,800 fr. par kilomètre.

L'économie proportionnelle serait donc :

$$k = \frac{161.300}{261.000} = \frac{2}{3,2}; \quad \frac{39.000}{57.000} = \frac{2}{2,9}, \quad \text{en moyenne } \frac{75.800}{151.000} = \frac{1}{2}.$$

Ces résultats sont très importants [1]. Nous remarquerons d'ailleurs que les réductions de dépenses, au fur et à mesure que les difficultés de terrains deviennent plus grandes, seraient plus théoriques que réelles : le rapport des dépenses sur les deux voies rivales se maintient constant ou à peu près constant, et l'écart des frais d'établissement vient de l'élévation même des dépenses et non d'une valeur progressive de leur rapport. Sous le bénéfice de cette observation, les chiffres ci-dessus sont de nature à confirmer les appréciations de M. Fousset, [2], sur l'économie susceptible d'être réalisée par la substitution de la voie de $1^m,10$ ou 1^m, à la voie de $1^m,44$, sur divers

---

(1) La comparaison portant sur 1,000 kil. de chemin de fer à voie étroite et 600 kil. à voie normale, construit en Norwège, fait ressortir la dépense du kilomètre de voie étroite au 2/3 de celle du kilomètre à voie normale (Petsche et Delebecque, *Annales des Ponts et Chaussées*, avril 1887).

(2) *Mémoires des Ingénieurs civils*, octobre 1882.

groupes de lignes établis d'après les difficultés du tracé et des dépenses kilométriques d'établissement qui en résultent, savoir :

GROUPES DE LIGNES suivant les difficultés locales	DÉPENSES KILOMÉTRIQUES DE PREMIER ÉTABLISSEMENT		ÉCONOMIES	
	Voie normale	Voie étroite	Kilométriques	Centage
	francs.	francs	francs.	
Premier groupe.	400.000	240.000	160.000	40 %
Deuxième — .	300.000	195.000	105.000	35
Troisième — .	200.000	135.000	65.000	33
Quatrième — .	150.000	105.000	45.000	30
Cinquième — .	125.000	88.000	37.000	30
Sixième — .	100.000	75.000	25.000	25

En définitive, on doit admettre que l'économie moyenne de la voie étroite varie de 1/2 à 1/3 des dépenses à faire sur la voie normale ; mais dans une estimation sommaire il paraît convenir, par mesure de prudence, de se tenir au coefficient 1/3 ; en d'autres termes, d'évaluer les dépenses de premier établissement de la voie étroite aux 2/3 de celles de la voie normale.

226. Exploitation de la voie étroite. *Transbordement.* — La principale objection faite aux chemins de fer à voie étroite est la nécessité de rompre charge, qui s'impose pour les relations d'une voie à l'autre ; les dépenses supplémentaires qui en sont la conséquence ; la dépréciation que subissent ainsi certaines marchandises ; enfin l'intérêt militaire.

Ces griefs ne doivent pas être exagérés.

Le transbordement n'est rendu nécessaire par la discontinuité des voies que pour le trafic par wagon complet ou presque complet, c'est-à-dire pour la moitié des transports de la petite vitesse [1]. Pour le trafic de grande vitesse et de détail, un triage et un transbordement s'opèrent même avec la voie normale. Or, on sait que les compagnies assurent aux expéditeurs le chargement de leurs marchandises au prix de 0 fr. 40 par tonne; mais le prix de revient peut être bien moindre ; dans les gares bien installées, il varie de 0 fr. 10 à 0 fr. 15 pour les marchandises en sacs, barriques ou caisses, et de 0 fr. 15 à 0 fr. 20 pour les bois, fers, pierres, etc. ; pour les houilles, le prix de transbordement s'abaisse à 0 fr. 04 la tonne.

Les pertes et déchets n'ont jamais qu'une importance secondaire.

En ce qui concerne les transports militaires, M. Fousset a montré, dans son mémoire déjà cité, que la voie étroite pouvait répondre à toutes les exigences du service et que son matériel offrait les mêmes ressources que celui de la voie de $1^m,44$, sous la réserve d'un coefficient de réduction par wagon, variable de 0,80 à 0,85 sur la contenance. Cependant la voie normale — en dehors des lignes isolées — offrira toujours l'avantage de faire passer sans transbordement de la ligne principale à la ligne secondaire, et réciproquement, les wagons chargés d'approvisionnement.

227. *Dépenses d'exploitation*. — Il ne saurait convenir d'entrer ici dans l'organisation des services ; nous n'examinerons que les questions d'ensemble. Voici donc tout d'abord les résultats généraux obtenus pendant l'année 1887 sur le réseau d'intérêt local.

(1) Soit, environ le quart des recettes totales de G. V. et P. V.

CHEMINS	LONGUEURS		RECETTES kilométriques d'exploitation	DÉPENSES kilométriques d'exploitation	COEFFICIENT d'exploitation $\frac{D}{R}$	PARCOURS A LA DISTANCE ENTIÈRE			DÉPENSES		PERSONNEL par kilom.
	Exploitées au 31 déc	moy. exploitées				Voyageurs	Marchandises	Ensemble	par unité	par trains kilom.	
INTÉRÊT LOCAL	kil.	kil.	fr.	fr.		v. k.	T. k.		fr.	fr.	
Voie normale..	1.551	1.516	6.154	5.132	0.834	49.269	26.554	75.823	0.0677	1.76	2.317
Voie étroite...	679	557	2.573	2.848	1 109	26.431	6.036	32.467	0.0878	1.15	1.682
Ensemble	2.233	2.069	5.210	4.522	0.870	41.728	21.154	62.882	0.0709	1.62	2.19
INTÉRÊT GÉNÉRAL (Rappel).	31.784	31.440	33.264	17.184	0.517	229.335	315.369	544.704	0.0315	2.47	7.21

D'autre part, sur l'ensemble des chemins ayant fourni le détail de leurs dépenses par service, le sous-détail de la dépense par train à 1 kilomètre s'établit comme suit :

CHEMINS EXPLOITÉS en 1887	DÉPENSES PAR KILOMÈTRE DE TRAIN						RAPPEL de la fréquentation kilométriq.
	Administration	Exploitation, mouvement et trafic	Traction et matériel	Voies	Divers	Ensemble	
INTÉRÊT LOCAL	fr.	fr.	fr.	fr.	fr.	fr.	
Voie normale.....	0.14	0.53	0.60	0.43	0.12	1.82	75.823
Voie étroite......	0.13	0.29	0.39	0.19	0.02	1.02	32.467
Ensemble........	0.14	0.51	0.58	0.41	0.12	1.75	62.882
INTÉRÊT GÉNÉRAL (Rappel)........	0.13	0.88	0.83	0.55	0.13	2.47	535.955

Ainsi, en ce qui concerne les dépenses absolues d'exploitation, la voie étroite permet de descendre à des chiffres très bas, auxquels n'atteindrait pas la voie normale : dans l'année 1887, les dépenses kilométriques ont

27

été de 17,184 fr. sur le réseau d'intérêt général et de 5,132 fr. sur le réseau d'intérêt local à voie de $1^m,44$; elles sont descendues à 2,848 fr. sur le réseau d'intérêt local à voie de 1,00 mètre.

Dans les mêmes conditions, les dépenses par kilomètre de train ont été respectivement 2 fr. 47, 1 fr. 82 et 1 fr. 02. Au surplus les sous-détails donnent les renseignements suivants sur la substitution de la voie étroite à la voie normale :

— Les frais d'administration subsistent sans réduction;

— Les dépenses d'exploitation, mouvement et trafic sont réduites dans la proportion importante $\frac{29}{53}$, soit 3/5 environ; ce qui s'explique en partie par la diminution du personnel et la facilité relative des manœuvres de gares;

— Les dépenses de traction et d'entretien du matériel s'abaissent dans le rapport voisin $\frac{39}{60}$. soit 2/3, principalement dû à ce que les trains sont beaucoup moins lourds sur les lignes à voie étroite (1);

— Quant à l'entretien de la voie, il porte sur des éléments plus légers, ou moins importants ; d'autre part, la circulation est moins active; l'économie de ce chef devient également très sensible, environ $\frac{19}{43}$. soit 1/2;

— Au total, y compris les dépenses diverses, l'avantage reporté au train kilométrique, serait représenté par le rapport $\frac{102}{182}$, soit 5/9, en faveur de la voie étroite.

Toutefois, ces rapports, manquant de commune mesure, peuvent bien donner une indication générale sur la valeur relative des deux voies opposées, mais ils ne sauraient préciser cette véritable valeur. Pour y parvenir,

(1) Voir tableau II. p. 262.

nous devons considérer les dépenses de transport par unité, en ayant soin, au surplus, de les ramener à une même fréquentation.

D'après ce que nous avons déjà dit [1], les prix de revient par unité et par kilomètre peuvent être représentés par

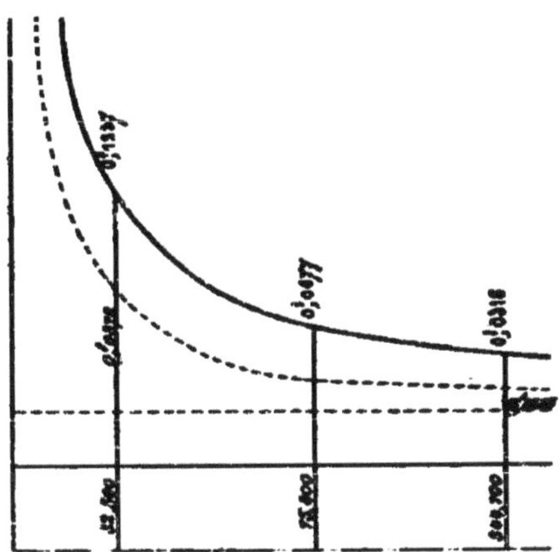

une branche d'hyperbole, qui dans l'espèce serait définie sur la voie normale :

$$d = 5^c,56 + \frac{319.000}{u}$$

et par suite, pour $u = 32.500$, donnerait :

$$d = 2,56 + 9,81 = 12^c,37,$$

tandis que la dépense effective est seulement de $8^c,78$ sur la voie étroite.

Donc enfin, dans les conditions moyennes du trafic des lignes à voie étroite, les dépenses d'exploitation sont les $\frac{878}{1237}$, soit les 2/3 de ce qu'elles seraient sur les mêmes lignes à voie normale. A la vérité, cet avantage diminue lorsque la fréquentation augmente, mais d'une façon peu sensible dans la limite des recettes actuelles.

(1) Voir chap. V, nº 121.

L'application des formules 18 et 19 [1] conduirait directement à ces résultats ; en effet, on a :

$$k = \frac{\text{Voie étroite}}{\text{Voie normale}} = \frac{1.500 + \sqrt{500^2 + 0,021 . u^2}}{2.600 + \sqrt{1,070^2 + 0,021 . u^2}}$$

Soit, pour $u = 0 : k = \frac{2.000}{3.670} = 0,54$, et pour $u = \infty : k = 1.00$.

En d'autres termes, le rapport des dépenses d'exploitation sur la voie étroite, aux mêmes dépenses sur la voie normale varie de 1/2 jusqu'à l'unité lorsque la fréquentation, nulle au début, s'élève progressivement jusqu'à l'infini. Pour la valeur intercalaire :

$$u = 32.500, \text{ on aurait} : k = \frac{2346}{3868} = 0,60$$

qui représenterait la limite des économies relatives réalisables sur les deux voies rivales.

Dans le cours professé à l'Ecole des Ponts et chaussées, M. Sevens admettait également « d'une manière générale que l'adoption du système à petite voie réduit au moins de moitié les frais d'exploitation d'un chemin de fer de faible trafic ».

En définitive, il est hors de doute que l'emploi de la voie étroite réduise les dépenses d'exploitation d'une façon réelle et très sensible. Cet avantage peut se mesurer sans exagération au minimum de 2/3, précisément égal au coefficient déjà trouvé pour la dépense de construction.

228. Conclusions. *Question de principe.* — En résumé la voie étroite se prête dans la construction, à une réduction considérable du rayon des courbes ; et dans l'exploitation, à la subdivision des poids à traîner — hommes et choses, trains et machines — tandis que les machines

---

(1) Voir chap. V, p. 216.

elles-mêmes — ce qui est un point essentiel — conservent, par tonne de leur poids, un travail utile sensiblement égal à celui des machines ordinaires. De là son avantage dans le résultat définitif des transports sur les lignes à faible trafic.

Toute la question était donc dans l'appréciation des intérêts à desservir et sur ce point les avis ont été nécessairement très variables.

M. Varroy, peu partisan de la voie réduite, « la repoussait pour les chemins de fer destinés à un service public complet et transportant des marchandises variées ». M. Krantz en restreignait les applications « à certaines lignes spéciales destinées soit à desservir un pays de montagne, des localités séparées du pays par des obstacles naturels, soit à relier les usines, les mines, les carrières, les forêts avec les ports maritimes ou fluviaux, soit à conduire les récoltes des champs aux sucreries, distilleries, féculeries, etc. » M. Pontzen, défendant la même thèse concluait qu'à moins de circonstances exceptionnelles la voie normale devait être préférée.

Au contraire, M. Level prenait une grande initiative dans l'établissement des lignes étroites; MM. Baum, Fousset, Sartiaux et plus récemment MM. Sampité, Noblemaire et F. Martin affirmaient très nettement le principe que le chemin de fer à voie large était un instrument trop coûteux pour être adopté comme type général sur les lignes secondaires, qu'il nuirait à leur développement et comme conséquence qu'en dehors des lignes de transit et des lignes stratégiques, les chemins de fer à petit trafic ne sauraient comporter que la voie étroite.

Aujourd'hui, avec l'expérience acquise et après avoir certainement apporté une trop grande uniformité dans l'établissement de nos derniers chemins de fer, on s'accorde généralement à reconnaître que les réseaux des lignes d'intérêt général seront bientôt achevés et que, sauf des solutions d'espèces, la voie réduite est l'instrument rationnel des lignes affluentes qui doivent compléter l'ensemble de nos voies ferrées.

Nous avons mesuré les économies qui devront résulter de ce nouveau régime, soit dans la construction, soit dans l'exploitation, et nous tenant à l'écart de toute exagération, nous avons montré que dans les deux cas elles atteindraient au moins le tiers des dépenses que l'on aurait à engager sur la voie normale.

229. *Largeur de la voie des chemins secondaires.* — Mais quel sera l'écartement des rails. La question a donné lieu à de profondes divergences.

La loi de 1865 et celle de 1880, qui l'a suivie et remplacée, admettent $1^m,00$ ou $0^m,75$ suivant les circonstances. Jusqu'à présent la largeur de 1 mètre a presqu'exclusivement prévalu et la circulaire du 12 janvier 1888 était de nature à la confirmer. Mais récemment, à la suite des résultats satisfaisants fournis par l'exploitation du petit chemin de fer établi à l'exposition de 1889, on s'est demandé si la voie de $0^m,60$ ne suffirait pas pour la plupart des lignes secondaires.

M. Noblemaire, avec sa légitime et incontestable autorité, termine sa note récente sur les chemins de fer départementaux [1] en insistant « sur l'importance des services qu'on peut attendre dans un grand nombre de cas des chemins de fer à voie très étroite de $0^m,60$ de largeur. Proscrite en France, très à tort à notre avis pour des motifs d'un ordre éminemment respectable, mais trop spécial, par la circulaire du 30 juillet 1888, ces lignes, dont l'établissement est exceptionnellement facile et économique, dont l'exploitation peut être assurée à meilleur marché encore que celle des chemins de fer à

(1) *Annales des Ponts et Chaussées*, décembre 1891.

voie de 1m,00 nous paraissent pouvoir, dans un grand nombre de cas, rendre d'utiles services et pendant une longue série d'années ». Et après avoir cité les exemples du chemin de Festinioq — 0m,61 de voie et 29.000 fr. de recettes kilométriques — et de l'Illigon — 0m,60 de voie et 17.940 fr. de recettes kilométriques — il ajoute : sous la réserve qu'on ne se trouve ni en présence de transports industriels comportant des pièces de bois ou de fer, ni en présence d'un trafic probable de bétail — auxquels cas la voie d'un mètre est nécessairement applicable, « l'importance de l'instrument, c'est-à-dire la largeur de la voie, doit être en raison de l'importance et surtout de la nature du trafic en vue duquel il est construit ; les chemins de fer à voie de 0m,75 et à 0m,60 peuvent être un instrument des plus utiles ; l'expérience des autres pays montre tous les jours qu'ils peuvent rendre d'importants services et suffire à un trafic même considérable. C'est en principe la voie vicinale agricole par excellence ».

Au contraire, M. F. Martin, avec une compétence spéciale en matière de chemins de fer départementaux [1], défend la voie de 1 mètre pour les raisons suivantes : « Il pourrait sembler rationnel au premier abord de proportionner la largeur de la voie étroite à l'importance du trafic, en la faisant varier entre les limites extrêmes de 1m. à 0m,60. Mais indépendamment des inconvénients nombreux que cette diversité de largeur pourrait présenter, il est démontré que la voie de 1m, dont le prix de revient n'est pas beaucoup plus élevé que celui des voies de 0m,75 et même de 0m,60, doit être uniformément adoptée : 1° parce qu'elle seule rend possible l'emploi de wagons pouvant porter 10 tonnes de poids utile, et réduisant le poids mort au minimum ; 2° parce qu'elle permet de ré-

---

(1) *Du régime des chemins de fer secondaires en France*, 1891.

duire notablement la dépense du matériel roulant, ce qui qui compense sensiblement l'augmentation de prix dû à la largeur supplémentaire de plateforme, étant donné que, grâce à l'emploi du matériel articulé on peut adopter des rayons de courbes de 40 mètres et même de 25 mètres sur les lignes à voie de 1 mètre comme sur celles de 0m,60; 3° parce qu'elle est nécessaire pour assurer la stabilité du matériel roulant, l'expérience ayant démontré qu'avec des voies de largeur inférieure à 1 mètre, il est impossible ou dangereux d'effectuer des transports de bestiaux; 4° Enfin, parce qu'avec des largeurs de voies inférieures à 1 mètre il est impossible d'avoir de machines ayant une surface de chauffe assez puissante pour remorquer un tonnage convenable sans de fortes déclivités. Ces motifs, ainsi que d'autres d'une importance moindre mais qui, dans la pratique courante de l'exploitation ne sont pas moins appréciés, ont amené l'abandon de toute largeur inférieure à 1 mètre sur les lignes à faible trafic en Italie, en Belgique, en Hollande, en Suisse, c'est-à-dire dans les Etats où l'industrie du chemin de fer secondaire s'est le plus rapidement développée. C'est là une démonstration expérimentale de la plus haute importance... »

En résumé et d'une façon générale, lorsqu'on a des raisons pour adopter une voie réduite, il faut que la réduction en vaille la peine; mais il sera sage de prendre la voie relativement élevée plutôt que de s'exposer aux inconvénients de la réduction sans en avoir les avantages: les premiers sont constants, les seconds deviennent insignifiants si la réduction l'est elle-même. Ces considérations rapprochées des appréciations ci-dessus conduisent à écarter toute largeur intercalaire et à limiter les voies des réseaux à 1m,44, 1m,00 et 0m,60.

Dans cet état de choses, M. G. Martin formule les règles suivantes:

1° La voie de 1 mètre doit être adoptée, pour toute ligne secondaire établie à titre définitif en vue d'une exploitation normale susceptible d'accroissement et devant assurer le transport des voyageurs ainsi que des marchandises de toute nature.

2° La voie de 0m,60 doit être réservée pour les cas où est indiqué l'emploi d'une voie portative, posée à titre provisoire, pour des besoins temporaires et notamment pour les raccordements industriels ou agricoles destinés à amener aux lignes secondaires, à moins de frais, les marchandises prises sur les lieux de production.

Nous verrons plus loin, par l'examen détaillé de la voie de 0m,60 de largeur, ce qu'il y a lieu de retenir de ces opinions extrêmes.

§ 2

CHEMINS DE FER SUR ROUTES OU TRAMWAYS.

230. Définition. — Nous avons dit l'impossibilité d'une définition des chemins de fer d'intérêt local, et nous avons indiqué que leur distinction des chemins d'intérêt général ne s'établissait que par le classement.

Il en est de même entre les chemins d'intérêt local et les tramways. Cependant il convient ici de reproduire l'avis de principe, émis le 6 août 1884, par la section de travaux publics du Conseil d'Etat «... au point de vue du caractère matériel de la voie ferrée, le signe caractéristique des tramways est que leur plateforme, sur toute leur étendue, aussi bien dans les sections à travers champs que sur les voies publiques empruntées par le tracé, demeure accessible à la circulation ordinaire des voitures et des piétons, ou tout au moins des piétons. Au contraire, les chemins de fer d'intérêt local sont soustraits à cette servitude, au moins en dehors des sections empruntées aux voies publiques... »

Ainsi ce qui fait le caractère propre des tramways, c'est que la circulation du matériel spécial à la voie ferrée s'opère sur une voie publique affectée à la circulation des voitures ordinaires. En principe, pour ne pas troubler cette circulation, les rails sont posés au niveau du sol, sans saillies ni dépressions; toutefois cette règle peut n'être plus appliquée si l'on affecte à l'établissement du tramway un accotement de route praticable pour les piétons, mais interdit aux voitures.

Les tramways sont destinés au transport des voyageurs seulement, ou au transport des voyageurs et des marchandises, et la traction peut avoir lieu par chevaux ou par locomotives. Nous ne nous occuperons dans ce qui suit que des tramways pour voyageurs et marchandises, à traction mécanique.

221. Tracé et profil. — En traitant des conditions essentielles pour assurer le succès d'un chemin de fer d'intérêt local [1], M. Sampité établit que la ligne doit :

— Converger vers un centre important;

— Ne pas s'écarter de plus de 30 à 50 kilomètres de ce centre d'attraction, c'est-à-dire être courte;

— Enfin, solliciter les populations en s'introduisant dans les localités mêmes.

En conséquence de ces trois conditions, le chemin de fer d'intérêt local devra autant que possible être construit sur routes; et si l'on doit s'écarter de cette règle, en raison de déclivités trop fortes, de courbes trop raides ou de largeurs trop étroites, il conviendra du moins, dans

(1) *Les chemins de fer à faible trafic*, 1888.

les parties où l'on aura fait abandon des routes et chemins, de se tenir à proximité de ce courant de trafic.

On devra s'efforcer d'établir les déclivités en dépendance du trafic : 30 à 40 millimètres pour des recettes comprises entre 1,000 et 3,000 francs — et les rayons des courbes en dépendance des vitesses : 100 à 150 mètres en pleine voie où la vitesse atteindra sans inconvénient 30 à 35 kilomètres à l'heure ; 60 mètres comme minimum actuel normal, avec des vitesses ne dépassant pas 16 kilomètres à l'heure et 40 mètres aux abords des stations et dans les traverses où la marche des trains est forcément très ralentie (1).

La longueur des trains, limitée à 60 mètres par le cahier des charges, permet de donner aux stations des dimensions très réduites entre aiguilles : 80 à 100 mètres.

232. Infrastructure. — Lorsqu'au lieu d'être établis sur une plateforme spéciale, les chemins de fer à voie étroite sont exécutés sur les accotements des routes, les dépenses d'acquisition de terrain, de terrassements et d'ouvrages d'art sont sensiblement diminués. Indépendamment des raisons données plus haut, il y a là, en faveur des tramways, un avantage qui est loin d'être négligeable. Dès 1887, M. Baum évaluait de 15.000 à 20.000 fr. l'économie réalisable par l'établissement sur route des lignes à voie étroite ; ce chiffre pourrait être porté à 25.000 fr. d'après les exemples cités plus loin.

233. Superstructure et matériel roulant. — Les dépenses sont très sensiblement les mêmes, que la ligne soit établie à travers champs ou sur routes, si dans les deux cas les questions sont traitées avec le même esprit d'économie : Rail de 15 à 20 kil., en moyenne 18 kilogr. ;

---

(1) Voir n° 221.

tire-fonds; suppression des bordures de trottoir, aussi onéreuses qu'inutiles (Sarthe). Machines de 16 à 20 tonnes; matériel articulé à deux classes de voyageurs; wagons pouvant porter 6 à 10 tonnes.

234. Dépenses de premier établissement. — D'après les renseignements recueillis en 1888 auprès d'un certain nombre de compagnies, M. Sampité évaluait les dépenses kilométriques d'établissement, matériel compris, savoir :

Chemin d'intérêt local à voie étroite (230 k.)....	80,000 fr.
Chemin de fer sur route (148 k.).............	50,000 fr.

Ces chiffres s'accordent bien avec le tableau suivant :

CHEMINS D'INTÉRÊT LOCAL				TRAMWAYS			
DÉPARTEMENTS	Longueur en kilomètre	CAPITAL FORFAITAIRE		DÉPARTEMENTS	Longueur en kilomètre	CAPITAL FORFAITAIRE	
		Total	Kilométr.			Total	Kilométr.
		fr.	fr.			fr.	fr.
Vosges.......	9	1.028.000	114.230	Nord et Aisne.	35	2.000.000	57.100
Nord et Aisne.	101	6.375.153	63.120	Sarthe	18	1.921.000	106.700
Rhône........	91	6.000.000	193.770	Loir-et-Cher..	111	4.440.000	40.000
Indre-et-Loire.	16	1.400.000	87.500	Dordogne.....	119	7.153.500	60.100
Sarthe........	47	2.724.000	57.950	Drôme........	92	4.968.800	54.000
Maine-et-Loire	60	2.194.000	36.560	Côte-d'Or.....	153	7.[illegible].350	49.950
Totaux et moy.	258	19.721.353	76.400	Totaux et moy.	528	27.982.850	50.300

Ainsi, laissant de côté les lignes d'intérêt local qui sont exceptionnellement élevées, on peut compter pour un chemin de fer entièrement établi à travers champs, sur une majoration moyenne de 20.000, fr. soit au minimum 1/3 en plus des dépenses à engager pour les tramways.

225. Dépenses d'exploitation. — Toutes choses égales d'ailleurs, il est évident que les frais d'exploitation subsistent sans réduction sur les tramways; les formules du réseau d'intérêt local à voie étroite leur sont donc applicables.

En résumé, les avantages des tramways sont :

— Pour la construction, une économie de 15 à 20.000 fr. par kilomètre ;

— Pour l'exploitation, une augmentation de recettes par suite du rapprochement de la ligne qui traversera ou touchera les villages desservis.

§ 3

LIGNES A VOIE TRÈS RÉDUITE

226. Conditions d'établissement. — Une des causes de la faveur dont jouit la voie de 0 m. 60, à laquelle M. Decauville a attaché son nom, est sa simplicité et sa souplesse, qui en rendent l'installation rapide et peu coûteuse. Mais ces avantages sont-ils bien réels et suffisent-ils lorsqu'il s'agit d'étendre l'application du système à nos tramways ; n'ont-ils pas des inconvénients qu'il convient de peser dans le cas de lignes qui doivent durer 75 ans et qui seront accessibles sur les routes et dans les traverses aux voitures lourdement chargées. C'est ce dont nous allons essayer de rendre compte.

Le matériel, plus spécialement destiné au réseau secondaire, comprend les éléments suivants :

237. *Voie.* — Les rails sont en acier et pèsent 9 k. 5 — 12 et 15 kg. le mètre linéaire; ils sont rivetés sur traverses métalliques, posées en nombre variable de 8 à 6 afin de maintenir à la voie une force constante de 3.500 kg. par essieu, sans un grand écart de fatigue intérieure. Ces traverses métalliques pèsent de 7 à 12 kg. le mètre courant. La hauteur du rail est respectivement 60,72 et 95 millimètres; le profil de 95 mm. est particulièrement destiné aux voies noyées dans la chaussée; il permet de supprimer le contre-rail et présente sur ses côtés la hauteur nécessaire au damage et cylindrage des empierrements. Lorsque la voie doit être encastrée dans un pavage, on adopte la pose surélevée sur supports en acier.

La voie de 0 m. 60 se pose également sur traverses en bois, et dans ces conditions elle devient moins chère et paraît devoir être tout aussi stable, sinon plus; cependant, les applications faites en France ayant eu surtout en vue des besoins industriels et provisoires, la pose sur traverses métalliques a prévalu; elle doit donc rester notre principal objectif.

Nous avons dit que, sur la voie étroite de 1 mètre de largeur, le poids du rail variait de 15 à 21 kg., en moyenne 18 kg.; dans ces conditions, opposant la voie de 18 kg. et 1 m. de largeur, à celles de 15 kil. et 0m. 60 de largeur, il est, dès à présent, intéressant d'observer que les masses de l'une et de l'autre, compris les traverses et le ballast emprisonné dans l'emboutissage des traverses métalliques, se comparent comme suit :

Voie de 1 m. 00,	rail de 18 k.	sur traverses en bois,		le m. courant.	77 kg.
Voie de 0 m. 60	rail de 15 k.	—	—	—	68 »
	» 15 k.	—	métall.,	—	59 »

Quant aux sections opposées au déplacement de la voie, elles sont proportionnelles aux chiffres suivants :

Voie de 1 m. 00.	Déplac. longit.,	0 m. 204.	Déplac. transvers.,	0 m² 0216
Voie de 0 m. 60	Trav. en bois	— 0	120.	—	0	0160
	Trav. métall.	— 0	054.	—	0	0068

La stabilité de la voie sur traverses métalliques est donc sensiblement inférieure à celle de la voie sur traverses en bois, même en tenant compte du rapport 0,80 des masses en circulation [1].

238. *Machines.* — La machine, type Mallet à 4 cylindres et trucks articulés, pèse 9 tonnes à vide et 12 tonnes en marche. Son effort de traction est de 1.800 kilogrammes ;

Soit $\frac{180}{12} = 150$ kilogr. par tonne de son poids.

Elle passe dans les courbes de 60 mètres de rayon aux vitesses de 25 et 30 kil. ; dans les courbes minimum de 30 mètres de rayon à la vitesse de 12 kil., et peut encore circuler dans des courbes de 25 mètres et même 20 mètres, aux abords des stations et dans les traverses. C'est un point essentiel.

Un nouveau type de 13 tonnes à vide et 15 tonnes en ordre de marche est actuellement à l'étude ; il sera bien approprié au rail de 15 kilogr. et au trafic pour lequel la machine de 12 tonnes deviendrait insuffisante, à moins d'augmenter le nombre des trains aux dépens de l'économie d'exploitation.

Les machines à six roues de la compagnie du Midi pèsent 32 t. 2 et exercent un effort de traction de 4.810 kg., soit également comme ci-dessus $\frac{4810}{33,2} = 150$ kil. par tonne

(1) Voir n° 244.

de leur poids. Ainsi le moteur de la voie très réduite de 0 m. 60 a pu se diviser en espace et en poids sans perdre sa puissance. Ce second point est également essentiel.

Le prix moyen du kilogr. des machines froides varie, savoir :

Voie de 0 m. 60 :	Mach. ord. :	1,90 fr.	Machine Mallet :	2,40 fr.
Voie de 1 m. 00	—	1,70	—	2,30

239. *Voitures et wagons.* — Les voitures du nouveau type comprennent 34 places, savoir : 8 de première classe, 16 de deuxième classe et 10 sur les plateformes ; elles ont 9 m. 25 de longueur sur 1 m. 80 de large ; leur poids brut est de 3.620 kilogr., soit :

$$\frac{3620}{34} = 110 \text{ Kil par place offerte.}$$

Les voitures de deuxième classe, montées sur boggies, sont dans des conditions analogues.

En moyenne, laissant de côté les voitures découvertes, le poids mort par place offerte est de 110 kilogr.

Sur la voie étroite de 1 m., le poids mort atteint 170 k. par place offerte [1].

Sur les deux largeurs de voie, les prix du kilogramme des voitures sont respectivement de 1 fr. 80 pour la voie de 0 m. 60 et 1 fr. 35 pour la voie de 1 mètre.

Le wagon plate-forme, à hausse mobile, monté sur boggies pèse, $3^t,17$ pour une capacité de chargement de 10 tonnes, soit :

$$\frac{3,170}{10} = 0,317 \text{ tonne par tonne utile.}$$

(1) Statistique du ministre des Travaux publics ; Ex. : 1887.

Mais dans l'ensemble des wagons découverts et fermés, ce rapport descend à $0^{t},300$ en moyenne, par tonne utile de chargement.

Sur la voie étroite de $1^{m},00$, le poid brut moyen des wagons de toute nature est de $3^{t},5$ pour une capacité moyenne en tonne de $8^{t},0$,[1] soit :

$$\frac{3,5}{8,0} = 0^{t},440 \text{ par tonne utile de chargement.}$$

Sur les deux largeurs de voies, les prix du kilogramme de wagon sont respectivement 0 fr. 90 pour la voie de $0^{m},60$ et de 0,75 pour la voie de 1 mètre.

On a reproché aux wagons à bestiaux et aux grands wagons fermés à marchandises de la voie de $0^{m},60$ de ne pas avoir une stabilité suffisante avec une largeur de gabarit égale à 3 fois la largeur de la voie ; cet inconvénient

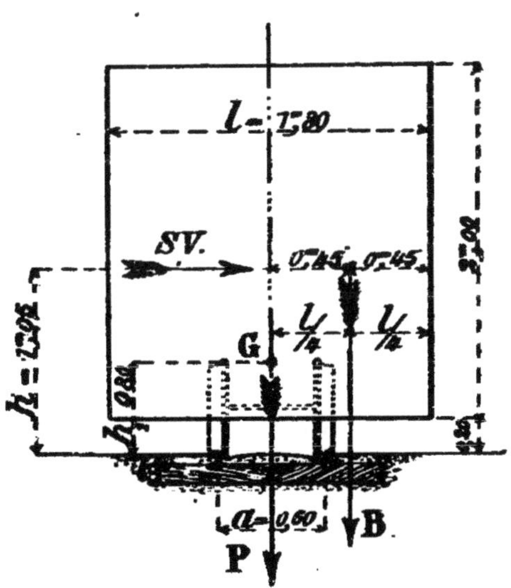

a été atténué depuis, par des dispositions de détail, mais

(1) Statistique du ministre des Travaux publics ; Ex.: 1887.

il existe toujours dans la proportion résultant de la relation suivante :

$$P\frac{a}{2} = 2B\left(\frac{l}{4} - \frac{a}{2}\right) + SVh.$$

$P = 4700$ kil..........	poids du wagon ;
$B = 900$ kil...........	poids maximum d'une tête de bétail ;
$a = 0{,}60$.............	largeur de la voie ;
$l = 3\,a = 1^m{,}80$......	largeur extérieure du véhicule ;
$S = 14^m{,}2$............	surface offerte au vent par un wagon à bestiaux ;
$h = 1{,}05$...............	hauteur du centre des pressions au-dessus du rail;
$h_1 = 0^m\,80$...........	hauteur du centre de gravité du véhicule, au-dessus du rail ;
V....................	pression du vent par 1^{mc}. répondant au renversement.

d'où : wagons à bestiaux :

$$V = \frac{Pa - B(l - 2a)}{2Sh} = \frac{(P - B)a}{2Sh} = \frac{2280}{29{,}4} = 77 \text{ kilog.}$$

et wagons à marchandises de 10 tonnes, couvert :

$$V = \frac{Pa}{2Sh} = \frac{3900 \times 0{,}60}{2 \times 19{,}5 \times 1{,}1} = \frac{2340}{42{,}9} = 54 \text{ kilos.}$$

Ces pressions, comprises dans la classification des vents, entre le vent impétueux et la tempête, sont relativement faibles, et cependant elle ne sont pas frappées du coefficient de stabilité — 1,5 à 2 — qu'il conviendrait de prendre pour rester fidèle aux traditions de prudence. Dans l'accident du 27 février 1860, où 17 wagons de la compagnie du Midi, laissés seuls sur un garage, furent renversés, on a calculé que l'effort du vent n'avait pas été inférieur à 120 kilogrammes par mètre carré.

Au surplus cette situation s'aggrave dans les courbes par l'action de la force centrifuge à l'état de marche, et par le dévers de la voie à l'état de repos.

En effet la force centrifuge et la composante de la pesanteur parallèle à la voie, ont pour valeurs extrêmes :

A la vitesse v............ $P\left(\frac{V^2}{g\rho} - sin\ \alpha\right)$

Et à l'état de repos. ...... $P\ Sin\ \alpha$.

Afin d'égaliser, dans les deux cas, la tendance au renversement, on aura réduit le devers de moitié, soit :

$$Sin\ \alpha = \frac{1}{2}\frac{v^2}{g\rho}$$

Par suite le rapport du moment de renversement au moment de stabilité, dans les courbes, s'écrira :

$$K = \frac{v^2 h_1}{g\rho . a}$$

Pour $v = 3^m,3$ à la seconde, ou 12 kil. à l'heure ; $h_1 = 0^m,80$ et $\rho = 20$ mètres, on aurait :

$$K = \frac{10,9 \times 0.80}{9,8 \times 20 \times 0,60}\text{, soit 7,3 p. cent.}$$

Pour $v = 6,6$ à la seconde, 24 kil. à l'heure et $\rho = 100$ mètres on aurait encore : $K = 5,84$ p. cent.

En définitive, pour tenir compte de l'ensemble des circonstances défavorables, il faut admettre que l'effort du vent restera inférieur à 50 kilogrammes, chiffre assurément trop bas. L'objection a donc une portée réelle ; elle s'applique également aux wagons chargés de matières légères, telles que paille, foin, etc.

240. Dépenses de premier établissement. — Dans les conditions générales que nous venons d'indiquer, il résulte des estimations jointes à diverses demandes de concessions que les dépenses à prévoir sur la voie très réduite de $0^m,60$ établie dans le système Decauville se répartissent comme au tableau de la page suivante :

DÉSIGNATION des LIGNES	LONGUEURS	TERRAINS	TERRASSEMENTS proprement dits	OUVRAGES D'ART	FORME de la voie BALLAST et EMPIERREMENT	POSE de la voie	FOURNITURE de la voie	MATÉRIEL fixe Téléphone et outillage	BATIMENTS	MATÉRIEL roulant	A VALOIR divers intérêts pendant la construction	DÉPENSES Totales	DÉPENSES Kilométriques	OBSERVATIONS
	kil.	fr.	fr.	fr.	fr.	fr.	fr.	fr.	fr.	fr.	fr.	fr.	fr.	
Rennes à Plélan......	40.565	30.205	50.901	11.137	133.521	44.716	550.002	64.180	68.000	140.413	143.747	1.261.572	31.000	Déviations 1.703 m. soit 4.0/0. Rail de 12 k. 5.
Rennes à La Guerche..	42.558	44.207	104.500	22.807	137.020	40.580	533.772	64.852	60.340	123.265	107.151	1.374.029	32.300	Déviations 8.372 m. soit 20.0/0. Rail de 12 k. 4.
Bourg à Frans........	47.200	52.302	98.000	6.000	138.525	51.200	576.951	69.509	58.000	239.007	196.175	1.480.800	31.500	Déviations 2.962 m. soit 6 0/0. Rail de 12 k. 3.
Ambérieu à Cerdon....	22.555	16.618	49.196	»	68.630	24.810	258.837	56.852	34.500	125.378	127.538	702.350	33.800	Déviations 2.962 m. soit 6.0/0. Rail de 12 k. 4.
Trévoux à Saint-Trivier de Courte...........	78.418	70.601	60.819	20.000	239.968	86.200	932.495	136.703	73.500	355.834	380.637	2.383.907	30.400	Déviations 700 m. soit 1 0/0. Rail de 12 k. 4.
Gaillac à Peyrebrune..	43.460	11.271	67.320	42.066	130.281	45.601	555.500	37.927	36.500	118.343	232.845	1.277.724	29.400	Déviations 4.780 m. soit 11.0/0. Rail de 10 k.
Totaux..........	274.550	240.414	448.805	102.010	857.045	200.257	3.437.555	430.101	331.560	1.112.140	1.287.073	8.540.985	»	Déviations 18 k. 577.
Moyennes par kilom...	»	876	1.035	372	3.125	1.000	12.520	1.567	1.207	4.050	4.688	»	31.130	Déviations 6 0/0. Rail de 12 kig.
					16.735 francs.									

Les principaux enseignements à retenir de ces chiffres sont les suivants :

— Le prix moyen, comprennant tous les frais de construction et les frais généraux de toute nature, est environ de 31,150 francs par kilomètre en rails de 12 kg., sous la réserve que la proportion des déviations ne dépasse pas 6 °/₀ de la longueur totale de la ligne.

— Dans ces conditions favorables, les dépenses d'infrastructure, comprennant l'acquisition des terrains, les terrassements et les ouvrages d'art sont environ de 2900 francs par kilomètre. Mais ce chiffre s'élèverait rapidement si les routes et les chemins n'étaient pas assez larges pour recevoir l'assiette entière de la voie dans la totalité, ou la presque totalité de la longueur de la ligne. Dans notre pensée, on peut évaluer les dépenses supplémentaires d'infrastructure, au prorata de la longeur des déviation à travers champs, ou des élargissements de routes, savoir : 3,500 francs par 1/10 en sus de déviation, ou par 1/25 en sus d'élargissement.

— L'établissement de la voie, comprenant la forme, le ballast, la fourniture des rails et traverses et la pose, représente environ 16,750 francs par kilomètre.

— Le matériel fixe, l'outillage et les bâtiments s'élèvent à 2,750 francs et le matériel roulant à 4,050 francs ; enfin les dépenses imprévues et diverses, les frais de constitution du capital et les intérêts intercalaires doivent être comptés 4,700 francs, soit environ 15 °/₀ du capital total de premier établissement.

241. Comparaison entre les voies de 1,00 et de 0,60 de largeur. — *Infrastructure.* — D'après ce qui précède et dans l'état actuel des choses, le rayon normal minimum est de 50 mètres sur la voie de $1^m,00$ et de 30 mètres sur la voie de $0^m,60$. Mais le rayon effectif minimum dans les points difficiles est de 40 mètres environ en voie de $1^m,00$ et 20 mètres en voie de $0^m,60$; cette différence n'est pas suffisante pour que les deux voies rivales ne puissent desservir les populations traversées dans des conditions le plus souvent identiques ; cependant il arrivera dans la plupart des tracés, que sur des points isolés, ce supplément de rigidité de la voie d'un mètre obligera à des déviations ou à des expropriations que la voie de $0^m,60$ aurait certainement réduites, sinon supprimées.

En ce qui concerne la largeur de la plate-forme, les dimensions du matériel sont respectivement 2,30 (1) et $1^m,80$, soit en faveur de la voie de 0,60 une réduction de $0^m,50$, qui se reproduit sur la largeur en couronne des terrassements et la longueur des ouvrages d'art (2), et que nous porterons à 0,60 par esprit d'impartialité ; cet avantage, bien que minime, ne doit pas être négligé dans une comparaison équitable.

En définitive, tenant compte de ces différentes circonstances il faut compter que les frais de terrains, terrassements, et ouvrages d'art, seront réduits par la substitution de la voie de $0^m,60$ à la voie de $1^m,00$, dans un rapport supérieur à celui qui résulte simplement, sur la voie normale, du passage de la voie unique de $6^m,00$ à la double voie de $9^m,50$. Or dans ce cas la majoration généralement admise est de 10 p. % par mètre de surlargeur, soit 6 p. % pour la réduction de $0^m,60$ entre les deux voies comparées. En doublant ce chiffre, en vue des passages difficiles du tracé, on écrira, sans exagération dans un sens ou dans l'autre :

$$\text{Infrastructure} : \frac{\text{Voie de } 0{,}60}{\text{Voie de } 1{,}00} = 0{,}88, \text{ soit } 0{,}85.$$

(1) La largeur maxima du gabarit pour la voie de $1^m,00$ est fixée à $2^m,80$ par l'art. 7 du cahier des charges, annexé à la loi de 1880, mais la largeur de $2^m,30$ est généralement admise par les concessionnaires.

(2) Voir les annexes : cahier des charges-type pour la concession des chemins de fer d'intérêt local.

212. *Voie et matériel fixe.* — La voie doit être le plus possible appropriée au trafic et aux circonstances locales : les rails de 9k,5 et 12k, avec machine de 12 tonnes en charge, peuvent convenir aux lignes de trafic moyen sur lesquelles les rampes seront relativement douces ; ils deviennent insuffisants pour les lignes à trafic ordinaire et fortes rampes : le rail de 15 kil. et la machine de 15 tonnes sont alors plus rationnels.

Au surplus, les rails légers et bas — 60 et 72 mm — s'agencent mal avec l'empierrement des routes, et ils ne sont pas suffisamment à l'abri des causes étrangères de détérioration : passage de voitures lourdement chargées, chocs, etc. ; ils peuvent donc convenir pour une voie en accotement ou à travers champs ; mais si la voie doit être établie sur route il devient nécessaire de les défendre par un contre-rail, ce qui élève le poids du mètre courant à 16k,5, ou mieux d'y substituer le rail de 15 kil. qui permettra l'emploi avantageux de la machine de 15 tonnes.

Quant aux dépenses de la voie et de ses accessoires, boulons, éclisses, croisements, etc., elles sont proportionnelles au poids du rail, qui en est la véritable caractéristique ; ainsi, rappelant le poids de 15 à 20 kg. pour la voie de 1m,00, nous écrirons avec une exactitude suffisante :

$$\frac{\text{Voie de } 0{,}60}{\text{Voie de } 1{,}00} = \frac{9^{k}{,}5}{15}\ ;\ \frac{12}{18}\ ;\ \frac{15}{20},\ \text{soit } 0{,}75.$$

Ce chiffre mesurera l'avantage de la division des charges à remorquer sur les dépenses de la voie et de ses accessoires.

Toutefois, il est nécessaire d'observer que la substitution des traverses métalliques aux traverses en bois modifie notablement ce rapport pour le rapprocher de l'unité. En effet, la plus-value résultant des traverses métalliques est au moins de 2,500 francs par kilomètre [1], et dans ces nouvelles conditions on doit écrire, en désignant par D le prix du matériel de la voie sur traverses en bois, soit 18.000 francs :

$$\text{Voie et accessoires : } \frac{\text{Voie de } 0{,}60}{\text{Voie de } 1{,}00} = 0{,}75 + \frac{2.500}{D}, \text{ soit } 0{,}90.$$

A l'appui de ce chiffre nous rapprocherons les dépenses 12.521 + 1.566 = 14.087 francs, inscrites au tableau précédent, pour rail de 12 kil., des dépenses 14.114 + 328 = 14.438 fr. indiquées par M. Martin pour rail de 23 kil. sur les lignes de la Côte-d'Or [2].

243. *Matériel roulant.* — Nous avons déjà dit que dans des conditions égales de confortable, le poids des voitures était en moyenne de 110 kilog. par place offerte sur la voie de $0^m,60$ et de 170 kilog. sur la voie de $1^m,00$, tandis que les prix de l'unité de poids étaient, en sens inverse, de 1 fr. 80 et 1 fr. 35 le kilog.

Ainsi, toutes choses égales d'ailleurs, l'économie sur le matériel des voitures peut être évaluée :

$$\frac{\text{Voie de } 0^m,60}{\text{Voie de } 1^m,00} = \frac{110}{170} \times \frac{1{,}80}{1{,}35}, \text{ soit } 0{,}86.$$

---

(1)

Elément de $5^m,00$ en rail de 15 kil.	Voie de 0.60 posée sur 6 traverses métalliques		Voie de 0,60 posée sur 7 traverses en bois
Rail 150^t à 180^f......	27.00	....	27 fr. 00
Accessoires 1/8......	3.50	....	3 50
Traverses et façon à $6^f,5$	39.00	..... 7 à 2,50	17 50
Sellettes et divers....	5.50	....	8 00
Totaux.	——	$75^f,90$ — $7^f,50$ (rabais) ——	$55^f,00$
		Différence $12^f,50$ par élément de $5^m,00$	

$$\text{soit } \frac{12{,}5 \times 1{,}000}{5} = 2{,}500 \text{ francs par kilomètre.}$$

(2) Voir page 443.

Pour les wagons, dont le poids par tonne de chargement utile est de $0^t,30$ sur la voie de $0^m,60$ et $0^t,44$ sur la voie de $1^m,00$, et les prix de fabrication 0 fr. 90 et 0 fr. 75, l'économie réalisable a pour valeur :

$$\frac{\text{Voie de } 0{,}60}{\text{Voie de } 1{,}00} = \frac{0{,}30 \times 0{,}90}{0{,}44 \times 0{,}75} = 0{,}82.$$

Quant aux machines, à égalité de trafic net, leur nombre est majoré sur la voie de $0^m,60$ dans le rapport 1,07 (1), tandis que leur poids à vide s'abaisse de 17 (2) à 13 tonnes. Par contre le prix des machines au kilog. s'élève de 1 fr. 70 à 2 fr. 30, d'où, en définitive, une majoration exprimée, par le rapport :

$$\frac{\text{Voie de } 0{,}60}{\text{Voie de } 1{,}00} = \frac{13 \times 1{,}07 \times 2{,}40}{17 \times 1{,}7}, \text{ soit } 1{,}15.$$

Au total, dans les conditions moyennes où la voie de $1^m,00$ serait armée d'après les proportions suivantes :

4. Voitures à 5,000 fr. =	20,000 fr.	58,000 francs.
5. Wagons à 2,000 fr. =	10,000	
1. Locomotive.........	28.000	

le matériel correspondant sur la voie de $0^m,60$ aurait pour valeur :

Voitures : 20,000 × 0.86 =	17,200 fr.	57,600 francs.
Wagons : 10,000 × 0,82 =	8,200	
Locomotives : 28.000 × 1,15 =	32,200	

Donc enfin, l'économie réalisable sur le matériel roulant, par la substitution de la voie de $0^m,60$ à la voie de $1^m,00$, est insignifiante ; cependant, par esprit de modération, nous adopterons :

$$\text{Matériel roulant : } \frac{\text{Voie de } 0{,}60}{\text{Voie de } 1{,}00} = 95 \text{ p. cent.}$$

---

(1) Voir n° 245.
(2) *Statistique du Ministère des travaux publics.* Ex. 1887.

244. *Ensemble des dépenses de premier établissement.* — Assurément ces chiffres ne doivent pas être pris dans un sens trop absolu ; cependant ils donnent une appréciation moyenne exacte de la valeur relative des deux voies opposées : l'une de 0 m. 60 de largeur, avec rail de 15 kg. et traverses métalliques ; l'autre de 1 m. de largeur avec rail de 20 kg. et traverses en bois ; soit en résumé :

Infrastructure et bâtiments.	Voie de 0,60	=0,85	voie de 1 mètre
Voies et matériel fixes.....	—	=0,90	—
Matériel roulant..........	—	=0,95	—

Avant d'appliquer ces coefficients, nous donnons ci-contre le prix de revient détaillé de la ligne d'Arnay-le-Duc à Beaune, construite à voie de 1 m., en rail de 23 kg., avec 64 % de déviations à travers champs(1). Le rayon minimum des courbes est de 40 mètres, donnant lieu à une résistance de 9 kilogrammes par tonnes. Les déclivités maxima sont de 40 millimètres. Sur la longueur totale de 41 kilomètres il existe 12 stations et 3 haltes. La largeur du gabarit est de $2_m,30$.

Ces résultats, rapprochés de ceux indiqués plus haut (2), permettent de représenter les dépenses moyennes des tramways à voie de 1 mètre par la formule empirique :

$$D = 37{,}000\left(0{,}90 + m + \frac{n}{2{,}5}\right) \text{ francs par kilomètres.}$$

D.... Dépense de premier établissement par kilomètre ;
m.... Rapport de la longueur en déviation à la longueur totale de la ligne ;
n.... — en élargissement —

D'autre part, les coefficients ci-dessus appliqués à des lignes dont les dépenses, suivant les difficultés locales,

---

(1) Monographie d'une voie de 1 mètre, par M. Martin, ingénieur en chef des ponts et chaussées, 1891.

(2) Voir nos 236 et et 240.

NATURE DES DÉPENSES	DÉPENSES par catégorie	DÉPENSES par chapitre	DÉPENSES par kilomètre
	fr.	fr.	fr.
§ 1. *Frais d'études et divers antérieurs à la construction*....................	35.711,03	35.711,03	862,35
§ 2. *Acquisitions des terrains.*			
Frais de personnel, lever de plans parcellaires, frais d'actes, honoraires d'avocats et divers....................	34.415,14	324.986,33	7.872,19
Prix d'achat des terrains de la ligne (2.800 ares)....................	259.749,65		
Part d'achat des dépenses de réseau........	30.820,54		
§ 3. *Infrastructure, ballastage et pose des voies.*			
Terrassement et ouvrages d'art de la ligne..	390.972,33	833.222,63	20.177,22
Dépenses de réseau..	24.084,97		
Ballastage, pose de voies, bordure de trottoirs, pierrées et caniveaux..............	418.165,33		
§ 4. *Bâtiments des gares, stations et haltes, remises de machines et voitures.*			
Gares et stations de la ligne..................	75.098,63	86.181,44	2.087,21
Dépenses de réseau....................	14.382,81		
§ 5. *Matériel fixe.*			
Rails, petit matériel et traverses............	516.666,44	583.091,43	14.110,46
Appareils de changement et de croisement, plaques tournantes, etc..................	45.984,93		
Alimentation d'eau, grues, signaux.........	6.551,38		
Appareils de chargement et de pesage......	1.288,68		
Téléphone....................	12.600,00		
§ 6. *Matériel des gares, outillage, dépenses à répartir du magasin central et des ateliers*....................	13.559,50	13.559,50	328,35
§ 7. *Matériel roulant.*			
Frais de personnel, de contrôle, de transport et divers....................	33.539,21	260.480,51	6.310,27
Locomotives....................	101.745,00		
Voitures et wagons....................	125.166,30		
§ 8. *Frais de personnel et de surveillance.*			
Chefs de section, conducteurs, surveillants..	38.108,05	38.108,05	922,82
§ 9. *Frais généraux.*			
Service central, administration, direction, imprimés, frais divers....................	41.459,60	212.724,85	5.151,93
Frais de contrôle de l'État....................	4.336,15		
Frais de constitution du capital et intérêts intercalaires....................	166.929,10		
§ 10. *Mise en train de l'exploitation.*			
Dépenses de la ligne et du réseau..........	11.310,26	11.310,26	273,88
Totaux....................	2.399.376,03	2.399.376,03	58.096,68

NOTA. — Longueur totale de la ligne : 41 kilom. 297, dont 26 kilom. 500 en déviation, soit 0,64.

varieraient de 40.000 à 58.000 francs, donnent les résultats suivants.

NATURE des DÉPENSES	DÉPENSES KILOMÉTRIQUES				ÉCONOMIE KILOMÉTRIQUE en faveur de la voie de 0m,60	
	SUR VOIE DE 1m,00		SUR VOIE DE 0m,60			
	Ligne à 40.000 f.	Ligne à 58.000	Ligne à 40.000 f. en voie de 1 m.	Ligne à 58.000 f. en voie de 1 m.	Ligne à 40.000 f. en voie de 1 m.	Ligne à 58.000 f. en voie de 1 m.
	fr.	fr.	fr.	fr.	fr.	fr.
Infrastructure et bâtiments....	8.000	19.000	6.800	16.150	1.200	2.850
Voie ballastée et V. accessoires.	21.000	25.000	18.900	22.500	2.100	2.500
Matériel roulant.............	5.000	6.300	4.750	5.985	250	315
Frais généraux et divers.......	6.000	7.700	5.550	8.365	450	335
Totaux..............	40.000	58.000	36.000	52.000	4.000	6.000
Centages............	1.000	1.000	0.900	0.897	0.100	0.103

Ainsi l'économie absolue serait de 4 à 6,000 francs par kilomètre, en faveur de la voie de 0 m. 60, et l'économie relative de 10 à 12 %, sous la réserve que ces chiffres, suffisamment exacts, si l'on envisage un ensemble de lignes, peuvent être dépassés dans un sens ou dans l'autre pour une espèce déterminée. L'expression des dépenses de premier établissement des tramways de 0 m. 60 de largeur de voie serait donc en moyenne :

$$D = 33.000\left(0{,}90 + m + \frac{n}{2{,}5}\right) \text{ francs par kilomètre.}$$

Pour contrôler ces différents chiffres, nous citerons, à défaut de faits plus précis, le réseau assez important de lignes économiques récemment étudié par M. Baecker, directeur de la Société générale de chemins de fer économiques à Bruxelles : l'un à voie de 1 mètre, l'autre à voie de 0 m. 75 ; les deux devis sont établis avec grands détails après le piquetage des tracés et le levé de nombreux profils ; le prix kilométrique pour le premier écartement s'élève à 98.430 francs, le prix pour le second à

87.500 francs; différence 10.930 francs, soit 11 %. Il est permis de penser que les avantages d'une voie descendue jusqu'à 0 m. 60 de largeur n'aurait pas sensiblement augmenté cette proportion; au plus le coefficient de réduction eut-il atteint 15 p. cent.

245. *Exploitation.* — On ne saurait apprécier l'exploitation des lignes très étroites par l'exemple du Champ-de-Mars; les conditions y étaient tout à fait exceptionnelles, comme nature et importance de mouvement. D'autre part, la statistique des lignes actuellement construites n'est pas encore établie : force est donc de s'en remettre au calcul.

Disons d'abord, pour fixer les idées sur le mouvement et l'utilisation des trains, les conditions générales de l'exploitation d'une ligne type de 40 kilomètres de longueur avec rampe réduite de 20 mm., y compris les courbes et devant faire 3.000 francs de recettes kilométriques par an.

D'après la statistique des chemins de fer d'intérêt local, en 1887, cette recette se diviserait, savoir :

Grande vitesse.....	1.525 fr.	soit 4,20 fr.	par jour et kil.
Petite vitesse......	1.386 »	3,80	»
Divers............	87 »	0,25	»
Totaux.....	3.000 f.	8 fr. 25.	

En admettant que le centre de gravité des transports soit au milieu de la ligne, et que les produits moyens par kilomètre parcouru soient de 0 fr. 055 pour les voyageurs et de 0 fr. 110 pour les marchandises, ces recettes répondent à un mouvement journalier de :

$$\frac{2 \times 4,2}{0,055}, \text{ soit 150 voyageurs; et } \frac{2 \times 4,05}{0,11} = 70 \text{ tonnes.}$$

Dès lors, avec une utilisation des véhicules au tiers, le tonnage brut peut être évalué :

		Voie de 1m,00		Voie de 0m,60	
Voyageurs ..	Poids utile..	150× 75k.=11.250k.		11.250k.	
	Voitures (1).	3×150×170 =76.500		3×150×110=49.500	
	Totaux......		87.750		60.750
Marchandises	Poids utile..	70.000		70.000	
	Wagons (1).	3× 70×440 =92.400		3× 70×300=63.000	
	Totaux.....		162.400		133.000
	Ensemble.......		250.150	....	193.750

Soit 250 tonnes sur la voie de 1 m. 00 de largeur
Et 200 — — 0 60 —

d'où :

$$\frac{\text{Voie de } 0{,}60}{\text{Voie de } 1{,}00} = \frac{200}{250} = 0{,}80.$$

D'autre part les efforts de traction se composent ainsi :

	Train :		Machine :	
En palier :.....	5 k. par tonne ;		5 k. par tonne.	
Rampe réduite de 20 m.	20	—	20	—
Supplément (2)		—	5	—
Totaux.	25 kil.	—	30 kilog.	

et comptant l'effort de traction pour 1/7 de l'adhérence[3], le nombre des trains, N et N', sur chaque voie, sera donné par les relations :

$$\text{Voie de 0 m. 60 :...}\quad \frac{15000}{7} = 15 \times 30 + \frac{200}{N'} \cdot 25$$

$$\text{Voie de 1 m. 00 :...}\quad \frac{20000}{7} = 20 \times 30 + \frac{250}{N} \cdot 25$$

d'où finalement : $\frac{N'}{N} = \frac{200 \times 2257}{250 \times 1693} = 1{,}07$[4]

En d'autres termes, malgré la différence du poids des

---

(1) Voir n° 239.

(2) Voir Ch. n° 203.

(3) Voir Ch. n° 209.

(4) Pour une une rampe de 0,04, on aurait également

$$\frac{N'}{N} = \frac{200}{250} \times \frac{1877}{1393} = 1{,}07$$

Ainsi, pratiquement, la voie de 0m60 conserve sa situation relative, quelles que soient les rampes du profil.

machines — 15 tonnes en ordre de marche au lieu de 20 — les dispositions du matériel de la voie très réduite de 0 m. 60 sont telles que le nombre des trains — et par incidence celui des machines — ne se trouve majoré, à égalité de trafic, que de 7 p. cent. Ce résultat est remarquable ; c'est la subdivision proportionnelle des charges à traîner aussi satisfaisante que possible.

Il est hors de doute que cette majoration insignifiante du nombre des trains restera sans influence sur les frais d'exploitation : il y a, pour les premiers trains à mettre en mouvement, un gros chiffre de dépenses en personnel et installation ; au-delà les frais s'augmentent lentement et, dans l'espèce, d'une façon tout à fait négligeable.

Ainsi nous n'avons à envisager, sur les deux voies comparées, que les dépenses d'exploitation répondant à un même trafic, desservi par un même nombre de trains journaliers. Elles comprennent, avons nous dit [1], l'administration — l'exploitation, mouvememcnt et trafic — la traction et le matériel — la voie — enfin les dépenses diverses.

Ces dépenses subsistent sans réduction sur la voie très étroite, comme sur la voie étroite, sauf en ce qui concerne celles de traction et du matériel. Encore faut-il distinguer : les dépenses du personnel, d'entretien de machines, voitures et wagons, et les dépenses diverses seront très sensiblement constantes ; la seule et réelle économie portera sur le combustible, au prorata du travail exercé par les machines.

Dès lors, observant :

— Que les frais de traction et du matériel n'entrent que pour 40 p. cent dans la constitution du prix total de revient du transport [2] ;

---

(1) Voir Ch. V.

(2) Statistique des chemins de fer d'intérêt local. Ex. : 1887.

— Que les frais de combustible représentent seulement 25 p. cent des dépenses totales de traction et du matériel[1].

— Enfin que les tonnages bruts remorqués sur les deux voies comparées sont dans le rapport de 80 p. cent. ;

L'économie proportionnelle sera mesurée par le rapport :

$$\frac{\text{Voie de } 0,60}{\text{Voie de } 1,00} = \frac{0,60 + 0,40 \times 0,75 + 0,40 \times 0,25 \times 0,80}{1,00} = 0,98$$

En définitive il faut donc reconnaitre que la substitution de la voie très étroite de 0m. 60 à la voie étroite de 1 m. 00 n'apporte pas d'économie, ou du moins une économie sensible, dans les dépenses d'exploitation.

218. Conclusions. — De ce qui précède et dans l'état de choses, nous devons conclure :

a. En ce qui concerne les tracés.

— Les deux voies de 1 m. 00 et de 0 m. 60 admettent les mêmes déclivités ;

— Le rayon normal minimum est de 50 mètre sur la voie de 1,00 et de 30 mètres sur la voie de 0,60. Cependant on descend respectivement à 40 et 25 mètres. Au-dessous de ces limites, la circulation ne peut s'effectuer qu'à la condition de marcher à des allures extrêmement lentes. En somme le rapport des rayons se maintient constamment égal à celui de la largeur de la voie.

b. En ce qui concerne les dépenses d'établissement,

— La plus grosse part des économies réalisables porte sur l'infrastructure où l'écart est principalement dû aux expropriations supplémentaires nécessitées dans les traverses par le rayon R, au lieu du rayon 0,6 R ;

— Comme conséquence, l'avantage de la voie très réduite s'atténue en déviation à travers champs et reste insignifiante lorsque la ligne est entièrement établie sur

(1) Statistique des chemins de fer d'intérêt local. Ex. : 1887.

accotements de routes, sans expropriation dans les traverses;

— Les dépenses de voie et matériel fixe s'équilibrent à 1800 fr. d'écart environ ;

— Les dépenses de matériel roulant sont sensiblement les mêmes;

— Au total l'économie moyenne peut être estimée par excès à 5,000 francs par kilomètre, soit une annuité kilométrique de 250 francs ;

(*c*). En ce qui concerne l'exploitation,

— La capacité de transport, dans les limites du trafic des lignes secondaires est la même sur les deux lignes de 0,60 et 1 m. 00 ;

— A égalité de trafic, les dépenses d'exploitation sont les mêmes ;

— Comme conséquence, les tarifs ne profitent d'aucune réduction du fait de la réduction de la voie ;

— Le transport des voyageurs se fait dans des conditions sensiblement égales de confortable. Toutefois on n'a aucune donnée certaine sur la force et la durée du matériel de la voie de 0 m. 60;

Dans les trains mixtes, ce qui est le cas général, l'instabilité relative du matériel à marchandise devient sur la voie de 0 m. 60, une cause de déraillement. En outre, elle nécessite une réduction de vitesse d'autant plus importante que le rayon de la courbe est plus abaissé. Avec des rayons de 25 mètres on n'arriverait certainement pas à dépasser 10 kil. de vitesse moyenne — limite inférieure déjà atteinte sur la voie de 0,75 de la ligne de Dœtichem à Terborgh (Hollande)[1].

d. Enfin en ce qui concerne l'intérêt général,

— Nul doute que la voie de 1,00 puisse, comme celle

(1) F. Martin. Du régime des chemins de fer secondaires.

de 0,60 desservir les populations actuellement deshéritées ; cependant la voie très réduite est inférieure par son instabilité relative et la réduction de vitesse qu'elle entraîne ; par contre elle offre l'avantage des embranchements de même largeur, faciles à poser et enlever, et permet ainsi de pénétrer à pied d'œuvre jusqu'au centre de production.

— Asusrément il faut proportionner l'instrument à l'ouvrage, mais il ne faut ni le dénaturer, ni en avilir la valeur. Or, contrairement aux principes des chemins fer et à leur raison d'être, la voie très réduite ne s'ouvre pas indistinctement à toutes les marchandises et elle abaisse la vitesse des transports, sans diminuer les tarifs. Ce sont des conditions irrationnelles.

— En outre, la discontinuité des rails s'opposera dans l'avenir aux fusions et à la constitution de réseaux régionaux ; tout au moins, elle en diminuera l'utilité et les avantages aux dépens du public et de l'Etat.

— Quant à l'économie annuelle et kilométrique de 250 francs réalisée en moyenne sur la construction — argument principal en faveur de la voie de $0^m,60$ — elle devient insignifiante, si on la rapproche des recettes même réduites de 3000 francs ; en effet la voie de 1,00 ne majore les transports que d'une valeur :

$$\Delta p = p. \frac{3250\text{-}3000}{3000} = 0^f,08 \times 0,08 = 0^f,0064 \text{ par unité et kilomètre (1)}$$

Il faut donc reconnaître que la réduction des dépenses

(1) Exercice 1886.

Voyageurs kilométriques	85.348.751	
Tonnes —	38.377.481	
Total...........		129.726.292
Recette totale....		9.969.104

$$\text{Recettes par unité et kilomètres : } \frac{9.969.104}{129.726.292} = 0^f,08$$

d'établissement due à la voie de 0m,60 est trop faible pour avoir une importance économique quelconque sur les lignes restant à faire. D'ailleurs ce supplément de dépenses ne doit incomber ni au département, ni à l'Etat, mais seulement aux usagers par un relèvement de taxe inappréciable dans l'espèce. A l'appui de cette affirmation, se rapportant à l'élasticité des tarifs, nous citerons le passage suivant[1] de M. Noblemaire. « Je n'hésite pas à penser que toutes les bases données à l'art. 41 du cahier type de 1881 devraient être augmentées d'un tiers sinon de moitié. Le public qui les comparera au prix des carioles ou du roulage y trouvera encore une très notable économie..., »

D'autre part, l'économie sur les frais de premier établissement absolue, évaluée à 5000 francs par kilomètre, se réduira certainement par les progrès de la construction du matériel articulé. Telle quelle, appliquée aux 12.000 kilomètres de lignes secondaires qui, d'après les dernières évaluations restent à construire en France, elle ne dépasserait pas 60 millions, tandis que les avantages devant résulter de ces mêmes lignes s'élèverait, au taux de trois fois les recettes brutes[2], à la somme de :

$$3 \times 3000 \times 12\,000 : \text{soit } 100 \text{ millions annuels.}$$

Ainsi, la dépense supplémentaire de 60 millions perd elle même tout caractère d'importance.

En définitive, la voie de 1,00 paraît bien appropriée aux besoins industriels et agricoles de notre pays. Elle a fait ses preuves et sa faveur est croissante dans tous ses pays d'origine. Il ne serait pas sage de l'abondonner. La voie de 0m,60, au contraire, avec courbes raides, voie

(1) Annales de Ponts et chaussée ; Décembre 1889.

(2) Voir chap. X.

légère et surlargeur du matériel, semble réserver à l'avenir de sérieux mécompte [1] ; la prudence nous commande d'en limiter l'emploi au transport des voyageurs et à certains service spécialisés.

Au surplus la discontinuité des voies — $1^m,00$ et $0,^m60$ — est une éventualité inadmissible, en présence de la différence minime des dépenses à engager dans un cas ou dans l'autre.

Hâtons nous d'ajouter que nous n'avons en vue dans cette conclusion forcément brutale que l'achèvement de notre réseau d'intérêt local. La question serait autre s'il s'agissait d'un pays neuf, isolé et encore dépourvu de voies ferrées : l'expérience montre alors que la voie de 0,60 peut être un instrument utile et rendre de très importants services [2].

---

(1) Ligne de Festiniog : Rayon minimum 35^m ; Rampes maxima 15 m/m ;
Tarifs moyens : Voy. $0^f,08$; Marchandises $0^f,16$.
— Illigori : Rayon minimum 21^m ; Rampes maxima 35 m/m ;
Tarifs moyens : Voy. $0^f,30$; Marchandises $0^f,50$.

La Cie de Bone-Guelma après avoir repris la ligne de Sousse à Kairouan a du remplacer la voie de 0.60 existante par la voie de 1,00 mètre.

(2) Dans sa séance du 22 janvier 1892, le Conseil d'Etat a approuvé un projet de loi, modifiant la loi du 11 juin 1880 sur les chemins de fer d'intérêt local et les tramways. L'ancien texte est modifié sur les trois points suivants : concours financier de l'Etat des département et des communes ; forfaits de construction et d'exploitation ; émission des obligations (*Note en cours d'impression, voir les annexes*).

CHAPITRE DIXIÈME

CONSIDÉRATIONS ÉCONOMIQUES

Aperçu des avantages procurés par les chemins de fer.
Mesure de leur utilité.

SOMMAIRE :

§ 1. — **Aperçu des avantages procurés par les chemins de fer :** Avantages directs et indirects. — Influence sur les prix des objets de consommation. — Progrès de l'agriculture. — Progrès de l'industrie. — Progrès du commerce. — Développement de la richesse publique. — Influence sur le budget. — Influence sur la civilisation, sur l'organisation administrative et sur la répartition de la population. — Influence sur les relations internationales. — Influence sur le transports militaires. — Observations.

§ 2. — **Mesure de l'utilité des chemins de fer :** Avantages directs. — Avantages indirects. — Avantages directs et indirects : *Public, Exploitants, Trésor, Ensemble.* — Conclusions.

CHAPITRE X

CONSIDÉRATIONS ÉCONOMIQUES

§ 1.

APERÇU DES AVANTAGES PROCURÉS PAR LES CHEMINS DE FER

247. Avantages directs et indirects. — Les chemins de fer ont provoqué une révolution dans les transports.

En ce qui concerne les voyageurs, la taxe kilométrique est descendue de 12,5 c. à 4,53 c. soit 1/2,7 ; et la durée des transports a été réduite, pour les courtes distances de 1/2,3 à 1/4,5, et pour les longues distances de 1/3.5 à 1/5,4.

En ce qui concerne les marchandises, la taxe kilométrique est descendue de 30 c. à 5,20 c. soit 1/5, et la vitesse de transport s'est relevée de 3 à 4 kilomètres à l'heure, à 5 et 6 kil. en moyenne ; il faut d'ailleurs remarquer que la réduction des taxes est le point important, comme en témoigne la proportion considérable des expéditions au prix des tarifs spéciaux, à délais allongés, que le public accepte le plus souvent, de préférence aux tarifs généraux ; en outre les Compagnies ne profitent pas toujours du plein des délais pour les expéditions aux prix des tarifs généraux.

D'autre part l'Etat retire des chemins de fer des bénéfices particuliers soit en recettes perçues, soit en économies réalisées [1].

Enfin l'exploitation laisse au concessionnaire un bénéfice après le payement des frais d'exploitation et des charges du capital engagé.

Ainsi, les chemins de fer ont une *utilité directe*, profitable à l'ensemble des citoyens, au Trésor et aux exploitants.

A cette utilité directe, viennent s'ajouter des avantages *indirects* de toute nature, qui résultent de l'essor que les voies ferrées ont donné à la production agricole, à l'industrie et au commerce, par la diminution du prix de transport et l'abaissement simultané du prix de toutes choses. Ces avantages, bien que d'une façon plus difficile à distinguer, se partagent, comme les avantages directs, entre les différentes branches de l'activité nationale — et l'Etat, sous la forme d'augmentations du rendement des impôts.

Pour ne pas sortir de notre cadre, nous devons nous limiter, en ce qui concerne ces avantages indirects, à l'exposé sommaire de l'influence des chemins de fer sur le prix des objets de consommation, sur les progrès de l'agriculture, de l'industrie et du commerce, sur le développement de la richesse publique et sur le budget ; au point de vue économique nous nous bornerons à une indication très courte de leur influence sur la civilisation, sur l'organisation administrative, sur la répartition de la population, sur les relations internationales, enfin sur les transports militaires.

---

(1) Voir chap. III, nos 53 et 92.

218. Influence sur le prix des objets de consommation. — C'est une conséquence bien connue que la rapidité et le bon marché des transports ont effacé les distances; les chemins de fer fonctionnent pour rétablir sans cesse l'équilibre entre l'offre et la demande, atténuer les variations de prix et les niveller le plus souvent au-dessous des anciens cours, au profit commun du producteur et du consommateur.

Un des résultats les plus considérables de la facilité des transports a été de contribuer puissamment à supprimer les famines et les disettes, soit en aidant aux échanges intérieurs, soit en permettant le cas échéant de s'aprovisionner au dehors ou de déverser à l'étranger l'excès de nos récoltes.

219. Progrès de l'agriculture. — L'action des chemins de fer ne s'est pas bornée à faciliter les transports, elle a aussi contribué à étendre les cultures en assurant un débouché aux produits du sol, et en permettant, par l'emploi rationnel des engrais, soit la mise en valeur de terrains stériles, soit l'amélioration des procédés d'utilisation des terres; comme exemple topique de ce dernier fait on peut citer que, dans la période 1867-83 le tonnage des engrais et amendements a plus que triplé. De même l'extension des superficies plantées en vignobles a progressé de 30 % dans la période 1829-69; le rendement s'est majoré de 130 % dans la période 1848-69, et le prix de l'hectolitre évalué 13 francs en 1845 est monté progressivement jusqu'à 40 francs en 1882.

Au total, grâce à la mobilité des produits, on a pu approprier les cultures à la nature et à la capacité de production des terrains, et obtenir par suite un rendement plus élevé; c'est ainsi que la plus-value de la propriété rurale atteint 43 % dans la période 1851-79, la valeur moyenne de l'hectare passant de 1275 fr. à 1830 francs.

250. Progrès de l'industrie. — L'influence des chemins de fer sur le progrès industriel est capitale; on peut dire, observe M. Picard, qu'ils ont créé la grande industrie, en lui apportant les matières premières nécessaires à sa fabrication, et en emportant au loin ses produits manufacturés. Citons comme exemple la production et la consommation de la houille — élément de tout travail mécanique — qui a quadruplé dans la période 1845-84; la production indigène des mines de fer, dont la majoration est de 50 % dans la période 1850-84; celle de l'industrie salicale, dont la majoration est de 48 % dans la même période.

Ces majorations ne sont pas spéciales aux industries que nous venons de citer sommairement, mais nous devons nous borner aux branches les plus importantes et les plus caractéristiques. Cependant, pour mieux faire ressortir la révolution industrielle qui s'est produite en France, nous rappellerons que la force des machines employées par les industries diverses — non compris les locomotives et les machines de bateaux — s'est accrue dans la période 1850-84, suivant le rapport $\frac{696.522 \text{ Ch.}}{66.642}$ en d'autres termes que la puissance totale des appareils à vapeur s'est accrue dans le rapport de 1 à 10.

251. Progrès du commerce. — Les progrès généraux de l'agriculture et de l'industrie ont eu pour corollaire le développement considérable des affaires commerciales. Dans la période 1866-84, à n'envisager que le commerce spécial, les importations se sont accrues dans le rapport de 1 à 6; les exportations dans le rapport de 1 à 5 ou 6; et la valeur totale des marchandises dans le rapport de 1 à 4. Le nombre normal des lettres transportées par la poste, qui doit être dans un rapport fixe avec les transactions commerciales, a subi une augmentation comparable. Rappelons également que, pendant que la circulation sur les routes et les voies navigables se maintenait à peu près constante de 1850 à 1889, le nombre de tonnes à toute distance, sur les voies ferrées, s'élevait de 4,6 à 87,0 millions, soit dans le rapport de 1 à 19.

Parallèlement à cet accroissement des affaires accompagné de la diminution des intermédiaires, et de la réduction du commerce de détail au profit du grand commerce les prix de revient et ceux de vente ont subi un abaissement notable.

252. Développement de la richesse publique. — Il est naturellement impossible de mesurer avec une rigueur mathématique les profits procurés au pays par les voies ferrées; on doit se contenter des appréciations que nous essayerons de préciser dans le paragraphe suivant, ou juger par analogie avec les éléments statistiques de la richesse publique plus faciles à contrôler. Ainsi, en 1883, M. de Foville évaluait le capital national à 210 milliards; d'autre part d'après les publications du ministère des finances, la valeur en capital des successions constatées en 1840 était seulement de 1,6 millions, portant la fortune publique à $40 \times 1{,}6 = 64$ milliards (1); l'accroissement pour la période 1840-83 est donc dans le rapport de 1 à 3,3. Les recettes ordinaires du budget suivaient le même mouvement, passant de 1176 à 3.513 millions et s'élevant ainsi de 1 à 3.

D'une façon plus générale la constitution du réseau a provoqué les appels au crédit (2); les titres émis sont

(1) La vie moyenne est de 40 ans, ainsi 1/40 du capital change de main chaque année, abstraction faite des biens de main-morte. Picard. T. I, p. 119.

(2) Ex. 1889 : Capital réalisé par les compagnies (Int. général) :

Cap. actions.......	1.577.969.689 fr.	
Cap. obl..........	10.417.132.911 fr.	
Ensemble.........		11.995.102.500 fr.

devenus d'une solidité comparable aux fonds de l'Etat; les placements mobiliers ainsi vulgarisés ont favorisé le mouvement industriel et commercial, les revenus de l'Etat ont grandi, ce qui a permis d'augmenter les travaux d'utilité publique et, par cet enchaînement de faits économiques, le capital national a constamment suivi une progression ascendante.

253. Influence sur le budget. — A ne considérer que les lignes d'intérêt général, qui sont de beaucoup les plus importantes, les subventions totales de l'Etat au 31 décembre 1888 s'élevaient à 3.444 millions, en nombre rond. En échange, avons-nous dit[1], l'Etat retire des chemins de fer à titres de recettes perçues et d'économies réalisées, une somme que l'on peut chiffrer annuellement à 295 millions. Ainsi, bien que ces recettes aient à supporter certaines dépenses accessoires et doivent être réduites des avances au titre de la garantie d'intérêt — 32 millions environ — il n'en reste pas moins, pour le budget, une ressource importante et un intérêt très rémunérateur des capitaux engagés.

254. Influence sur la civilisation, sur l'organisation administrative et sur la répartition de la population. — Dès 1837, M. Dufaure disait dans un rapport sur la ligne de Lyon à Marseille, « Les chemins de fer font autre chose que de présenter des facilités à l'industrie et des bénéfices à l'industrie privée... Nous nous attachons de plus en plus à cette unité nationale qu'organisèrent, il y a cinquante ans, les travaux de l'Assemblée constituante.. rien ne pourrait y tendre plus activement que les grandes lignes de fer, ces merveilleuses voies de communication, qui, par la rapidité des voyages, engagent les populations

(1) Voir ch. III, nos 53 et 92.

à se mêler et à confondre les produits de leur territoire et de leur travail. Les extrémités de la France seront plus rapprochées et plus unies... l'action du pouvoir central s'exercerait plus prompte et plus puissante que jamais, pour les objets qui doivent véritablement appeler sa sollicitude. Ne serait-ce rien que cette facilité de porter en peu d'instants sur toutes les frontières... des troupes fraîches et fortes au combat ». Un peu plus tard en 1838 M. Legrand caractérisait les chemins de fer, comme l'instrument de civilisation le plus puissant, après l'imprimerie. L'expérience a pleinement confirmé ces prévisions.

La transformation de nos moyens de communication a aidé au développement de l'instruction et de l'éducation dans toutes les classes; en même temps, elle permet à une partie de la population ouvrière des grandes ville de se loger dans les localités avoisinantes, et améliore ainsi les conditions de la vie sociale.

L'administration s'est profondément modifiée; le pouvoir central, continuellement en relation avec les agents locaux, a gagné en action de surveillance et de répression, et, par contre, a pu céder sans danger une partie de son action préventive. Il n'est pas douteux au surplus, que l'extension des voies doit avoir pour conséquence nécessaire l'élargissement de notre division administrative; et cependant rien ou presque rien n'a été encore obtenu dans ce sens; — ces changements seront sûrement l'œuvre de l'avenir.

L'influence des chemins de fer sur la répartition de la population se traduit par un accroissement considérable de la population urbaine au détriment des campagnes: Depuis 1850 la population de Paris et des grandes villes telles que Lyon, Marseille, Bordeaux, Lille, Toulouse...

a plus que doublé. Ces changements tiennent principalement au développement de l'industrie et du commerce dans les villes, à l'amélioration des moyens de culture, aux avantagesque les ouvriers trouvent dans les centres industriels... Les déplacements ne s'arrêtent pas aux limites du territoire ; les émigrations et les immigrations se sont considérablement accrues par les facilités qu'offrent les chemins de fer pour s'expatrier et aller tenter fortune au loin.

255. Influence sur les relations internationales. — Sur cette question délicate, il est permis de penser que. par l'action qu'ils exercent sur la civilisation, les chemins de fer ont fait et feront encore beaucoup pour écarter bien des difficultés au profit de la paix : la communauté des intérêts commerciaux et industriels et la fréquence des relations doivent certainement avoir sur les rapports politiques des différents Etats une influence d'union et de conciliation analogue à celle qui a resséré les éléments de chacun d'eux.

Au seul point de vue commercial, il n'est pas douteux que l'accroissement des transports internationaux contribue, dans une certaine mesure, à l'abaissement des tarifs, et à l'unification si désirable des poids, des mesures et des monaies.

256. Influence sur les transports militaires. — Nous savons, par les dures leçons de l'expérience et les tristes évènements de 1870-71, que si les chemins de fer sont des instruments de paix, de civilisation et de richesse, ils sont aussi de redoutables engins de guerre. Pour en montrer toute l'importance il nous suffira de citer quelques chiffres empruntés à l'ouvrage de M. Picard, que nous avons suivi dans le cours de ce paragraphe :

« Un bataillon emploie 7 heures de marche pour parcourir 28 kilomètres ; cette marche épuise ses forces pour 24 heures. Par voie ferrée, au contraire, il peut, sans grande fatigue, franchir 200 kilomètres dans le même temps. Un corps d'armée, ayant à se déplacer de 900 kilomètres, y consacre 60 jours par les routes ordinaires, 13 jours par un chemin de fer à une voie et 7 jours par un chemin à deux voies ».

257. Observation. — Nous avons pu suivre dans ce qui précède le développement des progrès accomplis depuis un demi siècle, mais il est juste de reconnaître ici, en dernière analyse, que le perfectionnement des moyens de transport n'a été que l'un des éléments, l'une des manifestations de cet immense mouvement. Néamoins le rôle des chemins de fer a été immense, et on s'accorde à lui reconnaître une action déterminante et prépondérante parmi les causes multiples, telles que les transformations profondes des procédés industriels et même de culture, le développement des machines à vapeur, les changements apportés au régime douanier et au régime fiscal, la concurrence étrangère, l'invention du télégraphe électrique.

§ 2.

MESURE DE L'UTILITÉ DES CHEMINS DE FER

258. Avantages directs. — Nous avons déjà distingué entre l'*utilité directe* des chemins de fer, c'est-à-dire les bénéfices réalisés par les citoyens, le Trésor et l'exploitant, et l'*utilité indirecte*, c'est-à-dire résultant du développement de la production agricole, de l'industrie, du commerce et par incidence des impôts.

Différentes méthodes ont été indiquées pour mesurer l'utilité directe des chemins de fer; mais la question, par sa nature même et par sa complexité, ne comporte pas de solution en quelque sorte mathématique.

— M. Dupuit, inspecteur général des Ponts-et-Chaussées [1], part de ce principe que « l'utilité absolue d'un objet pour un consommateur se mesure par le sacrifice maximum que ce consommateur serait disposé à faire pour se le procurer » et que « son utilité relative est égale à l'utilité absolue, diminuée du prix de vente ».

En admettant que l'utilité des chemins de fer soit annihilée par un accroissement du prix de transport de 0 fr. 10 pour les voyageurs et de 0 fr. 30 pour les marchandises, et que la réduction de trafic soit proportionnel à l'accroissement des tarifs, l'application de la méthode de M. Dupuit permet d'évaluer que l'utilité relative totale des chemins de fer est en moyenne du *double de la recette brute* ; soit en 1887 : 2.280 millions pour le réseau d'intérêt général et 25 millions pour le réseau d'intérêt local.

M. Michel, ingénieur des Ponts-et Chaussées [2], admet que l'utilité directe des chemins de fer pour les populations se compose de deux éléments : l'économie argent réalisée sur les frais de transports, et l'économie du temps gagné et des autres avantages, évalués à la moitié de la valeur précédente.

En comptant pour le premier élément 0 fr. 05 pour les voyageurs et 0 fr. 14 pour les marchandises à la tonne, l'utilité relative des chemins de fer d'ordre secondaire, auxquels s'appliquent les appréciations de M. Michel, se-

---

(1) *Annales de Ponts-et-Chaussées* 1884, 2e semestre et 1849, 1er semestre.
(3) *Annales des Ponts-et-Chaussées*, 1868 (1er semestre).

rait seulement *égale à la recette brute*. Pour l'ensemble du réseau, on ne dépasserait pas le rapport 1,6, même en portant à 0 fr. 20 l'économie réalisée sur le prix de transport de la tonne de marchandises.

M. de Freycinet, à l'occasion du programme de 1879, exposait que le véritable revenu de nos chemins de fer n'était pas le produit net dont bénéficiait l'exploitant, mais « l'économie que la communauté réalise sur les transports ». Assimilant les voyageurs aux marchandises — tandis que pour eux, la réduction est beaucoup moindre, et rapprochant le prix des messageries — 0 fr. 30 — du prix des chemins de fer — 0 fr. 06 — soit une différence de 0 fr. 24, M. de Freycinet concluait que « là où il y a une recette brute de 1, le pays bénéficie de 4 » ; et il ajoutait, qu'à cette économie énorme faite par le public sur ses transports, il fallait ajouter le bénéfice des impôts établis sur tous les objets qui viennent se faire véhiculer par les chemins de fer et qui augmentent chaque année d'une manière étonnante, qu'on n'aurait jamais osé prévoir ».

M. Varroy, pour défendre également le programme de 1879, ajoutait les bénéfices réalisés par la compagnie concessionnaire aux bénéfices réalisés par le public et, se basant sur la méthode de M. Dupuit, élevait de 2 à 3 le coefficient des recettes brutes donnant l'utilité des chemins de fer.

M. Krantz, dans une brochure publiée en 1875, insistait également sur l'erreur que l'on commettrait à ne mesurer l'utilité du chemin de fer qu'au point de vue étroit du capitaliste et du spéculateur.

Ajoutant les impôts perçus directement par le Trésor ; les économies réalisés par les voyageurs, à raison de

0 fr. 10 — 0,06 = 0 fr. 04 par kil.; sur les marchandises, à raison de 0 fr, 35 — 0,10 = 0 fr. 25 par tonne-kilométriques, et sur les messageries ; M. Krantz arrivait, pour le chemin de la Vendée, à une recette kilométrique de 9.000 francs, à ajouter à la recette brute de 5,245 francs, ce qui reproduit à peu près le coefficient 2 ressortant de la méthode de M. Dupuit.

259. Avantages indirects. — Si l'appréciation de l'utilité directe des chemins de fer se prête mal aux formules mathématiques, la mesure des avantages indirects présente encore plus de difficultés et d'incertitude. « A cet égard, dit M. Picard, nous sommes en plein inconnu : ce ne sont plus des supputations plus ou moins approchées, mais de simples conjectures, que nous pouvons formuler ».

Et il ajoute : « En traitant des résultats généraux de l'ouverture des chemins de fer... nous avons montré notamment, que, pendant les 30 dernières années, les recettes ordinaires du budget s'étaient accrues de près de 1.500 millions et avaient ainsi doublé. Nous serons certainement au dessous de la vérité en attribuant le 1/3 de cet accroissement, soit 500 millions, à l'action indirecte des chemins de fer : c'est la proportion qu'a admise M. Olry de Labry, ingénieur en chef des Ponts et Chaussées, dans un mémoire inséré aux *Annales des Ponts et Chaussées*, 1880, 1er semestre. D'un autre côté, les économistes et les financiers admettent que, dans son ensemble, le produit des impôts représente le dixième de la production nationale : cette production aurait donc ainsi augmenté, sous l'influence indirecte des chemins de fer, de 5 millions, soit 50 % des capitaux engagés ».

260. Avantages directs ou indirects. — Les calculs précédents donnent lieu à différentes objections.

Dans la méthode raisonnée de M. Dupuit, les accroissements de prix, considérés comme devant annihiler l'utilité des chemins de fer. sont arbitraires.

Dans les autres méthodes, les économies entre les prix de transport sur les voies de terre et de fer sont différemment appréciées ; elles varient de 0 fr. 05 à 0 fr. 25 pour les voyageurs et de 0 fr. 14 à 0 fr. 29 pour les marchandises, tandis qu'en réalité, tenant compte de l'entretien perfectionné des routes et de l'amélioration de la main-d'œuvre, l'écart réel parait limité de 0 fr. 06 à 0 fr. 08 pour les voyageurs et de 0 fr. 15 à 0 fr. 20 pour les marchandises à la tonne.

En outre, on y suppose la totalité du trafic des chemins de fer se déplaçant nécessairement par les voies de terre, alors que, pour beaucoup de voyageurs et de marchandises, le déplacement est exclusivement justifié par la modicité des frais de transport et qu'à défaut des chemins de fer une partie des marchandises s'adresserait à la batellerie et au cabotage, dont les prix seront toujours peu élevés.

D'une manière générale, ces méthodes conduisent à la conséquence singulière que, plus les tarifs seraient faibles, plus les profits du pays seraient considérables, et elles devraient mener à la gratuité des transports, situation irrationnelle qui ferait payer par la masse des contribuables les avantages des usagers.

D'autre part, l'évaluation des avantages indirects ne s'appuie sur aucune donnée précise.

En définitive, il n'y a là que des appréciations très discutables, dans lesquelles les documents de l'expérience n'interviennent que d'une façon détournée et secondaire.

Cependant il semble que l'utilité directe et indirecte des chemins de fer ait une commune mesure dans l'appréciation des revenus bruts procurés spécialement au public, aux exploitants et au Trésor.

Ces revenus bruts seront l'expression de la richesse propre des chemins de fer; leur capitalisation représentera la quotité de la fortune du pays correspondant à leur création, et leur différence donnera, pour deux époques considérées, l'accroissement de richesse dû à leur développement.

Examinons donc successivement ces trois classes de revenus bruts.

261. *Public.* — Nous avons à considérer les voyageurs et les transporteurs.

Pour ces derniers — agriculteurs, industriels ou commerçants — le compte peut s'établir assez nettement. Les statistiques du ministère des Travaux publics donnent le nombre de tonnes T, transportées à toutes distances, et le coefficient $K = 1,20$ (1) par lequel ce chiffre doit être multiplié pour tenir compte des accessoires de grande et petite vitesse. D'autre part, la statistique du ministère du commerce permet d'évaluer la valeur moyenne V de la tonne transportée; ce chiffre varie de 290 à 340 francs pour le commerce général et le commerce spécial, assimilables aux transports des voies ferrées; soit après vérification : $V = 330$ francs.

Si donc on admet que les profits sur les matières finies, vendues et transportées, soient $\theta = 7,5$ pour cent de leur valeur, le revenu brut répondant aux marchan-

(1) Ex. 1886 :

Accessoires P. V...	28.953.988 fr.		
— G. V....	86.988.995		
Ensemble...	————	115.942.993 fr.	
March. à la tonne P. V.........		574.893.805	
Total ...		————	690.836.798 fr.

et par suite $K = \frac{690,8}{574,9} = 1,20.$

dises transportées, aura pour mesure, avec une exactitude suffisante, le produit K T. V. θ.

Quant aux voyageurs, le revenu brut provenant de leur transport s'évaluera d'après le chiffre des voyageurs à 1 kilomètre, inscrit aux statistiques :

D'abord en raison de l'économie sur les prix de transports par voie de terre, soit par unité............................	0 fr. 055
Ensuite, en raison de l'économie de temps, comptée au taux de 6 fr. la journée de voyageur, et évaluée dans les conditions les plus défavorables à 17 millions de journées pour 7 milliards de voyageurs à 1 kil. (1), soit par unité $\frac{17 \times 6}{7000}$............	0 015
Ensemble par voyageur à 1 kilomètre.	0 fr. 070

Toutefois, le nombre des voyageurs à 1 kil., inscrit aux statistiques devra être corrigé par un coefficient de réduction, tenant compte des voyages d'agrément pour lesquels la valeur du temps est relativement nul, et des voyages d'affaires dont le profit est implicitement compris dans le revenu brut des marchandises.

Ainsi, le revenu brut provenant des voyageurs peut être estimé :

$$3/7\ Vk.\ 0{,}07 = 0{,}03\ Vk \text{ francs.}$$

V_k... Nombre de voyageurs à 1 kilomètre, par an, et en définitive le revenu brut total aux mains du public serait :

$$P = K\,T.V.\theta + 0{,}03\,Vk = 30{,}0\,T + 0{,}03\,Vk. = 30\left(T + \frac{Vk}{1000}\right) \text{ francs.}$$

262. *Exploitants*. — Les profits dont bénéficient les compagnies concessionnaires, au titre d'intérêt et dividende des capitaux engagés sous forme d'actions et d'obligations, se composent de deux éléments, savoir :

— Le produit net, P, réalisé par les compagnies, c'est-à-dire l'excèdent des recettes sur les dépenses d'exploitation ;

(1) M. Picard, tome I, p. 66.

— Les sommes, G, demandées à l'Etat en raison de la garantie d'intérêt.

Au total, le revenu brut aux mains des exploitants est :

$$\varepsilon = P + G.$$

263. *Trésor*. — Les profits que l'Etat retire de l'exécution des chemins de fer se composent comme suit :

— Les profits particuliers P_1, soit en recettes perçues, soit en économies réalisées, où se trouvent réunis des avantages directs et indirects[1];

— La quote-part revenant au Trésor des avantages indirects résultant de l'essor donné à la production agricole, industrielle et commerciale ; cette quote-part pouvant être évaluée au prorata des avantages procurés au public sur le transport des marchandises, soit $\theta'' KTV$. Dans les conditions les plus favorables, on peut admettre $\theta' = 0,120$, ce qui, d'après les bases précédentes, fait rentrer dans les caisses du Trésor une somme :

$$0,12 \times 0,075 \times 1,2 \times 330 \text{ T} = 3,6 \text{ T. francs.}$$

De ces bénéfices obtenus, il convient de déduire comme contre-partie :

— Les charges des capitaux D, engagés par l'Etat et divers, dans les dépenses de premier établissement des lignes concédées, soit au taux fictif de 4,5 %, adopté par le réseau de l'Etat, 0,045 D;

— Les charges analogues pour le réseau de l'Etat, soit 0,045 E;

— Enfin la garantie d'intérêt G, sous la réserve que cette garantie, au point de vue économique qui nous oc-

(1) A la vérité, il entre dans le tableau des profits particuliers certaines recettes contestables, et de ce fait la somme P serait sujette à un coefficient de réduction; toutefois ce coefficient se rapprocherait suffisamment de l'unité pour qu'il soit négligeable dans des résultats généraux, tels que ceux que nous envisageons en ce moment.

cupe, doit être augmentée des insuffisances des lignes actuellement maintenues sous le régime de l'exploitation partielle.

Au total, les bénéfices bruts procurés au Trésor par les chemins de fer sont :

$$t = P_1 + 3,6T - 0,045(D + E) - G.$$

264. *Ensemble.* — Additionnant ces trois natures de profits, on trouve que le revenu brut total T, en provenance des chemins de fer, pour le public, l'exploitant et le Trésor, peut se traduire par la formule simple que voici :

$$T = \overbrace{30\left(T + \frac{Vk}{1000}\right)}^{\text{Public.}} + \overbrace{P + G}^{\text{Exploitant.}} + \overbrace{P_1 + 3,6\,T - 0,045\,(D + E) - G}^{\text{Trésor.}}$$

ou $$T = 30\left(1,12 + \frac{V\,k.}{1000}\right) + P + P_1 - 0,045\,D + E.$$

Cette solution paraît être la plus simple que la complexité du problème puisse comporter. Elle se justifie par le fait que le mouvement des marchandises sur les routes nationales et les canaux est resté pour ainsi dire stationnaire pendant le développement des voies ferrées ; ce qui implique que, si la révolution industrielle qui s'est opérée depuis près d'un demi-siècle n'est pas exclusivement due aux chemins de fer, ceux-ci en sont du moins l'élément prépondérant. C'est eux qui ont créé et développé les rapports, la production et les échanges, et leur trafic doit être considéré comme leur appartenant en propre.

Quoi qu'il en soit, si la formule T repose encore sur des hypothèses discutables, du moins est-elle basée sur des données raisonnées et expérimentales tenant compte des

AVANTAGES DIRECTS ET

(Réseau

ANNÉES	LONGUEURS MOYENNES exploitées au 31 décembre L.	NOMBRE DE TONNES à toute distance T.	NOMBRE de VOYAGEURS à 1 kilom. V_K	PRODUITS NETS de l'exploitation P	PROFITS PARTICULIERS de l'État P_1	INTÉRÊTS et AMORTISSEM. des dépenses de l'État et divers 0.045 (D+E)	GARANTIE D'INTÉRÊT et insuffisance d'exploitat. G
	K	Tonnes	V_K	fr.	fr.	fr.	
1851	3.248	4.627.189	797.456.060	58.563.181	54,281.854	27.140.927	»
1866	13.915	37.372.792	3.407.459.196	333 089.195	96.852.745	47.317.688	24.321.175
1876	20.034	61.836 949	4.961.810.659	425.603.906	228.945.942	57.750.075	40.900.668
1879	22.249	68.987.385	5.253,503.369	447.091.681	225.557.159	83.744.722	47.576.291
1883	26.692	89 056.198	7.039.667.318	509.073.383	276.435.341	116.494.232	8.288.766
1886	30.696	73.382.361	7.137 536 385	479.390.467	283.380.380	134.739.634 20.925.730 (e) 155.665.364	53.819.656 33,470.688 (i) 87.290.344
1889	32.914	87.043.706	8.627.871.321	555.567.587	300.000.000 (a)	165.715.670 23.268.780 (e) 188.984.450	56.863.704 32.834.154 (i) 89.697.855

OBSERVATIONS : D. Subventions fournies aux Compagnies.
E. Subventions fournies au réseau d'Etat.

INDIRECT DES VOIES FERRÉES

d'intérêt général).

REVENUS BRUTS						RECETTES BRUTES de l'exploitation	RAPPORT	OBSERVATIONS
PUBLIC	EXPLOITANTS	TRÉSOR			ENSEMBLE			
P.	E	Recettes	Dépenses	Différenc. t	T	R	T/R	
Millions	Millions	Millions	Millions	Millions	Millions	Millions		
162,74	58,57	70,94	27,14	43,80	265,11	106,14	2,50	D = 603.131.714 f.
1.223,41	356,41	231,38	71,64	159,74	1.739,56	623,44	2,80	D=1.051.504.171 f.
2.003,96	466,50	451,53	98,65	352,88	2.823,34	867,64	3,26	D=1.283 334.951 f.
2.227,23	494,67	473,88	131,32	342,56	3.064,46	923,14	3,32	D=1 860.993 837 f.
2.892,87	517,36	597,01	124,78	472,23	3.872,46	1.105,04	3,50	D+E = 2.588.761.832 f.
2.415,60	566,68	552,55	242,95	309,60	3.291,88	1.022,71	3,22	D=3.105,325.208 f.
2.870,15	645,26	613,35	278,68	334,67	3.850,08	1.140,83	3,37	D=3.682 570.461 f.
								(a) Chiffres provisoires.

(e) Intérêt et amortissement des dépenses des Compagnies sur le réseau d'État.
(t) Insuffisances des lignes au compte d'exploitation partielle.

principaux éléments en jeu, et à l'abri de toute exagération dans un sens ou dans l'autre.

Elle permettra la comparaison exacte de deux époques différentes et par suite de mesurer, à chaque instant, l'influence des lignes nouvelles sur le développement de la richesse nationale. C'est un point essentiel.

Son application aux exercices 1851-1889 conduit aux résultats consignés dans le tableau des pages 473-474.

L'examen des chiffres qu'il contient donne lieu aux observations suivantes :

— Au total, la garantie d'intérêt n'apporte aucune modification à la valeur économique des chemins de fer, et la formule T traduit bien l'échange par lequel, la caisse du Trésor, c'est-à-dire la masse des contribuables, solde, par l'intermédiaire de compagnies concessionnaires, les abaissements de tarif, consentis au profit des usagers.

Or ces dépenses G du Trésor ont pour limite les ressources d'emprunt à demander au public ; ce qui devient également une limite de la garantie d'intérêt. Notamment, dans les conventions de 1883, le compte de l'exploitation partielle n'a eu pour but que de renvoyer à d'autres temps les charges de lignes nouvelles qui menaçaient de peser trop lourdement sur le Trésor et qui ne pouvaient équitablement retomber sur les Compagnies.

Quoi qu'il en soit ces circonstances semblent justifier que la voie détournée qui consiste à faire payer par la masse des contribuables les avantages dont profitent seulement les usagers, est irrationnelle et qu'il serait préférable de substituer à la garantie d'intérêt le relèvement des taxes — sur les réseaux secondaires et sur les matières riches — dans la proportion que ni le Trésor, ni les compagnies n'ont le pouvoir de supporter. Dans l'espèce, en 1886, ce relèvement correspondrait en plus à une majoration de $\frac{89,69}{1159,36} = 7,73$ % des taxes actuellement perçues [1], et nous rappellerons que dans la période 1859-1889, les produits kilométriques moyens se sont abaissés : pour les voyageurs de : $\frac{5,15}{4,20} - 1 = 17$ % et pour les marchandises à la tonne de : $\frac{7,21}{5,55} - 1 = 29$ %. Les tarifs des compagnies et les conditions d'exploitation ont assez d'élasticité pour qu'une majoration de 7,73 % fût restée sans préjudice sinon inaperçue pour les transporteurs. Tout au moins la garantie et les insuffisances auraient pu être réduites dans une large mesure.

— Dans la période 1851-1889, l'utilité directe et indirecte de nos voies ferrées pour les usagers, les exploitants et l'Etat aurait varié de 265 à 3850 millions, soit de 2,5 à 3,4 fois la recette brute. Nous avons dit plus haut que l'utilité directe, suivant que l'on cédait au pessimisme ou à l'enthousiasme, avait été estimée de 1 à 4 fois la recette brute.

D'autre part, de 1851 à 1883, les recettes de l'Etat en provenance des chemins de fer, se seraient accrues de 597 — 70 = 527 millions, tandis que M. Olry de Labry les évalue au tiers de l'accroissement des recettes ordinaires du budget, soit $\frac{3513-1563}{3} = 650$ millions.

Ainsi en donnant aux calculs la simplicité et l'uniformité désirables et nécessaires, la formule T présente dans son ensemble un accord satisfaisant avec les appréciations antérieures.

— Quel que soit le taux auquel il convienne de capitaliser les revenus bruts en provenance des chemins de

1 Ex. 1889. Garantie d'intérêt et insuffisance : 89.697.248 fr. ; recettes totales d'exp. : 1.159.367.744 fr.

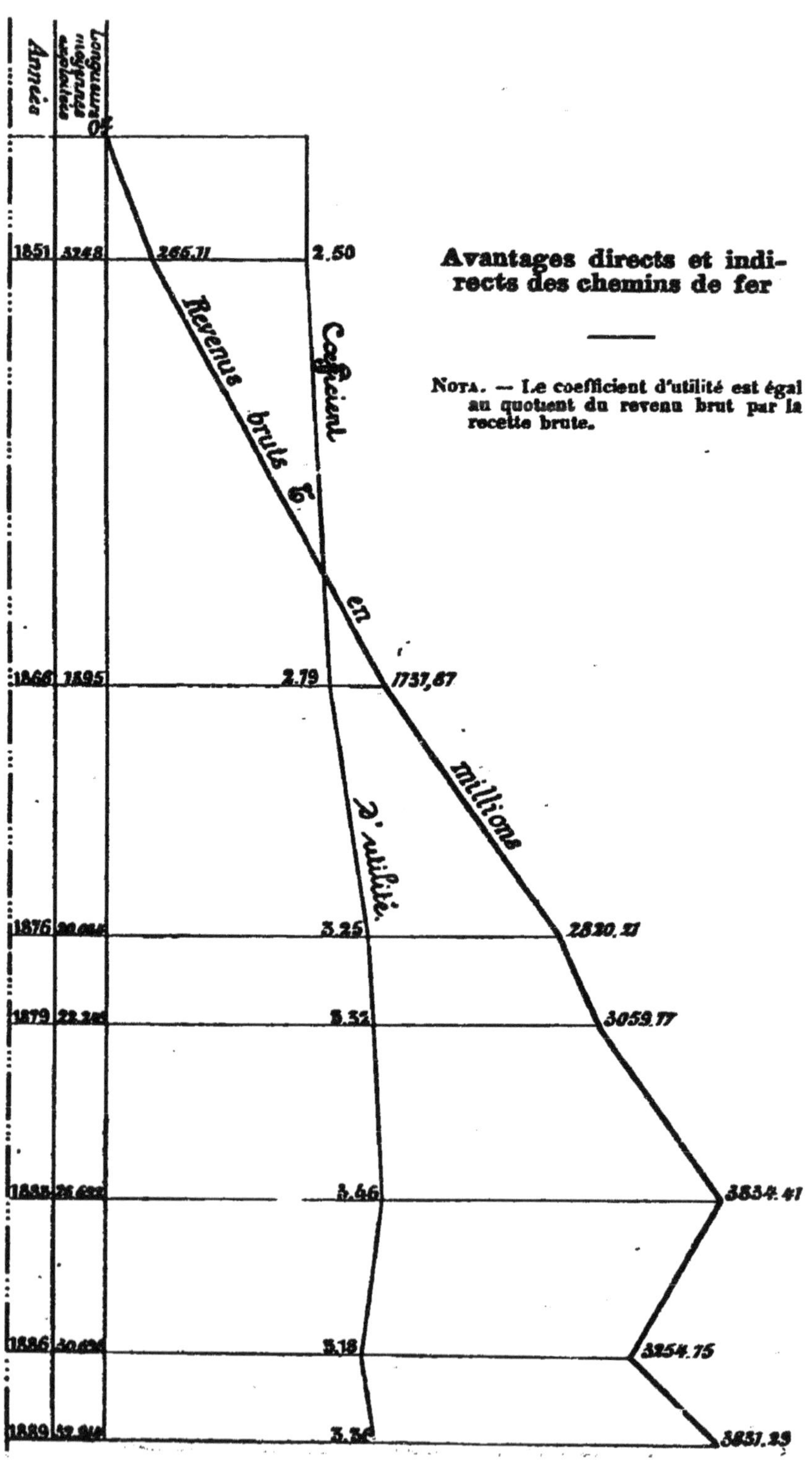
Années
Longueurs moyennes exploitées
0
1851
3248
265.11
2.50
1866
1895
2.79
1737,67
1876
3.25
2820.21
1879
3.32
3059.77
1883
3.46
3834.41
1886
3.18
3254.75
1889
3.36
3831.25
Revenus bruts en millions
Coefficient d'utilité.
Avantages directs et indirects des chemins de fer
Nota. — Le coefficient d'utilité est égal au quotient du revenu brut par la recette brute.

fer, ce revenu mesure leur part contributive dans la fortune de la France. Au taux conventionnel de 6 p. cent, l'accroissement du capital national serait de $\frac{3831-261}{0,06}$, soit 60 milliards, depuis 1851, c'est-à-dire environ cinq fois les capitaux engagés [1].

Les avantages des voies ferrée se partagent entre les intéressés dans les proportions suivantes : 75 °/₀ pour le public, 17 °/₀ pour les compagnies concessionnaires et 8 °/₀ pour le Trésor.

— Jusqu'en 1883, les revenus bruts ont suivi une marche ascendante, sensiblement proportionnelle au développement du réseau : mais depuis, malgré 6000 kil. nouveaux livrés à l'exploitation, la situation reste stationnaire, sauf les mouvements dus aux oscillations inévitables de l'industrie. Ces résultats sont traduits graphiquement par l'épure ci-contre.

Est-ce à dire que cet état de choses, dû en majeure partie au classement de 1879, soit alarmant ; nous ne le pensons pas. Si nous sommes sortis de la période aiguë de la crise de 1883, du moins somme-nous encore dans la portion déprimée du cycle où la situation s'améliore, et il est en outre permis de compter sur une plus-value, à la vérité réduite, mais certaine des recettes annuelles d'exploitation.

265. Conclusion. — Evidemment nous atteignons la limite de la masse des avantages que devait procurer la création des voies ferrée, et dans l'avenir les progrès auront une allure plus lente. Or ce qui importe n'est pas de maintenir à

(1) Réseau d'intérêt général au 31 décembre 1888, capitaux engagés :
Long. exploitée : 32.650 kil.

Etat et Divers..	3.682.570.461 f.
Compagnies...	10.367.512.946
Ensemble.....	14.050.083.407

un niveau constant le revenu brut kilométrique, $\frac{T}{L}$, ou l'utilité, $\frac{T}{R}$, mais seulement de développer le chiffre absolu des revenus bruts, avec la longueur L du réseau. Ce chiffre seul mesure exactement les avantages de nos voies ferrées ; il nous faut agir sur chacun de ses éléments :

Le terme $30\left(T+\frac{Vk}{1000}\right)$ ne peut s'accroître que par la facilité de circulation, donnée aux voyageurs et aux marchandises. D'où résulte la nécessité de voies nouvelles qui, en rendant les déplacements plus faciles et moins onéreux, apporteront inévitablement une activité plus grande dans les échanges. C'est également pour les compagnies une raison de s'écarter, dans une certaine mesure, de la tutelle de l'Etat au profit de leur autonomie et spécialement d'une plus grande liberté dans les dispositions de leurs tarifs.

Le second terme P + G, dépend normalement de la nature et de la qualité de l'exploitation : d'une façon générale, pour des lignes de nature relativement improductives, le bénéfice a obtenir de deux exploitations différentes, s'écrira avec une exactitude suffisante :

$$\Delta = D_1 - D_2 = (A_1 - A_2) + (B_1 - B_2) R$$

relation, qui, dans les limites effectives des recettes kilométriques R, donnera l'avantage à la voie étroite.

Enfin le terme [P + 3, 6 T — 0,045 (D + E) —G] se ressentira surtout des subventions (D + E) et des garanties d'intérêt (G) ; cette dernière allocation de l'Etat perdra même nécessairement pour longtemps son caractère d'avance par l'impossibilité de faire actuellement état de son remboursement. Il devient donc nécessaire, sous peine d'accroître outre mesure les charges de l'Etat, de restreindre au strict minimum les subventions directes ou indirectes ; en d'autres termes, il faut dans l'avenir non-seulement apporter une grande circonspection dans l'extension du réseau, mais encore la plus stricte économie dans la construction et l'exploitation des lignes nouvelles.

Cette règle de conduite commande, avons-nous dit, l'application étendue de la voie de 1,00 de largeur ; cependant nous nous hâtons d'ajouter qu'il faut se tenir en garde contre les entraînements et que le principe même de la voie réduite doit comporter, dans son application, des tempéraments qu'autorisent d'ailleurs l'importance des avantages recherchés. Ainsi dans la dernière période décennale, l'allongement du réseau de 10.000 kilomètres environ, qui a coûté près de 4 milliards d'établissement, a eu pour conséquence d'augmenter les revenus bruts de 800 millions, soit 1/5 du capital engagé.

Ces chiffres justifient pleinement les sacrifices faits par l'Etat depuis le classement de 1879, et ils sont de nature, non seulement à rassurer sur les résultats définitifs de ce classement, mais encore à encourager la création prudente du quatrième réseau dans les conditions modestes et rationnelles qui répondent aux services à en attendre.

ANNEXES

SOMMAIRE :

EXTRAIT

DE LA LOI DU 11 JUIN 1842

Relative à l'établissement des grandes lignes de chemins de fer.

TITRE Ier

DISPOSITIONS GÉNÉRALES

Art. 1er. — Il sera établi un système de chemins de fer se dirigeant

1° De Paris :

Sur la frontière de Belgique, par Lille et Valenciennes ;

Sur l'Angleterre, par un ou plusieurs points du littoral de la Manche, qui seront ultérieurement déterminés ;

Sur la frontière d'Allemagne, par Nancy et Strasbourg ;

Sur la Méditerranée, par Lyon, Marseille et Cette ;

Sur la frontière d'Espagne, par Tours, Poitiers, Angoulême, Bordeaux et Bayonne ;

Sur l'Océan, par Tours et Nantes ;

Sur le centre de la France, par Bourges ;

2° De la Méditerranée sur le Rhin, par Lyon, Dijon et Mulhouse ;

De l'Océan sur la Méditerranée, par Bordeaux, Toulouse et Marseille.

Art. 2. — L'exécution des grandes lignes de chemins de fer définies par l'article précédent aura lieu par le concours : de l'Etat, des départements traversés et des communes intéressées ; de l'industrie privée, dans les proportions et suivant les formes établies par les articles ci-après.

Néanmoins, ces lignes pourront être concédées, en totalité ou en partie, à l'industrie privée, en vertu de lois spéciales et aux conditions qui seront alors déterminées.

Art. 3 (1). — Les indemnités dues pour les terrains et bâtiments dont l'occupation sera nécessaire à l'établissement des chemins de fer et de leurs dépendances seront avancées par l'Etat, et remboursées à l'Etat jusqu'à concurrence des deux tiers par les départements et les communes.

Il n'y aura pas lieu à indemnité pour l'occupation des terrains ou bâtiments appartenant à l'Etat.

---

(1) Abrogé par la loi du 19 juillet 1845.

Le gouvernement pourra accepter les subventions qui lui seraient offertes par les localités ou les particuliers, soit en terrains, soit en argent.

Art. 4. — Dans chaque département traversé, le conseil général délibérera :

1° Sur la part qui sera mise à la charge du département dans les deux tiers des indemnités, et sur les ressources extraordinaires au moyen desquelles elle sera remboursée en cas d'insuffisance des centimes facultatif ;

2° Sur la désignation des communes intéressées, sur la part à supporter par chacune d'elles, en raison de son intérêt et de ses ressources financières

Cette délibération sera soumise à l'approbation du Roi.

Art. 5. — Le tiers restant des indemnités de terrains et bâtiments,

Les terrassements,

Les ouvrages d'art et stations,

Seront payés sur les fonds de l'Etat.

Art. 6. — La voie de fer, y compris la fourniture du sable,

Le matériel et les frais d'exploitation,

Les frais d'entretien et de réparation du chemin, de ses dépendances et de son matériel,

Resteront à la charge des compagnies auxquelles l'exploitation du chemin sera donnée à bail.

Ce bail réglera la durée et les conditions de l'exploitation, ainsi que le tarif des droits à percevoir sur le parcours ; il sera passé provisoirement par le ministre des travaux publics, et définitivement approuvé par une loi.

Art. 7. — Après l'expiration du bail, la valeur de la voie de fer et du matériel sera remboursée, à dire d'experts, à la compagnie par celle qui lui succédera, ou par l'Etat.

Art. 8. — Des ordonnances royales règleront les mesures à prendre pour concilier l'exploitation des chemins de fer avec l'exécution des lois et règlements sur les douanes.

Art. 9. — Des règlements d'administration publique détermineront les mesures et les dispositions nécessaires pour garantir la police, la sûreté, l'usage et la conservation des chemins de fer et de leurs dépendances.

TITRE II

DISPOSITIONS PARTICULIÈRES

Art. 10 à 15. — Crédits ouverts pour les lignes désignées à l'art. 1er.

Art. 16. — Une somme de un million cinq cent mille francs (1,500,000 fr.) est affectée à la continuation et à l'achèvement des études des grandes lignes de chemins de fer.

Art. 17. — Sur les allocations mentionnées aux articles précédents, et s'élevant ensemble à la somme de cent vingt-six millions de francs (126,000,000 fr.), il est ouvert au ministre des travaux publics, sur l'exercice 1842, un crédit de, savoir :...

TITRE III

VOIES ET MOYENS

Art. 18. — Il sera pourvu provisoirement, au moyen des ressources de la dette flottante, à la portion des dépenses autorisées par la présente loi, qui doivent demeurer à la charge de l'Etat ; les avances du trésor seront définitivement couvertes par la consolidation des fonds de réserve de l'amortissement, qui deviendront libres après l'extinction des découverts des budgets des exercices 1840, 1841, 1842.

TITRE IV

DISPOSITION FINALE

Art. 19. — Chaque année, il sera rendu aux Chambres, par le ministre des travaux publics, un compte spécial des travaux exécutés en vertu de la présente loi.

La présente loi, discutée, délibérée et adoptée par la Chambre des Pairs et par celle des Députés, et sanctionnée par nous cejourd'hui, sera exécutée comme loi de l'Etat.

Fait au palais de ......, le 11 juin 1842.

LOI

DU 15 JUILLET 1845

Relative à la police des chemins de fer.

TITRE Ier

MESURES RELATIVES A LA CONSERVATION DES CHEMINS DE FER

Art. 1er. — Les chemins de fer construits ou concédés par l'Etat font partie de la grande voirie.

Art. 2. — Sont applicables aux chemins de fer les lois et règlements sur la grande voirie, qui ont pour objet d'assurer la conservation des fossés, talus, levées et ouvrages d'art dépendant des routes, et d'interdire, sur toute leur étendue, le pacage des bestiaux et les dépôts de terre et autres objets quelconques.

Art. 3. — Sont applicables aux propriétés riveraines des chemins de fer les servitudes imposées par les lois et règlements sur la grande voierie, et qui concernent :

L'alignement,

L'écoulement des eaux,

L'occupation temporaire des terrains en cas de réparation.

La distance à observer pour les plantations et l'élagage des arbres plantés.

Le mode d'exploitation des mines, minières, tourbières, carrières et sablières, dans la zone déterminée à cet effet.

Sont également applicables à la confection et à l'entretien des chemins de fer, les lois et règlements sur l'extraction des matériaux nécessaires aux travaux publics.

Art. 4. — Tout chemin de fer sera clos des deux côtés et sur toute l'étendue de la voie.

L'administration déterminera, pour chaque ligne, le mode de cette clôture, et, pour ceux des chemins qui n'y ont pas été assujettis, l'époque à laquelle elle devra être effectuée.

Partout où les chemins de fer croiseront de niveau les routes de terre, des barrières seront établies et tenues fermées, conformément aux règlements.

Art. 5. — A l'avenir, aucune construction autre qu'un mur de clôture ne pourra être établie dans une distance de deux mètres d'un chemin de fer.

Cette distance sera mesurée soit de l'arête supérieure du déblai, soit de l'arête inférieure du talus du remblai, soit du bord extérieur des fossés du chemin, et, à défaut d'une ligne tracée, à un mètre cinquante centimètres à partir des rails extérieurs de la voie de fer.

Les constructions existantes au moment de la promulgation de la présente loi, ou lors de l'établissement d'un nouveau chemin de fer, pourront être entretenues dans l'état où elles se trouveront à cette époque.

Un règlement d'administration publique déterminera les formalités à remplir par les propriétaires pour faire constater l'état desdites constructions, et fixera le délai dans lequel ces formalités devront être remplies.

Art. 6. — Dans les localités où le chemin de fer se trouvera en remblai de plus de trois mètres au-dessus du terrain naturel, il est interdit aux riverains de pratiquer, sans autorisation préalable, des excavations dans une zone de largeur égale à la hauteur verticale du remblai, mesurée à partir du pied du talus.

Cette autorisation ne pourra être accordée sans que les concessionnaires ou fermiers de l'exploitation du chemin de fer aient été entendus ou dûment appelés.

Art. 7. — Il est défendu d'établir, à une distance de moins de vingt mètres d'un chemin de fer desservi par des machines à feu, des couvertures en chaume, des meules de paille, de foin, et aucun autre dépôt de matières inflammables.

Cette prohibition ne s'étend pas aux dépôts de récoltes faits seulement pour le temps de la moisson.

Art. 8. —Dans une distance de moins de cinq mètres du chemin de fer, aucun dépôt de pierres, ou objets non inflammables, ne peut être établi sans l'autorisation préalable du préfet.

Cette autorisation sera toujours révocable.

L'autorisation n'est pas nécessaire :

1° Pour former, dans les localités où le chemin de fer est en remblai, des dépôts de matières non inflammables, dont la hauteur n'excède pas celle du remblai du chemin ;

2° Pour former des dépôts temporaires d'engrais et autres objets nécessaires à la culture des terres.

Art. 9. — Lorsque la sûreté publique, la conservation du chemin et la disposition des lieux le permettront, les distances déterminées par les articles précédents pourront être diminuées en vertu d'ordonnances royales rendues après enquêtes.

Art. 10. — Si, hors des cas d'urgence prévus par la loi des 16-24 août 1790, la sûreté publique ou la conservation du chemin de fer l'exige, l'administration pourra faire supprimer, moyennant une juste indemnité, les constructions, plantations, excavations, couvertures en chaume, amas de matériaux, combustibles ou autres, existant, dans les zones ci-dessus spécifiées, au moment de la promulgation de la présente loi, et, pour l'avenir, lors de l'établissement du chemin de fer.

L'indemnité sera réglée, pour la suppression des constructions, conformément aux titres IV et suivants de la loi du 3 mai 1841, et, pour tous les autres cas, conformément à la loi du 16 septembre 1807.

Art. 11. — Les contraventions aux dispositions du présent titre seront constatées, poursuivies et réprimées comme en matière de grande voirie.

Elles seront punies d'une amende de seize à trois cents francs, sans préjudice, s'il y a lieu, des peines portées au Code pénal et au titre III de la présente loi. Les contrevenants seront, en outre, condamnés à supprimer, dans le délai déterminé par l'arrêté du conseil de préfecture, les excavations, couvertures, meules ou dépôts faits contrairement aux dispositions précédentes.

A défaut, par eux, de satisfaire à cette condamnation dans le délai fixé, la suppression aura lieu d'office, et le montant de la dépense sera recouvré contre eux par voie de contrainte, comme en matière de contributions publiques.

TITRE II

DES CONTRAVENTIONS DE VOIRIE COMMISES PAR LES CONCESSIONNAIRS OU FERMIERS DE CHEMINS DE FER

Art. 12. — Lorsque le concessionnaire ou le fermier de l'exploitation d'un chemin de fer contreviendra aux clauses du cahier des charges, ou aux décisions rendues en exécution de ces clauses, en ce qui concerne le service de la navigation, la viabilité des routes royales, départementales et vicinales, ou le libre écoulement des eaux, procès-verbal sera dressé de la contravention, soit par les ingénieurs des ponts et chaussées ou des mines, soit par les conducteurs, garde-mines et piqueurs, dûment assermentés.

Art. 13. — Les procès-verbaux, dans les quinze jours de leur date, seront notifiés administrativement au domicile élu par le concessionnaire ou le fermier, à la diligence du préfet, et transmis dans le même délai au conseil de préfecture du lieu de la contravention.

Art. 14. — Les contraventions prévues à l'article 12 seront punies d'une amende de trois cents francs à trois mille francs.

Art. 15. — L'administration pourra, d'ailleurs, prendre immédiatement toutes les mesures provisoires pour faire cesser le dommage, ainsi qu'il est procédé en matière de grande voirie.

Les frais qu'entraînera l'exécution de ces mesures seront recouvrés, contre le concessionnaire ou fermier, par voie de contrainte, comme en matière de contributions publiques.

TITRE III

DES MESURES RELATIVES A LA SURETÉ DE LA CIRCULATION SUR LES CHEMINS DE FER

Art. 16. — Quiconque aura volontairement détruit ou dérangé la voie de fer, placé sur la voie un objet faisant obstacle à la circulation, ou employé un moyen quelconque pour entraver la marche des convois ou les faire sortir des rails, sera puni de la réclusion.

S'il y a eu homicide ou blessures, le coupable sera, dans le premier cas, puni de mort, et, dans le second, de la peine des travaux forcés à temps.

Art. 17. — Si le crime prévu par l'article 16 a été commis en réunion séditieuse, avec rébellion ou pillage, il sera imputable aux chefs, auteurs, instigateurs et provocateurs de ces réunions, qui seront punis comme coupables du crime et condamnés aux mêmes peines que ceux qui l'auront personnellement commis, lors même que la réunion séditieuse n'aurait pas eu pour but direct et principal la destruction de la voie de fer.

Toutefois, dans ce dernier cas, lorsque la peine de mort sera applicable aux auteurs du crime, elle sera remplacée, à l'égard des chefs, auteurs, instigateurs et provocateurs de ces réunions, par la peine des travaux forcés à perpétuité.

Art. 18. — Quiconque aura menacé, par écrit anonyme ou signé, de commettre un des crimes prévus en l'article 16, sera puni d'un emprisonnement de trois à cinq ans, dans le cas où la menace aurait été faite avec ordre de déposer une somme d'argent dans un lieu indiqué, ou de remplir toute autre condition.

Si la menace n'a été accompagnée d'aucun ordre ou condition, la peine sera d'un emprisonnement de trois mois à deux ans, et d'une amende de cent à cinq cents francs.

Si la menace avec ordre ou condition a été verbale, le coupable sera puni d'un emprisonnement de quinze jours à six mois, et d'une amende de vingt-cinq à trois cents francs.

Dans tous les cas, le coupable pourra être mis par le jugement sous la surveillance de la haute police, pour un temps qui ne pourra être moindre de deux ans ni excéder cinq ans.

Art. 19. — Quiconque, par maladresse, imprudence, inattention, négligence ou inobservation des lois ou règlements, aura involontairement causé sur un chemin de fer, ou dans les gares ou stations, un accident qui aura causé des blessures, sera puni de huit jours à six mois d'emprisonnement, et d'une amende de cinquante à mille francs.

Si l'accident a causé la mort d'une ou plusieurs personnes, l'emprisonnement sera de six mois à cinq ans, et l'amende de trois cents à trois mille francs.

Art. 20. — Sera puni d'un emprisonnement de six mois à deux ans tout mécanicien ou conducteur garde-frein qui aura abandonné son poste pendant la marche du convoi.

Art. 21. — Toute contravention aux ordonnances royales portant règlement d'administration publique sur la police, la sûreté et l'exploitation du chemin de fer, et aux arrêtés pris par les préfets, sous l'approbation du ministre des travaux publics, pour l'exécution des dites ordonnances, sera punie d'une amende de seize à trois mille francs.

En cas de récidive dans l'année, l'amende sera portée au double, et le tribunal pourra, selon les circonstances, prononcer, en outre, un emprisonnement de trois jours à un mois.

Art. 22. — Les concessionnaires ou fermiers d'un chemin de fer seront responsables, soit envers l'Etat, soit envers les particuliers, du dommage causé par les administrateurs, directeurs ou employés à un titre quelconque au service de l'exploitation du chemin de fer.

L'Etat sera soumis à la même responsabilité envers les particuliers, si le chemin de fer est exploité à ses frais et pour son compte.

Art. 23. — Les crimes, délits ou contraventions prévus dans les titres Ier et III de la présente loi, pourront être constatés par des procès-verbaux dressés concurremment par les officiers de police judiciaire, les ingénieurs des ponts et chaussées et des mines, les conducteurs, garde-mines, agents de surveillance et gardes nommés ou agréés par l'administration et dûment assermentés.

Les procès-verbaux des délits et contraventions feront foi jusqu'à preuve contraire.

Au moyen du serment prêté devant le tribunal de première instance de leur domicile, les agents de surveillance de l'administration et des concessionnaires ou fermiers pourront verbaliser sur toute la ligne du chemin de fer auquel ils seront attachés.

Art. 24. — Les procès-verbaux dressés en vertu de l'article précédent seront visés pour timbre et enregistrés en débet.

Ceux qui auront été dressés par des agents de surveillance et gardes assermentés devront être affirmés dans les trois jours, à peine de nullité, devant le juge de paix ou le maire, soit du lieu du délit ou de la contravention, soit de la résidence de l'agent.

Art. 25. — Toute attaque, toute résistance avec violence et voies de fait envers les agents des chemins de fer, dans l'exercice de leurs fonctions, sera punie des peines appliquées à la rébellion, suivant les distinctions faites par le Code pénal.

Art. 26. — L'article 463 du Code pénal est applicable aux condamnations qui seront prononcées en exécution de la présente loi.

Art. 27. — En cas de conviction de plusieurs crimes ou délits prévus par la présente loi ou par le Code pénal, la peine la plus forte sera seule prononcée.

Les peines encourues pour des faits postérieurs à la poursuite pourront être cumulées, sans préjudice des peines de la récidive.

La présente loi, discutée, délibérée et adoptée par la Chambre des Pairs et par celle des Députés, et sanctionnée par nous cejourd'hui, sera exécutée comme loi de l'Etat.

Fait au palais de....... le 15 juillet 1845.

ORDONNANCE

DU 15 NOVEMBRE 1845

Portant règlement sur la police, la sûreté et l'exploitation des chemins de fer.

TITRE Ier

DES STATIONS ET DE LA VOIE DES CHEMINS DE FER

SECTION I

DES STATIONS

Art. 1er. — L'entrée, le stationnement et la circulation des voitures publiques ou particulières destinées, soit au transport des personnes, soit au transport des marchandises, dans les cours dépendant des stations des chemins de fer, seront réglés par des arrêtés du préfet du département. Ces arrêtés ne seront exécutoires qu'en vertu de l'approbation du ministre des travaux publics.

SECTION II

DE LA VOIE

Art. 2. — Le chemin de fer et les ouvrages qui en dépendent seront constamment entretenus en bon état.

La compagnie devra faire connaître au ministre des travaux publics les mesures qu'elle aura prises pour cet entretien.

Dans le cas où ces mesures seraient insuffisantes, le ministre des travaux publics, après avoir entendu la compagnie, prescrira celles qu'il jugera nécessaires.

Art. 3. — Il sera placé, partout où besoin sera, des gardiens, en nombre suffisant, pour assurer la surveillance et la manœuvre des aiguilles des croisements et changements de voie ; en cas d'insuffisance, le nombre de ces gardiens sera fixé par le ministre des travaux publics, la compagnie entendue.

Art. 4. — Partout où un chemin de fer est traversé à niveau, soit par une route à voitures, soit par un chemin destiné au passage des piétons, il sera établi des barrières.

Le mode, la garde et les conditions de service des barrières seront réglés par le ministre des travaux publics, sur la proposition de la compagnie.

Art. 5. — Si l'établissement de contre-rails est jugé nécessaire dans l'intérêt de la sûreté publique, la compagnie sera tenue d'en placer sur les points qui seront désignés par le ministre des travaux publics.

Art. 6. — Aussitôt le coucher du soleil et jusqu'après le passage du dernier train, les stations et leurs abords devront être éclairés.

Il en sera de même des passages à niveau pour lesquels l'administration jugera cette mesure nécessaire.

TITRE II

DU MATÉRIEL EMPLOYÉ A L'EXPLOITATION

Art. 7. — Les machines locomotives ne pourront être mises en service qu'en vertu de l'autorisation de l'administration et après avoir été soumises à toutes les épreuves prescrites par les règlements en vigueur.

Lorsque, par suite de détérioration ou pour toute autre cause, l'interdiction d'une machine aura été prononcée, cette machine ne pourra être remise en service qu'en vertu d'une nouvelle autorisation.

Art. 8. — Les essieux des locomotives, des tenders et des voitures de toute espèce, entrant dans la composition des convois de voyageurs ou dans celle des trains mixtes de voyageurs et de marchandises, allant à grande vitesse, devront être en fer martelé de premier choix.

Art. 9. — Il sera tenu des états de service pour toutes les locomotives. Ces états seront inscrits sur des registres qui devront être constamment à jour, et indiquer, à l'article de chaque machine, la date de sa mise en service, le travail qu'elle a accompli, les réparations ou modifications qu'elle a reçues, et le renouvellement de ses diverses pièces.

Il sera tenu en outre, pour les essieux de locomotives, tenders et voitures de toute espèce, des registres spéciaux sur lesquels, à côté du numéro d'ordre de chaque essieu, seront inscrits sa provenance, la date de sa mise en service, l'épreuve qu'il peut avoir subie, son travail, ses accidents et ses réparations ; à cet effet, le numéro d'ordre sera poinçonné sur chaque essieu.

Les registres mentionnés aux deux paragraphes ci-dessus seront représentés, à toute réquisition, aux ingénieurs et agents chargés de la surveillance du matériel et de l'exploitation.

Art. 10. — Il est interdit de placer, dans un convoi contenant des voitures de voyageurs, aucune locomotive, tender ou autre voiture d'une nature quelconque, montés sur des roues en fonte.

Toutefois, le ministre des travaux publics pourra, par exception, autoriser l'emploi de roues en fonte, cerclées en fer, dans les trains mixtes de voyageurs et de marchandises et marchant à la vitesse d'au plus vingt-cinq kilomètres à l'heure.

Art. 11. — Les locomotives devront être pourvues d'appareils ayant pour objet d'arrêter les fragments de coke tombant de la grille et d'empêcher la sortie des flammèches par la cheminée.

Art. 12. — Les voitures destinées au transport des voyageurs seront d'une construction solide ; elles devront être commodes et pourvues de ce qui est nécessaire à la sûreté des voyageurs.

Les dimensions de la place affectée à chaque voyageur devront être d'au moins quarante-cinq centimètres en largeur, soixante-cinq centimètres en profondeur et un mètre quarante-cinq centimètres en hauteur ; cette disposition sera appliquée aux chemins de fer existants, dans un délai qui sera fixé pour chaque chemin par le ministre des travaux publics.

Art. 13. — Aucune voiture pour les voyageurs ne sera mise en service sans une autorisation du préfet, donnée sur le rapport d'une commission constatant que la voiture satisfait aux conditions de l'article précédent.

L'autorisation de mise en service n'aura d'effet qu'après que l'estampille prescrite pour les voitures publiques par l'article 117 de la loi du 25 mars 1817 aura été délivrée par le directeur des contributions indirectes.

Art. 14. — Toute voiture de voyageurs portera, dans l'intérieur, l'indication apparente du nombre des places.

Art. 15. — Les locomotives, tenders et voitures de toute espèce, devront porter : 1° le nom ou les initiales du nom du chemin de fer auquel ils appartiennent ; 2° un numéro d'ordre. Les voitures de voyageurs porteront, en outre, l'estampille délivrée par l'administration des contributions indirectes. Ces diverses indications seront placées d'une manière apparente sur la caisse ou sur les côtés des châssis.

Art. 16. — Les machines, locomotives, tenders et voitures de toute espèce, et tout le matériel d'exploitation, seront constamment maintenus dans un bon état d'entretien.

La compagnie devra faire connaître au ministre des travaux publics les mesures adoptées par elle à cet égard, et, en cas d'insuffisance, le ministre, après avoir entendu les observations de la compagnie, prescrira les dispositions qu'il jugera nécessaires à la sûreté de la circulation.

TITRE III

DE LA COMPOSITION DES CONVOIS

Art. 17. — Tout convoi ordinaire de voyageurs devra contenir, en nombre suffisant, des voitures de chaque classe, à moins d'une autorisation spéciale du ministre des travaux publics.

Art. 18. — Chaque train de voyageurs devra être accompagné :

1° D'un mécanicien et d'un chauffeur par machine : le chauffeur devra être capable d'arrêter la machine en cas de besoin ;

2° Du nombre de conducteurs gardes-freins qui sera déterminé pour chaque chemin, suivant les pentes et suivant le nombre de voitures, par le ministre des travaux publics, sur la proposition de la compagnie.

Sur la dernière voiture de chaque convoi ou sur l'une des voitures placées à l'arrière, il y aura toujours un frein, et un conducteur chargé de le manœuvrer.

Lorsqu'il y aura plusieurs conducteurs dans un convoi, l'un d'entre eux devra toujours avoir autorité sur les autres.

Un train de voyageurs ne pourra se composer de plus de vingt-quatre voitures à quatre roues. S'il entre des voitures à six roues dans la composition du convoi, le maximum du nombre de voitures sera déterminé par le ministre.

Les dispositions des paragraphes précédents sont applicables aux trains mixtes de voyageurs et de marchandises marchant à la vitesse des voyageurs.

Quant aux convois de marchandises qui transportent en même temps des voyageurs et des marchandises, et qui ne marchent pas à la vitesse ordinaire des voyageurs, les mesures spéciales et les conditions de sûreté auxquelles ils devront être assujettis seront déterminées par le ministre, sur la proposition de la compagnie.

Art. 19. — Les locomotives devront être en tête des trains.

Il ne pourra être dérogé à cette disposition que pour les manœuvres à exécuter dans le voisinage des stations ou pour le cas de secours. Dans ces cas spéciaux, la vitesse ne devra pas dépasser vingt-cinq kilomètres par heure.

Art. 20. — Les convois de voyageurs ne devront être remorqués que par une seule locomotive, sauf les cas où l'emploi d'une machine deviendrait nécessaire, soit pour la montée d'une rampe de forte inclinaison, soit par suite d'une affluence extraordinaire de voyageurs, de l'état de l'atmosphère, d'un accident ou d'un retard exigeant l'emploi de secours, ou de tout autre cas analogue ou spécial préalablement déterminé par le ministre des travaux publics.

Il est, dans tous les cas, interdit d'atteler simultanément plus de deux locomotives à un convoi de voyageurs.

La machine placée en tête devra régler la marche du train.

Il devra toujours y avoir en tête de chaque train, entre le tender et la première voiture de voyageurs, autant de voitures ne portant pas de voyageurs qu'il y aura de machines attelées.

Dans tous les cas où il sera attelé plus d'une locomotive à un train, mention en sera faite sur un registre à ce destiné, avec indication du motif de la mesure, de la station où elle aura été jugée nécessaire, et de l'heure à laquelle le train aura quitté cette station.

Ce registre sera représenté à toute réquisition aux fonctionnaires et agents de l'administration publique chargés de la surveillance de l'exploitation.

Art. 21. — Il est défendu d'admettre, dans les convois qui portent des voyageurs, aucune matière pouvant donner lieu soit à des explosions, soit à des incendies.

Art. 22. — Les voitures entrant dans la composition des trains de voyageurs seront liées entre elles par des moyens d'attache tels, que les tampons à ressort de ces voitures soient toujours en contact.

Les voitures des entrepreneurs de messageries ne pourront être admises dans la composition des trains qu'avec l'autorisation du ministre des travaux publics, et que moyennant les conditions indiquées dans l'acte d'autorisation.

Art. 23. — Les conducteurs garde-freins seront mis en communication avec le mécanicien, pour donner, en cas d'accident, le signal d'alarme, par tel moyen qui sera autorisé par le ministre des travaux publics, sur la proposition de la compagnie.

Art. 24. — Les trains devront être éclairés extérieurement pendant la nuit. En cas d'insuffisance du système d'éclairage, le ministre des travaux publics prescrira, la compagnie entendue, les dispositions qu'il jugera nécessaires.

Les voitures fermées, destinées aux voyageurs, devront être éclairées intérieurement pendant la nuit et au passage des souterrains qui seront désignés par le ministre.

TITRE IV

DU DÉPART, DE LA CIRCULATION ET DE L'ARRIVÉE DES CONVOIS

Art. 25. — Pour chaque chemin de fer, le ministre des travaux publics déterminera, sur la proposition de la compagnie, le sens du mouvement des trains et des machines isolées sur chaque voie, quand il y a plusieurs voies, ou les points de croisement quand il n'y en a qu'une.

Il ne pourra être dérogé, sous aucun prétexte, aux dispositions qui auront été prescrites par le ministre, si ce n'est dans le cas où la voie serait interceptée ; et, dans ce cas, le changement devra être fait avec les précautions indiquées en l'article 34 ci-après.

Art. 26. — Avant le départ du train, le mécanicien s'assurera si toutes les parties de la locomotive et du tender sont en bon état, si le frein de ce tender fonctionne convenablement.

La même vérification sera faite par les conducteurs gardes-freins, en ce qui concerne les voitures et les freins de ces voitures.

Le signal du départ ne sera donné que lorsque les portières seront fermées.

Le train ne devra être mis en marche qu'après le signal du départ.

Art. 27. — Aucun convoi ne pourra partir d'une station avant l'heure déterminée par le règlement de service.

Aucun convoi ne pourra également partir d'une station avant qu'il se soit écoulé, depuis le départ ou le passage du convoi précédent, le laps de temps qui aura été fixé par le ministre des travaux publics, sur la proposition de la compagnie.

Des signaux seront placés à l'entrée de la station pour indiquer aux mécaniciens des trains qui pourraient survenir, si le délai déterminé en vertu du paragraphe précédent est écoulé.

Dans l'intervalle des stations, des signaux seront établis, afin de donner le même avertissement au mécanicien sur les points où il ne peut pas voir devant lui à une distance suffisante. Dès que l'avertissement lui sera donné, le mécanicien devra ralentir la marche du train. En cas d'insuffisance des signaux établis par la compagnie, le ministre prescrira, la compagnie entendue, l'établissement de ceux qu'il jugera nécessaires.

Art. 28. — Sauf le cas de force majeure ou de réparation de la voie, les trains ne pourront s'arrêter qu'aux gares ou lieux de stationnement autorisés pour le service des voyageurs ou des marchandises.

Les locomotives ou les voitures ne pourront stationner sur les voies du chemin de fer affectées à la circulation des trains.

Art. 29. — Le ministre des travaux publics déterminera, sur la proposition de la compagnie, les mesures spéciales de précaution relatives à la circulation des trains sur les plans inclinés et dans les souterrains à une ou à deux voies, à raison de leur longueur et de leur tracé.

Il déterminera également, sur la proposition de la compagnie, la vitesse que les trains de voyageurs pourront prendre sur les diverses parties de chaque ligne et la durée du trajet.

Art. 30. — Le ministre des travaux publics prescrira, sur la proposition de la compagnie, les mesures spéciales de précaution à prendre pour l'expédition et la marche des convois extraordinaires.

Dès que l'expédition d'un convoi extraordinaire aura été décidée, déclaration devra en être faite immédiatement au commissaire spécial de police, avec indication du motif de l'expédition du convoi et de l'heure du départ.

Art. 31. — Il sera placé le long du chemin, pendant le jour et pendant la nuit, soit pour l'entretien, soit pour la surveillance de la voie, des agents en nombre assez grand pour assurer la libre circulation des trains et la transmission des signaux ; en cas d'insuffisance, le ministre des travaux publics en règlera le nombre, la compagnie entendue.

Ces agents seront pourvus de signaux de jour et de nuit à l'aide desquels ils annonceront si la voie est libre et en bon état, si le mécanicien doit ralentir sa marche ou s'il doit arrêter immédiatement le train.

Ils devront, en outre, signaler de proche en proche l'arrivée des convois.

Art. 32. — Dans le cas où, soit un train, soit une machine isolée s'arrêterait sur la voie pour cause d'accident, le signal d'arrêt indiqué en l'article précédent devra être fait à cinq cents mètres au moins à l'arrière.

Les conducteurs principaux des convois et les mécaniciens conducteurs des machines isolées devront être munis d'un signal d'arrêt.

Art. 33. — Lorsque des ateliers de réparation seront établis sur une voie, des signaux devront indiquer si l'état de la voie ne permet pas le passage des trains, ou s'il suffit de ralentir la marche de la machine.

Art. 34. — Lorsque, par suite d'un accident, de réparation ou de toute autre cause, la circulation devra s'effectuer momentanément sur une autre voie, il devra être placé un garde auprès des aiguilles de chaque changement de voie.

Les gardes ne laisseront les trains s'engager dans la voie unique réservée à la circulation, qu'après s'être assurés qu'ils ne seront pas rencontrés par un train venant dans un sens opposé.

Il sera donné connaissance au commissaire spécial de police du signal ou de l'ordre de service adopté pour assurer la circulation sur la voie unique.

Art. 35. — La compagnie sera tenue de faire connaître au ministre des travaux publics le système de signaux qu'elle a adopté ou qu'elle se propose d'adopter pour les cas prévus par le présent titre. Le ministre prescrira les modifications qu'il jugera nécessaires.

Art. 36. — Le mécanicien devra porter constamment son attention sur l'état de la voie, arrêter ou ralentir la marche en cas d'obstacles, suivant les circonstances, et se conformer aux signaux qui lui seront transmis ; il surveillera toutes les parties de la machine, la tension de la vapeur et le niveau d'eau de la chaudière. Il veillera à ce que rien n'embarrasse la manœuvre du frein du tender.

Art. 37. — A cinq cents mètres au moins avant d'arriver au point où une ligne d'embranchement vient croiser la ligne principale, le mécanicien devra modérer la vitesse de telle manière que le train puisse être complètement arrêté avant d'atteindre ce croisement, si les circonstances l'exigent.

Au point d'embranchement ci-dessus désigné, des signaux devront indiquer le sens dans lequel les aiguilles sont placées.

A l'approche des stations d'arrivée, le mécanicien devra faire les dispositions convenables pour que la vitesse acquise du train soit complètement amortie avant le point où les voyageurs doivent descendre, et de telle sorte qu'il soit nécessaire de remettre la machine en action pour atteindre ce point.

Art. 38. — A l'approche des stations, des passages à niveau, des courbes, des tranchées et des souterrains, le mécanicien devra faire jouer le sifflet à vapeur, pour avertir de l'approche du train.

Il se servira également du sifflet comme moyen d'avertissement, toutes les fois que la voie ne lui paraîtra pas complètement libre.

Art. 39. — Aucune personne autre que le mécanicien et le chauffeur ne pourra monter sur la locomotive ou sur le tender, à moins d'une permission spéciale et écrite du directeur de l'exploitation du chemin de fer.

Sont exceptés de cette interdiction les ingénieurs des ponts et chaussées, les ingénieurs des mines chargés de la surveillance, et les commissaires spéciaux de police. Toutefois, ces derniers devront remettre au chef de la station ou au conducteur principal du convoi une réquisition écrite et motivée.

Art. 40. — Des machines dites *de secours* ou *de réserve* devront être entretenues constamment en feu et prêtes à partir, sur les points de chaque ligne qui seront désignés par le ministre des travaux publics, sur la proposition de la compagnie.

Les règles relatives au service de ces machines seront également déterminées par le ministre, sur la proposition de la compagnie.

Art. 41. — Il y aura constamment, au lieu de dépôt des machines, un waggon chargé de tous les agrès et outils nécessaires en cas d'accident.

Chaque train devra d'ailleurs être muni des outils les plus indispensables.

Art. 42. — Aux stations qui seront désignées par le ministre des travaux publics, il sera tenu des registres sur lesquels on mentionnera les retards excédant dix minutes pour les parcours dont la longueur est inférieure à cinquante kilomètres, et quinze minutes pour les parcours de cinquante kilomètres et au delà. Ces registres indiqueront la nature et la composition des trains, le nom des locomotives qui les ont remorqués, les heures de départ et d'arrivée, la cause et la durée du retard.

Ces registres seront représentés à toute réquisition aux ingénieurs, fonctionnaires et agents de l'administration publique chargés de la surveillance du matériel et de l'exploitation.

Art. 43. — Des affiches placées dans les stations feront connaître au public les heures de départ des convois ordinaires de toute sorte, les stations qu'ils doivent desservir, les heures auxquelles ils doivent arriver à chacune des stations et en partir.

Quinze jours, au moins, avant d'être mis à exécution, ces ordres de service seront communiqués en même temps aux commissaires royaux, au préfet du département et au ministre des travaux publics, qui pourra prescrire les modifications nécessaires pour la sûreté de la circulation ou pour les besoins du public.

TITRE V

DE LA PERCEPTION DES TAXES ET DES FRAIS ACCESSOIRES

Art. 44. — Aucune taxe, de quelque nature qu'elle soit, ne pourra être perçue par la compagnie qu'en vertu d'une homologation du ministre des travaux publics.

Les taxes perçues actuellement sur les chemins dont les concessions sont antérieures à 1835, et qui ne sont pas encore régularisées, devront l'être avant le 1er avril 1847.

Art. 45. — Pour l'exécution du paragraphe 1er de l'article qui précède, la compagnie devra dresser un tableau des prix qu'elle a l'intention de percevoir, dans la limite du maximum autorisé par le cahier des charges, pour le transport des voyageurs, des bestiaux, marchandises et objets divers, et en transmettre en même temps des expéditions au ministre des travaux publics, aux préfets des départements traversés par le chemin de fer et aux commissaires royaux.

Art. 46. — La compagnie devra, en outre, dans le plus court délai et dans les formes énoncées en l'article précédent, soumettre ses propositions au ministre des travaux publics pour les prix de transport non déterminés par le cahier des charges, et à l'égard desquels le ministre est appelé à statuer.

Art. 47. — Quant aux frais accessoires, tels que ceux de chargement, de déchargement et d'entrepôt dans les gares et magasins du chemin de fer, et quant à toutes les taxes qui doivent être réglées annuellement, la compagnie devra en soumettre le règlement à l'approbation du ministre des travaux publics, dans le dixième mois de chaque année. Jusqu'à décision, les anciens tarifs continueront à être perçus.

Art. 48. — Les tableaux des taxes et des frais accessoires approuvés seront constamment affichés dans les lieux les plus apparents des gares et stations des chemins de fer.

Art. 49. — Lorsque la compagnie voudra apporter quelques changements aux prix autorisés, elle en donnera avis au ministre des travaux publics, aux préfets des départements traversés et aux commissaires royaux.

Le public sera en même temps informé par des affiches des changements soumis à l'approbation du ministre.

A l'expiration du mois à partir de la date de l'affiche, les dites taxes pourront être perçues, si, dans cet intervalle, le ministre des travaux publics les a homologuées.

Si des modifications à quelques-uns des prix affichés étaient prescrites par le ministre, les prix modifiés devront être affichés de nouveau et ne pourront être mis en perception qu'un mois après la date de ces affiches.

Art. 50. — La compagnie sera tenue d'effectuer avec soin, exactitude et célérité, et sans tour de faveur, les transports des marchandises, bestiaux et objets de toute nature qui lui seront confiés.

Au fur et à mesure que des colis, des bestiaux ou des objets quelconques arriveront au chemin de fer, enregistrement en sera fait immédiatement, avec mention du prix total dû pour le transport. Le transport s'effectuera dans l'ordre des inscriptions, à moins de délais demandés ou consentis par l'expéditeur, et qui seront mentionnés dans l'enregistrement.

Un récépissé devra être délivré à l'expéditeur, s'il le demande, sans préjudice, s'il y a lieu, de la lettre de voiture. Le récépissé énoncera la nature et le poids des colis, le prix total du transport et le délai dans lequel ce transport devra être effectué.

Les registres mentionnés au présent article seront représentés à toute réquisition des fonctionnaires et agents chargés de veiller à l'exécution du présent règlement.

TITRE VI

DE LA SURVEILLANCE DE L'EXPLOITATION

Art. 51. — La surveillance de l'exploitation des chemins de fer s'exerce concurremment :

Par les commissaires royaux;

Par les ingénieurs des ponts et chaussées, les ingénieurs des mines, et par les conducteurs, les gardes-mines et autres agents sous leurs ordres;

Par les commissaires spéciaux de police et les agents sous leurs ordres.

Art. 52. — Les commissaires royaux seront chargés :

De surveiller le mode d'application des tarifs approuvés et l'exécution des mesures pour la réception et l'enregistrement des colis, leur transport et leur remise aux destinataires;

De veiller à l'exécution des mesures approuvées ou prescrites pour que le service des transports ne soit pas interrompu aux points extrêmes de lignes en communication l'une avec l'autre;

De vérifier les conditions des traités qui seraient passés par les compagnies avec les entreprises de transport par terre ou par eau, en correspondance avec les chemins de fer, et de signaler toutes les infractions au principe de l'égalité des taxes;

De constater le mouvement de la circulation des voyageurs et des marchandises sur les chemins de fer, les dépenses d'entretien et d'exploitation, et les recettes.

Art. 53. — Pour l'exécution de l'article ci-dessus, les compagnies seront tenues de représenter à toute réquisition aux commissaires royaux leurs registres de dépenses et de recettes, et les registres mentionnés à l'article 50 ci-dessus.

Art. 54. — A l'égard des chemins de fer pour lesquels les compagnies auraient obtenu de l'Etat soit un prêt avec intérêt privilégié, soit la garantie d'un minimum d'intérêt, ou pour lesquels l'Etat devrait entrer en partage des produits nets, les commissaires royaux exerceront toutes les autres attributions qui seront déterminées par les règlements spéciaux à intervenir dans chaque cas particulier.

Art. 55. — Les ingénieurs, les conducteurs et autres agents du service des ponts et chaussées seront spécialement chargés de surveiller l'état de la voie de fer, des terrassements et des ouvrages d'art et des clôtures.

Art. 56. — Les ingénieurs des mines, les gardes-mines et autres agents du service des mines seront spécialement chargés de surveiller l'état des machines fixes et locomotives employées à la traction des convois, et, en général, de tout le matériel servant à l'exploitation.

Ils pourront être suppléés par les ingénieurs, conducteurs ou autres agents du service des ponts et chaussées, et réciproquement.

Art. 57. — Les commissaires spéciaux de police et les agents sous leurs ordres sont chargés particulièrement de surveiller la composition, le départ, l'arrivée, la marche et les stationnements des trains, l'entrée, le stationnement et la circulation des voitures dans les cours et stations, l'admission du public dans les gares et sur les quais des chemins de fer.

Art. 58. — Les compagnies sont tenues de fournir des locaux convenables pour les commissaires spéciaux de police et les agents de surveillance.

Art. 59. — Toutes les fois qu'il arrivera un accident sur le chemin de fer, il en sera fait immédiatement déclaration à l'autorité locale et au commissaire spécial de police, à la diligence du chef du convoi. Le préfet du département, l'ingénieur des ponts et chaussées et l'ingénieur des mines chargés de la surveillance, et le commissaire royal, en seront immédiatement informés par les soins de la compagnie.

Art. 60. — Les compagnies devront soumettre à l'approbation du ministre des travaux publics leurs règlements relatifs au service et à l'exploitation des chemins de fer.

TITRE VII

DES MESURES CONCERNANT LES VOYAGEURS ET LES PERSONNES ÉTRANGÈRES AU SERVICE DU CHEMIN DE FER

Art. 61. — Il est défendu à toute personne étrangère au service du chemin de fer :

1° De s'introduire dans l'enceinte du chemin de fer, d'y circuler ou stationner ;

2° D'y jeter ou déposer aucuns matériaux ni objets quelconques ;

3° D'y introduire des chevaux, bestiaux ou animaux d'aucune espèce ;

4° D'y faire circuler ou stationner aucunes voitures, waggons ou machines étrangères au service.

Art. 62. — Sont exceptés de la défense portée au premier paragraphe de l'article précédent, les maires et adjoints, les commissaires de police, les officiers de gendarmerie, les gendarmes et autres agents de la force publique, les préposés aux douanes, aux contributions indirectes et aux octrois, les gardes champêtres et forestiers dans l'exercice de leurs fonctions et revêtus de leurs uniformes ou de leurs insignes.

Dans tous les cas, les fonctionnaires et les agents désignés au paragraphe précédent seront tenus de se conformer aux mesures spéciales de précaution qui auront été déterminées par le ministre, la compagnie entendue.

Art. 63. — Il est défendu :

1° D'entrer dans les voitures sans avoir pris un billet, et de se placer dans une voiture d'une autre classe que celle qui est indiquée par le billet ;

2° D'entrer dans les voitures ou d'en sortir autrement que par la portière qui fait face au côté extérieur de la ligne du chemin de fer ;

3° De passer d'une voiture dans une autre, de se pencher au dehors.

Les voyageurs ne doivent sortir des voitures qu'aux stations, et lorsque le train est complètement arrêté.

Il est défendu de fumer dans les voitures ou sur les voitures et dans les gares ; toutefois, à la demande de la compagnie et moyennant des mesures spéciales de précaution, des dérogations à cette disposition pourront être autorisées.

Les voyageurs sont tenus d'obtempérer aux injonctions des agents de la compagnie pour l'observation des dispositions mentionnées aux paragraphes ci-dessus.

Art. 64. — Il est interdit d'admettre dans les voitures plus de voyageurs que ne le comporte le nombre de places indiqué conformément à l'article 14 ci-dessus.

Art. 65. — L'entrée des voitures est interdite :

1° A toute personne en état d'ivresse ;

2° A tous individus porteurs d'armes à feu chargées et de paquets qui, par leur nature, leur volume ou leur odeur, pourraient gêner ou incommoder les voyageurs.

Tout individu porteur d'une arme à feu devra, avant son admission sur les quais d'embarquement, faire constater que son arme n'est point chargée.

Art. 66. — Les personnes qui voudront expédier des marchandises de la nature de celles qui sont mentionnées à l'article 21 devront les déclarer au moment où elles les apporteront dans les stations du chemin de fer.

Des mesures spéciales de précaution seront prescrites, s'il y a lieu, pour le transport desdites marchandises, la compagnie entendue.

Art. 67. — Aucun chien ne sera admis dans les voitures servant au transport des voyageurs ; toutefois, la compagnie pourra placer dans des caisses de voitures spéciales les voyageurs qui ne voudraient pas se séparer de leurs chiens, pourvu que ces animaux soient muselés, en quelque saison que ce soit.

Art. 68. — Les cantonniers, garde-barrières et autres agents du chemin de fer devront faire sortir immédiatement toute personne qui se serait introduite dans l'enceinte du chemin, ou dans quelque portion que ce soit de ses dépendances où elle n'aurait pas le droit d'entrer.

En cas de résistance de la part des contrevenants, tout employé du chemin de fer pourra requérir l'assistance des agents de l'administration et de la force publique.

Les chevaux ou bestiaux abandonnés qui seront trouvés dans l'enceinte du chemin de fer seront saisis et mis en fourrière.

TITRE VIII

DISPOSITIONS DIVERSES

Art. 69. — Dans tous les cas où, conformément aux dispositions du présent règlement, le ministre des travaux publics devra statuer sur la proposition d'une compagnie, la compagnie sera tenue de lui soumettre cette proposition dans le délai qu'il aura déterminé, faute de quoi le ministre pourra statuer directement.

Si le ministre pense qu'il y a lieu de modifier la proposition de la compagnie, il devra, sauf le cas d'urgence, entendre la compagnie avant de prescrire les modifications.

Art. 70. — Aucun crieur, vendeur ou distributeur d'objets quelconques ne pourra être admis à exercer sa profession dans les cours ou bâtiments des stations et dans les salles d'attente destinées aux voyageurs, qu'en vertu d'une autorisation spéciale du préfet du département.

Art. 71. — Lorsqu'un chemin de fer traverse plusieurs départements, les attributions conférées aux préfets par le présent règlement pourront être centralisées en tout ou en partie dans les mains de l'un des préfets des départements traversés.

Art. 72. — Les attributions données aux préfets des départements par la présente ordonnance seront, conformément à l'arrêté du 3 brumaire an IX, exercées par le préfet de police dans toute l'étendue du département de la Seine, et dans les communes de Saint-Cloud, Meudon et Sèvres, département de Seine-et-Oise.

Art. 73. — Tout agent employé sur les chemins de fer sera revêtu d'un uniforme ou porteur d'un signe distinctif; les cantonniers, gardes-barrières et surveillants pourront être armés d'un sabre.

Art. 74. — Nul ne pourra être employé en qualité de mécanicien conducteur de train, s'il ne produit des certificats de capacité délivrés dans les formes qui seront déterminées par le ministre des travaux publics.

Art. 75. — Aux stations désignées par le ministre, les compagnies entretiendront les médicaments et moyens de secours nécessaires en cas d'accident.

Art. 76. — Il sera tenu dans chaque station un registre coté et parafé, à Paris, par le préfet de police, ailleurs, par le maire du lieu, lequel sera destiné à recevoir les réclamations des voyageurs qui auraient des plaintes à former, soit contre la compagnie, soit contre ses agents. Ce registre sera présenté à toute réquisition des voyageurs.

Art. 77. — Les registres mentionnés aux articles 9, 20 et 42 ci-dessus seront cotés et parafés par le commissaire de police.

Art. 78. — Des exemplaires du présent règlement seront constamment affichés, à la diligence des compagnies, aux abords des bureaux de chemins de fer et dans les salles d'attente.

Le conducteur principal d'un train en marche devra également être muni d'un exemplaire du règlement.

Des extraits devront être délivrés, chacun pour ce qui le concerne, aux mécaniciens, chauffeurs, gardes-freins, cantonniers, gardes-barrières et autres agents employés sur le chemin de fer.

Des extraits, en ce qui concerne les règles à observer par les voyageurs pendant le trajet devront être placés dans chaque caisse de voiture.

Art. 79. — Seront constatées, poursuivies et réprimées, conformément au titre III de la loi du 15 juillet 1845, sur la police des chemins de fer, les contraventions au présent règlement, aux décisions rendues par le ministre des travaux publics, et aux arrêtés pris, sous son approbation, par les préfets, pour l'exécution du dit règlement.

Art. 80. — Notre ministre secrétaire d'Etat des travaux publics est chargé de l'exécution de la présente ordonnance, qui sera insérée au Bulletin des lois.

Fait au palais de , le 15 novembre 1846.

EXTRAIT

DE LA LOI DU 10 JUIN 1853

Contenant des dispositions applicables à tous les chemins de fer.

TITRE II.

DISPOSITIONS GÉNÉRALES APPLICABLES A TOUS LES CHEMINS DE FER

Art. 2. — Tout agent de change qui se prête à une négociation d'actions interdite par le décret de concession d'un chemin de fer, est passible des peines prononcées par l'article 13 de la loi du 15 juillet 1845.

Art. 3. — Toute publication quelconque de la valeur d'actions dont la négociation est interdite par le décret de concession d'un chemin de fer rend le contrevenant passible des mêmes peines.

CAHIER DES CHARGES DE CONCESSION

JOINT A LA LOI DU 4 DÉCEMBRE 1875

TITRE PREMIER

TRACÉ ET CONSTRUCTION

Article premier. — Le chemin de fer d'Alais au Rhône partira d'Alais, en un point à déterminer ultérieurement par l'Administration, la Compagnie entendue; il passera par ou près Seynes, la Brugnière, Connaux, et aboutira au Rhône, au lieu dit *Port-l'Ardoise*.

Art. 2. — Les travaux devront être commencés dans un délai d'un an et terminés dans un délai de quatre ans, à partir de la date de la loi qui approuve la présente concession.

Art. 3. — Aucun travail ne pourra être entrepris, pour l'établissement du chemin de fer et de ses dépendances, qu'avec l'autorisation de l'Administration supérieure; à cet effet, les projets de tous les travaux à exécuter seront dressés en double expédition et soumis à l'approbation du Ministre, qui prescrira, s'il y a lieu, d'y introduire telles modifications que de droit. L'une de ces expéditions sera remis à la Compagnie avec le visa du Ministre; l'autre demeurera entre les mains de l'Administration.

Avant comme pendant l'exécution, la Compagnie aura la faculté de proposer aux projets approuvés les modifications qu'elle jugerait utiles; mais ces modifications ne pourront être exécutées que moyennant l'approbation de l'Administration supérieure.

Art. 4. — La Compagnie pourra prendre copie de tous les plans, nivellements et devis qui pourraient avoir été antérieurement dressés aux frais de l'État.

Art. 5. — Le tracé et le profil du chemin de fer seront arrêtés sur la production de projets d'ensemble comprenant, pour la ligne entière ou pour chaque section de la ligne:

1° Un plan général à l'échelle de un dix-millième;

2° Un profil en long à l'échelle de un cinq-millième pour les longueurs et de un millième pour les hauteurs, dont les cotes seront rapportées au niveau moyen de la mer, pris pour point de comparaison; au-dessous de ce profil, on indiquera, au moyen de trois lignes horizontales disposées à cet effet, savoir:

Les distances kilométriques du chemin de fer, comptées à partir de son origine;

La longueur et l'inclinaison de chaque pente ou rampe;

La longueur des parties droites et le développement des parties courbes du tracé, en faisant connaître le rayon correspondant à chacune de ces dernières ;

3° Un certain nombre de profils en travers, y compris le profil type de la voie ;

4° Un mémoire dans lequel seront justifiées toutes les dispositions essentielles du projet et un devis descriptif dans lequel seront reproduites, sous forme de tableaux, les indications relatives aux déclivités et aux courbes déjà données sur le profil en long.

La position des gares et stations projetées, celle des cours d'eau et des voies de communication traversés par le chemin de fer, des passages soit à niveau, soit en dessus, soit en dessous de la voie ferrée, devront être indiquées tant sur le plan que le profil en long ; le tout sans préjudice des projets à fournir pour chacun de ces ouvrages.

Art. 6. — Les terrains seront acquis pour deux voies ; mais le chemin pourra n'être exécuté immédiatement que pour une voie, sauf l'établissement d'un certain nombre de gares d'évitement et la fondation pour deux voies des grands ouvrages d'art.

La Compagnie sera tenue d'ailleurs d'établir la deuxième voie, soit sur la totalité du chemin, soit sur les parties qui lui seront désignées, lorsque l'insuffisance d'une seule voie, par suite du développement de la circulation, aura été constatée par l'Administration.

Les terrains acquis par la Compagnie pour l'établissement de la seconde voie ne pourront recevoir un autre destination.

Art. 7. — La largeur de la voie, entre les bords intérieurs des rails, devra être de un mètre quarante-quatre (1m,44) à un mètre quarante-cinq centimètres (1m,45). Dans les parties à deux voies, la largeur de l'entre-voie, mesurée entre les bords extérieurs des rails, sera de deux mètres (2m.00).

La largeur des accotements, c'est-à-dire des parties comprises, de chaque côté, entre le bord extérieur du rail et l'arrête supérieure du ballast, sera de un mètre (1m.00) au moins.

On ménagera, au pied de chaque talus du ballast, une banquette de cinquante centimètres (0m,50) de largeur.

La Compagnie établira, le long du chemin de fer, les fossés ou rigoles qui seront jugés nécessaires pour l'assèchement de la voie et pour l'écoulement des eaux.

Les dimensions de ces fossés et rigoles seront déterminées par l'Administration, suivant les circonstances locales, sur les propositions de la Compagnie.

Art. 8. — Les alignements seront raccordés entre eux par des courbes dont le rayon ne pourra être inférieur à 300 mètres. Une partie droite de 100 mètres au moins de longueur devra être ménagée entre deux courbes consécutives, lorsqu'elles seront dirigées en sens contraire.

Le maximum de l'inclinaison des pentes et rampes est fixé à vingt millimètres (0m,020) par mètre.

Une partie horizontale de 100 mètres, au moins, devra être ménagée entre deux fortes déclivités consécutives, lorsque ces déclivités se succèderont en sens contraire, et de manière à verser leurs eaux au même point.

Les déclivités correspondant aux courbes de faible rayon devront être réduites autant que faire se pourra.

La Compagnie aura la faculté de proposer aux dispositions de cet article et à celles de l'article précédent des modifications qui lui paraîtraient utiles ; mais ces modifications ne pourront être executées que moyennant l'approbation préalable de l'Administration supérieure.

Art. 9. — Le nombre, l'étendue et l'emplacement des gares d'évitement seront déterminés par l'Administration, la Compagnie entendue.

Le nombre des voies sera augmenté, s'il y a lieu, dans les gares et aux abords des gares, conformément aux décisions qui seront prises par l'Administration la Compagnie entendue.

Le nombre et l'emplacement des stations de voyageurs et des gares de marchandises seront également déterminés par l'Administration, sur les propositions de la Compagnie, après une enquête spéciale.

La Compagnie sera tenue, préalablement à tout commencement d'exécution, de soumettre à l'Administration le projet des dites gares, lequel se composera :

1o D'un plan à l'échelle de un cinq-centième, indiquant les voies, les quais, les bâtiments et leur distribution intérieure, ainsi que la disposition de leurs abords.

2o D'une élévation des bâtiments à l'échelle de 0m.01 par mètre;

3o D'un mémoire descriptif dans lequel les dispositions essentielles du projet seront justifiées.

Art. 10. — A moins d'obstacles locaux, dont l'appréciation appartiendra à l'Administration, les croisements à niveau pourront toujours avoir lieu sous les conditions stipulées dans l'article 13.

Art. 11. — Lorsque le chemin de fer devra passer au-dessus d'une route nationale ou départementale, ou d'un chemin vicinal, l'ouverture du viaduc sera fixée par l'Administration, en tenant compte des circonstances locales ; mais cette ouverture ne pourra, dans aucun cas, être inférieure à huit mètres (8m.) pour la route nationale, à sept mètres (7m.) pour la route départementale, à cinq mètres (5m.) pour un chemin vicinal de grande communication, et à quatre mètres (4m.) pour un simple chemin vicinal.

Pour les viaducs de forme cintrée, la hauteur, sous clef, à partir du sol de la route, sera de cinq mètres (5m.) au moins. Pour ceux qui seront formés de poutres horizontales en bois ou en fer, la hauteur sous poutres, sera de quatre mètres trente centimètres (4m.30) au moins.

La largeur, entre les parapets, sera au moins de huit mètres (8m). La hauteur de ces parapets sera fixée par l'Administration et ne pourra, dans aucun cas, être inférieure à quatre-vingt centimètres (0m.80).

Sur les lignes et sections pour lesquelles la Compagnie est autorisée à n'exécuter les ouvrages d'art que pour une seule voie, la lageur des viaducs, entre les parapets, sera de quatre mètres cinquante centimètres (4m.50) au moins.

Art. 12. — Lorsque le chemin de fer devra passer au-dessous d'une route nationale ou départementale, ou d'un chemin vicinal, la largeur entre les parapets du pont qui supportera la route ou le chemin sera fixée par l'Administration, en tenant compte des circonstances locales ; mais cette largeur ne pourra, dans aucun cas, être inférieure à huit mètres (8m.) pour la route nationale, à sept mètres (7m.) pour la route départementale, à cinq mètres (5m.) pour un chemin vicinal de grande communication, et à quatre mètres (4m.) pour un simple chemin vicinal.

L'ouverture du pont entre les culées sera au moins de huit mètres (8m.), et la distance verticale ménagée au-dessus des rails extérieurs de chaque voie pour le passage des trains ne sera pas inférieure à quatre mètres quatre-vingts centimètres (4m.80) au moins.

Sur les lignes ou sections pour lesquelles la Compagnie est autorisée à n'exécuter les ouvrages d'art que pour un seule voie, l'ouverture entre les culées sera de quatre mètres cinquante centimètres (4m50).

Art. 13. — Dans le cas où des routes nationales ou départementales ou des chemins vicinaux, ruraux ou particuliers, seraient traversés à leur niveau par le chemin de fer, les rails devront être posés, sans aucune saillie ni dépression sur la surface de ces routes, et de telle sorte qu'il n'en résulte aucune gêne pour la circulation des voitures.

Le croisement à niveau du chemin de fer et des routes ne pourra s'effectuer sous un angle moindre de 45 degrés.

Chaque passage à niveau sera muni de barrières ; il y sera, en outre, établi une maison de garde toutes les fois que l'utilité en sera reconnue par l'Administration.

La Compagnie devra soumettre à l'approbation de l'Administration les projets types de ces barrières.

Art. 14. — Lorsqu'il y aura lieu de modifier l'emplacement ou le profi des routes existantes, l'inclinaison des pentes et rampes sur les routes modifiées ne pourra excéder trois centimètres (0m,03) par mètre pour les routes nationales ou départementales, et cinq centimètres (0m,05), pour les chemins vicinaux. L'Administration restera libre, toutefois, d'apprécier les circonstances qui pourraient motiver une dérogation à cette clause comme à celle qui est relative à l'angle de croisement des passages à niveau.

Art. 15. — La Compagnie sera tenue de rétablir et d'assurer, à ses frais, l'écoulement de toutes les eaux dont le cours serait arrêté, suspendu ou modifié par ses travaux, et de prendre les mesures nécessaires pour prévenir l'insalubrité pouvant résulter des chambres d'emprunt.

Les viaducs à construire à la rencontre des rivières, des canaux et des cours d'eau quelconques auront au moins huit mètres (8m) de largeur, entre les parapets, sur les chemins à deux voies, et quatre mètres cinquante centimètres (4m,50) sur les chemins à une voie. La hauteur de ces parapets sera fixée par l'Administration et ne pourra être inférieure à quatre-vingts centimètres (0m,80).

La hauteur et le débouché du viaduc seront déterminés, dans chaque cas particulier, par l'Administration, suivant les circonstances locales.

Dans tous les cas où l'administration le jugera utile, il pourra être accolé aux ponts établis par la Compagnie, pour le service du chemin de fer, une voie charretière ou une passerelle pour piétons. L'excédent de dépense qui en résultera sera supporté par l'Etat, le département ou les communes intéressées, après évaluation contradictoire des Ingénieurs de l'Etat et de la Compagnie.

Art. 16. — Les souterrains à établir pour le passage du chemin de fer auront au moins 8 mètres (8m) de largeur, entre les pieds droits, au niveau des rails, et six mètres (6m) de hauteur, sous clef, au-dessus de la surface des rails. La distance verticale entre l'intrados et le dessus des rails extérieurs de chaque voie ne sera pas inférieure à quatre mètres quatre-vingts centimètres (4m,80). L'ouverture des puits d'aérage et de construction des souterrains sera entourée d'une margelle en maçonnerie de deux mètres (2m) de hauteur. Cette ouverture ne pourra être établie sur aucune voie publique.

Art. 17. — A la rencontre des cours d'eau flottables ou navigables, la Compagnie sera tenue de prendre toutes les mesures et de payer tous les frais nécessaires pour que le service de la navigation ou du flottage n'éprouve ni interruption ni entrave pendant l'exécution des travaux.

A la rencontre des routes nationales ou départementales et des autres chemins publics, il sera construit des chemins et des ponts provisoires, par les soins et aux frais de la Compagnie, partout où cela sera jugé nécessaire, pour que la circulation n'éprouve ni interruption ni gêne.

Avant que les communications existantes puissent être interceptées, une reconnaissance sera faite par les ingénieurs de la localité, à l'effet de constater si les ouvrages provisoires présentent une solidité suffisante, et s'ils peuvent assurer le service de la circulation.

Un délai sera fixé par l'Administration pour l'exécution des travaux définitifs destinés à rétablir les communications interceptées.

Art. 18. — La Compagnie n'emploiera, dans l'exécution des ouvrages, que des matériaux de bonne qualité ; elle sera tenue de se conformer à toutes les règles de l'art, de manière à obtenir une construction parfaitement solide.

Tous les aqueducs, ponceaux, ponts et viaducs à construire à la rencontre des divers cours d'eau et des chemins publics ou particuliers seront en maçonnerie ou en fer, sauf les cas d'exception qui pourront être admis par l'Administration.

Art. 19. — Les voies seront établies d'une manière solide et avec des matériaux de bonne qualité.

Le poids des rails sera au moins de 35 kilogrammes par mètre courant sur les voies de ciculation, si ces rails sont posés sur traverses, et de 30 kilogrammes dans le cas où ils seraient posés sur longrines.

Art. 20. — Le chemin de fer sera séparé des propriétés riveraines par des murs, haies ou toute autre clôture dont le mode et la disposition seront autorisés par l'Administration, sur la proposition de la Compagnie savoir :

1° Dans toute l'étendue de la traversée des lieux habités ;

2° Sur 50 mètres de longueur au moins de chaque côté des passages à niveau ou des stations ;

3° Et, enfin dans toutes les parties où l'Administration le jugerait nécessaire.

Art. 21. — Tous les terrains nécessaires pour l'établissement du chemin de fer et de ses dépendances, pour la déviation des voies de communication et des cours d'eau déplacés, et, en général, pour l'exécution des travaux, quels qu'ils soient, auxquels cet établissement pourra donner lieu, seront achetés et payés par la Compagnie concessionnaire.

Les indemnités pour occupation temporaire ou pour détoriation de terrains pour chômage, modification ou destruction d'usines, et pour tous dommages quelconques résultant des travaux, seront supportées et payés par la Compagnie.

Art. 22. — L'entreprise étant d'utilité publique, la Compagnie est investie, pour l'exécution des travaux dépendant de sa concession, de tous les droits que les lois et règlements confèrent à l'Administration en matière de travaux publics, soit pour l'acquisition des terrains par voie d'expropriation, soit pour l'extraction, le transport et le dépôt des terres, matériaux, etc. ; et elle demeure, en même temps, soumise à toutes les obligations qui dérivent, pour l'Administration, de ces lois et règlements.

Art. 23. — Dans les limites de la zone frontière et dans le rayon de servitude des enceintes fortifiées, la Compagnie sera tenue, pour l'étude et l'exécution de ses projets, de se soumettre à l'accomplissement de toutes les formalités et de toutes les conditions exigées par les lois, décrets et règlements concernant les travaux mixtes.

Art. 24. — Si la ligne du chemin de fer traverse un sol déjà concédé pour l'exploitation d'une mine, l'Administration déterminera les mesures à prendre pour que l'établissement du chemin de fer ne nuise pas à l'exploitation de la mine, et réciproquement pour que, le cas échéant, l'exploitation de la mine ne compromette pas l'existence du chemin de fer.

Les travaux de consolidation à faire dans l'intérieur de la mine, à raison de la traversée du chemin de fer, et tous les dommages résultant de cette traversée pour les concessionnaires de la mine, seront à la charge de la Compagnie.

Art. 25. — Si le chemin de fer doit s'étendre sur des terrains renfermant des carrières ou les traverser souterrainement, il ne pourra être livré à la circulation avant que les excavations qui pourraient en compromettre la solidité aient été remblayées ou consolidées. L'Administration déterminera la nature et l'étendue des travaux qu'il conviendra d'entreprendre à cet effet, et qui seront d'ailleurs exécutés par les soins et aux frais de la Compagnie.

Art. 26. — Pour l'exécution des travaux, la Compagnie se soumettra aux décisions ministérielles concernant l'interdiction du travail les dimanches et jours fériés.

Art. 27. — Les travaux seront exécutés sous le contrôle et la surveillance de l'Administration.

Les travaux devront être adjugés par lots sur série de prix, soit avec publicité et concurrence, soit sur soumissions cachetées, entre entrepreneurs agréés à l'avance ; toutefois, si le Conseil d'administration juge convenable, pour une entreprise ou une fourniture déterminée, de procéder par voie de régie ou de traité direct, il devra, préalablement à toute exécution, obtenir de l'Assemblée générale des actionnaires l'approbation soit de la régie, soit du traité.

Tout marché à forfait, avec ou sans série de prix, passé avec un même entrepreneur, soit pour l'exécution des terrassements ou ouvrages d'art, soit pour l'ensemble du chemin de fer, soit pour la construction d'une ou plusieurs sections de ce chemin, est, dans tous les cas, formellement interdit.

Le contrôle et la surveillance de l'Administration auront pour objet d'empêcher la Compagnie de s'écarter des dispositions prescrites par le présent cahier des charges et spécialement par le présent article, et de celles qui résulteront des projets approuvés.

Art. 28. — A mesure que les travaux seront terminés sur des parties de chemin de fer susceptibles d'être livrées utilement à la circulation, il sera procédé, sur la demande de la Compagnie, à la reconnaissance et, s'il y a lieu, à la réception provisoire de ces travaux, par un ou plusieurs commissaires que l'administration désignera.

Sur le vu du procès-verbal de cette reconnaissance, l'Administration autorisera, s'il y a lieu, la mise en exploitation des parties dont il s'agit : après cette autorisation, la Compagnie pourra mettre les dites parties en service et y percevoir les taxes ci après déterminées. Toutefois,ces réceptions partielles ne deviendront définitives que par la réception générale et définitive du chemin de fer.

Art. 29. — Après l'achèvement total des travaux et dans le délai qui sera fixé par l'Administration, la Compagnie fera faire, à ses frais, un bornage contradictoire et un plan cadastral du chemin de fer et de ses dépendances. Elle fera dresser, également à ses frais, et contradictoirement avec l'Administration, un état descriptif de tous les ouvrages d'art qui auront été exécutés ledit état accompagné d'un atlas contenant les dessins cotés de tous les dits ouvrages.

Une expédition dûment certifiée des procès-verbaux de bornage, du plan cadastral, de l'état descriptif et de l'atlas sera dressée aux frais de la Compagnie et déposée dans les archives du ministère.

Les terrains acquis par la Compagnie postérieurement au bornage général, en vue de satisfaire aux besoins de l'exploitation, et qui, par cela même, deviendront partie intégrante du chemin de fer, donneront lieu, au fur et à mesure de leur acquisition, à des bornages supplémentaires, et seront ajoutés sur le plan cadastral ; addition sera également faite sur l'atlas de tous les ouvrages d'art exécutés postérieurement à sa rédaction.

TITRE II

ENTRETIEN ET EXPLOITATION

Art. 30. — Le chemin de fer et toutes ses dépendances seront constamment entretenus en bon état, de manière que la circulation y soit toujours facile et sûre.

Les frais d'entretien et ceux auxquels donneront lieu les réparations ordinaires et extraordinaires seront entièrement à la charge de la Compagnie.

Si le chemin de fer, une fois achevé, n'est pas constamment entretenu en bon état, il y sera pourvu d'office à la diligence de l'Administration et aux frais de la Compagnie, sans préjudice, s'il y a lieu, de l'application des dispositions indiquées ci-après dans l'article 40.

Le montant des avances faites sera recouvré au moyen de rôles que le préfet rendra exécutoires.

Art. 31. — La Compagnie sera tenue d'établir à ses frais, partout où besoin sera, des gardiens en nombre suffisant pour assurer la sécurité du passage des trains sur la voie et celle de la circulation ordinaire sur les points où le chemin de fer sera traversé à niveau par des routes ou chemins.

Art. 32.—Les machines locomotives seront construites sur les meilleurs modèles ; elles devront consumer leur fumée et satisfaire d'ailleurs à toutes les conditions prescrites ou à prescrire par l'Administration pour la mise en service de ce genre de machines.

Les voitures de voyageurs devront également être faites d'après les meilleurs modèles et satisfaire à toutes les conditions réglées ou à régler pour les voitures servant au transport des voyageurs sur les chemins de fer. Elles seront suspendues sur ressorts et garnie de banquettes.

Il y en aura de trois classes au moins :

1° Les voitures de première classe seront couvertes, garnies, fermées à glaces, munies de rideaux ;

2° Celles de deuxième classe seront couvertes, fermées à glaces, munies de rideaux et auront des banquettes rembourées ;

3° Celles de troisième classe seront couvertes, fermées à glaces, munies soit de rideaux, soit de persiennes, et auront des banquettes à dossier. Les dossiers et les banquettes devront être inclinés, et les dossiers seront élevés à la hauteur de la tête des voyageurs.

L'intérieur de chacun des compartiments de toute classe contiendra l'indication du nombre des places de ce compartiment.

L'Administration pourra exiger qu'un compartiment de chaque classe soit réservé, dans les trains de voyageurs, aux femmes voyageant seules.

Les voitures de voyageurs, les wagons destinés au transport des marchandises, des chaises de poste, des chevaux et des bestiaux, les plates-formes, et, en général, toutes les parties du matériel roulant seront de bonne et solide construction.

La Compagnie sera tenue, pour la mise en service de ce matériel, de se soumettre à tous les règlements sur la matière.

Les machines locomotives, tenders, voitures, wagons de toute espèce, plates-formes composant le matériel roulant, seront constamment entretenus en bon état.

Art. 33. — Des règlements d'administration publique, rendus après que la Compagnie aura été entendue, détermineront les mesures et les dispositions nécessaires pour assurer la police et l'exploitation du chemin de fer, ainsi que la conservation des ouvrages qui en dépendent.

Toutes les dépenses qu'entraînera l'exécution des mesures prescrites en vertu de ces règlements seront à la charge de la Compagnie.

La Compagnie sera tenue de soumettre à l'approbation de l'Administration les règlements relatifs au service et à l'exploitation du chemin de fer.

Les règlements dont il s'agit dans les deux paragraphes précédents seront obligatoires non seulement pour la Compagnie concessionnaire, mais encore pour toutes celles qui obtiendraient ultérieurement l'autorisation d'établir des lignes de chemin de fer d'embranchement ou de prolongement, et, en général, pour toutes les personnes qui emprunteraient l'usage du chemin de fer.

Le Ministre déterminera, sur la proposition de la Compagnie, le minimum et le maximum de vitesse des convois de voyageurs et de marchandises et des convois spéciaux des postes, ainsi que de la durée du trajet.

Art. 34. — Pour tout ce qui concerne l'entretien et les réparations du chemin de fer et de ses dépendances, l'entretien du matériel et le service de l'exploitation, la Compagnie sera soumise au contrôle et à la surveillance de l'Administration.

Outre la surveillance ordinaire, l'Administration déléguera, aussi souvent qu'elle le jugera utile, un ou plusieurs commissaires pour reconnaître et constater l'état du chemin de fer, de ses dépendances et du matériel.

TITRE III

DURÉE, RACHAT ET DÉCHÉANCE DE LA CONCESSION.

Art. 35. — La durée de la concession, pour la ligne mentionnée à l'article 1er du présent cahier des charges, commencera à courir à partir de la date de la loi de concession. Elle prendra fin le 31 décembre 1958.

Art 36. — A l'époque fixée pour l'expiration de la concession, et par le seul fait de cette expiration, le Gouvernement sera subrogé à tous les droits de la Compagnie sur le chemin de fer et ses dépendances, et il entrera immédiatement en jouissance de tous ses produits.

La Compagnie sera tenue de lui remettre en bon état d'entretien le chemin de fer et tous les immeubles qui en dépendent, quelle qu'en soit l'origine, tels que les bâtiments des gares et stations, les remises, ateliers et dépôts, les maisons de gardes, etc. Il en sera de même de tous les objets immobiliers, dépendant également du dit chemin, tels que les barrières et clôtures, les voies et changements de voies, plaques tournantes, réservoirs d'eau, grues hydrauliques, machines fixes, etc...

Dans les cinq dernières années qui précéderont le terme de la concession, le Gouvernement aura le droit de saisir les revenus du chemin de fer et de les employer à rétablir en bon état le chemin de fer et ses dépendances, si la Compagnie ne se mettait pas en mesure de satisfaire pleinement et entièrement à cette obligation.

En ce qui concerne les objets mobiliers, tels que le matériel roulant, les matériaux, combustibles et approvisionnements de tous genres, le mobilier des stations, l'outillage des ateliers et des gares, l'Etat sera tenu, si la Compagnie le requiert, de reprendre tous ces objets sur l'estimation qui en sera faite à dire d'experts, et réciproquement, si l'Etat le requiert, la Compagnie sera tenu de les céder de la même manière.

Toutefois, l'Etat ne pourra être tenu de reprendre que les approvisionnements nécessaires à l'exploitation du chemin pendant six mois.

Art. 37. — A toute époque, après l'expiration des quinze premières années de la concession, le Gouvernement aura la faculté de racheter la concession entière du chemin de fer.

Pour régler le prix du rachat, on relèvera les produits nets annuels obtenus par la Compagnie pendant les sept années qui auront précédé celle où le rachat sera effectué ; on en déduira les produits nets des deux plus faibles années, et l'on établira le produit net moyen des cinq autres années.

Ce produit net moyen formera le montant d'une annuité qui sera due et payée à la Compagnie pendant chacune des années restant à courir sur la durée de la concession.

Dans aucun cas le montant de l'annuité ne sera inférieur au produit net de la dernière des sept années prises pour terme de comparaison.

La Compagnie recevra, en outre, dans les trois mois qui suivront le rachat, les remboursements auxquels elle aurait donné droit à l'expiration de la concession, suivant l'article 36 ci-dessus.

Dans tous les cas où il serait fait concession à la Compagnie de nouvelles lignes de chemin de fer, si le Gouvernement use du droit qui lui est réservé par le présent article de racheter la concession entière, la Compagnie pourra demander que les lignes dont la concession remonte à moins de quinze ans soient évaluées, non d'après leurs produits nets, mais d'après leur prix réel de premier établissement.

Art. 38. — Si la Compagnie n'a pas commencé les travaux dans le délai fixé par l'article 2, elle sera déchue de plein droit, sans qu'il y ait lieu à aucune notification accusée ou mise en demeure préalable.

Dans ce cas, la somme de 670,000 francs qui aura été déposée, ainsi qu'il sera dit à l'article 68, à titre de cautionnement, deviendra la propriété de l'Etat et restera acquise au Trésor public.

Art. 39. — Faute par la Compagnie d'avoir terminé les travaux dans le délai fixé par l'article 2; faute aussi par elle d'avoir rempli les diverses obligations qui lui sont imposées par le présent cahier des charges, elle encourra la déchéance, et il sera pourvu tant à la continuation et à l'achèvement des travaux qu'à l'exécution des autres engagements contractés par la Compagnie. au moyen d'une adjudication que l'on ouvrira sur une mise à prix des ouvrages exécutés, des matériaux approvisionnés et des parties du chemin de fer déjà livrées à l'exploitation.

Les soumissions pourront être inférieures à la mise à prix.

La nouvelle Compagnie sera soumise aux clauses du présent cahier des charges, et la Compagnie évincée recevra d'elle le prix que la nouvelle adjudication aura fixé.

La partie du cautionnement qui n'aura pas encore été restituée deviendra la propriété de l'Etat.

Si l'adjudication ouverte n'amène aucun résultat, une seconde adjudication sera tentée sur les mêmes bases, après une délai de trois mois ; si cette seconde tentative reste également sans résultat, la Compagnie sera définitivement déchue de tous droits et alors les ouvrages exécutés, les matériaux approvisionnés et les parties de chemin de fer déjà livrées à l'exploitation appartiendront à l'Etat.

Art. 40. — Si l'exploitation du chemin de fer vient à être interrompue en totalité ou en partie, l'Administration prendra immédiatement, aux frais et risques de la Compagnie, les mesures nécessaires pour assurer provisoirement le service.

Si, dans les trois mois de l'organisation du service provisoire, la Compagnie n'a pas visiblement justifié qu'elle est en état de reprendre et de continuer l'exploitation, et si elle ne l'a pas effectivement reprise, la déchéance pourra être prononcée par le Ministre. Cette déchéance prononcée, le chemin de fer et toutes ses dépenses seront mises en adjudication et il sera procédé ainsi qu'il est dit à l'article précédent.

Art. 41. — Les dispositions des trois articles qui précèdent cesseraient d'être applicables, et la déchéance ne serait pas encourue, dans le cas où le concessionaire n'aurait pu remplir ses obligations par suite de circonstances de force majeure dûment constatée.

TITRE IV

TAXES ET CONDITIONS RELATIVES AU TRANSPORT DES VOYAGEURS ET DES MARCHANDISES

Art. 42. — Pour indemniser la Compagnie des travaux et dépenses qu'elle s'engage à faire pour le présent cahier des charges, et sous la condition expresse qu'elle en remplira exactement toutes les obligations, le Gouvernement lui accorde l'autorisation de percevoir, pendant toute la durée de la concession, les droits de péage et les prix de transports ci-après déterminés :

TARIF	PRIX de péage	PRIX de transport	PRIX Totaux
1° PAR TÊTE ET PAR KILOMÈTRE			
Grande vitesse	fr. c.	fr. c.	fr. c.
Voyageurs — Voitures couvertes, garnies et fermées à glaces (1re classe)	0 067	0 033	0 10
Voyageurs — Voitures couvertes, fermées à glaces, et à banquettes rembourrées (2e classe)	0 050	0 025	0 075
Voyageurs — Voitures couvertes et fermées à vitres (3e classe)	0 037	0 018	0 055
Enfants — Au-dessous de trois ans, les enfants ne paient rien, à la condition d'être portés sur les genoux des personnes qui les accompagnent. De trois à sept ans, ils paient demi-place et ont droit à une place distincte; toutefois, dans un même compartiment, deux enfants ne pourront occuper que la place d'un voyageur. Au-dessus de sept ans, ils paient place entière.			
Chiens transportés dans les trains de voyageurs (sans que la perception puisse être inférieure à 30 centimes)	0 01	0 005	0 015
Petite vitesse			
Bœufs, vaches, taureaux, chevaux, mulets, bêtes de trait	0 07	0 03	0 10
Veaux et porcs	0 025	0 015	0 04
Moutons, brebis, agneaux, chèvres	0 01	0 01	0 02
Lorsque les animaux ci-dessus dénommés seront, sur la demande des expéditeurs, transportés à la vitesse des trains de voyageurs, les prix seront doublés.			
2° PAR TONNE ET PAR KILOMÈTRE			
Marchandises transportées à grande vitesse			
Huitres. — Poissons frais. — Denrées. — Excédents de bagages et marchandises de toute classe transportées à la vitesse de trains de voyageurs	0 20	0 16	0 36
Marchandises transportées à petite vitesse			
1re CLASSE. — Spiritueux. — Huiles. — Bois de menuiserie, de teintures et autres bois exotiques. — Produits chimiques non dénommés. — Œufs. — Viande fraiche. — Gibier. — Sucre. — Café. — Drogues. — Épiceries. — Tissus. — Denrées coloniales. — Objets manufacturés. — Armes	0 09	0 07	0 16
2e CLASSE. — Blés. — Grains. — Farines. — Légumes farineux. — Riz. — Maïs. — Châtaignes et autres denrées alimentaires non dénommées. — Chaux et plâtre. — Charbon de bois. — Bois à brûler, dit *de corde*. — Perches. — Chevrons. — Planches. — Madriers. — Bois de charpente. — Marbre en bloc. — Albâtre. — Bitume. — Cotons — Laines. — Vins. — Vinaigres. — Boissons. — Bières. — Levure sèche. — Coke. — Fers. — Cuivres. — Plomb et autres métaux ouvrés ou non. — Fontes moulées	0 08	0 06	0 14
3e CLASSE. — Pierres de taille et produits de carrière. — Minerais autres que les minerais de fer. — Fonte brute. — Sel. — Moellons. — Meulières. — Argiles. — Briques. — Ardoises	0 06	0 04	0 10

		PRIX		
		de péage	de transport	Totaux
		fr. c.	fr. c.	fr. c.
4e CLASSE. — Houille. — Marne. — Cendres. — Fumiers. — Engrais. — Pierres à chaux et à plâtre. — Pavés et matériaux pour la construction et la réparations des routes. — Minerais de fer. — Cailloux et sables.	Pour le parcours de 0 à 100 kilomètres, sans que la taxe puisse être inférieure à 5 fr.	0 05	0 03	0 08
	Pour le parcours de 101 à 300 kilomètres, sans que la taxe puisse être supérieure à 12 fr.	0 03	0 02	0 05
	Pour le parcours de plus de 300 kilomètres	0 025	0 015	0 04
3e VOITURES ET MATÉRIEL ROULANT TRANSPORTÉS A PETITE VITESSE — *Par pièce et par kilomètre*				
Wagon ou chariot pouvant porter de trois à six tonnes		0 09	0 06	0 15
Wagon ou chariot pouvant porter plus de six tonnes		0 12	0 08	0 20
Locomotives pesant de douze à dix-huit tonnes (ne traînant pas de convoi)		1 80	1 20	3 00
Locomotives pesant plus de dix-huit tonnes (ne traînant pas de convoi)		2 25	1 50	3 75
Tender de sept à dix tonnes		0 90	0 60	1 50
Tender de plus de dix tonnes		1 35	0 90	2 25
Les machines locomotives seront considérées comme ne traînant pas de convoi, lorsque le convoi remorqué, soit de voyageurs, soit de marchandises, ne comportera pas un péage au moins égal à celui qui serait perçu sur la locomotive avec son tender marchant sans rien traîner.				
Le prix à payer pour un wagon chargé ne pourra jamais être inférieur à celui qui serait dû pour un wagon marchant à vide.				
Voitures à deux ou quatre roues, à un fond ou à une seule banquette dans l'intérieur		0 15	0 10	0 25
Voitures à quatre roues, à deux fonds et à deux banquettes dans l'intérieur, omnibus, diligences, etc.		0 18	0 14	0 32
Lorsque, sur la demande des expéditeurs, les transports auront lieu à la vitesse des trains de voyageurs, les prix ci-dessus seront doublés.				
Dans ce cas, deux personnes pourront, sans supplément de prix, voyager dans les voitures à une banquette et trois dans les voitures à deux banquettes, omnibus, diligences, etc. Les voyageurs excédant ce nombre payeront le prix des places de 2e classe.				
Voitures de déménagement à deux ou à quatre roues, à vide		0 12	0 03	0 20
Ces voitures, lorsqu'elles seront chargées, payeront en sus des prix ci-dessus, par tonne de chargement et par kilomètre		0 08	0 06	0 14
4e SERVICE DES POMPES FUNÈBRES ET TRANSPORT DE CERCUEILS — *Grande vitesse*				
Une voiture des pompes funèbres renfermant un ou plusieurs cercueils sera transportée aux mêmes prix et conditions qu'une voiture à quatre roues, à deux fonds et à deux banquettes		0 36	0 28	0 64
Chaque cercueil confié à l'Administration du chemin de fer sera transporté, pour les trains ordinaires, dans un compartiment isolé, au prix de		0 18	0 12	0 30
Et, pour les trains express, dans une voiture spéciale, au prix de		0 60	0 40	1 »

Les prix déterminés ci-dessus pour les transports à grande vitesse ne comprennent pas l'impôt dû à l'Etat.

Il est expressément entendu que les prix de transport ne seront dus à la Compagnie qu'autant qu'elle effectuerait elle-même ces transports à ses frais et par ses propres moyens; dans le cas contraire, elle n'aura droit qu'au prix fixé pour le péage.

La perception aura lieu d'après le nombre de kilomètres parcourus. Tout kilomètre entamé sera payé comme s'il avait été parcouru en entier.

Si la distance parcourue est inférieure à 6 kilomètres, elle sera comptée pour 6 kilomètres.

Le poids de la tonne est de 1,000 kilogrammes.

Les fractions de poids ne seront comptées, tant pour la grande que pour la petite vitesse, que par centième de tonne ou par 10 kilogrammes.

Ainsi, tout poids compris entre zéro et 10 kilogrammes paiera comme 10 kilogrammes : entre 10 et 20 kilogrammes, comme 20 kilogrammes, etc.

Toutefois, pour les excédents de bagages et marchandises à grande vitesse, les coupures seront établies : 1° de zéro à 5 kilogrammes ; 2° au-dessus de 5 à 10 kilogrammes ; au dessus de 10 kilogrammes, par fraction indivisible de 10 kilogrammes.

Quelle que soit la distance parcourue, le prix d'une expédition quelconque soit en grande, soit en petite vitesse, ne pourra être moindre de 40 centimes.

Dans le cas où le prix de l'hectolitre de blé s'élèverait sur le marché régulateur de Paris, à 20 francs ou au-dessus, le Gouvernement pourra exiger de la Compagnie que le tarif du transport des blés, grains, riz, maïs, farines et légumes farineux, péage compris; ne puisse s'élever au maximum qu'à 7 centimes par tonne et par kilomètre.

Art. 43. — A moins d'une autorisation spéciale et révocable de l'Administration, tout train régulier de voyageurs devra contenir des voiture de toute classe en nombre suffisant pour toutes les personnes qui se présenteraient dans les bureaux du chemins de fer.

Dans chaque train de voyageurs, la Compagnie aura la faculté de places des voitures à compartiments spéciaux pour lesquelles il sera établi des prix particuliers, que l'Administration fixera sur la proposition de la Compagnie; mais le nombre des places à donner dans ces compartiments ne pourra dépasser le cinquième du nombre total des places du train.

Art. 44. — Tout voyageur dont le bagage ne pèsera pas plus de 30 kilogrammes n'aura à payer, pour le port de ce bagage, aucun supplément du prix de sa place.

Cette franchise ne s'appliquera pas aux enfants transportés gratuitement, et elle sera réduite à 20 kilogrammes pour les enfants transportés à moitié prix.

Art. 45. — Les animaux, denrées, marchandises, effets et autres objets non désignés dans le tarif seront rangés, pour les droits à percevoir, dans les classes avec lesquelles ils auront le plus d'analogie, sans que jamais, sauf les exceptions formulées aux articles 46 et 47 ci-après, aucune marchandise non dénommée puisse être soumise à une taxe supérieure à celle de la première classe du tarif ci-dessus.

Les assimilations de classe pourront être provisoirement réglées par la Compagnie ; mais elles seront soumises immédiatement à l'Administration qui prononcera définitivement.

Art. 46. — Les droits de péage et les prix de transports déterminés au tarif ne sont point applicables à toute masse indivisible pesant plus de trois mille kilogrammes (3,000 kil.).

Néanmoins, la Compagnie ne pourra se refuser à transformer les masses indivisibles pesant de trois mille à cinq mille kilogrammes ; mais les droits de péage et les prix de transport seront augmentés de moitié.

La Compagnie ne pourra être contrainte à transporter les masses pesant plus de cinq mille kilogrammes (5,000 kil.).

Si, nonobstant la disposition qui précède, la Compagnie transporte des masses indivisibles pesant plus de cinq mille kilogrammes, elle devra, pendant trois mois au moins, accorder les mêmes facilités à tous ceux qui en feraient la demande.

Dans ce cas, les prix de transport seront fixés par l'Administration, sur la proposition de la Compagnie.

Art. 47. — Les prix de transport déterminés au tarif ne sont point applicables :

1° Aux denrées et objets qui ne sont pas nommément énoncés dans le tarif et qui ne pèseraient pas deux cents kilogrammes sous le volume d'un mètre cube ;

2° Aux matières inflammables ou explosibles, aux animaux ou objets dangereux, pour lesquels des règlements de police prescriraient des précautions spéciales ;

3° Aux animaux dont la valeur déclarée excèderait cinq mille francs ;

4° A l'or et à l'argent, soit en lingots, soit monnayés ou travaillés, au plaqué d'or ou d'argent, au mercure et au platine, ainsi qu'aux bijoux, dentelles, pierres précieuses, objets d'art et autres valeurs ;

5° Et, en général, à tous paquets, colis ou excédents de bagages pesant isolément quarante kilogrammes et au-dessous.

Toutefois, les prix de transport déterminés au tarif sont applicables à tous paquets ou colis, quoique emballés à part, s'ils font partie d'envois pesant ensemble plus de quarante kilogrammes d'objets envoyés par une même personne à une même personne. Il en sera de même pour les excédents de bagage qui pèseraient ensemble ou isolément plus de quarante kilogrammes.

Le bénéfice de la disposition énoncée dans le paragraphe précédent, en ce qui concerne les paquets et colis, ne peut être invoqué par les entrepreneurs de messageries et de roulage, et autres intermédiaires de transport, à moins que les articles par eux envoyés ne soient réunis en un seul colis.

Dans les cinq cas ci-dessus spécifiés, les prix de transport seront arrêtés annuellement par l'Administration, tant pour la grande que pour la petite vitesse, sur la proposition de la Compagnie.

En ce qui concerne les paquets ou colis mentionnés paragraphe 5 ci-dessus les prix de transport devront être calculés de telle manière qu'en aucun cas un de ces paquets ou colis ne puisse payer un prix plus élevé qu'un article de même nature pesant plus de quarante kilogrammes.

Art. 48. — Dans le cas où la Compagnie jugerait convenable, soit pour le parcours total soit pour les parcours partiels de la voie de fer, d'abaisser, avec ou sans conditions, au-dessous des limites déterminées par le tarif, les taxes qu'elle est autorisée à percevoir, les taxes abaissées ne pourront être relevées qu'après un délai de trois mois au moins pour les voyageur et un an pour les marchandises.

Toute modification de tarif proposée par la Compagnie sera annoncée un mois d'avance par des affiches.

La perception des tarifs modifiés ne pourra avoir lieu qu'avec l'homologation de l'Administration supérieure, conformément aux dispositions de l'ordonnance du 15 novembre 1846.

La perception des taxes devra se faire indistinctement et sans aucune faveur.

Tout traité particulier qui aurait pour effet d'accorder à un ou plusieurs expéditeurs une réduction sur les tarifs approuvés demeure formellement interdit.

Toutefois, cette disposition n'est pas applicable aux traités qui pourraient intervenir entre le Gouvernement et la Compagnie, dans l'intérêt des services publics, ni aux réductions ou remises qui seraient accordées par la Compagnie aux indigents.

En cas d'abaissement des tarifs, la réduction portera proportionnement sur le péage et sur le transport.

Art. 49. — La Compagnie sera tenue d'effectuer constamment avec soin, exactitude et célérité, et sans tour de faveur, le transport des voyageurs, bestiaux, denrées, marchandises et objets quelconques qui lui seront confiés.

Les colis, bestiaux et objets quelconques seront inscrits, à la gare d'où ils partent et à la gare où ils arrivent, sur des registres spéciaux, au fur et à mesure de leur réception ; mention sera faite, sur le registre de la gare de départ, du prix total dû pour leur transport.

Pour les marchandises ayant une même destination, les expéditions auront lieu suivant l'ordre de leur inscription à la gare de départ.

Toute expédition de marchandises sera constatée, si l'expéditeur le demande, par une lettre de voiture dont un exemplaire restera aux mains de la Compagnie et l'autre aux mains de l'expéditeur. Dans le cas où l'expéditeur ne demanderait pas de lettre de voiture, la Compagnie sera tenue de lui délivrer un récépissé qui énoncera la nature et le poids du colis, le prix total du transport et le délai dans lequel ce transport devra être effectué.

Art. 50. — Les animaux, denrées, marchandises et objets quelconques seront expédiés et livrés de gare en gare dans les délais résultant des conditions ci-après exprimées ;

1° Les animaux, denrées, marchandises et objets quelconques à grande vitesse seront expédiées par le premier train de voyageurs comprenant des voitures de toutes classes et correspondant avec leur destination, pourvu qu'ils aient été présentés à l'enregistrement trois heures avant le départ de ce train.

Ils seront mis à la disposition des destinataires, à la gare, dans le délai de deux heures après l'arrivée du même train.

2° Les animaux, denrées, marchandises et objets quelconques à petite vitesse seront expédiés dans le jour qui suivra celui de la remise ; toutefois, l'Administration supérieure pourra étendre ce délai à deux jours.

Le maximum de durée du trajet sera fixé par l'Administration, sur la proposition de la Compagnie, sans que ce maximum puisse excéder vingt-quatre heures par fraction indivisible de cent vingt-cinq kilomètres.

Les colis seront mis à la disposition des destinataires dans le jour qui suivra celui de leur arrivée en gare.

Le délai total, résultant des trois paragraphes ci-dessus, sera seul obligatoire pour la Compagnie.

Il pourra être établi un tarif réduit, approuvé par le Ministre, pour tout expéditeur qui acceptera des délais plus longs que ceux déterminés ci-dessus pour la petite vitesse.

Pour le transport des marchandises, il pourra être établi, sur la proposition de la Compagnie, un délai moyen entre ceux de la grande et de la petite vitesse. Le prix correspondant à ce délai sera un prix intermédiaire entre ceux de la grande et de la petite vitesse.

L'Administration supérieure déterminera par des règlements spéciaux, les heures d'ouverture et de fermeture des gares et stations, tant en hiver qu'en été, ainsi que les dispositions relatives aux denrées apportées par les trains de nuit et destinées à l'approvisionnements des marchés des villes.

Lorsque la marchandise devra passer d'une ligne sur une autre sans solution de continuité, les délais de livraison et d'expédition au point de jonction seront fixés par l'Administration, sur la proposition de la Compagnie.

Art. 51. — Les frais accessoires non mentionnés dans les tarifs, tels que ceux d'enregistrement, de chargement, de déchargement et de magasinage dans les gares et magasins du chemin de fer, seront fixés annuellement par l'Administration, sur la proposition de la Compagnie.

Art. 52. — La Compagnie sera tenue de faire, soit par elle-même, soit par un intermédiaire dont elle répondra, le factage et le camionnage pour la remise au domicile des destinataires de toutes les marchandises qui lui sont confiées.

Le factage et le camionnage ne seront point obligatoires en dehors du rayon de l'octroi, non plus que pour les gares qui desserviraient soit une population agglomérée de moins de cinq mille habitants, soit un centre de population de cinq mille habitants situé à plus de cinq kilomètres de la gare du chemin de fer.

Les tarifs à percevoir seront fixés par l'Administration, sur la proposition de la Compagnie. Ils seront applicables à tout le monde, sans distinction.

Toutefois, les expéditeurs et destinataires resteront libres de faire eux-mêmes et à leurs frais le factage et le camionnage des marchandises.

Art. 53. — A moins d'une autorisation spéciale de l'Administration, il est interdit à la Compagnie, conformément à l'article 14 de la loi du 15 juillet 1845, de faire directement ou indirectement avec des entreprises de transport de voyageurs ou de marchandises par terre ou par eau, sous quelque dénomination ou forme que ce puisse être, des arrangements qui ne seraient pas consentis en faveur de toutes les entreprises desservant les mêmes voies de communication.

L'Administration, agissant en vertu de l'article 33 ci-dessus, prescrira les mesures à prendre pour assurer la plus complète égalité entre les diverses entreprises de transport dans leurs rapports avec le chemin de fer.

TITRE V

STIPULATIONS RELATIVES A DIVERS SERVICES PUBLICS.

Art. 54. — Les militaires ou marins voyageant en corps, aussi bien que les militaires ou marins voyageant isolément pour cause de service, envoyés en congé limité ou en permission, ou rentrant dans leurs foyers après libération, ne seront assujettis, eux, leurs chevaux et leurs bagages, qu'au quart de la taxe du tarif fixé par le présent cahier des charges.

Si le Gouvernement avait besoin de diriger des troupes et un matériel militaire ou naval sur l'un des points desservis par le chemins de fer, la Compagnie serait tenue de mettre immédiatement à sa disposition pour la moitié de la taxe du même tarif, tous ses moyens de transport.

Art. 55. — Les fonctionnaires ou agents chargés de l'inspection, du contrôle et de la surveillance du chemin de fer seront transportés gratuitement dans les voitures de la Compagnie.

La même faculté est accordée aux agents des contributions indirectes et des douanes chargés de la surveillance des chemins de fer dans l'intérêt de la perception de l'impôt.

Art. 56. — Le services des lettres et dépêches sera fait comme il suit:

1° A chacun des trains de voyageurs et de marchandises circulant aux heures ordinaires de l'exploitation, la Compagnie sera tenue de réserver gratuitement deux compartiments spéciaux d'une voiture de 2e classe, ou un espace équivalent, pour recevoir les lettres, les dépêches et les agents nécessaires au service des postes, le surplus de la voiture restant à la disposition de la Compagnie ;

2° Si le volume des dépêches ou la nature du service rend insuffisante la capacité des deux compartiments à deux banquettes, de sorte qu'il y ait lieu de substituer une voiture spéciale aux wagons ordinaires, le transport de cette voiture sera également gratuit.

Lorsque la Compagnie voudra changer les heures de départ de ses convois ordinaires, elle sera tenue d'en avertir l'Administration des Poste quinze jours à l'avance;

3° Un train spécial régulier, dit *train journalier de la poste*, sera mis gratuitement chaque jour, à l'aller et au retour, à la disposition du Ministre des Finances pour le transport des dépêches sur toute l'étendue de la ligne.

4° L'étendue du parcours, les heures de départ et d'arrivée, soit de jour, soit de nuit, la marche et les stationnements de ce convoi sont réglés par le Ministre des Travaux publics et le Ministre des Finances, la Compagnie entendue;

5° Indépendamment de ce train, il pourra y avoir tous les jours, à l'aller et au retour, un ou plusieurs convois spéciaux, dont la marche sera réglée comme il est dit ci-dessus. La rétribution payée à la Compagnie pour chaque convoi ne pourra excéder soixante-quinze centimes par kilomètre parcouru par la première voiture, et vingt-cinq centimes par chaque voiture en sus de la première;

6° La Compagnie pourra placer dans les convois spéciaux de la poste des voitures de toutes classes pour le transport, à son profit, des voyageurs et des marchandises;

7° La Compagnie ne pourra être tenue d'établir des convois spéciaux ou de changer les heures de départ, la marche ou le stationnement de ces convois, qu'autant que l'Administration l'aura prévenue par écrit quinze jours à l'avance;

8° Néanmoins, toutes les fois qu'en dehors des services réguliers, l'Administration requerra l'expédition d'un convoi extraordinaire, soit de jour, soit de nuit, cette expédition devra être faite immédiatement, sauf l'observation des règlements de police. Le prix sera ultérieurement réglé, de gré à gré ou à dire d'experts entre l'Administration et la Compagnie.

9° L'Administration des Postes fera construire à ses frais, les voitures qu'il pourra être nécessaire d'affecter spécialement au transport et à la manutention des dépêches. Elle règlera la forme et les dimensions de ces voitures, sauf l'approbation, par le Ministre des Travaux publics, des dispositions qui intéressent la régularité et la sécurité de la circulation. Elles seront montées sur châssis et sur roues. Leur poids ne dépassera pas huit mille kilogrammes, chargement compris. L'Administration des Postes fera entretenir, à ses frais, ses voitures spéciales; toutefois, l'entretien des châssis et des roues sera à la charge de la Compagnie.

10° La Compagnie ne pourra réclamer aucune augmentation des prix ci-dessus indiqués, lorsqu'il sera nécessaire d'employer des plates-formes au transport des malles-postes ou des voitures spéciales en réparation.

11° La vitesse moyenne des convois spéciaux mis à la disposition de l'Administration des Postes ne pourra être moindre de quarante kilomètres à l'heure, temps d'arrêt compris; l'Administration pourra consentir une vitesse moindre, soit à raison des pentes, soit à raison des courbes à parcourir, ou bien exiger une plus grande vitesse, dans le cas où la Compagnie obtiendrait plus tard dans la marche de son service une vitesse supérieure.

12° La Compagnie sera tenue de transporter gratuitement, par tous les convois de voyageurs, tout agent des Postes chargé d'une mission ou d'un service accidentel et porteur d'un ordre de service régulier délivré à Paris par le Directeur général des Postes. Il sera accordé à l'agent des Postes en mission une place de voiture de deuxième classe.

13° La Compagnie sera tenue de fournir à chacun des points extrêmes de la ligne, ainsi qu'aux principales stations intermédiaires qui seront désignées par l'Administration des Postes, un emplacement sur lequel l'Administration pourra faire construire des bureaux de poste ou d'entrepôt des dépêches, et des hangars pour le chargement et le déchargement des malles-postes. Les dimensions de cette emplacement seront, au maximum, de 64 mètres carrés dans les gares des départements, et du double à Paris.

14° La valeur locative du terrain ainsi fourni par la Compagnie lui sera payée de gré à gré ou à dire d'experts.

15° La position sera choisie de manière que les bâtiments qui y seront construits aux frais de l'Administration des Postes ne puissent entraver en rien le service de la Compagnie.

16° L'Administration se réserve le droit d'établir, à ses frais, sans indemnité, mais aussi sans responsabilité pour la Compagnie, tous poteaux ou appareils nécessaires à l'échange des dépêches sans arrêt de train, à la condition que ces appareils, par leur nature ou leur position, n'apportent pas d'entraves aux différents services de la ligne ou des stations.

17° Les employés chargés de la surveillance du service, les agents préposés à l'échange ou à l'entrepôt des dépêches, auront accès dans les gares ou stations pour l'exécution de leur service, en se conformant aux règlements de police intérieure de la Compagnie.

Art. 57. — La Compagnie sera tenue, à toute réquisition, de faire partir, par convoi ordinaire, les wagons ou voitures cellulaires employées au transport des prévenus, accusés ou condamnés.

Les wagons et les voitures employés au service dont il s'agit seront construits aux frais de l'Etat ou des départements : leurs formes et dimensions seront déterminées de concert par le Ministre de l'Intérieur et par le Ministre des Travaux publics, la Compagnie entendue.

Les employés de l'Administration, les gardiens et les prisonniers placés dans les wagons ou voitures cellulaires ne seront assujettis qu'à la moitié de la taxe applicable aux places de 3e classe, telle qu'elle est fixée par le présent cahier des charges.

Les gendarmes placés dans les mêmes voitures ne paieront que le quart de la même taxe.

Le transport des wagons et des voitures sera gratuit.

Dans le cas où l'Administration voudrait, pour le transport des prisonniers, faire usage des voitures de la Compagnie, celle-ci serait tenue de mettre à sa disposition un ou plusieurs compartiments spéciaux de voitures de 2e classe à deux banquettes. Le prix de location en sera fixé à raison de vingt centimes (0 fr. 20) par compartiment et par kilomètre.

Les dispositions qui précèdent sont applicables au transport des jeunes délinquants recueillis par l'Administration pour être transférés dans les établissements d'éducation.

Art. 58. — Le Gouvernement se réserve la faculté de faire, le long des voies toutes les constructions, de poser tous les appareils nécessaires à l'établissement d'une ligne télégraphique, sans nuire au service du chemin de fer.

Sur la demande de l'Administration des lignes télégraphiques, il sera réservé, dans les gares des villes et des localités qui seront désignées ultérieurement, le terrain nécessaire à l'établissement des maisonnettes destinées à recevoir le bureau télégraphique et son matériel.

La Compagnie concessionnaire sera tenue de faire garder, par ses agents, les fils et les appareils des lignes électriques, de donner aux employés télégraphiques connaissance de tous les accidents qui pourraient survenir et de leur en faire connaître les causes. En cas de rupture du fil télégraphique, les employés de la Compagnie auront à raccrocher provisoirement les bouts séparés, d'après les instructions qui leur seront données à cet effet.

Les agents de la télégraphie voyageant pour le service de la ligne électrique auront le droit de circuler gratuitement dans les voitures du chemin de fer.

En cas de rupture du fil télégraphique ou d'accidents graves, une locomotive sera mise immédiatement à la disposition de l'Inspecteur télégraphique de la ligne pour le transporter sur le lieu de l'accident avec les hommes et les matériaux nécessaires à la réparation. Ce transport sera gratuit et il devra être effectué dans des conditions telles qu'il ne puisse entraver en rien la circulation publique.

Dans le cas où des déplacements de fils, appareils ou poteaux deviendraient nécessaires par suite de travaux exécutés sur le chemin, ces déplacements auront lieu aux frais de la Compagnie par les soins de l'Adminstration des lignes télégraphiques.

La Compagnie pourra être autorisée, et au besoin requise par le Ministre des Travaux publics, agissant de concert avec le Ministre de l'Intérieur, d'établir, à ses frais, les fils et appareils télégraphiques destinés à transmettre les signaux nécessaires pour la sûreté et la régularité de son exploitation.

Elle pourra, avec l'autorisation du Ministre de l'Intérieur, se servir des poteaux de la ligne télégraphique de l'Etat, lorsqu'une semblable ligne existera le long de la voie.

La Compagnie sera tenue de se soumettre à tous les règlements d'administration publique concernant l'établissement et l'emploi de ces appareils, ainsi que l'organisation, aux frais de la Compagnie, du contrôle de ce service par les agents de l'Etat.

TITRE VI

CLAUSES DIVERSES.

Art. 59. — Dans le cas où le Gouvernement ordonnerait ou autoriserait la construction de routes nationales, départementales ou vicinales, de chemins de fer ou de canaux qui traverseraient la ligne objet de la première concession, la Compagnie ne pourra s'opposer à ces travaux ; mais toutes les dispositions nécessaires seront prises pour qu'il n'en résulte aucun obstacle à la construction ou au service du chemin de fer, ni aucuns frais pour la Compagnie.

Art. 60. — Toute exécution ou autorisation ultérieure de route, de canal, de chemin de fer, de travaux de navigation dans la contrée où est situé le chemin de fer objet de la présente concession, ou dans toute autre contrée voisine ou éloignée, ne pourra donner ouverture à aucune demande d'indemnité de la part de la Compagnie.

Art. 61. — Le Gouvernement se réserve expressément le droit d'accorder de nouvelles concessions de chemins de fer s'embranchant sur le chemin qui fait l'objet du présent cahier des charges, ou qui seraient établis en prolongement du même chemin.

La Compagnie ne pourra mettre aucun obstacle à ces embranchements, ni réclamer à l'occasion de leur établissement aucune indemnité quelconque, pourvu qu'il n'en résulte aucun obstacle à la circulation, ni aucuns frais particuliers pour la Compagnie.

Les Compagnies concessionnaires de chemins de fer d'embranchement ou de prolongement auront la faculté, moyennant les tarifs ci-dessus déterminés et l'observation des règlements de police et de service établis ou à établir, de faire circuler leurs voitures, wagons et machines sur le chemin de fer objet de la présente concession, pour lequel cette faculté sera réciproque à l'égard des dits embranchements et prolongements.

Dans ce cas, les dites Compagnies ne payeront le prix du péage que pour le nombre de kilomètres réellement parcourus, un kilomètre entamé étant d'ailleurs considéré comme parcouru.

Dans le cas où les diverses compagnies ne pourraient s'entendre entre elles sur l'exercice de cette faculté, le Gouvernement statuerait sur les difficultés qui s'élèveraient entre elles à cet égard.

Dans le cas où une Compagnie d'embranchement ou de prolongement joignant la ligne qui fait l'objet de la présente concession n'userait pas de la faculté de circuler sur cette ligne, comme aussi dans le cas où la Compagnie concessionnaire de cette dernière ligne ne voudrait pas circuler sur les prolongements et embranchements, les Compagnies seraient tenues de s'arranger entre elles de manière que le service de transport ne soit jamais interrompu aux points de jonction des diverses lignes.

Dans le cas où le service des chemins de fer d'embranchement devrait être établi dans les gares de la Compagnie, la redevance à payer à ladite Compagnie sera réglée d'un commun accord, entre les deux Compagnies intéressées, et, en cas de dissentiment, par voie d'arbitrage.

En cas de désaccord sur le principe ou l'exercice de l'usage commun desdites gares, il sera statué par le Ministre, les deux Compagnies entendues.

Celle des Compagnies qui se servira d'un matériel qui ne serait pas sa propriété payera une indemnité en rapport avec l'usage et la détérioration de ce matériel. Dans le cas où les Compagnies ne se mettraient pas d'accord sur la quotité de l'indemnité ou sur les moyens d'assurer la continuation du service sur toute la ligne, le Gouvernement y pourvoirait d'office et prescrirait toutes les mesures nécessaires.

La Compagnie pourra être assujettie, par les décrets qui seront ultérieurement rendus pour l'exploitation des chemins de fer de prolongement ou d'embranchement joignant ceux qui lui sont concédés, à accorder aux Compagnies de ces chemins une réduction de péage ainsi calculée :

1° Si le prolongement ou l'embranchement n'a pas plus de 100 kilomètres, dix pour cent (10 0/0) du prix perçu par la Compagnie ;

2° Si le prolongement ou l'embranchement excède 100 kilomètres, quinze pour cent (15 0/0) ;

3° Si le prolongement ou l'embranchement excède 200 kilomètres, vingt pour cent (20 0/0) ;

4° Si le prolongement ou l'embranchement excède 300 kilomètres, vingt-cinq pour cent (25 0/0).

La Compagnie sera tenue, si l'Administration le juge convenable, de partager l'usage des stations établies à l'origine des chemins de fer d'embranchement avec les Compagnies qui deviendraient ultérieurement concessionnaires desdits chemins.

En cas de difficultés entre les Compagnies pour l'application de cette clause, il sera statué par le Gouvernement.

Art. 62. — La Compagnie sera tenue de s'entendre avec tout propriétaire de mines ou d'usines qui, offrant de se soumettre aux conditions prescrites ci-après, demanderait un embranchement ; à défaut d'accord, le gouvernement statuera sur la demande, la Compagnie entendue.

Les embranchements seront construits aux frais des propriétaires de mines et d'usines et de manière à ce qu'il ne résulte de leur établissement aucune entrave à la circulation générale, aucune cause d'avarie pour le matériel, ni aucuns frais particuliers pour la Compagnie.

Leur entretien devra être fait avec soin et aux frais de leurs propriétaires, et sous le contrôle de l'administration. La Compagnie aura le droit de faire surveiller par ses agents, cet entretien, ainsi que l'emploi de son matériel sur les embranchements.

L'Administration pourra, à toutes époques, prescrire les modifications qui seraient jugées utiles dans la soudure, le tracé ou l'établissement de la voie des dits embranchements, et les changements seront opérés aux frais des propriétaires.

L'Administration pourra même, après avoir entendu les propriétaires, ordonner l'enlèvement temporaire des aiguilles de soudure, dans le cas où les établissements embranchés viendraient à suspendre en tout ou en partie leurs transports.

La Compagnie sera tenue d'envoyer ses wagons sur tous les embranchements autorisés, destinés à faire communiquer des établissements de mines ou d'usines avec la ligne principale du chemin de fer.

La Compagnie amènera ses wagons à l'entrée des embranchements.

Les expéditeurs ou destinataires feront conduire les wagons dans leurs établissements, pour les charger ou décharger, et les ramèneront au point de jonction avec la ligne principale, le tout à leurs frais.

Les wagons ne pourront d'ailleurs être employés qu'au transport d'objets et marchandises destinés à la ligne principale du chemin de fer.

Le temps pendant lequel les wagons séjourneront sur les embranchements particuliers ne pourra excéder six heures, lorsque l'embranchement n'aura pas plus d'un kilomètre. Le temps sera augmenté d'une demi-heure par kilomètre en sus du premier, non compris les heures de la nuit, depuis le coucher jusqu'au lever du soleil.

Dans le cas où les limites de temps seraient dépassées, nonobstant l'avertissement spécial donné par la Compagnie, elle pourra exiger une indemnité égale à la valeur du droit de loyer des wagons, pour chaque période de retard après l'avertissement.

Les traitements des gardiens d'aiguilles et des barrières des embranchements autorisés par l'Administration seront à la charge des propriétaires des embranchements. Ces gardiens seront nommés et payés par la Compagnie, et les frais qui en résulteront lui seront remboursés par les dits propriétaires.

En cas de difficultés, il sera statué par l'Administration, la Compagnie entendue.

Les propriétaires d'embranchements seront responsables des avaries que le matériel pourrait éprouver pendant son parcours ou son séjour sur ces lignes.

Dans le cas d'inexécution d'une ou de plusieurs des conditions énoncées ci-dessus, le préfet pourra, sur la plainte de la Compagnie et après avoir entendu le propriétaire de l'embranchement, ordonner par un arrêté la suspension du service et faire supprimer la soudure, sauf recours à l'Administration supérieure, et sans préjudice de tous dommages-intérêts que la Compagnie serait en droit de répéter, pour la non-exécution de ces conditions.

Pour indemniser la Compagnie de la fourniture et de l'envoi de son matériel sur les embranchements, elle est autorisée à percevoir un prix fixe de douze centimes (0 fr. 12) par tonne pour le premier kilomètre, et, en outre, quatre centimes (0 fr. 04) par tonne et par kilomètre en sus du premier lorsque la longueur de l'embranchement excèdera un kilomètre.

Tout kilomètre entamé sera payé comme s'il avait été parcouru en entier.

Le chargement et le déchargement sur les embranchements s'opèreront aux frais des expéditeurs ou destinataires, soit qu'ils les fassent eux-mêmes, soit que la Compagnie du chemin de fer consente à les opérer.

Dans ce dernier cas, ces frais seront l'objet d'un règlement arrêté par l'Administration supérieure, sur la proposition de la Compagnie.

Tout wagon envoyé par la Compagnie sur un embranchement devra être payé comme wagon complet, lors même qu'il ne serait pas complètement chargé.

La surcharge, s'il y en a, sera payée au prix du tarif légal et au prorata du poids réel. La Compagnie sera en droit de refuser les chargements qui dépasseraient le maximum de 3,500 kilogrammes, déterminé en raison des dimensions actuelles des wagons.

Le maximum sera revisé par l'Administration, de manière à être toujours en rapport avec la capacité des wagons.

Les wagons seront pesés à la station d'arrivée par les soins et aux frais de la Compagnie.

Art. 63. — La contribution foncière sera établie en raison de la surface des terrains occupés par le chemin de fer et ses dépendances. La cote en sera calculée, comme pour les canaux, conformément à la loi du 25 avril 1803.

Les bâtiments et magasins dépendant de l'exploitation du chemin de fer seront assimilés aux propriétés bâties de la localité. Toutes les contributions auxquelles ces édifices pourront être soumis seront, aussi bien que la contribution foncière, à la charge de la Compagnie,

Art. 64. — Les agents et gardes que la Compagnie établira, soit pour la perception des droits, soit pour la surveillance et la police du chemin de fer et de ses dépendances, pourront être assermentés et seront, dans ce cas, assimilés aux gardes-champêtres.

Art. 65. — Un règlement d'administration publique désignera, la Compagnie entendue, les emplois dont la moitié devra être réservée aux anciens militaires de l'armée de terre et de mer libérés du service.

Art. 66. — Il sera institué, près de la Compagnie, un ou plusieurs inspecteurs ou commissaires spécialement chargés de surveiller les opérations de la Compagnie pour tout ce qui ne rentre pas dans les attributions des ingénieurs de l'Etat.

Art. 67. — Les frais de visite, de surveillance et de réception des travaux, et les frais de contrôle de l'exploitation seront supportés par la Compagnie. Ces frais comprendront le traitement des Inspecteurs ou Commissaires dont il a été question dans l'article précédent.

Afin de pourvoir à ces frais, la Compagnie sera tenue de verser, chaque année, à la caisse centrale du Trésor public, une somme de 120 francs par chaque kilomètre de chemin de fer concédé. Toutefois cette somme sera réduite à 50 fr. par kilomètre, pour les sections non encore livrées à l'exploitation.

Dans lesdites sommes n'est pas comprise celle qui sera déterminée, en exécution de l'article 58 ci-dessus, pour frais de contrôle du service télégraphique de la Compagnie par les agents de l'Etat.

Si la Compagnie ne verse pas les sommes ci-dessus réglées, aux époques qui auront été fixées; le Préfet rendra un rôle exécutoire et le montant en sera recouvré comme en matière de contributions publiques.

Art. 68. — Avant la promulgation de la loi de concession, le concessionnaire déposera au Trésor public une somme de six cent soixante-dix mille francs (670.000), en numéraire ou en rentes sur l'Etat, calculées conformément au décret du 31 janvier 1872, ou en bons du Trésor ou autres effets publics, avec transfert, au profit de la caisse des Dépôts et Consignations, de celles de ces valeurs qui seraient nominatives ou à ordre.

Cette somme formera le cautionnement de l'entreprise.

Elle sera rendue à la Compagnie par cinquième et proportionnellement à l'avancement des travaux. Le dernier cinquième ne sera remboursé qu'après leur entier achèvement.

Art. 69. — La Compagnie devra faire élection de domicile à Nîmes.

Dans le cas où elle ne l'aurait pas fait, toute notification ou signification à elle adressée sera valable, lorsqu'elle sera faite au secrétariat général de la préfecture du Gard.

Art. 70. — Les contestations qui s'élèveraient entre la Compagnie et l'Administration, au sujet de l'exécution de l'interprétation des clauses du présent cahier des charges, seront jugées administrativement par le conseil de préfecture du département du Gard, sauf recours au Conseil d'Etat.

Arrêté à , le 4 décembre 1875.

CIRCULAIRE MINISTÉRIELLE

DU 25 JANVIER 1854

Relative à l'enquête des stations.

L'article..... du cahier des charges annexé au décret relatif à l'établissement du chemin de fer... porte :

« Le nombre, l'étendue et l'emplacement des gares d'évitement seront déterminés par l'Administration, la Compagnie préalablement entendue.

« Indépendamment des gares d'évitement, la Compagnie sera tenue d'établir, pour le service des localités traversées par le chemin de fer ou situées dans le voisinage de ce chemin, des gares ou ports-secs, destinés tant aux stationnements qu'aux chargements et aux déchargements, et dont le nombre, l'emplacement et la surface seront déterminés par l'Administration après enquête préalable ».

Je viens vous indiquer la forme qu'il me paraît utile d'adopter pour l'enquête à ouvrir en conformité de la disposition ci-dessus rappelée du cahier des charges.

Cette enquête doit être distincte de celle qui est prévue par le Titre II de loi du 3 mai 1841. Cette dernière, qui a lieu dans chaque commune, n'a pour objet que de provoquer les observations des particuliers ou de la Compagnie dans l'intérêt de laquelle elle est ouverte. L'enquête sur la distribution des station soulève des questions d'un ordre plus général ; en effet, dans la plupart des cas, l'établissement d'une station intéresse non-seulement la localité sur le territoire de laquelle elle doit être ouverte, mais encore un certain nombre de communes établies à proximité ; il est donc nécessaire qu'elles soient admises à présenter leurs observations. Dans ce but, voici comment il me paraît utile de procéder.

La Compagnie devra être invitée à présenter des plans du chemin de fer, divisés par arrondissements et indiquant les emplacements et les surfaces des stations qu'elle propose d'établir ; ces plans devront être accompagnés d'un profil et d'un mémoire dans lequel elle fera connaître les distances qui séparent chaque station et justifiera les dispositions qu'elle propose.

Un exemplaire de ces pièces devra être déposé, pendant huit jours, dans chacune des communes, où une station est projetée, et, en même temps, vous appellerez les conseils municipaux des autres communes, qui peuvent être intéressées à l'établissement de telle ou telle station, à délibérer sur les emplacements proposés. Pour fixer d'une manière précise l'objet de la discussion, vous transmettrez à chacun de ces conseils un exemplaire du plan et du mémoire ci-dessus indiqués, dont la Compagnie pourra facilement vous remettre un grand nombre, en les faisant lithographier.

Les délibérations des communes devront être adressées au sous préfet de l'arrondissement de manière qu'à l'expiration du délai de huitaine, mentionné plus haut, tout le dossier puisse être placé sous les yeux d'une commission d'enquête que vous aurez instituée par l'arrêté qui aura prescrit l'ouverture de ladite enquête. Cette commission présidée par le sous-préfet, devra être composée de personnes dont l'avis impartial puisse inspirer toute confiance à l'administration. Cette commission aura huit jours pour délibérer. Ce délai expiré, le dossier de l'affaire devra vous être transmis sans retard ; vous le communiquerez à l'Ingénieur en chef du service du contrôle, et vous voudrez bien me l'adresser ensuite, avec le rapport de cet Ingénieur et vos observations.

Les présentes instructions s'appliquent, ainsi que je l'ai expliqué, aux stations dont l'emplacement intéresse plusieurs communes.

Quant à celles à établir dans de grandes villes et dont l'emplacement importe seulement à la cité où elle doit être construite, l'enquête doit avoir lieu dans les formes prescrites par le Titre II de l'ordonnance du 18 février 1834 sauf réduction à huit jours de chacun des délais de dépôt des pièces et de la réunion de la commission d'enquête.

Si quelques explications vous étaient nécessaires pour l'application des dispositions qui précèdent, veuillez me les demander, je m'empresserai de vous les adresser.

A Paris, le 25 janvier 1854.

CIRCULAIRE MINISTÉRIELLE

DU 9 AOUT 1859.

Rélative à l'enquête des stations.

Dans quelques départements, les commissions, chargées de donner leur avis sur les résultats des enquêtes concernant les emplacements des stations de chemins de fer, se sont réunies et ont délibéré, sans que la Compagnie concessionnaire ait été appelée à donner des explications et à fournir des renseignements à l'appui de ses projets.

Pour que l'instruction de l'affaire soit complète et surtout pour que les commissions puissent discuter en pleine connaissance de cause, il importe qu'il se trouve dans le sein de ces commissions, un représentant de la compagnie concessionnaire, qui puisse donner immédiatement tous les renseignements nécessaires ; ce qui a lieu, d'ailleurs, en matière d'expropriation. L'ingénieur chargé des travaux fait de droit partie de la commission d'enquête. Je viens, en conséquence, vous inviter à faire insérer, à l'avenir, dans les arrêtés que vous pourrez avoir à prendre au sujet des enquêtes de stations, dans votre département, une disposition portant que l'ingénieur de la compagnie, auteur des projets mis à l'enquête, sera convoqué par le président de la commission et assistera, avec voix consultative, à toutes les séances de cette commission.

A Paris, le 9 août 1857.

CIRCULAIRE MINISTÉRIELLE

DU 21 FÉVRIER 1877

Concernant l'instruction des projets de constructions de chemins de fer.

I. — Présentation des projets.

Toutes les pièces doivent être revêtues de la signature d'un directeur, administrateur ou délégué ayant qualité pour engager la compagnie.

II. — composition des dossiers.

1° *Projet de tracé et de terrassements.* — Les dossiers à produire devront être exactement composés suivant les prescriptions de l'article 5 du cahier des charges.

2° *Projets relatifs au nombre et à l'emplacement des stations.* — Les compagnies se conformeront aux prescriptions de la circulaire ministérielle du 25 janvier 1854. Les chemins d'accès aux stations seront indiqués sur les plans et définis dans la notice à l'appui.

3° *Dossiers destinés à l'enquête du titre II.* — Indépendamment d'une notice explicative, les plans et états parcellaires seront toujours accompagnés, à titre de renseignements, du plan général à l'échelle de $\frac{1}{10,000}$ du profil en long et d'un tableau indicatif des ouvrages de toute nature destinés à assurer le maintien des communications et l'écoulement des eaux.

III. — Vérification des plans parcellaires.

Les arrêtés préfectoraux ordonnant l'ouverture des enquêtes prescrites par le titre II de la loi du 3 mai 1841 ne devront jamais être pris avant que l'ingénieur en chef du contrôle ait été mis en mesure de s'assurer que les plans parcellaires sont conformes au tracé approuvé. Dans le cas où il n'en serait pas ainsi, les modifications proposées par la compagnie seront soumises préalablement à l'approbation de l'Administration supérieure.

IV. — Dépot des plans parcellaires.

Le délai pendant lequel le plan parcellaire reste déposé à la mairie, conformément aux articles 5 et 6 de la loi du 3 mai 1841, est de *huit jours pleins* dans lesquels ne sont compris ni le jour de l'avertissement donné aux parties intéressées, ni le jour de la clôture du procès-verbal d'enquête.

V. — Avis a donner aux services publics.

Ampliation des arrêtés ordonnant l'ouverture des enquêtes parcellaires sera adressée par le préfet aux ingénieurs en chef des différents services intéressés dans l'exécution du chemin de fer, ainsi qu'à l'agent voyer en chef du service vicinal et, s'il y a lieu, à l'inspecteur des forêts, au cas où la voie ferrée devrait traverser des fonds de l'Etat ou des bois communaux dont l'exploitation pourrait être modifiée par les travaux.

VI. — Changements proposés par la commission d'enquête.

Toutes les fois que la commission d'enquête aura proposé d'apporter aux dispositions des plans parcellaires un changement quelconque ayant pour conséquence de faire comprendre de nouveaux terrains dans l'expropriation, il devra être procédé à l'enquête supplémentaire prescrite par l'article 10 de la loi du 3 mai 1841. Les modifications consenties par la compagnie seront immédiatement introduites à l'encre *bleue* sur les plans parcellaires; celles auxquelles la compagnie n'aurait pas donné son adhésion, ainsi que les nouvelles dispositions dont le service du contrôle croirait devoir prendre l'initiative lors de l'examen du dossier, seront simplement indiquées sur des feuilles de retombe.

VI. — Arrêtés de cessibilité.

L'arrêté de cessibilité que le préfet est autorisé à prendre directement lorsqu'un accord complet s'est établi entre la commission d'enquête et la compagnie doit, dans tous les cas, être rendu sur la proposition de l'ingénieur en chef du contrôle, et non sur une demande directe de la compagnie.

VIII. — Occupation temporaire de terrains.

L'avis préalable de ce chef de service est également nécessaire dans le cas d'occupation temporaire de terrains.

IX. — Examen des projets.

Les ingénieurs du contrôle auront notamment à examiner :

Si le projet de tracé et des terrassements satisfait dans son ensemble aux indications générales du décret de concession, ainsi qu'aux prescriptions du cahier des charges, notamment en ce qui concerne l'inclinaison des pentes et rampes, les rayons des courbes, la longueur des alignements droits entre deux courbes consécutives en sens contraire et celles des parties horizontales entre deux fortes déclivités versant leurs eaux vers le même point, les largeurs des profils en travers, si les paliers pour les stations prévues sont convenablement ménagés, si les intérêts des différents services publics paraissent sauvegardés dans une juste mesure ;

Si le nombre et les emplacements des stations définitivement proposées à la suite de l'enquête spéciale prescrite par la circulaire ministérielle du 25 janvier 1863 paraissent devoir donner une satisfaction suffisante aux intérêts industriels et commerciaux de la contrée ; si l'accès des gares est assuré dans de bonnes conditions, toutes réserves demeurant d'ailleurs faites quant aux dispositions de détail des voies d'accès, quais et bâtiments des stations ;

Si les ouvrages indiqués sur les *plans parcellaires* pour le rétablissement des communications et l'écoulement des eaux sont en nombre suffisant, et s'ils présentent des ouvertures et des débouchés convenables, les détails de ces ouvrages ne devant d'ailleurs être approuvés définitivement qu'après la production de projets spéciaux et sur le vu des procès-verbaux des conférences avec les services intéressés ;

Si les projets des ouvrages d'art présentent les dimensions fixées par le cahier des charges, s'ils s'assurent toute garantie de stabilité, et s'ils n'offrent rien de défectueux au point de vue de l'art, si en particulier, le travail des différentes parties des ouvrages métalliques demeure renfermé dans les limites réglementaires.

X. — Conférence avec les services publics.

1° *Projets à exécuter dans les limites de la zone frontière et dans le rayon des enceintes fortifiées.* — Ces projets feront l'objet de conférences mixtes auxquelles il sera procédé dans les formes réglées par le décret du 16 août 1853.

2° *Projets intéressant les différents services des ponts et chaussées.* — Conformément à la circulaire ministérielle du 12 juin 1850, tout projet intéressant plusieurs services dépendant de l'administration des ponts et chaussées devra faire l'objet d'une conférence préalable entre les ingénieurs ordinaires des services intéressés ; le procès-verbal de cette conférence sera visé par les ingénieurs en chef de ces services et revêtu de leur avis respectif.

3° *Projets intéressant le service vicinal.* — L'ingénieur en chef du contrôle adressera au préfet les projets intéressant le service vicinal, afin que ce magistrat puisse provoquer les observations de l'agent voyer en chef; ces projets seront ensuite renvoyés à l'ingénieur en chef du contrôle, avec les observations auxquelles ils auront pu donner lieu de la part du service vicinal.

Après l'accomplisssement des formalités mentionnées aux deux paragraphes précédents (2e et 3e), l'ingénieur en chef du contrôle adressera le dossier général au préfet, en y joignant son avis personnel sur les différentes questions soulevées dans l'instruction et ses propositions définitives, pour le tout être transmis par les soins de ce magistrat à l'Administration supérieure.

XI. — Réception et remise des travaux.

Les procès-verbaux des épreuves des ouvrages métalliques seront adressées directement au Ministre des travaux publics par l'ingénieur en chef du contrôle. Ils devront faire connaître en détail de quelle manière il a été procédé à ces épreuves et comment se sont comportées pendant et après lesdites épreuve les différentes parties de la construction.

Il sera procédé sur la demande de la compagnie, au récolement et à la remise aux différents services intéressés des routes, chemins et cours d'eau déviés ou modifiés par suite de l'exécution du chemin de fer. Cette opération sera dirigée par l'ingénieur en chef du contrôle ou par l'un des ingénieurs sous ses ordres délégué à cet effet. La reconnaissance des travaux sera faite en présence des représentants de la compagnie par les représentants des services qui doivent accepter les ouvrages et demeurer chargés de leur entretien, notamment :

Pour les routes nationales et départementales et pour les travaux intéressant la navigation, par les ingénieurs chargés de ces services ;

Pour les chemins de grande communication, par les agents voyers ;

Pour les chemins vicinaux et ruraux, par les maires des communes intéressées, assistés, s'il y a lieu, des agents voyers ;

Pour les travaux intéressant les syndicats, par les directeurs de ces associations.

Les procès-verbaux de reconnaissance et de remise des travaux exécutés seront rédigés en triple expédition dont l'une sera destinée à la compagnie, l'autre au chef du service intéressé, et la troisième à l'ingénieur en chef du contrôle.

XII. — Composition des archives.

Les divers documents que l'ingénieur en chef du contrôle de la construction remettra au service de contrôle de l'exploitation, après l'achèvement des travaux, comprendront essentiellement, en outre des projets approuvés, une expédition des plans parcellaires certifiée conforme aux pièces officielles qui ont servi de base à l'arrêté de cessibilité et au jugement d'expropriation.

A Paris le 21 février 1877.

LOI

DU 3 MAI 1841

Sur l'expropriation pour cause d'utilité publique.

TITRE Ier.

DISPOSITIONS PRÉLIMINAIRES

Art. 1er. — L'expropriation pour cause d'utilité publique s'opère par autorité de justice.

Art. 2. — Les tribunaux ne peuvent prononcer l'expropriation qu'autant que l'utilité en a été constatée et déclarée dans les formes prescrites par la présente loi.

Ces formes consistent,

1° Dans la loi ou l'ordonnance royale qui autorise l'exécution des travaux pour lesquels l'expropriation est requise ;

2° Dans l'acte du préfet qui désigne les localités ou territoires sur lesquels les travaux doivent avoir lieu, lorsque cette désignation ne résulte pas de la loi ou de l'ordonnance royale ;

3° Dans l'arrêté ultérieur par lequel le préfet détermine les propriétés particulières auxquelles l'expropriation est applicable.

Cette application ne peut être faite à aucune propriété particulière qu'après que les parties intéressées ont été mises en état d'y fournir leurs contredits, selon les règles exprimées au titre II.

Art. 3. — Tous grands travaux publics, routes royales, canaux, chemins de fer, canalisation de rivières, bassins et docks, entrepris par l'État, les départements, les communes, ou par compagnies particulières, avec ou sans péage, avec ou sans subside du trésor, avec ou sans aliénation du domaine public, ne pourront être exécutés qu'en vertu d'une loi, qui ne sera rendue qu'après une enquête administrative.

Une ordonnance royale suffira pour autoriser l'exécution des routes départementales, celle des canaux et chemins de fer d'embranchement de moins de vingt mille mètres de longueur, des ponts et de tous autres travaux de moindre importance.

Cette ordonnance devra également être précédée d'une enquête.

Ces enquêtes auront lieu dans les formes déterminées par un règlement d'administration publique.

TITRE II.

Des mesures d'administration relatives a l'expropriation.

Art. 4. — Les ingénieurs ou autres gens de l'art chargés de l'exécution des travaux lèvent, pour la partie qui s'étend sur chaque commune, le plan parcellaire des terrains ou des édifices dont la cession leur paraît nécessaire.

Art. 5. — Le plan desdites propriétés particulières, indicatif des noms de chaque propriétaire, tels qu'ils sont inscrits sur la matrice des rôles, reste déposé, pendant huit jours, à la mairie de la commune où les propriétés sont situées, afin que chacun puisse en prendre connaissance.

Art. 6. — Le délai fixé à l'article précédent ne court qu'à dater de l'avertissement, qui est donné collectivement aux parties intéressées, de prendre communication du plan déposé à la mairie.

Cet avertissement est publié à son de trompe ou de caisse dans la commune, et affiché tant à la principale porte de l'église du lieu qu'à celle de la maison commune.

Il est en outre inséré dans l'un des journaux publiés dans l'arrondissement, ou, s'il n'en existe aucun, dans l'un des journaux du département.

Art. 7. — Le maire certifie ces publications et affiches ; il mentionne sur un procès-verbal qu'il ouvre à cet effet, et que les parties qui comparaissent sont requises de signer, les déclarations et réclamations qui lui ont été faites verbalement, et y annexe celles qui lui sont transmises par écrit.

Art. 8. — A l'expiration du délai de huitaine prescrit par l'article 5, une commission se réunit au chef-lieu de la sous-préfecture.

Cette commission, présidée par le sous-préfet de l'arrondissement, sera composée de quatre membres du conseil général du département ou du conseil de l'arrondissement désignés par le préfet, du maire de la commune où les propriétés sont situées, et de l'un des ingénieurs chargés de l'exécution des travaux.

La commission ne peut délibérer valablement qu'autant que cinq de ses membres au moins sont présents.

Dans le cas où le nombre des membres présents serait de six, et où il y aurait partage d'opinions, la voix du président sera prépondérante.

Les propriétaires qu'il s'agit d'exproprier ne peuvent être appelés à faire partie de la commission.

Art. 9. — La commission reçoit, pendant huit jours, les observations des propriétaires.

Elle les appelle toutes les fois qu'elle le juge convenable. Elle donne son avis.

Ses opérations doivent être terminées dans le délai de dix jours ; après quoi le procès-verbal est adressé immédiatement par le sous-préfet au préfet.

Dans le cas où lesdites opérations n'auraient pas été mises à fin dans le délai ci-dessus, le sous-préfet devra, dans les trois jours, transmettre au préfet son procès-verbal et les documents recueillis.

Art. 10. — Si la commission propose quelque changement au tracé indiqué par les ingénieurs, le sous-préfet devra, dans la forme indiquée par l'article 6, en donner immédiatement avis aux propriétaires que ces changements pourront intéresser. Pendant huitaine, à dater de cet avertissement, le procès-verbal et les pièces resteront déposés à la sous-préfecture ; les parties intéressées pourront en prendre communication sans déplacement et sans frais et fournir leurs observations écrites.

Dans les trois jours suivants, le sous-préfet transmettra toutes les pièces à la préfecture.

Art. 11. — Sur le vu du procès-verbal et des documents y annexés, le préfet détermine, par un arrêté motivé, les propriétés qui doivent être cédées, et indique l'époque à laquelle il sera nécessaire d'en prendre possession. Toutefois, dans le cas où il résulterait de l'avis de la commission qu'il y aurait lieu de modifier le tracé des travaux ordonnés, le préfet surseoira jusqu'à ce qu'il ait été prononcé par l'administration supérieure.

L'administration supérieure pourra, suivant les circonstances, ou statuer définitivement, ou ordonner qu'il soit procédé de nouveau à tout ou partie des formalités prescrites par les articles précédents.

Art. 12. — Les dispositions des articles 8, 9 et 10 ne sont point applicables au cas où l'expropriation serait demandée par une commune, et dans un intérêt purement communal, non plus qu'aux travaux d'ouverture ou de redressement des chemins vicinaux.

Dans ce cas, le procès-verbal prescrit par l'article 7 est transmis, avec l'avis du conseil municipal, par le maire au sous-préfet, qui l'adressera au préfet avec ses observations.

Le préfet, en conseil de préfecture, sur le vu de ce procès-verbal, et sauf l'approbation de l'administration supérieure, prononcera comme il est dit en l'article précédent.

TITRE III.

De l'expropriation et de ses suites, quant aux privilèges, hypothèques et autres droits réels.

Art. 13. — Si des biens de mineurs, d'interdits, d'absents, ou autres incapables, sont compris dans les plans déposés en vertu de l'article 5, ou dans les modifications admises par l'administration supérieure, aux termes de l'article 11 de la présente loi, les tuteurs, ceux qui ont été envoyés en possession provisoire, et tous représentants des incapables, peuvent, après autorisation du tribunal donnée sur simple requête, en la chambre du conseil, le ministère public entendu, consentir amiablement à l'aliénation desdits biens.

Le tribunal ordonne les mesures de conservation ou de remploi qu'il juge nécessaires.

Ces dispositions sont applicables aux immeubles dotaux et aux majorats.

Les préfets pourront, dans le même cas, aliéner les biens des départements, s'ils y sont autorisés par délibération du conseil général; les maires ou administrateurs pourront aliéner les biens des communes ou établissements publics, s'ils y sont autorisés par délibération du conseil municipal ou du conseil d'administration, approuvé par le préfet en conseil de préfecture.

Le ministre des finances peut consentir à l'aliénation des biens de l'État, ou de ceux qui font partie de la dotation de la Couronne, sur la proposition de l'intendant de la liste civile.

A défaut de conventions amiables, soit avec les propriétaires des terrains ou bâtiments dont la cession est reconnue nécessaire, soit avec ceux qui les représentent, le préfet transmet au procureur du Roi dans le ressort duquel les biens sont situés la loi ou l'ordonnance qui autorise l'exécution des travaux, et l'arrêté mentionné en l'article 11.

Art. 14. — Dans les trois jours, et sur la production des pièces constatant que les formalités prescrites par l'article 2 du titre Ier, et par le titre 2 de la présente loi, ont été remplies, le procureur du Roi requiert et le tribunal prononce l'expropriation pour cause d'utilité publique des terrains ou bâtiments indiqués dans l'arrêté du préfet.

Si, dans l'année de l'arrêté du préfet, l'administration n'a pas poursuivi l'expropriation, tout propriétaire dont les terrains sont compris audit arrêté peut présenter requête au tribunal. Cette requête sera communiquée par le procureur du Roi au préfet, qui devra, dans le plus bref délai, envoyer les pièces, et le tribunal statuera dans les trois jours.

Le même jugement commet un des membres du tribunal pour remplir les fonctions attribuées par le titre IV, chapitre II, au magistrat directeur du jury chargé de fixer l'indemnité, et désigne un autre membre pour le remplacer au besoin.

En cas d'absence ou d'empêchement de ces deux magistrats, il sera pourvu à leur remplacement par une ordonnance sur requête du président du tribunal civil.

Dans le cas où les propriétaires à exproprier consentiraient à la cession, mais où il n'y aurait point accord sur le prix, le tribunal donnera acte du consentement, et désignera le magistrat directeur du jury, sans qu'il soit besoin de rendre le jugement d'expropriation, ni de s'assurer que les formalités prescrites par le titre II ont été remplies.

Art. 15. — Le jugement est publié et affiché, par extrait, dans la commune de la situation des biens, de la manière indiquée en l'article 6. Il est en outre inséré dans l'un des journaux publiés dans l'arrondissement, ou, s'il n'en existe aucun, dans l'un de ceux du département.

Cet extrait, contenant les noms des propriétaires, les motifs et le dispositif du jugement, leur est notifié au domicile qu'ils auront élu dans l'arrondissement de la situation des biens, par une déclaration faite à la mairie de la commune où les biens sont situés ; et, dans le cas où cette élection de domicile n'aurait pas eu lieu, la notification de l'extrait serait faite en double copie au maire et au fermier, locataire, gardien ou régisseur de la propriété.

Toutes les autres notifications prescrites par la présente loi seront faites dans la forme ci dessus indiquée.

Art. 16. — Le jugement sera, immédiatement après l'accomplissement des formalités prescrites par l'article 15 de la présente loi, transcrit au bureau de la conservation des hypothèques de l'arrondissement, conformément à l'article 2181 du Code civil.

Art. 17. — Dans la quinzaine de la transcription, les privilèges et les hypothèques conventionnelles, judiciaires ou légales, seront inscrits.

A défaut d'inscription dans ce délai, l'immeuble exproprié sera affranchi de tous privilèges et hypothèques, de quelque nature qu'ils soient, sans préjudice des droits des femmes, mineurs et interdits, sur le montant de l'indemnité, tant qu'elle n'a pas été payée ou que l'ordre n'a pas été réglé définitivement entre les créanciers.

Les créanciers inscrits n'auront, dans aucun cas, la faculté de surenchérir, mais ils pourront exiger que l'indemnité soit fixée conformément au titre IV.

Art. 18. — Les actions en résolution, en revendication, et toutes autres actions réelles, ne pourront arrêter l'expropriation ni en empêcher l'effet. Le droit des réclamants sera transporté sur le prix, et l'immeuble en demeurera affranchi.

Art. 19. — Les règles posées dans le premier paragraphe de l'article 15 et dans les articles 16, 17 et 18, sont applicables dans le cas de conventions amiables passées entre l'administration et les propriétaires.

Cependant l'administration peut, sauf les droits des tiers, et sans accomplir les formalités ci-dessus tracées, payer le prix des acquisitions dont la valeur ne s'élèverait pas au-dessus de cinq cents francs.

Le défaut d'accomplissement des formalités de la purge des hypothèques n'empêche pas l'expropriation d'avoir son cours ; sauf, pour les parties intéressées, à faire valoir leurs droits ultérieurement, dans les formes déterminées par le titre IV de la présente loi.

Art. 20. — Le jugement ne pourra être attaqué que par voie du recours en cassation, et seulement pour incompétence, excès de pouvoir ou vices de forme du jugement.

Le pourvoi aura lieu, au plus tard, dans les trois jours, à dater de la notification du jugement, par déclaration au greffe du tribunal. Il sera notifié dans la huitaine, soit à la partie, au domicile indiqué par l'article 15, soit au préfet ou au maire, suivant la nature des travaux; le tout à peine de déchéance.

Dans la quinzaine de la notification du pourvoi, les pièces seront adressées à la chambre civile de la cour de cassation, qui statuera dans le mois suivant.

L'arrêt, s'il est rendu par défaut, à l'expiration de ce délai, ne sera pas susceptible d'opposition.

TITRE IV.

Du règlement des indemnités.

CHAPITRE Ier.

Mesures préparatoires.

Art. 21. — Dans la huitaine qui suit la notification prescrite par l'article 15, le propriétaire est tenu d'appeler et de faire connaître à l'administration les fermiers, locataires, ceux qui ont des droits d'usufruit, d'habitation ou d'usage, tels qu'ils sont réglés par le Code civil, et ceux qui peuvent réclamer des servitudes résultant des titres mêmes du propriétaire ou d'autres actes dans lesquels il serait intervenu ; sinon il restera seul chargé envers eux des indemnités que ces derniers pourront réclamer.

Les autres intéressés seront en demeure de faire valoir leurs droits par l'avertissement énoncé en l'article 6, et tenus de se faire connaître à l'administration dans le même délai de huitaine, à défaut de quoi ils seront déchus de tous droits à l'indemnité.

Art. 22. — Les dispositions de la présente loi relatives aux propriétaires et à leurs créanciers sont applicables à l'usufruitier et à ses créanciers.

Art. 23. — L'administration notifie aux propriétaires et à tous autres intéressés qui auront été désignés ou qui seront intervenus dans le délai fixé par l'article 21, les sommes qu'elle offre pour indemnités.

Ces offres sont, en outre, affichées et publiées conformément à l'article 6 de la présente loi.

Art. 24. — Dans la quinzaine suivante, les propriétaires et autres intéressés sont tenus de déclarer leur acceptation, ou, s'ils n'acceptent pas les offres qui leur sont faites, d'indiquer le montant de leurs prétentions.

Art. 25. — Les femmes mariées sous le régime dotal, assistées de leurs maris, les tuteurs, ceux qui ont été envoyés en possession provisoire des biens d'un absent, et autres personnes qui représentent les incapables, peuvent valablement accepter les offres énoncées en l'article 23, s'ils y sont autorisées dans les formes prescrites par l'article 13.

Art. 26. — Le ministre des finances, les préfets, maires ou administrateurs, peuvent accepter les offres d'indemnité pour expropriation des biens appartenant à l'Etat, à la Couronne, aux départements, communes ou établissements publics, dans les formes et avec les autorisations prescrites par l'article 13.

Art. 27. — Le délai de quinzaine, fixé par l'article 24, sera d'un mois dans les cas prévus par les articles 25 et 26.

Art. 28. — Si les offres de l'administration ne sont pas acceptées dans les délais prescrits par les articles 24 et 27, l'administration citera devant le jury, qui sera convoqué à cet effet, les propriétaires et tous autres intéressés qui auront été désignés, ou qui seront intervenus, pour qu'il soit procédé au règlement des indemnités de la manière indiquée au chapitre suivant. La citation contiendra l'énonciation des offres qui auront été refusées.

CHAPITRE II

Du Jury spécial chargé de régler les Indemnités.

Art. 29. — Dans sa session annuelle, le conseil général du département désigne, pour chaque arrondissement de sous-préfecture, tant sur la liste des électeurs que sur la seconde partie de la liste du jury, trente-six personnes au moins, et soixante et douze au plus, qui ont leur domicile réel dans l'arrondissement, parmi lesquelles sont choisis, jusqu'à la session suivante ordinaire du conseil général, les membres du jury spécial appelé, le cas échéant, à régler les indemnités dues par suite d'expropriation pour cause d'utilité publique.

Le nombre des jurés désignés pour le département de la Seine sera de six cents.

Art. 30. — Toutes les fois qu'il y a lieu de recourir à un jury spécial, la première chambre de la cour royale, et, dans les autres départements, la première chambre du tribunal du chef-lieu judiciaire, choisit en la chambre du conseil, sur la liste dressée en vertu de la l'article précédent pour l'arrondissement dans lequel ont lieu les expropriations, seize personnes qui formeront le jury spécial chargé de fixer définitivement le montant de l'indemnité, et, en outre, quatre jurés supplémentaires ; pendant les vacances, ce choix est déféré à la chambre de la cour ou du tribunal chargé du service des vacations. En cas d'abstention ou de récusation des membres du tribunal, le choix du jury est déféré à la cour royale.

Ne peuvent être choisis :

1° Les propriétaires, fermiers, locataires des terrains et bâtiments désignés en l'arrêté du préfet pris en vertu de l'article 11, et qui restent à acquérir ;

2° Les créanciers ayant inscription sur lesdits immeubles ;

3° Tous autres intéressés désignés ou intervenant en vertu des articles 21 et 22.

Les septuagénaires seront dispensés, s'ils le requièrent, des fonctions de juré.

Art. 31. — La liste des seize jurés et des quatre jurés supplémentaires est transmise par le préfet au sous-préfet, qui, après s'être concerté avec le magistrat directeur du jury, convoque les jurés et les parties, en leur indiquant, au moins huit jours à l'avance, le lieu et le jour de la réunion. La notification aux parties leur fait connaître les noms des jurés.

Art. 32. — Tout juré qui, sans motifs légitimes, manque à l'une des séances ou refuse de prendre part à la délibération, encourt une amende de cent francs au moins et de trois cents francs au plus.

L'amende est prononcée par le magistrat directeur du jury.

Il statue en dernier ressort sur l'opposition qui serait formée par le juré condamné.

Il prononce également sur les causes d'empêchement que les jurés proposent, ainsi que sur les exclusions ou incompatibilités dont les causes ne seraient survenues ou n'auraient été connues que postérieurement à la désignation faite en vertu de l'article 30.

Art. 33. — Ceux des jurés qui se trouvent rayés de la liste par suite des empêchements, exclusions ou incompatibilités prévus à l'article précédent, sont immédiatement remplacés par les jurés supplémentaires, que le magistrat directeur du jury appelle dans l'ordre de leur inscription.

En cas d'insuffisance, le magistrat directeur du jury choisit, sur la liste dressée en vertu de l'article 29, les personnes nécessaires pour compléter le nombre des seize jurés.

Art. 34. — Le magistrat directeur du jury est assisté, auprès du jury spécial, du greffier ou commis-greffier du tribunal, qui appelle successivement les causes sur lesquelles le jury doit statuer, et tient procès-verbal des opérations.

Lors de l'appel, l'administration a le droit d'exercer deux récusations péremptoires ; la partie adverse a le même droit.

Dans le cas où plusieurs intéressés figurent dans la même affaire, il s'entendent pour l'exercice du droit de récusation, sinon le sort désigne ceux qui doivent en user.

Si le droit de récusation n'est point exercé, ou s'il ne l'est que partiellement, le magistrat directeur du jury procède à la réduction des jurés au nombre de douze, en retranchant les derniers noms inscrits sur la liste.

Art. 35. — Le jury spécial n'est constitué que lorsque les douzes jurés sont présents.

Les jurés ne peuvent délibérer valablement qu'au nombre de neuf au moins.

Art. 36. — Lorsque le jury est constitué, chaque juré prête serment de remplir ses fonctions avec impartialité.

Art. 37. — Le magistrat directeur met sous les yeux du jury :

1° Le tableau des offres et demandes notifiées en exécution des articles 23 et 24.

2° Les plans parcellaires et les titres ou autres documents produits par les parties à l'appui de leurs offres et demandes.

Les parties ou leurs fondés de pouvoir peuvent présenter sommairement leurs observations.

Le jury pourra entendre toutes les personnes qu'il croira pouvoir l'éclairer.

Il pourra également se transporter sur les lieux, ou déléguer à cet effet un ou plusieurs de ses membres.

La discussion est publique ; elle peut être continuée à une autre séance.

Art. 38 — La clôture de l'instruction est prononcée par le magistrat directeur du jury.

Les jurés se retirent immédiatement dans leur chambre pour délibérer, sans désemparer, sous la présidence de l'un d'eux, qu'ils désignent à l'instant même.

La décision du jury fixe le montant de l'indemnité ; elle est prise à la majorité des voix.

En cas de partage, la voix du président du jury est prépondérante.

Art. 39. — Le jury prononce des indemnités distinctes en faveur des parties qui les réclament à des titres différents, comme propriétaires, fermiers, locataires, usagers et autres intéressés dont il est parlé à l'article 21.

Dans le cas d'usufruit, une seule indemnité est fixé par le jury, eu égard à la valeur totale de l'immeuble ; le nu-propriétaire et l'usufruitier exercent leurs droits sur le montant de l'indemnité au lieu de l'exercer sur la chose.

L'usufruitier sera tenu de donner caution ; les père et mère ayant l'usufruit légal des biens de leurs enfants en seront seuls dispensés.

Lorsqu'il y a litige sur le fond du droit ou sur la qualité des réclamants, et toutes les fois qu'il s'élève des difficultés étrangère à la fixation du montant de l'indemnité, le jury règle l'indemnité indépendamment de ces litiges et difficultés, sur lesquels les parties sont renvoyées à se pourvoir devant qui le droit.

L'indemnité allouée par le jury ne peut, en aucun cas, être inférieure aux offres de l'administration, ni supérieure à la demande de la partie intéressée.

Art. 40. — Si l'indemnité réglée par le jury ne dépasse pas l'offre de l'administration, les parties qui l'auront refusée seront condamnées aux dépens.

Si l'indemnité est égale à la demande des parties, l'administration sera condamnée aux dépens.

Si l'indemnité est à la fois supérieure à l'offre de l'administration, et inférieure à la demande des parties, les dépens seront compensés de manière à être supportés par les parties et l'administration, dans les proportions de leur offre ou de leur demande avec la décision du jury.

Tout indemnitaire qui ne se trouvera pas dans le cas des articles 25 et 26 sera condamné aux dépens, quelle que soit l'estimation ultérieure du jury, s'il a omis de se conformer aux dispositions des articles 53, 54 et suivants.

Art. 41. — La décision du jury, signée des membres qui y ont concouru, est remise par le président au magistrat directeur, qui la déclare exécutoire, statue sur les dépens, et envoie l'administration en posssession de la propriété, à la charge par elle de se conformer à la disposition des articles 53, 54 et suivants.

Ce magistrat taxe les dépens, dont le tarif est déterminé par un règlement d'administration publique.

La taxe ne comprendra que les actes faits postérieurement à l'offre de 'administration ; les frais des actes antérieurs demeurent, dans tous les cas, là la charge de l'administration.

Art. 42. — La décision du jury et l'ordonnance du magistrat directeur ne peuvent être attaquées que par la voie du recours en cassation, et seulement pour violation du premier paragraphe de l'article 30, de l'article 31, des deuxième et quatrième paragraphes de l'article 34, et des articles 35, 36, 37, 38, 39 et 40.

Le délai sera de quinze jours pour ce recours, qui sera d'ailleurs formé, notifié et jugé comme il est dit en l'article 20; il courra à partir du jour de la décision.

Art. 43. — Lorsqu'une décision du jury aura été cassée, l'affaire sera renvoyée devant un nouveau jury, choisi dans le même arrondissement.

Néanmoins la Cour de cassation pourra, suivant les circonstances, renvoyer l'appréciation de l'indemnité à un jury choisi dans un des arrondissements voisins, quand même il appartiendrait à un autre département.

Il sera procédé, à cet effet, conformément à l'article 30.

Art. 44. — Le jury ne connait que des affaires dont il a été saisi au moment de sa convocation, et statue successivement et sans interruption sur chacune de ces affaires. Il ne peut se séparer qu'après avoir réglé toutes les indemnités dont la fixation lui a été ainsi déférée.

Art. 45. — Les opérations commencées par un jury, et qui ne sont pas encore terminées au moment du renouvellement annuel de la liste générale mentionnée en l'article 29, sont continuées, jusqu'à conclusion définitive, par le même jury.

Art. 46. — Après la clôture des opérations du jury, les minutes de ses décisions et les autres pièces qui se rattachent auxdites opérations sont déposées au greffe du tribunal civil de l'arrondissement.

Art. 47. — Les noms des jurés qui auront fait le service d'une session ne pourront être portés sur le tableau dressé par le conseil général pour l'année suivante.

CHAPITRE III

Des règles à suivre pour la fixation des indemnités.

Art. 48. — Le jury est juge de la sincérité des titres et de l'effet des actes qui seraient de nature à modifier l'évaluation de l'indemnité.

Art. 49. — Dans le cas où l'administration contesterait au détenteur exproprié le droit à une indemnité, le jury, sans s'arrêter à la contestation, dont il envoie le jugement devant qui de droit, fixe l'indemnité comme si elle était due, et le magistrat directeur du jury en ordonne la consignation, pour la dite indemnité, rester déposée jusqu'à ce que les parties se soient entendues ou que le litige soit vidé.

Art. 50. — Les bâtiments dont il est nécessaire d'acquérir une portion pour cause d'utilité publique seront achetés en entier, si les propriétaires le requièrent par une déclaration formelle adressée au magistrat directeur du jury, dans les délais énoncés aux articles 24 et 27.

Il en sera de même de toute parcelle de terrain qui, par suite de morcellement, se trouvera réduite au quart de la contenance totale, si toutefois le propriétaire ne possède aucun terrain immédiatement contigu, et si la parcelle ainsi réduite est inférieure à dix ares.

Art. 51. — Si l'exécution des travaux doit procurer une augmentation de valeur immédiate et spéciale au restant de la propriété, cette augmentation sera prise en considération dans l'évaluation du montant de l'indemnité.

Art. 52. — Les constructions, plantations et améliorations ne donneront lieu à aucune indemnité, lorsque, à raison de l'époque où elles auront été faites ou de toutes autres circonstances dont l'appréciation lui est abandonnée, le jury acquiert la conviction qu'elles ont été faites dans la vue d'obtenir une indemnité plus élevée.

TITRE V

Du paiement des indemnités.

Art. 53. — Les indemnités réglées par le jury seront, préalablement à la prise de possession, acquittées entre les mains des ayants droit.

S'ils se refusent à les recevoir, la prise de possession aura lieu après offres réelles et consignation.

S'il s'agit de travaux exécutés par l'État ou les départements, les offres réelles pourront s'effectuer au moyen d'un mandat égal au montant de l'indemnité réglée par le jury : ce mandat, délivré par l'ordonnateur compétent, visé par le payeur, sera payable sur la caisse publique qui s'y trouvera désignée.

Si les ayants droits refusent de recevoir le mandat, la prise de possession aura lieu après consignation en espèces.

Art. 54. — Il ne sera pas fait d'offres réelles toutes les fois qu'il existera des inscriptions sur l'immeuble exproprié ou d'autres obstacles au versement des deniers entre les mains des ayants droit ; dans ce cas, il suffira que les sommes dues par l'administration soient consignées, pour être ultérieurement distribuées ou remises, selon les règles du droit commun.

Art. 55. — Si, dans les six mois du jugement d'expropriation, l'administration ne poursuit pas la fixation de l'indemnité, les parties pourront exiger qu'il soit procédé à la dite fixation.

Quand l'indemnité aura été réglée, si elle n'est ni acquittée ni consignée dans les six mois de la décision du jury, les intérêts courront de plein droit à l'expiration de ce délai.

TITRE VI

Dispositions diverses.

Art. 56. — Les contrats de vente, quittances et autres actes relatifs à l'acquisition des terrains, peuvent être passés dans la forme des actes administifs ; la minute restera déposée au secrétariat de la préfecture : expédition en sera transmise à l'administration des domaines.

Art. 57. — Les significations et notifications mentionnées en la présente loi sont faites à la diligence du préfet du département de la situation des biens.

Elles peuvent être faites tant par huissier que par tout autre agent de l'administration dont les procès-verbaux font foi en justice.

Art. 58. — Les plans, procès-verbaux, certificats, significations, jugements, contrats, quittances et autres actes faits en vertu de la présente loi, seront visés pour timbre et enregistrés gratis, lorsqu'il y aura lieu à la formalité de l'enregistrement.

Il ne sera perçu aucuns droits pour la transcription des actes au bureau des hypothèques.

Les droits perçus sur les acquisitions amiables faites antérieurement aux arrêtés de préfet seront restitués, lorsque, dans le délai de deux ans à partir de la perception, il sera justifié que les immeubles acquis sont compris dans ces arrêtés. La restitution des droits ne pourra s'appliquer qu'à la portion des immeubles qui aura été reconnue nécessaire à l'exécution des travaux.

Art. 59. — Lorsqu'un propriétaire aura accepté les offres de l'administration, le montant de l'indemnité devra, s'il l'exige et s'il n'y a pas eu contestation de la part des tiers dans les délais prescrits par les articles 24 et 27 être versé à la caisse des dépôts et consignations, pour être remis ou distribué à qui de droit, selon les règles du droit commun.

Art. 60. Si les terrains acquis pour des travaux d'utilité publique ne reçoivent pas cette destination, les anciens propriétaires ou leurs ayants droit peuvent en demander la remise.

Le prix des terrains rétrocédés est fixé à l'amiable, et, s'il n'y a pas accord par le jury, dans les formes ci-dessus prescrites. La fixation par le jury ne peut, en aucun cas, excéder la somme moyennant laquelle les terrains ont été acquis.

Art. 61. — Un avis, publié de la manière indiquée en l'article 6, fait connaître les terrains que l'administration est dans le cas de revendre. Dans les trois mois de cette publication, les anciens propriétaires qui veulent réacquérir la propriété des dits terrains sont tenus de le déclarer ; et, dans le mois de la fixation du prix, soit amiable, soit judiciaire, ils doivent passer le contrat de rachat et payer le prix : le tout à peine de déchéance du privilège que leur accorde l'article précédent.

Art. 62. — Les dispositions des articles 60 et 61 ne sont pas applicables aux terrains qui auront été acquis sur la réquisition du propriétaire, en vertu de l'article 50, et qui resteraient disponibles après l'exécution des travaux.

Art. 63. — Les concessionnaires des travaux publics exerceront tous les droits conférés à l'administration, et seront soumis à toutes les obligations qui lui sont imposées par la présente loi.

Art. 64. — Les contributions de la portion d'immeuble qu'un propriétaire aura cédée, ou dont il aura été exproprié pour cause d'utilité publique, continueront à lui être comptées pendant un an, à partir de la remise de la propriété, pour former son cens électoral.

TITRE VII

Dispositions exceptionnelles.

CHAPITRE Ier

Art. 65. — Lorsqu'il y aura urgence de prendre possession des terrains non bâtis qui seront soumis à l'expropriation, l'urgence sera spécialement déclarée par une ordonnance royale.

Art. 66. — En ce cas, après le jugement d'expropriation, l'ordonnance qui déclare l'urgence et le jugement seront notifiés, conformément à l'article 15, aux propriétaires et aux détenteurs, avec assignation devant le tribunal civil. L'assignation sera donnée à trois jours au moins ; elle énoncera la somme offerte par l'administration.

Art. 67. — Au jour fixé, le propriétaire et les détenteurs seront tenus de déclarer la somme dont ils demandent la consignation avant l'envoi en possession.

Faute par eux de comparaître, il sera procédé en leur absence.

Art. 68. — Le tribunal fixe le montant de la somme à consigner.

Le tribunal peut se transporter sur les lieux, ou commettre un juge pour visiter les terrains, recueillir tous les renseignements propres à en déterminer la valeur, et en dresser, s'il y a lieu, un procès-verbal descriptif. Cette opération devra être terminée dans les cinq jours, à dater du jugement qui l'aura ordonnée.

Dans les trois jours de la remise de ce procès-verbal au greffe, le tribunal déterminera la somme à consigner.

Art. 69. — La consignation doit comprendre, outre le principal, la somme nécessaire pour assurer, pendant deux ans, le payement des intérêts à cinq pour cent.

Art. 70. — Sur le vu du procès-verbal de consignation, et sur une nouvelle assignation à deux jours de délai au moins, le président ordonne la prise de possession.

Art. 71. — Le jugement du tribunal et l'ordonnance du président sont exécutoires sur minute et ne peuvent être attaqués par opposition ni appel.

Art. 72. — Le président taxera les dépens, qui seront supportés par l'administration

Art. 73. — Après la prise de possession, il sera, à la poursuite de la partie la plus diligente, procédé à la fixation définitive de l'indemnité, en exécution du titre IV de la présente loi.

Art. 74. — Si cette fixation est supérieure à la somme qui a été déterminée par le tribunal, le supplément doit être consigné dans la quinzaine de la notification de la décision du jury, et, à défaut, le propriétaire peut s'opposer à la continuation des travaux.

CHAPITRE II

Art. 75. — Les formalités prescrites par les titres I et II de la présente loi ne sont applicables ni aux travaux militaires ni aux travaux de la marine royale.

Pour ces travaux, une ordonnance royale détermine les terrains qui sont soumis à l'expropriation.

Art. 76. — L'expropriation ou l'occupation temporaire, en cas d'urgence, des propriétés privées qui seront jugées nécessaires pour des travaux de fortification, continueront d'avoir lieu conformément aux dispositions prescrites par la loi du 30 mars 1831.

Toutefois, lorsque les propriétaires ou autres intéressés n'auront pas accepté les offres de l'administration, le règlement définitif des indemnités aura lieu conformément aux dispositions du titre IV ci-dessus.

Seront également applicables aux expropriations poursuivies en vertu de la loi du 30 mars 1831, les articles 16, 17, 18, 19 et 20, ainsi que le titre VI de la présente loi.

TITRE VIII

DISPOSITIONS FISCALES.

Art. 77. — Les lois des 8 mars 1810 et 7 juillet 1833 sont abrogées.

La présente loi, discutée, délibérée et adoptée par la Chambre des Pairs et par celle des Députés, et sanctionnée par nous cejourd'hui sera exécutée comme loi de l'Etat.

Donnons en mandement à nos Cours et Tribunaux, Préfets, Corps administratifs, et tous autres, que les présentes ils gardent et maintiennent, fassent garder, observer et maintenir, et, pour les rendre plus notoires à tous, ils fassent publier et enregistrer partout où besoin sera; et, afin que ce soit chose ferme et stable à toujours, nous y avons fait mettre notre sceau.

Fait au palais de , le Mai 1841.

DÉCRET D'URGENCE

TITRE VII

DE LA LOI DU 3 MAI 1841.

Le Président de la République Française,

Sur le rapport du Ministre des Travaux publics,

Vu la loi du............, qui a déclaré d'utilité publique l'établissement du chemin de fer d............,

Vu le jugement du Tribunal civil de.............en date d............, qui a prononcé l'expropriation des terrains nécessaires à l'établissement dudit chemin dans l'arrondissement d...... ......, notamment dans la traversée de la commune d............,

Vu le rapport présenté, le..........., par l'Ingénieur en chef des Ponts et Chaussées chargé de la construction du chemin de fer sus-mentionné, à l'effet d'obtenir qu'il soit fait application des dispositions exceptionnelles au titre VII de la loi du 3 mai 1841, sur l'expropriation pour cause d'utilité publique, à plusieurs parcelles de terrains non bâties, situées dans le département d........., sur le territoire de la commune d.........et nécessaires à l'établissement dudit chemin ;

Vu l'état et le plan parcellaire joints à ce rapport ;

Vu la lettre du Préfet d..........en date du........,

Vu la loi du 3 mai 1841, sur l'expropriation pour cause d'utilité publique et notamment le titre VII.

DÉCRÈTE :

ARTICLE 1er.

Il y a urgence de prendre possession, pour l'établissement du chemin de fer d.........de plusieurs parcelles de terrains non bâties sises au territoire de la commune d.........., lesdites parcelles indiquées sur l'état sus-visé et figurées par des teintes roses sur le plan parcellaire également ci-dessus visé. Lesdits plan et état resteront annexés au présent décret.

ART. 2.

Le Ministre des Travaux publics est chargé de l'exécution du présent dé-sent décret, qui sera inséré au *Bulletin des Lois.*

Fait à , le

DÉCRET

DU 8 FÉVRIER 1868.

Portant règlement pour les occupations temporaires des terrains nécessaires à l'exécution de travaux publics.

Art. 1er — Lorsqu'il y a lieu d'occuper temporairement un terrain, soit pour y extraire des terres ou des matériaux, soit pour tout autre objet relatif à l'exécution des travaux publics, cette occupation est autorisée par un arrêté du préfet indiquant le nom de la commune où le terrain est situé, les numéros que les parcelles dont il se compose portent sur le plan cadastral et le nom du propriétaire.

Cet arrêté vise le devis qui désigne le terrain à occuper, ou le rapport par lequel l'ingénieur en chef chargé de la direction des travaux propose l'occupation.

Un exemplaire du présent règlement est annexé à l'arrêté.

Art. 2. — Le préfet envoie ampliation de son arrêté à l'ingénieur en chef et au maire de la commune. L'ingénieur en chef en remet une copie certifiée à l'entrepreneur ; le maire notifie l'arrêté au propriétaire du terrain ou à son représentant.

Art. 3. — En cas d'arrangement à l'amiable entre le propriétaire et l'entrepreneur, ce dernier est tenu de présenter aux ingénieurs, toutes les fois qu'il en est requis, le consentement écrit du propriétaire ou le traité qu'il a fait avec lui.

Art. 4. — A défaut de convention amiable, l'entrepreneur, préalablement à toute occupation du terrain désigné, fait au propriétaire ou, s'il ne demeure pas dans la commune, à son fermier, locataire ou gérant, une notification par lettre chargée indiquant le jour où il compte se rendre sur les lieux ou s'y faire représenter. Il l'invite à désigner un expert pour procéder, contradictoirement avec celui qu'il aura lui-même choisi, à la constatation de l'état des lieux.

En même temps, l'entrepreneur informe par écrit le maire de la commune de la notification faite par lui au propriétaire.

Entre cette notification et la visite des lieux, il doit y avoir un intervalle de dix jours au moins.

Art. 5. — Au jour fixé, les deux experts procèdent ensemble à leurs opérations contradictoires ; ils s'attachent à constater l'état des lieux, de manière qu'en rapprochant plus tard cette constatation de celle qui sera faite après l'exécution des travaux, on ait les éléments nécessaires pour évaluer la dépréciation du terrain et faire l'estimation des dommages ; ils font eux-mêmes cette estimation si l'entrepreneur et le propriétaire y consentent.

Ils dressent leur procès-verbal en trois expéditions, dont l'une est remise au propriétaire du terrain, une autre à l'entrepreneur et la troisième au maire de la commune.

Art. 6. — Si, dans le délai fixé par le dernier paragraphe de l'article 4, le propriétaire refuse ou néglige de nommer son expert, le maire en désigne un d'office pour opérer contradictoirement avec l'expert de l'entrepreneur.

Art. 7. — Immédiatement après les constatations prescrites par les articles précédents, l'entrepreneur peut occuper le terrain et y commencer les travaux autorisés par l'arrêté du préfet, tous les droits du propriétaire étant réservés en ce qui concerne le règlement de l'indemnité.

Toutefois, s'il existe sur ce terrain des arbres fruitiers ou de haute futaie qu'il soit nécessaire d'abattre, l'entrepreneur est tenu de les laisser subsister jusqu'à ce que l'estimation en ait été faite dans les formes voulues par la loi.

En cas d'opposition de la part du propriétaire, l'occupation a lieu avec l'assistance du maire ou de son délégué.

Art. 8. — Après l'achèvement des travaux, et, s'ils doivent durer plusieurs années, à la fin de chaque campagne, il est fait une nouvelle constatation de l'état des lieux.

A défaut d'accord entre l'entrepreneur et le propriétaire pour l'évaluation partielle ou totale de l'indemnité, il est procédé conformément à l'article 56 de la loi du 16 septembre 1807.

Art. 9. — Lorsque les travaux sont exécutés directement par l'administration sans l'intermédiaire d'un entrepreneur, il est procédé comme il a été dit ci-dessus : mais alors la notification prescrite dans l'article 4 est faite par les soins de l'ingénieur, et l'expert chargé de constater l'état des lieux contradictoirement avec celui du propriétaire est nommé par le préfet.

Art. 10. — Notre ministre secrétaire d'État au département de l'agriculture, du commerce et des travaux publics est chargé de l'exécution du présent décret.

Fait au palais de , le 8 février 1868.

EXTRAIT

DE LA LOI DU 28 PLUVIOSE, AN VIII

Concernant la division du territoire et l'administration.

TITRE II

Administration de département.

Art. 2. — Il y aura, dans chaque département, un préfet, un conseil de préfecture, et un conseil général de département, lesquels rempliront les fonctions exercées maintenant par les administrations et commissaires de département.

Art. 3. — Le préfet sera chargé seul de l'administration.

Art. 4. — Le conseil de préfecture prononcera,

Sur les demandes de particuliers, tendant à obtenir la décharge ou la réduction de leur cote de contributions directes ;

Sur les difficultés qui pourraient s'élever entre les entrepreneurs de travaux publics et l'administration, concernant le sens ou l'exécution des clauses de leurs marchés ;

Sur les réclamations des particuliers qui se plaindront de torts et dommages procédant du fait personnel des entrepreneurs et non du fait de l'administration ;

Sur les demandes et contestations concernant les indemnités dûes aux particuliers, à raison des terrains pris ou fouillés pour la confection des chemins, canaux et autres ouvrages publics ;

Sur les difficultés qui pourront s'élever en matière de grande voirie ;

Sur les demandes qui seront présentées par les communautés des villes, bourgs ou villages, pour être autorisées à plaider ;

Enfin, sur le contentieux des domaines nationaux.

Art. 5. — Lorsque le préfet assistera au conseil de préfecture, il présidera ; en cas de partage, il aura voix prépondérante.

A Paris, le 8 ventôse an VIII.

EXTRAIT

DE LA LOI DU 16 SEPTEMBRE 1807.

Relative au desséchement des marais, etc.

TITRE XI

DES INDEMNITÉS AUX PROPRIÉTAIRES POUR OCCUPATIONS DE TERRAINS.

Art. 48. — Lorsque, pour exécuter un desséchement, l'ouverture d'une nouvelle navigation, un pont, il sera question de supprimer des moulins et autres usines, de les déplacer, modifier, ou de réduire l'élévation de leurs eaux, la nécessité en sera constatée par les ingénieurs des ponts et chaussées. Le prix de l'estimation sera payé par l'État, lorsqu'il entreprend les travaux ; lorsqu'ils sont entrepris par des concessionnaires, le prix de l'estimation sera payé avant qu'ils puissent faire cesser le travail des moulins et usines.

Il sera d'abord examiné si l'établissement des moulins et usines est légal ; ou si le titre d'établissement ne soumet pas les propriétaires à voir démolir leurs établissements sans indemnité, si l'utilité publique le requiert.

Art. 49. — Les terrains nécessaires pour l'ouverture des canaux et rigoles de desséchement, des canaux de navigation, de routes, de rues, la formation de places et autres travaux reconnus d'une utilité générale, seront payés à leurs propriétaires, et à dire d'experts, d'après leur valeur, avant l'entreprise des travaux, et sans nulle augmentation du prix d'estimation.

Art. 50. — Lorsqu'un propriétaire fait volontairement démolir sa maison, lorsqu'il est forcé de la démolir pour cause de vétusté, il n'a droit à indemnité que pour la valeur du terrain délaissé, si l'alignement qui lui est donné par les autorités compétentes le force à reculer sa construction.

Art. 51. — Les maisons et bâtiments dont il serait nécessaire de faire démolir et d'enlever une portion pour cause d'utilité publique légalement reconnue, seront acquis en entier, si le propriétaire l'exige ; sauf à l'administration publique ou aux communes à revendre les portions de bâtiments ainsi acquises, et qui ne seront pas nécessaires pour l'exécution du plan. La cession par le propriétaire à l'administration publique ou à la commune, et la revente, seront effectuées d'après un décret rendu en Conseil d'État sur le rapport du ministre de l'intérieur, dans les formes prescrites par la loi.

En cas de réclamation de tiers intéressés, il sera de même statué en Conseil d'État sur le rapport du ministre de l'intérieur.

Art. 53. — Au cas où, par les alignements arrêtés, un propriétaire pourrait recevoir la faculté de s'avancer sur la voie publique, il sera tenu de payer la valeur du terrain qui lui sera cédé. Dans la fixation de cette valeur, les experts auront égard à ce que le plus ou le moins de profondeur du terrain cédé, la nature de la propriété, le reculement du reste du terrain bâti ou non bâti loin de la nouvelle voie, peut ajouter ou diminuer de valeur relative pour le propriétaire.

Au cas où le propriétaire ne voudrait point acquérir, l'Administration publique est autorisée à le déposséder de l'ensemble de sa propriété, en lui payant la valeur telle qu'elle était avant l'entreprise des travaux. La cession et la revente seront faites comme il a été dit en l'article 51 ci-dessus.

Art. 54. — Lorsqu'il y aura lieu en même temps à payer une indemnité à un propriétaire pour terrains occupés, et à recevoir de lui une plus-value pour des avantages acquis à ses propriétés restantes, il y aura compensation jusqu'à concurrence ; et le surplus seulement, selon les résultats, sera payé au propriétaire ou acquitté par lui.

Art. 55. — Les terrains occupés pour prendre les matériaux nécessaires aux routes ou aux constructions publiques, pourront être payés aux propriétaires comme s'ils eussent été pris pour la route même.

Il n'y aura lieu à faire entrer dans l'estimation la valeur des matériaux à extraire, que dans le cas où l'on s'emparerait d'une carrière déjà en exploitation ; alors lesdits matériaux seront évalués d'après leur prix courant, abstraction faite de l'existence et des besoins de la route pour laquelle ils seraient pris, ou des constructions auxquelles on les destine.

Art. 56. — Les experts pour l'évaluaiion des indemnités relatives à une occupation de terrain, dans les cas prévus au présent titre, seront nommés, pour les objets de travaux de grande voirie, l'un par le propriétaire, l'autre par le préfet ; et le tiers expert, s'il en est besoin, sera de droit l'ingénieur en chef du département. Lorsqu'il y aura des concessionnaires, un expert sera nommé par le propriétaire, un par le concessionnaire, et le tiers expert par le préfet.

Quant aux travaux des villes, un expert sera nommé par le propriétaire, un par le maire de la ville, ou de l'arrondissement pour Paris, et le tiers expert par le préfet.

Art. 57. — Le contrôleur et le directeur des contributions donneront leur avis sur le procès-verbal d'expertise qui sera soumis, par le préfet, à la délibération du conseil de préfecture ; le préfet pourra, dans tous les cas, faire faire une nouvelle expertise.

EXTRAIT

DE LA LOI DU 22 JUILLET 1889

Sur la procédure à suivre devant les conseils de préfecture

TITRE II

DES DIFFÉRENTS MOYENS DE VÉRIFICATION

§ 1er. — *Des expertises.*

Art. 13. — Le conseil de préfecture, peut, soit d'office soit sur la demande des parties ou de l'une d'elles, ordonner, avant faire droit, qu'il sera procédé à une expertise sur les points déterminés par sa décision.

En matière de dommages résultant de l'exécution des travaux publics, ou de subventions spéciales pour dégradations extraordinaires aux chemins vicinaux, l'expertise doit être ordonnée si elle est demandée par les parties ou par l'une d'elles pour faire vérifier les faits qui servent de base à la réclamation.

Art. 14. — L'expertise sera faite par trois experts, à moins que les parties ne consentent qu'il y soit procédé par un seul.

Dans ce dernier cas, l'expert est nommé par le conseil, à moins que les parties ne s'accordent pour le désigner.

Si l'expertise est confiée à trois experts, l'un d'eux est nommé par le conseil de préfecture, et chacune des parties est appelée à nommer son expert.

Art. 15. — Les parties qui ne sont pas présentes à la séance publique où l'expertise est ordonnée, ou qui n'ont pas dans leurs requêtes et mémoires désigné leur expert, sont invitées, par une notification faite conformément à l'article 7, à le désigner dans le délai de huit jours.

Si cette désignation n'est pas parvenue au greffe dans ce délai, la nomination est faite d'office par le conseil de préfecture.

Art. 16. — L'arrêté du conseil de préfecture qui ordonne l'expertise et en fixe l'objet, et qui nomme, s'il y a lieu, le ou les experts, désigne l'autorité devant laquelle ils doivent prêter serment, à moins que le conseil ne les en dispense, du consentement des parties.

La prestation de serment et d'expédition du procès-verbal ne donnent lieu à aucun droit d'enregistrement.

Le conseil de préfecture fixe, en outre, le délai dans lequel les experts seront tenus de déposer leur rapport au greffe.

Art. 17. — Les fonctionnaires qui ont exprimé une opinion dans l'affaire litigieuse, ou qui ont pris part aux travaux qui donnent lieu à une réclamation, ne peuvent être désignés comme experts,

Les règles établies par le code de procédure civile pour la récusation des experts sont applicables dans le cas où les experts sont désignés d'office par le conseil de préfecture.

La récusation doit être proposée dans les huit jours de la notification de l'arrêté qui a désigné l'expert. Elle est jugée d'urgence.

Art. 18. — Dans le cas où un expert n'accepte pas la mission qui lui a été confiée, il en est désigné un autre à sa place.

L'expert qui, après avoir accepté sa mission, ne la remplit pas, et celui qui ne dépose pas son rapport dans le délai fixé par le conseil de préfecture, peuvent être condamnés à tous les frais frustatoires, et même à des dommages-intérêts, s'il y a lieu. L'expert est, en outre, remplacé, s'il y a lieu.

Art. 19. — Les parties doivent être averties par le ou les experts des jours et heures auxquels il sera procédé à l'expertise ; cet avis leur est adressé quatre jours au moins à l'avance, par lettre recommandée.

Les observations faites par les parties, dans le cours des opérations, doivent être consignées dans le rapport.

Art. 20. — S'il y a plusieurs experts, ils procèdent ensemble à la visite des lieux et dressent un seul rapport. Dans le cas où ils sont d'avis différents, ils indiquent l'opinion de chacun d'eux et les motifs à l'appui.

Art. 21. — Le rapport est déposé au greffe du conseil. Les parties sont invitées par une notification faite conformément à l'article 7, à en prendre connaissance et à fournir leurs observations dans le délai de quinze jours ; une prorogation de délai peut être accordée.

Art. 22, — Si le conseil ne trouve pas dans le rapport d'expertise des éclaircissements suffisants, il peut ordonner un supplément d'instruction, ou bien ordonner que les experts comparaîtront devant lui pour fournir les explications et renseignements nécessaires.

En aucun cas, le conseil n'est obligé de suivre l'avis des experts.

Art. 23. — Les experts joignent à leur rapport un état de leurs vacations, frais et honoraires.

La liquidation et la taxe en sont faites par arrêté du président du conseil de préfecture, même en matière de contributions directes ou de taxes assimilées, conformément au tarif qui sera fixé par un règlement d'administration publique ; mais les experts où les parties peuvent, dans le délai de trois jours à partir de la notification qui leur est faite dudit arrêté, contester la liquidation devant le conseil de préfecture, statuant en chambre du conseil.

Art. 24. — En cas d'urgence, le président du conseil de préfecture peut, sur la demande des parties, désigner un expert pour constater des faits qui seraient de nature à motiver une réclamation devant ce conseil.

Avis en est immédiatement donné au défendeur éventuel.

Art. 68. — Sont abrogées les dispositions de la loi et des règlements contraires à la présente loi.

Fait à Paris, le 22 juillet 1889.

LOI

DU 21 MAI 1836

Sur les chemins vicinaux.

DISPOSITIONS GÉNÉRALES.

Art. 16. — Les travaux d'ouverture et de redressement des chemins vicinaux seront autorisés par arrêté du préfet.

Lorsque, pour exécution du présent article, il y aura lieu de recourir à l'expropriation, le jury spécial chargé de régler les indemnités ne sera composé que de quatre jurés. Le tribunal d'arrondissement, en prononçant l'expropriation, désignera, pour présider et diriger le jury, l'un de ses membres ou le juge de paix du canton. Ce magistrat aura voix délibérative en cas de partage.

Le tribunal choisira, sur la liste générale prescrite par l'article 29 de la loi du 7 juillet 1833, quatre personnes pour former le jury spécial et trois jurés supplémentaires. L'administration et la partie intéressée auront respectivement le droit d'exercer une récusation péremptoire.

Le juge recevra les acquiescements des parties.

Son procès-verbal emportera translation définitive de propriété.

Le recours en cassation, soit contre le jugement qui prononcera l'expropriation, soit contre la déclaration du jury qui réglera l'indemnité, n'aura lieu que dans les cas prévus et selon les formes déterminées par la loi du 7 juillet 1833.

Fait à Paris, le 21 mai 1836.

LOI

DU 8 JUIN 1864

Concernant les rues formant le prolongement de chemins vicinaux.

Art. 1er. — Toute rue qui est reconnue, dans les formes légales, être le prolongement d'un chemin vicinal, en fait partie intégrante et est soumise aux mêmes lois et règlements.

Art. 2. — Lorsque l'occupation de terrains bâtis est jugée nécessaire pour l'ouverture, le redressement ou l'élargissement immédiat d'une rue formant le prolongement d'un chemin vicinal, l'expropriation a lieu conformément aux dispositions de la loi du 3 mai 1841 combinée avec celles des cinq derniers paragraphes de l'article 16 de la loi du 21 mai 1836.

Il est procédé de la même manière lorsque les terrains bâtis sont situés sur le parcours d'un chemin vicinal en dehors des agglomérations communales.

Fait à Paris le 8 juin 1864.

DÉCRET

DU 18 NOVEMBRE 1882

Concernant les adjudications et les marchés passés au nom de l'État. (1)

Article 1er. — Les marchés de travaux, fournitures ou transports au compte de l'État sont faits avec concurrence et publicité, sauf les exceptions mentionnées à l'article 18 ci-après.

Art. 2. — L'avis des adjudications à passer est publié, sauf les cas d'urgence, au moins vingt jours à l'avance, par la voie des affiches et par tous les moyens ordinaires de publicité.

Cet avis fait connaitre :

1° Le lieu où l'on peut prendre connaissance du cahier des charges ;

2° Les autorités chargées de procéder à l'adjudication ;

3° Le lieu, le jour et l'heure fixés pour l'adjudication.

Il est procédé à l'adjudication en séance publique.

Art. 3. — Les adjudications publiques relatives à des fournitures, travaux, transports, exploitations ou fabrications qui ne peuvent être, sans inconvénient, livrés à une concurrence illimitée, sont soumises à des restrictions permettant de n'admettre que les soumissions qui émanent de personnes reconnues capables par l'Administration, au vu des titres exigés par le cahier des charges et préalablement à l'ouverture des plis renfermant les soumissions.

Art. 4. — Les cahiers des charges déterminent l'importance des garanties pécuniaires à produire :

Par les soumissionnaires, à titre de cautionnements provisoires pour être admis aux adjudications ;

Par les adjudicataires, à titre de cautionnements définitifs, pour répondre de leurs engagements.

Les cahiers des charges peuvent, s'il y a lieu, dispenser de l'obligation de déposer un cautionnement provisoire ou définitif. Ils peuvent disposer que le

(1) Voir également l'art. 27 du cahier des charges-type, p. 511.

cautionnement réalisé avant l'adjudication à titre provisoire, servira de cautionnement définitif.

Les cahiers des charges déterminent les autres garanties, telles que cautions personnelles et solidaires, affectations hypothécaires, dépôts de matières dans les magasins de l'Etat, qui peuvent être demandées, à titre exceptionnel, aux fournisseurs et entrepreneurs, pour assurer l'exécution de leurs engagements. Ils déterminent l'action que l'Administration peut exercer sur ces garanties.

Art. 5. — Les garanties pécuniaires peuvent consister, au choix des soumissionnaires et adjudicataires : 1° en numéraire ; 2° en rentes sur l'Etat et valeurs du Trésor au porteur ; 3° en rentes sur l'Etat nominatives ou mixtes. Les valeurs du Trésor transmissibles par voie d'endossement, endossées en blanc, sont considérées comme valeurs au porteur.

Après la réalisation du cautionnement, aucun changement ne peut être apporté à sa composition, sauf le cas prévu à l'article 9.

Art. 6. — La valeur en capital des rentes à affecter aux cautionnements est calculée : pour les cautionnements provisoires, au cours moyen du jour de la veille du dépôt ; pour les cautionnements définitifs, au cour moyen du jour de l'approbation de l'adjudication.

Les bons du Trésor à l'échéance d'un an ou de moins d'un an sont acceptés pour le montant de leur valeur en capital et intérêts.

Les autres valeurs déposées pour cautionnement sont calculées d'après le dernier cours publié au *Journal officiel*.

Art. 7. — Les cautionnements, quelle qu'en soit la nature, sont reçus par la Caisse des dépôts et consignations ou par ses préposés ; ils sont soumis aux règlements spéciaux à cet établissement.

Les oppositions sur les cautionnemnnts provisoires ou définitifs doivent avoir lieu entre les mains du comptable qui a reçu les dits cautionnements. Toutes autres oppositions sont nulles et non avenues.

Art. 8. — Lorsque le cautionnement consiste en rente nominative, le titulaire de l'inscription de rente souscrit une déclaration d'affectation de la rente et donne à la Caisse des dépôts et consignations un pouvoir irrévocable à l'effet de l'aliéner, s'il y a lieu.

L'affectation de la rente au cautionnement définitif est mentionnée au grand-livre de la dette publique.

Art. 9. — Lorsque des rentes ou valeurs affectées à un cautionnement définitif donnent lieu à un remboursement par le Trésor, la somme remboursée est touchée par la caisse des dépôts et consignations, et cette somme demeure affectée au cautionnement jusqu'à due concurrence, à moins que le cautionnement ne soit reconstitué en valeurs semblables.

Art. 10. — La Caisse des dépôts et consignations restitue les cautionnements provisoires au vu de la mainlevée donnée par le fonctionnaire chargé de l'adjudication, ou d'office aussitôt après la réalisation du cautionnement définitif de l'adjudicataire.

Les cautionnements définitifs ne peuvent être restitués, en totalité ou en partie, qu'en vertu d'une mainlevée donnée par le Ministre ou le fonctionnaire délégué à cet effet.

Art. 11. — Sont acquis à l'État, d'après le mode déterminé à l'article suivant, les cautionnements provisoires des soumissionnaires qui, déclarés adjudicataires, n'ont pas réalisé leurs cautionnements définitifs dans les délais fixés par les cahiers des charges.

Art. 12. — L'application des cautionnements définitifs à l'extinction des débets liquidés par les Ministres compétents a lieu aux poursuites et diligences de l'agent judiciaire du Trésor public, en vertu d'une contrainte délivrée par le Ministre des Finances.

Art. 13. — Les soumissions, placées sous enveloppes cachetées, sont remises en séance publique.

Toutefois, les cahiers des charges peuvent autoriser ou prescrire l'envoi des soumissions par lettres recommandées ou leur dépôt dans une boîte à ce destinée ; ils fixent le délai pour cet envoi ou ce dépôt.

Lorsqu'un maximum de prix ou un minimum de rabais a été arrêté d'avance par le Ministre ou par le fonctionnaire qu'il a délégué, le montant de ce maximum ou de ce minimum est indiqué dans un pli cacheté déposé sur le bureau à l'ouverture de la séance.

Les plis renfermant les soumissions sont ouverts en présence du public ; il en est donné lecture à haute voix.

Art. 14. — Dans le cas où plusieurs soumissionnaires offriraient le même prix et où ce prix serait le plus bas de ceux portés dans les soumissions, il est procédé à une réadjudication, soit par de nouvelles soumissions, soit à l'extinction des feux, entre ces soumissionnaires seulement.

Si les soumissionnaires se refusaient à faire de nouvelles offres ou si les prix demandés ne différaient pas encore, le sort en déciderait.

Art. 15. — Les résultats de chaque adjudication sont constatés par un procès-verbal relatant toutes les circonstances de l'opération.

Art. 16. — Il peut être fixé par le cahier des charges un délai pour recevoir des offres de rabais sur le prix de l'adjudication. Si, pendant ce délai, qui ne doit pas dépasser vingt jours, il est fait une ou plusieurs offres de rabais d'au moins dix pour cent, il est procédé à une réadjudication entre le premier adjudicataire et l'auteur ou les auteurs des offres de rabais, pourvu qu'ils aient, préalablement à leurs offres, satisfait aux conditions imposées par le cahier des charges pour pouvoir se présenter aux adjudications.

Art. 17. — Sauf les exceptions spécialement autorisées ou résultant des dispositions particulières à certains services, les adjudications ou réadjudications sont subordonnées à l'approbation du Ministre et ne sont valables et définitives qu'après cette approbation. Les exceptions spécialement autorisées doivent être relatées dans le cahier des charges.

Art. 18. — Il peut être passé des marchés de gré à gré :

1° Pour les fournitures, transports et travaux dont la dépense totale n'excède pas vingt mille francs, ou, s'il s'agit d'un marché passé pour plusieurs années, dont la dépense annuelle n'excède pas cinq mille francs ;

2° Pour toutes espèces de fournitures, de transports ou de travaux, lorsque les circonstances exigent que les opérations du Gouvernement soient tenues secrètes ; ces marchés doivent préalablement avoir été autorisés par le Président de la République, sur un rapport spécial du Ministre compétent ;

3° Pour les objets dont la fabrication est exclusivement attribuée à des porteurs de brevets d'invention;

4° Pour les objets qui n'auraient qu'un possesseur unique ;

5° Pour les ouvrages et objets d'art et de précision dont l'exécution ne peut être confiée qu'à des artistes ou industriels éprouvés ;

6° Pour les travaux, exploitations, fabrications et fournitures qui ne sont faits qu'à titre d'essai ou d'étude ;

7° Pour les travaux que des nécessités de sécurité publique empêchent de faire exécuter par voie d'adjudication ;

8° Pour les objets, matières et denrées qui, à raison de leur nature particulière et de la spécialité de l'emploi auquel ils sont destinés, doivent être achetés et choisis aux lieux de production ;

9° Pour les fournitures, transports ou travaux qui n'ont été l'objet d'aucune offre aux adjudications, ou à l'égard desquels il n'a été proposé que des prix inacceptables ; toutefois, lorsque l'Administration a cru devoir arrêter et faire connaître un maximum de prix, elle ne doit pas dépasser ce maximum ;

10° Pour les fournitures, transports ou travaux qui, dans les cas d'urgence évidente amenée par des circonstances imprévues, ne peuvent pas subir les délais des adjudications ;

11° Pour les fournitures, transports ou travaux que l'Administration doit faire exécuter au lieu et place des adjudicataires défaillants et à leurs risques et périls ;

12° Pour les affrètements et pour les assurances sur les chargements qui s'ensuivent ;

13° Pour les transports confiés aux administrations de chemin de fer ;

14° Pour les achats de tabacs et de salpêtres indigènes, dont le mode est réglé par une législation spéciale ;

15° Pour les transports de fonds du Trésor.

Art. 19. — Les marchés de gré à gré sont passés par les Ministres ou par les fonctionnaires qu'ils ont délégués à cet effet. Ils ont lieu :

1° Soit par un engagement souscrit à la suite du cahier des charges ;

2° Soit sur une soumission souscrite par celui qui propose de traiter ;

3° Soit sur correspondance, suivant les usages du commerce.

Tout marché de gré à gré doit rappeler celui des paragraphes de l'article précédent dont il est fait application.

Les marchés passés par les délégués du Ministre sont subordonnés à son approbation, si ce n'est en cas de force majeure ou sauf les dispositions particulières à certains services et les exceptions spécialement autorisées.

Les cas de force majeure ou les autorisations spéciales doivent être relatés dans lesdits marchés.

Les dispositions des articles 4 à 12 du présent décret sont applicables aux garanties stipulées dans les marchés de gré à gré.

Art. 20. — A l'égard des ouvrages d'art et de précision dont le prix ne peut être fixé qu'après l'entière exécution du travail, une clause spéciale du marché détermine les bases d'après lesquelles le prix sera liquidé ultérieurement.

Art. 21. — Les droits de timbre et d'enregistrement auxquels donnent lieu les marchés, soit par adjudication, soit de gré à gré, sont à la charge de ceux qui contractent avec l'État.

Les frais de publicité restent à la charge de l'Administration.

Art. 22. — Il peut être suppléé aux marchés écrits par des achats sur simple facture, pour les objets qui doivent être livrés immédiatement, quand la valeur de chacun de ces achats n'excède pas mille cinq cents francs.

La dispense de marché s'étend aux travaux ou transports dont la valeur présumée n'excède pas mille cinq cents francs et qui peuvent être exécutés sur simple mémoire.

Art. 23. — Les dispositions du présent décret concernant les adjudications publiques et les marchés de gré à gré ne sont pas applicables aux travaux que l'administration est dans la nécessité d'exécuter en régie, soit à la journée, soit à la tâche.

L'exécution en régie est autorisée par le Ministre ou par son délégué.

Les fournitures de matériaux nécessaires à l'exécution en régie sont néanmoins soumises, sauf le cas de force majeure, aux dispositions des articles 1 à 22.

Art. 24. — Les travaux neufs exécutés par voie d'entreprise pour les bâtiments de l'État ne peuvent avoir lieu qu'après l'approbation des devis qui en déterminent la nature et l'importance.

Art. 25. — Conformément aux dispositions de l'article 9 de la loi du 15 mai 1850, il ne sera accordé aucun honoraire ni indemnité aux architectes chargés de travaux au compte de l'État, pour les dépenses qui excéderaient les devis approuvés.

Art. 26. — Le mode d'approvisionnement des tabacs exotiques employés par l'Administration sera déterminé par un décret spécial.

Art. 27. — Les cahiers des charges, marchés, traités ou conventions à passer pour les services du matériel doivent toujours exprimer l'obligation, pour tout entrepreneur ou fournisseur, de produire les titres justificatifs de ses travaux, fournitures et transports dans un délai déterminé, sous peine de déchéance.

Art. 28. — Les dispositions des articles 1 à 25 ne sont pas applicables aux marchés passés aux colonies ou hors du territoire de la France et de l'Algérie.

A partir de l'ordre de mobilisation, les dispositions du présent décret cessent d'être obligatoires pour les départements de la Guerre et de la Marine.

Art. 29. — Sont et demeurent abrogés l'ordonnance du 4 décembre 1836 et les articles 68 à 81 du décret du 31 mai 1862, portant règlement sur la comptabilité publique, ainsi que toutes les dispositions contraires au présent décret.

Art. 30. — Le Ministre des Finances et tous les autres Ministres sont chargés, chacun en ce qui le concerne, de l'exécution du présent décret, qui sera inséré au *Journal officiel* et au *Bulletin des lois*.

Fait à Paris, le 18 novembre 1882.

LOI

DU 12 JUILLET 1865

Relative aux chemins de fer d'intérêt local (1).

Art. 1er. — Les chemins de fer d'intérêt local peuvent être établis :

1° Par les départements ou les communes, avec ou sans le concours des propriétaires intéressés ;

2° Par des concessionnaires, avec le concours des départements ou des communes.

Ils sont soumis aux dispositions suivantes :

Art. 2. — Le conseil général arrête, après instruction préalable par le préfet, la direction des chemins de fer d'intérêt local, le mode et les conditions de leur construction, ainsi que les traités et les dispositions nécessaires pour en assurer l'exploitation.

L'utilité publique est déclarée et l'exécution est autorisée par décret délibéré en Conseil d'Etat, sur le rapport des ministres de l'intérieur et des travaux publics.

Le préfet approuve les projets définitifs, après avoir pris l'avis de l'ingénieur en chef, homologue les tarifs et contrôle l'exploitation.

Art. 3. — Les ressources créées en vertu de la loi du 21 mai 1836 peuvent être affectées en partie par les communes et les départements à la dépense des chemins de fer d'intérêt local.

L'article 13 de la dite loi est applicable aux centimes extraordinaires, que les communes et les départements s'imposeront pour l'exécution de ces chemins.

Art. 4. — Les chemins de fer d'intérêt local sont soumis aux dispositions de la loi du 15 juillet 1845 sur la police des chemins de fer, sauf les modifications ci-après :

---

(1) Abrogée par la loi du 11 juin 1880.

Le préfet peut dispenser de poser des clôtures sur tout ou partie du chemin.

Il peut également dispenser d'établir des barrières au croisement des chemins peu fréquentés.

Art. 5. — Des subventions peuvent être accordées sur les fonds du trésor pour l'exécution des chemins de fer d'intérêt local. Le montant de ces subventions pourra s'élever jusqu'au tiers de la dépense que le traité d'exploitation à intervenir laissera à la charge des départements, des communes et des intéressés.

Il pourra être fixé à la moitié pour les départements dans lesquels le produit du centime additionnel au principal des quatre contributions directes est inférieur à vingt mille francs, et ne dépassera pas le quart pour ceux dans lesquels ce produit sera supérieur à quarante mille francs.

Art. 6. — La somme affectée chaque année, sur les fonds du trésor, au payement des subventions mentionnées en l'article précédent, ne pourra dépasser six millions.

Art. 7. — Les chemins de fer d'intérêt local qui reçoivent une subvention du trésor peuvent seuls être assujettis envers l'Etat à un service gratuit ou à une réduction du prix des places.

Art. 8. — Les dispositions de l'article 4 de la présente loi seront également applicables aux concessions de chemins de fer destinés à desservir des exploitations industrielles.

Fait à Paris, le 4 juillet 1865.

LOI

DU 11 JUIN 1880

Relative aux chemins de fer d'intérêt local et aux tramways.

CHAPITRE PREMIER

CHEMINS DE FER D'INTÉRÊT LOCAL.

Art. 1er. — L'établissement des chemins de fer d'intérêt local par les départements ou par les communes, avec ou sans le concours des propriétaires intéressés, est soumis aux dispositions suivantes.

Art. 2. — S'il s'agit de chemins à établir par un département, sur le territoire d'une ou plusieurs communes, *le conseil général arrête, après instruction préalable par le préfet et après enquête*, la direction de ces chemins, le-

mode et les conditions de leur construction, ainsi que les traités et les dispositions nécessaires pour en assurer l'exploitation, en se conformant aux clauses et conditions du cahier des charges type approuvé par le Conseil d'Etat, sauf les modifications qui seraient apportées par la convention et la loi d'approbation.

Si la ligne doit s'étendre sur plusieurs départements, il y aura lieu à l'application des articles 89 et 90 de la loi du 10 août 1871.

S'il s'agit de chemins de fer d'intérêt local à établir par une commune sur son territoire, les attributions confiées au conseil général par le paragraphe 1er du présent article seront exercées par le conseil municipal dans les mêmes conditions et sans qu'il soit besoin de l'approbation du préfet.

Les projets de chemins de fer d'intérêt local départementaux ou communaux, ainsi arrêtés, sont soumis à l'examen du Conseil général des ponts et chaussées et du Conseil d'Etat. Si le projet a été arrêté par un conseil municipal, il est accompagné de l'avis du conseil général.

L'utilité publique est déclarée et l'exécution est autorisée par une loi.

Art. 3. — L'autorisation obtenue, s'il s'agit d'un chemin de fer concédé par le conseil général, le préfet, après avoir pris l'avis de l'ingénieur en chef du département, soumet les projets d'exécution au conseil général, qui statue définitivement.

Néanmoins, dans les deux mois qui suivent la délibération, le Ministre des travaux publics, sur la proposition du préfet, peut, après avoir pris l'avis du Conseil général des ponts et chaussées, appeler le conseil général du département à délibérer de nouveau sur les dits projets.

Si la ligne doit s'étendre sur plusieurs départements, et s'il y a désaccord entre les conseils généraux, le Ministre statue.

S'il s'agit d'un chemin concédé par un conseil municipal, les attributions exercées par le conseil général, aux termes du paragraphe 1er du présent article, appartiennent au conseil municipal, dont la délibération est soumise à l'approbation du préfet.

Si un chemin de fer d'intérêt local doit emprunter le sol d'une voie publique, les projets d'exécution sont précédés de l'enquête prévue par l'article 29 de la présente loi.

Dans ce cas, sont également applicables les articles 34, 35, 37 et 38 ci-après.

Les projets de détail des ouvrages sont approuvés par le préfet, sur l'avis de l'ingénieur en chef.

Art. 4. — L'acte de concession détermine les droits de péage et les prix de transport que le concessionnaire est autorisé à percevoir pendant toute la durée de sa concession.

Art. 5. — Les taxes perçues dans les limites du maximum fixé par le cahier des charges sont homologuées par le Ministre des travaux publics, dans le cas où la ligne s'étend sur plusieurs départements, et dans le cas de tarifs communs à plusieurs lignes. Elles sont homologuées par le préfet dans les autres cas.

Art. 6. — L'autorité qui fait la concession a toujours le droit :

1° D'autoriser d'autres voies ferrées à s'embrancher sur des lignes concédées ou à s'y raccorder ;

2° D'accorder à ces entreprises nouvelles, moyennant le payement des droits de péage fixés par le cahier des charges, la faculté de faire circuler leurs voitures sur les lignes concédées ;

3° De racheter la concession aux conditions qui seront fixées par le cahier des charges ;

4° De supprimer ou de modifier une partie du tracé lorsque la nécessité en aura été reconnue après enquête.

Dans ces deux derniers cas, si les droits du concessionnaire ne sont pas réglés par un accord préalable ou par un arbitrage établi soit par le cahier des charges, soit par une convention postérieure, l'indemnité qui peut lui être due est liquidée par une commission spéciale formée comme il est dit au paragraphe 3 de l'article 11 de la présente loi.

Art. 7. — Le cahier des charges détermine :

1° Les droits et les obligations du concessionnaire pendant la durée de la concession ;

2° Les droits et les obligations du concessionnaire à l'expiration de la concession ;

3° Les cas dans lesquels l'inexécution des conditions de la concession peut entraîner la déchéance du concessionnaire, ainsi que les mesures à prendre à l'égard du concessionnaire déchu.

La déchéance est prononcée, dans tous les cas, par le Ministre des travaux publics, sauf recours au Conseil d'Etat par la voie contentieuse.

Art. 8. — Aucune concession ne pourra faire obstacle à ce qu'il soit accordé des concessions concurrentes, à moins de stipulation contraire dans l'acte de concession.

Art. 9. — A l'expiration de la concession, le concédant est substitué à tous les droits du concessionnaire sur les voies ferrées, qui doivent lui être remises en bon état d'entretien.

Le cahier des charges règle les droits et les obligations du concessionnaire en ce qui concerne les autres objets mobiliers ou immobiliers servant à l'exploitation de la voie ferrée.

Art. 10. — Toute cession totale ou partielle de la concession, la fusion des concessions ou des administrations, tout changement de concessionnaire, la substitution de l'exploitation directe à l'exploitation par concession, l'élévation des tarifs au-dessus du maximum fixé, ne pourront avoir lieu qu'en vertu d'un décret délibéré en Conseil d'Etat, rendu sur l'avis conforme du conseil général, s'il s'agit de lignes concédées par les départements, ou du conseil municipal, s'il s'agit de lignes concédées par les communes.

Les autres modifications pourront être faites par l'autorité qui a consenti la concession : s'il s'agit de lignes concédées par les départements, elles seront faites par le conseil général statuant conformément aux articles 48 et 49 de la loi du 10 août 1871 ; s'il s'agit de lignes concédées par les communes, elles seront faites par le conseil municipal, dont la délibération devra être approuvée par le préfet.

En cas de cession, l'inobservation des conditions qui précèdent entraîne la nullité et peut donner lieu à la déchéance.

Art. 11. — A toute époque, une voie ferrée peut être distraite du domaine public départemental ou communal et classée par une loi dans le domaine de l'Etat.

Dans ce cas, l'Etat est substitué aux droits et obligations du département ou de la commune, à l'égard des entrepreneurs ou concessionnaires, tels que ces droits et obligations résultent des conventions légalement autorisées.

En cas d'éviction du concessionnaire, si ses droits ne sont pas réglés par un accord préalable ou par un arbitrage établi, soit par le cahier des charges, soit par une convention postérieure, l'indemnité qui peut lui être due est liquidée par une commission spéciale qui fonctionne dans les conditions réglées par la loi du 29 mai 1845. Cette commission sera instituée par un décret et composée de neuf membres, dont trois désignés par le Ministre des travaux publics, trois par le concessionnaire et trois par l'unanimité des six membres déjà désignés; faute par ceux-ci de s'entendre dans le mois de la notification à eux faite de leur nomination, le choix de ceux des trois membres qui n'auraient pas été désignés à l'unanimité sera fait par le premier président et les présidents réunis de la cour d'appel de Paris.

En cas de désaccord entre l'Etat et le département ou la commune, les indemnités ou dédommagements qui peuvent être dus par l'Etat sont déterminés par un décret délibéré en Conseil d'Etat.

Art. 12. — Les ressources créées en vertu de la loi du 21 mai 1836 peuvent être appliquées, en partie, à la dépense des voies ferrées, par les communes qui ont assuré l'exécution de leur réseau subventionné et l'entretien de tous les chemins classés.

Art. 13. — Lors de l'établissement d'un chemin de fer d'intérêt local, l'Etat peut s'engager, — en cas d'insuffisance du produit brut pour couvrir les dépenses de l'exploitation et cinq pour cent (5 p. 0/0) par an du capital de premier établissement, tel qu'il a été prévu par l'acte de concession, augmenté, s'il y a lieu, des insuffisances constatées pendant la période assignée à la construction par le dit acte, — à subvenir pour partie au payement de cette insuffisance, à la condition qu'une partie au moins équivalente sera payée par le département ou par la commune, avec ou sans le concours des intéressés.

La subvention de l'Etat sera formée : 1° d'une somme fixe de cinq cents francs (500 fr.) par kilomètre exploité; 2° du quart de la somme nécessaire pour élever la recette brute annuelle (impôts déduits) au chiffre de dix mille francs (10,000 fr.) par kilomètre pour les lignes établies de manière à recevoir les véhicules des grands réseaux : huit mille francs (8,000 fr.) pour les lignes qui ne peuvent recevoir ces véhicules.

En aucun cas, la subvention de l'Etat ne pourra élever la recette brute au dessus de dix mille cinq cents francs (10,500 fr.) et de huit mille cinq cents francs (8,500 fr.) suivant les cas, ni attribuer au capital de premier établissement plus de cinq pour cent (5 p. 0/0) par an.

La participation de l'Etat sera suspendue quand la recette brute annuelle atteindra les limites ci-dessus fixées.

Art. 14. — La subvention de l'Etat ne peut être accordée que dans les limites fixées, pour chaque année, par la loi de finances.

La charge annuelle imposée au Trésor en exécution de la présente loi ne peut, en aucun cas, dépasser quatre cent mille francs (400,000 fr.) pour l'ensemble des lignes situées dans un même département.

Art. 15. — Dans le cas où le produit brut de la ligne pour laquelle une subvention a été payée devient suffisant pour couvrir les dépenses d'exploitation et six pour cent (6 p. 0/0) par an du capital de premier établissement, tel qu'il est prévu par l'article 13, la moitié du surplus de la recette est partagée entre l'Etat, le département, ou, s'il y a lieu, la commune et les autres intéressés, dans la proportion des avances faites par chacun d'eux, jusqu'à concurrence du complet remboursement de ces avances, sans intérêts.

Art. 16. — Un règlement d'administration publique déterminera :

1o Les justifications à fournir par les concessionnaires pour établir les recettes et les dépenses annuelles ;

2o Les conditions dans lesquelles seront fixés, en exécution de la présente loi, le chiffre de la subvention due par l'Etat, aux départements, aux communes ou aux intéressés, à titre de remboursement de leurs avances sur le produit net de l'exploitation.

Art. 17. — Les chemins de fer d'intérêt local qui reçoivent ou ont reçu une subvention du Trésor peuvent seuls être assujettis envers l'Etat à un service gratuit ou à une réduction du prix des places.

Art. 18. — Aucune émission d'obligations, pour les entreprises prévues par la présente loi, ne pourra avoir lieu qu'en vertu d'une autorisation donnée par le Ministre des travaux publics, après avis du Ministre des finances.

Il ne pourra être émis d'obligations pour une somme supérieure au montant du capital-actions, qui sera fixé à la moitié au moins de la dépense jugée nécessaire pour le complet établissement et la mise en exploitation de la voie ferrée. Le capital-actions devra être effectivement versé, sans qu'il puisse être tenu compte des actions libérées ou à libérer autrement qu'en argent.

Aucune émission d'obligations ne doit être autorisée avant que les quatre cinquièmes du capital-actions aient été versés et employés en achat de terrains, approvisionnements sur place ou en dépôt de cautionnement.

Toutefois, les concessionnaires pourront être autorisés à émettre des obligations, lorsque la totalité du capital-actions aura été versée, et s'il est dûment justifié que plus de la moitié de ce capital-actions a été employée dans les termes du paragraphe précédent ; mais les fonds provenant de ces émissions anticipées devront être déposés à la Caisse des dépôts et consignations et ne pourront être mis à la disposition des concessionnaires que sur l'autorisation formelle du Ministre des travaux publics.

Les dispositions des paragraphes 2, 3 et 4 du présent article ne seront pas applicables dans le cas où la concession serait faite à une compagnie déjà concessionnaire d'autres chemins de fer en exploitation, si le Ministre des travaux publics reconnaît que les revenus nets de ces chemins sont suffisants pour assurer l'acquittement des charges résultant des obligations à émettre.

Art. 19. — Le compte rendu détaillé des résultats de l'exploitation, comprenant les dépenses d'établissement et d'exploitation et les recettes brutes, sera remis tous les trois mois, pour être publié, au préfet, au président de la commission départementale et au Ministre des travaux publics.

Le modèle des documents à fournir sera arrêté par le Ministre des travaux publics.

Art. 20. — Par dérogation aux dispositions de la loi du 15 juillet 1845 sur la police des chemins de fer, le préfet peut dispenser de poser des clôtures sur tout ou partie de la voie ferrée ; il peut également dispenser de poser des barrières au croisement des chemins peu fréquentés.

Art. 21. — La construction, l'entretien et les réparations des voies ferrées avec leurs dépendances, l'entretien du matériel et le service de l'exploitation sont soumis au contrôle et à la surveillance des préfets, sous l'autorité du Ministre des travaux publics.

Les frais de contrôle sont à la charge des concessionnaires. Ils seront réglés par le cahier des charges ou, à défaut, par le préfet, sur l'avis du conseil général, et approuvés par le Ministre des travaux publics.

Art. 22. — Les dispositions de l'article 20 de la présente loi sont également applicables aux concessions de chemins de fer industriels destinés à desservir des exploitations particulières.

Art. 23. — Sur la proposition des conseils généraux ou municipaux intéressés, et après adhésion des concessionnaires, la substitution, aux subventions en capital promises en exécution de l'article 5 de la loi de 1865, de la subvention en annuités stipulées par la présente loi, pourra, par décret délibéré en Conseil d'Etat, être autorisée en faveur des lignes d'intérêt local actuellement déclarées d'utilité publique et non encore exécutées.

Ces lignes seront soumises, dès lors, à toutes les obligations résultant de la présente loi.

Il n'y aura pas lieu de renouveler les concessions consenties ou les mesures d'instruction accomplies avant la promulgation de la présente loi, si toutes les formalités qu'elle prescrit ont été observées par avance.

Art. 24. — Toutes les conventions relatives aux concessions et rétrocessions de chemin de fer d'intérêt local, ainsi que les cahiers des charges annexés, ne seront passibles que du droit d'enregistrement fixe d'un franc.

Art. 25. — La loi du 12 juillet 1865 est abrogée.

CHAPITRE II

TRAMWAYS

Art. 26. — Il peut être établi, sur les voies dépendant du domaine public de l'Etat, des départements ou des communes, des tramways ou voies ferrées à traction de chevaux ou de moteurs mécaniques.

Ces voies ferrées, ainsi que les déviations accessoires construites en dehors du sol des routes et chemins et classées comme annexes, sont soumises aux dispositions suivantes.

Art. 27. — La concession est accordée par l'Etat lorsque la ligne doit être établie, en tout ou en partie, sur une voie dépendant du domaine public de l'Etat.

Cette concession peut être faite aux villes ou aux départements intéressés avec faculté de rétrocession.

La concession est accordée par le conseil général, au nom du département, lorsque la voie ferrée, sans emprunter une route nationale, doit être établie, en tout ou en partie, soit sur une route départementale, soit sur un chemin de grande communication ou d'intérêt commun, ou doit s'étendre sur le territoire de plusieurs communes.

Si la ligne doit s'étendre sur plusieurs départements, il y aura lieu à l'application des articles 89 et 90 de la loi du 10 août 1871.

La concession est accordée par le conseil municipal, lorsque la voie ferrée est établie entièrement sur le territoire de la commune et sur un chemin vicinal ordinaire ou sur un chemin rural.

Art. 28. — Le département peut accorder la concession à l'Etat ou à une commune avec faculté de rétrocession; une commune peut agir de même à l'égard de l'Etat ou du département.

Art. 29. — Aucune concession ne peut être faite qu'après une enquête dans les formes déterminées par un règlement d'administration publique et dans laquelle les conseils généraux des départements et les conseils municipaux des communes dont la voie doit traverser le territoire seront entendus, lorsqu'il ne leur appartiendra pas de statuer sur la concession.

L'utilité publique est déclarée et l'exécution est autorisée par décret délibéré en Conseil d'Etat, sur le rapport du Ministre des travaux publics, après avis du Ministre de l'intérieur.

Art. 30. — Toute dérogation ou modification apportée aux clauses du cahier des charges type, approuvé par le Conseil d'Etat, devra être expressément formulée dans les traités passés au sujet de la concession, lesquels seront soumis au Conseil d'Etat et annexés au décret.

Art. 31. — Lorsque, pour l'établissement d'un tramway, il y aura lieu à expropriation, soit pour l'élargissement d'un chemin vicinal, soit pour l'une des déviations prévues à l'article 26 de la présente loi, cette expropriation pourra être opérée conformément à l'article 16 de la loi du 21 mai 1836, sur les chemins vicinaux, et à l'article 2 de la loi du 8 juin 1864.

Art. 32. — Les projets d'exécution sont approuvés par le Ministre des travaux publics, lorsque la concession est accordée par l'Etat.

Les dispositions de l'article 3 sont applicables lorsque la concession est accordée par un département ou par une commune.

Art. 33. — Les taxes perçues dans les limites du maximum fixé par l'acte de concession sont homologuées par le Ministre des travaux publics, dans le cas où la concession est faite par l'Etat et par le préfet dans les autres cas.

Art. 34. — Les concessionnaires de tramways ne sont pas soumises à l'impôt des prestations établi par l'article 3 de la loi du 21 mai 1836, à raison des voitures et des bêtes de trait exclusivement employées à l'exploitation du tramway.

Les départements ou les communes ne peuvent exiger des concessionnaires une redevance ou un droit de stationnement qui n'aurait pas été stipulé expressément dans l'acte de concession.

Art. 35. — A l'expiration de la concession, l'Administration peut exiger que les voies ferrées qu'elle avait concédées soient supprimées en tout ou en partie, et que les voies publiques et leurs déviations lui soient remises en bon état de viabilité aux frais du concessionnaire.

Art. 36. — Lors de l'établissement d'un tramway desservi par des locomotives et destiné au transport des marchandises en même temps qu'au transport des voyageurs, l'Etat peut s'engager, — en cas d'insuffisance du produit brut pour couvrir les dépenses d'exploitation et cinq pour cent (5 p. 0/0) par an du capital d'établissement tel qu'il a été prévu par l'acte de concession et augmenté, s'il y a lieu, des insuffisances constatées pendant la période assignée à la construction par le dit acte, — à subvenir, pour partie, au payement de cette insuffisance, à condition qu'une partie au moins équivalente sera payée par le département ou par la commune avec ou sans le concours des intéressés.

La subvention de l'Etat sera formée: 1° d'une somme fixe de cinq cents francs (500 fr.) par kilomètre exploité; 2° du quart de la somme nécessaire pour élever la recette brute annuelle (impôts déduits) au chiffre de six mille francs (6,000 fr.) par kilomètre.

En aucun cas, la subvention de l'Etat ne pourra élever la recette brute audessus de six mille cinq cents francs (6,500 fr.), ni attribuer au capital de premier établissement plus de cinq pour cent (5 p. 0/0) par an.

La participation de l'Etat sera suspendue de plein droit quand les recettes brutes annuelles atteindront la limite ci-dessus fixée.

Art. 37. — La loi du 15 juillet 1835, sur la police des chemins de fer, est applicable aux tramways, à l'exception des articles 4, 5, 6, 7, 8, 9 et 10.

Art. 38. — Un règlement d'administration publique déterminera les mesures nécessaires à l'exécution des dispositions qui précèdent et notamment:

1° Les conditions spéciales auxquelles doivent satisfaire, tant pour leur construction que pour la circulation des voitures et des trains, les voies ferrées dont l'établissement sur le sol des voies publiques aura été autorisé;

2° Les rapports entre le service de ces voies ferrées et les autres services intéressés.

Sont applicables aux tramways les dispositions des articles 4, 6 à 12, 14 à 19, 21 et 24 de la présente loi.

La présente loi, délibérée et adoptée par le Sénat et la Chambre des députés, sera exécutée comme loi de l'Etat.

Fait à Paris, le 11 juin 1880.

DÉCRET

DU 18 MAI 1881

Portant règlement d'administration publique sur la forme des enquêtes, en matière de chemin de fer d'intérêt local et de tramways.

Art 1er. — Les demandes tendant à établir des voies ferrées à traction de chevaux ou de moteurs mécaniques sur les voies dépendant du domaine public sont adressées :

Au ministre des travaux publics, lorsque la concession doit, conformément à l'article 27 de la loi susvisée, être accordée par l'Etat ;

Au préfet, lorsqu'elle doit être accordée par le conseil général ;

Au maire, lorsqu'elle peut l'être par le conseil municipal.

Art. 2. — La demande doit être accompagnée d'un avant-projet comprenant :

1° Un extrait de carte à l'échelle de 1/80,000e ;

2° Un plan général des voies publiques empruntées, ainsi que les déviations proposées à l'échelle de 1/10,000e, avec indication des constructions qui bordent ces voies publiques, des chemins publics ou particuliers qui s'en détachent, des plantations et des ouvrages d'art qui en dépendent ; on désignera sur ce plan, au moyen de teintes conventionnelles, les sections du tramway que l'on projette de construire avec simple ou avec double voie, et celles qui seraient établies avec rails encastrés dans la chaussée et plate-forme accessible à la circulation des voitures ordinaires, ou avec rails saillants et plate-forme non praticables pour les voitures ordinaires ; on indiquera aussi les emplacements des stations, haltes, garages, et, en général. de toutes les dépendances du tramway ;

3° Un profil en long à l'échelle de 1/5000e pour les longueurs et de 1/1000e pour les hauteurs, indiquant au moyen d'un trait et de cotes noires les déclivités de la voie publique existante, et au moyen d'un trait et de cotes rouges celles de la voie ferrée, ainsi que les déviations projetées ;

4° Des profils en travers types, à l'échelle de deux centimètres (0m,02) pour mètre, indiquant les dispositions de la plate-forme de la voie ferrée avec le gabarit du matériel roulant, côté de dehors en dehors, de toutes les saillies latérales que ce matériel comporte ; ces profils en travers devant s'appliquer soit au cas où la plate-forme de la voie ferrée resterait accessible et praticable pour les voitures ordinaires, soit au cas où la plate-forme de la voie ferrée ne devrait pas être accessible à la circulation des voitures ordinaires ;

5° Un plan à l'échelle de cinq millimètres pour mètre de chacune des traverses suivies par le tramway.

Ce dernier plan sera dressé dans la forme des plans d'alignement des traverses.

Il indiquera les propriétés bâties en bordure, avec les noms des propriétaires.

Les caniveaux et les trottoirs y seront tracés exactement.

La zone qui doit être occupée par la circulation du matériel roulant du tramway (toutes saillies latérales comprises) sera limitée au moyen de deux traits bleus, et cette zone sera recouverte d'une teinte bleue.

Ces cotes en nombre suffisant serviront à indiquer, notamment dans les parties étroites, la largeur de la zone qui serait affectée à la circulation du matériel du tramway, la largeur de chacune des parties latérales de la chaussée qui resteraient libres entre la zone teintée en bleu comme il est dit ci-dessus et les bordures des trottoirs, ainsi que la largeur de chaque trottoir ou les largeurs qui seraient comprises entre la même zone et les façades de constructions.

Art. 3. — A l'avant-projet sera joint un mémoire descriptif indiquant le but de l'entreprise, les avantages qu'on peut s'en promettre et les dépenses qu'elle entraînera.

On y annexera le tarif des droits dont le produit serait destiné à couvrir les frais des travaux projetés.

Les données suivantes seront relatées dans un chapitre spécial du mémoire descriptif :

1° Le genre de service auquel le tramway serait affecté : voyageurs seulement, voyageurs et messageries ou voyageurs et marchandises ;

2° Le mode d'exploitation projeté, avec arrêts seulement à certaines gares et haltes déterminées, — ou bien avec arrêts en pleine voie, à l'effet de prendre et de laisser sur tous les points du parcours les voyageurs et les marchandises d'une certaine catégorie (sous réserve de l'observation des règlements de police à intervenir), indépendamment des stationnements aux gares et haltes indiquées ;

3° Le minimum du rayon des courbes suivant lesquelles la voie ferrée serait tracée ;

4° Le maximum des déclivités des rampes et pentes de la voie ferrée ;

5° Le mode de traction qui serait employé ;

6° Le maximum de largeur du matériel roulant, toutes saillies latérales comprises ;

7° Les dispositions qui seraient proposées à l'effet de maintenir l'accès des chemins publics ou particuliers, ainsi que des maisons riveraines;

8° Le minimum de la distance qui séparera la zone affectée au tramway des façades des propriétés riveraines situées en rase campagne ou de l'arête extérieure de l'accotement des voies publiques;

9° Le maximum de la longueur des trains;

10° Le maximum de la vitesse des trains;

11° Le nombre minimum des trains qui seront mis chaque jour à la disposition du public.

Art. 4. — Après instruction, la demande est soumise à l'autorité qui doit faire la concession, et celle-ci décide s'il y a lieu de procéder à l'enquête.

Quand cette autorité a décidé que l'enquête doit avoir lieu, le préfet prend un arrêté pour fixer le jour et les lieux où l'enquête sera ouverte et pour nommer les membres de la commission, le tout conformément aux règles ci-après.

Cet arrêté est affiché dans toutes les communes de chacun des cantons que la ligne doit traverser.

Art. 5. — La commission d'enquête se compose de sept membres au moins et de neuf au plus, pris parmi les principaux propriétaires de terres, de bois, de mines, les négociants et les chefs d'établissements industriels.

Si la ligne ne doit pas sortir des limites d'une commune, la commission se réunit à la mairie de cette commune; si elle traverse plusieurs communes d'un même arrondissement, la commission se réunit à la sous-préfecture de cet arrondissement; si elle traverse plusieurs arrondissements d'un même département, la commission siège à la préfecture; si elle traverse deux ou plusieurs départements, il est nommé une commission par département et chacune d'elles siège à la préfecture.

La commission désigne elle-même son président et son secrétaire.

Art. 6. — Les pièces indiquées aux articles 2 et 3 ainsi que des registres destinés à recevoir les observations auxquelles peut donner lieu l'entreprise projetée restent déposés pendant un mois à la mairie de chaque chef-lieu de canton que la ligne doit traverser, ou à la mairie de la commune, si la ligne ne sort pas du territoire d'une commune.

En outre, le plan de chaque traverse mentionnée au n° 5 de l'article 2 est déposé pendant le même temps avec un registre spécial à la mairie de la commune traversée.

Les pièces ci-dessus indiquées sont fournies par le demandeur en concession et à ses frais.

Art. 7. — A l'expiration du délai ci-dessus fixé, la commission d'enquête se réunit sur la convocation du préfet, du sous-préfet ou du maire, suivant le lieu où elle doit siéger; elle examine les déclarations consignées aux registres de l'enquête, entend les ingénieurs des ponts et chaussées et des mines employés dans le département, et, après avoir recueilli auprès de toutes les personnes qu'elle juge utile de consulter, les renseignements dont elle croit avoir besoin, elle donne son avis motivé tant sur l'utilité de l'entreprise que sur les diverses questions qui ont été posées par l'administration ou soulevées au cours de l'enquête.

Ces diverses opérations, dont elle dresse procès-verbal, doivent être terminées dans un délai de quinze jours.

Art. 8. — Aussitôt que le procès-verbal de la commission d'enquête est clos, et au plus tard, à l'expiration du délai fixé en vertu de l'article précédent, le président de la commission transmet le dit procès-verbal au préfet avec les registres et les autres pièces.

Art. 9. — Les chambres de commerce, et à défaut les chambres consultatives des arts et manufactures des villes intéressées à l'exécution des travaux, sont appelées par le préfet à délibérer et à exprimer leur opinion sur l'utilité et la convenance de l'entreprise.

Les procès-verbaux de leurs délibérations doivent être remis au préfet avant l'expiration du délai fixé dans l'article 7.

Art. 10. — Les conseils généraux des departements et les conseils municipaux des communes dont la voie projetée doit traverser le territoire, convoqués au besoin en session extraordinaire, sont appelés à délibérer et à émettre leur avis sur les mêmes objets, lorsqu'il ne leur appartient pas de statuer sur la concession.

Art. 11. — Lorsque toutes les formalités prescrites par les articles précédents ont été remplies, ainsi que celles qui peuvent être nécessaires aux termes des lois et règlements sur les travaux mixtes, le préfet adresse dans le plus bref délai possible le dossier complet, avec l'avis des ingénieurs et son avis particulier, à l'autorité qui doit donner la concession; il joint à ce dossier le projet du cahier des charges de la concession.

Art. 12. — Les dispositions qui précèdent sont applicables aux chemins de fer d'intérêt local qui doivent emprunter le sol de voies publiques sur une partie de leur parcours.

Les avant-projets et mémoires descriptifs de ces lignes de chemins de fer sont complétés conformément aux articles 2 et 3 du présent décret et au paragraphe 5 de l'article 3 de la loi susvisée, pour ce qui concerne les sections à poser sur les voies publiques.

L'enquête faite dans les formes ci-dessus sert pour faire déclarer l'utilité publique de l'entreprise et pour en faire autoriser l'exécution tant sur le sol des routes et chemins qu'en dehors des voies publiques.

Art. 13. — Le Ministre des travaux publics est chargé de l'exécution du présent décret, qui sera publié au *Journal officiel* et inséré au *Bulletin des lois.*

Fait à Paris, le 18 mai 1881.

DÉCRET

DU 6 AOUT 1881

Portant règlement d'administration publique pour l'exécution de l'article 38 de la loi du 11 juin 1880.

TITRE PREMIER

CONSTRUCTION

Art. 1er. — Aucun travail ne peut être entrepris pour l'établissement d'une voie ferrée sur le sol de voies publiques qu'avec l'autorisation de l'Administration compétente donnée sur le vu des projets d'exécution.

Chaque projet d'exécution comprend l'extrait de carte, le plan général, le profil en long, les profils en travers types et les plans de traverses dont la production est exigée par l'article 2 du règlement d'administration publique du 18 mai 1881, ces documents dressés dans la forme prescrite par l'article précité, et dûment complétés ou rectifiés d'après les résultats de l'instruction à laquelle l'avant-projet a été soumis.

Le projet d'exécution comprend, en outre :

1° Des profils en travers à l'échelle de 0m,005 pour mètre, relevés en nombre suffisant, principalement dans les traverses et dans les parties où les voies publiques empruntées n'ont pas la largeur et le profil normal ;

2° Un devis descriptif dans lequel sont reproduites, sous forme de tableau, les indications relatives aux déclivités et aux courbes déjà données sur le profil en long ;

3° Un mémoire dans lequel toutes les dispositions essentielles du projet sont justifiées.

Le projet d'exécution est remis au préfet en deux expéditions, dont l'une, revêtue de l'approbation que le préfet aura donnée en se conformant à la décision de l'autorité compétente pour les projets d'ensemble, est rendue au concessionnaire, tandis que l'autre demeure entre les mains du préfet.

Les projets comprenant des déviations en dehors du sol des routes et chemins sont soumis à l'approbation du Ministre des travaux publics, pour ce qui concerne la grande voirie et les cours d'eau, et ne peuvent être adoptés par l'autorité qui a donné la concession que sous la réserve des décisions prises ou à prendre par le Ministre des travaux publics sur les objets qui précèdent.

Avant comme pendant l'exécution, le concessionnaire aura la faculté de proposer aux projets approuvés les modifications qu'il jugerait utiles ; mais ces modifications ne pourront être exécutées qu'avec l'approbation de l'autorité qui a revêtu de sa sanction les dispositions à modifier.

De son côté, l'Administration pourra ordonner d'office les modifications dont l'expérience ou les changements à opérer sur la voie publique feraient reconnaître la nécessité.

En aucun cas, ces modifications ne pourront donner lieu à indemnité.

Art. 2. — La position des bureaux d'attente et de contrôle qui peuvent être autorisés sur la voie publique, celle des égouts, de leurs bouches et regards, et des conduites d'eau et de gaz, doivent être indiquées sur les plans présentés par le concessionnaire, ainsi que tout ce qui serait de nature à influer sur la position de la voie ferrée et sur le bon fonctionnement de divers services qui peuvent en être affectés.

Art. 3. — Le projet d'exécution indique le nombre des voies à établir sur les différentes sections des lignes concédées, ainsi que le nombre et la disposition des gares d'évitement.

Art. 4. — La largeur de la voie est fixée pour chaque concession par le cahier des charges.

La largeur des locomotives et des caisses des véhicules ainsi que de leur chargement ne peut excéder ni deux fois et demie la largeur de la voie, ni la cote maximum de deux mètres quatre-vingts centimètres (2m,80) ; et la largeur extrême occupée par le matériel roulant y compris toutes saillies, notamment celle des lanternes et des marchepieds latéraux, ne peut dépasser la largeur des caisses augmentée de trente centimètres (0m,30).

La hauteur du matériel roulant et de son chargement ne peut excéder quatre mètres vingt centimètres (4m,20) pour la voie de 1m,44 ; elle est réglée d'une manière définitive et invariable par le cahier des charges pour les voies de largeur moindre, de manière à ne pas compromettre la sécurité du public.

Dans les parties à plusieurs voies, la largeur de chaque entre-voie est telle qu'il reste un intervalle libre d'au moins cinquante centimètres (0m,50) entre les parties les plus saillantes de deux véhicules qui se croisent.

L'autorité qui a fait la concession détermine les sections de la ligne où la voie sera établie au niveau de la chaussée, avec rails noyés, en restant accessible et praticable pour les voitures ordinaires, et celle où elle sera placée sur un accotement praticable pour les piétons, mais interdit aux voitures ordinaires.

Le cahier des charges de chaque concession détermine les largeurs qui doivent être réservées pour la libre circulation sur la voie publique, de telle façon que le croisement de deux voitures soit toujours assuré, l'une de ces deux voitures pouvant être le véhicule du tramway dans le premier des deux cas considérés ci-dessus.

Les dispositions prescrites doivent d'ailleurs assurer dans tous les cas la sécurité du piéton qui circule sur la voie publique et celle du riverain dont les bâtiments sont en façade sur cette voie.

Si l'emplacement occupé par la voie ferrée reste accessible et praticable pour les voitures ordinaires, les rails sont à gorge ou accompagnés de contre-rails ; la largeur des vides ou ornières ne peut excéder vingt-neuf millimètres (0m,029) dans les parties droites et trente-cinq millimètres (0m,035) dans les parties courbes. Les voies ferrées sont posées au niveau de la chaussée, sans saillie ni dépression sur le profil normal de celle-ci.

Art. 6. — Le concessionnaire fournit, sur les points qui lui sont indiqués, des emplacements pour le dépôt des matériaux d'entretien qui trouvaient place auparavant sur l'accotement occupé par la voie ferrée.

Lorsque, pour maintenir la voie de fer dans les limites de courbure et de déclivité fixées par le cahier des charges, ou pour maintenir le fonctionnement des services intéressés (article 2), on doit faire subir quelques modifications à l'état de la voie publique, le concessionnaire exécute tous les travaux, soit à ses frais, soit avec le concours des services intéressés, s'il y a lieu, conformément aux projets approuvés par l'Administration.

Il opère pareillement les élargissements qui sont indispensables afin de restituer à la voie publique la largeur exigée en vertu de l'article précédent.

Il doit maintenir l'accès à la voie publique des voitures ordinaires, au droit des chemins publics et particuliers ainsi que des entrées charretières qui seraient interceptées par la voie de fer. La traversée des routes et des chemins publics ou particuliers est opérée à niveau, sans que le rail forme saillie ou dépression sur la surface de ces chemins.

Le concessionnaire doit, d'ailleurs, prendre les dispositions nécessaires pour faciliter l'exécution des travaux qui sont prescrits ou autorisés par l'Administration afin de créer de nouveaux accès soit aux chemins publics et particuliers, soit aux propriétés riveraines.

Art. 7. — Les déviations à construire en dehors du sol des routes et chemins et à classer comme annexes sont établies conformément aux dispositions arrêtées par l'autorité compétente.

Art. 8. — Le concessionnaire est tenu de rétablir et d'assurer à ses frais, pendant la durée de la concession, les écoulements d'eau qui seraient arrêtés, suspendus ou modifiés par ses travaux.

Il rétablit de même les communications publiques ou particulières que l'exécution de ses travaux l'oblige à modifier momentanément.

Art. 9. — La démolition des chaussées et l'ouverture des tranchées pour la pose et l'entretien de la voie ferrée sont effectuées avec célérité et avec toutes les précautions convenables.

Les chaussées doivent être remises dans le meilleur état.

Les travaux sont conduits de manière à ne pas compromettre la liberté et la sûreté de la circulation. Toute fouille restant ouverte sur le sol des voies publiques, ainsi que tout dépôt de matériaux, est éclairée et gardée au besoin pendant la nuit, jusqu'à ce que la voie publique soit débarrassée et rendue conforme au profil normal du projet.

Art. 10. — Le cahier des charges indiquera si le tramway devra s'arrêter en pleine voie pour prendre ou laisser des voyageurs ou des marchandises sur tous les points du parcours, ou si, au contraire, il ne s'arrêtera qu'à des gares, stations ou haltes désignées, ou si, enfin, les deux modes d'exploitation seront combinés.

Dans ces deux derniers cas, si les gares, stations et haltes n'ont pas été déterminées par le cahier des charges, elles le seront lors de l'approbation des projets définitifs par l'autorité concédante, sur la proposition du concessionnaire et après enquête.

Si, pendant l'exploitation, de nouvelles stations, gares ou haltes sont reconnues nécessaires d'accord entre l'autorité concédante et le concessionnaire, il sera procédé à une enquête spéciale dans les formes prescrites par le règlement d'administration publique du 18 mai 1881, et l'emplacement en sera définitivement arrêté par le préfet, le concessionnaire entendu.

Le nombre, l'étendue et l'emplacement des gares d'évitement seront déterminés par le préfet, le concessionnaire entendu ; si la sécurité l'exige, le préfet pourra, pendant le cours de l'exploitation, prescrire l'établissement de nouvelles gares d'évitement ainsi que l'augmentation des voies dans les stations et aux abords des stations.

Le concessionnaires est tenu, préalablement à tout commencement d'exécution, de soumettre au préfet le projet des gares, stations ou haltes, lequel se compose :

1° D'un plan à l'échelle de 1/500, indiquant les voies, les quais, les bâtiments et leur distribution intérieure, ainsi que la disposition de leurs abords ;

2° D'une élévation des bâtiments à l'échelle d'un centimètre par mètre ;

3° D'un mémoire descriptif dans lequel les dispositions essentielles du projet sont justifiées.

Art. 11. — Tous les terrains nécessaires pour l'établissement de la voie ferrée et de ses dépendances en dehors du sol des routes et chemins, pour la déviation des voies de communication et des cours d'eau déplacés, et, en général, pour l'exécution des travaux, quels qu'ils soient, auxquels cet établissement peut donner lieu, sont achetés et payés par le concessionnaire, à moins que l'autorité qui fait la concession n'ait pris l'engagement de fournir elle-même les terrains.

Les indemnités pour occupation temporaire ou pour détérioration de terrains, pour chômage, modification ou destruction d'usines, et pour tous dommages quelconques résultant des travaux, sont supportés et payées par le concessionnaire.

Art. 12. — L'entreprise étant d'utilité publique, le concessionnaire est investi, pour l'exécution des travaux dépendant de sa concession, de tous les droits que les lois et règlements confèrent à l'Administration en matière de travaux publics, soit pour l'acquisition des terrains par voie d'expropriation, soit pour l'extraction, le transport ou le dépôt des terres, matériaux, etc., et il demeure en même temps soumis à toutes les obligations qui dérivent, pour l'Administration, de ces lois et règlements.

Art. 13. — Dans les limites de la zone frontière et dans le rayon des servitudes des enceintes fortifiées, le concessionnaire est tenu, pour l'étude et l'exécution de ses projets, de se soumettre à l'accomplissement de toutes les formalités et de toutes les conditions exigées par les lois, décrets et règlements concernant les travaux mixtes.

Art. 14. — Si la voie ferrée traverse un sol déjà concédé pour l'exploitation d'une mine, le Ministre des travaux publics détermine les mesures à prendre pour que l'établissement de cette voie ne nuise pas à l'exploitation de la mine, et, réciproquement, pour que, le cas échéant, l'exploitation de la mine ne compromette pas l'existence de la voie ferrée.

Les travaux de consolidation à faire dans l'intérieur de la mine en raison de la traversée de la voie ferrée, et tous les dommages résultant de cette traversée pour les concessionnaires de la mine, sont à la charge du concessionnaire de la voie ferrée.

Art. 15. — Si la voie ferrée s'étend sur des terrains renfermant des carrières ou les traverse souterrainement, elle ne peut être livrée à la circulation avant que les excavations qui pourraient en compromettre la solidité aient été remblayées ou consolidées.

Le Ministre des Travaux publics détermine la nature et l'étendue des travaux qu'il convient d'entreprendre à cet effet, et qui sont d'ailleurs exécutés par les soins et aux frais du concessionnaire.

Art. 16. — Les travaux sont soumis au contrôle et à la surveillance du préfet, sous l'autorité du Ministre des Travaux publics.

Ce contrôle et cette surveillance ont pour objet d'empêcher le concessionnaire de s'écarter des dispositions prescrites par le présent règlement et de celles qui résultent soit des cahiers des charges, soit des projets approuvés.

Art. 17. — A mesure que les travaux sont terminés sur des parties de voie ferrée susceptibles d'être livrées utilement à la circulation, il est procédé à la reconnaissance et, s'il y a lieu, à la réception provisoire de ces travaux par un ou plusieurs commissaires que le préfet désigne.

Sur le vu du procès-verbal de cette reconnaissance, le préfet autorise, s'il y a lieu, la mise en exploitation des parties dont il s'agit ; après cette autorisation, le concessionnaire peut mettre les dites parties en service et y percevoir les taxes déterminées par le cahier des charges. Toutefois, ces réceptions partielles ne deviennent définitives que par la réception générale de la voie ferrée, laquelle est faite dans la même forme que les réceptions partielles.

Art. 18. — Immédiatement après l'achèvement des travaux et au plus tard six mois après la mise en exploitation de la ligne ou de chaque section, le concessionnaire doit faire faire à ses frais un bornage contradictoire avec chaque propriétaire riverain, en présence du préfet ou de son représentant, ainsi qu'un plan cadastral des parties de la voie ferrée et de ses dépendances qui sont situées en dehors du sol des routes et chemins. Il fait dresser également à ses frais, et contradictoirement avec les agents désignés par le préfet, un état descriptif de tous les ouvrages d'art qui ont été exécutés, le dit état accompagné d'un atlas contenant les dessins cotés de tous les ouvrages.

Une expédition dûment certifiée des procès-verbaux de bornage, du plan cadastral, de l'état descriptif et de l'atlas est dressée aux frais du concessionnaire et déposée dans les archives de la préfecture.

Les terrains acquis par le concessionnaire postérieurement au bornage général, en vue de satisfaire aux besoins de l'exploitation, et qui, par cela même, deviennent partie intégrante de la voie ferrée, donnent lieu, au fur et à mesure de leur acquisition, à des bornages supplémentaires, et sont ajoutés sur le plan cadastral ; addition est également faite sur l'atlas de tous les ouvrages d'art exécutés postérieurement à sa rédaction.

TITRE II

ENTRETIEN ET EXPLOITATION.

Art. 19. — La voie ferrée et tout le matériel qui en dépend doivent être constamment entretenus en bon état, de manière que la circulation y soit toujours facile et sûre.

Les frais d'entretien et ceux auxquels donnent lieu les réparations ordinaires et extraordinaires de la voie ferrée sont à la charge du concessionnaire.

Sur les sections à rails noyés où la voie ferrée est accessible aux voitures ordinaires, l'entretien du pavage ou de l'empierrement de la surface affectée à la circulation du tramway est réglé, pour chaque concession, par le cahier des charges, qui indique le service chargé d'exécuter cet entretien, ainsi que la répartition des dépenses.

Sur les sections où la voie ferrée n'est pas accessible aux voitures ordinaires, l'entretien, qui est à la charge du concessionnaire, comprend la surface entière des voies, augmentée d'une zone d'un mètre (1m,00), qui sera mesurée à partir de chaque rail extérieur.

Si la voie ferrée et les parties de la voie publique dont l'entretien est confié au concessionnaire ne sont pas constamment entretenus en bon état, il y est pourvu d'office à la diligence du préfet et aux frais du concessionnaire, sans préjudice, s'il y a lieu, de l'application des dispositions indiquées ci-après dans l'article 41.

Le montant des avances faites est recouvré au moyen de rôles que le préfet rend exécutoires.

Art. 20. — Le matériel roulant qui est mis en circulation sur la voie ferrée doit passer librement dans le gabarit, dont les dimensions sont fixées conformément aux dispositions de l'article 4 du présent règlement.

La traction est opérée conformément aux clauses de la concession.

Art. 21. — Les machines locomotives à vapeur sont construites sur les meilleurs modèles ; elles doivent satisfaire aux prescriptions des articles 7, 8, 9, 11 et 15 de l'ordonnance du 15 novembre 1846, et pour ce qui concerne spécialement leur générateur, aux dispositions du décret du 30 avril 1880.

Les types des machines employées, leur poids et leur maximum de charge par essieu doivent être approuvés par le préfet, sur l'avis du service du contrôle, eu égard aux besoins de l'exploitation et à la composition ainsi qu'à l'état de la voie.

Les machines sont pourvues de freins assez puissants pour que, lancées sur une pente de deux centimètres par mètre (0m,02) avec une vitesse de vingt kilomètres (20k) à l'heure, elles puissent être arrêtées, sans le secours des freins des voitures remorquées, sur un espace de vingt mètres (20m) au plus.

Les locomotives à feu ne doivent donner aucune odeur et ne doivent répandre sur la voie publique ni flammèches, ni escarbilles, ni cendres, ni fumée, ni eau excédente, le concessionnaire étant expressément responsable de tout incendie causé par l'emploi des machines à feu, soit sur la voie publique, soit dans les propriétés riveraines.

Aucune locomotive ne peut être mise en service qu'en vertu d'un permis spécial de circulation délivré par le préfet sur la proposition des fonctionnaires chargés du contrôle, après accomplissement des formalités prescrites pour les locomotives de chemins de fer et après vérification de l'efficacité des freins, eu égard à la vitesse de la machine et à l'inclinaison de la voie.

Art. 22. — Les machines fixes et les machines locomotives de tout autre système que la machine locomotive à vapeur munie d'un foyer doivent satisfaire aux prescriptions spéciales arrêtées par le Ministre des Travaux publics.

Art. 23. — Les voitures de voyageurs doivent satisfaire aux prescriptions des articles 8, 9, 12, 13, 14 et 15 de l'ordonnance royale du 15 novembre 1846. Elles sont suspendues sur ressorts et peuvent être à deux étages.

L'étage inférieur est complètement couvert, garni de banquettes avec dossiers, fermé à glaces au moins pendant l'hiver, muni de rideaux et éclairé pendant la nuit ; l'étage supérieur est garni de banquettes avec dossiers ; on y accède au moyen d'escaliers qui sont accompagnés, ainsi que les couloirs latéraux donnant accès aux places, de garde-corps solides d'au moins un mètre dix centimètres (1m10) de hauteur effective.

Sur les voies ferrées où la traction est opérée au moyen de locomotives, l'étage supérieur est couvert et protégé à l'avant et à l'arrière par des cloisons.

Les dossiers et les banquettes doivent être inclinés et les dossiers sont élevés à la hauteur des épaules des voyageurs.

Il peut y avoir des places de plusieurs classes ; la disposition particulière des places de chaque classe est conforme aux prescriptions arrêtées par le préfet.

Les wagons destinés au transport des marchandises, des chevaux ou des bestiaux, les plates-formes, et en général toutes les parties du matériel roulant, sont de bonne et solide construction, et satisfont aux prescriptions des articles 8, 9 et 15 de l'ordonnance royale du 15 novembre 1846.

Chaque voiture sans exception est munie d'un frein puissant.

Art. 24. — Le matériel roulant et tout le matériel servant à l'exploitation sont constamment maintenus dans un bon état d'entretien et de propreté.

Si le matériel dont il s'agit, n'est pas entretenu en bon état, il y est pourvu d'office, à la diligence du préfet et aux frais du concessionnaire, sans préjudice, s'il y a lieu, des dispositions indiquées ci-après dans l'article 41.

Art. 25. —Le concessionnaire est tenu de prendre à ses frais, partout où la nécessité en aura été reconnue par le préfet, sur l'avis du service du contrôle, et eu égard au mode d'exploitation employé, des mesures nécessaires pour assurer la liberté et la sécurité du passage des voitures et des trains sur la voie ferrée, et celle de la circulation ordinaire sur les routes et chemins que suit ou traverse la voie ferrée.

Art. 26. — Lorsqu'un atelier de réparation est établi sur une voie, des signaux doivent indiquer si l'état de la voie ne permet pas le passage des voitures ou des trains, ou s'il suffit d'en ralentir la marche.

Art. 27. — Toute voiture isolée ou tout train porte extérieurement un feu rouge à l'avant et un feu vert à l'arrière. Les fanaux sont à réflecteurs ; ils sont allumés au coucher du soleil et ne peuvent être éteints avant son lever.

Art. 28. — Il est interdit d'admettre dans les convois qui portent des voyageurs aucune matière pouvant donner lieu soit à des explosions, soit à des incendies.

Art. 29. — Le cocher doit avoir l'appareil de manœuvre du frein sous la main ; il doit porter son attention sur l'état de la voie, sur l'approche des voitures ordinaires ou des troupeaux, et ralentir ou même arrêter la marche en cas d'obstacles, suivant les circonstances ; il doit se conformer aux signaux de ralentissement ou d'arrêt qui lui sont faits par les gardiens et ouvriers de la voie.

Le cocher est muni d'une trompe ou d'un cornet, ou de tout instrument du même genre, afin de signaler son approche.

Dans les tramways à service de voyageurs, le cocher doit se trouver en communication, au moyen d'un signal d'arrêt, soit avec le receveur, soit avec les voyageurs dans les voitures où il n'y a pas de receveur.

Art. 30. — Sur les lignes de tramways à traction mécanique, la longueur des trains ne peut dépasser soixante mètres (60m). Sous la réserve de cette condition, qui est de rigueur, tout convoi ordinaire de voyageurs doit contenir des voitures ou des compartiments de toutes classes en nombre suffisant pour le service du public.

Les machines et voitures entrant dans la composition de tous les trains sont liées entre elles par des attaches rigides, avec ressorts.

Art. 31. — Les machines sont placées en tête des trains. Il ne peut être dérogé à cette disposition que pour les manœuvres à exécuter dans les stations ou pour le cas de secours ; dans ces cas spéciaux, la vitesse ne doit pas dépasser cinq kilomètres à l'heure (5k).

Les trains sont remorqués par une seule machine, sauf à la montée des rampes de forte inclinaison ou en cas d'accident.

Il est, dans tous les cas, interdit d'atteler simultanément plus de deux machines à un train; la machine placée en tête règle la marche du train, dont la vitesse ne doit jamais dépasser dix kilomètres à l'heure (10k) dans le cas d'un double attelage.

Art. 32. — Chaque machine à feu est conduite par un mécanicien et un chauffeur.

Il ne peut être employé que des mécaniciens agréés par le préfet, sur le rapport du service du contrôle.

Le chauffeur doit être capable d'arrêter la machine en cas de besoin.

Chaque train est accompagné, en outre, du nombre de conducteurs gardes-freins qui sera jugé nécessaire; il y a d'ailleurs, en tous cas, sur la dernière voiture, un conducteur qui est mis en communication avec le mécanicien.

Lorsqu'il y a plusieurs conducteurs dans un train, l'un d'eux doit avoir autorité sur les autres.

Avant le départ du train, le mécanicien s'assure si toutes les parties de la locomotive sont en bon état et, particulièrement, si le frein fonctionne convenablement. Il ne doit mettre le train en marche que lorsque le conducteur chef du train a donné le signal du départ.

En marche, le mécanicien doit porter son attention sur l'état de la voie, sur l'approche des voitures ordinaires ou des troupeaux, et ralentir ou même arrêter en cas d'obstacles; suivant les circonstances; il doit se conformer aux signaux qui lui sont faits par les gardiens et ouvriers de la voie.

Cet agent signale l'approche du train au moyen d'une trompe, d'une cloche, ou de tout autre instrument du même genre, à l'exclusion du sifflet à vapeur.

Dans les tramways à service de voyageurs, le mécanicien doit se trouver en communication, au moyen d'un signal d'arrêt, soit avec le receveur ou employé, soit avec les voyageurs.

Aucune personne autre que le mécanicien et le chauffeur ne peut monter sur la locomotive, à moins d'une permission spéciale et écrite du directeur de l'exploitation de la voie ferrée, sont exceptés de cette interdiction les fonctionnaires chargés de la surveillance.

Art. 33. — Le préfet détermine, sur la proposition du concessionnaire, le minimum et le maximum de la vitesse des convois de voyageurs et de marchandises sur les différentes sections de la ligne, ainsi que le tableau du service des trains.

La vitesse des trains, en marche, ne peut dépasser vingt kilomètres à l'heure (20k). Cette vitesse doit d'ailleurs être diminuée dans la traversée des lieux habités, ou en cas d'encombrement de la route.

Le mouvement doit également être ralenti ou même arrêté toutes les fois que l'arrivée d'un train, effrayant les chevaux ou autres animaux, pourrait être la cause de désordres et occasionner des accidents.

Les trains ne peuvent stationner en dehors des gares que durant le temps strictement nécessaire pour les besoins du service.

Les locomotives ou les voitures isolées ne peuvent stationner sur les voies affectées à la circulation.

Il est expressément interdit d'effectuer le nettoyage des grilles sur la voie publique.

Art. 34. — Des machines dites de secours ou de réserve doivent être entretenues constamment en feu et prêtes à partir, sur les lignes et aux points qui sont désignés par le préfet.

Il y a constamment au lieu de dépôt des machines une voiture chargée de tous les agrès et outils nécessaires en cas d'accident.

Chaque train doit d'ailleurs être muni des outils les plus indispensables.

Aux stations ou bureaux de contrôle et d'attente désignés par le préfet, le concessionnaire entretiendra les médicaments et moyens de secours nécessaires en cas d'accident.

TITRE III

POLICE ET SURVEILLANCE

Art. 35. — Il est défendu à toute personne étrangère au service de la voie ferrée :

1° De déranger, altérer ou modifier, sous quelque prétexte que ce soit, la voie ferrée et les ouvrages qui en dépendent ;

2° De stationner sur la voie de fer ou d'y faire stationner des voitures ;

3° D'y laisser séjourner des chevaux, bestiaux ou animaux d'aucune sorte ;

4° D'y jeter ou déposer aucuns matériaux ni objets quelconques ;

5° D'emprunter les rails de la voie ferrée pour la circulation de voitures étrangères au service.

Tout conducteur de voiture doit, à l'approche d'un train ou d'une voiture appartenant au service de la voie ferrée, prendre en main les guides ou le cordeau de son équipage, de façon à se rendre maître de ses chevaux, dégager immédiatement la voie, et s'en écarter de manière à livrer toute la largeur nécessaire au passage du matériel de la voie ferrée.

Tout conducteur de troupeau doit écarter les bestiaux de la voie ferrée à l'approche d'un train ou d'une voiture appartenant au service de cette voie.

Art. 36. — Il est défendu aux voyageurs :

1° D'entrer dans les voitures ou d'en sortir pendant la marche et autrement que par la portière réservée à cet effet ;

2° De passer d'une voiture dans une autre, de se pencher au dehors, de stationner debout sur les impériales pendant la marche.

Il est interdit d'admettre dans les voitures plus de voyageurs que ne le comporte le nombre de places indiqué dans chaque compartiment.

L'entrée des voitures est interdite :

1° A toute personne en état d'ivresse ;

2° A tous individus porteurs d'armes à feu chargées ou de paquets qui, par leur nature, leur volume ou leur odeur, pourraient gêner ou incommoder les voyageurs. Tout individu porteur d'une arme à feu doit, avant son admission dans les voitures, faire constater que son arme n'est point chargée.

Aucun chien n'est admis dans les voitures servant au transport des voyageurs ; toutefois la Compagnie peut placer dans des compartiments spéciaux les voyageurs qui ne voudraient pas se séparer de leurs chiens, pourvu que ces animaux soient muselés, en quelque saison que ce soit.

Art. 38.— Les personnes qui veulent expédier des marchandises considérées comme pouvant être une cause d'explosion ou d'incendie, d'après la classification du décret du 12 août 1874, doivent en faire la déclaration formelle au moment où elles les livrent au service de la voie ferrée.

Les expéditeurs doivent se conformer, en ce qui concerne l'emballage et les marques des colis dangereux, aux prescriptions du décret précité.

Art. 37. — Des affiches placées dans les stations et dans les bureaux d'attente et de contrôle font connaître au public les heures de départ des convois ordinaires, les stations qu'ils doivent desservir, les heures auxquelles ils doivent arriver à ces stations et en partir.

Si l'exploitation de la ligne comporte des arrêts en pleine voie, afin de prendre ou de laisser soit des voyageurs, soit des marchandises, ces affiches font connaître cette circonstance en n'annonçant dans ce cas que les heures de départ des gares extrêmes.

Art. 39. — Le préfet nomme les agents chargés du contrôle et de la surveillance prévus par l'article 21 de la loi du 11 juin 1880.

Ces agents ont notamment pour mission :

1° En ce qui concerne l'exploitation commerciale :

De surveiller le mode d'application des tarifs approuvés et l'exécution des mesures prescrites pour la réception et l'enregistrement des colis, leur transport et leur remise aux destinataires ;

De veiller à l'exécution des mesures prescrites pour que le service des transports ne soit pas interrompu aux points extrêmes de lignes en communication l'une avec l'autre ;

De vérifier les conditions des traités qui seraient passés par les Compagnies avec les entreprises de transport par terre ou par eau en correspondance avec la voie ferrée, et de signaler toutes les infractions au principe de l'égalité des taxes ;

De constater le mouvement de la circulation des voyageurs et des marchandises, les dépenses d'entretien et d'exploitation, et les recettes ;

2° En ce qui concerne l'exploitation technique :

De vérifier l'état de la voie de fer, des terrassements, des ouvrages d'art et du matériel roulant, et de veiller à l'exécution des règlements relatifs à la police et à la sûreté de la circulation ;

3° En ce qui concerne la police :

De surveiller la composition, le départ, l'arrivée, la marche et le stationnement des trains, l'observation des règlements de police, tant par le public que par le concessionnaire, sur les voies publiques empruntées par la voie ferrée, l'entrée, le stationnement et la circulation des voitures dans les cours et stations, l'admission du public dans les gares et sur les quais de la voie ferrée.

Les concessionnaires sont tenus de fournir des locaux convenables aux agents du contrôle spécialement désignés par le préfet. Ils sont aussi tenus de présenter aux agents du contrôle, à toute réquisition, les registres de dépenses et de recettes relatifs à l'exploitation commerciale, ainsi que les registres de réception et d'expédition des colis.

Toutes les fois qu'il arrive un accident sur la voie ferrée, il en est fait immédiatement déclaration, par le chef de train, à l'agent du contrôle dont le poste est le plus voisin. Le préfet et le chef du contrôle en sont immédiatement informés par les soins du concessionnaire.

Outre la surveillance ordinaire, le préfet délègue, aussi souvent qu'il le juge utile, un ou plusieurs commissaires à l'effet de reconnaître et de constater l'état de la voie ferrée, de ses dépendances et de son matériel, et à l'effet d'exercer une surveillance spéciale sur tout ce qui ne rentre pas dans les attributions des agents du contrôle.

Art. 40. — Le concessionnaire est tenu ainsi que le public de se conformer aux prescriptions des arrêtés qui sont pris par les préfets pour l'exécution des dispositions qui précèdent.

Toutes les dépenses qu'entraîne l'exécution de ces prescriptions sont à la charge du concessionnaire.

Le concessionnaire est tenu de soumettre à l'approbation du préfet les règlements de service intérieur relatifs à l'exploitation de la voie ferrée.

Les règlements dont il s'agit sont obligatoires non seulement pour le concessionnaire, mais encore pour tous ceux qui obtiendront ultérieurement l'autorisation d'établir des lignes ferrées d'embranchement ou de prolongement, et en général pour toutes les personnes qui emprunteront l'usage du chemin de fer.

Art. 41. — Si l'exploitation de la voie ferrée vient à être interrompue en totalité ou en partie, si le mauvais état de la voie ou du matériel roulant compromet la sécurité du public, si le mauvais entretien de la partie de la route dont le concessionnaire doit prendre soin compromet la sécurité publique, le préfet prend immédiatement, aux frais et risques du concessionnaire, les mesures nécessaires afin d'assurer provisoirement le service.

Si, dans les trois mois de l'organisation du service provisoire, le concessionnaire n'a pas valablement justifié qu'il est en état de reprendre et de continuer l'exploitation, et s'il ne l'a pas effectivement reprise, la déchéance peut être prononcée par le Ministre des Travaux publics, sauf recours au Conseil d'État par la voie contentieuse.

Il est pourvu tant à la continuation et à l'achèvement des travaux qu'à l'exécution des autres engagements contractés par le concessionnaire au moyen d'une adjudication qui sera ouverte sur une mise à prix des ouvrages exécutés, des matériaux approvisionnés et des parties de la voie ferrée déjà livrées à l'exploitation.

Nul ne sera admis à concourir à cette adjudication s'il n'a été préalablement agréé par le préfet.

A cet effet, les personnes qui voudraient concourir seront tenues de déclarer, dans le délai qui sera fixé, leur intention par un écrit déposé à la préfecture et accompagné des pièces propres à justifier des ressources nécessaires pour remplir les engagements à contracter.

Ces pièces seront examinées par le préfet en conseil de préfecture. Chaque soumissionnaire sera informé de la décision prise en ce qui le concerne, et, s'il y a lieu, du jour de l'adjudication.

Les personnes qui auront été admises à concourir devront faire, soit à la Caisse des dépôts et consignations, soit à la caisse du trésorier-payeur général du département, le dépôt de garantie, qui devra être égal au moins au trentième de la dépense à faire par le concessionnaire.

L'adjudication aura lieu suivant les formes indiquées aux articles 11, 12, 13, 15 et 16 de l'ordonnance royale du 10 mai 1829.

Les soumissions ne pourront pas être inférieures à la mise à prix.

L'adjudicataire sera substitué aux charges et aux droits du concessionnaire évincé ; il recevra notamment les subventions de toute nature à échoir aux termes de l'acte de concession ; le concessionnaire évincé recevra de lui le prix que la nouvelle adjudication aura fixé.

La partie du cautionnement qui n'aura pas encore été restituée deviendra la propriété de l'autorité qui a fait la concession.

Si l'adjudication ouverte n'amène aucun résultat, une seconde adjudication sera tentée sur les mêmes bases après un délai de trois mois ; si cette seconde tentative reste également sans résultat, le concessionnaire sera définitivement déchu de tous droits, et alors les travaux exécutés, les matériaux approvisionnés et les parties de voie ferrée déjà livrées à l'exploitation appartiendront à l'autorité qui a fait la concession.

TITRE IV

DISPOSITIONS DIVERSES

Art. 42. — Dans le cas où le Gouvernement ordonne ou autorise la construction de routes nationales, départementales ou vicinales, de chemins de fer ou de canaux qui traversent une ligne concédée, le concessionnaire ne peut s'opposer à ces travaux ; mais toutes les dispositions nécessaires sont prises pour qu'il n'en résulte aucun obstacle à la construction ou au service de la voie ferrée, ni aucuns frais pour le concessionnaire.

Art. 43. — Toute exécution ou autorisation ultérieure de route, de canal, de chemin de fer, de travaux de navigation dans la contrée où est située une voie ferrée qui a fait l'objet d'une concession, ou dans toute autre contrée voisine ou éloignée, ne peut donner ouverture à aucune demande d'indemnité de la part du concessionnaire.

Art. 44. — L'autorisation d'établir ou de maintenir une voie ferrée sur le sol des voies publiques peut être retirée à toute époque, en totalité ou en partie, dans les formes suivies pour la concession, lorsque la nécessité en a été reconnue dans l'intérêt public par le Gouvernement, après une enquête ; le tout sous réserve de l'application des articles 6 et 11 de la loi du 11 juin 1880.

Art. 45. — Le concessionnaire n'est admis à réclamer aucune indemnité :

Ni à raison des dommages que le roulage ordinaire pourrait occasionner aux ouvrages de la voie ferrée ;

Ni à raison de l'état de la chaussée et des conséquences qui pourraient en résulter pour l'état et l'entretien de la voie ;

Ni enfin pour une cause quelconque résultant de l'usage de la voie publique.

Les indemnités dues à des tiers pour les dommages pouvant résulter de la construction ou de l'exploitation de la voie ferrée sont entièrement à la charge du concessionnaire.

Art. 46. — En cas d'interruption de la voie ferrée par suite de travaux exécutés sur la voie publique, le concessionnaire peut être tenu de rétablir provisoirement les communications, soit en déplaçant momentanément ses voies, soit en employant pour la traversée de l'obstacle des voitures ordinaires qui puissent le tourner en suivant d'autres lignes.

Art. 47. — Le Gouvernement, le département et les communes ont le droit de concéder de nouvelles voies de fer s'embranchant sur une voie ferrée déjà concédée, ou à établir en prolongement de la même voie.

Le concessionnaire de la ligne principale ne peut s'opposer à l'exécution de ces embranchements, ni réclamer, à l'occasion de leur établissement, aucune indemnité quelconque, pourvu qu'il n'en résulte aucun obstacle à la circulation ni aucuns frais particuliers pour son entreprise.

Les concessionnaires des voies de fer d'embranchement ou de prolongement ont la faculté, moyennant l'observation du paragraphe 1er de l'art. 20 du présent règlement, et des règlements de police et de service qui régissent la ligne principale, et moyennant les tarifs du cahier des charges de cette dernière ligne, de faire circuler leurs voitures, wagons et machines sur la ligne principale. Cette faculté est réciproque à l'égard desdits embranchements et prolongements.

Dans le cas où les divers concessionnaires ne peuvent s'entendre sur l'exercice de cette faculté, le ministre des Travaux publics statue sur les difficultés qui s'élèvent entre eux à cet égard.

Le concessionnaire d'une voie ferrée ne peut toutefois être tenu d'admettre sur ses rails un matériel dont le poids serait hors de proportion avec les éléments constitutifs de ses voies.

Dans le cas où un concessionnaire d'embranchement ou de prolongement joignant la ligne principale n'use pas de la faculté de circuler sur cette ligne, comme aussi dans le cas ou le concessionnaire de cette dernière ligne ne veut pas circuler sur les prolongements et embranchements, ces concessionnaires sont tenus de s'arranger entre eux de manière que le service de transport ne soit jamais interrompu aux points de jonction des diverses lignes.

Celui des concessionnaires qui se sert d'un matériel qui n'est pas sa propriété paye une indemnité en rapport avec l'usage et la détérioration de ce matériel. Dans le cas où les concessionnaires ne se mettent pas d'accord sur la quotité de l'indemnité ou sur les moyens d'assurer la continuation du service sur toutes les lignes, l'Administration y pourvoit d'office et prescrit toutes les mesures nécessaires.

Le concessionnaire est tenu, si l'autorité compétente le juge convenable, de partager l'usage des stations établies à l'origine des voies de fer d'embranchement avec les compagnies qui deviendraient concessionnaires desdits embranchements.

Il est fait un partage équitable des frais résultant de l'usage commun des dites gares, et les sommes à payer par les compagnies nouvelles sont, en cas de dissentiment, réglées par voie d'arbitrage.

En cas de désaccord sur le principe ou l'exercice de l'usage commun des gares, il est statué par le ministre des Travaux publics, les concessionnaires entendus.

Art. 48. — Le concessionnaire de toute voie ferrée affectée au transport des marchandises est tenu de s'entendre avec tout propriétaire de carrières, de mines ou d'usines qui, offrant de se soumettre aux conditions prescrites ci-après, demande un embranchement; à défaut d'accord, le préfet statue sur la demande, le concessionnaire entendu.

Les embranchements sont construits aux frais des propriétaires de carrières, de mines et d'usines, et de manière qu'il ne résulte de leur établissement aucune entrave à la circulation générale, aucune cause d'avarie pour le matériel, ni aucuns frais particuliers pour le service de la ligne principale.

Leur entretien est fait avec soin, aux frais de leurs propriétaires, et sous le contrôle du préfet. Le concessionnaire a le droit de faire surveiller par ses agents cet entretien, ainsi que l'emploi de son matériel sur les embranchements.

Le préfet peut, à toute époque, prescrire les modifications qui sont jugées utiles dans la soudure, le tracé ou l'établissement de la voie des dits embranchements, et les changements sont opérés aux frais des propriétaires.

Le préfet peut même, après avoir entendu les propriétaires, ordonner l'enlèvement temporaire des aiguilles de soudure, dans le cas où les établissements embranchés viendraient à suspendre en tout ou en partie leurs transports.

Le concessionnaire est tenu d'envoyer ses wagons sur tous les embranchements autorisés destinés à faire communiquer des établissements de carrières, de mines ou d'usines avec la ligne principale.

Le concessionnaire amène ses wagons à l'entrée des embranchements.

Les expéditeurs ou destinataires font conduire les wagons dans leurs établissements pour les charger ou décharger, et les ramènent au point de jonction avec la ligne principale, le tout à leurs frais.

Les wagons ne peuvent, d'ailleurs, être employés qu'au transport d'objets et marchandises destinés à la ligne principale.

Le temps pendant lequel les wagons séjournent sur les embranchements particuliers ne peut excéder six heures lorsque l'embranchement n'a pas plus d'un kilomètre. Ce temps est augmenté d'une demi-heure par kilomètre en sus du premier, non compris les heures de la nuit, depuis le coucher jusqu'au lever du soleil.

Dans le cas où les limites de temps sont dépassées nonobstant l'avertissement spécial donné par le concessionnaire, il peut exiger une indemnité égale à la valeur du droit de loyer des wagons, pour chaque période de retard après l'avertissement.

S'il est jugé nécessaire par le préfet, statuant sur l'avis du service du contrôle, d'établir un gardien aux aiguilles d'un embranchement industriel, le traitement de cet agent est à la charge du propriétaire de l'embranchement, mais il est nommé et payé par le concessionnaire.

En cas de difficulté, il est statué par l'Administration, le concessionnaire entendu.

Les propriétaires d'embranchement sont responsables des avaries que le matériel peut éprouver pendant son parcours ou son séjour sur ces lignes.

Dans le cas d'inexécution d'une ou de plusieurs des conditions énoncées ci-dessus, le préfet peut, sur la plainte du concessionnaire et après avoir entendu le propriétaire de l'embranchement, ordonner par un arrêté la suspension du service et faire supprimer la soudure, sauf recours à l'Administration supérieure, et sans préjudice de tous dommages-intérêts que le concessionnaire serait en droit de répéter pour la non exécution de ces conditions.

Le concessionnaire est indemnisé de la fourniture et de l'envoi de son matériel sur les embranchements par la perception du tarif qui est fixé par son cahier des charges pour chaque kilomètre parcouru.

Tout kilomètre entamé est payé comme s'il avait été parcouru en entier.

Le chargement et le déchargement sur les embranchements s'opèrent aux frais des expéditeurs ou destinataires, soit qu'ils les fassent eux-mêmes, soit que la compagnie du tramway consente à les opérer.

Dans ce dernier cas, ces frais sont l'objet d'un règlement arrêté par le préfet, sur la proposition du concessionnaire.

Tout wagon envoyé par le concessionnaire sur un embranchement doit être payé comme wagon complet, lors même qu'il ne serait pas complètement chargé.

La surcharge, s'il y en a, est payée au prix du tarif légal et au prorata du poids réel. Le concessionnaire est en droit de refuser les chargements qui dépasseraient le maximum déterminé par son cahier des charges.

Ce maximum sera revisé par le préfet de manière à être toujours en rapport avec la capacité des wagons.

Les wagons sont pesés à la station d'arrivée par les soins et aux frais du concessionnaire.

Art. 49. — La contribution foncière pour les dépendances situées en dehors de l'assiette des routes, chemins et autres voies publiques est établie en raison de la surface occupée par ces dépendances ; la cote en est calculée comme pour les canaux, conformément à la loi du 25 avril 1803.

Les bâtiments et magasins dépendant de l'exploitation de la voie ferrée sont assimilés aux propriétés bâties de la localité. Toutes les contributions auxquelles ces édifices peuvent être soumis sont, aussi bien que la contribution foncière, à la charge du concessionnaire.

Art. 50. — Les agents et gardes que le concessionnaire établit, soit pour la perception des droits, soit pour la surveillance et la police de la voie de fer et de ses dépendances, peuvent être assermentés, et sont, dans ce cas, assimilés aux gardes champêtres. Ces agents sont revêtus d'un uniforme ou sont porteurs d'un signe distinctif.

Art. 51. — Tout concessionnaire doit adresser chaque année au préfet des états statistiques conformes aux modèles qui seront arrêtés par le Ministre des Travaux publics et qui comprennent les renseignements relatifs à l'année entière (du 1er janvier au 31 décembre).

Cet envoi est fait le 15 avril de chaque année au plus tard. Les renseignements fournis par le concessionnaire peuvent être publiés.

Indépendamment de ces états annuels, le compte rendu des résultats de l'exploitation, comprenant les dépenses d'établissement et d'exploitation et les recettes brutes, est remis au préfet dans le mois qui suit l'expiration de chaque trimestre. Ce compte rendu est dressé en trois expéditions, destinées au préfet, au représentant de l'autorité qui a donné la concession, et au Ministre des Travaux publics ; il est publié, au moins par extraits, dans le *Journal officiel*, conformément aux prescriptions de l'article 19 de la loi du 11 juin 1880.

Art. 52. — Les frais de visite, de surveillance et de réception des travaux et les frais de contrôle de l'exploitation sont supportés par le concessionnaire.

Afin de pourvoir à ces frais, le concessionnaire est tenu de verser chaque année, à la caisse centrale du trésorier-payeur général du département, la somme qui est fixée dans le cahier des charges de la concession par chaque kilomètre de voie ferrée concédé.

Si le concessionnaire ne verse pas la somme ci-dessus réglée aux époques fixées, le préfet rend un rôle exécutoire, et le montant en est recouvré comme en matière de contributions publiques.

Art. 53. — Il est tenu dans chaque station et dans chaque bureau d'attente un registre coté et parafé par le maire de la commune, lequel est destiné à recevoir les réclamations des personnes (voyageurs ou autres) qui auraient des plaintes à former, soit contre le concessionnaire, soit contre ses agents.

Ce registre est présenté à toute réquisition du public ; il est visé par les agents du service du contrôle et de surveillance administrative.

Art. 54. — Dans tous les cas où, conformément aux dispositions du présent règlement, le préfet doit statuer sur la proposition d'un concessionnaire, celui-ci est tenu de lui soumettre cette proposition dans le délai qui a été déterminé, faute de quoi le préfet peut statuer directement.

Si le préfet pense qu'il y a lieu de modifier la proposition du concessionnaire, il doit, sauf le cas d'urgence, entendre celui-ci avant de prescrire les modifications dont il s'agit.

Art. 55. — Des exemplaires du présent règlement, ainsi que des articles de l'ordonnance royale du 15 novembre 1846, du décret du 30 avril 1880 et du décret du 12 août 1874, auxquels il se refère, sont constamment affichés, à la diligence du concessionnaire, aux abords des bureaux des voies ferrées qui empruntent le sol des voies publiques ainsi que dans les salles d'attente.

Le conducteur ou receveur de toute voiture, le conducteur principal de tout train en marche sont munis d'un exemplaire du règlement. Des extraits sont délivrés, chacun pour ce qui le concerne, aux cochers, receveurs, mécaniciens, chauffeurs, gardes-freins et autres agents employés sur la voie ferrée.

Des extraits, en ce qui concerne les règles à observer par les voyageurs pendant le trajet, sont placés dans chaque caisse de voiture.

Art. 56. — Sont constatées, poursuivies et réprimées conformément aux dispositions de la loi du 15 juillet 1845, qui ont été rendues applicables aux tramways par l'article 37 de la loi du 11 juin 1880, les contraventions au présent règlement, aux décisions ministérielles et aux arrêtés pris par les préfets pour l'exécution de ce règlement.

Art. 57. — Les dispositions du présent règlement sont applicables aux chemins de fer d'intérêt local sur les sections où ces chemins de fer empruntent le sol des voies publiques, sans préjudice de l'application de l'ordonnance du 15 novembre 1846.

Art. 58. — Le Ministre des travaux publics est chargé de l'exécution du présent décret, qui sera inséré au *Bulletin des lois* et au *Journal officiel*.

Fait à Paris, le 6 août 1881.

DÉCRET

DU 20 MARS 1882

Portant règlement d'administration publique pour l'exécution des articles 16 et 39 de la loi du 11 juin 1880.

Article premier. — Le capital de premier établissement qui doit servir de base pour l'application des articles 13 et 36 de la loi susvisée est fixé dans les conditions ci-après et dans les limites du maximum prévu par les actes de concession, à moins qu'il n'ait été fixé à forfait par une stipulation expresse.

Ce capital comprend toutes les sommes que le concessionnaire justifie avoir dépensées dans un but d'utilité pour l'exécution des travaux de construction proprement dits, l'achat du matériel fixe et d'exploitation, le parachèvement de la ligne après sa mise en exploitation, la constitution du capital-actions, l'émission des obligations, les intérêts des capitaux engagés pendant la période assignée à la construction par l'acte de concession ou jusqu'à la mise en exploitation, si elle a lieu avant le délai fixé. Il peut être augmenté, s'il y a lieu, des insuffisances de recettes résultant de l'exploitation partielle des sections qui seraient ouvertes pendant ladite période de construction.

Les dépenses relatives à la constitution du capital-actions et à l'émission des obligations ne sont admises en compte que jusqu'à concurrence d'un maximum spécialement stipulé dans l'acte de concession.

Art. 2. — Tout concessionnaire de chemin de fer d'intérêt local ou de tramway subventionné doit remettre au préfet du département, dans un délai de quatre mois, à partir du jour de la mise en exploitation de la ligne entière, le compte détaillé des dépenses de premier établissement qu'il a faites jusqu'à ce jour.

Il présente, avant le 31 mars de chaque année, un compte supplémentaire de celles qu'il peut être autorisé à ne faire qu'après la mise en exploitation par le parachèvement de la ligne; mais, en tout cas, le compte de premier établissement doit être clos quatre ans au plus tard après la mise en exploitation de la ligne entière.

Dans le cas où l'acte de concession a prévu que le capital de premier établissement pourrait être successivement augmenté, jusqu'à concurrence d'une somme déterminée et pendant un certain délai, pour travaux complémentaires, tels que agrandissements de gares, augmentation du matériel roulant, pose de secondes voies ou de voies de garage, le concessionnaire doit, chaque année avant le 31 mars, présenter un compte détaillé des dépenses qu'il a ainsi faites pendant l'année précédente en vertu d'une autorisation spéciale et préalable donnée par le Ministre des Travaux publics quand l'Etat a consenti à garantir ce capital complémentaire, et par le préfet dans les autres cas.

Art. 3. — Avant le 31 mars de chaque année, le concessionnaire remet au préfet du département un compte détaillé, établi d'après ses registres, et comprenant pour l'année précédente :

1° Les produits bruts de toute nature, de l'exploitation ;

2° Les frais d'entretien et d'exploitation, à moins que ces frais n'aient été déterminés à forfait par l'acte de concession ou par un acte postérieur.

Le compte d'entretien et d'exploitation ne peut comprendre aucune dépense d'établissement ni aucune dépense pour augmentation du matériel roulant.

Art. 4. — Le Ministre des Travaux publics détermine, après avoir pris l'avis du Ministre des Finances, les justifications que le concessionnaire doit produire à l'appui de ces différents comptes, dont les développements par article sont présentés conformément aux modèles arrêtés par lui.

Art. 5. — Les comptes ainsi produits par le concessionnaire sont soumis à l'examen d'une commission instituée par le Ministre des Travaux publics et composés ainsi qu'il suit :

Le préfet ou le secrétaire général délégué, président ;

Un membre du conseil général du département ou du conseil municipal, si la concession émane d'une commune, le dit membre désigné par le conseil auquel il appartient ;

Un ingénieur des ponts et chaussées ou des mines, désigné par le Ministre des Travaux publics ;

Un fonctionnaire de l'administration des finances, désigné par le Ministre des Finances.

La Commission désigne elle-même son secrétaire; s'il est pris en dehors de son sein, il n'a que voix consultative.

Le président a voix prépondérante en cas de partage.

Dans le cas où la ligne s'étend sur plusieurs départements, il est institué une commission spéciale pour chaque département. Ces commissions peuvent se réunir et délibérer en commun si la concession a été faite conjointement par les conseils généraux de ces départements, par application des articles 89 et 90 de la loi du 10 août 1871 ; la présidence appartient au préfet du département que la ligne traverse dans la plus grande longueur.

Art. 6. — Le concessionnaire est tenu de représenter les registres, pièces comptables, correspondances et tous autres documents que la Commission juge nécessaires à la vérification des comptes.

La Commission peut se transporter au besoin, par elle-même ou par ses délégués, soit au siège de l'entreprise, soit dans les gares, stations ou bureaux de la ligne.

Art. 7. — La Commission adresse son rapport avec les comptes et les pièces justificatives au Ministre des Travaux publics, qui les examine après les avoir communiqués au Ministre des Finances.

Si cet examen ne révèle pas de difficultés ou si les modifications jugées nécessaires sont acceptées par le Ministre des Finances, le département, les communes et le concessionnaire, le Ministre des Travaux publics, arrête définitivement le capital de premier établissement qui doit servir de base pour l'application des articles 13 et 36 de la loi du 11 juin 1880.

Il est procédé de la même manière pour arrêter annuellement le chiffre de la subvention due par l'Etat, le département ou les communes et, lorsqu'il y a lieu, la part revenant à l'Etat, au département, aux communes ou aux intéressés, à titre de remboursement de leurs avances, sur le produit net de l'exploitation.

Art. 8. — Lorsqu'il n'y a pas accord entre l'Etat, le département ou la commune et le concessionnaire, les comptes sont soumis, avec toutes les pièces à l'appui, à une commission supérieure instituée par le Ministre des Travaux publics et composée d'un conseiller d'Etat, président, et de six membres, dont trois au choix du Ministre des Finances.

Un ou plusieurs secrétaires sont attachés à la Commission par arrêté du Ministre des Travaux publics ; ils ont voix délibérative dans les affaires dont ils sont rapporteurs.

Le président a voix prépondérante en cas de partage.

La Commission adresse son rapport au Ministre des Travaux publics, qui statue après avoir pris l'avis du Ministre des Finances, sauf recours au Conseil d'Etat par la voie contentieuse.

Art. 9. — En présentant son compte annuel, le concessionnaire peut demander une avance sur la somme qui lui sera due à titre de subvention.

Le montant de l'avance est déterminé par le Ministre des Travaux publics, sur le rapport de la Commission locale, après communication au Ministre des Finances.

Dans le cas où le règlement définitif des comptes de l'exercice ferait reconnaître que cette avance a été trop considérable, le concessionnaire devra rembourser immédiatement l'excédent au Trésor, au département ou à la commune, avec les intérêts à 4 p. 0/0 par an.

Art. 10. — La comptabilité de tout concessionnaire subventionné est soumise à la vérification de l'inspection générale des finances, qui a, pour l'accomplissement de cette mission, tous les droits dévolus aux commissions de contrôle par l'article 6 du présent décret.

Art. 11. — Dans le cas où l'Etat n'a pris aucun engagement et où l'entreprise de chemin de fer ou de tramway est subventionnée seulement par un département ou par une commune, il est procédé à l'examen et au règlement des comptes dans les mêmes formes ; mais les attributions conférées au Ministre des Travaux publics par les articles 4, 5, 7 et 9 sont exercées par le préfet, sans qu'il soit besoin de consulter le Ministre des Finances.

Lorsqu'une des parties conteste le compte arrêté par le préfet, l'article 8 est applicable.

Art. 12. — Si la subvention est donnée par le département ou la commune en capital, en terrains, en travaux ou sous toute autre forme que celle d'annuités, elle est évaluée et transformée en annuités au taux de 4 p. 0/0, pour l'application des articles 13 et 36 de la loi, aux termes desquels l'Etat ne peut subvenir pour partie aux insuffisances annuelles qu'à la condition qu'une partie au moins équivalente sera payée par le département ou la commune.

Art. 13. — La subvention à allouer pour l'année de la mise en exploitation de la ligne sera calculée, d'après les bases indiquées dans les articles 13 et 36 de la loi susvisée, au prorata du temps écoulé depuis le jour de l'ouverture de la ligne jusqu'au 31 décembre suivant.

Chaque loi ou décret par lequel l'Etat s'engage à subventionner un chemin de fer d'intérêt local ou un tramway fixe le maximum de la charge annuelle qui peut résulter pour le Trésor de l'application des articles 13 ou 36 de la loi susvisée, de manière que le montant réuni de ces maxima ne dépasse, en aucun cas, la somme de 400,000 francs, fixée par l'article 14 pour l'ensemble des lignes situées dans un même département.

Art. 15. — Le Ministre des Travaux publics et le Ministre des Finances sont chargés chacun en ce qui le concerne, de l'exécution du présent décret, qui sera promulgué au *Journal Officiel* et inséré au *Bulletin des Lois*.

Fait à Paris, le 20 mars 1882.

EXTRAIT

DU CAHIER DES CHARGES TYPE

Pour la concession des chemins de fer d'intérêt local.

Art. 7. — La largeur de la voie entre les bords intérieurs des rails devra être de (1)

La largeur des locomotives et des caisses des véhicules ainsi que leur chargement ne dépassera pas (2).... et la largeur du matériel roulant, y compris toutes saillies, notamment celle des marchepieds latéraux, restera

---

(1) 1 m. 44, 1 m. 00 ou 0 m. 75.

(2) Largeur à déterminer dans chaque cas particulier ; toutefois on n'admettra pas plus de 2 m. 80 pour la voie de 1 m. 44, ni de 2 m. 50 pour la voie de 1 m. 00, ni de 1 m. 875 pour la voie de 0 m. 75.

inférieure à (1)....; la hauteur du matériel roulant au-dessus des rails sera au plus de (2).

Dans les parties à deux voies, la largeur de l'entrevoie, mesurée entre les bords extérieurs des rails sera de (3).

La largeur des accotements, c'est-à-dire des parties comprises de chaque côté entre le bord extérieur du rail et l'arête supérieure du ballast, sera de (4).

L'épaisseur de la couche de ballast sera d'au moins trente-cinq centimètres (0 m. 35), et l'on ménagera, au pied de chaque talus du ballast une banquette de largeur telle que l'arête de cette banquette se trouve à quatre-vingt-dix centimètres (0 m. 90) au moins de la verticale de la partie la plus saillante du matériel roulant.

Le concessionnaire établira le long du chemin de fer les fossés ou rigoles qui seront jugés nécessaires pour l'assèchement de la voie et pour l'écoulement des eaux.

Les dimensions de ces fossés et rigoles seront déterminées par le préfet, suivant les circonstances locales, sur les propositions du concessionnaire.

Art. 8. — Les alignements seront raccordés entre eux par des courbes dont le rayon ne pourra être inférieur (5).

Une partie droite de (6).... au moins de longueur devra être ménagée entre deux courbes consécutives, lorsqu'elles seront dirigées en sens contraire.

Le maximum des déclivités est fixé à (7).... millimètres.

Une partie horizontale de (8)... mètres au moins devra être ménagée entre deux déclivités consécutives de sens contraire.

---

(1) Largeur à déterminer dans chaque cas particulier; toutefois on n'admettra pas plus de 3 m. 10 pour la voie de 1 m. 44, ni de 2 m. 80 pour la voie de 1 m. 00 ni de 2 m. 175 pour la voie de 0 m. 75.

C'est cette dernière dimension, égale à la plus grande largeur du gabarit du matériel roulant, qui servira à déterminer la largeur de la plateforme et des ouvrages d'art.

(2) 4 m. 20 pour la voie de 1 m 44. Hauteur à déterminer dans chaque cas particulier pour les autres voies.

Cette dimension servira à fixer l'élévation des ouvrages d'art qui seront établis, au-dessus du chemin de fer.

(3) La largeur de l'entrevoie sera telle qu'entre les parties les plus saillantes de deux véhicules qui se croisent il y ait un intervalle libre d'au moins cinquante centimètres (0 m. 50).

(4) Cette largeur sera calculée de façon que l'arête supérieure du ballast se trouve sur la verticale de la partie la plus saillante du matériel roulant.

(5) En général, et à moins de circonstances exceptionnelles dont il devra être justifié, 250 mètres pour les chemins à voie de 1 m. 44; 100 mètre pour les chemins à voie de 1 m. 60 et 50 mètres pour les chemins à voie de 0 m. 75.

(6) En général 60 mètres, pour la voie de 1 m. 44, et 40 mètres pour les voies de 1 m. 000 et de 0 m. 75.

(7) En général, et à moins de circonstances exceptionnelles dont il devra être justifié, 80 millimètres.

(8) En général, 60 mètres pour la voie de 1 m. 44 et 40 mètres pour les voies de 1 m. 00 et 0 m. 75.

Les déclivités correspondant aux courbes de faible rayon devront être réduites autant que faire se pourra.

Le concessionnaire aura la faculté, dans des cas exceptionnels, de proposer aux dispositions du présent article les modifications qui lui paraîtraient utiles, mais ces modifications ne pourront être exécutées que moyennant l'approbation préalable du préfet.

Annexé au décret du 6 août 1881.

EXTRAIT

DU CAHIER DES CHARGES TYPE

Pour la concession des tramways.

TITRE PREMIER

TRACÉ ET CONSTRUCTION

Art. 4. — La largeur de la voie entre les bords intérieurs des rails devra être de (1).:

La largeur des locomotives et des caisses des véhicules ainsi que de leur chargement ne dépassera pas (2)......., et la largeur du matériel roulant, y compris toutes saillies, notamment celle des marchepieds latéraux, restera inférieure à (3).......; la hauteur du matériel roulant au-dessus des rails sera au plus de (4).......

Dans les parties à deux voies, la largeur de l'entre-voie, mesurée entre les bords extérieurs des rails, sera de (5)......

---

(1) De 1 m. 44 pour les tramways à voie large, de 1 m. 00 ou de 0 m. 75 pour les tramways à voie étroite.

(2) Largeur à déterminer dans chaque cas particulier :

	Voies de 1 m. 44	Voies de 1 m. 00	Voies de 0 m. 75
	—	—	—
Maximum admissible. . . .	2 m. 20	2 m. 50	1 m. 875
(3) Maximum admissible. . . .	3 m. 10	2 m. 80	2 m. 175

(4) 4 m. 20 au plus pour la voie de 1 m. 44. Hauteur à déterminer dans chaque cas particulier pour les autres voies.

(5) La largeur de l'entre-voie sera réglée de telle façon qu'entre les parties les plus saillantes de deux véhicules qui se croisent il y ait un intervalle libre d'au moins cinquante centimètres (0 m. 50).

Art. 5. — Les alignements seront raccordés entre eux par des courbes dont le rayon ne pourra être inférieur à (1)....... Le maximum des déclivités est fixé à (2).......

Les déclivités correspondant aux courbes de faible rayon devront être réduites autant que faire se pourra.

Le concessionnaire aura la faculté dans des cas exceptionnels, de proposer aux dispositions du présent article les modifications qui paraîtraient utiles, mais ces modifications ne pourront être exécutées que moyennant l'approbation préalable du Préfet.

Art. 6. — Dans les sections où le tramway sera établi dans la chaussée, avec rails noyés, les voies de fer seront posées au niveau du sol, sans saillie ni dépression, suivant le profil normal de la voie publique, et sans aucune altération de ce profil, soit dans le sens transversal, soit dans le sens longitudinal, à moins d'une autorisation spéciale du Préfet. Les rails seront compris dans un *pavage* (3) de vingt centimètres (0 m. 20) d'épaisseur, qui règnera dans l'entre-rails, et à cinquante centimètres (0 m. 50) au moins de chaque côté, conformément aux dispositions prescrites par le Préfet, sur la proposition du concessionnaire, qui restera chargé d'établir à ses frais ce *pavage*.

La chaussée *pavée* (4) de la voie publique sera d'ailleurs conservée ou établie avec des dimensions telles qu'en dehors de l'espace occupé par le matériel du tramway (toutes saillies comprises), il reste une largeur libre de chaussée d'au moins deux mètres soixante centimètres (2 m. 60), permettant à une voiture ordinaire de se ranger pour laisser passer le matériel du tramway avec le jeu nécessaire.

Un intervalle libre d'au moins un mètre dix centimètres (1 m. 10) de largeur sera réservé, d'autre part, entre le matériel de la voie ferrée (toutes saillies comprises) et la verticale de l'arête extérieure de la plate-forme de la voie publique.

Art. 7. — Si la voie ferrée est établie sur un accotement qui, tout en restant accessible aux piétons, sera interdit aux voitures ordinaires, elle reposera sur une couche de ballast exclusivement composée de *pierre cassée* (5) de..... de largeur (6) et d'au moins trente-cinq centimètres (0m,35) d'épaisseur totale, qui sera arasée de niveau avec la surface de l'accotement relevé en forme de trottoir.

La partie de la voie publique qui restera réservée à la circulation des voitures ordinaires présentera une largeur d'au moins *six mètres* (7), mesurée en

---

(1) En général, 40 mètres pour le cas de voies ferrées exploitées au moyen de locomotives, et 20 mètres pour les lignes à traction de chevaux.

(2) En général, 40 millièmes.

(3) Ou dans un *empierrement*, suivant la nature, la fréquentation de la chaussée dont il s'agit, sa situation en rase campagne ou en traverse, etc.

(4) Ou *empierrée*.

(5) Ou de *gravier*, suivant la nature, la fréquentation de la chaussée dont il s'agit, sa situation en rase campagne ou en traverse, etc.

(6) Largeur égale à la largeur de la voie augmentée d'au moins 0 m. 80.

(7) Six mètres sont le minimum admissible pour une route nationale.

dehors de l'accotement occupé par la voie ferrée et en dehors des emplacements qui seront affectés au dépôt des matériaux d'entretien de la route.

L'accotement occupé par la voie ferrée sera limité, du côté de la route, au moyen d'une bordure d'au moins douze centimètres (0m,12) de saillie, d'une solidité suffisante ; dans les parties de routes et de chemins dont la déclivité dépassera trois centimètres par mètre (0m,03), cette bordure sera accompagnée et soutenue par un demi-caniveau pavé qui n'aura pas moins de trente centimètres (0m,30) de largeur. Un intervalle libre de trente centimètres (0m,30) au moins sera réservé entre la verticale de l'arête de cette bordure et la partie la plus saillante du matériel de la voie ferrée ; un autre intervalle libre d'un mètre dix centimètres (1m,10) subsistera entre ce matériel et la verticale de l'arête extérieure de l'accotement de la route.

Les rails, qui à l'extérieur seront au niveau de l'accotement régularisé, ne formeront sur l'entre-rails que la saillie nécessaire pour le passage des boudins des roues du matériel de la voie ferrée.

Art. 8. — Dans les traverses des villes et des villages, les voies ferrées devront, à moins d'une autorisation spéciale du Préfet, être établies avec rails noyés dans la chaussée entre les deux trottoirs, ou du moins entre les deux zones à réserver pour l'établissement de trottoirs, et suivant le type décrit à l'article 6.

Le minimum des largeurs à réserver est fixé d'après les cotes suivantes :

(*A*) Pour un trottoir, un mètre dix centimètres (1m,10).

(*B*) Entre le matériel de la voie ferrée (partie la plus saillante) et le bord d'un trottoir ;

1° Quand on réserve le stationnement des voitures ordinaires, deux mètres soixante centimètres (2m,60) ;

2° Quand on supprime ce stationnement, trente centimètres (0m,30).

Annexé au décret du 6 août 1881.

PROJET DE LOI

Modifiant la loi du 11 juin 1880 sur les chemins de fer d'intérêt local et les tramways.

Article unique. — L'article 13, le paragraphe 5 de l'article 18 et l'article 36 de la loi du 11 juin 1880, sur les chemins de fer d'intérêt local et les tramways, sont remplacés par les dispositions suivantes :

Art. 13. — Lors de l'établissement d'un chemin de fer d'intérêt local, l'Etat peut s'engager envers le département ou la commune — en cas d'insuffisance du produit brut pour couvrir les dépenses d'exploitation, l'intérêt annuel du capital de premier établissement à trois soixante-quinze pour cent (3.75 p. 0/0), et l'amortissement au même taux pendant toute la durée de la concession, sans pouvoir dépasser soixante-quinze centimes pour cent (0 fr. 75 p. 0/0) — à subvenir, pour partie, au payement de cette insuffisance, à la condition qu'une partie au moins équivalente sera payée par le département ou par la commune, avec ou sans le concours des intéressés.

En aucun cas, les subventions de l'Etat et du département ou de la commune ne peuvent couvrir les insuffisances d'exploitation au-delà de sept cent cinquante francs (750 fr.) par kilomètre.

La loi qui déclare l'utilité publique fixe, dans chaque cas, le maximum de la charge annuelle imposée au Trésor.

Le capital de premier établissement ne peut pas faire l'objet d'un forfait entre le concédant et le concessionnaire ; il est limité par un maximum fixé dans l'acte de concession. Le même acte peut stipuler que ce capital sera augmenté : 1° d'une prime sur les économies réalisées dans la construction ; 2° des insuffisances constatées pendant la période assignée à la construction ; 3° et des sommes employées ultérieurement pour travaux et dépenses complémentaires. Ces dernières sommes ne peuvent figurer dans le compte des subventions dues par l'Etat que si les projets ont été, préalablement à leur exécution, approuvés par décrets rendus en Conseil d'Etat, et seulement jusqu'à concurrence du maximum fixé par la loi.

Les dépenses d'exploitation ne peuvent pas faire l'objet d'un forfait ; elles sont limitées par des maxima dans l'acte de concession, qui peut allouer au concessionnaire une prime sur les économies réalisées dans l'exploitation.

Si la subvention est donnée par le département ou la commune, en capital, en terrains, en travaux ou sous toute autre forme que celle d'annuités, elle est, pour le calcul de la subvention de l'Etat, évaluée et transformée en annuités au taux d'intérêt et d'amortissement ci-dessus fixés.

Quelles que soient les combinaisons adoptées dans les conventions passées entre le concessionnaire et le département ou la commune, le concessionnaire devra toujours fournir une portion de capital de premier établissement qui ne sera pas inférieure au quart de ce capital.

Article 18, § 5. — La compagnie concessionnaire peut être autorisée à émettre des obligations pour une somme supérieure au montant du capital-actions, lorsque le Ministre des travaux publics reconnaît que l'annuité nécessaire pour couvrir l'intérêt et l'amortissement des obligations à émettre est suffisamment assurée par les produits nets, soit de la ligne à construire, soit d'autres lignes dont la compagnie serait déjà concessionnaire dans le même département, ou qui se prolongeraient sur un département limitrophe, étant entendu que les subventions sont comprises dans l'évaluation des produits nets. Toutefois, il ne sera tenu compte du produit net d'une ligne à construire que jusqu'à concurrence des trois quarts (3/4). En aucun cas, le montant du capital-actions ne pourra être inférieur au tiers de la dépense laissée à la charge du concessionnaire.

Art. 36. — Lors de l'établissement d'un tramway à traction mécanique et destiné au transport des marchandises en même temps qu'au transport des voyageurs, l'Etat peut s'engager envers le département ou la commune — en cas d'insuffisance du produit brut pour couvrir les dépenses d'exploitation, l'intérêt annuel du capital de premier établissement à trois soixante-quinze pour cent (3.75 0/0) et l'amortissement au même taux pendant toute la durée de la concession, sans pouvoir dépasser soixante-quinze centimes pour cent (0 fr. 75 p. 0/0) — à subvenir pour partie au paiement de cette insuffisance à la condition qu'une partie au moins équivalente sera payée par le département ou la commune, avec ou sans le concours des intéressés.

En aucun cas, les subventions de l'Etat et du département ou de la commune ne peuvent couvrir les insuffisances d'exploitation au-delà de cinq cents francs (500 fr) par kilomètre.

Le décret qui déclare l'utilité publique fixe dans chaque cas le maximum de la charge annuelle imposée au Trésor.

Les paragraphes 4, 5, 6 et 7 de l'article 13 sont applicables aux tramways.

Ce projet de loi a été délibéré et adopté par le Conseil d'Etat dans ses séances des 14 et 21 janvier 1892 (1).

---

(1) Ce texte donne satisfaction aux principales critiques dirigées contre la loi du 11 juin 1880 (Voir n° 81) ;

— Le classement des lignes est établi de fait par la modicité de l'intérêt simple — 3,75 p. cent — et par les limites — 750 et 500 francs — dans lesquelles les subventions couvrent les insuffisances d'exploitation ;

— Comme conséquence, les lignes devant imposer à l'Etat et aux départements des charges trop lourdes sont écartées et les intérêts financiers sont ainsi sauvegardés ;

— Les forfaits de construction et d'exploitation sont supprimés et les avantages qui en resultaient sont réglementés par des primes d'économie attribuables aux concessionnaires ;

— Ceux-ci sont intéressés à l'avenir de leur entreprise par la portion du capital de premier établissement qu'ils doivent fournir — 1/4 au moins — et au développement du trafic par les primes d'exploitation ;

— Le capital-actions devient généralement inférieur au capital-obligations et relativement faible par rapport aux dépenses totales de premier établissement ;

— Les subventions des départements et de l'Etat rentrent dans l'évaluation des produits nets ;

— Enfin d'une façon générale le projet a pour effet de refréner le trafic des concessions et ce qu'on a appelé l'exploitation des déficits.

Dans le nouvel état de choses :

— La difficulté que rencontreront les entrepreneurs et les sociétés dont le crédit n'est pas encore établi, à se procurer au taux de 3,75 0/0, les fonds nécessaires aux concessions obtenues augmentés des dépenses relatives aux études et frais généraux des lignes inutilement recherchées, aura pour conséquence presqu'exclusive la constitution des 3/4 du capital de premier établissement non demandé au concessionnaire, soit par les départements intéressés, soit par les grandes compagnies dont les lignes concédées seront les tributaires.

L'antagonisme des petites et des grandes compagnies doit donc tendre à disparaître pour faire place à une commune entente au profit des régions restant à desservir. Ce serait d'ailleurs, de la part des départements, une erreur de se montrer systématiquement hostiles aux grandes compagnies sous prétexte de défendre leurs prérogatives en matière de chemin de fer d'intérêt local ; il faut voir que l'intérêt des compagnies est de développer le trafic, c'est-à dire de favoriser l'exécution des lignes vraiment utiles ; et l'autorité des départements sur ces lignes est suffisamment défendue si l'intervention des compagnies se limite à un concours financier parallèle à celui de l'Etat et contrôlé par lui.

Même dans cet ordre d'idées, étant donné que les lignes principales profiteront dans une certaine mesure des lignes secondaires, il serait permis de penser que les grandes compagnies devraient également participer aux insuffisances des lignes nouvelles. Toutefois, pour ne pas augmenter les garanties actuelles d'intérêt, une pareille disposition nécessiterait une liberté de tarification, dont les compagnies, avons-nous dit, ne disposent pas et qu'il serait tout d'abord nécessaire de leur rendre (Voir n°s 91-109 et 186).

En ce qui concerne les primes, celles prévues sur les économies de constructions peuvent conduire à l'exécution des travaux dans de mauvaises conditions; en outre elles sont, par leur nature, trop discutables et trop dépendantes des exigences du contrôle pour faire partie des conditions d'une entreprise.

Quant aux primes prévues sur les économies d'exploitation, il est également difficile de les chiffrer d'une façon certaine, par suite des dépenses d'entretien du matériel et de la voie, essentiellement irrégulières d'un exercice à l'autre ; au surplus les écarts entre les barèmes prévus et les dépenses réelles n'assureraient pas toujours une progression régulière des primes avec l'accroissement de la circulation.

Par ces raisons, les primes les plus rationnelles et toujours proportionnelles aux efforts de l'exploitant, sont celles qui s'établiraient sur l'accroissement de la fréquentation (Voir n° 101). Elles devront être inscrites dans toutes les conventions, parce qu'elles intéressent équitablement le concessionnaire au développement du trafic et au succès de son entreprise. (Note de l'auteur).

Laval. — Imprimerie et stéréotypie, E. JAMIN.

www.ingramcontent.com/pod-product-compliance
Ingram Content Group UK Ltd.
Pitfield, Milton Keynes, MK11 3LW, UK
UKHW012000240726
13965UKWH00001B/61

9 782013 407694